高等院校建筑产业现代化系列规划教材

BIM 技术应用实务——建筑方案设计

主　编　罗志华　李　刚

副主编　过　俊　金永超　章溢威

参　编　(以姓氏拼音为序)

蔡梦娜　陈志刚　黄新方　李　硕

林　涛　刘　涛　罗　琳　史耿伟

苏华迪　王　健　王艺霖　植高维

张纬生

机械工业出版社

本书主要从建筑设计的角度出发，对 BIM 技术的基本概念、技术操作和 BIM 与项目结合的实践应用进行了系统的阐述。

本书依据信息实践技术的学习规律，分为 3 篇。第 1 篇为 BIM 方案设计概论，主要介绍 BIM 技术概念、常用技术工具、应用现状以及在方案设计阶段的典型应用案例；第 2 篇为 Revit 入门基础，通过技术与案例结合的方式系统介绍 BIM 典型工具 Revit 的各项常用技术功能；第 3 篇为小别墅方案设计实例，通过这样的综合应用案例，系统介绍 BIM 方案设计阶段应用的各个环节和技术要点。

本教材主要作为应用型本科院校和高等职业院校的建筑类相关专业教材，也可作为企事业单位、科研机构 BIM 技术培训教材，并可供与 BIM 相关工作的专业人员学习参考。

图书在版编目（CIP）数据

BIM 技术应用实务：建筑方案设计/罗志华，李刚主编. —北京：机械工业出版社，2018.6

高等院校建筑产业现代化系列规划教材

ISBN 978-7-111-60473-0

Ⅰ.①B… Ⅱ.①罗… ②李… Ⅲ.①建筑设计-计算机辅助设计-应用软件-高等学校-教材 Ⅳ.①TU201.4

中国版本图书馆 CIP 数据核字（2018）第 159897 号

机械工业出版社（北京市百万庄大街 22 号 邮政编码 100037）
策划编辑：张荣荣 责任编辑：张荣荣 李宣敏
责任校对：刘雅娜 封面设计：马精明
责任印制：常天培
北京圣夫亚美印刷有限公司印刷
2019 年 1 月第 1 版第 1 次印刷
184mm×260mm · 20 印张 · 420 千字
标准书号：ISBN 978-7-111-60473-0
定价：48.00 元

凡购本书，如有缺页、倒页、脱页，由本社发行部调换

电话服务
服务咨询热线：010-88379833
读者购书热线：010-88379649

网络服务
机 工 官 网：www.cmpbook.com
机 工 官 博：weibo.com/cmp1952
教育服务网：www.cmpedu.com
金 书 网：www.golden-book.com

本书编委会

主　　编： 罗志华（广州大学），李刚（香港互联立方有限公司）

副 主 编： 过　俊（上海悉云信息科技有限公司）

金永超（云南农业大学）

章溢威（深圳华森建筑与工程设计顾问有限公司）

参编成员（按姓氏拼音为序）：

蔡梦娜（清华大学建筑设计研究院）

陈志刚（深圳市华森建筑工程咨询有限公司）

黄新方（广州大学）

李　硕（上海悉云信息科技有限公司）

林　涛（香港互联立方有限公司）

刘　涛（清华大学建筑设计研究院）

罗　琳（广州比特城建筑工程咨询有限公司）

史耿伟（广东省城市建筑学会）

苏华迪（广州大学）

王　健（上海悉云信息科技有限公司）

王艺霖（上海悉云信息科技有限公司）

植高维（广州比特城建筑工程咨询有限公司）

张纬生（香港互联立方有限公司）

序　言

美国、英国、德国的研究资料表明，在全球信息技术大发展期间，各行各业利用信息技术的发展成果促进了本行业的进步。而建筑业却没有能够与时共进，依然采用传统的信息管理方法来建设越来越大的项目，因而显得力不从心，建筑业的劳动生产率大大落后于非农业生产的其他行业，落后于总体经济的发展步伐。在美国更有多个不同的研究指出，建筑工程中至少有30%的资金浪费在低效、错误和延误上。造成这些现象的原因是多方面的，其中一个重要原因，就是在建设工程项目中没有建立起科学的、能够支持建设工程全生命周期的建筑信息管理环境。

建筑信息模型（Building Information Modeling，简称 BIM）就是针对以上情况出现的一项新兴的建筑信息技术体系。应用 BIM 技术，可以将建筑工程从设计、建造到运维全生命周期中所有相关信息整合在一起，建立起数字化的信息模型，并不断完善这个模型。这样，建筑工程中的每一道工序，都可事先在模型中进行模拟、试验，确认没有问题后再到真实的建筑物上实现这一道工序。从而避免了建筑工程中各种错误、返工和延误，大大提高建筑工程质量和劳动生产率，并缩短工期、降低返工率和工程成本。

近年来，我国成功应用 BIM 技术的工程实例日渐增多，特别是一些具有影响力的大型项目，例如上海中心、“天眼”（500m 直径球面射电天文望远镜）、广州东塔等在应用 BIM 技术取得的成绩为其他项目做出了示范。BIM 技术的应用和推广得到了我国政府的重视，BIM 技术也正在被国内越来越多的建筑企业所采用。在“十三五”期间，BIM 技术应用更呈现大推广、大发展的局面。

随着 BIM 技术应用的深入，它在提高建筑业的工程质量和劳动生产率、缩短工期、降低返工率和工程成本等方面显示了巨大的威力，BIM 技术将引领建筑业向数字化、集成化、智能化方向变革。照此发展下去，建筑业的传统架构将被一种适应 BIM 应用的新架构取而代之，BIM 已经成为主导建筑业进行大变革、提升建筑业生产力的强大推动力。我国建筑业应当抓住这一机遇，通过 BIM 的推广和应用把建筑业的发展推向一个新的高度。

当前的情况是，一方面 BIM 技术的应用方兴未艾，另一方面 BIM 技术人才培养和储备严重不足正影响着该技术的进一步推进。《BIM 技术应用实务——建筑方案设计》和《BIM 技术应用实务——建筑施工图设计》等这一系列教材，顺应了当前建筑信息技术的发展潮流，为培养掌握 BIM 技术进行建筑设计的人才，做了很好的工作。该教材引导读者通过学习，掌握应用 BIM 技术进行方案设计和施工图设计的系统方法。教材深入浅出，注重以实例为导引进行设计方法的讲解，适应未来实际工作的需求，很适合建筑相关专业使用。

本教材的编著者分别来自高校、BIM 咨询机构和建筑行业部门。主编罗志华来自广州大学，是国家一级注册建筑师、注册城市规划师，在研究生阶段就主攻建筑数字技术的研究和应用探索，至今已有 17 年，他对从建筑师的角度阐述 BIM 的应用有其独到的观点和体会；主编李刚是香港互联立方有限公司总裁，他毕业于香港理工大学建筑测量系，自 2002 年起致力于应用 BIM 技术于项目管理的“三控两管一协调”上，至今已经把 BIM 技术应用于亚太地区 500 多个项目上，在 BIM 业界具有良好的技术声誉。两本教材的副主编和参编成员共三十多人分别来自十几个单位，都是近年来活跃在 BIM 应用技术一线的专家和资深从业人员，他们经验丰富，在宣传、推广和应用 BIM 技术方面做了大量卓有成效的工作。书中的内容都是他们与生产实践相结合，推动 BIM 本土化的经验总结。这种多元化结构的写作团队十分有利于吸收不同领域的专业人士从不同的视角对 BIM 的认识，有利于提高丛书的写作质量。相信读者通过对丛书的学习，可以较好地掌握 BIM 的相关知识，并将这些知识应用到建筑实践中去。

期望“BIM 技术应用实务”系列教材能够在推广 BIM 技术中做出自己应有的贡献。

李建成

全国高等学校建筑学学科建筑数字技术教学工作委员会原主任

前言
FOREWORD

信息化是建筑行业发展的重要技术变革方向，近年来越来越复杂的设计和建造难度，迫切需要行业有足够的技术能力来应对和解决。以 BIM 为核心的建筑信息化技术体系，已经成为建筑行业技术升级、生产方式和管理模式变革的重要技术支撑。近年来，国家及各省的 BIM 标准及相关政策相继推出，明确了 BIM 技术的行业发展目标和方向，也为该技术在国内的快速发展奠定了良好的环境基础。

建筑设计作为建筑的龙头专业，随着注册建筑师责任制度的不断推进，其作为建筑项目整体统筹角色的重要性正不断加强；相对地，BIM 技术在建筑设计行业的应用尚处起步阶段，我国在这方面的技术研发和应用探索相对滞后，人才培养和储备的严重不足正影响着该技术的进一步推进。基于上述的行业需求现状，编者尝试组织行业专家学者和一线技术人员，围绕 BIM 在建筑行业的应用开展主题探索，并总结相关技术应用经验，形成规范化的教学和技术支持文档。

本书在参考了国内外 BIM 相关教程和技术研究资料的基础上，结合国内行业背景特点，努力形成如下特色：

（1）重视 BIM 底层技术概念和应用架构的剖析和解读，使读者能举一反三，系统了解该技术的应用全貌。

（2）去粗取精，化繁为简，把庞杂的工具技术梳理成最常用和最简洁的技术应用读本，使读者能在短时间内，系统把握 BIM 工程实践的必要工具技术，并具备项目实操能力。

（3）技术案例精心挑选，力图全真反映 BIM 的实际项目应用过程，并具有一定的技术启发性。

本书的整体内容和编写思路如下：

第 1 篇：BIM 方案设计概论。介绍 BIM 技术概念、常用技术工具、应用现状以及在方案设计阶段的典型应用案例。

第 2 篇：Revit 入门基础。通过技术与案例结合的方式系统介绍 BIM 典型工具 Revit 的各项常用技术功能。

第 3 篇：小别墅方案设计实例。通过小别墅方案设计实例，系统介绍 BIM 方案设计阶段应用的各个环节和技术要点。

通过上述的 3 篇，能从基础知识、应用理论到技术实践全方位的反映 BIM 的方案设计应用全貌。

本书定位为应用型本科院校和高等职业院校的专业教材，也可作为企事业单位 BIM 技术培训教材，并可供 BIM 相关工作的专业人员学习参考。本书的内容定位为 BIM 入门教程，其内容主要反映 BIM 在方案设计阶段学习应用。如需深入了解 BIM 施工图阶段应用技术，可考虑学习同系列的《BIM技术应用实务——建筑施工图设计》。

本书有幸邀请了行业专家学者和一线资深从业人员参与编写，他们分属高校、科研机构、BIM咨询和设计施工单位，能从不同专业角度表达在建筑设计阶段BIM的应用心得，具体各节的主持编写和统筹分工如下：

第1篇　BIM方案设计概论

第1章　建筑信息模型（BIM）

1.1　BIM技术概念和应用现状（罗志华、李刚）

1.2　BIM常用技术工具（金永超）

1.3　Autodesk Revit技术架构（过俊）

第2章　BIM方案设计应用（罗志华、李刚）

第2篇　Revit入门基础

第3章　Revit基础（罗志华）

第4章　标高、轴网和参照平面（金永超）

第5章　柱、梁和结构构件（金永超）

第6章　墙体和幕墙（金永超）

第7章　门窗（金永超）

第8章　楼板、屋顶和天花板（过俊）

第9章　洞口（过俊）

第10章　扶手、楼梯（过俊）

第11章　场地设计（过俊）

第12章　概念体量和参数化设计（李刚）

第13章　基本族（章溢威）

第14章　设计表现（李刚）

第15章　文字和尺寸标注（章溢威）

第16章　Revit三维设计制图原理、图纸生成和输出（章溢威）

第3篇　小别墅方案设计实例（罗志华）

第17章　方案设计前期准备

第18章　绘制标高和轴网

第19章　墙体的绘制和编辑

第20章　门窗和楼板

第21章　绘制楼梯和扶手

第22章　绘制柱子、坡道、入口

第23章　绘制坡屋顶

第24章　场地设计

第25章　渲染表现

本书编写团队的成员系统参与了各节的编写，具体分工如下：黄新方、苏华迪、罗琳、植高维参与了第1篇第1（1.1小节）、2章，第2篇第3章和第3篇的编写；张纬生和林涛参与了第1篇第1（1.1小节）、2章，第2篇第12、14章的编写；王艺霖、李硕和王健参与了第1篇第1章（1.3小节）、第2篇第8~11章的编写；蔡梦娜和刘涛参与了第1篇第1

章（1.2小节），第2篇第4~7章的编写；陈志刚和史耿伟参与了第2篇第13、15和16章的编写。

本书由罗志华、李刚担任主编；过俊、金永超和章溢威担任副主编。全书由罗志华策划和校审统稿，李刚、过俊、金永超和章溢威等专家通力合作，紧密配合。

衷心感谢全国高等学校建筑学学科建筑数字技术教学工作委员会原主任李建成先生为本书作序，并对本书细致审阅和提出宝贵建议。感谢机械工业出版社在教材选题和内容编审方面的认真细致工作。感谢香港互联立方有限公司（isBIM）、广东省建筑设计研究院、广东华南建筑设计院有限公司广州二分公司、上海悉云信息科技有限公司和广州比特城建筑工程咨询有限公司提供的案例素材资料，这些资料使本书的内容更加生动和更具实际可操作性。

正是各方的热心支持和不懈努力，使本书能顺利完稿付梓。

本书在编写过程中参考了大量的相关文献，在此谨向这些文献的作者表示衷心的感谢，一些引用的图片和技术文档来源于互联网，未能一一考证作者出处，在此一并致谢。限于编者的学识和能力，加之时间仓促，不足和错漏之处在所难免，衷心希望广大读者批评指正和提出宝贵建议，联系邮箱：LZH111@126.com。

编　者

目录 CONTENTS

第1篇　BIM方案设计概论

第1章　建筑信息模型（BIM）

1.1　BIM技术概念和应用现状

1.1.1　BIM技术概念

建筑信息模型（BIM）是指在建设工程及设施全生命期内，对其物理和功能特性进行数字化表达，并依此设计、施工、运营的过程和结果的总称。在实际行业应用中，根据《建筑信息模型应用统一标准》（GB/T 51212—2016）的条文解释提及，“BIM”可以指代“building information model”“building information modeling”“building information management”三个相互独立又彼此关联的概念。

building information model，是建设工程（如建筑、桥梁、道路）及其设施的物理和功能特性的数字化表达，可以作为该工程项目相关信息的共享知识资源，为项目全生命周期内的各种决策提供可靠的信息支持。

building information modeling，是创建和利用工程项目数据在其全生命周期内进行设计、施工和运营的业务过程，允许所有项目相关方通过不同技术平台之间的数据互用在同一时间利用相同的信息。

building information management，是使用模型内的信息支持工程项目全生命周期信息共享的业务流程的组织和控制，其效益包括集中和可视化沟通、更早进行多方案比较、可持续性分析、高效设计、多专业集成、施工现场控制、竣工资料记录等。

1.1.2　BIM在建筑设计的技术应用

（1）方案设计。使用BIM技术除了能进行造型、体量、空间和功能分析外，还可以进行建筑性能和建造成本等的分析，使得初期方案决策更具有科学性。

（2）扩初设计。建筑、结构、机电各专业建立BIM模型，利用模型信息进行能耗、结构、声学、热工、日照等分析，进行各种干涉检查和规范检查，以及进行工程量统计。

（3）施工图。各种平面图、立面图、剖面图、详图图纸和统计报表均从BIM模型中直接生成。

（4）设计协同。参与设计的各专业需要协调，互动开展设计，BIM可以使以往的设计计划、互提资料、校对审核、版本控制变得更有效率。

（5）设计工作重心前移。目前设计师50%以上的工作量用在施工图设计阶段，BIM可以帮助设计师把主要工作放到方案设计和扩初设计阶段，使设计师的精力集中在创造性工作上。

1.1.3　BIM 应用现状和发展目标

1. 国际 BIM 应用发展情况

美国是较早启动建筑业信息化研究的国家，BIM 研究与应用都走在世界前列。根据 McGraw Hill 的调研，2012 年工程建设行业采用 BIM 的比例从 2007 年的 28%增长到 2012 年的 71%。其中 74% 的承包商已经在实施 BIM，超过了建造师（70%）及机电工程师（67%）。

2011 年，新加坡建筑管理署与政府部门合作确立了示范项目。新加坡建筑管理署强制要求提交建筑 BIM 模型（2013 年起）、结构与机电 BIM 模型（2014 年起），并且最终在 2015 年前实现所有建筑面积大于 5000m^2 的项目都必须提交 BIM 模型的目标。新加坡建筑管理署于 2010 年成立了一个 600 万新币的 BIM 基金项目，鼓励新加坡的大学开设 BIM 课程，为毕业学生组织密集的 BIM 培训课程，为行业专业人士建立了 BIM 专业学位。

韩国公共采购服务中心（PPS）于 2010 年 4 月发布了 BIM 路线图，内容包括：2010 年，在 1-2 个大型工程项目应用 BIM；2011 年，在 3-4 个大型工程项目应用 BIM；2012—2015 年，超过 5 亿韩元大型工程项目都采用 4D · BIM 技术（3D+成本管理）；2016 年，全部公共工程应用 BIM 技术。2010 年 12 月，PPS 发布了《设施管理 BIM 应用指南》，针对初步设计、施工图设计、施工等阶段中的 BIM 应用进行指导，并于 2012 年 4 月对其进行了更新。2010 年 1 月，韩国国土交通海洋部发布了《建筑领域 BIM 应用指南》，土木领域的 BIM 应用指南也已立项。

2. 国内 BIM 应用现状和发展目标

2011 年 5 月，我国住建部发布了《2011—2015 年建筑业信息化发展纲要》，2012 年 1 月，住建部“关于印发 2012 年工程建设标准规范制定修订计划的通知”宣告了中国 BIM 标准制定工作的正式启动。前期一些大学和科研院所在 BIM 的科研方面也做了很多探索，如清华大学通过研究、参考 NBIMS，结合调研提出了中国建筑信息模型标准框架（CBIMS）。随着企业各界对 BIM 的重视，对大学的 BIM 人才培养需求渐起，部分院校成立了 BIM 方向的工程硕士培养方向。

我国的 BIM 应用虽然刚刚起步，但发展速度很快，众多企业有了非常强烈的 BIM 应用意识，出现了一批 BIM 应用的标杆项目，如上海中心、中国尊、“天眼”（500m 直径球面射电天文望远镜）、广州东塔等。BIM 技术的应用推广得到了我国政府的重视，全国及各省市不断提出 BIM 应用新政策，BIM 技术也正在被国内越来越多的建筑企业所采用。

《2011—2015 年建筑业信息化发展纲要》提及，“十二五期间，基本实现建筑企业信息系统的普及应用，加快建筑信息模型（BIM）、基于网络的协同工作等新技术在工程中的应用，推动信息化标准建设，促进具有自主知识产权软件的产业化，形成一批信息技术应用达到国际先进水平的建筑企业”。

《2016—2020 年建筑业信息化发展纲要》提及，“十三五”时期，全面提高建筑业信息化水平，着力增强 BIM、大数据、智能化、移动通信、云计算、物联网等信息技术集成应用能力，建筑业数字化、网络化、智能化取得突破性进展，初步建成一体化行业监管和服务平台，数据资源利用水平和信息服务能力明显提升，形成一批具有较强信息技术创新能力和信息化应用达到国际先进水平的建筑企业及具有关键自主知识产权的建筑业信息技术企业。

在住建部 2015 年 6 月发布的《住房城乡建设部关于印发推进建筑信息模型应用指导意见的通知》中提及 BIM 技术在行业的发展目标为：到 2020 年末，建筑行业甲级勘察、设计单位以及特级、一级房屋建筑工程施工企业应掌握并实现 BIM 与企业管理系统和其他信息技术的一体化集成应用。到 2020 年末，以下新立项项目勘察设计、施工、运营维护中，集成应用 BIM 的项目比率达到 90%：以国有资金投资为主的大中型建筑；申报绿色建筑的公共建筑和绿色生态示范小区。

1.2　BIM 常用技术工具

BIM 应用离不开软硬件的支持，在项目的不同阶段或是不同目标单位，需要选择不同软件并予以必要的硬件和设施设备配置。BIM 工具有软件、硬件和系统平台三种类别。硬件工具如计算机、三维扫描仪、3D 打印机、机器人全站仪、手持设备、网络设施等。系统平台是指由 BIM 软硬件支持的模型集成、技术应用和信息管理的平台体系。这里主要介绍软件工具。

BIM 软件的数量十分庞大，BIM 系统并不是靠一个软件实现，或靠某一类软件实现，而是需要各种不同类型的软件，而且每类软件也可选择不同的产品。这里通过对目前在全球具有一定市场影响或占有率，并且在国内市场具有一定知名度的 BIM 软件进行梳理和分类，希望读者对 BIM 软件有个总体了解。

BIM 软件分核心建模软件和用模软件。接下来分别对属于这些类型软件的主要产品情况做一个简单介绍。

1. BIM 核心建模软件

这类软件英文通常叫“BIM Authoring Software”，是 BIM 的基础，换句话说，正是因为有了这些软件才有了 BIM，也是从事 BIM 的同行第一类要碰到的 BIM 软件。因此称它们为“BIM 核心建模软件”，简称“BIM 建模软件”。BIM 核心建模软件分类如图 1-1 所示。

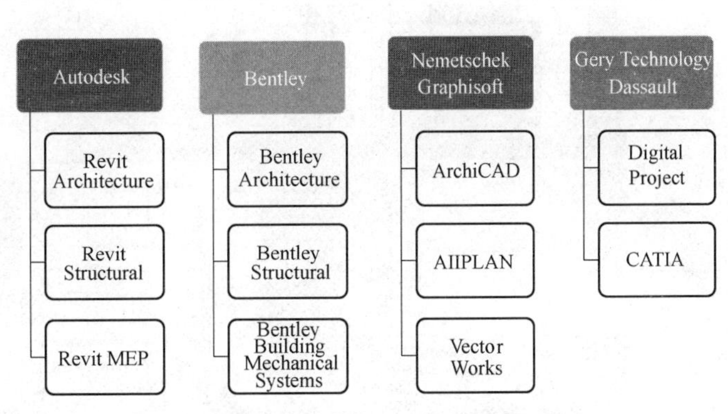

图 1-1　BIM 核心建模软件分类

从图 1-1 中可以了解到，BIM 核心建模软件主要有以下四个类别：

（1）Autodesk 公司的综合性最强。包含 Revit 的建筑、结构和机电系列，在民用建筑市场借助 AutoCAD 的已有优势，有相当不错的市场表现。Revit 平台的核心是 Revit 参数化变更引擎，它可以自动协调在任何位置（例如在模型视图或图纸、明细表、剖面图、平面图中）所做的更改，针对特定专业的建筑设计和文档系统，支持所有阶段的设计和施工图纸，多视口建模等，如图 1-2 所示。

（2）Bentley 侧重专业领域市场耕耘。其也具备建筑、结构和设备系列，Bentley 产品在

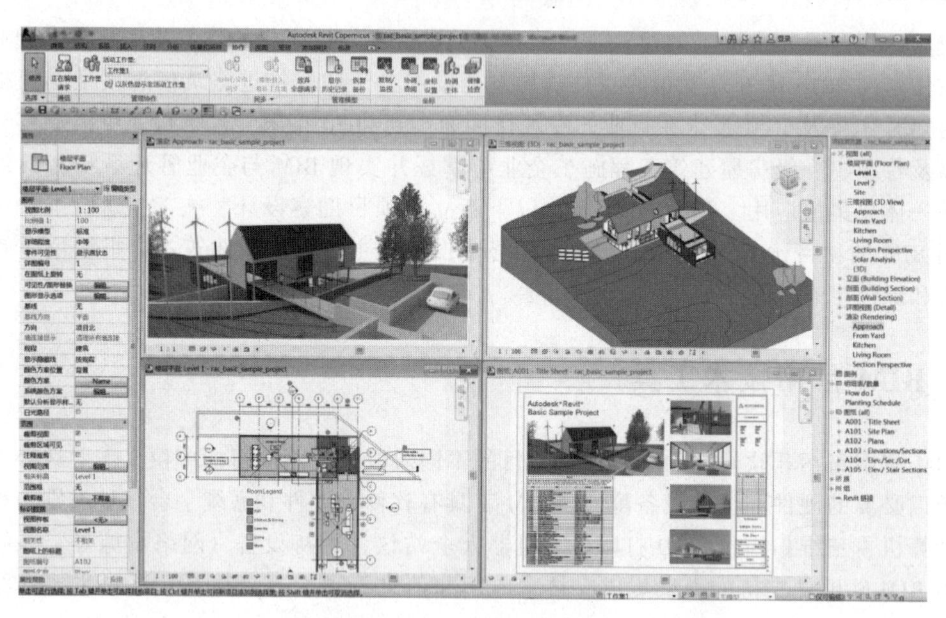

图 1-2　Revit 建模工作界面

工厂设计（石油、化工、电力、医药等）和基础设施（道路、桥梁、市政、水利等）领域有相当的优势，已开发出 MicroStation TriForma 这一专业的 3D 建筑模型制作软件（由所建模型可以自动生成平面图、剖面图、立面图、透视图及各式的量化报告，如数量计算、规格与成本估计），如图 1-3 所示。

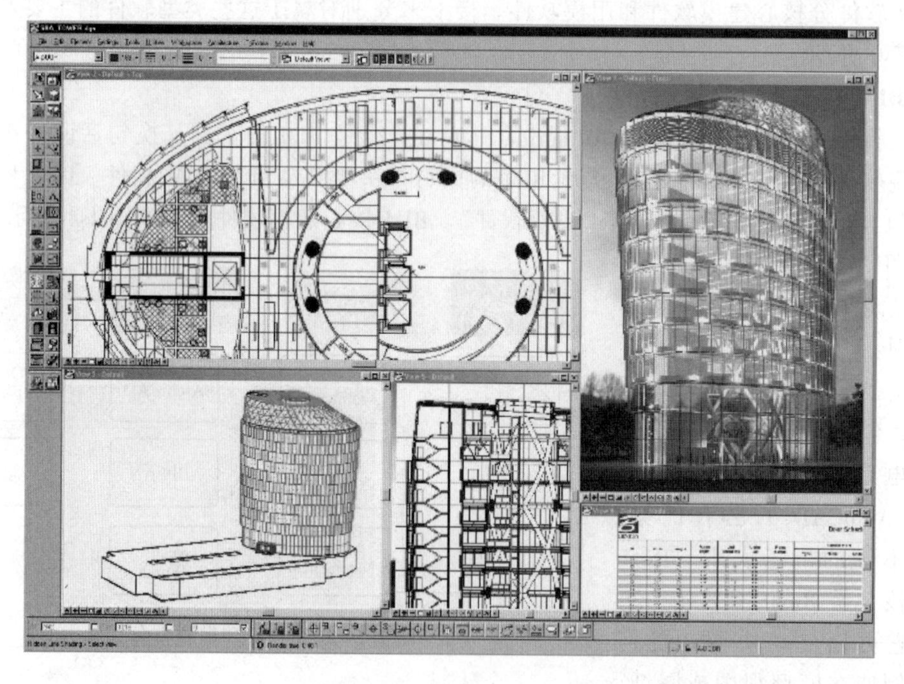

图 1-3　Bentley 建模工作界面

（3）ArchiCAD 最早普及了 BIM 的概念。自从 2007 年 Nemetschek 收购 Graphisoft 以后，ArchiCAD/AllPLAN/VectorWorks 三个产品就被归到同一个系列里面了，其中国内同行最熟

悉的是 ArchiCAD，如图 1-4 所示属于一个面向全球市场的产品，应该可以说是最早的一个具有市场影响力的 BIM 核心建模软件。Nemetschek 的另外两个产品，AllPLAN 主要市场在德语区，VectorWorks 则是其在美国市场使用的产品名称。

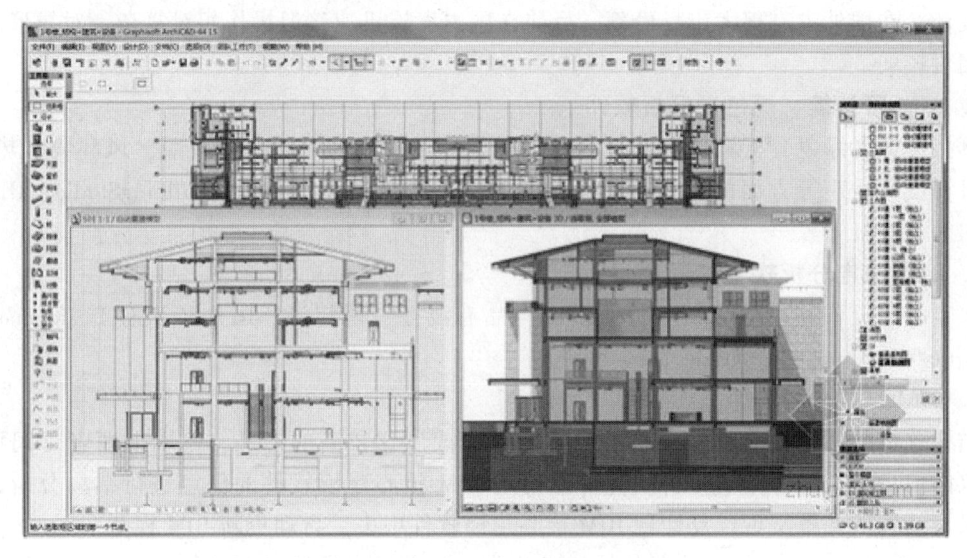

图 1-4 ArchiCAD 建模工作界面

（4）Dassault 公司的 CATIA 是全球最高端的机械设计制造软件。如图 1-5 所示，在航空、航天、汽车等领域具有相当的市场地位，应用到工程建设行业，对复杂形体、超大规模的建筑，其建模能力、表现能力和信息管理能力有明显的优势，但与工程建设行业的项目特点和人员特点的对接仍需磨合。Digital Project 是 Gery Technology 公司在 CATIA 基础上开发的一个面向工程建设行业的应用软件（二次开发软件），其本体还是 CATIA，就跟天正的本体是 AutoCAD 一样。

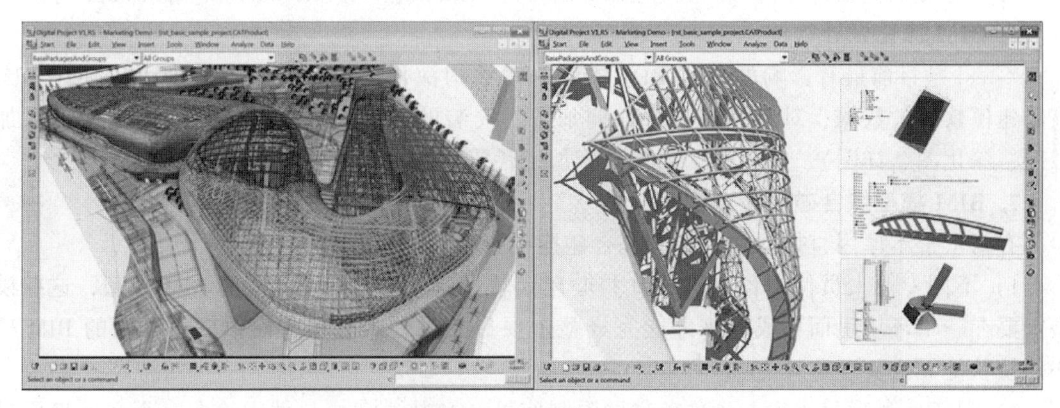

图 1-5 CATIA 建模工作界面

BIM 的核心建模软件除了这四大系列外，目前还有四个在建模方面表现优秀的工具，它们是 Trimble 公司的草图大师 sketchup、Robert McNeel 的犀牛 Rhino、FormZ 和 Tekla 公司的 Tekla Structure。其中 sketchup 和 Rhino 的市场占有份额较大。sketchup 简单易用，建模极快，最适合前期的建筑方案推敲，但建立的是形体模型，难以适用于后期的深化设计和施工图；Rhino 广泛应用于工业造型设计，简单快速，不受约束的自由造型 3D 和高阶曲面建模工具，让其在建筑曲面建模方面可大展身手；FormZ 类似 AutoDesk 的 3DsMax，也是国外 3D 绘图的常用设计工具；来自芬兰 Tekla 公司的 Tekla Structures（Xsteel）用于不同材料的大型结构设计，在国外占有很大市场份额，目前在国内发展迅速，但操作相对复杂，对异形结构支持相对较弱。

2. BIM 可持续（绿色）分析软件

可持续或者绿色分析软件，可以使用 BIM 模型的信息对项目进行日照、风环境、热工、景观可视度、噪声等方面的分析，主要软件有国外的 Ecotect、Green BuildingStudio、IES 以及国内的 PKPM 等。

3. BIM 机电分析软件

水暖电等设备和电气分析软件。国内产品有鸿业、博超等，国外产品有 Designmaster、IES Virtual Environment、Trane Trace 等。

4. BIM 结构分析软件

结构分析软件是目前和 BIM 核心建模软件集成度比较高的产品，基本上两者之间可以实现双向信息交换，即结构分析软件可以使用 BIM 核心建模软件的信息进行结构分析，分析结果对结构的调整又可以反馈到 BIM 核心建模软件中去，自动更新 BIM 模型。

ETABS、STAAD、Robot 等国外软件以及 PKPM 等国内软件都可以与 BIM 核心建模软件配合使用。

5. BIM 可视化软件

有了 BIM 模型以后，对可视化软件的使用有如下好处：

1）可视化建模的工作量减少了。

2）模型的精度与设计（实物）的吻合度提高了。

3）可以在项目的不同阶段以及各种变化情况下快速产生可视化效果。

常用的可视化软件和渲染工具包括 3Ds Max、Artlantis、AccuRender 和 Lightscape 等。

6. BIM 深化设计软件

Xsteel 是目前最有影响的基于 BIM 技术的钢结构深化设计软件，该软件可以使用 BIM 核心建模软件的数据，对钢结构进行面向加工、安装的详细设计，生成钢结构施工图（加工图、深化图、详图）、材料表、数控机床加工代码等。

7. BIM 模型综合碰撞检查软件

有两个根本原因直接促使了模型综合碰撞检查软件的出现：

1）不同专业人员使用各自的 BIM 核心建模软件建立自己专业相关的 BIM 模型，这些模型需要在一个环境里面集成起来才能完成整个项目的设计、分析、模拟，而不同的 BIM 核心建模软件无法实现这一点。

2）对于大型项目来说，硬件条件的限制使得 BIM 核心建模软件无法在一个文件里面操作整个项目模型，但是又必须把这些分开创建的局部模型整合在一起研究整个项目的设计、施工及其运营状态。

模型综合碰撞检查软件的基本功能包括集成各种三维软件（包括 BIM 软件、三维工厂设计软件、三维机械设计软件等）创建的模型，进行 3D 协调、4D 计划、可视化、动态模拟等，属于项目评估、审核软件的一种。常见的模型综合碰撞检查软件有 Autodesk Navisworks、Bentley Projectwise Navigator 和 Solibri Model Checker 等。

8. BIM 造价管理软件

造价管理软件利用 BIM 模型提供的信息进行工程量统计和造价分析，由于 BIM 模型结构化数据的支持，基于 BIM 技术的造价管理软件可以根据工程施工计划动态提供造价管理需要的数据，这就是所谓 BIM 技术的 5D 应用。

9. BIM 运营管理软件

根据美国国家 BIM 标准委员会的资料，一个建筑物全生命周期 75%的成本发生在运营阶段（使用阶段），而建设阶段（设计、施工）的成本只占项目全生命周期成本的 25%。

BIM 模型为建筑物的运营管理阶段服务是 BIM 应用重要的推动力和工作目标，在这方面美国运营管理软件 ArchiBUS 是最有市场影响的软件之一。

10. BIM 发布审核软件

最常用的 BIM 成果发布审核软件包括 Autodesk Design Review、Adobe PDF 和 Adobe 3D PDF，正如这类软件本身的名称所描述的那样，发布审核软件把 BIM 的成果发布成静态的、轻型的、包含大部分智能信息的、不能编辑修改但可以标注审核意见的、更多人可以访问的格式如 DWF/PDF/3D PDF 等，供项目其他参与方进行审核或者利用。

11. 国内 BIM 相关软件概述

面对中国巨大的建筑市场需求，国内 BIM 相关软件也应运而生。

建筑设计发布的主要国产软件有天正建筑、斯维尔、理正建筑等。斯维尔近年来每年举办 BIM 建模大赛，而且出版了配套丛书，在业界有一定知名度。

建筑结构设计主流软件有：PKPM 结构（自主平台）、盈建科（自主平台）、广厦结构（AutoCAD 平台），以及探索者结构（AutoCAD 平台，用于结构分析的后处理，出结构施工图）。其中 PKPM 软件能直接从 DWG 文件中提取建筑模，在方案设计、扩初设计和施工图设计等不同设计阶段方便地进行节能设计，最大程度地减轻建筑师的工作量；能帮助设计师完成所有相关的热工计算，提供大量不同保温体系的墙体、屋面和楼板类型，可方便地查询各种保温体系的适用范围和特点，进行节能和非节能设计、分析不同保温系统的工程造价比较。

建筑给水排水设计主流软件有理正给水排水、天正给水排水、浩辰给水排水等；建筑暖通设计主流软件有鸿业暖通、天正暖通、浩辰暖通等。

建筑电气设计主流软件有：博超电气、天正电气、浩辰电气等。

建筑节能设计主流软件：PKPM 节能、斯维尔节能、天正节能等，均按照各地气象数据和标准规范分别验证，可直接生成符合审查要求的分析报告书及审查表，属规范验算类软件。

工程造价主流软件（主要分造价和算量）有：广联达（自主平台）、鲁班（AutoCAD 平台）、斯维尔（AutoCAD 平台）和神机妙算（自主平台）、品茗等。

施工安全计算主流软件有：品茗、PKPM 等，均完全遵循中国标准规范，用于施工现场安全验算和施工专项方案编制。

其中，斯维尔公司主要提供工程设计、工程造价、工程管理、电子政务等建设行业信息化解决方案，在业内率先通过了 ISO 9001 国际质量系统认证和 CMMI3 国际软件成熟度模式认证。其主要产品有三维算量 THS-3DA、安装算量 THS-3DM、清单计价 BQ2013、节能设计

BECS2010、建筑设计 Arch2012。

1.3　Autodesk Revit 技术架构

1.3.1　Revit 软件的自身特点

Revit 软件现是 Autodesk 公司旗下，在 BIM 时代被主推使用的核心软件之一，是一款专业的建筑行业软件。Revit 最初分为建筑、结构和机电三大专业软件，同时包含了幕墙、室内装修、景观等多专业模块，自 2014 版本开始，Autodesk 公司将三大专业合体为 Revit 合集版，将各专业建模功能集成于一款软件之中，可用于建筑的方案规划设计、招标投标、施工建造等多个环节。

在使用 Revit 软件的过程中，基于软件自动划分的多种模型类别，可以将不同建筑信息添加进三维模型属性当中，从而满足不同模型的深度要求。除此之外，由于 BIM 的三维模型体系，所以建立起来的模型能够将平立剖等正向视图、三维轴测视图、工程算量及其他数据进行充分协调，从而实现多种模式的使用和共享，例如实现设计、算量、图纸生成、碰撞分析等多种需求。典型应用例如当一个 Revit 模型创建完毕后，可以利用模型生成相应的平立剖面视图、模型构件信息表，不同的“视图”都可以从不同角度表达模型，当模型有所修改时，各方向视图以及图元的量化信息表均可以直接显示更新。

BIM 模型和普通模型的最主要区别在于 BIM 中的“I”（Information），也就是“信息”，这里面的信息包含有许多种类。除去模型中的各图元类别，还包括模型的几何信息，如长、宽、高，或是物理信息，如密度、荷载，产品参数如风量、冷量等属性信息。这些信息有些是直接依附在模型上，也有通过数据连接，直接与模型进行关联。制作一个 BIM 模型，首要是根据相应的建模规则把模型建准确，然后根据模型的用途逐步添加相应的信息量，而非简单的制作一个三维模型。

Revit 作为典型的 BIM 软件，能较完整体现 BIM 制作的三维信息模型的特点。在 Revit 软件的模型创建和管理过程中，分为元素层、构件层、视图层及图纸层 4 个层级。这 4 个层级同时也代表着 BIM 模型从无到有的 4 个阶段，也是模型生产过程中的 4 个操作面。

1. 元素层

BIM 模型与 CAD 图形的主要区别在于组建一个 BIM 模型需要涵盖模型和信息两大要素。

从图元的角度上来说，CAD 的图形最小单元是点、线、面、体，通过制图的规则与注释的信息，定义不同的图形组合形成建筑构件对象；比如墙体用双线进行表达，单开门可以用四分之一圆进行表达，单线配合系统缩写绘制给水排水管道等；而 BIM 模型的最小单元是构件对象，普遍由模型图元构成，每个模型图元对应于实际的构件对象；例如创建窗的模型时，需要由多个模型图元组成，分别代表窗框、窗扇、玻璃嵌板、亮子等。

当然，模型本身并不足以代表建筑构件对象，它仅是构件对象的图形表达。对创建后的模型图元进行定义可以得到不同的构件对象；例如楼板和屋顶在三维图形表达上均为平板图元，但是因为定义上会区分为楼板和屋顶，用来代表不同的构件对象。

从狭义的角度来说，元素是指未被实例化的构件对象，可以被重复使用。它用来代表构件对象的使用规则，规则包含元素被定义的相关参数与信息等内容。

元素未被实例化是指该构件对象还没有被设置具体项目维度的坐标，无法描述出它在模型中所处的具体位置。元素自身不仅包含图形，还包括信息，如上文所述的几何信息和属性信息，这些信息绝大多数是在元素层级定义的。

从广义的角度来讲，元素是整个模型的最根本构成因素。因为所有构件都是由元素通过不同层级构成，元素是组成模型的最小单元。

在 Revit 当中，元素层的典型代表即是各种族，此外还有模板等内容。

2. 构件层

构件是依据元素来创建的实例对象，它同元素之间的典型区别在于构件是在 BIM 模型当中被实例化的，具有坐标信息；简言之即是通过元素创建并放置在项目某位置的构件对象。构件具有相对明确的信息，它是根据元素中包含的规则所创建的，符合元素中所定义的相关规则。

此外，构件并不仅仅是单一的实例化的构件对象，它可以是一些基础构件的组成，例如一个标准卫生间单元，或一段包含风管、管件、风管附件及风道末端的通风系统等。

3. 视图层

模型经由多个构件搭建完毕后，对其进行切割、剖断、展开，或视角定位，从而形成一个布局样式；或者通过对整体模型中的内部构件元素进行信息的提取、抽离、简单计算来生成的一个图表。

与构件层级相对比，视图中的所包含的信息更为丰富，它约定了在该视图下模型的显示方式，以及内部各构件的坐标位置、材质信息等，还有其他注释性质的补充说明信息。

总而言之，视图可以充分表达建筑对象基于某一特定用途的所有图形和信息内容。

4. 图纸层

现阶段，模型的最终成果呈现仍旧无法脱离图纸。为符合出图标准，需要在视图的基础上，进行多方设定，如线宽、视图排布、灰度调节、图纸排序，从而形成 BIM 层级的图纸。编制图纸前应检查 BIM 视图及相关信息的完整性和准确性。

Revit 在前叙的逻辑层次中，首先从元素的创建及选择，构件对象的规则及样式的定义，接着再基于元素创建构件，明确构件的创建规则，具象化构件的属性信息。如此，项目中包含了大量的元素和构件及构件组，通过设置这些构件的角度和显示，形成平立剖面图和三维视图，随后在视图上添加注释信息以及一些二维图元，加载在带有图框的图纸上，形成最终的交付图纸。

这一逻辑不仅体现在 Revit 中，也体现在很多其他 BIM 软件中。依照这一逻辑，可以触类旁通地理解其他 BIM 软件。

如图 1-6 所示，创建构件最根本的是基于元素所建立的。在 Revit 中为保证项目的完整性，元素的主要功能除了为构件创建提供基础以外，还包括其他的内容。所以 Revit 中的元素层级也可以再被细分为四个方面，包含模型元素、视图元素、数据元素以及视图详情元素。

模型元素是指在 Revit 中表达客观构件对象的元素，例如门窗、墙柱、设备等。在项目实际建造过程中，模型元素会真实地还原到建设过程中去。这部分的元素最主要特点是真实性，对于这部分元素，其信息是依附在模型当中的；在元素的编辑过程中，不仅可以编辑其图形表现属性，也可以编辑它的信息属性。

视图元素，是指视图的创建规则。在构件形成某个特定的视角时，视图元素定义了视角

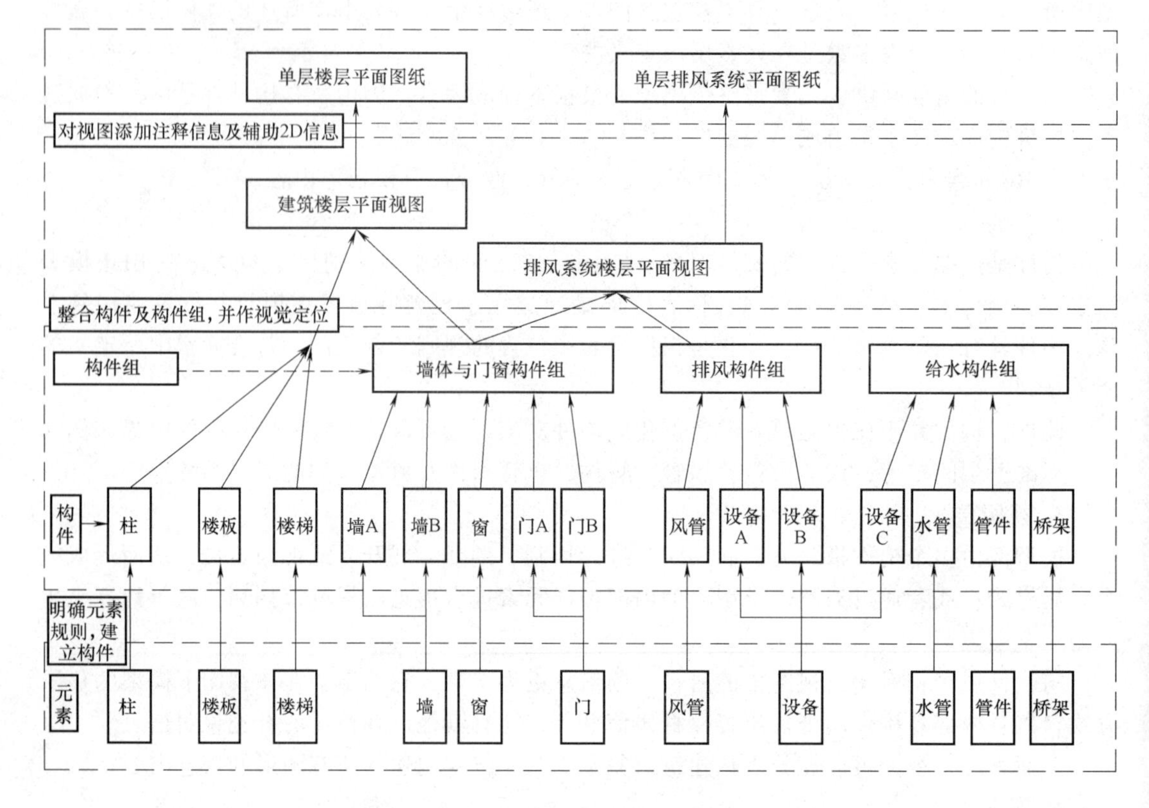

图 1-6　BIM 模型构成的各操作层级

的范围、方向和显示模式，例如平面视图、立面视图、轴测视图、剖面视图、渲染 3D 视图等。此外还包括了在表格视图中，针对表格形式提取对象信息范围以及表格的最终成形样态。

数据元素，是指模型中必要的数据信息。这些信息会贯穿在整个模型中，但在实际建造过程中并不客观地体现出来，比如楼层层高、轴网、项目详情、项目业主等；这些信息依附的对象并不是具体的构件对象，而是项目整体。

视图详情元素，是指为了满足图纸出版的表达要求，而添加的图形对象，包括标注、文字、填充、线型、符号、标记、详图线、遮罩等。这部分元素的信息普遍来源于其注释的对象，通过提取对应模型元素、视图元素、数据元素来表现相应的详情信息。

1.3.2　围绕 Revit 的软件体系

一直以来，BIM 倡导全生命周期应用。在项目的全生命周期中，所涉及的应用众多，而这些应用目前是没有可能在一款软件上独立全面完成的，需要其他软件的配合；而其他软件是否能够实现配合，主要取决于软件之间是否存在相应的文件接口。接口分为两个部分，输入及输出。输入是指其他软件的生成文件或信息是否可以被 Revit 所接收，而输出是指经由 Revit 生成的文件或信息，可以被其他软件所接收。

在输入层级，Revit 支持的导入格式包括 DWG/DWF/DGN/SKP/SAT/ADSK/IFC，而在输出的层级，Revit 支持的格式涵盖 DWG/DXF/DGN/SAT/DWF/DWFx/ADSK/FBX/gbXML/IFC/DSN/JPG/AVI/EXCEL，如果有合适的插件配合，还可以支持更多的格式。

在文件被输入的过程中，Revit 接收的文件格式的形式并不完全相同；接收程度的主要区别在于在 Revit 的操作环境下，被导入的文件的编辑模式是可视化编辑还是可再编辑，前者主要是指被导入文件在 Revit 中仅可以执行可视化操作，无法进一步编辑，而后者则是不仅仅满足可视化编辑，还可以基于 Revit 的模型修改和分析功能进行再次编辑。

在输出文件的过程中，对其他软件的支持形式也分为两种情况：一种是直接可以读取 Revit 所生成的模型文件；一种是可以读取 Revit 的导出格式文件，至于被导出文件在其他软件中的编辑能力，主要取决于导出格式本身所包含的信息以及软件对指定格式的编辑能力。

根据以上区分可以发现，输入层级满足所有模型文件格式可视化编辑，而对输出层级，能够支持 Revit 制作的原生文件格式的软件，是与 Revit 关联度最为紧密的软件，这种紧密关联可以最大程度地继承 Revit 的模型信息，同时也可使用该软件的相关功能进行继续编辑；另一种类型软件是可以通过某一格式与 Revit 进行关联，实现数据交互的软件，其数量是庞大的，甚至某些特定的软件，虽不能直接与 Revit 导出的文件格式相关联，但可以通过一个与 Revit 相关联的其他软件进行数据转换或格式转换，从而间接地与 Revit 相关联，这些软件又可称之为与 Revit 有关联的软件。

针对那些与 Revit 关联紧密的软件，称之为围绕 Revit 的软件体系。同理，这一关系逻辑同样适用于其他 BIM 软件。软件的常态是不断的创新和发展，而围绕 Revit 的软件体系，也是不断变化和发展的。

基于 Revit 软件，其对应的软件体系如图 1-7 所示。

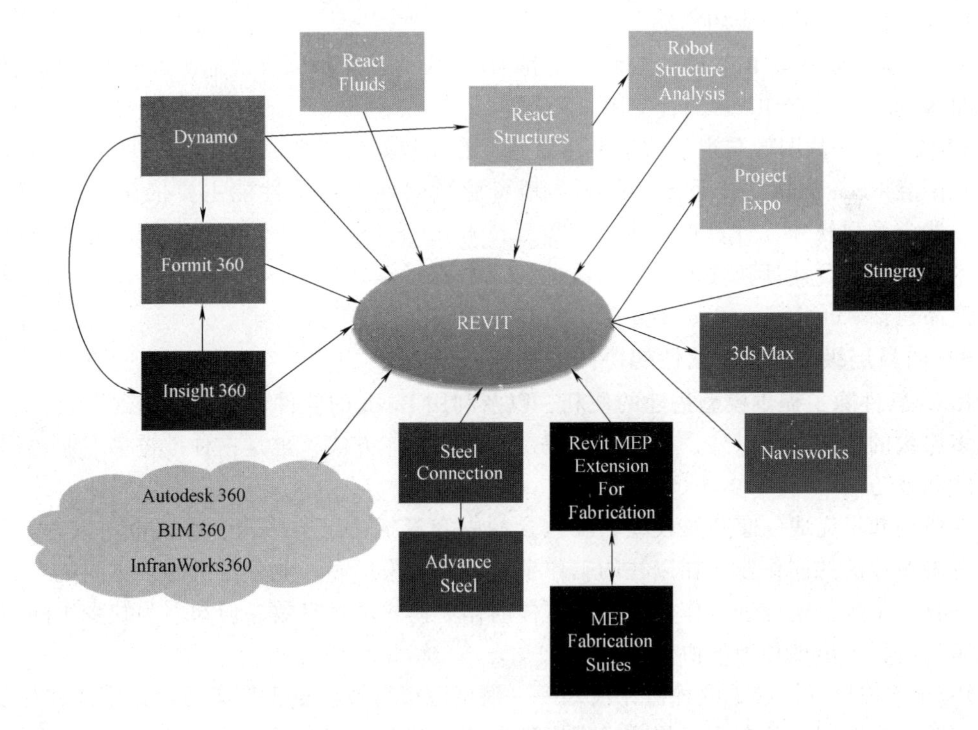

图 1-7　Revit 软件体系

Dynamo 是一款基于 Revit 的可视参数化插件，类似于 Grasshopper，通过模块化的简单编程方式，可以完成数据抽取、计算、建模和分析等应用。

Formit 360 是一款建模软件，建模并不基于构件对象，与 SkechUp 相似，比较普遍应用于概念设计阶段，也可以用来辅助制作族，增加 BIM 技术在建筑工程行业的使用率，真正做到方案模型与 BIM 基础平台的无缝链接和实时协同。

Insight 360 是一款建筑能源与环境绩效软件，替代原有工作流程中的 Ecotect，能自动分析模型创建和性能信息，直接在建模环境下的可视化生成洞察，用于整个建筑能源，加热、冷却、采光、太阳辐射模拟。

Advance Steel 是一款结构专业钢结构详细设计的软件，适合设计钢结构的细部，可自动生成图纸、BOM（材料表）和 NC（数控机床）文件。

Fabrication Suites 是一款面向机械、电气和给水排水设计师和绘图师的软件，主要提供绘图、制造和制作工作流程等功能的软件。

Project Expo 是一款以建筑为重点的沉浸式 3D 体验的展示软件，与 Stingray 不同的是不需要游戏创作环境，牺牲某些游戏制作的配置。

Stingray 是一款 3D 游戏引擎和实时渲染软件，游戏创作环境，作为交互式实时图像应用程序的核心组件，是一些游戏所需的工具，可以应用在建筑效果展示、动画，也只有此应用场景，可以跟 3dsmax 直接链接和实时渲染，可配合 VR。

React Structures 是一款结构分析软件，直观的 3D 分析建模器，能在同一平台上反映不同的结构、钢结构、钢筋混凝土或木材，且能和 Dynamo 相互集成。

Robot structure Analysis 是一款结构分析软件，目前在桥梁、体育场、海上结构和一些有较高要求的建筑项目中应用广泛。

Navisworks 是一款 BIM 碰撞检测应用和 4D 应用软件，可以有效地实现轻量化模型展示，在 BIM 实施中，常与 Revit 配合使用。

3dsMax 是一款图像与视频渲染专用软件，有比较好的影像渲染效果。

在围绕 Revit 的软件体系中，除了本地资源性软件（计算性能主要依靠本地计算机），还有一些云系列软件（计算性能主要依靠云技术），它们除了进行文件存储以外，可以通过云技术对模型进行计算和处理，例如通过云技术进行模型渲染、仿真、复杂的分析计算等。这些产品包括 Autodesk 360 、BIM 360 和 Infranworks 360 等。

1.3.3　项目层级上 Revit 软件的协同应用技巧

Revit 软件除了提供模型搭建的便利，以及利用 Revit 的软件体系可以达到多软件、多专业、多层级的协同办公以外，软件自身携带的协同工作方式，也是一种推进多专业协作的工作方式和技巧。

众所周知，完成一套建筑模型，所包含的内容囊括建筑、结构、水暖电、室内、景观、场地等多专业的共同作业。在以往的工作模式中大都采用多专业分工机制，不同的专业各自负责各自的工种，定期进行作业核查，这样的作业模式虽然有效，但却因为缺少协同而容易导致施工过程中出现种种不协调的问题。

Revit 软件自身提供了两种协作模式——模型链接以及模型工作集的操作模式，如图 1-8 所示。前者主要用于各专业工程师完成模型设计、搭建的工作后，通过互相链接各专业的模型，定期定点地更新模型链接，即可查看设计工作中出现的各种模型问题；后者为模型工作集方式，该种方式将整体模型进行类别划分，随后按照分工类别完成模型，分工类别可以按照模型构件类别、各专业工程师自己的专业范畴、模型整体的楼层或者地块等方式进行更加细致的划分。

如图1-8所示，利用Revit协作选项卡下的“复制/监视”以及“协调/审阅”功能，可以监视多个模型之间存在复制关系的模型构件，例如当机电专业复制了建筑专业的标高参数，如果机电专业在建模过程中不小心移动了标高，则Revit会提醒建模人员该操作是否被接受，也会提示建筑专业的操作人员是否接受机电专业的操作人员的修改意见，从而减少多专业人员由于缺少沟通而产生的模型错误。

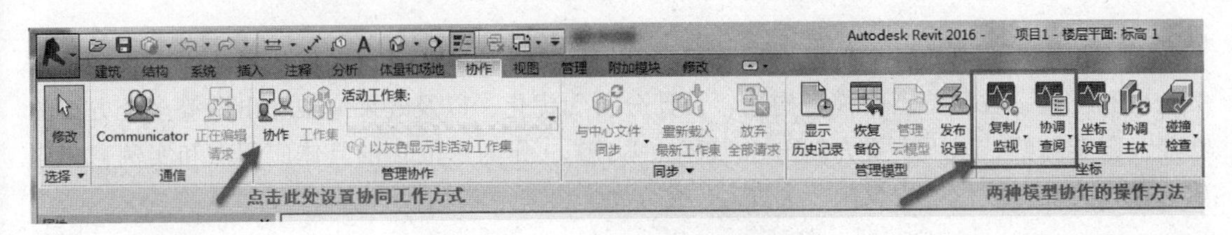

图1-8　Revit2017的协同工作界面

善于利用Revit软件协同工作方式，并利用Revit软件体系中的其他软件，如利用Civil3D的场地构建，利用Navisworks等进行模型整合、碰撞检测、4D模拟等，可以有效地提升工作效率，完善模型深度。

第 2 章　BIM 方案设计应用

BIM 在建筑方案的各个阶段均配备相应的辅助设计技术，可以实现从场地构建、概念方案生成和比选、各种特点的模型构建、设计分析和优化，以及效果渲染和出图等多个方面的功能。限于篇幅，以下主要介绍 BIM 技术（以 Revit 作为示范）的具体应用点和实例，相应软件操作将在后续内容中反映。

2.1　场地构建、土方平衡和指标分析

2.1.1　地形构建和土方平衡

使用 BIM 的场地设计功能，可以根据场地规划需要对山地地形进行处理，得出三维设计地形，可以计算土方填挖量，从而在方案设计阶段快速得出不同方案的土方量数据和三维地形效果（图 2-1）。

图 2-1　某小区效果图

1. 地形创建

BIM 主要通过拾取不同的高差点，自动连接，生成 3D 可视化模型。除了可以使用常规的地形功能以外，还可以采用以下两种地形创建方式：

1）导入实例——可以根据以 DWG、DXF 或 DGN 格式导入的三维等高线数据自动生成地形表面，如图 2-2 所示。

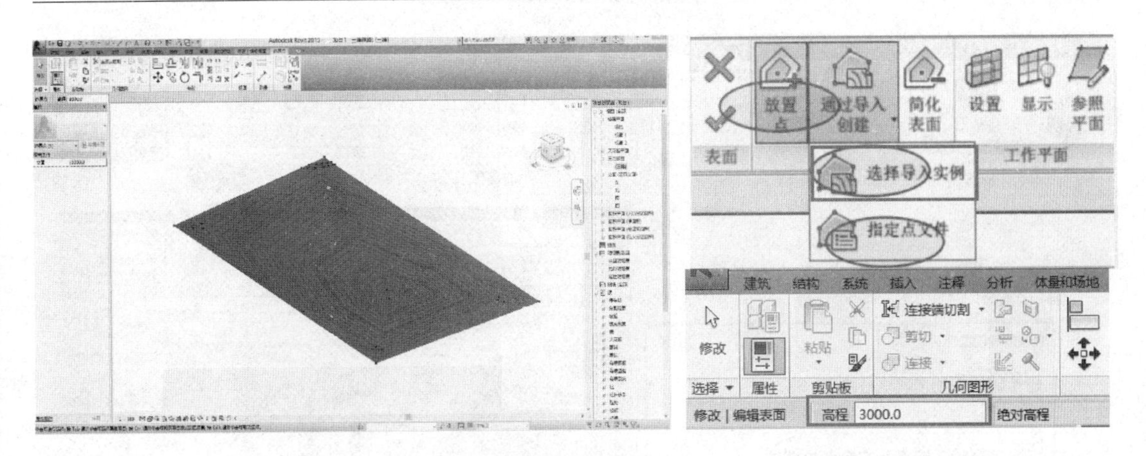

图 2-2 “选择导入实例”创建地形

2）点文件——选择有逗号分隔的 CSV 文件或 TXT 格式的地形测量点文本文件，如图 2-3所示。

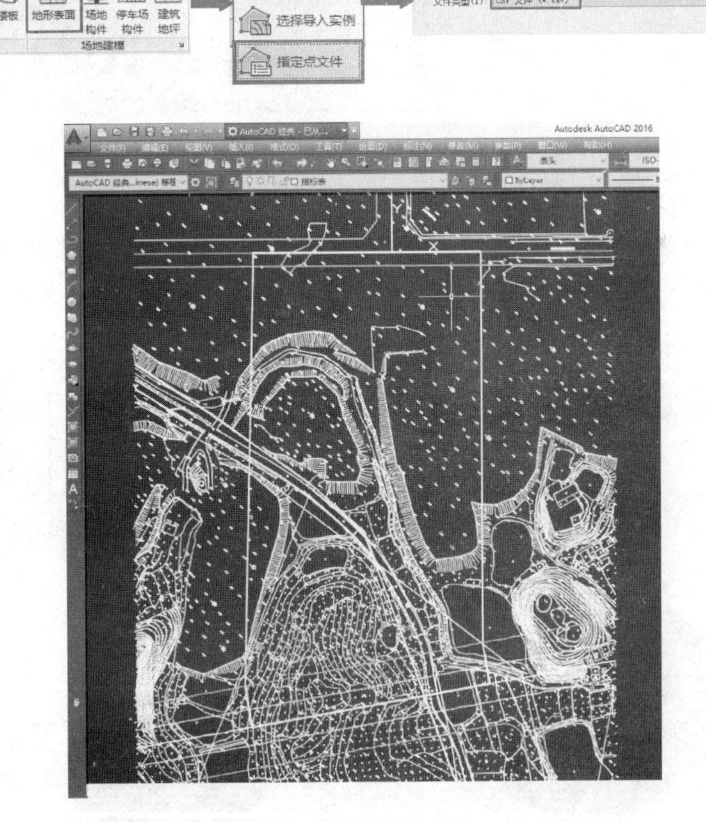

图 2-3 “指定点文件”创建

2. 绘制建筑红线

绘制建筑红线，确定规划范围，在属性栏中显示规划面积，如图 2-4 所示。

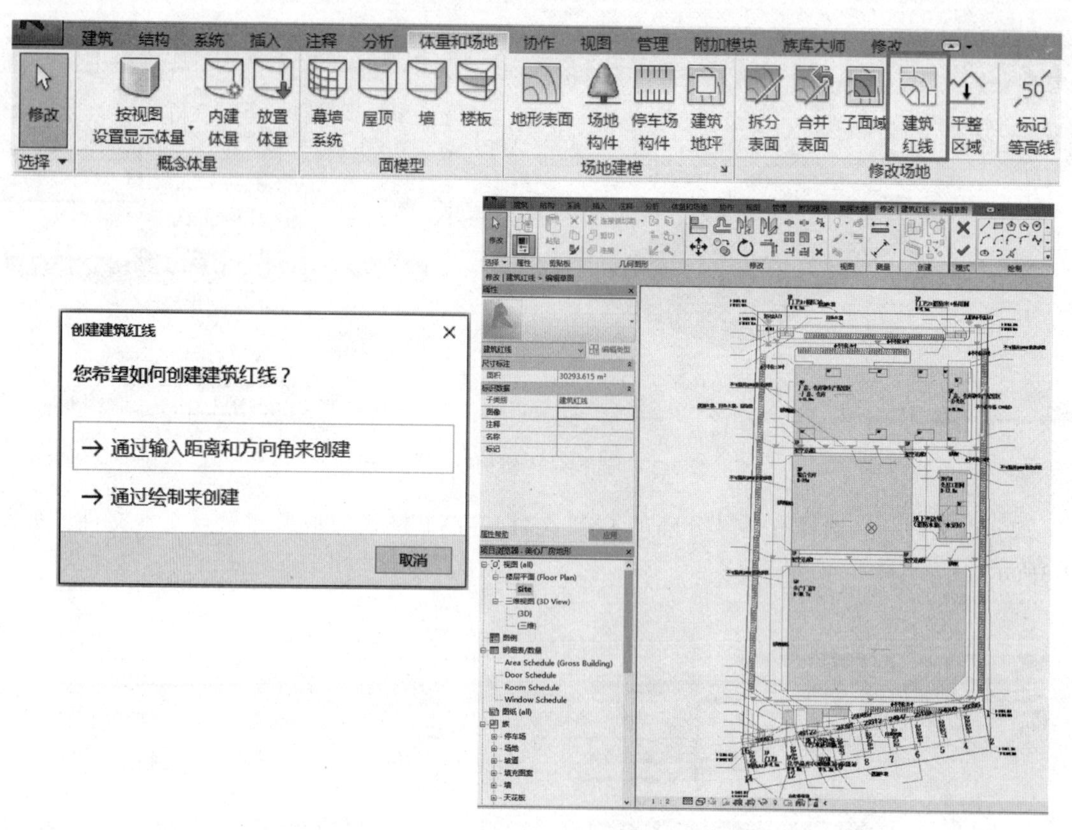

图 2-4　绘制建筑红线

3. 场地平整和土方平衡

使用 Revit 中的“平整区域”功能对场地地形进行平整，同时可以计算出土方量（挖方和填方），如图 2-5 所示。

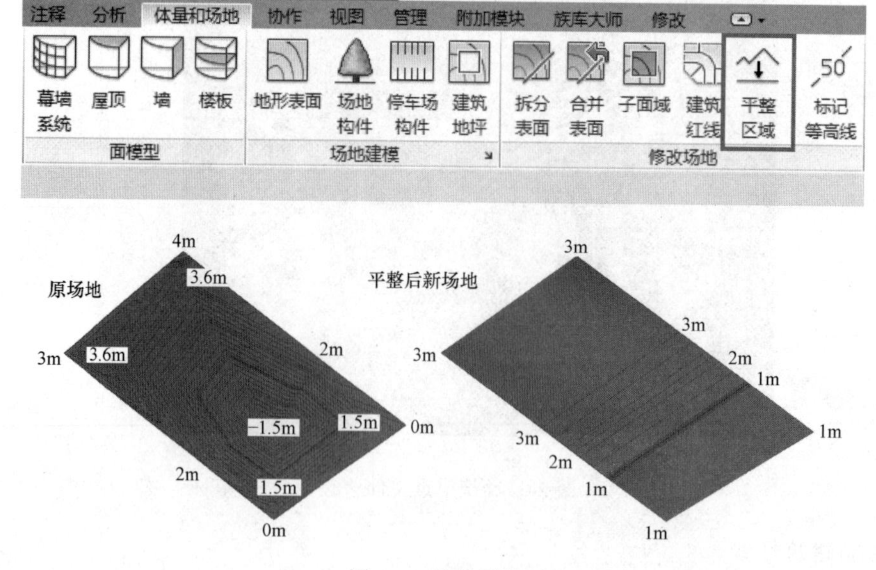

图 2-5　场地平整

在平整场地完成后，土方量在属性栏显示，也可在地形明细表中通过选择“填充”和“截面”得出相应的数据，如图 2-6 所示。

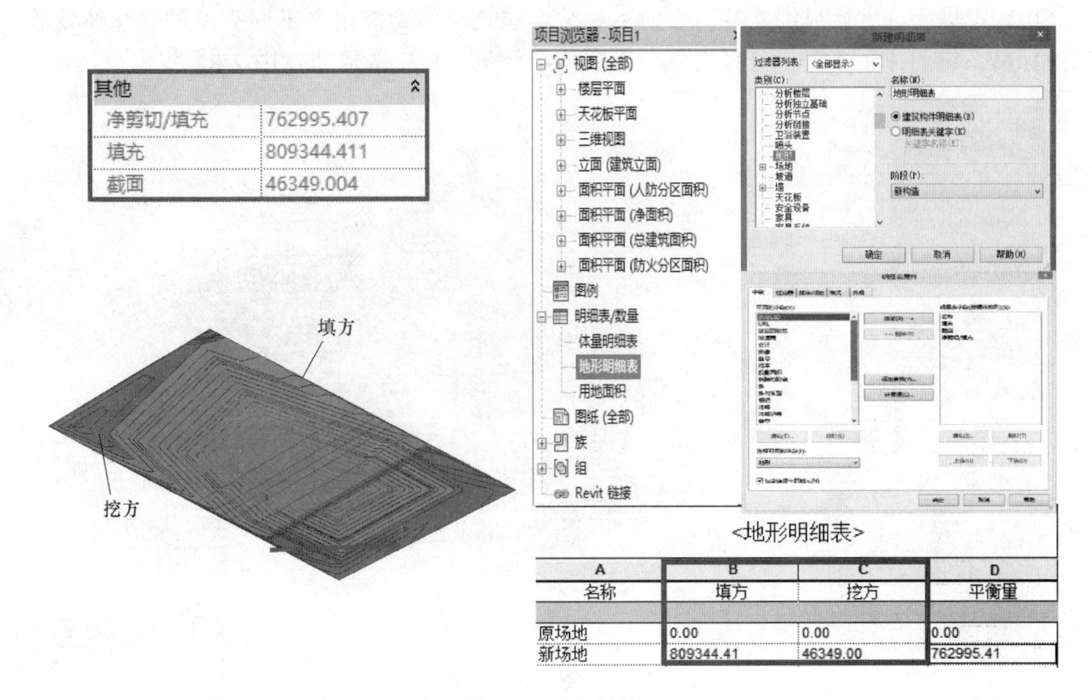

图 2-6　土方计算

2.1.2　场地构建和布置

使用 Revit 中“建筑地坪”和“子面域”功能创建道路和广场，而绿化小品和停车位则使用 Revit 的系统自带族构件或自定义族构件进行载入布置，如图 2-7 所示。

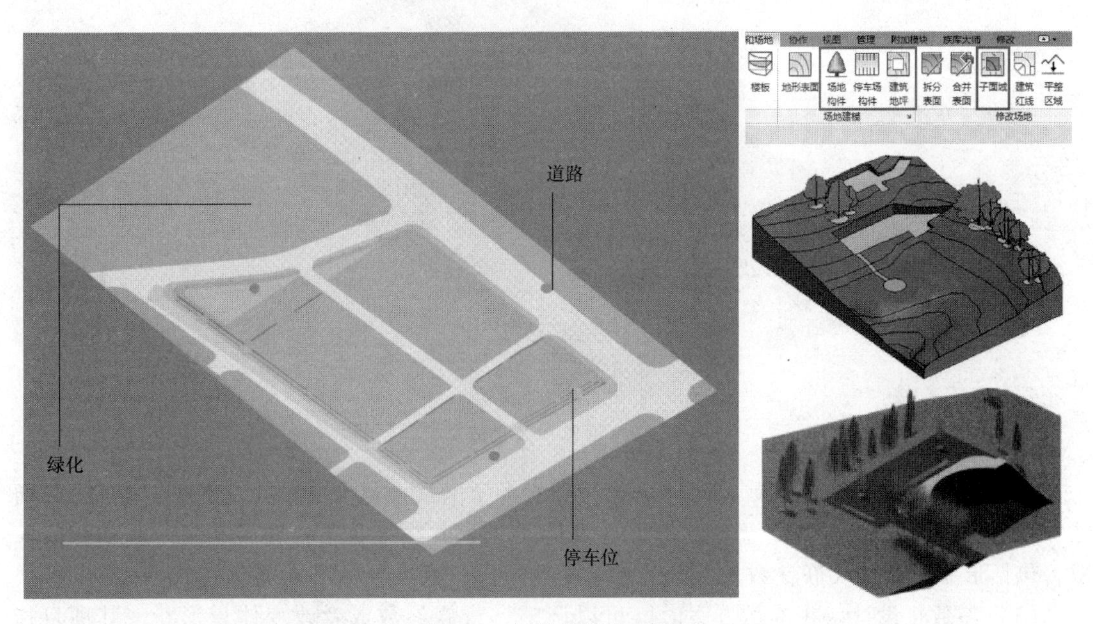

图 2-7　场地构建和布置

2.1.3 场地概念体量和参数化方案比选

在方案前期概念设计中，建筑师习惯使用建筑体块表达场地规划方案，并进行多方案比选，BIM 可以为这方面提供支持。目前主要结合建筑单体功能定义不同类型的概念体量族，通过标高系统和体量参数，可以提供一系列的参数化方案比选辅助（图 2-8）。

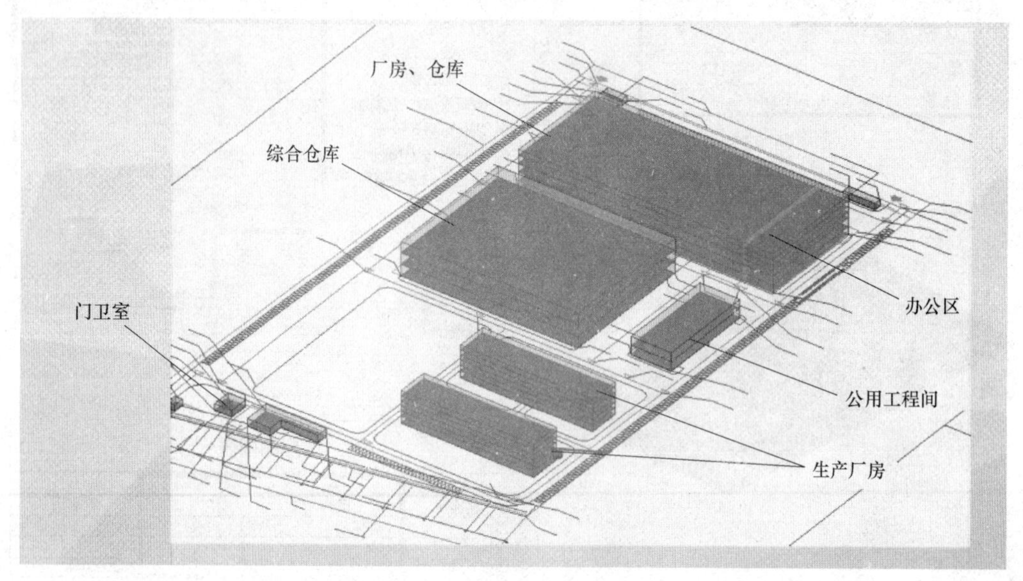

图 2-8 场地概念方案

基本的工作过程包括：

（1）创建概念体量。按建筑功能进行分类，形成一系列参数化体量族（图 2-9）。

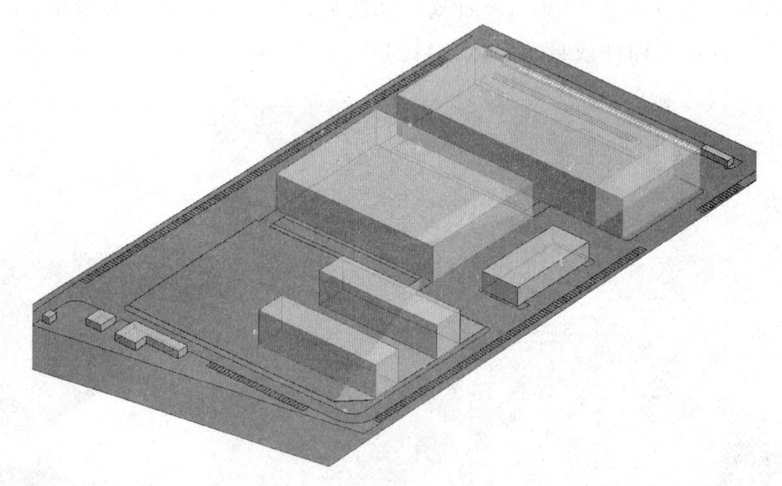

图 2-9 创建参数化体量族

（2）定义概念体量族参数。对体量进行功能类型以及长宽参数设置，例如“办公”“商铺”“酒店”，根据需要还可添加材质和注释等；创建共享参数组；在族类型中添加相应参数，包括形状控制的关联参数，部分的参数需要通过公式换算得出（图 2-10）。

（3）参数化设计。在推敲方案时，可以调整体量族参数或者改变体量形状，其项目指标会实时更新。其指标的得出可以通过明细表或 Dynamo，如图 2-11 所示。

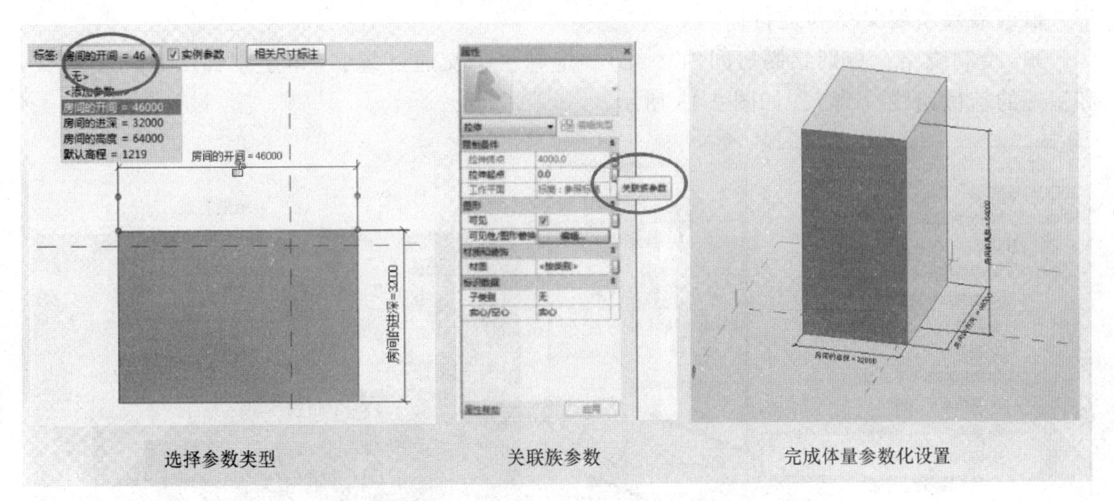

图 2-10　定义体量族关联参数

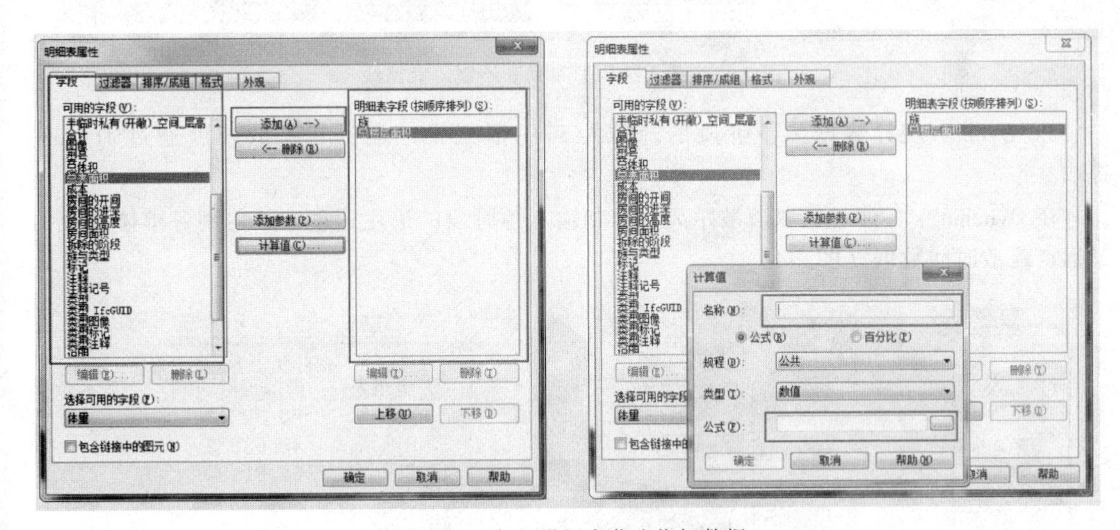

图 2-11　定义明细表获取指标数据

2.1.4　场地人流分析

场地人流分析除了常规的功能流线的定性分析外，还可以进行定量分析，例如紧急疏散模拟，通过三维模型的实际空间模拟，获得计算模型，量化分析这方面的安全疏散参量。以下工作步骤是采用 Revit 的框架梁功能，计算场地各建筑最不利房间到集中安全空地所需要的疏散时间。

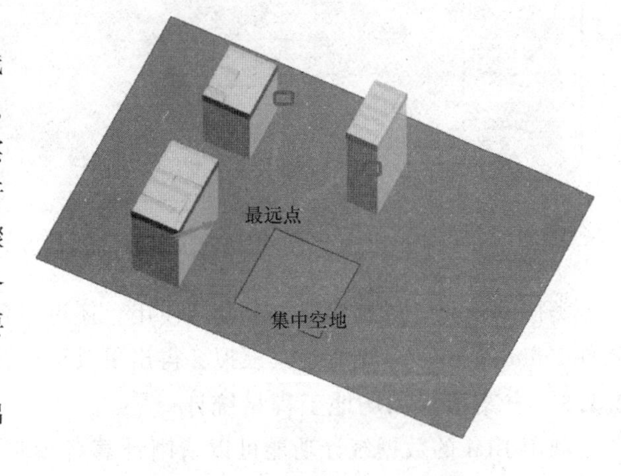

图 2-12　最远点疏散示意图

1）建模：确定建筑中离底层安全出口的最远点（图 2-12）。

2）载入项目：将框架梁族载入项目

中，根据需要新建类型和进行命名。

3）绘制线路：分别绘制房间内（红）、走廊水平交通（绿）、单层楼梯水平长度（黄）和室外的疏散路线（青），如图2-13所示。

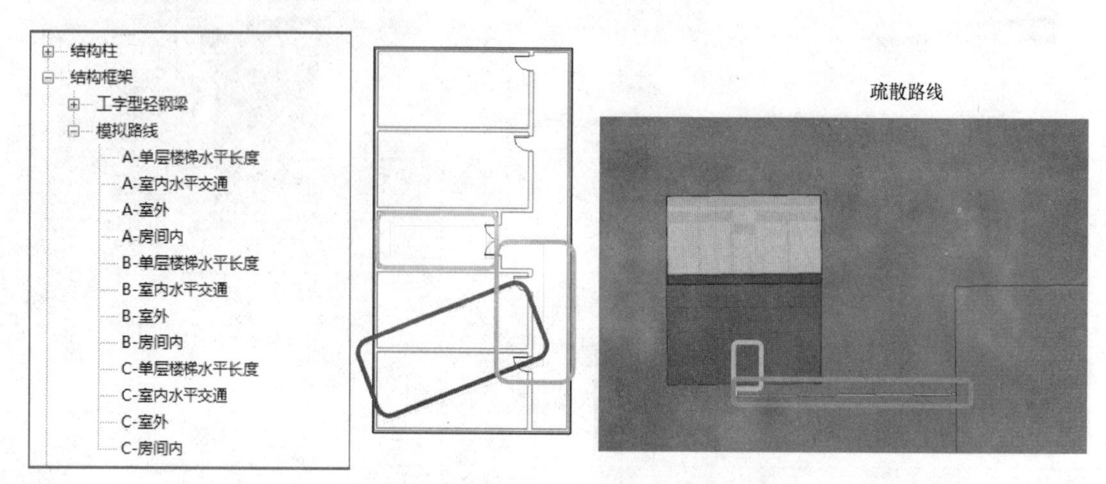

图2-13　载入结构框架梁和绘制疏散路线

4）Dynamo统计数据：各阶段的疏散距离用框架梁绘制，其疏散长度通过Dynamo提取。

在Dynamo中，通过提取疏散距离数据和输入各阶段的逃生速度，可得到各单体建筑的最远点疏散时间数据（图2-14）。

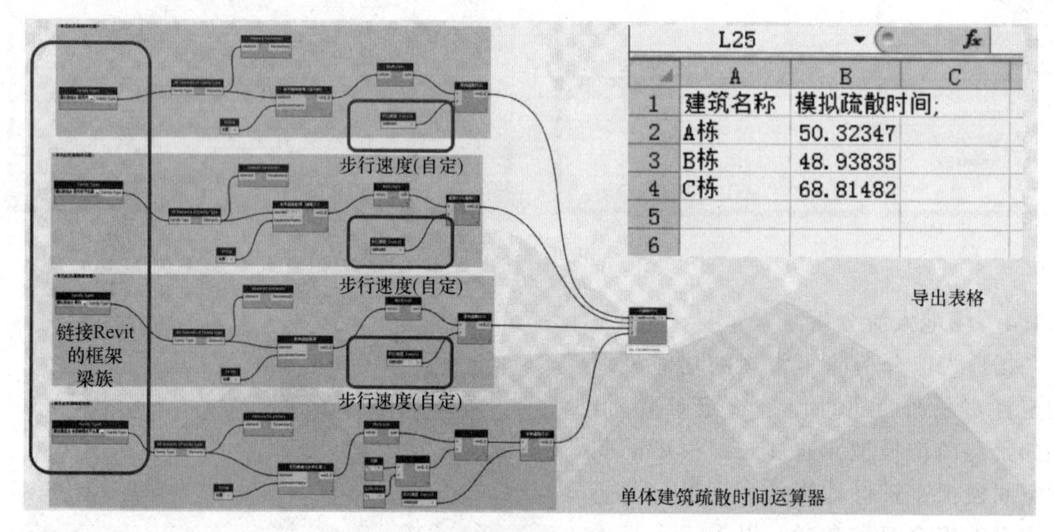

	A	B	C
1	建筑名称	模拟疏散时间;	
2	A栋	50.32347	
3	B栋	48.93835	
4	C栋	68.81482	
5			
6			

图2-14　Dynamo提取数据和生成结果

类似的量化分析可根据需求灵活使用，还可以使用如火灾模拟软件Pyrosim和人员疏散软件Building Exodus进行仿真模拟，得出更具像的分析结果。

2.1.5　方案指标和场地工程量统计

利用BIM的数据统计功能可以清晰计算各项指标，如建筑面积、用地面积等数据，也可以进行有针对性的场地工程量统计。

1. 方案指标统计

可以通过明细表功能和Dynamo功能提取数据和换算相应指标，两种方法各有优缺点。

(1) 明细表提取数据。新建明细表，得到方案实时的容积率、建筑密度方案指标；根据指标进行方案对比，合理设计。但此种方法的缺点是对于需要跨表提取数据得出指标的需求暂时无法实现（图2-15）。

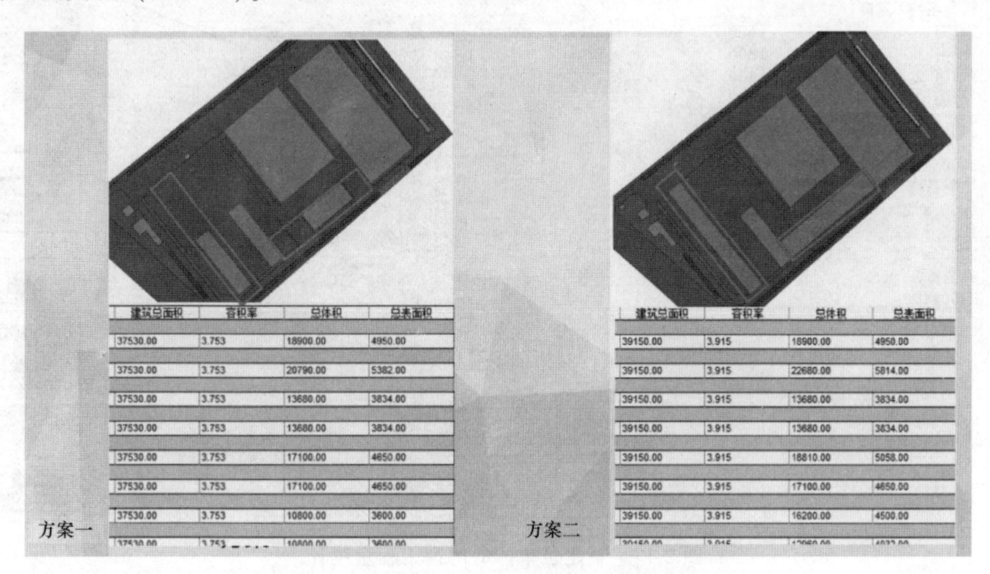

方案一

建筑总面积	容积率	总体积	总表面积
37530.00	3.753	18900.00	4950.00
37530.00	3.753	20790.00	5382.00
37530.00	3.753	13680.00	3834.00
37530.00	3.753	13680.00	3834.00
37530.00	3.753	17100.00	4650.00
37530.00	3.753	17100.00	4650.00
37530.00	3.753	10800.00	3600.00

方案二

建筑总面积	容积率	总体积	总表面积
39150.00	3.915	18900.00	4950.00
39150.00	3.915	22680.00	5814.00
39150.00	3.915	13680.00	3834.00
39150.00	3.915	13680.00	3834.00
39150.00	3.915	18810.00	5058.00
39150.00	3.915	17100.00	4650.00
39150.00	3.915	16200.00	4500.00

图2-15 使用明细表比较不同方案指标

(2) 通过Dynamo提取数据。创建概念体量；提取数据并进行计算，得出方案指标；修改Revit中的数据，重新打开Dynamo运算器可得到实时的方案指标。这是目前Revit中跨表提取数据的解决方案之一（图2-16）。

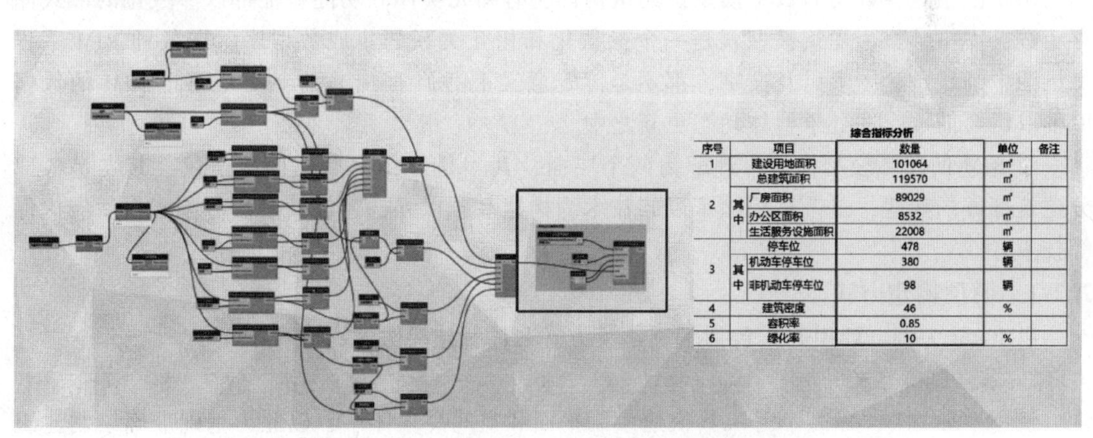

综合指标分析

序号	项目		数量	单位	备注
1	建设用地面积		101064	㎡	
2	总建筑面积		119570	㎡	
	其中	厂房面积	89029	㎡	
		办公区面积	8532	㎡	
		生活服务设施面积	22008	㎡	
3	停车位		478	辆	
	其中	机动车停车位	380	辆	
		非机动车停车位	98	辆	
4	建筑密度		46	%	
5	容积率		0.85		
6	绿化率		10	%	

图2-16 通过Dynamo提取数据，得出不同指标

2. 场地工程量统计

对场地工程量如材料使用量、停车位数、绿化树木、小品等构件的统计，可以提前预测造价，减少施工浪费及材料预算，更好地规划资金投入。统计方式既可以场地整体为对象，也可按某个建筑单体统计。以下是对某建筑单体的部分工程量的统计。BIM在工程算量方面功能相

当强大，所以在方案设计过程中实时统计某种类型构件使用数量相当方便（图 2-17）。

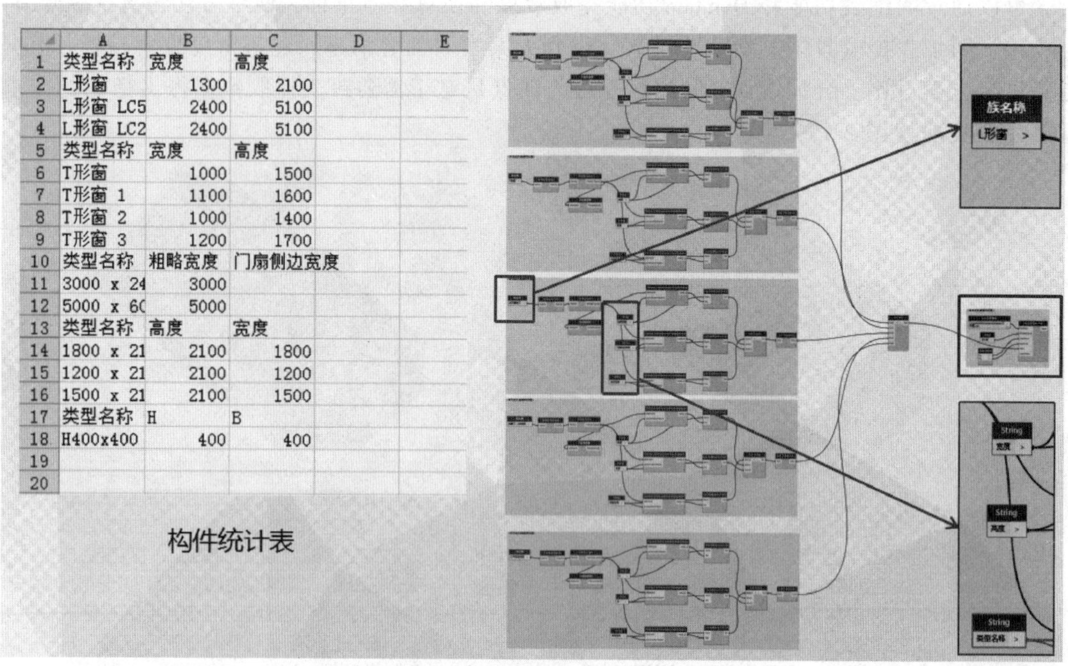

	A	B	C	D	E
1	类型名称	宽度	高度		
2	L形窗	1300	2100		
3	L形窗 LC5	2400	5100		
4	L形窗 LC2	2400	5100		
5	类型名称	宽度	高度		
6	T形窗	1000	1500		
7	T形窗 1	1100	1600		
8	T形窗 2	1000	1400		
9	T形窗 3	1200	1700		
10	类型名称	粗略宽度	门扇侧边宽度		
11	3000 x 24	3000			
12	5000 x 6C	5000			
13	类型名称	高度	宽度		
14	1800 x 21	2100	1800		
15	1200 x 21	2100	1200		
16	1500 x 21	2100	1500		
17	类型名称	H	B		
18	H400x400	400	400		
19					
20					

构件统计表

族名称

L形窗

String

宽度

String

高度

String

类型名称

图 2-17　某建筑单体的门窗工程量统计

2.2　模型构建和参数化设计

BIM 模型是参数化的数字模型。建筑构件所有图元实体和功能特征都以参数化的形式储存于数据库中，整个建筑模型就是一个参数化和相互关联的集成数据库。在各种 BIM 工程二维图中的线条、图形以及文字，都不是传统意义上“画”出来的，而是通过 BIM 的数据库抽取组合而成，并处于整体动态更新之中。

对 BIM 的实际模型构建可理解为两个层面，其一是整体模型架构的搭建，其二是各部分建筑部件的构建，这个过程除了以族技术为构建基础以外，还涉及表皮分割和自适应构件等技术。

2.2.1　模型构建方式

以 Revit 为例，建模方式包括平直建模方式和体量建模方式（图 2-18）。

1. 平直建模方式

使用“轴网”“标高”等工具快速绘制平面和空间高程体系，以此为基础准确绘制建筑墙体和各层楼板，还有门窗、屋顶、楼梯等。此方式适用于大部分横平竖直，符合正交体系模型特征的建筑类型。

2. 体量建模方式

概念体量是 Revit 中一个功能强大的族。它使用计算机图形学常规的建模方式，包括扫略、放样、融合、扭曲等，如图 2-19 所示。相比前一种平直建模方式，概念体量建模适用于自由度和可塑性更高的异形体。当概念体量创建后，通过“面模型”功能可以生成相应

图 2-18　两种模型构建方式实例

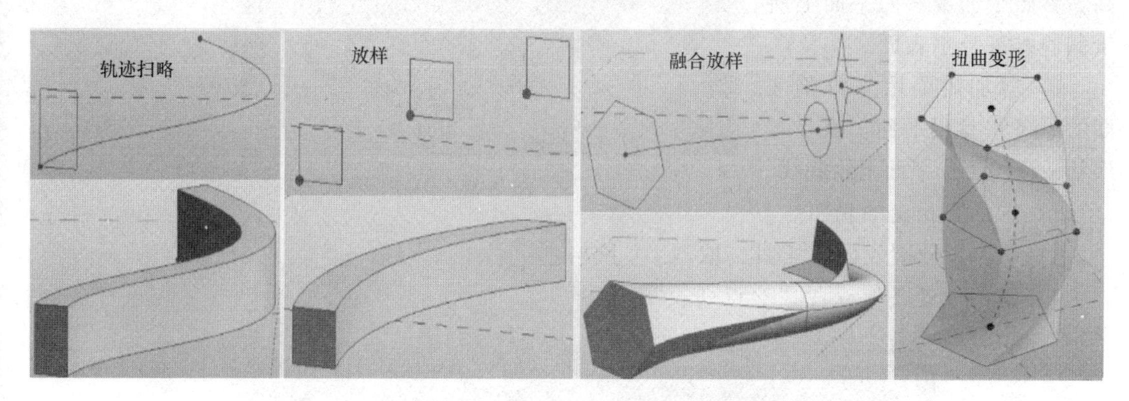

图 2-19　计算机图形学常规建模方式

的建筑部件。

2.2.2　表皮分割和自适应构件

项目非线性建筑表皮的设计需求越来越多，如图 2-20 所示的项目外表皮就是用打孔铝板组合而成，是在框定的表皮分割下，嵌入不同类型的打孔铝板。此类表皮方案使用传统建模方式不仅效率较低而且不利于多方案推敲，因此可以考虑使用 BIM 参数化设计手段。该方法的技术路线是先进行表皮图案分割，然后通过自适应构件创建嵌板单元，再通过填充方

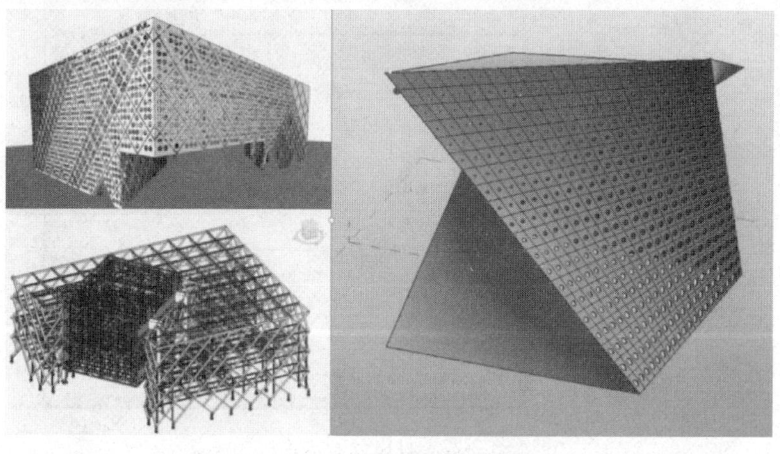

图 2-20　非线性建筑表皮实例

式生成表皮，以下是典型的技术过程。

1. 表皮分割

使用不同方法进行表皮分割，分割后的表皮将作为概念设计环境中填充图案和自适应构件的载体。

(1) 分割方法一。自动分割表面（可修改 UV 线数量和旋转角度等），如图 2-21 所示。

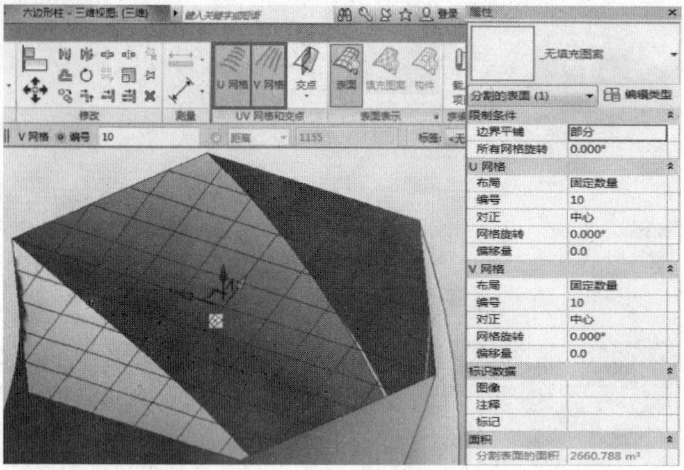

图 2-21　UV 网格分割表面

(2) 分割方法二。自由分割表皮，通过相交的三维标高、参照平面或参照平面上所绘制的线来分割表面。

1）增加需要用来分割表面的标高和参照平面，或在与形状平行的工作平面上绘制线。

2）选择要相交的表面。

3）单击“分割表面”工具，取消 UV 网格。

4）单击“交点”或者“交点列表”，如图 2-22 所示。

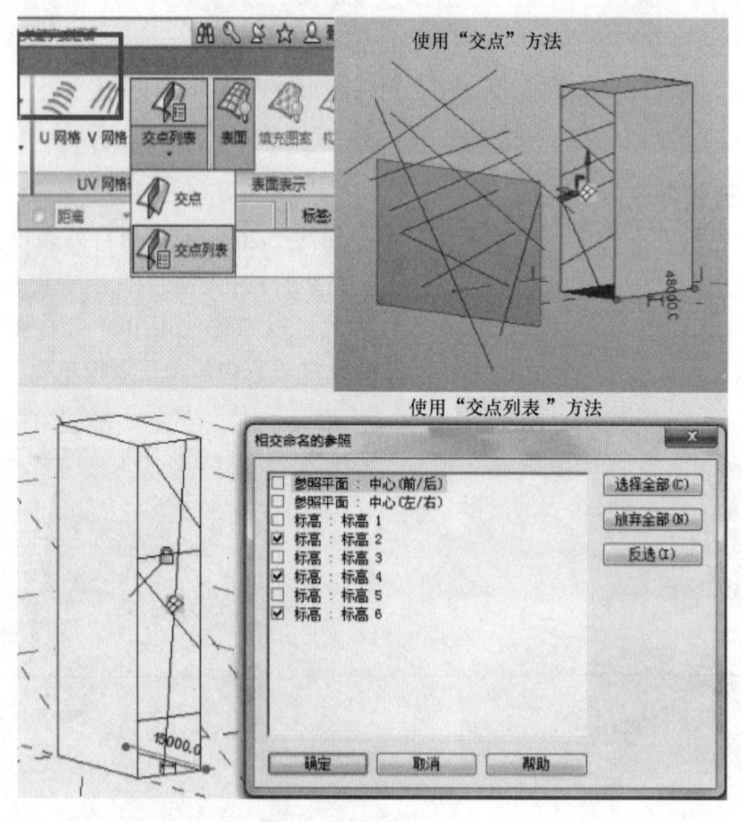

图 2-22　自由分割表面

2. 幕墙嵌板填充图案

在概念体量设计环境中，用于在网格表面有规律布置的构件族，又称幕墙嵌板。有多种样式，如图 2-23 所示。

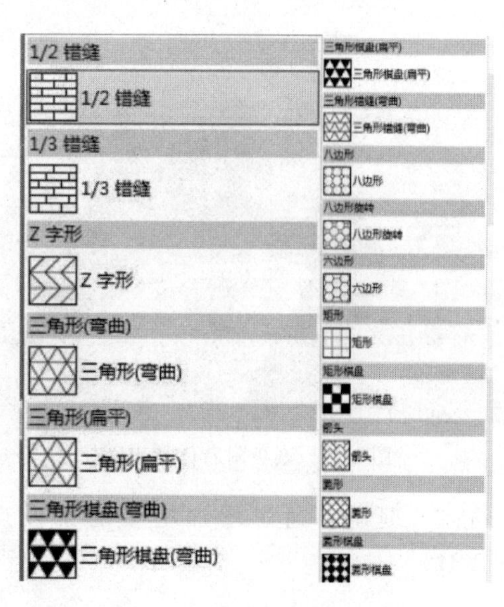

图 2-23　幕墙嵌板填充图案

3. 自适应构件

自适应构件是能灵活适应许多独特概念条件的构件，是基于填充图案的幕墙嵌板的自我适应，以下是制作嵌板自适应构件和形成曲面点干涉表皮的主要过程。

（1）制作方形嵌板（图 2-24）。

（2）获得每个自适应构件与干涉点的距离（图 2-25）。

（3）在方形嵌板中心开参数控制的圆洞（图 2-26）。

（4）设置公式将步骤（3）的距离与圆洞大小参数绑定，并做出需要的干涉效果（图 2-27）。

（5）将自适应构件载入体量中，将嵌板附着在体量表面（图 2-28）。

（6）运行“重复”命令，得到点干涉曲面表皮（图 2-29）。

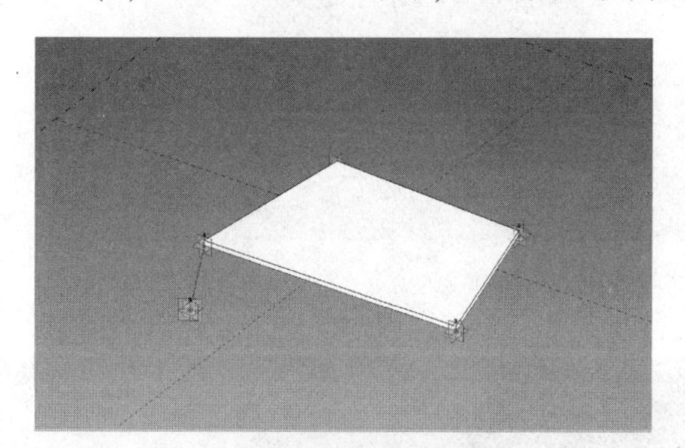

图 2-24　方形自适应嵌板单元

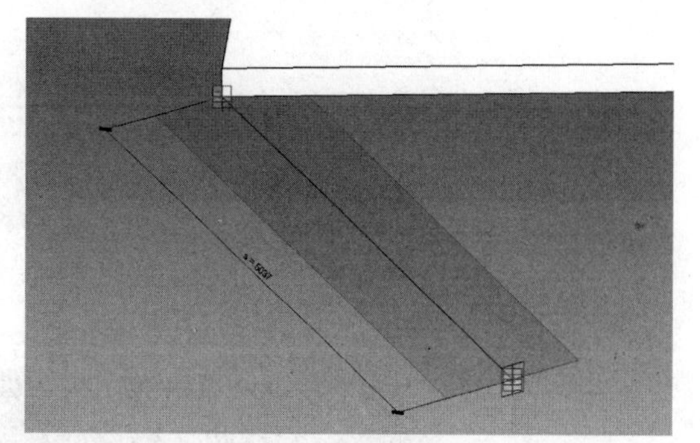

图 2-25　添加干涉点距离参数

图 2-26　添加圆洞大小参数

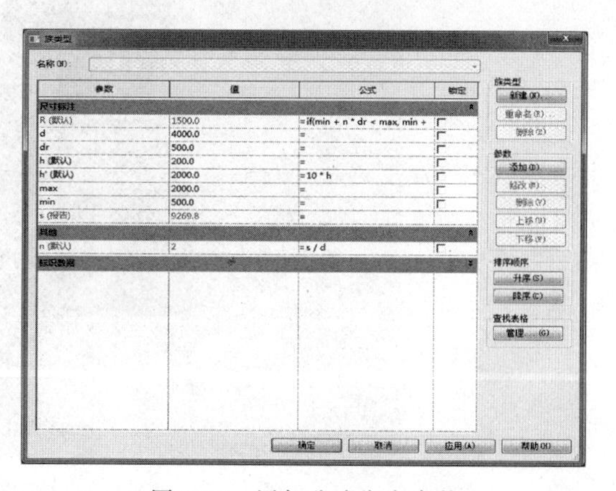

图 2-27　添加公式绑定参数

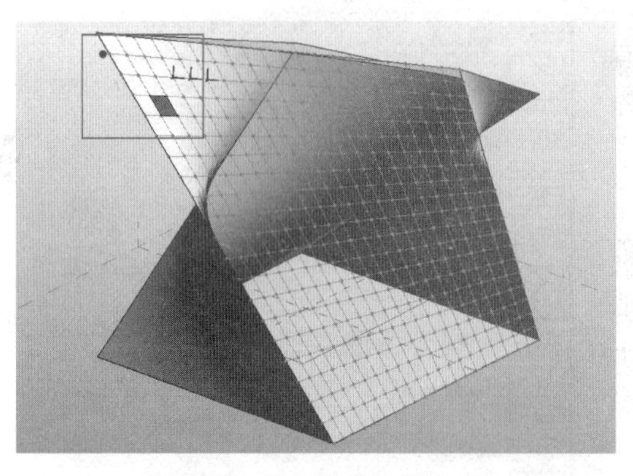

图 2-28　嵌板附着体量表面

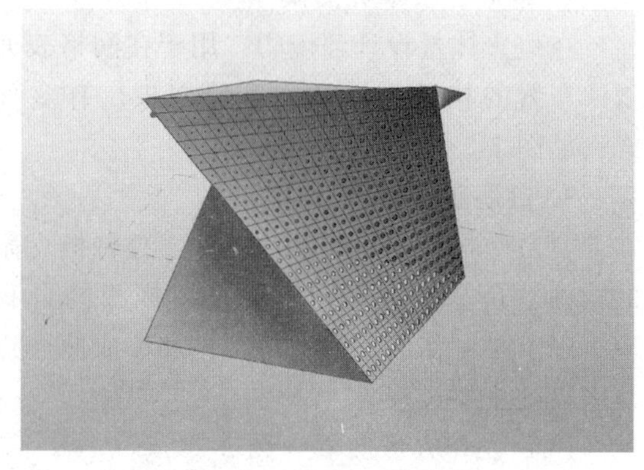

图 2-29　点干涉曲面表皮

（7）延伸：通过增加更多的干涉点，达到丰富立面生成逻辑的目的（图 2-30、图 2-31）。

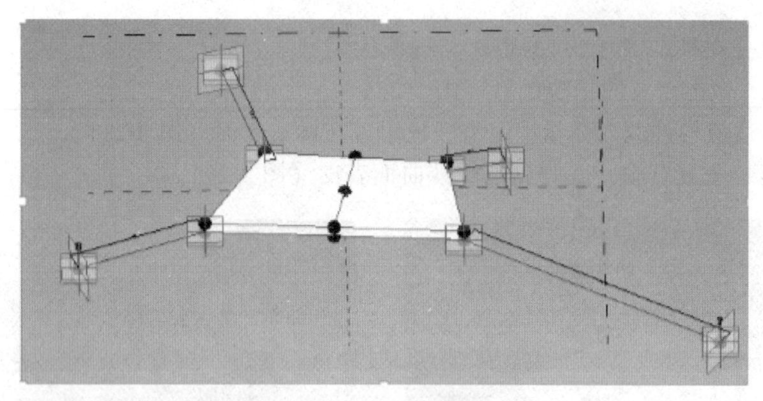

图 2-30　多点干涉自适应嵌板单元

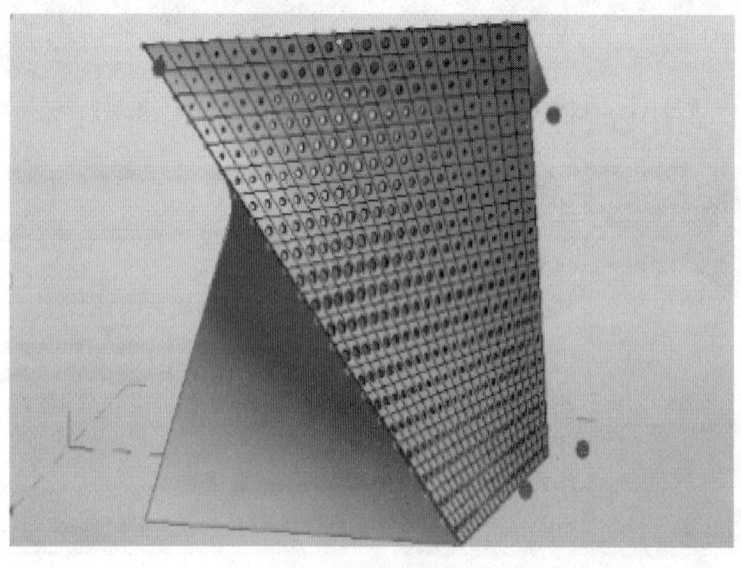

图 2-31　多点干涉曲面表皮

2.3　设计分析、查错及优化设计

2.3.1　设计分析、查错

1. 传统设计查错和 BIM 设计查错的区别

传统设计查错和 BIM 设计查错的区别如图 2-32 所示。

2. Revit 设计查错

（1）硬碰撞检查。在“插入”中链接模型，然后运行“协作-碰撞检查”，选择“当前项目”和“链接模型”，单击“确定”按钮进行碰撞检测，生成冲突报告，如图 2-33 所示。

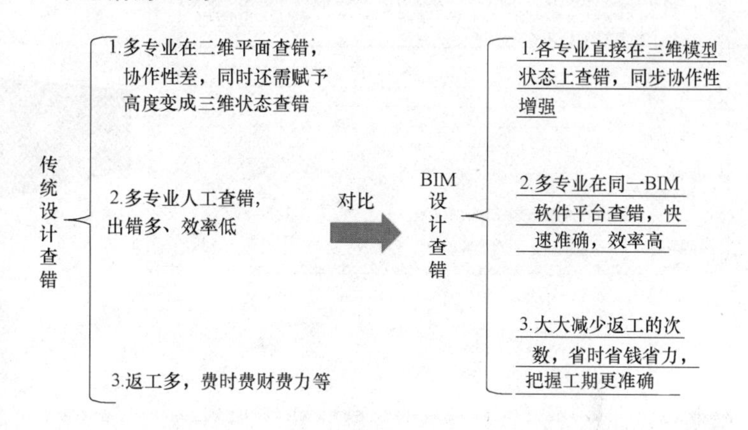

图 2-32　传统设计查错与 BIM 设计查错的区别

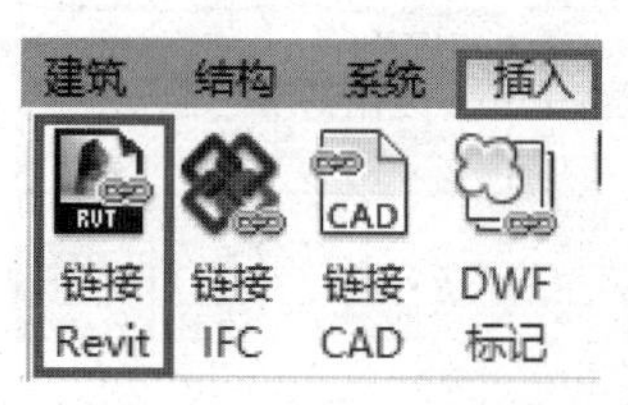

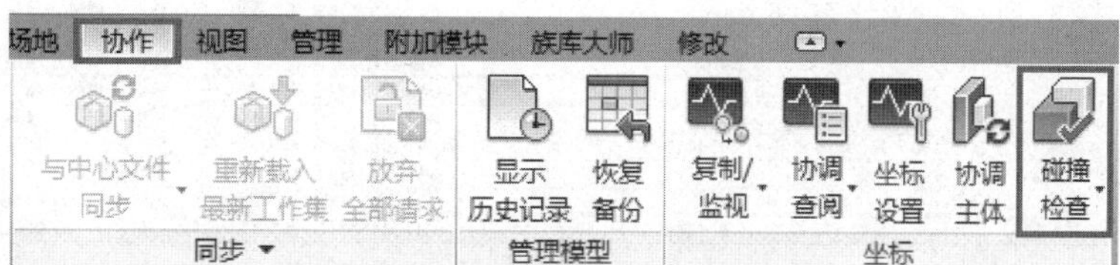

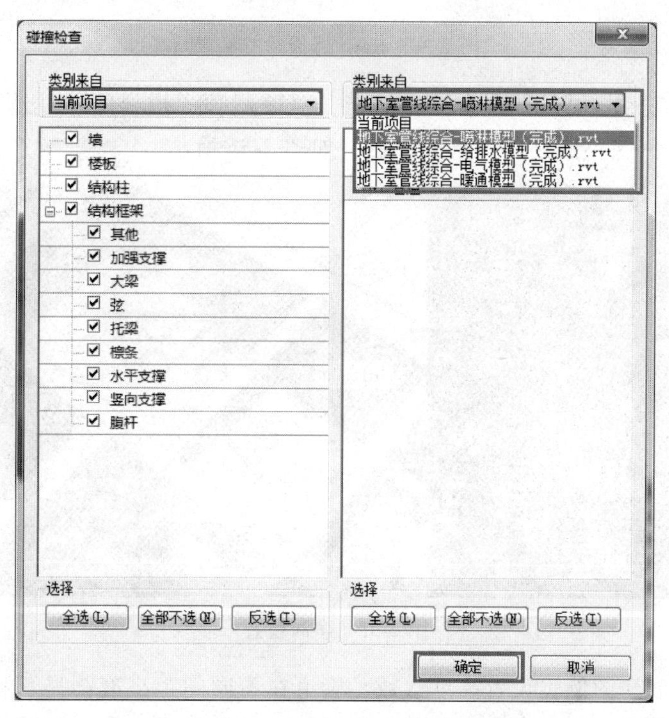

图 2-33　Revit 碰撞检查

如图 2-34 所示，上面为碰撞的图示结果，下面红框部分为相应的 ID 号。

冲突报告项目文件： G:\BIM 龚昌雄\模块五，Navisworks教材稿整理\配套资料\碰撞检查—地下室设备\地下室管线综合-暖通模型.rvt
创建时间： 2016年2月19日 16:31:06
上次更新时间：

	A	B
1	风管 : 矩形风管 : 默认 - 标记 7 : ID 258696	地下室管线综合-电气模型.rvt : 楼板 : 楼板 : 常规 - 300mm : ID 259355
2	风管 : 矩形风管 : 默认 - 标记 78 : ID 294162	地下室管线综合-电气模型.rvt : 楼板 : 楼板 : 常规 - 300mm : ID 259355
3	风管 : 矩形风管 : 默认 - 标记 83 : ID 294745	地下室管线综合-电气模型.rvt : 楼板 : 楼板 : 常规 - 300mm : ID 259355
4	风管 : 矩形风管 : 默认 - 标记 85 : ID 295942	地下室管线综合-电气模型.rvt : 楼板 : 楼板 : 常规 - 300mm : ID 259355
5	风管 : 矩形风管 : 默认 - 标记 88 : ID 296397	地下室管线综合-电气模型.rvt : 楼板 : 楼板 : 常规 - 300mm : ID 259355
6	机械设备 : 排烟风机 - 离心式 - 消防 : 3500-5419 CMH - 标记 2 : ID 270264	地下室管线综合-电气模型.rvt : 照明设备 : 双管悬挂式灯具 - T8 : 36 W - 2 盏灯 - 标记 97 : ID 290260
7	风管管件 : 天方地圆 - 角度 - 法兰 : 60 度 - 标记 250 : ID 300025	地下室管线综合-电气模型.rvt : 照明设备 : 双管悬挂式灯具 - T8 : 36 W - 2 盏灯 - 标记 97 : ID 290260
8	风管 : 矩形风管 : 默认 - 标记 85 : ID 295942	地下室管线综合-电气模型.rvt : 照明设备 : 双管悬挂式灯具 - T8 : 36 W - 2 盏灯 - 标记 121 : ID 290284
9	风管管件 : 矩形弯头 - 弧形 - 法兰 : 1.0 W - 标记 269 : ID 301134	地下室管线综合-电气模型.rvt : 照明设备 : 双管悬挂式灯具 - T8 : 36 W - 2 盏灯 - 标记 121 : ID 290284

冲突报告结尾

图 2-34　Revit 碰撞检查结果

（2）净高检查。Revit 具有净高检查功能，对坡屋顶、楼梯间、过道等净高敏感部位，能根据高度设置，反映不能满足要求的部位，如图 2-35 所示。

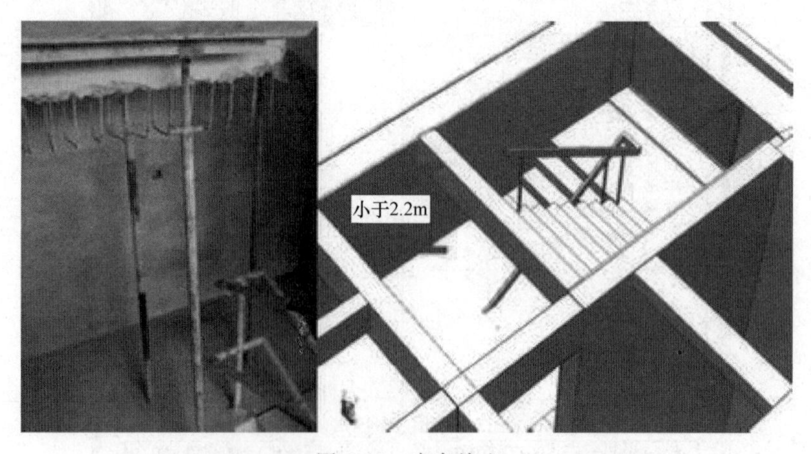

图 2-35　净高检查

1）方法一：创建图例，设置高度参数，管道在不同间距高度会显示相应的颜色，这里以风管为例，如图 2-36 所示。通过这些结果，能发现没有满足净空高度的风管，类似也可检查在满足风管安装净空的基础上，下部空间净高是否满足。

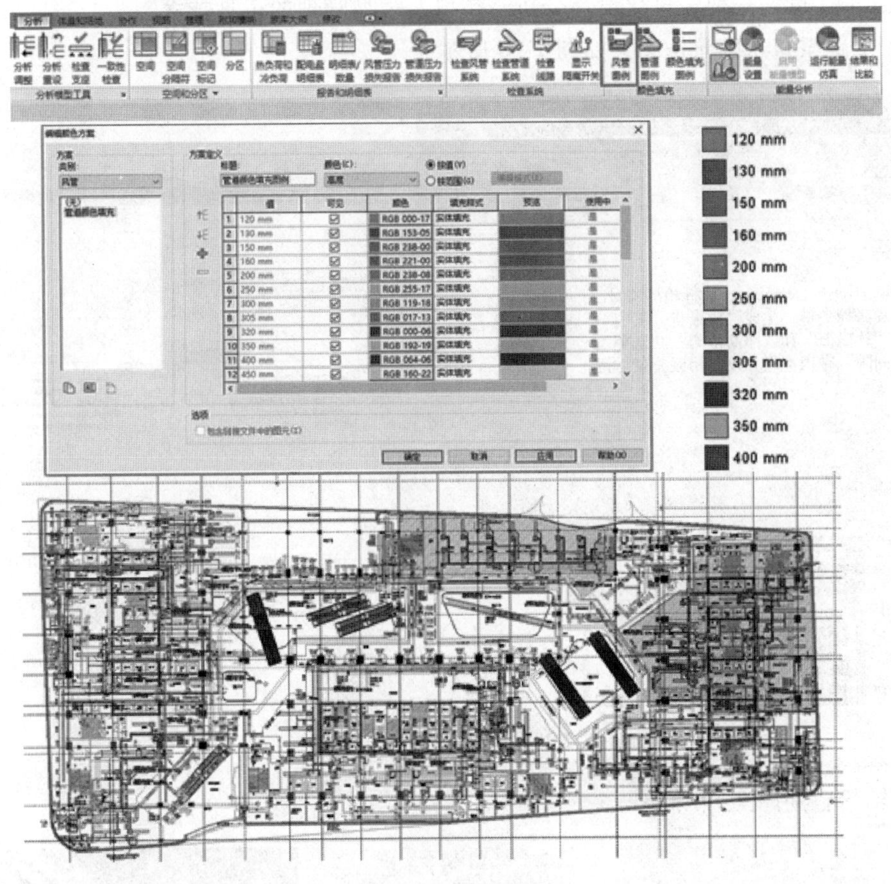

图 2-36　图例方式净高检查

2）方法二：可以采用辅助设计的办法，创建天花板，控制合适的高度，运行“碰撞检查”。通过碰撞检查报告，就可以发现在该高度下，没有满足净高要求的地方。生成冲突报告，查看碰撞构件，高亮显示如图 2-37 所示。

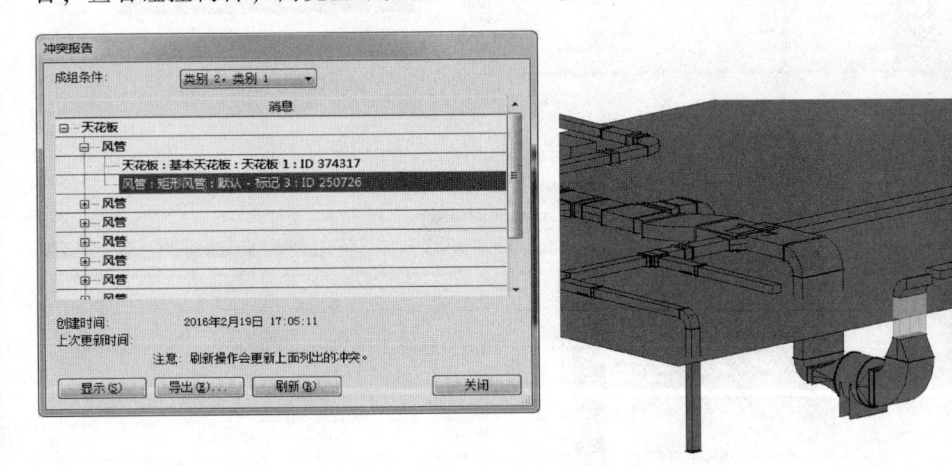

图 2-37　天花板方式净高检查

3. Navisworks 设计查错

Navisworks 也是一种轻量化设计分析查错以及模型管理的工具技术。

（1）硬碰撞和软碰撞检测，如图 2-38 所示。

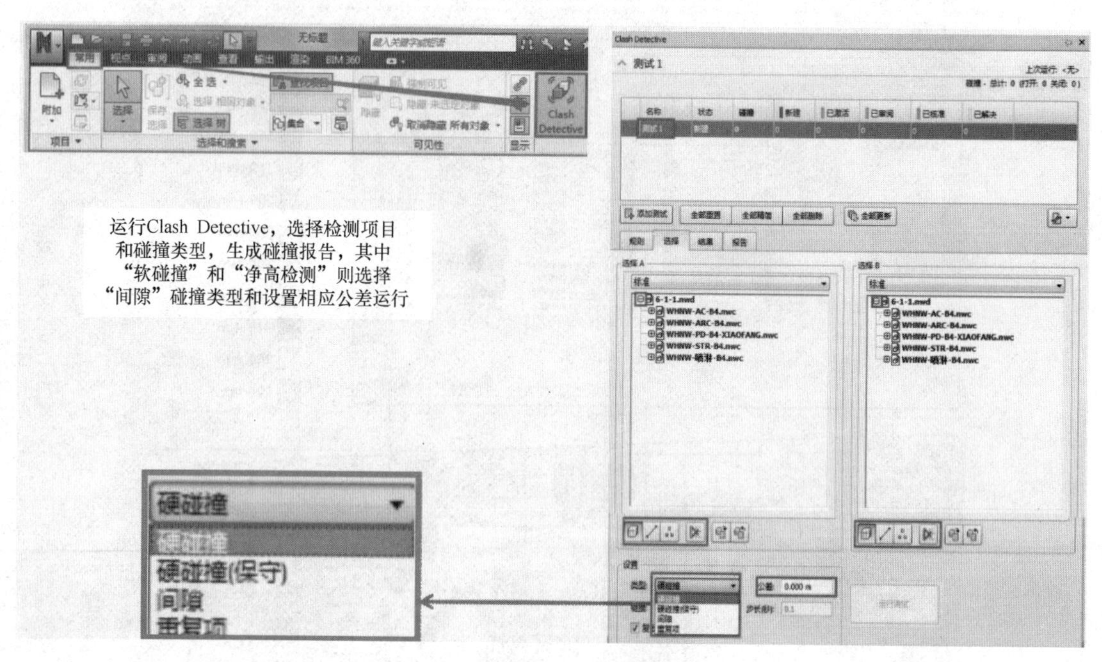

图 2-38　Navisworks 碰撞检测

碰撞结果，如图 2-39 所示。

图 2-39　Navisworks 碰撞结果

（2）碰撞管理。对经过碰撞检查之后的结果，可以进行浏览、测量和注释，如图2-40所示。

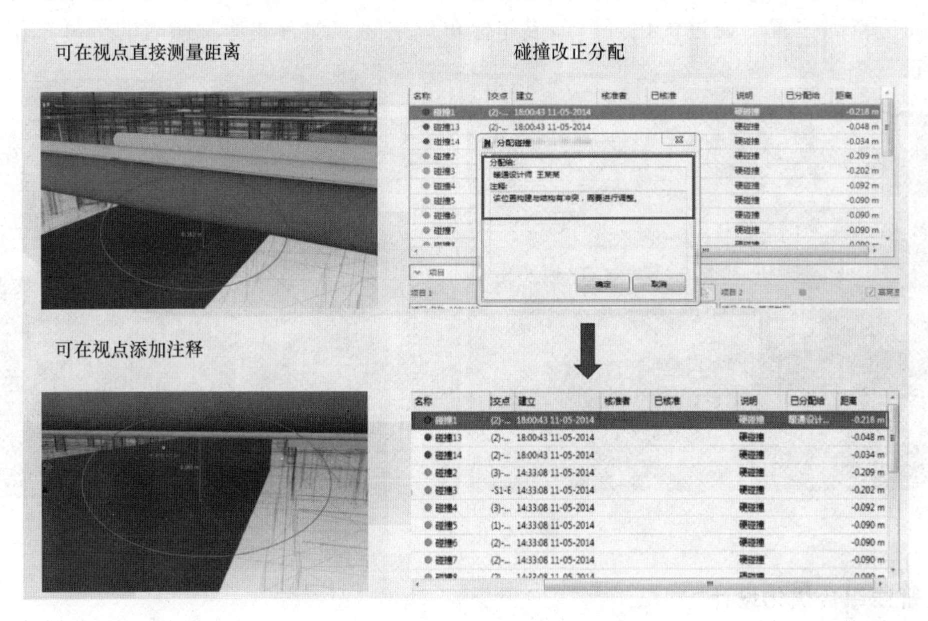

图2-40 Navisworks碰撞管理

2.3.2 优化设计

在方案设计基本确定后，需要进一步优化设计，使用BIM技术，可以开展各方面的辅助设计。

1. 可视化设计

通过剖切框、相机和视图工具可以对模型外观和室内空间多维度观察，如图2-41所示。

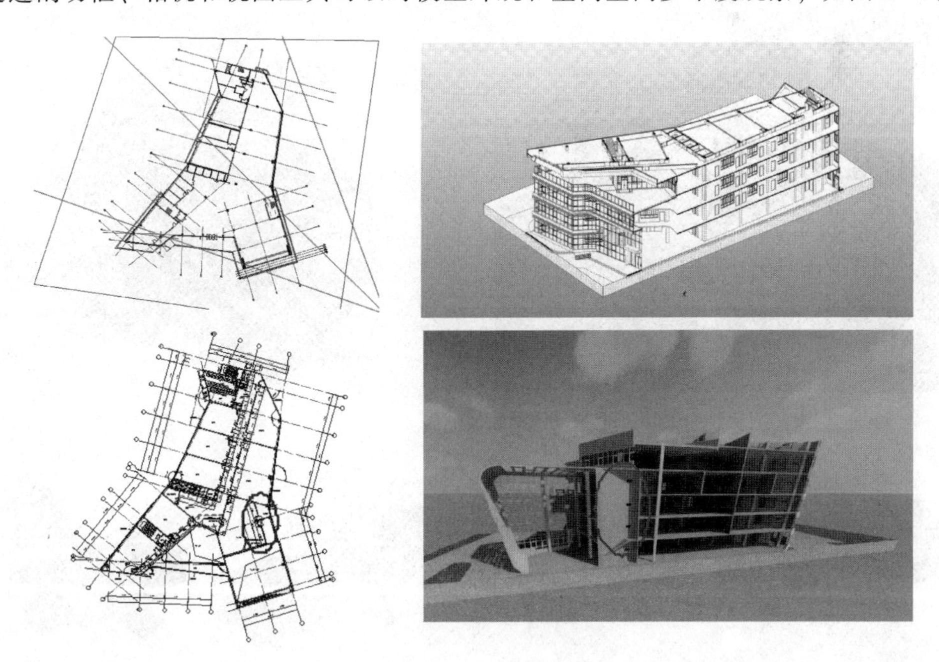

图2-41 可视化设计

对于局部空间，也可通过可视化方法优化设计。例如地下室车位经济化设计，利用标准车位和周边空隙位置，通过优化可以形成非标车位空间，即行业通常命名的子母车位，如图 2-42 所示。

图 2-42　通过优化设计形成子母车位

2. 管线综合优化设计

多种管线在空间排布，通过优化设计可以节约净空空间，不仅有可能降低层高，同时也可增加外露管线美观效果。

下面是广东省建筑设计研究院 BIM 技术中心的某酒店优化设计案例。因项目管线类别众多，尤其在设备用房集中的地下室，走廊密集处有 6~8 层管线，另外裙楼的餐饮区、塔楼的客房区，室内精装修设计对室内净高、管线走向均提出了细致、苛刻的要求。BIM 技术的应用则为本项目提供了精细化的三维管线综合设计，并与精装修设计进行了紧密的配合，如图 2-43 所示。

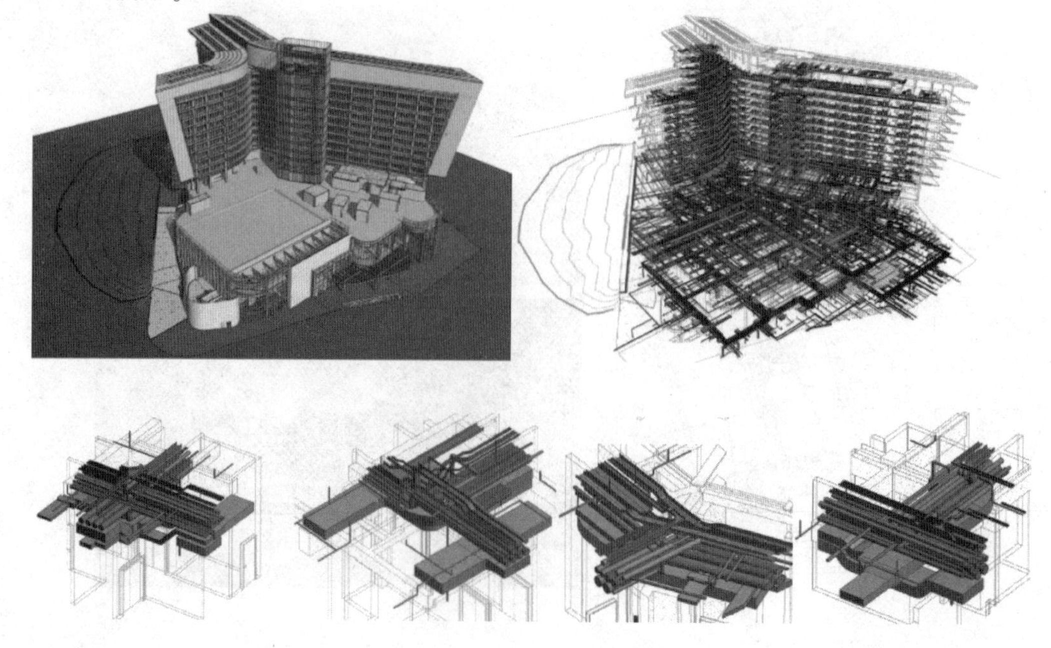

图 2-43　管线综合优化实例

3. 绿色设计辅助

BIM 是一种包含各种属性数据信息的模型，使用建筑性能分析工具可进行各种绿色建筑分析：

（1）基地分析：建筑最佳朝向分析、日平均温度分析、基地风向分析、焓湿图分析（图 2-44）。

（2）热辐射分析：围护结构热辐射分析、日照辐射分析、遮阳分析（图 2-45）。

（3）光学分析：室内自然采光分析、照度分析、光控照明节能分析（图 2-46）。

（4）声学分析：声线分析、建筑室内外环境分析。

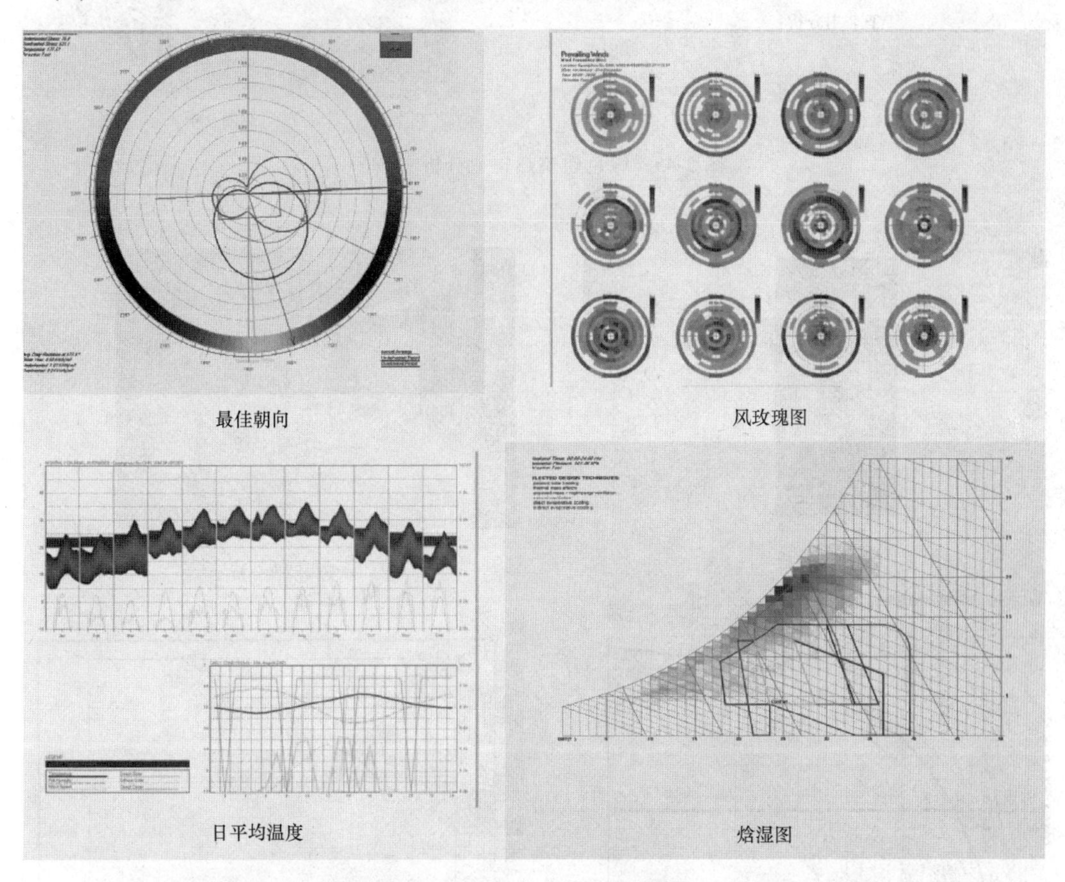

最佳朝向　风玫瑰图

日平均温度　焓湿图

图 2-44　绿色建筑基地分析

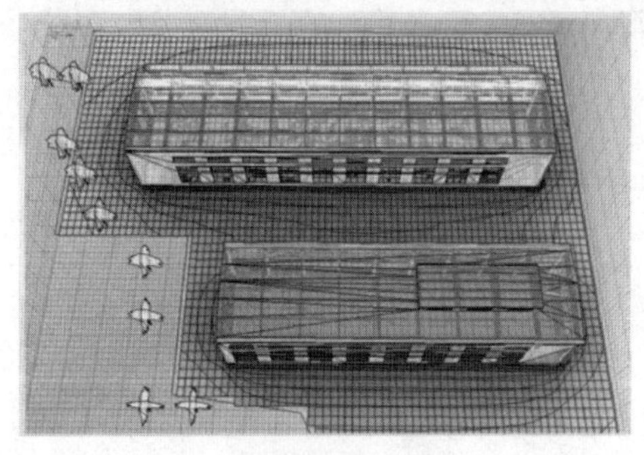

场地热辐射分析　室内热辐射分析

图 2-45　绿色建筑热辐射分析

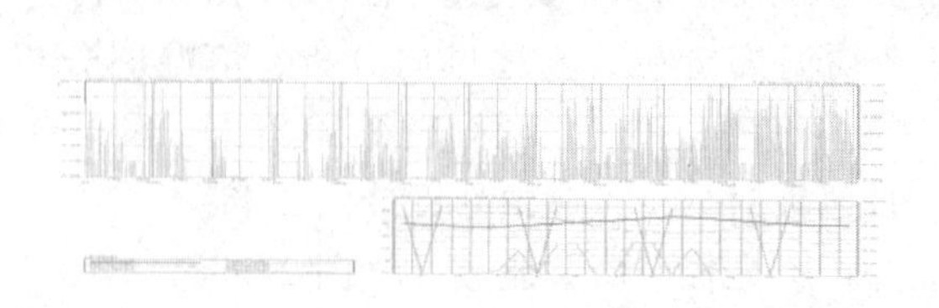

直辐射分析

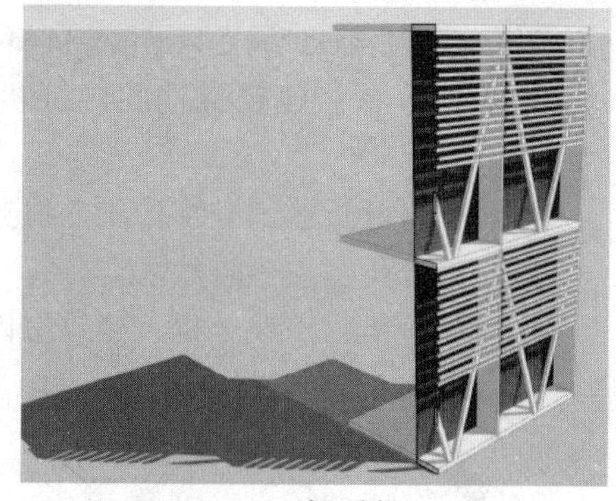

遮阳分析

图 2-45　绿色建筑热辐射分析（续）

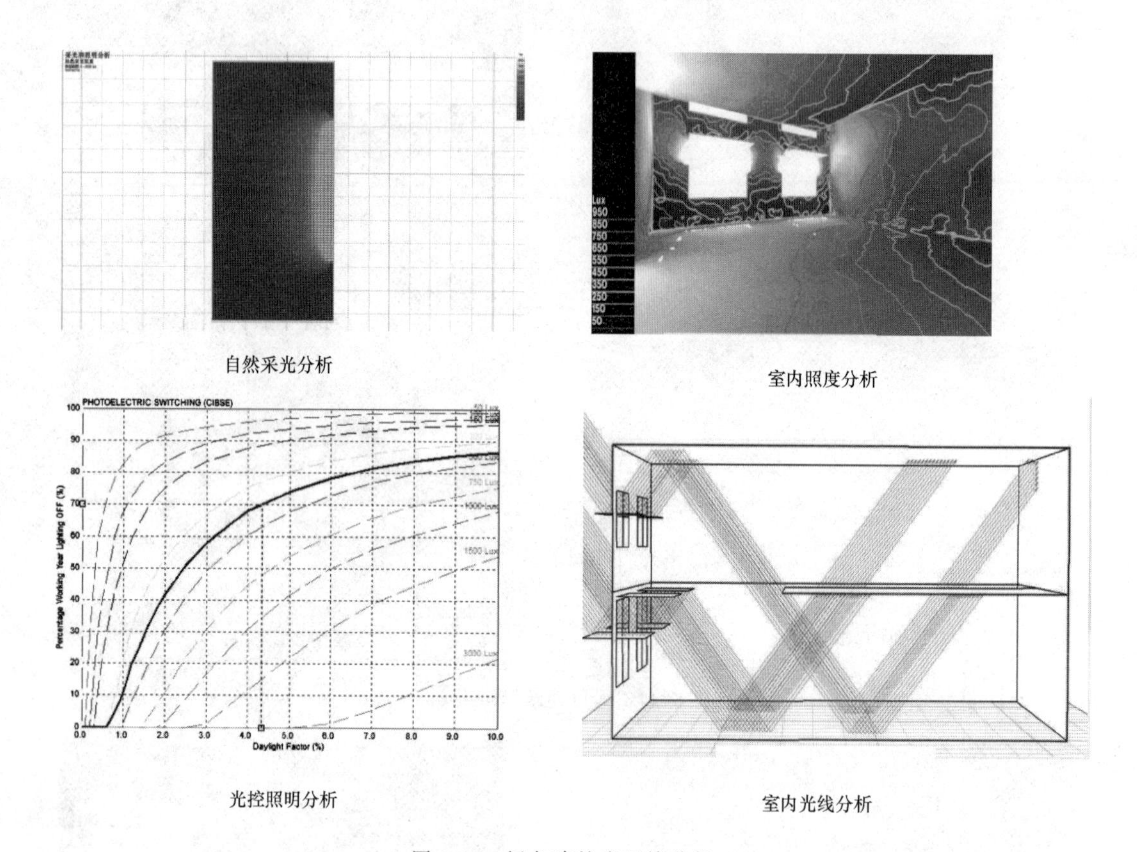

自然采光分析

室内照度分析

光控照明分析

室内光线分析

图 2-46　绿色建筑光环境分析

2.4　模型渲染和方案出图

2.4.1　模型渲染

渲染效果图是当前方案成果展示的必须内容，BIM 工具已经配备该项功能，以 Revit 为例，以下是常见的几种渲染方式（图 2-47）。

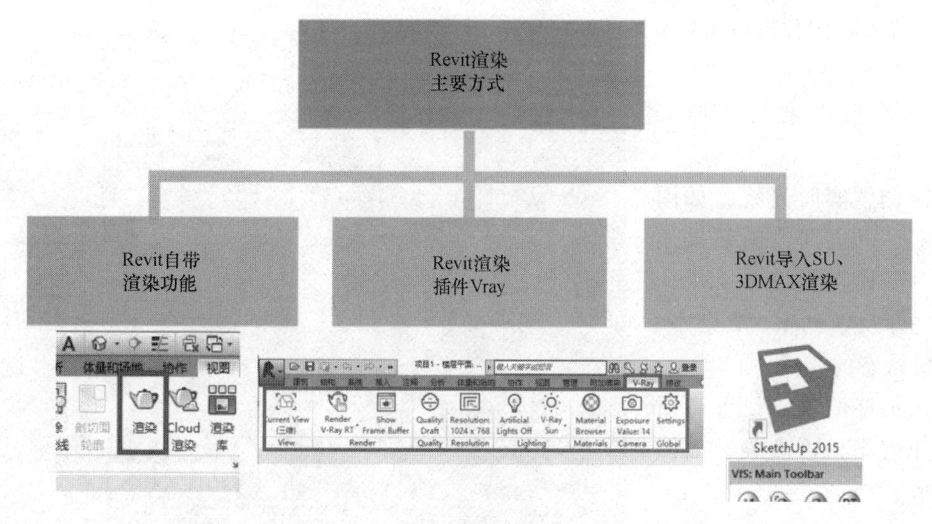

图 2-47　常用 Revit 渲染方式

1. Revit 自带渲染功能

Revit 工具自带的渲染功能简单易用，但渲染的光影效果和精细程度一般，可作为设计过程的验证性渲染。

2. Revit 渲染插件 Vray

Vray 是目前业界使用频率较高的渲染插件，具有灵活、易用和渲染速度快的特点，目前 Vray for Revit 的版本已经发布，以下是主要技术过程：

(1) 建模，如图 2-48 所示。

(2) 材质处理，如图 2-49 所示。

图 2-48　Revit 建模

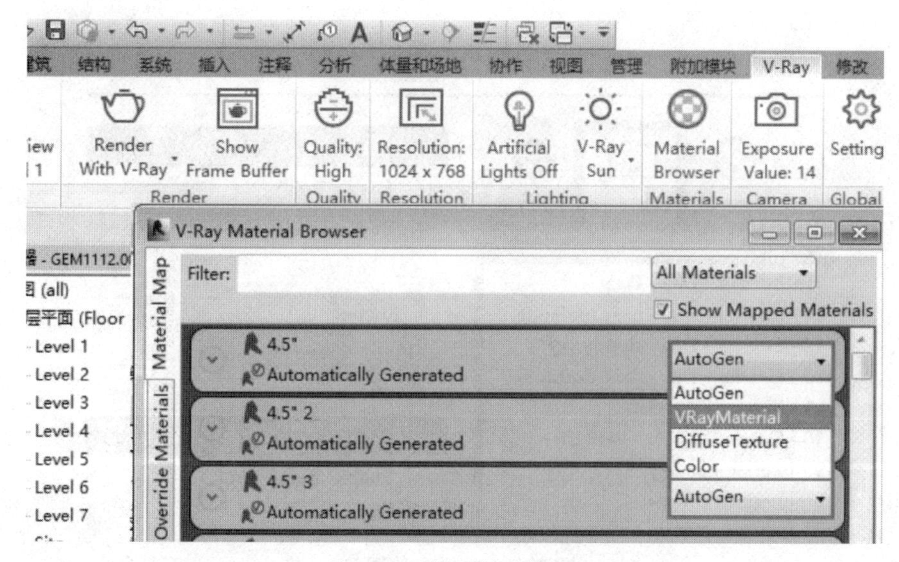

图 2-49　模型材质处理

（3）设置视图并进行 RT 实时渲染，如图 2-50 所示；RT 实时渲染具有低像素快速渲染特点。

（4）调整实时光线，如图 2-51 所示。可根据渲染效果调整光线，不用再次渲染，任何改变会立即反馈到 RT 渲染中，调为理想状态的光线。

（5）最终渲染，设置高质量、高分辨率，再渲染，如图 2-52 所示。

（6）处理效果图，利用 V-Ray自带的 PS 功能，可调整曝光、对比度、白平衡等，如图 2-53 所示。

图 2-50　RT 实时渲染

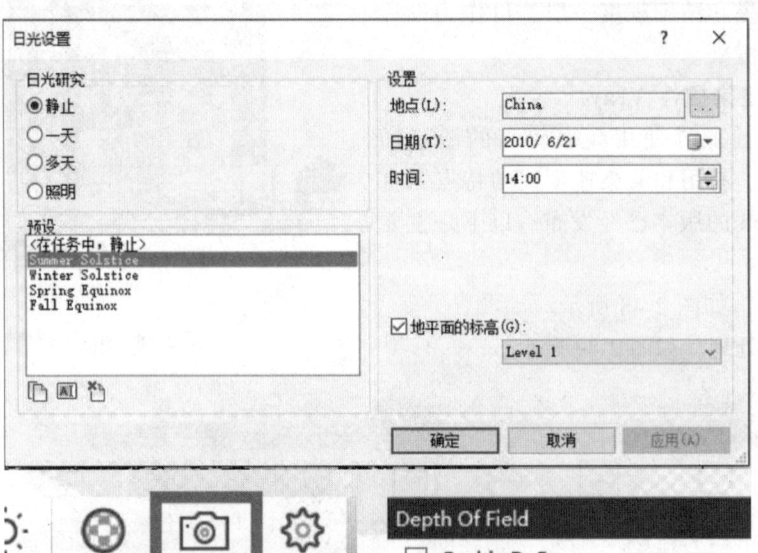

图 2-51　渲染参数调整

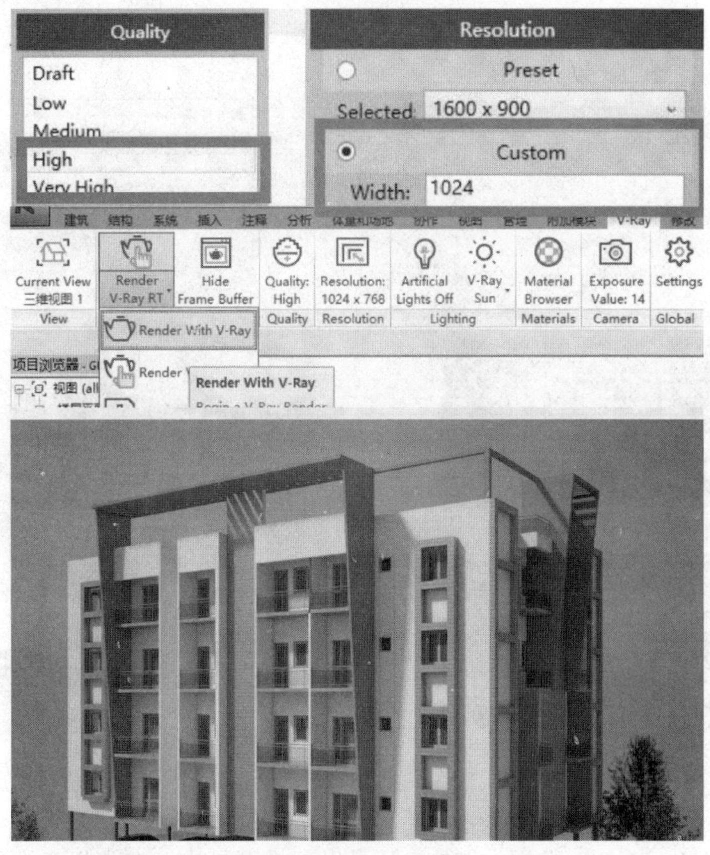

图 2-52　高精度渲染

图 2-53　V-Ray 后期调整

（7）保存渲染图，如图 2-54 所示。

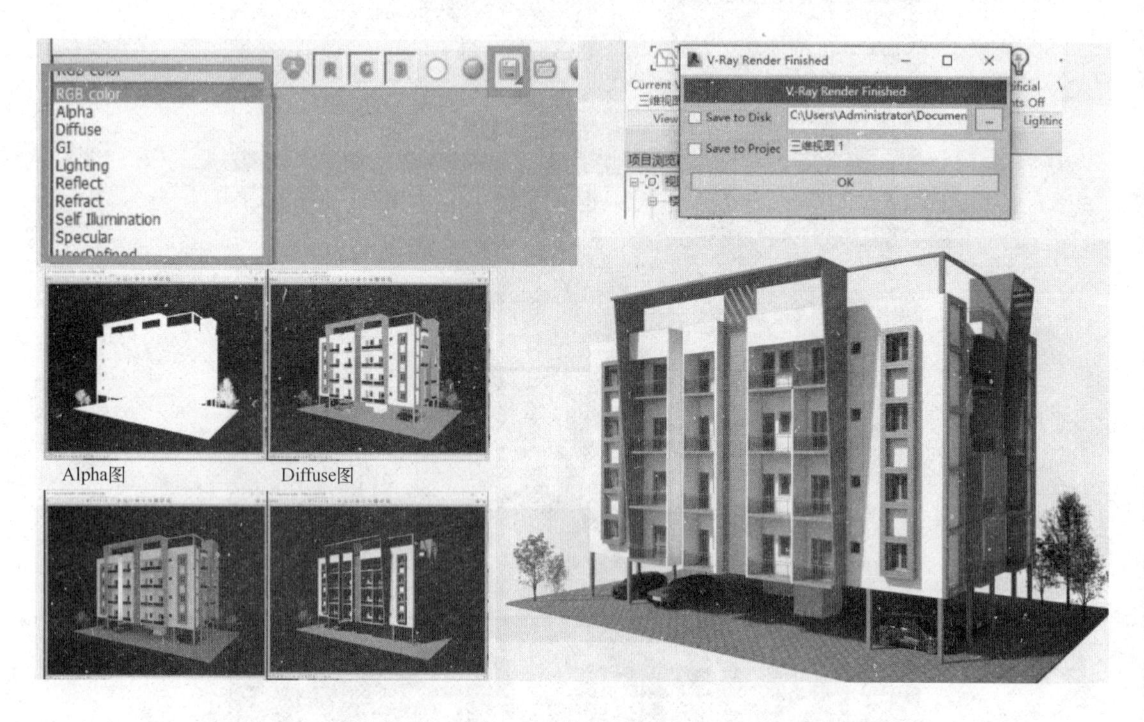

图 2-54　输出通道图

除了在 V-ray for Revit 直接操作以外，还可以把模型导出，在常规三维平台 3Ds Max 中进行渲染，渲染速度会更快。

3. Revit 渲染插件 Enscape

Enscape 是一款全新的即时渲染器，能实时预览渲染状态。还能生成渲染漫游，在渲染场景里走动（图 2-55）。

4. Lumion

Lumion 是一款实时的 3D 可视化工具，可制作动画和静帧作品，涉及的领域包括建筑、规划和设计等领域。同时，也可以实现模型的现场渲染展示。Lumion 的强大就在于它能够提供优秀的图像，并将快速渲染和高效工作结合在一起，有效控制时间成本。BIM 模型使用 Lumion 渲染和生成动画是目前较为常见的渲染方式（图 2-56）。

图 2-55　Enscape 渲染示例

图 2-56　Lumion 操作界面

2.4.2　方案出图

国内从 2009 年开始，已经可通过 BIM 实现全专业施工图出图（目前结构专业由于计算软件和制图标准的原因，直接出图仍有一定限制），国内一些大型设计企业，已实现设计工具从 AutoCAD 到 BIM 的转变。BIM 首先建立三维模型，然后根据出图需要生成各种二维图纸，还可生成相应的三维轴测图，辅助方案表达。这些二维图由于均来源于同一模型，因此不会出现各视点图纸无法对应的问题（图 2-57）。

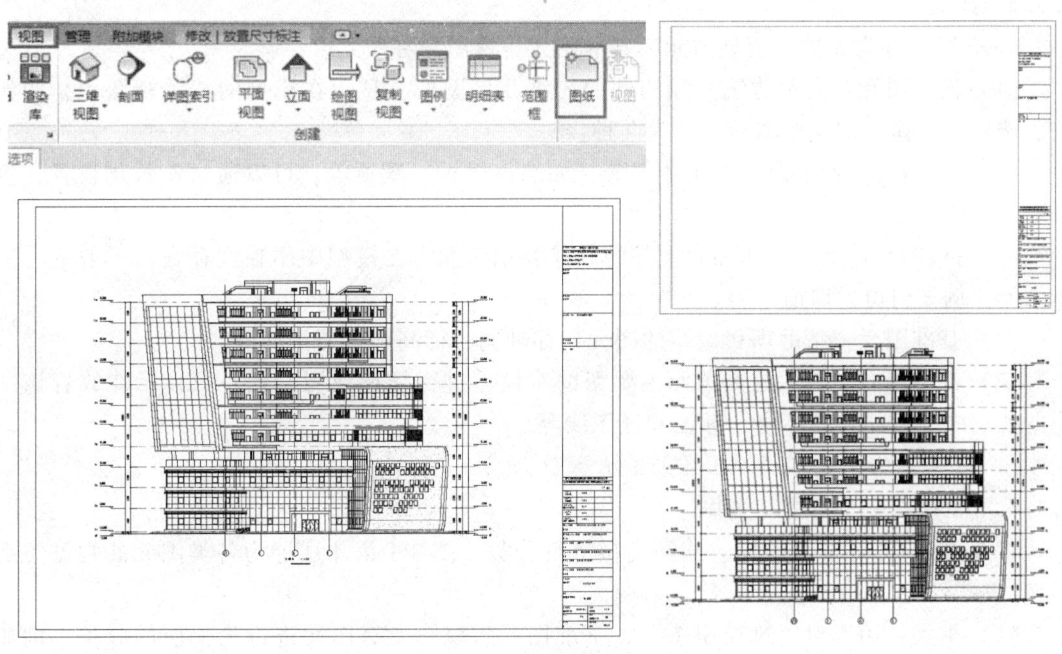

图 2-57　Revit 出图

第 2 篇　Revit 入门基础

第 3 章　Revit 基础

3.1　基本术语

3.1.1　项目

Revit 中的“项目”指的是单个设计信息数据库——建筑信息模型。一个项目文件包含了建筑的所有设计信息：完整的三维建筑模型、属性信息以及所有设计视图和图纸等信息。项目中的数据具有关联性，当修改模型某个数据时，该修改可以反映在项目相关联的区域，如平立面视图和明细表等。

3.1.2　图元

Revit 图元分为 3 种：模型图元、基准图元、视图专有图元。

（1）模型图元：表示建筑实际构件的三维几何图形，显示在模型的相关视图中，例如墙、楼板、门窗等。模型图元又分为两种：

1）主体图元：代表建筑的主体部分，如墙、楼板、屋顶等，可以通过参数化设置，生成新的主体类型。

2）附属图元：除了主体图元之外的其他类型图元，在模型中不独立存在，一般依附主体图元，例如门窗、墙饰条等。

（2）基准图元：帮助项目定位的图元，如轴网、标高和参照平面等。

（3）视图专有图元：这类图元主要帮助对模型进行描述或者归档，只显示在放置该图元的视图中。例如尺寸标注、标记和详图线等。

图 3-1 所示为图元之间的相互关系示意图。

3.1.3　类别、族、类型、实例

将 Revit 的图元按照类别、族和类型进行分类，图 3-1 第 4 层即为各类图元的常见类别举例。

（1）类别：用于对建筑模型图元、基准图元、视图专有图元进行最上层的分类。例如图 3-1 中的墙、屋顶以及梁柱等都属于模型图元类别，标记和文字注释则属于注释图元类别。

（2）族：是类别中具有相同参数（属性）定义的图元。例如圆柱和矩形柱属于不同种类属性的族，它们会衍生出不同的图元类型，但它们均属于“柱”这种类别。

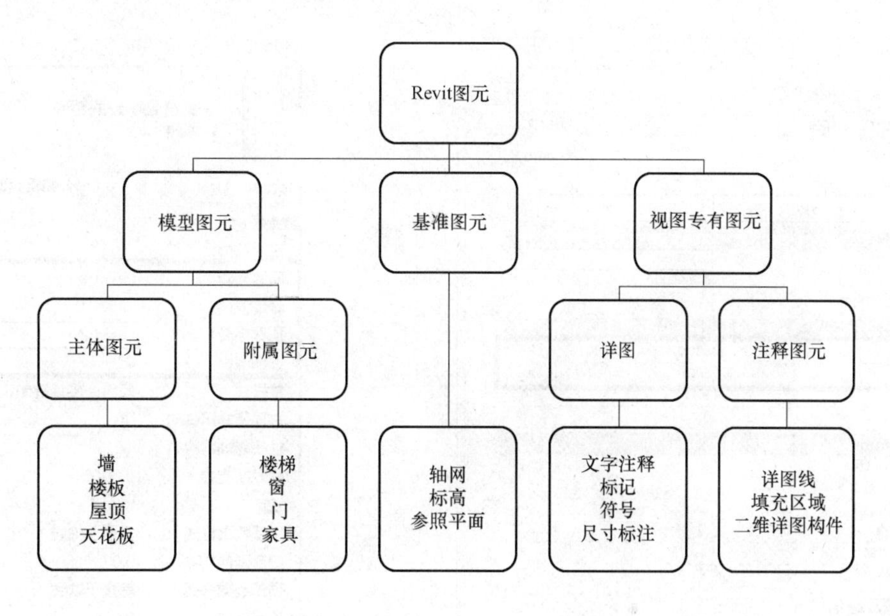

图3-1 Revit图元关系示意图

（3）类型：是特定尺寸的族或是样式，例如：半径450mm的圆柱是“圆柱”族的一种类型，而半径600mm的圆柱则是“圆柱”族的另一种类型。

图3-2所示为类别、族和类型的相互关系示意图。

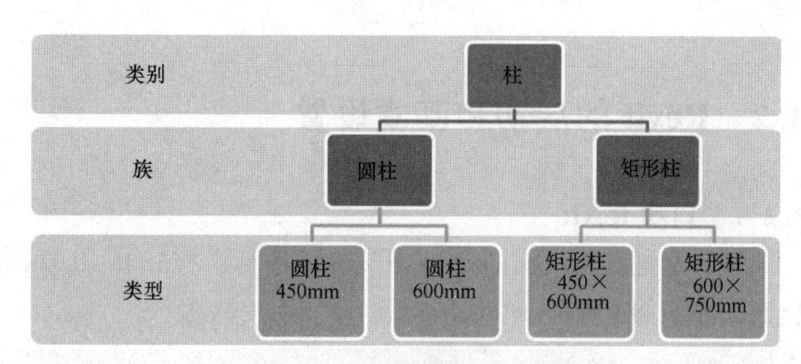

图3-2 Revit图元关系示意图

（4）实例：放置在项目中的具体图元。每一个实例都属于一个族，且属于在该族的特定类型，在项目中体现为具体位置的图元。例如：在项目中的轴网交点位置放置了20根600mm直径的圆柱，那么每一根柱子都是“圆柱”族中600mm直径圆柱类型的一个实例。

3.1.4 图元属性：类型属性和实例属性

Revit大多数图元都具有各种属性参数，这些属性参数用于控制其外观和行为，Revit的图元属性分两大类：

（1）类型属性：是族中某一类型图元的公共属性，修改类型属性参数会影响项目中该类型的所有已有实例和将要在项目中放置的实例。如图3-3所示的“钢管混凝土柱-矩形”族“300mm×300mm”类型的截面尺寸参数 Ht 和 b 就是类型属性参数。

（2）实例属性：指某种族类型的各个实例的特有属性，实例属性往往会随图元在项目中位置的不同而异，实例属性仅仅影响当前选择的图元或将要放置的图元，例如：“钢管混凝土柱-矩形”族300mm×300mm”类型的限制条件“底部标高”和“顶部标高”就是实例属性参数，如图3-4所示，修改时仅影响当前选择的图元，其他相同类型的图元不受影响。

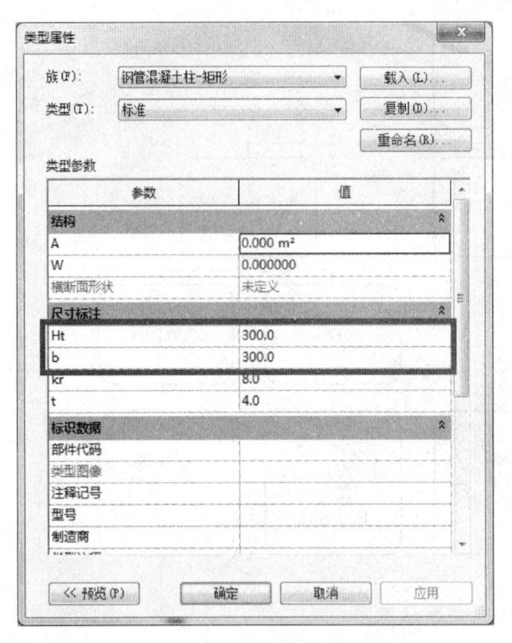

图 3-3　类型属性

图 3-4　“属性”选项板

3.2　Revit 的启动和基本设置

3.2.1　启动 Revit

鼠标左键双击桌面的“Revit”软件图标，打开 Revit 软件将显示“最近使用文件”的主界面，如图 3-5 所示。

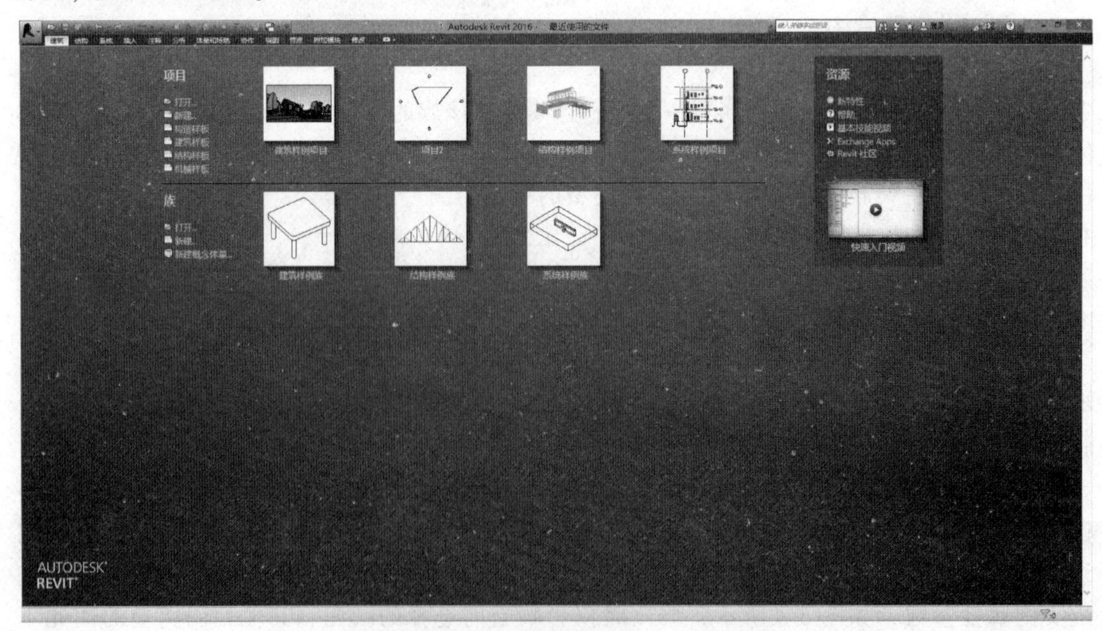

图 3-5　Revit“最近使用的文件”主界面

3.2.2　基本设置

在开始绘图前，需要先进行“Revit”软件系统基本设置，这样更有利于提高工具使用效率。

1. 系统参数设置

系统参数设置主要为当前 Revit 操作环境的设置，设置方法如下：

单击主界面左上角的“R”图标，在下拉菜单中单击“选项”按钮，打开“选项”对话框。分别单击顶部的“常规”“用户界面”“图形”“文件位置”等选项卡设置相关内容。

（1）“常规”选项卡：用于对系统通知时间、用户名、日志文件清理等的设定。

（2）“用户界面”选项卡：用于对系统界面进行设置，例如自定义系统快捷键，双击对象时启动命令设置等。

（3）“图形”选项卡：用于对图形图像显示进行设置。主要是绘图区域背景色、选择图元、预先选择图元时的提示颜色、系统出现系统警告时的对象颜色以及临时尺寸标注文字外观的设置。

（4）“文件位置”选项卡：用于设置系统文件相关参数，包括文件链接位置等，主要是项目样板、用户文件、族样板、点云根的默认文件路径。如图 3-6 所示。

图 3-6　“文件位置”选项卡

2. 基本绘图参数

在使用 Revit 进行项目设计时，需要对项目基本参数，如单位进行设置。

（1）选择功能区“管理”—“设置”面板—“项目单位”（快捷键：UN），如图 3-7 所示。

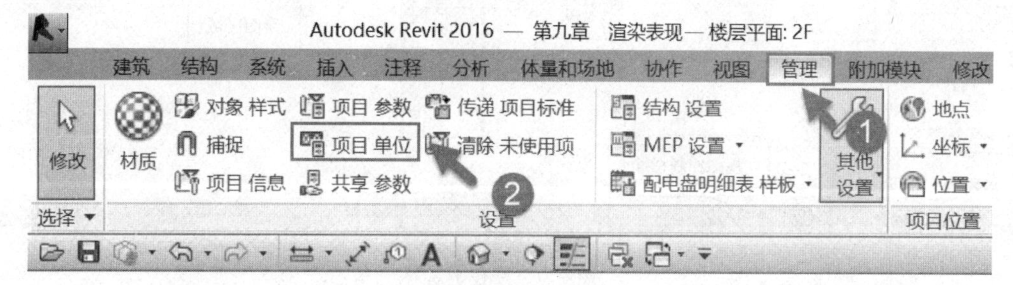

图 3-7　设置项目单位

（2）系统提示项目单位设置对话框，设置相应单位，如图 3-8 所示。

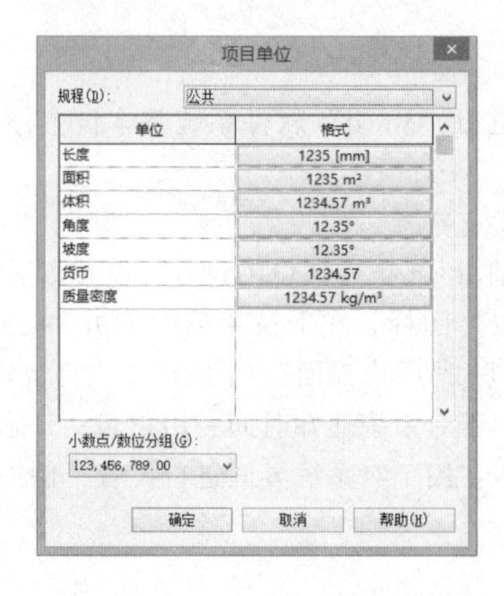

图 3-8　项目单位对话框

3.3　Revit 界面和栏目功能

3.3.1　Revit 界面

Revit 操作界面是显示和编辑图形的区域，包括应用程序菜单、快速访问工具栏、功能区、“属性”选项板、项目浏览器、绘图区域、信息中心、视图控制栏和状态栏，如图 3-9 所示。

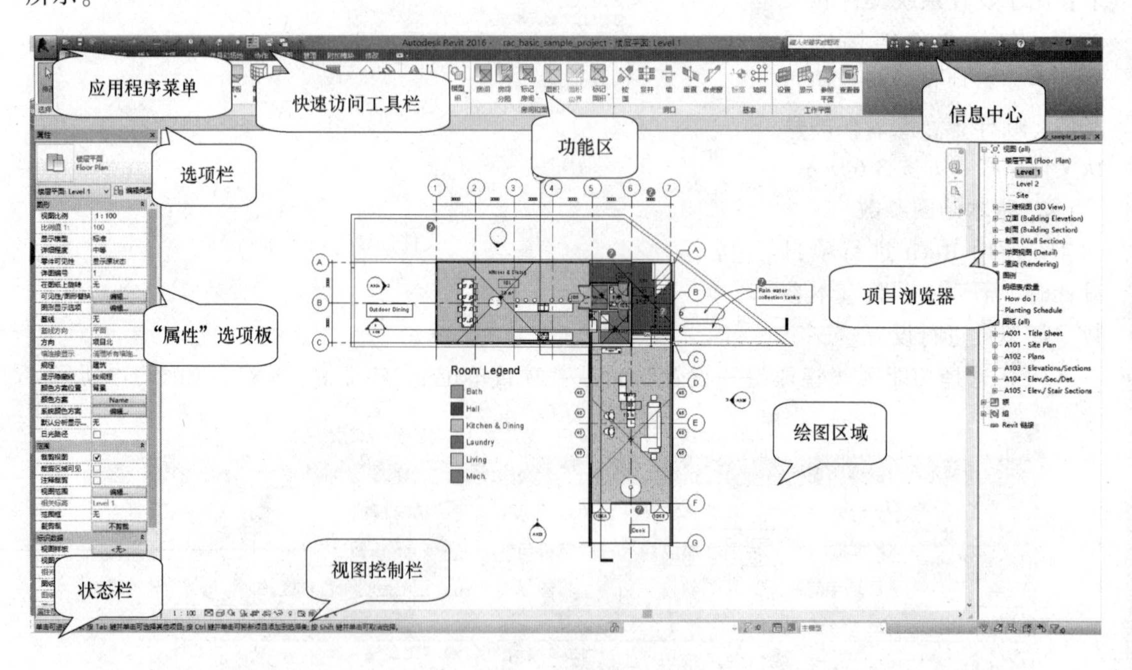

图 3-9　操作界面

3.3.2　栏目功能

1. 功能区

功能区是创建项目或族所用的全部创建和编辑工具的集合，这些工具按类别分别放置在不同的选项卡面板中，如图 3-10 所示。

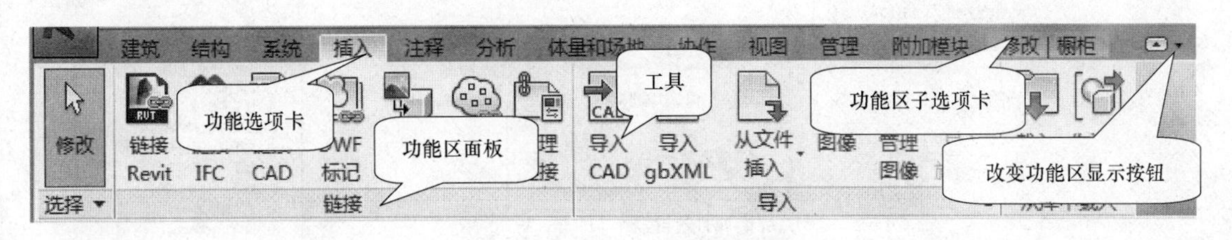

图 3-10　功能区

2. 快速访问工具栏

快速访问工具栏包含一组常用的工具。包括“打开”“保存”“同步并修改设置”“撤销”“恢复”“对齐标注”“标记”“文字”“默认三维视图”“剖面”“细线”等常用命令，如图 3-11 所示，单击最右边的“下拉三角箭头”可以对该工具栏进行自定义，如图3-12所示。

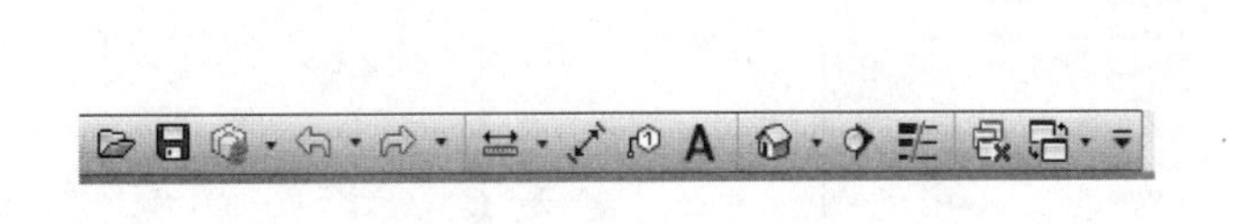

图 3-11　快速访问工具栏

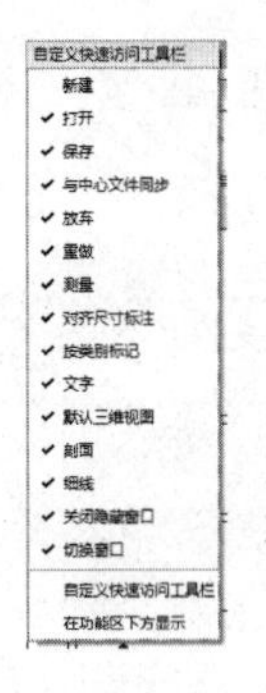

图 3-12　自定义快速访问工具栏

3. 应用程序菜单

应用程序菜单提供了主要的文件操作管理工具，包括新建文件、保存文件、导出文件、发布文件等工具，如图 3-13 所示。

4. “属性”选项板

“属性”选项板，主要功能为查看和修改图元的类型、属性参数等。“属性”选项板由 4 部分组成：类型选择器、编辑类型、属性过滤器和实例属性，如图 3-14 所示。

【提示】

“属性”选项板为常用工具，通常情况下处于开启状态，“属性”选项板关闭后，有三种办法重新开启：

1）选择“修改”选项卡—“属性”面板—“属性”。

2）选择“视图”选项卡—“窗口”面板—“用户界面”下拉列表—“属性”。

3）在绘图区域中单击鼠标右键并单击“属性”。

5. 项目浏览器

项目浏览器用于管理整个项目中所涉及的视图、明细表、图纸、族、组等部分对象，项目浏览器呈树状结构，各层级可展开和折叠，如图 3-15 所示，双击视图名称即可打开视图，选择视图名称点击右键可找到复制、重命名、删除等视图编辑命令。

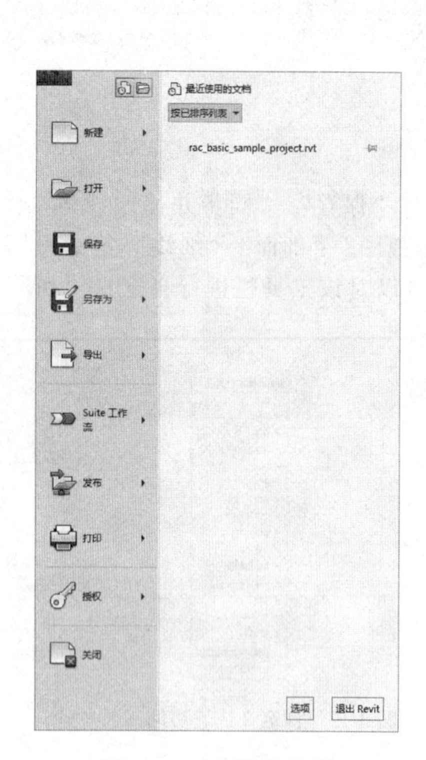

图 3-13　应用程序菜单

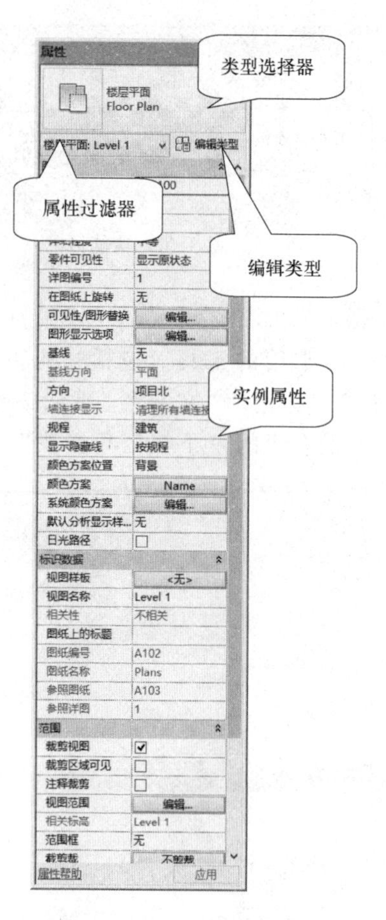

图 3-14　“属性”选项板

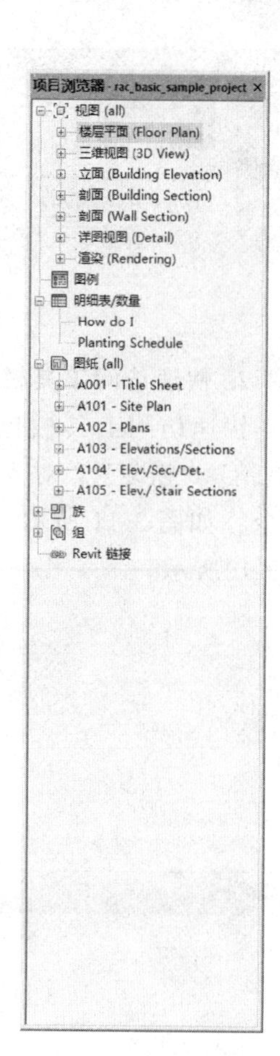

图 3-15　项目浏览器

6. 绘图区域

绘图区域主要用于设计操作界面、显示项目浏览器中所涉及的视图、图纸和明细表等的相关内容。

7. 视图控制栏

视图控制栏主要功能为控制当前视图显示样式，包括“视图比例”“详细程度”“视觉样式”“日光路径”“阴影设置”“视图裁剪”“视图裁剪区域可见性”“三维视图锁定”“临时隐藏”“显示隐藏图元”“临时视图属性”“隐藏分析模型”“显示约束”。

8. 状态栏

状态栏用于显示和修改当前命令操作或功能所处的状态，状态栏主要包括当前操作状态、工作集状态栏、设计选项状态栏、命令的快捷方式状态栏，如图 3-16 所示。

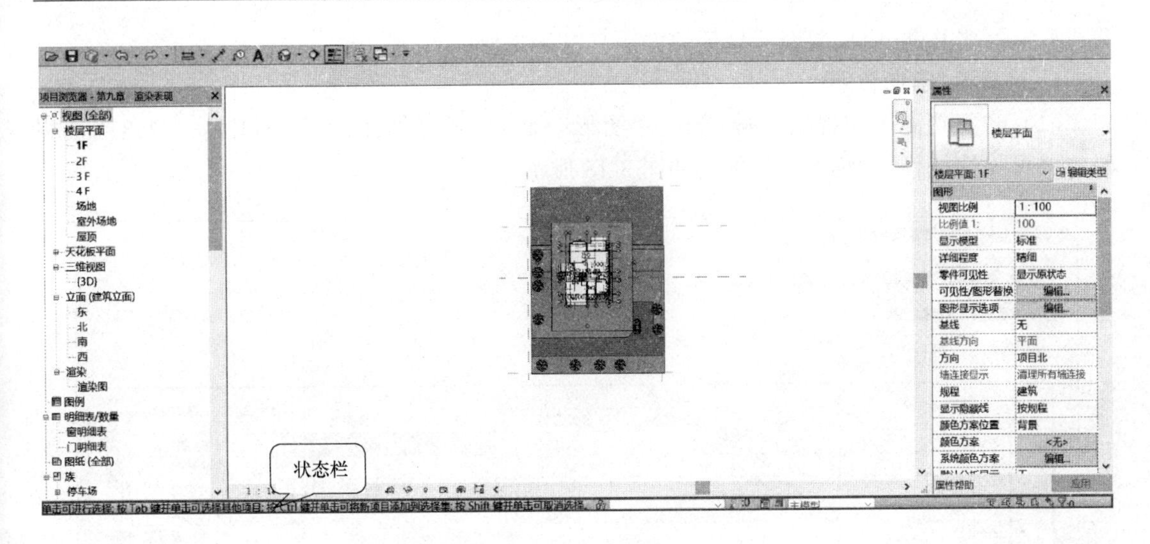

图 3-16　状态栏

3.4　帮助与信息中心

主界面右上角为“帮助与信息中心”，包括“搜索”“帮助”等功能。

3.5　视图控制

3.5.1　视图导航

ViewCube 导航工具用于在三维视图中快速定向模型的方向。

使用 ViewCube：在 ViewCube 立方体的顶点、棱边、面和指南针的指示方向都代表着三维视图中不同视点方向，如图 3-17 所示，单击立方体的某部位或者指南针的某方向，可以快速定向该方向的视图。

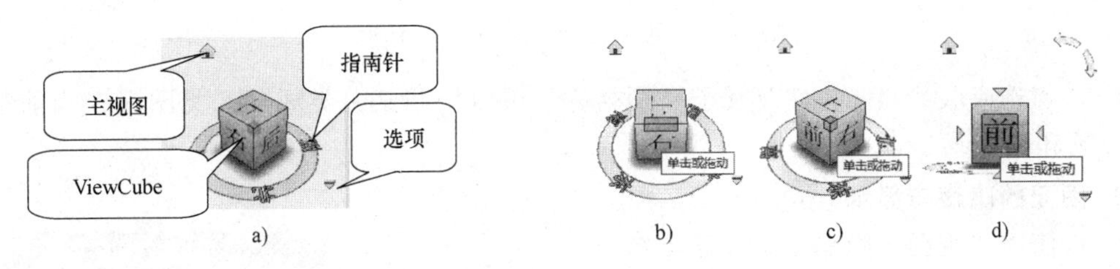

图 3-17　ViewCube

【提示】

鼠标中键应用，在任何视图中，按住鼠标中键移动鼠标即可平移视图；滚动中键滚轮，即可缩放视图；按住 Shift 键和鼠标中键，即可动态观察视图。这是缩放平移、动态观察视图最快捷的方式。

3.5.2　图元可见性控制

在设计过程中，为了操作方便或打印出图的需要，经常需要控制图元在当前视图中的隐藏或显示。在 Revit 中控制图元显示的方法有以下 3 种。

1. 可见性/图形替换

(1) 选择功能区“视图”选项卡—“图形”面板—“可见性/图形”工具，弹出当前视图的“可见性/图形替换”对话框，如图 3-18 所示。

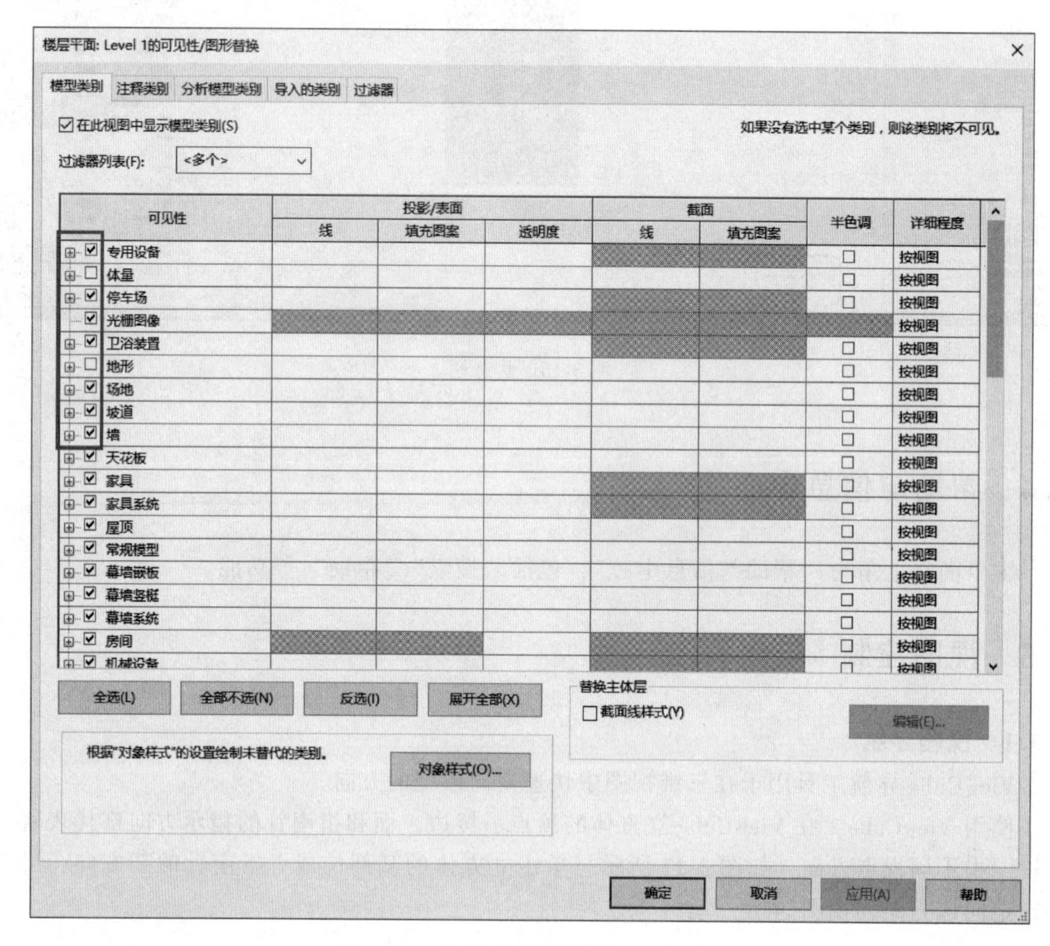

图 3-18　“可见性/图形替换”对话框

(2) 勾选或取消勾选构件及其子类别名称，可以控制某一类或某几类图元在当前视图中的显示和隐藏。

2. 图元的隐藏与显示

(1) 使用“视图中隐藏”命令隐藏图元。

1) 选择需要隐藏的图元。

2) 选择功能区—“修改”选项卡—“视图”面板—“在视图中隐藏”命令或者右键单击“在视图中隐藏”，选择下拉菜单中的 3 个子命令，即可按不同方式隐藏不需要显示的图元。如图 3-19 所示。

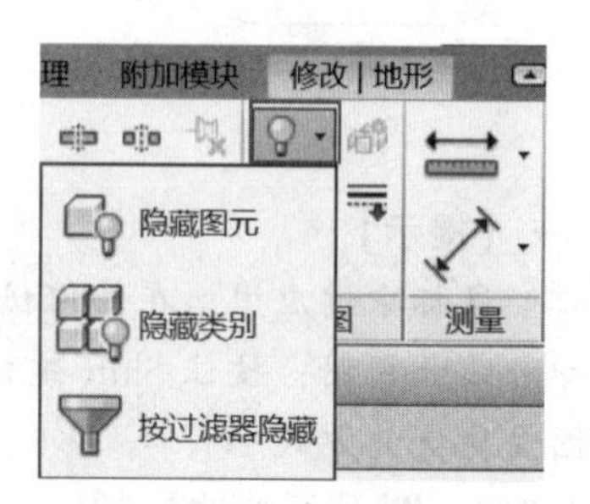

图 3-19　在“视图中隐藏”

(2) 使用下述方法取消隐藏的图元。

1) 单击绘图区域左下角“视图控制栏”中“显示隐藏的

图元”命令，此时在绘图区域周围会出现一圈紫红色加粗显示的边线，同时隐藏的图元也以紫红色显示。如图 3-20 所示。

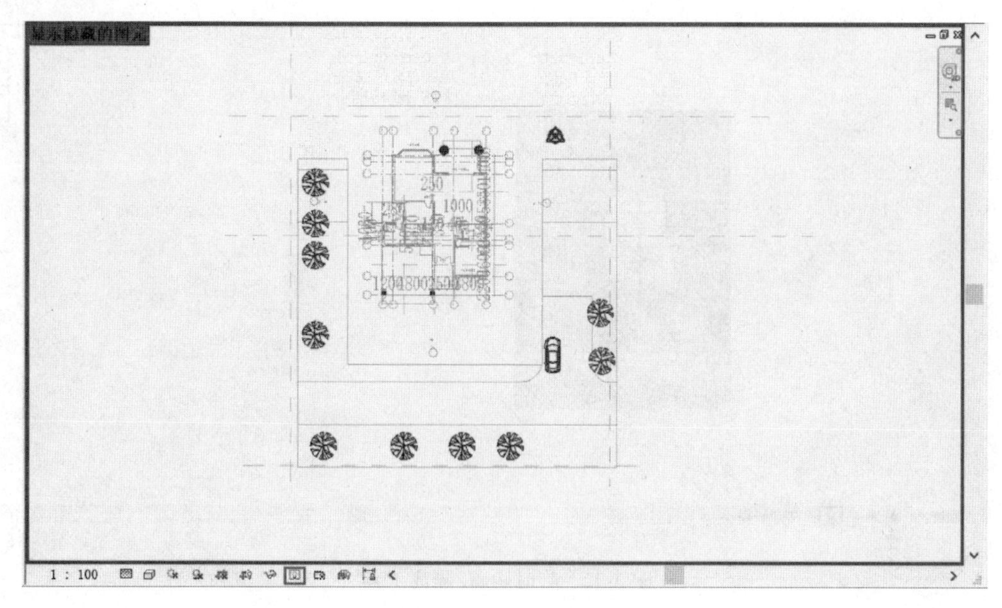

图 3-20　显示隐藏图元

2）单击选择隐藏的图元，在功能区“修改”上下文选项卡—“显示隐藏的图元”面板—“取消隐藏图元”或“取消隐藏类别”命令，或者从右键菜单中选择“取消在视图中隐藏”命令的子命令，即可重新显示被隐藏图元。如图 3-21 所示。

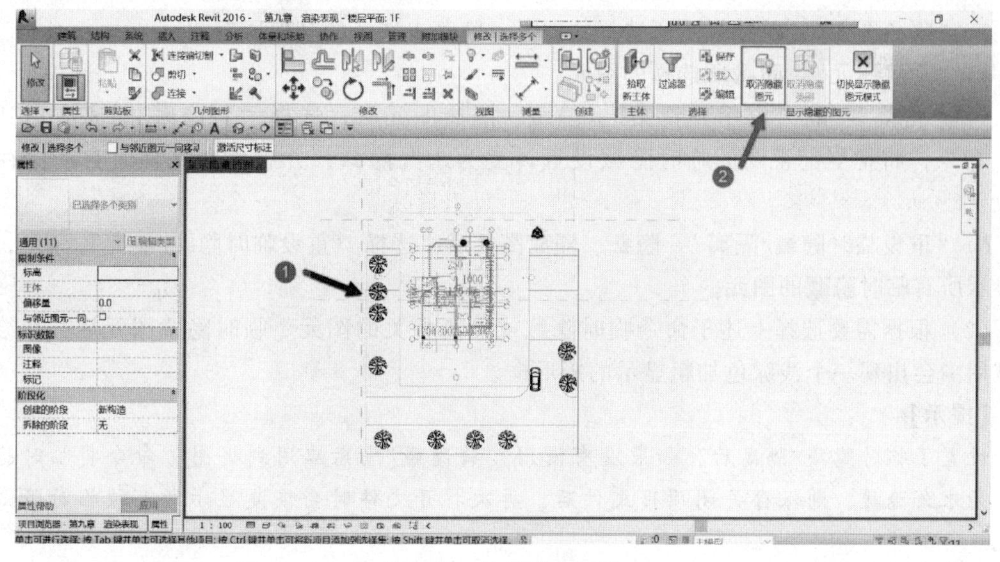

图 3-21　取消隐藏图元

3）再次单击灯泡图标恢复视图正常显示。

3. 临时隐藏/隔离

为了操作方便需要临时隐藏或单独显示某些图元，可以选用“临时隐藏/隔离”命令。

（1）选择需要隐藏或者隔离的图元，再选择绘图区域左下角的视图控制栏中的眼镜图标（“临时隐藏/隔离”命令），如图 3-22 所示。

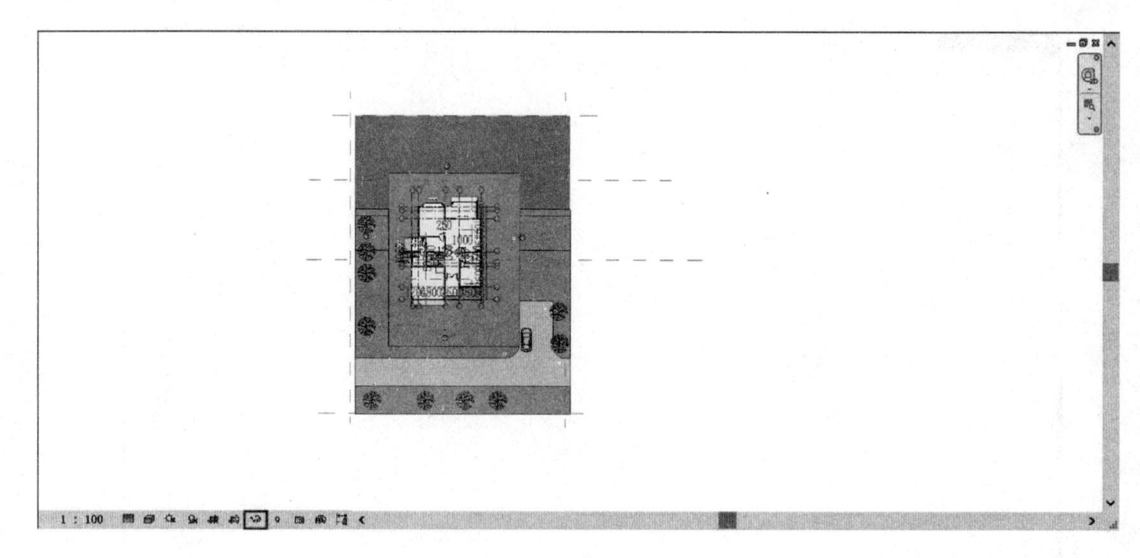

图 3-22　临时隐藏/隔离工具

各选项说明如下：

1）“隔离类别”：单独显示与所选择的图元相同类别的所有图元，隐藏未选择的其他所有类别的图元。

2）“隐藏类别”：隐藏与所选择的图元相同类别的所有图元。

3）“隔离图元”：单独显示所选择的图元，隐藏未选择的其他所有图元。

4）“隐藏图元”：隐藏所选择的图元。

5）“将隐藏/隔离应用到视图”：隐藏、隔离图元后，选择“将隐藏/隔离应用到视图”命令，将把当前视图的临时隐藏设置转变为永久隐藏，并在保存文件时自动保存隐藏设置。

6）“重设临时隐藏/隔离”：隐藏、隔离图元后，选择“重设临时隐藏/隔离”命令，即可显示所有临时隐藏的图元。

（2）根据需要选择上述子命令临时隐藏或隔离相关的图元。临时隐藏图元后，在绘图区域周围会出现一个浅绿色加粗显示的矩形框。

【提示】

设置了临时隐藏/隔离后，如果没有使用“将隐藏/隔离应用到视图”命令将临时隐藏转变为永久隐藏，则保存关闭项目文件后，再次打开文件时会恢复显示所有被临时隐藏的图元。

3.5.3　视图与视口控制

在 Revit 中，所有的视图都在项目浏览器中集中管理，设计过程中经常要在这些视图间切换，或者同时打开与显示几个视口，以便于编辑操作和观察设计细节。一些常用的视图开关、切换等视图与视口控制方法，如图 3-23 所示。

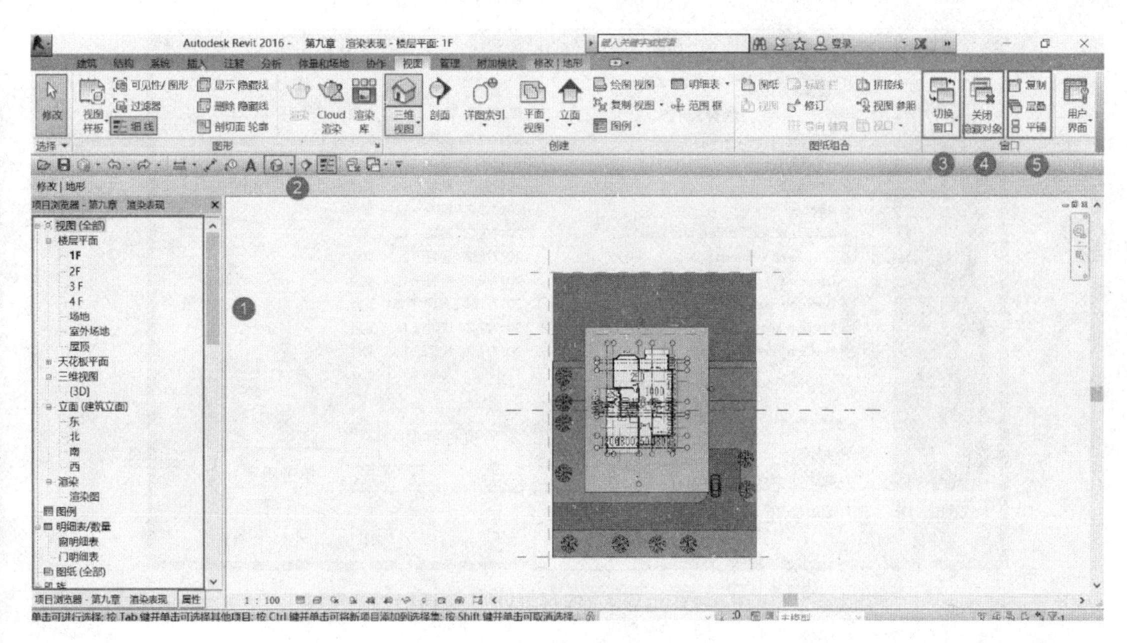

图 3-23　窗口控制工具

3.6　插入管理

3.6.1　链接

通过链接可以将外部独立文件引用到 Revit 的文件中。当外部文件发生变化时，通过更新，可与链接后的文件同步。

1. 链接 Revit 文件

可将外部创建好的独立 Revit 文件引用到当前项目中来，以便进行相关的干涉检查等协调工作，相关操作面板如图 3-24 所示。

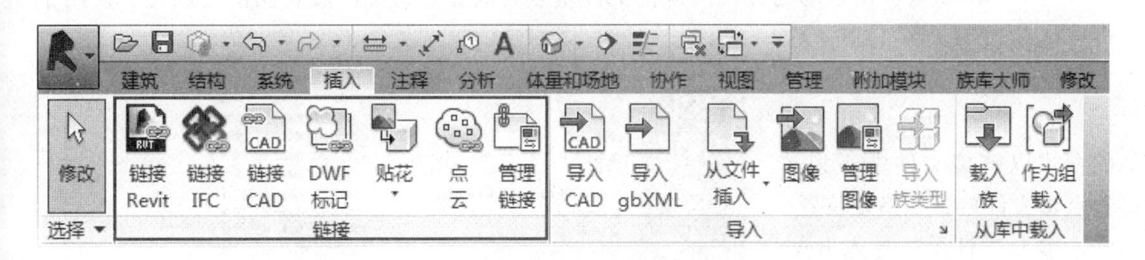

图 3-24　链接面板

（1）选择功能区“插入”选项卡—“链接”面板—“链接 Revit”按钮，弹出“导入/链接 RVT”对话框，如图 3-25 所示，选择需要链接的文件。

（2）选择定位方式设置，在“定位”下拉列表中，选择项目的定位方式，如图 3-26 所示。

各选项说明如下：

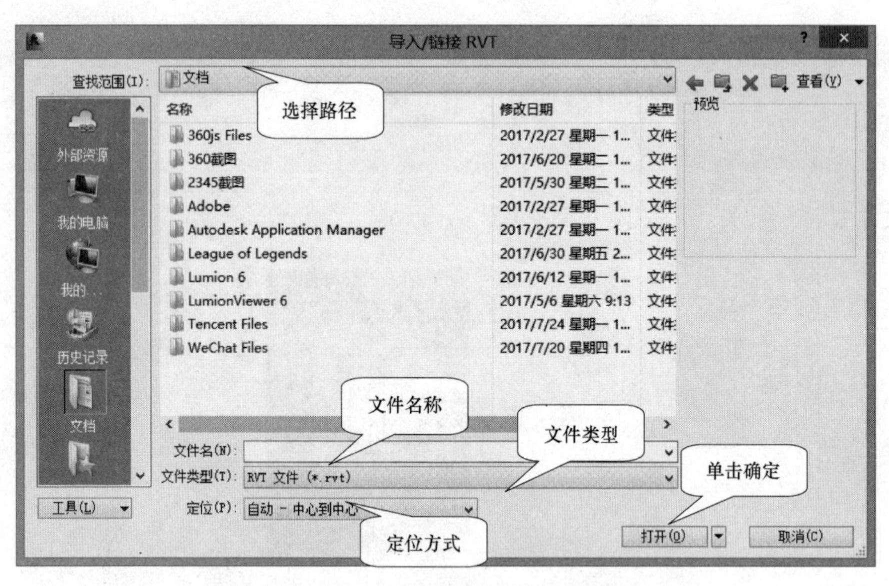

图 3-25　“导入/链接 RVT” 对话框

1）自动-中心到中心：Revit 自动将链接文件的形心与当前项目形心对齐，在当前视图中可能看不到形心。

2）自动-原点到原点：Revit 自动将链接文件的原点与在当前项目的原点对齐。

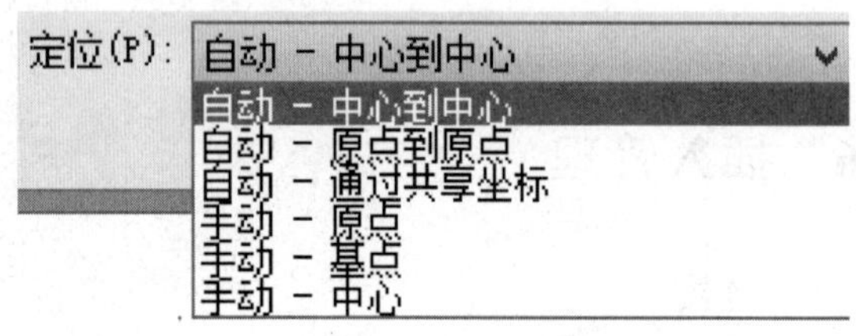

图 3-26　定位设置

3）自动-通过共享坐标：Revit 以自动方式根据导入的集合图形相对于两个文件之间共享坐标的位置，放置此导入的几何图形。如果当前没有共享坐标，Revit 会提示选用其他的方式。

4）手动-原点：用手动的方式以链接文件原点为放置点将文件放置在指定位置。

5）手动-基点：用手动的方式以链接文件基点为放置点将文件放置在指定位置，仅用于带有已定义基点的 AutoCAD 文件。

6）手动-中心：用手动的方式以链接文件中心为放置点将文件放置在指定位置。

单击“打开”导入 Revit 文件，完成文件的链接。

2. 链接 CAD 文件

（1）选择功能区：“插入”选项卡—“链接”面板—“链接 CAD”按钮弹出“链接 CAD 格式”对话框（图 3-27）。

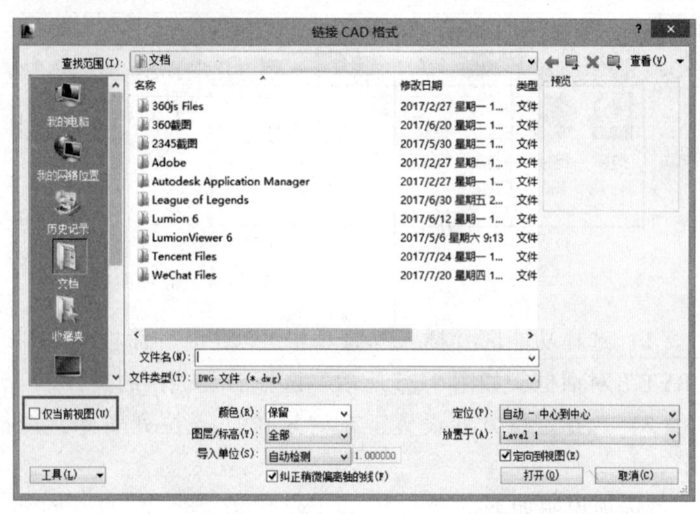

图 3-27　“链接 CAD 格式”对话框

在弹出的对话框中通过路径找到需要导入项目的CAD文件，选择目标文件，文件类型默认为DWG文件。

各选项说明如下：

1）颜色：包含保留、反选、黑白三种选项，通常使用保留原有颜色。

2）定位：具体使用方法与链接Revit文件一致。

3）图层/标高：包含全部、可见、指定三种选项，通过此选项筛选需要导入的对象。

4）放置于：选择放置标高。

5）导入单位：设置导入单位，须与导入文件单位一致。

6）定向到视图：该选项默认处于未选择状态。

7）纠正稍微偏离轴的线：对导入文件进行纠偏操作，该选项默认处于选择状态。

（2）单击“打开”完成链接DWG文件，导入的文件成组块状，单击外框即可全选链接文件。

【提示】

为了保证链接DWG文件便于管理，特别是模型与DWG文件的显示控制，一般建议勾选左侧“仅当前视图”选择框。

3. 管理链接

链接到项目中的Revit文件、CAD文件等，都将在链接管理器中统一管理，可以对当前项目中链接的文件进行相关设置和处理。

（1）选择功能区：“插入”选项卡—“链接”面板—“管理链接”按钮，弹出“管理链接”对话框。

（2）单击“链接管理”对话框中的某一链接文件，即可激活对话框中下边的功能按钮，可以针对选择的文件进行重新载入、卸载、删除等操作，单击“确定”按钮，完成链接管理。

3.6.2　导入和从库中载入

导入面板和从库中载入的操作如图3-28所示。

图3-28　导入面板和从库中载入

1. 导入CAD文件

把外部创建好的DWG文件导入到项目中，一般用于建模参照。

（1）选择功能区“插入”选项卡—“导入”面板—“导入CAD”按钮。

（2）弹出“导入CAD格式”对话框，选取需要导入的DWG文件；其他参数设置和链接CAD文件参数一致，单击“打开”按钮完成DWG文件的导入。

2. 从文件插入对象

用于重用其他项目的视图，如明细表、绘图视图或二维详图等。

（1）选择功能区“插入”选项卡—“导入”面板—“从文件插入”按钮。

（2）选择“插入文件中的视图”，可以选择其他项目中的指定视图并且将它保存在当前项目中。

选择“插入文件中的二维图元”，可以选择其他项目中的某个详图视图中的二维图元插入并保存在当前项目某个详图视图中，如图3-29所示。

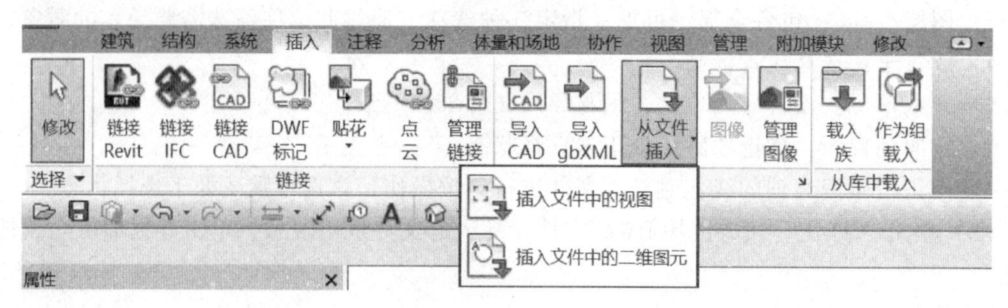

图3-29　从文件插入

（3）选择需要插入的视图Revit项目，然后单击“打开”按钮完成操作。

3. 载入族

族是创建Revit项目模型的基础，添加到Revit项目中的所有图元都是使用族创建的。族以.rfa格式存储在计算机中，当在Revit中创建项目时，可从族库中查找需要的族文件载入到项目中。

（1）选择功能区“插入”选项卡—“从库中载入”面板—“载入族”按钮。

（2）弹出“载入族”对话框，选择需要导入到项目中的族文件，将族从库中载入到项目。

4. 作为组载入对象

在Revit项目模型创建中，可以将之前创建好的模型文件（.rvt）当作组的形式载入到当前的项目中来使用。

（1）选择功能区“插入”选项卡—“从库中载入”面板—“作为组载入”按钮。

（2）在弹出的“将文件作为组载入”对话框中选择需要导入到项目中的族文件（.rfa）或组文件（.rvg），单击“打开”按钮完成载入文件到项目中。

（3）在项目浏览器的“组”的分支下，可以找到载入的模型文件，直接拖拽文件到绘图区域即可。

3.7　常用图元选择和修改

3.7.1　常用图元选择

通过鼠标和键盘的配合在项目中选择需要编辑的图元。

1. 选择设定

在选择项目中的图元前，可先对“选择”进行设定，设定需要选择的图元种类和状态，设定适用于所有打开的视图。

选择功能区—“选择”面板—“选择”下拉菜单，如图3-30所示。

各选项说明如下：

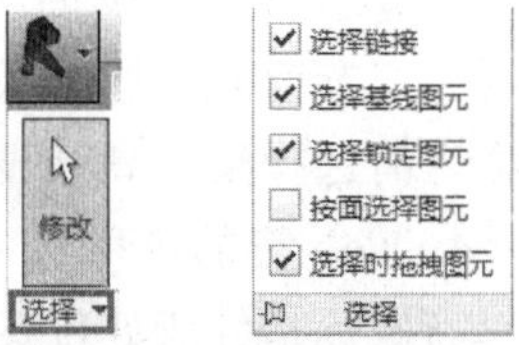

（1）选择链接：启用后可选择链接的文件或链接文件中的各个图元。如 Revit 文件、CAD 文件、点云等。

（2）选择基线图元：启用后可在视图的基线中选择图元。禁用时，仍可捕捉并对齐至基线中的图元。

（3）选择锁定图元：启用后可选择被锁定的图元。

图 3-30　对象选择选项

（4）按面选择图元：启用后可通过单击内部面而不只是边来选择图元，关闭后必须单击图元的一条边才能将其选中。

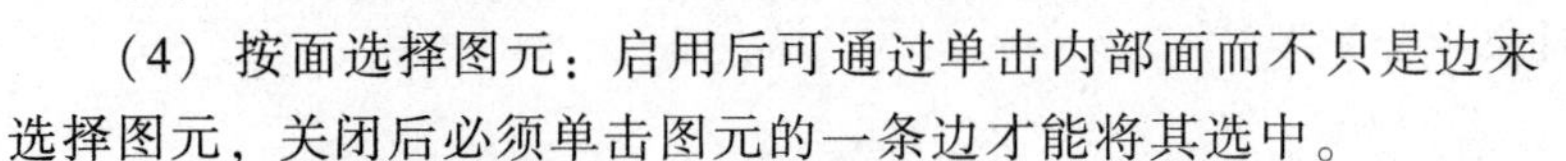

（5）选择时拖拽图元：启用后可无须选择图元即可对其进行拖拽，适用于所有模型类别和注释类别中的图元。

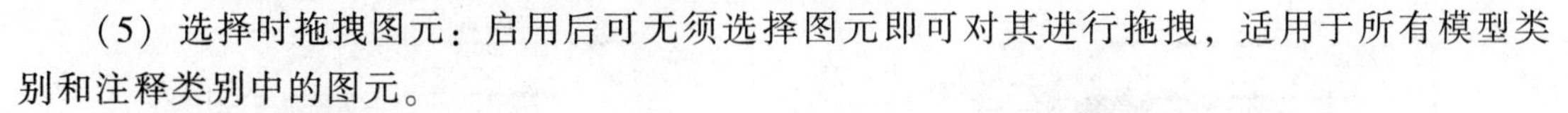

2. 单选

用鼠标点选单一图元。在绘图区域中将鼠标指针移动到图元上或图元附近，当图元的轮廓高亮显示时单击鼠标左键，即可选择该图元。在鼠标短暂的停留后，图元说明也会在鼠标指针下的工具提示中显示，如图 3-31 所示，配合 Ctrl 键可点选多个单一对象。

3. 框选

在 Revit 软件中，可通过鼠标框选批量选择图元，操作方式与 AutoCAD 相似。

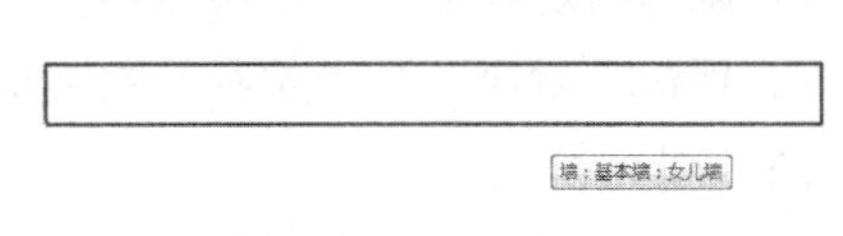

图 3-31　预选择

（1）将鼠标指针放在要选择的图元的一侧，按住鼠标左键往对角拖拽鼠标指针以形成矩形边框，框选中的图元会高亮显示。

【提示】

从左往右拖拽鼠标指针，形成的矩形边界为实线框，软件仅选择完全位于选择框边界之内的图元；从右到左拖拽鼠标指针，形成的矩形边界为虚线框，软件会选择全部位于选择框边界之内的任何图元。

（2）选择的对象如果包含多种类别图元的话，可通过调用界面右下角的“过滤器”功能，进行类型筛选，单击该按钮，将弹出“过滤器”对话框。如图 3-32 所示。

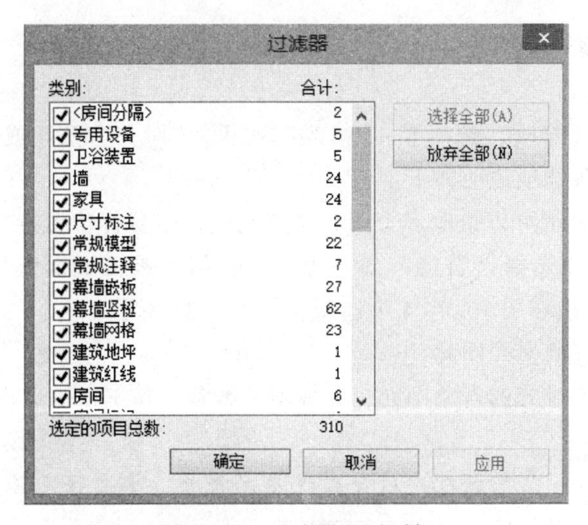

图 3-32　“过滤器”对话框

(3) 在该对话框的“类别”选项组下，可以看到框选的各个图元类型，可以根据实际情况，勾选或取消选择相关图元类别，完成后单击“确定”按钮返回，被勾选的类别图元将在当前选择集中高亮显示。[7]

4. Tab 键的应用

当鼠标指针所处位置附近有多个图元类型时，例如墙连接成一个连续的链，可通过按 Tab 键来回切换选择单片墙或整条链的墙，如图 3-33 和图 3-34 所示。这种方式对于在二维视图状态选择重叠的三维对象十分重要。

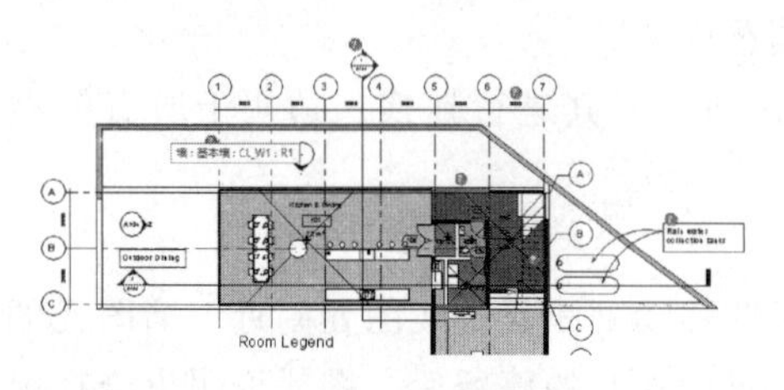

图 3-33　鼠标指针预选择单片墙

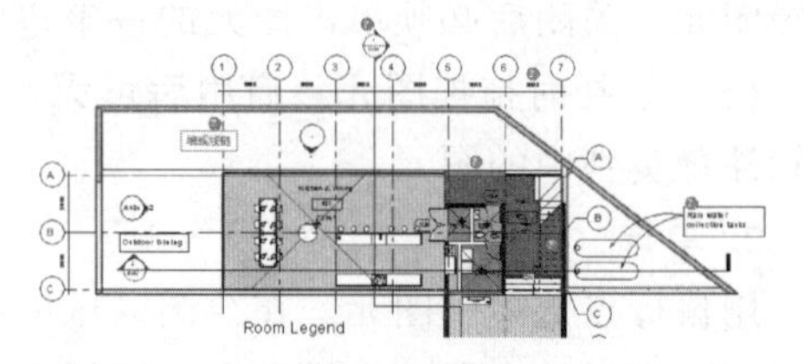

图 3-34　按 Tab 键切换预选择整条链的墙

将鼠标指针移动到绘图区域中的目标图元，按 Tab 键切换预选择对象，软件将以高亮显示方式预选择对象，单击选择预选择对象。

3.7.2　图元修改

修改选项卡的修改面板如图 3-35 所示。

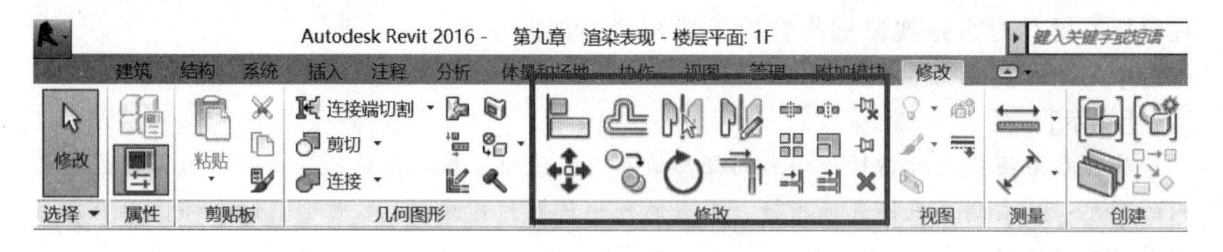

图 3-35　修改选项卡—修改面板

1. 对齐

使用对齐命令可将一个或者多个图元与选定图元对齐，常用于墙、梁和线等图元与选定目标的对齐。

(1) 选择功能区“修改”选项卡—“修改”面板—“对齐”按钮或使用快捷键“AL”。

(2) 对齐选项栏各选项说明如下：

1）“多重对齐”表示可以拾取多个图元对齐到同一个目标位置。

2）对齐墙时，可以选择“首选”对齐方式。包括“参照墙面”“参照墙中心线”“参照核心层表面”“参照核心层中心”4 个选项，如图 3-36 所示。

(3) 选择需要对齐的参照图元。

(4) 单击选择需要对齐的对象图元，完成对齐操作，按 Esc 键退出对齐命令状态。

【提示】

若要保持对齐状态，在完成对齐后会出现锁定符号，单击锁定符号来锁定图元对齐关系，实现同步移动。

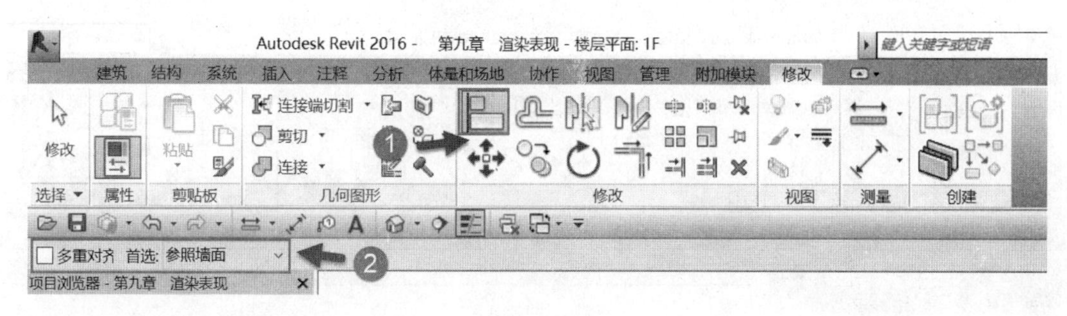

图　3-36

2. 偏移

使用偏移工具可以将选定的模型线、详图线、墙或梁等对象在与其长度垂直的方向移动指定的距离。

（1）选择功能区“修改”选项卡—“修改”面板—“偏移”按钮或使用快捷键“OF”。

（2）“偏移”选项栏各选项说明如下：

1）偏移方式包括数值方式和图形方式。

2）若要创建并偏移所选图元的副本，勾选“复制”选项；若取消勾选“复制”选项，则将需要偏移的图元移动到新的位置，如图 3-37 所示。

图　3-37

（3）选择需要偏移的对象。

（4）执行偏移操作。

3. 镜像

使用镜像工具可翻转选定图元，或生成图元的一个副本并且反转方向。

（1）选择需要镜像的图元。

（2）选择功能区“修改”选项卡—“修改”面板—“镜像-拾取轴/镜像-绘制线”按钮或使用快捷键“MM”/“DM”。

（3）设置“镜像”选项栏选项。

取消勾选选项栏中的“复制”复选框，则只翻转选定图元，而不生成其副本，反之则翻转选定图元并生成其副本图元，如图 3-38 所示。

（4）执行镜像操作。

4. 移动

使用移动工具可以对选定的图元进行拖拽或将图元移动到指定的位置。

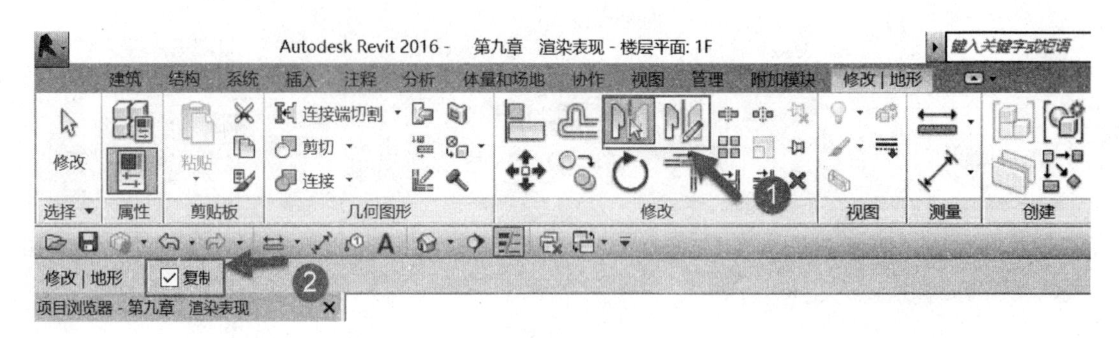

图　3-38

（1）选择需要移动的图元。

（2）选择功能区“修改”选项卡—“修改”面板—“移动”按钮或使用快捷键“MV”。

（3）设置“移动”选项栏选项，如图 3-39 所示。

各选项说明如下：

1）约束。勾选“约束”选项可以限制图元沿水平或垂直方向上移动，取消勾选则可随意移动，类似 AutoCAD 的正交模式。

2）分开。勾选“分开”选项可在移动前中断所选图元和其他图元之间的关联。

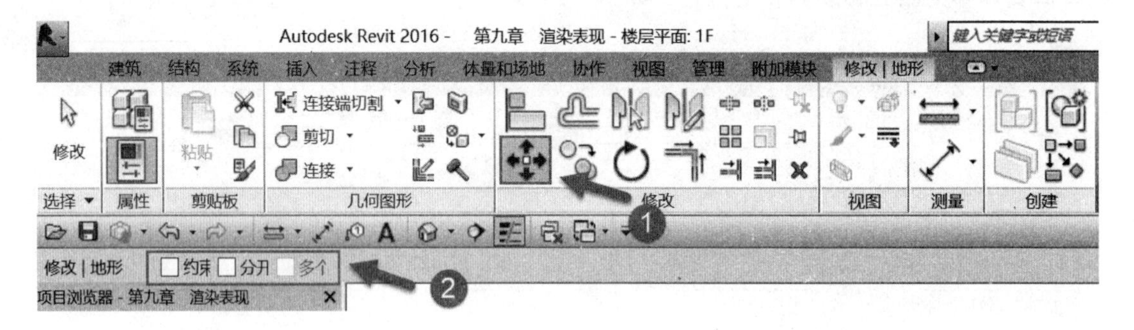

图　3-39

（4）执行移动操作：

在绘图区域中单击图元一点以作为移动的基点，沿着指定的方向移动鼠标指针，再次单击捕捉移动终点完成移动；如果通过输入移动距离完成移动操作，在选择移动基点后沿着某个方向会显示临时尺寸标注作为参考，输入图元要移动的距离值按 Enter 键，完成移动操作。

5. 复制

使用复制工具来复制生成选定图元副本并将它们放置在当前视图中指定的位置。

（1）选择需要复制的图元。

（2）选择功能区“修改”选项卡—“修改”面板—“复制”按钮或使用快捷键“CO”。

（3）设置“复制”选项栏选项，如图 3-40 所示。

1）约束：勾选“约束”选项可以限制图元沿水平或垂直方向上移动，取消勾选则可随意移动，类似 AutoCAD 的正交模式。

2）分开：勾选“分开”选项可在移动前中断所选图元和其他图元之间的关联。

3）多个：勾选该选项，可以连续复制放置多个图元副本；取消勾选“多个”则只能复制一个。

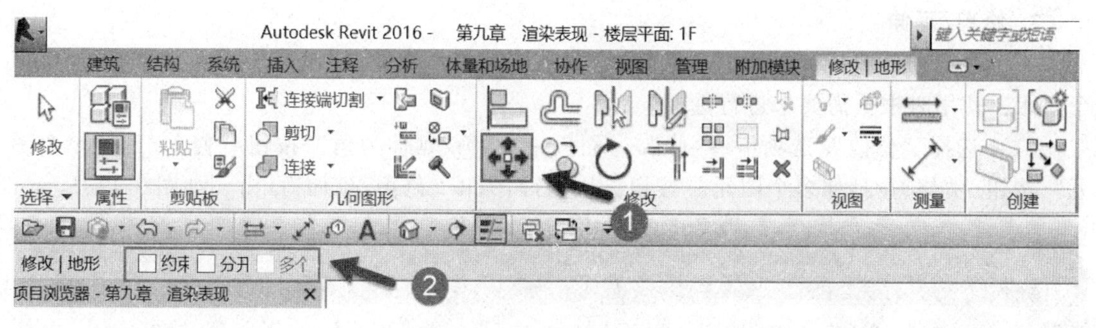

图　3-40

（4）执行复制操作。

在绘图区域中单击图元一点以作为复制图元开始移动的基点，将鼠标指针从原始图元上移动到要放置副本的区域，单击以放置图元副本，或输入移动距离的值按 Enter 键完成复制操作。若勾选了多个，则可以连续放置多个图元。完成后按 Esc 键退出复制工具。

6. 旋转

使用“旋转”工具可使图元绕旋转中心旋转到指定的位置或者指定的角度。

（1）选择需要旋转的图元。

（2）选择功能区“修改”选项卡—“修改”面板—“旋转”按钮或使用快捷键“RO”。

（3）设置“旋转”选项栏选项，如图 3-41 所示。

各选项说明如下：

1）分开：勾选“分开”选项可在旋转前中断所选图元和其他图元之间的关联。

2）复制：勾选“复制”选项可在旋转时创建旋转对象副本。

3）角度：设置旋转角度。

4）旋转中心：重新设置旋转中心，单击“地点”可自行选择旋转中心，单击“默认”则是设置图形中心为旋转中心（也可直接拖拽旋转中心符号到指定的位置来设置旋转中心）。

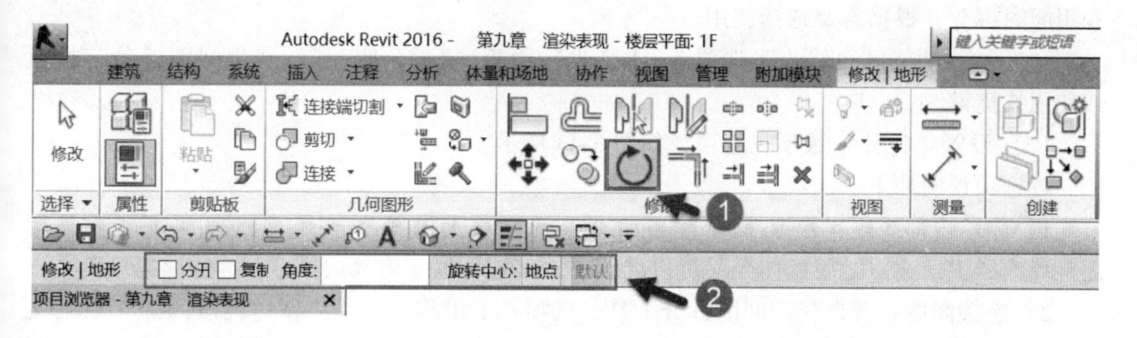

图　3-41

（4）执行旋转操作：

单击确定旋转基准线位置，按照顺、逆时针、左右滑动鼠标开始旋转，旋转时，会显示临时角度标注，并出现一个预览图像，这时可以用键盘输入一个角度值，按 Enter 键完成旋转；也可以直接单击另一位置作为旋转线的结束，以完成图元的旋转。

7. 修剪/延伸

关于修剪和延伸共有 3 种工具，即修剪/延伸为角，修剪/延伸单个图元、修剪/延伸多个图元，使用时根据需要来进行选择。

（1）选择“修改”选项卡—“修改”面板—“修剪/延伸为角”按钮/“修剪/延伸单个图元”按钮/“修剪/延伸多个图元”按钮，快捷键：TR（修剪/延伸为角），如图 3-42 所示。

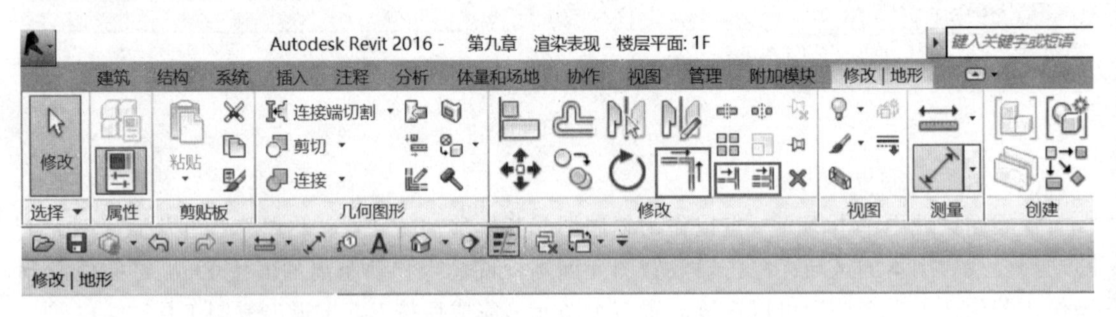

图　3-42

（2）选择需要修改的图元：

1）若选择“修剪/延伸为角”，延伸为角时，先后选择需要延伸成角的两个图元即可；需要将其修剪成角时，选择用作边界的参照图元，单击要保留的图元部分。

2）若选择“修剪/延伸单个图元”，对于与边界交叉的图元，选择用作边界的参照图元，保留所单击的部分，即可修剪边界另一侧的部分；对于未有交叉的图元，先选择用作边界的参照图元，后选择要延伸的图元。

3）若选择“修剪/延伸多个图元”，先选择用作边界的参照，后选择要修剪或延伸的每个图元。对于与边界交叉的图元，保留所单击的部分，而修剪边界另一侧的部分。

（3）完成后按 Esc 键退出修剪/延伸工具。

8. 拆分

通过“拆分”工具，可将图元分割为两个单独的部分，拆分有两种工具，即拆分图元和用间隙拆分，根据需要选择使用。

（1）选择功能区“修改”选项卡—“修改”面板—“拆分图元”/“用间隙拆分”按钮或使用快捷键 SL。

（2）设置“拆分”选项栏选项，如图 3-43 所示。

各选项说明如下：

1）删除内部线段：若选择拆分图元工具，选项栏上出现该选项。勾选此项后，软件会删除墙或线上所选点之间的图元。可以继续单击其他位置，将墙或线拆分为连续的多段。

2）连接间隙：若选择用间隙拆分工具，选项栏上出现该选项，在“连接间隙”后的文本框中输入间隙值（1.6~304.8mm），软件会在单击位置创建一个间隙值长度的缺口。

（3）单击拆分位置：在图元上要拆分的位置处单击。完成后按 Esc 键退出拆分工具。

【提示】

在立剖面视图和三维视图中，可以用“拆分”工具沿着水平线拆分一面墙。

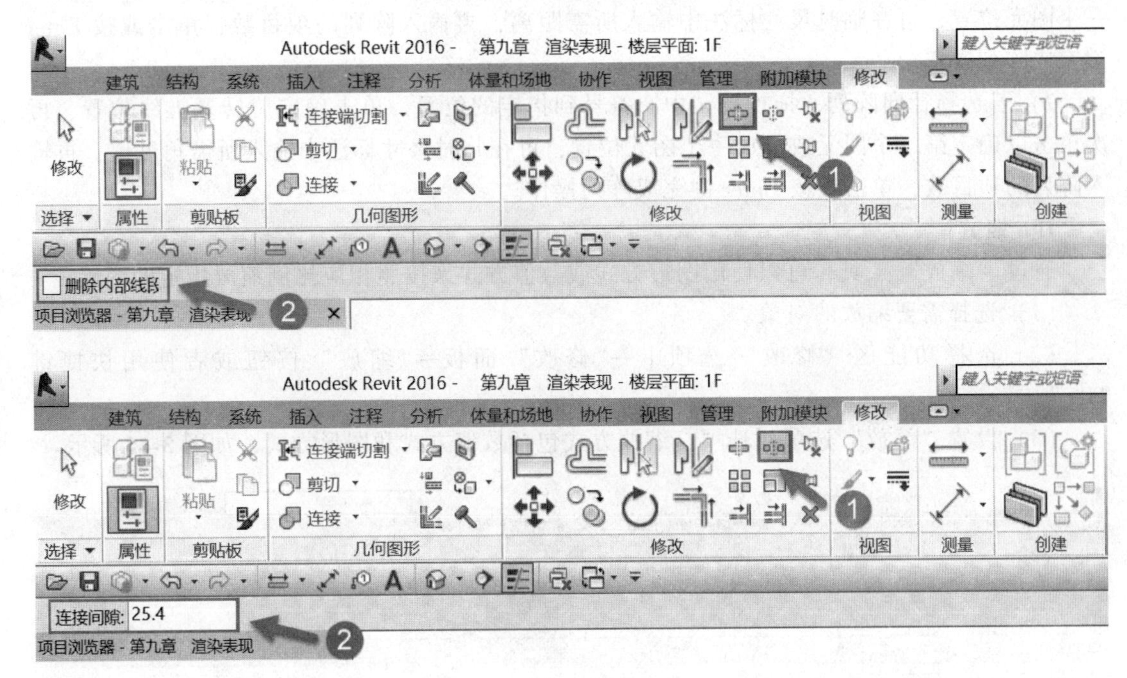

图　3-43

9. 阵列

通过“阵列”工具，可以创建一个或者多个图元的多个相同实例。

（1）选择需要阵列的对象。

（2）选择功能区“修改”选项卡—“修改”面板—“阵列”按钮或使用快捷键“AR”。

（3）在选项栏中设置“阵列”相关选项，如图 3-44 所示。

各选项说明如下：

1）阵列方式：两种阵列方式，线性阵列和径向阵列，表示线性阵列，表示径向阵列。

2）成组并关联：将阵列的每个成员包括在一个组中。若取消勾选该选项，软件将会创建指定数量的副本，但不会使它们成组。在放置后，每个副本都是独立的。

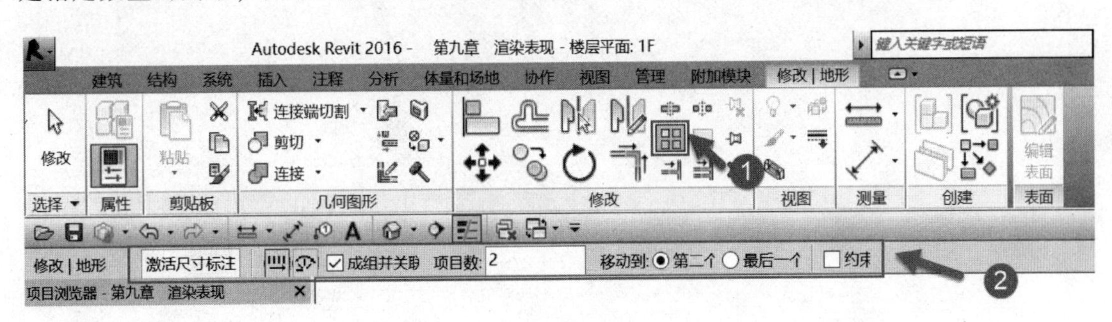

图　3-44

（4）执行阵列操作：

1）若选择线性阵列，单击选定图元一点作为起点，再次单击以确定第二个图元或最后一个图元位置，可在临时尺寸标注中输入所需距离，再输入阵列的项目数，单击或按 Enter 键完成阵列操作。

2）若选择径向阵列，拖拽旋转中心符号到指定的位置，单击确定旋转基准线位置，再次单击以确定第二个图元或最后一个图元位置，可在临时尺寸标注中输入所需角度值，再输入阵列的项目数，单击或按 Enter 键完成阵列操作。

10. 缩放

通过“缩放”工具，可以使用图形方式或数值方式来按照相应比例缩放指定的图元。

（1）选择需要缩放的对象。

（2）选择功能区“修改”选项卡—“修改”面板—“缩放”按钮或者使用快捷键“RE”。

（3）设置“缩放”选项栏选项，缩放方式包括数值方式和图形方式，如图 3-45 所示。

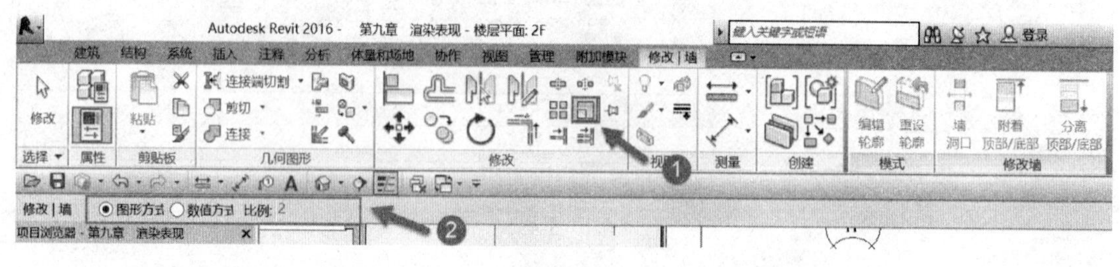

图　3-45

（4）执行缩放操作。

1）选择数值方式时，可在缩放选项中设置缩放比例，单击缩放原点，完成操作。

2）选择图形方式时，单击缩放原点，再单击缩放方向，最后单击缩放终点以确定缩放基准尺寸和缩放后的尺寸，完成操作。

（5）完成后按 Esc 键退出缩放工具。

第 4 章　标高、轴网和参照平面

4.1　标高

标高表示建筑物各部分的高度，是建筑物某一部分相对于基准面（标高的零点）的竖向高度，是竖向定位的依据。标高与轴网的绘制是建模的开始和基础。Revit 通过标高和轴网对建筑模型的各构件进行空间定位。

1. 认识标高

如图 4-1 所示，以下为各图元的含义。

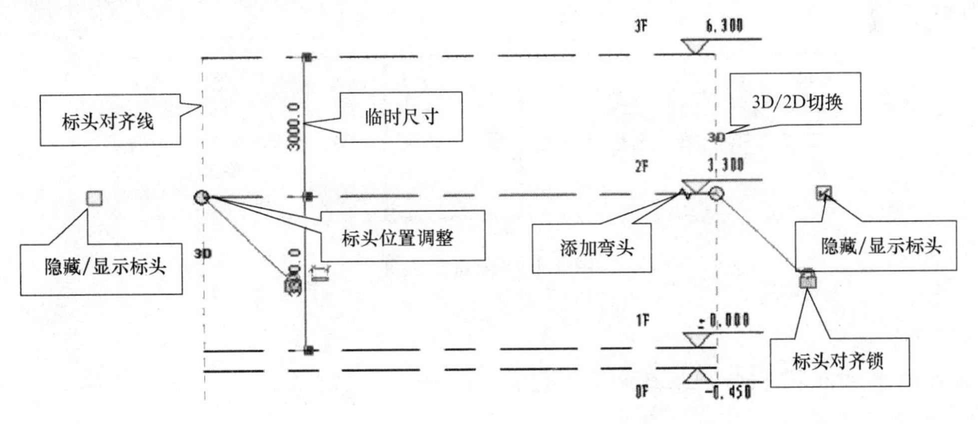

图 4-1　标高介绍

2. 创建和编辑标高

标高反映了建筑构件在高度方向上的定位情况。开始建模时应先对项目的标高做出整体规划，即在建筑竖向方向上，使用标高来进行定位。

创建步骤：

(1) 启动 Revit 工具，以建筑样板新建一个项目，如图 4-2 所示。

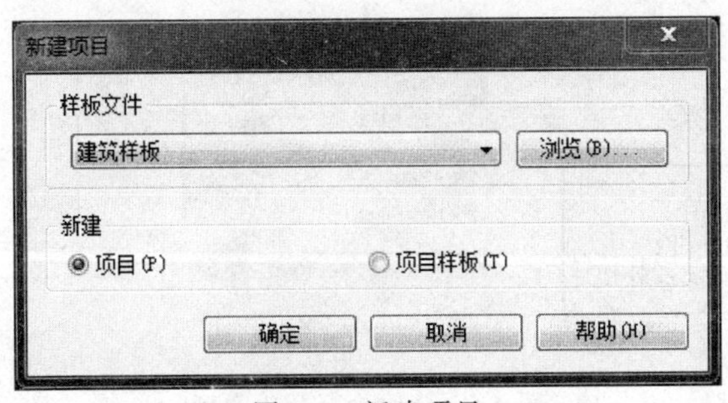

图 4-2　新建项目

（2）软件默认将打开“标高 1”楼层平面视图，在项目浏览器中展开“立面”视图类别，双击任意一立面切换至立面视图中，可见系统默认标高设置，如图 4-3 所示。

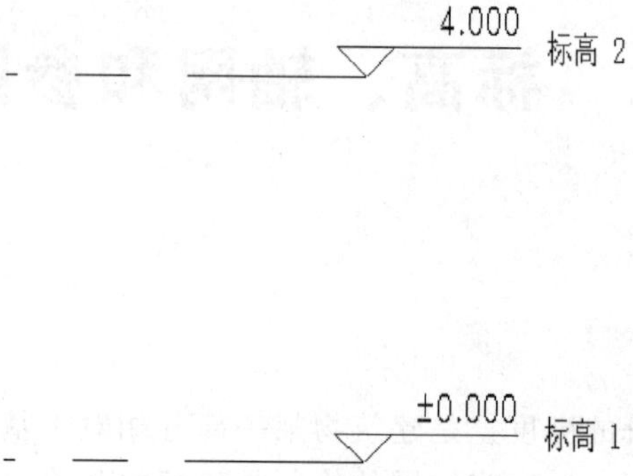

4.000 标高 2

±0.000 标高 1

图 4-3　立面视图

在功能区上单击“建筑”选项卡→“基准”面板→“标高”命令，单独进行绘制，如图 4-4 所示。

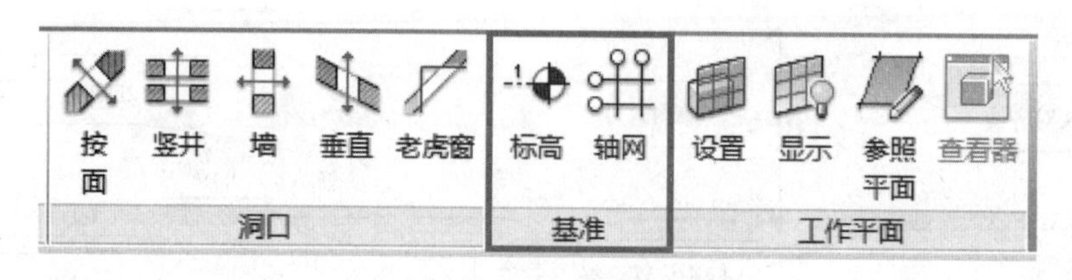

图 4-4　“标高”工具

【提示】

标高的单位为米（m），距离单位为毫米（mm）。

3. 修改标高类型

（1）为了图纸清晰，立面中常将紧挨的两个或者多个标头进行翻转，以避开标头的相互影响，Revit 中，通过替换标高的类型即可，如图 4-5 所示。

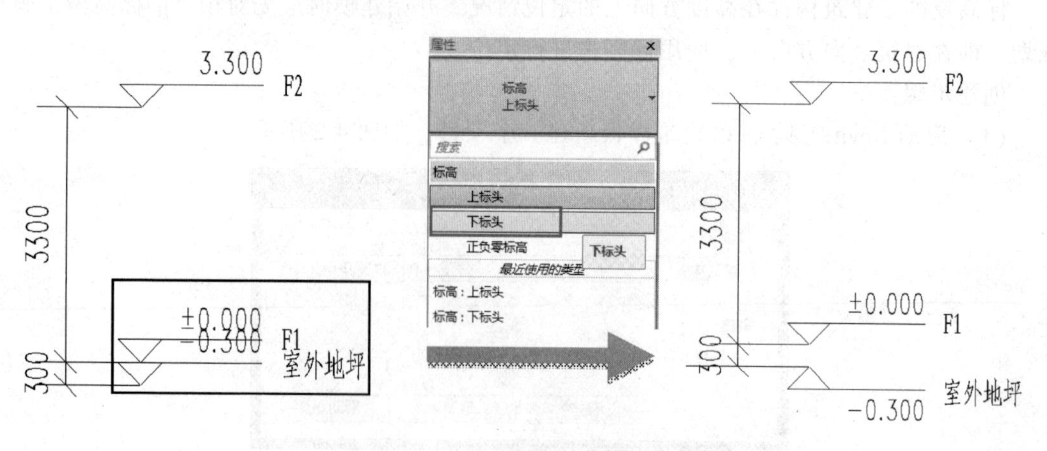

图 4-5　修改标高标头类型

（2）鼠标左键单击“标高 2”，修改蓝色临时尺寸标注的数值或直接双击标高数值来修改当前标高的标高值；当标高标头对齐时，出现蓝色虚线，可以使标高形成对齐锁定关系，如图 4-6 所示。

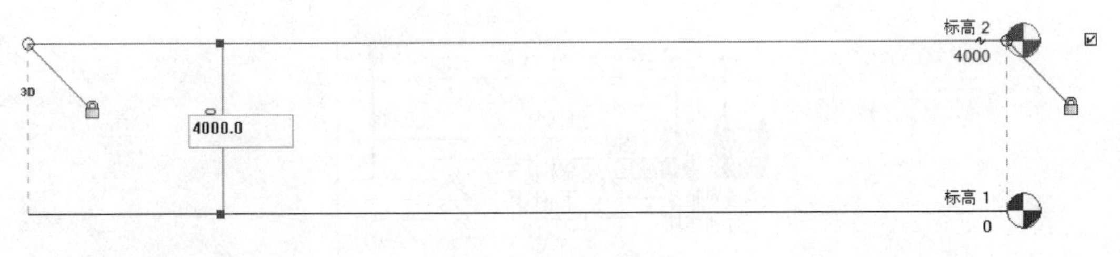

图 4-6　修改标高

【提示】

标高名称的自动排序是按照名称的最后一个字母排序，且只有唯一的名称，标高名称如需自定义，直接双击名称修改即可。

选择一根标高，使用工具栏中的“复制”或“阵列”工具，可以快速生成所需的标高，如图 4-7 所示。

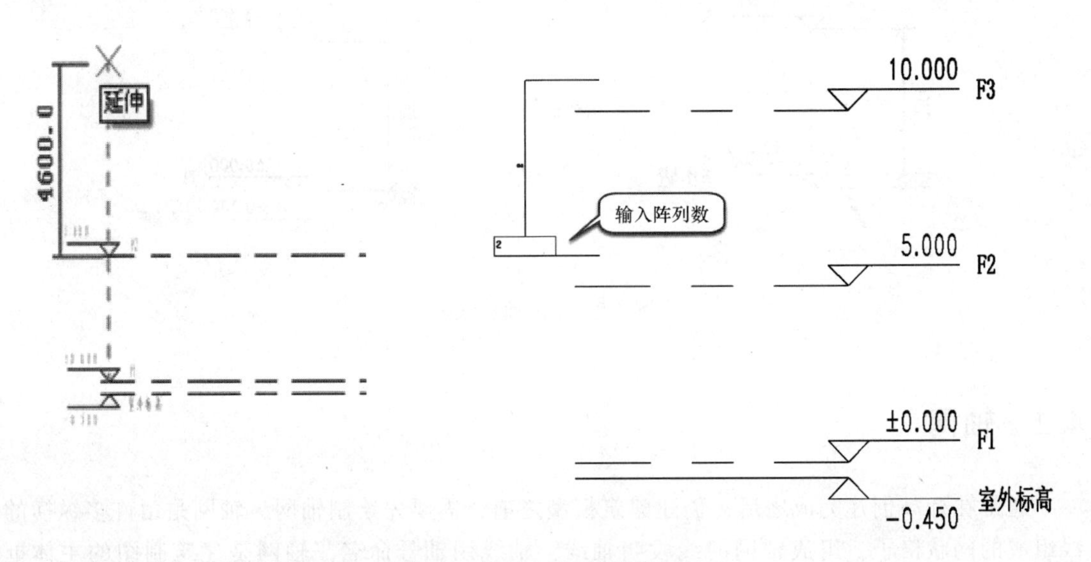

图 4-7　复制、阵列绘制标高

【提示】

用复制、阵列工具所绘制的标高不能自动添加到楼层平面视图中，如需添加可使用楼层平面工具添加。

4. 修改标高线长度

修改标高线长度，为了图纸清晰，立面中常将上下标头对齐，拖拽至建筑外墙以外，如图 4-8 所示。

【提示】

当标头出现虚线整体对齐锁定时，鼠标拖拽标头空心圆圈，即可整体修改标高线长度。

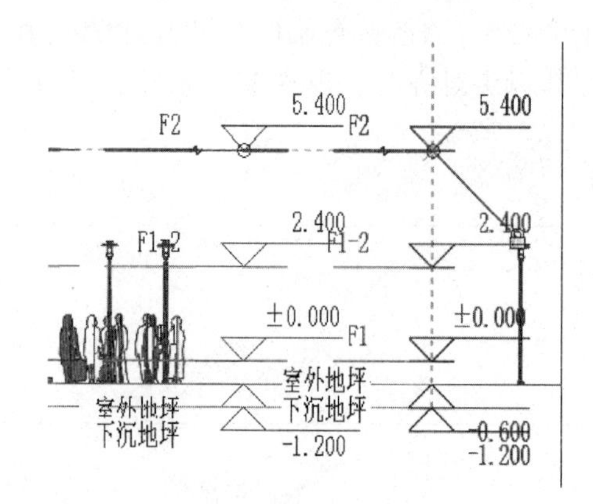

图 4-8　修改标高线长度

5. 修改标高标头

修改标高标头，即给标高添加弯头，此修改也是以保持图纸清晰为目的，避免两个或者多个标高的相互影响，如图 4-9 所示。

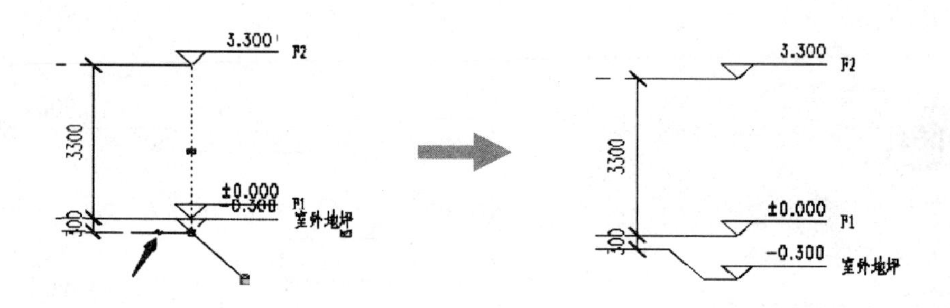

图 4-9　添加标高弯头

4.2　轴网

通常在标高创建完成之后，创建建筑模型之前，需要先绘制轴网，轴网是由许多纵横的线组成的网状格子，组成轴网的线段叫轴线，轴线用轴号命名。轴网是建筑制图的主体框架，建筑物的主要支撑构件按照轴网定位排列，达到井然有序。

1. 创建和编辑轴网

创建步骤：

（1）打开平面视图，在功能区上单击“建筑”选项卡→“基准”面板→“轴网”命令，进行轴网的绘制，如图 4-10 所示。

（2）单击“修改 | 放置轴网”选项卡“绘制”面板，然后选择一个草图选项，如图 4-11 所示。

（3）当轴网达到正确的长度时单击鼠标，如图 4-12 所示。

选择一根轴线，单击工具栏中的“复制”或“阵列”命令，可以快速生成所需的轴线，轴号自动排序，如图 4-13 所示。

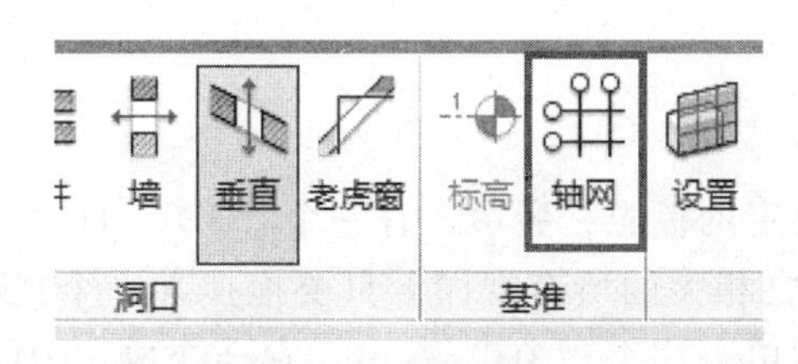

图 4-10　“轴网”工具

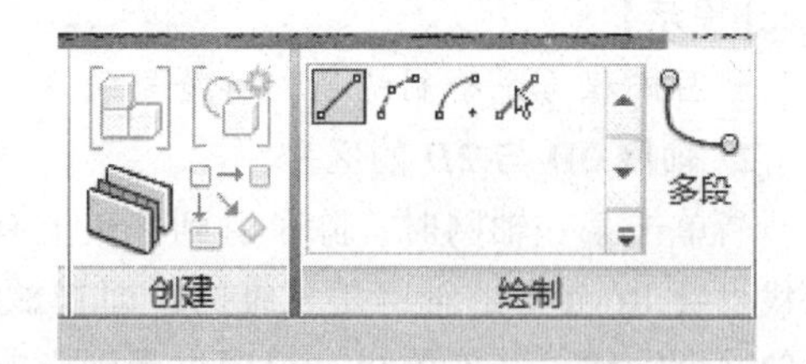

图 4-11　轴网绘制方式

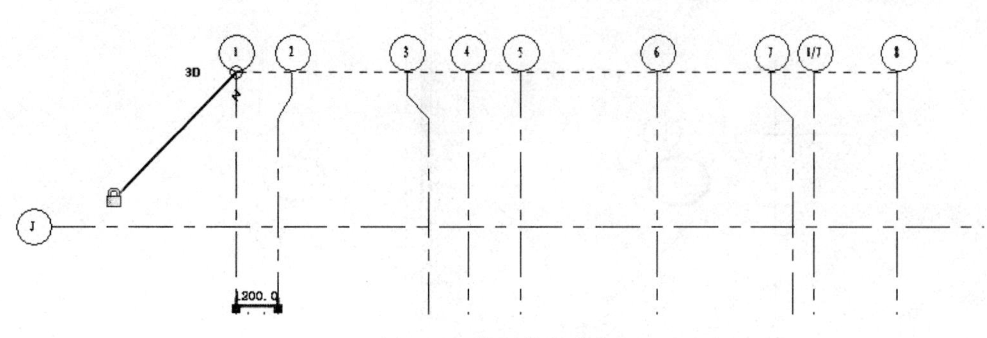

图 4-12　轴网轴号对齐

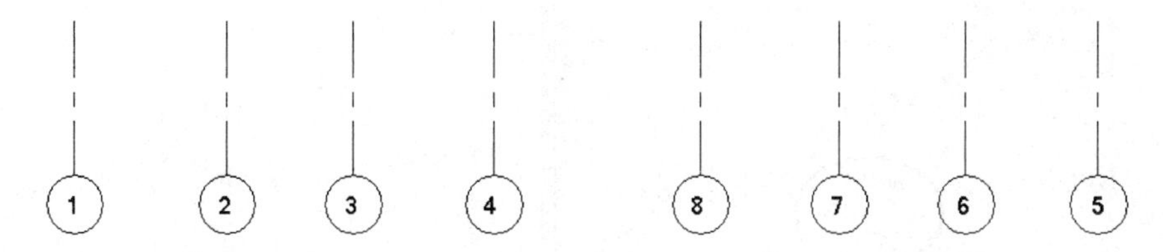

图 4-13　轴号自动排序

【提示】

轴号建筑制图中不采用“O”“I”“Z”字母，请手动修改“O”“I”“Z”编号。轴网绘制完成后请及时锁定轴网，以免误操作移动轴网位置。

轴网的编辑设置方法同标高相同，在此不再赘述。在一个视图中调整完轴线标头位置、轴号显示、轴号偏移等设置后，选择轴线，单击选项栏“影响范围”命令，在对话框中选择需要的平面或立面视图名称，可以将这些设置应用到其他视图。如图 4-14 所示。

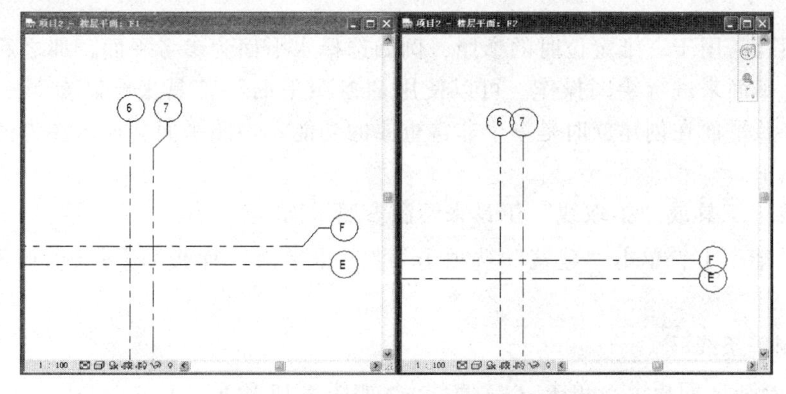

图 4-14　轴网影响范围

【提示】

制图流程为先绘制标高，再绘制轴网。

2. 轴网 3D 与 2D 的区别

当单击某一轴网时，除了看到标头上有一个锁定的标志，旁边还有一个“3D”的标识，它代表着 Revit 中的轴网是三维的，即它影响着与之相关的所有视图，只要拖拽某一个视图中的这个轴线，其他的相关视图也受到影响；当你单击这个“3D”标识，它会变成“2D”，即它之后的行为只影响当前视图。如图 4-15 所示。

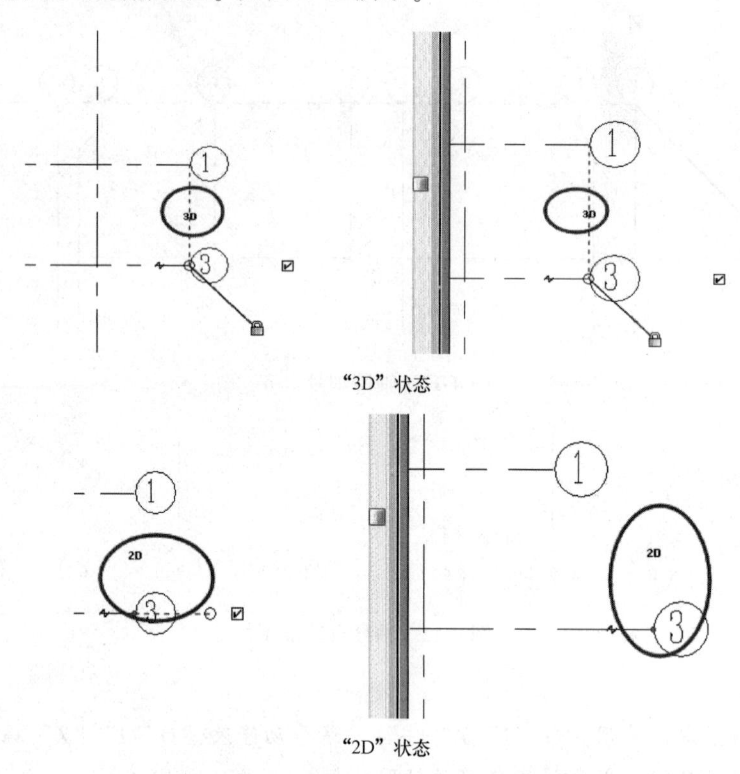

图 4-15 轴网“2D”和“3D”状态区别

4.3 参照平面

参照平面就是用于三维定位时的参照，例如选择水平面为参考平面，那之后执行的命令都是基于这个平面来进行绘图操作。可以使用“参照平面”工具来绘制参照平面，以用作设计准则。参照平面在创建族时是一个非常重要的功能。参照平面会显示在为模型所创建的每个平面视图中。

使用“线”工具或“拾取线”工具来绘制参照平面。

（1）在功能区上，单击“建筑”选项卡→“工作平面”面板→（参照平面），如图 4-16所示。

（2）绘制一条线。

1）在“绘制”面板上，单击（直线），如图 4-17 所示。

2）在绘图区域中，通过拖拽鼠标指针来绘制参照平面。

3）按 Esc 键退出绘制。

（3）拾取现有线。

1）在“绘制”面板中，单击 （拾取线），如图 4-18 所示。

2）如果需要，在选项栏上指定偏移量。

3）选择“锁定”选项，可将参照平面锁定到该线。

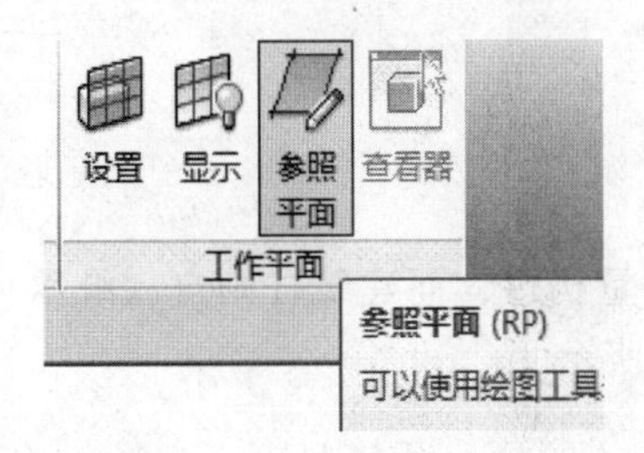

图 4-16 “参照平面”工具

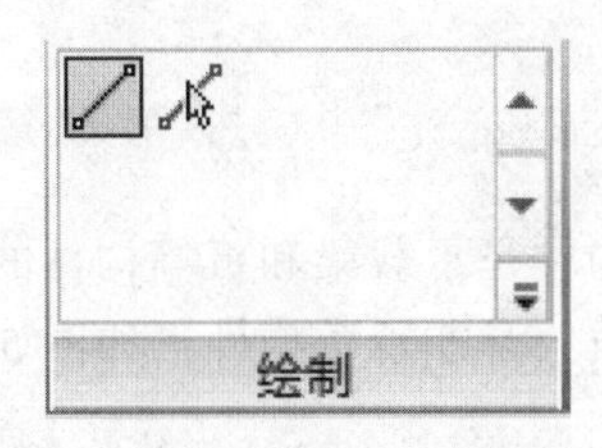

图 4-17 “直线”绘制方式

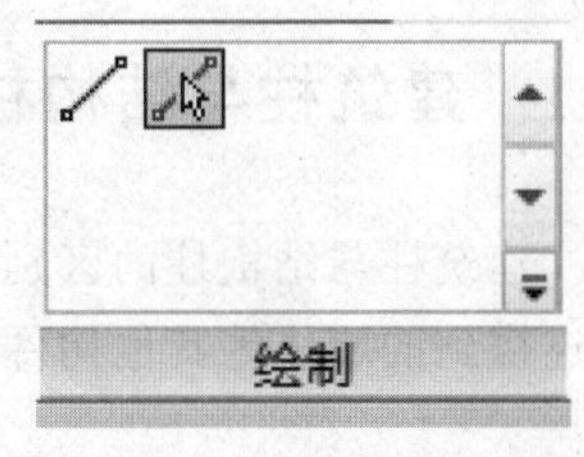

图 4-18 “拾取”绘制方式

第 5 章　柱、梁和结构构件

5.1　建筑柱与结构柱

建筑柱与结构柱的区别：结构柱是承载梁和板等构件的承重构件，而建筑柱则自动继承其连接到的墙体等其他构件的材质，是非承重构件，如图 5-1 所示。

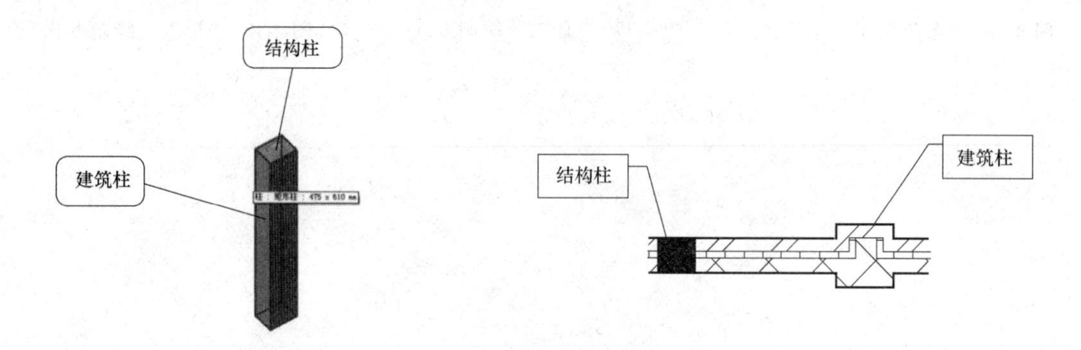

图 5-1　建筑柱与结构柱

1. 添加结构柱

（1）单击“结构”→“柱”工具，进入结构柱放置模式。此时软件切换至“修改 | 放置结构柱”上下文选项卡。在选项卡可以设置相关参数，如图 5-2 所示。

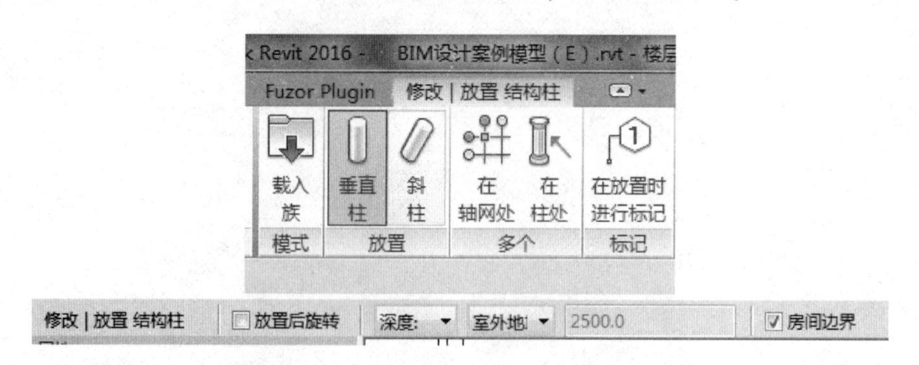

图 5-2　添加结构柱选项

【提示】

单击“建筑”→“柱”下拉列表中同样提供了“结构柱”，其功能和用法与上述相同。

（2）在属性面板中的类型选择器下拉菜单中可以选择相应尺寸规格的柱子类型，或者单击属性面板中的“编辑类型”，弹出“类型属性”对话框，选择“复制”命令，创建新的尺寸规格，修改长度、宽度等参数，如图 5-3 所示。

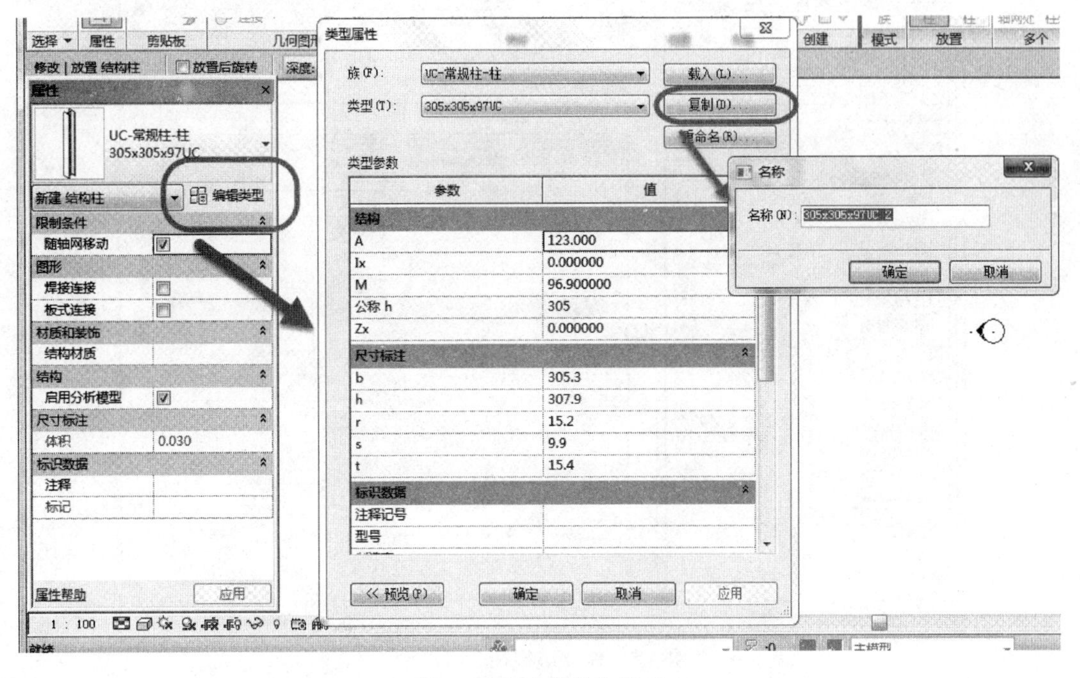

图 5-3　新建结构柱类型

（3）如没有需要的柱子类型，则可在“修改 | 放置结构柱”上下文选项卡中或者“插入”选项卡中，从“模式”面板中单击“载入族”打开相应族库载入族文件。

（4）布置结构柱的快捷方法：①通过拾取轴网交点添加或通过框选轴网添加，②结构柱能够捕捉到建筑柱的中心，因此可以将结构柱添加到建筑柱中，如图 5-4 所示。

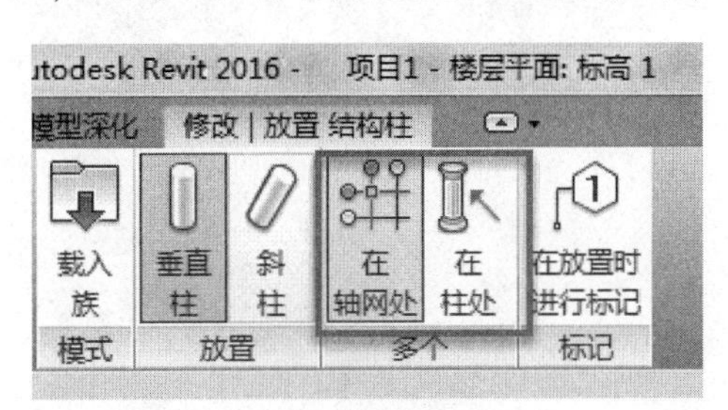

图 5-4　结构柱快捷布置方式

2. 编辑结构柱

（1）在柱的“属性”面板中调整柱子的基准、底部标高、底部偏移等属性。单击“编辑类型”，在弹出的“类型属性”对话框中可设置长度、宽度等参数，如图 5-5 所示。

（2）可使用修改面板中的复制、移动、旋转、镜像、阵列、锁定、删除等工具进行修改。

（3）单击“柱”进入“修改 | 结构柱”选项卡，在“修改柱”面板中可以将柱附着于屋顶或楼板或参照平面。如图 5-6 所示。

添加建筑柱、编辑建筑柱与结构柱大体相同，在此不再赘述。

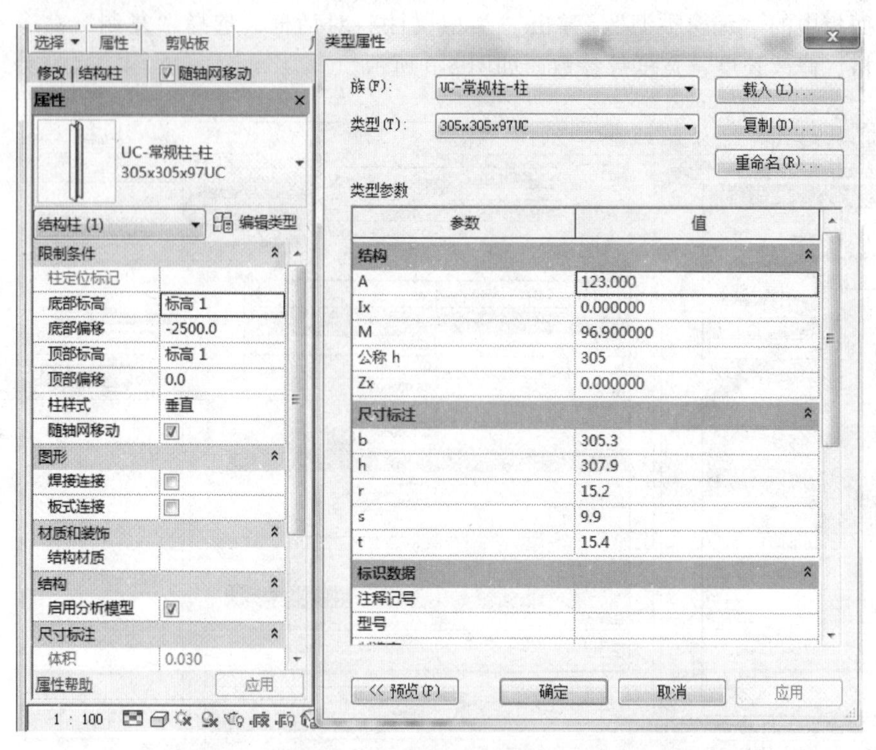

图 5-5　修改结构柱类型属性

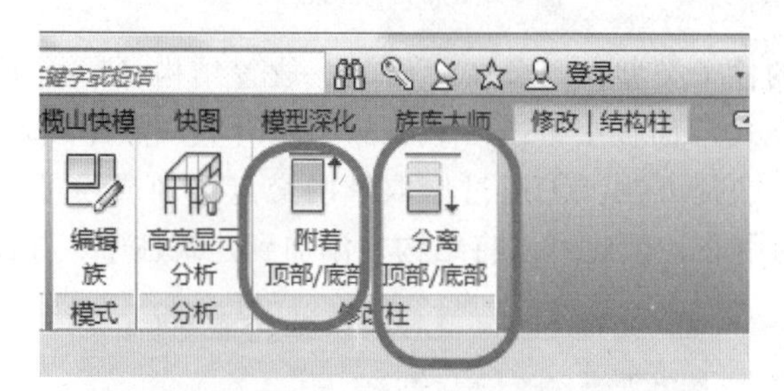

图 5-6　结构柱对顶部/底部的附着与分离

5.2　梁

1. 创建常规梁

（1）在“结构”选项卡中，单击“结构”面板中的“梁”，在“属性”面板中的类型选择器选择需要的梁类型，单击“编辑类型”，在弹出的“类型属性”对话框中可修改其参数。

（2）设置选项栏，如图 5-7 所示。

【提示】

通过对“链”的设置，可以一次创建单个梁，也可以连续绘制多个梁。

（3）可用绘制工具命令绘制梁或使用“在轴网上”创建梁。如图 5-8 所示，选择“在轴网上”工具，然后选择单击需要创建梁的轴线，再单击确定完成绘制梁。

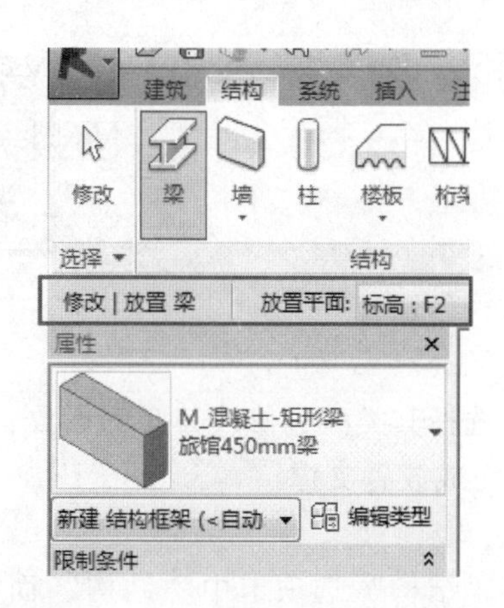

图 5-7　绘制梁选项栏

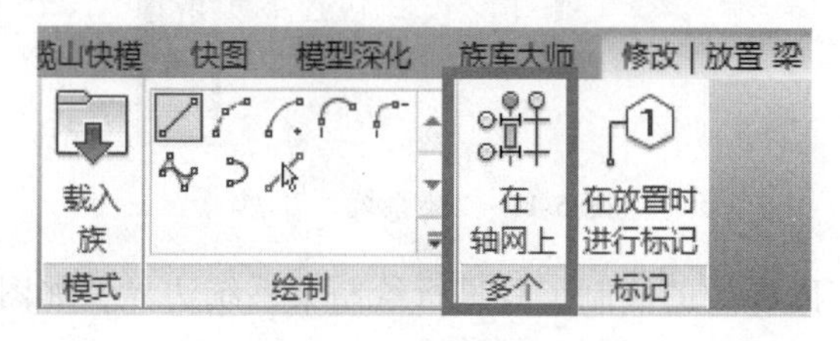

图 5-8　“在轴网上”工具

【提示】

系统自动捕捉已有的结构柱间的轴线放置梁。若没有结构柱，则不能使用“在轴网上”创建梁。

2. 编辑常规梁

（1）控制操纵柄：选择梁，端点位置会出现操纵柄，鼠标拖拽调整其端点位置。

（2）在“属性”面板中修改其实例参数和类型参数。

3. 添加结构支撑

（1）在“视图”选项卡的“创建”面板中打开一个“框架立面”或“平面视图”，如图 5-9 所示。

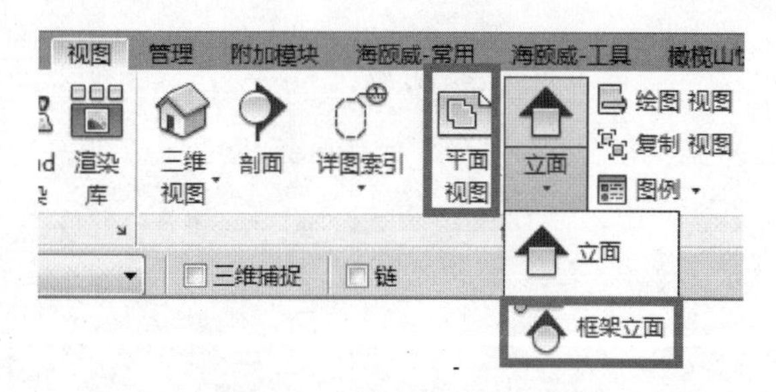

图 5-9　“框架立面”工具

（2）在“结构”选项卡中单击“结构”面板中的“支撑”，如图 5-10 所示。

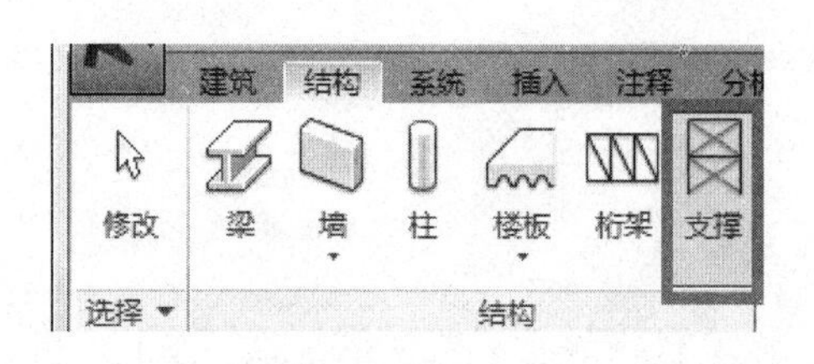

图 5-10 “支撑”工具

（3）在“属性”面板中可选择其类型，修改其实例参数、类型参数。

（4）拾取放置起点、终点完成放置支撑。

4. 梁系统

（1）在平面视图中，单击“结构”选项卡中“结构”面板中的“梁系统”，如图 5-11 所示。

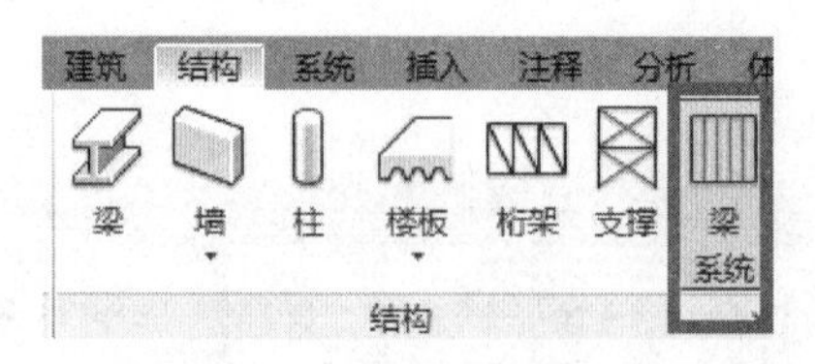

图 5-11 “梁系统”工具

（2）使用“绘制”面板中的绘制工具进行绘制梁系统边界，如图 5-12 所示。

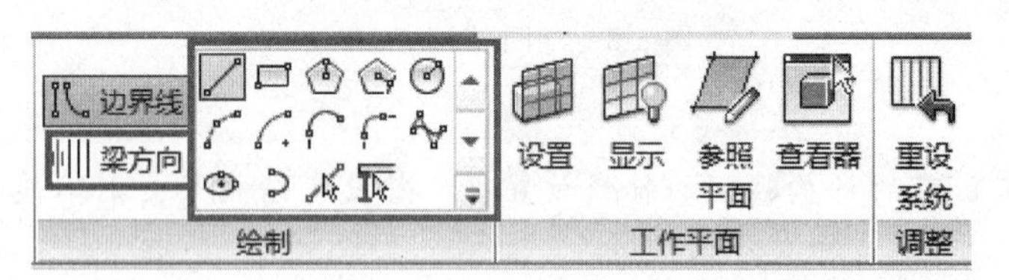

图 5-12 梁“绘制”方式

（3）默认状态下绘制的第一条边界线为梁的方向，也可以手动单击“梁方向”命令，选择某边界作为新的梁方向，如图 5-12 所示。在“属性”面板中可修改其参数。

第 6 章　墙体和幕墙

6.1　墙体

墙体是建筑物的重要组成部分。它的作用是承重、围护或分隔空间。墙体按其受力情况和材料分为承重墙和非承重墙，按其构造方式分为实心墙、烧结空心砖墙、空斗墙、复合墙等。

1. 一般墙体的绘制

（1）选择“建筑”选项卡，单击“构建”面板中的“墙”下拉按钮出现建筑墙、结构墙、面墙、墙饰条、墙分隔条命令。建筑墙与结构墙的区别是在结构用途上不同，建筑墙的结构用途为非承重，结构墙的结构用途为承重，如图 6-1 所示。

（2）在“属性”面板中的类型选择器下拉菜单中可以选择相应墙规格的类型，如图 4.1-2 所示，或者单击属性面板中的“编辑类型”，弹出“类型属性”对话框，选择“复制”命令，创建新的尺寸规格的墙，修改长度、宽度等参数。

（3）在使用墙体绘制工具时在选项栏上设置墙高度、定位线、偏移值、墙链，勾选选项栏上“链”选项，才能连续画墙，如图 6-2 所示。

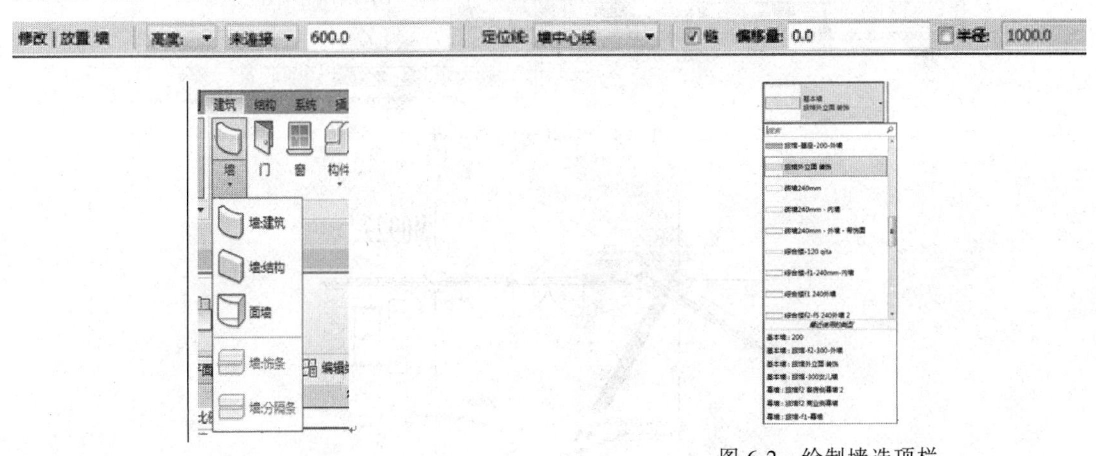

图 6-1　“墙”工具类型

图 6-2　绘制墙选项栏

（4）如有导入的 CAD 底图，可用“拾取线”命令，鼠标拾取导入的 CAD 平面图的墙线，自动生成 Revit 墙体，如图 6-3 所示。

【提示】

绘制墙体时需顺时针绘制，因为在 Revit 中有内墙面和外墙面的区别，或者选择墙并且点击“翻转”符号⇅实现内外墙面的翻转。

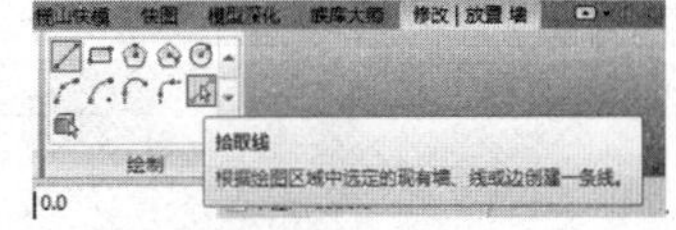

图 6-3　“拾取线”命令

2. 一般墙体的编辑

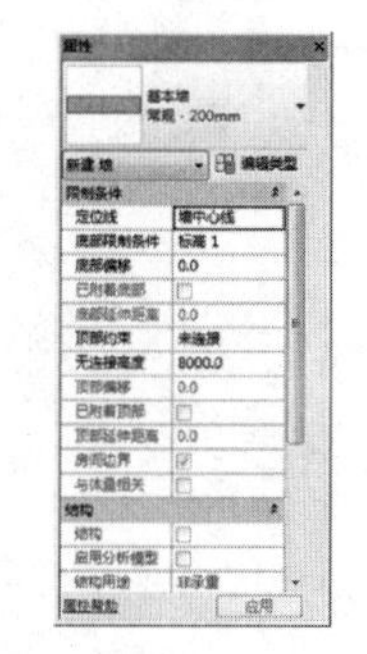

图 6-4　墙属性

(1) 选择墙体，在“属性”面板中可以设置墙体的定位线、高度、基面和顶面的位置及偏移、结构用途等特性如图 6-4 所示。

(2) 单击“属性”面板中的“编辑类型”，弹出“类型属性”对话框，可设置墙的粗略比例填充样式、结构、材质等类型参数。如图 6-5 所示。

(3) 尺寸驱动、鼠标拖拽控制柄修改墙体位置、长度、内外墙面等。如图 6-6 所示。

(4) 选择墙体，在“修改 | 墙”选项卡的“修改”面板中选择移动、复制、旋转等编辑命令编辑墙体。如图 6-7 所示。

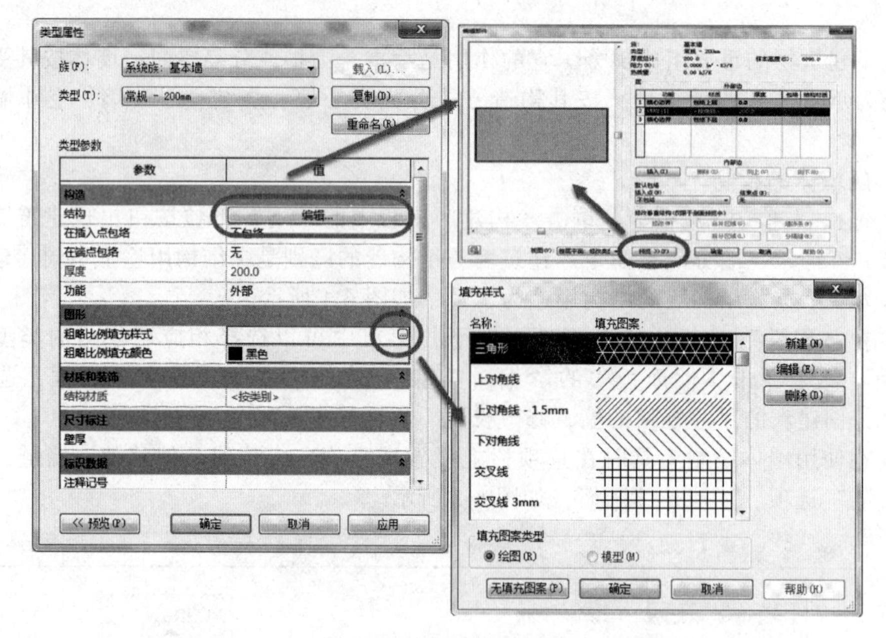

图 6-5　编辑墙类型属性

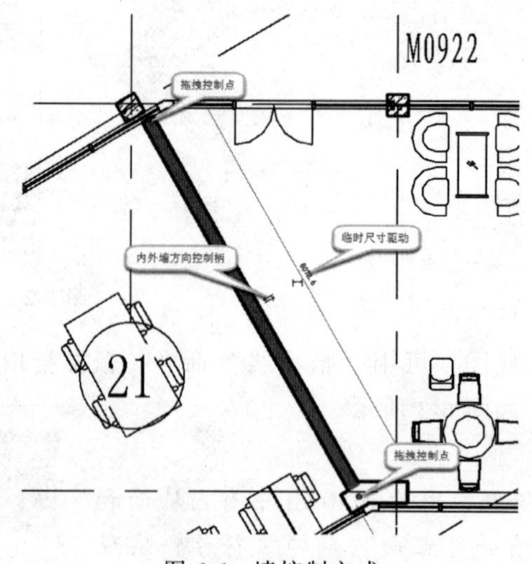

图 6-6　墙控制方式

（5）使用墙体“编辑轮廓”命令，在立面上用“线”绘制工具绘制封闭轮廓，可生成任意形状的墙体。如需一次性还原已编辑过轮廓的墙体，选择墙体，单击“重设轮廓”命令，即可实现。如图 6-8 所示。

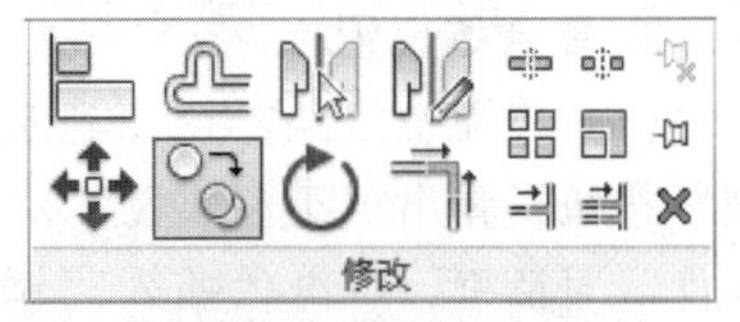

图 6-7　墙编辑工具

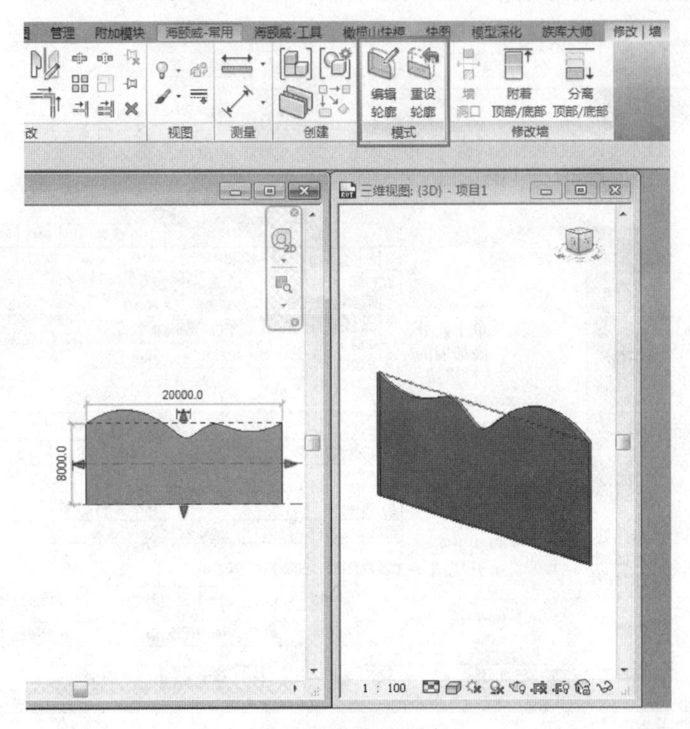

图 6-8　编辑墙轮廓

（6）当需要将墙体顶部或底部连接到屋顶、楼板或天花板等构件时，可以使用“附着”命令，附着后的墙体和屋顶、楼板等之间保持一种关联关系，当屋顶或楼板等构件的形状、高度位置等发生改变后，墙体会自动更新始终保持附着状态。“分离”命令可以将已经附着的墙体分离开来并恢复原状。如图 6-9 所示。

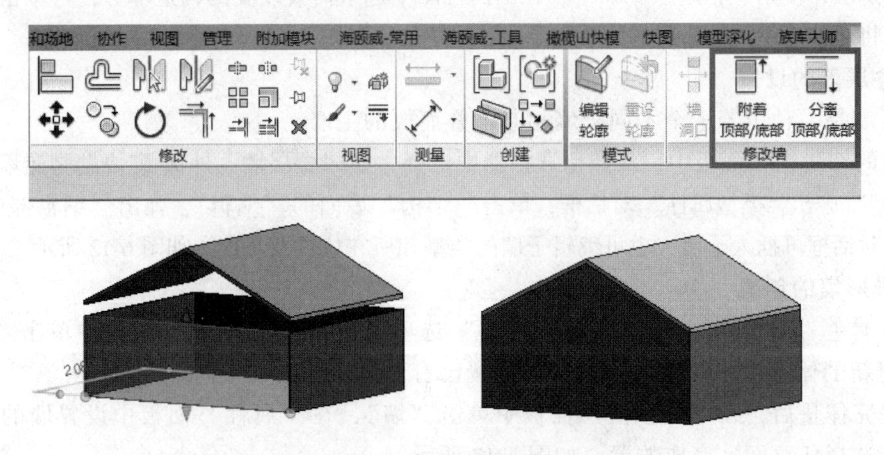

图 6-9　墙对顶部/底部的附着与分离

3. 复合墙设置

(1) 设置复合墙：在“建筑”选项卡中单击“墙”，单击“属性”面板中的“编辑类型”按钮，弹出“类型属性”对话框；再单击“结构”后面的“编辑”按钮，弹出“编辑部件”对话框，单击“插入”添加构造层，并且能为其制定功能、材质、厚度，使用“向上”“向下”按钮可调整其位置，如图 6-10 所示。

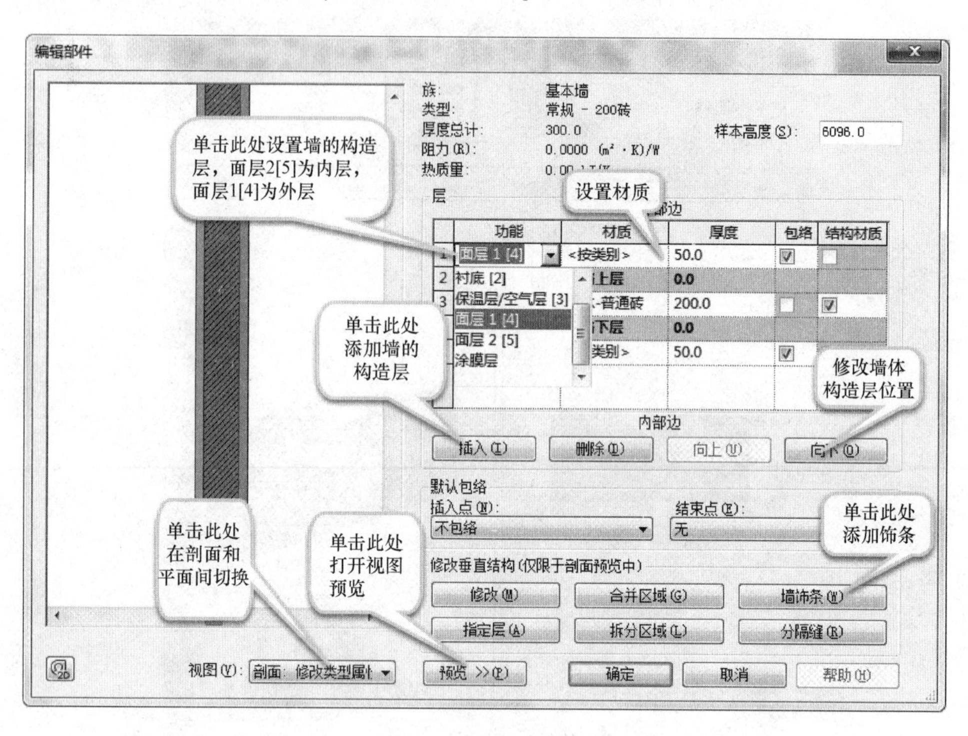

图 6-10　复合墙编辑部件

(2) 单击“修改垂直结构”选项区域的“拆分区域”按钮，将一个构造层拆分，在构造上单击需要拆分的位置即可拆分；单击“修改”命令可修改尺寸，单击拆分边界再单击蓝色临时尺寸标注可以调整拆分位置；新插入一构造层，指定材质，不改变其厚度，单击新建的构造层或者现有的构造层，使用“指定层”命令，在剖面视图中选中需要改变的构造部分，再单击“修改”按钮即可将之前选中的构造层的材质赋予给该构造层，如图 6-11 所示。

4. 叠层墙的设置

叠层墙是一种由若干个不同子墙相互堆叠而成的主墙。

在墙的“属性”面板中，从类型选择器中选择，如“叠层墙：外部-砌块勒脚砖墙”，单击“编辑类型”弹出“类型属性”对话框，单击“结构”后面的“编辑”，弹出“编辑部件”对话框，在此对话框可插入子墙，也可编辑子墙的类型和所在位置及高度。如图 6-12 所示。

5. 异形墙的创建

(1) 体量生成墙面：在“体量和场地”选项卡的“概念体量”面板中单击“内建体量”创建新的体量，单击“放置体量”放置已有体量。

放置完体量后，在“面模型”面板中单击“墙”，在“属性”面板中设置墙的各参数，最后单击选择任意面，完成放置。如图 6-13 所示。

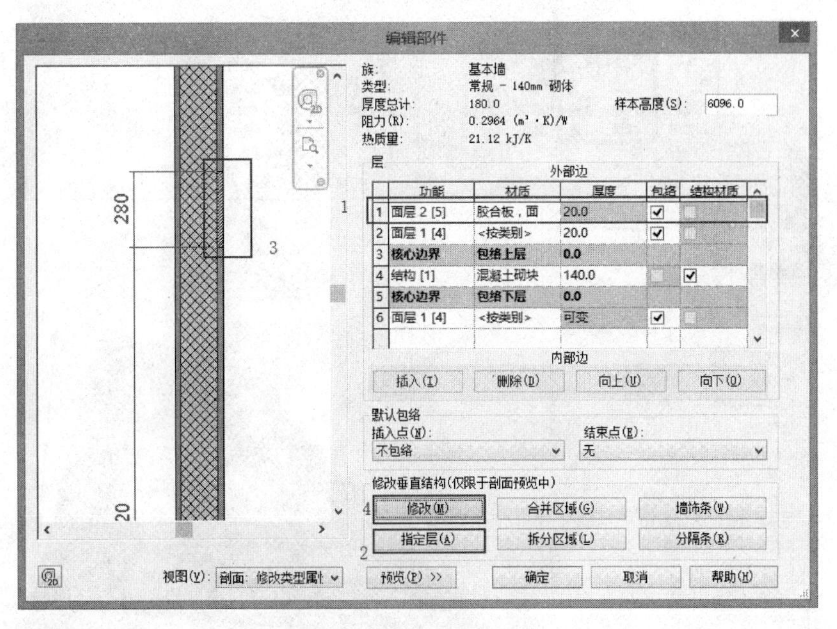

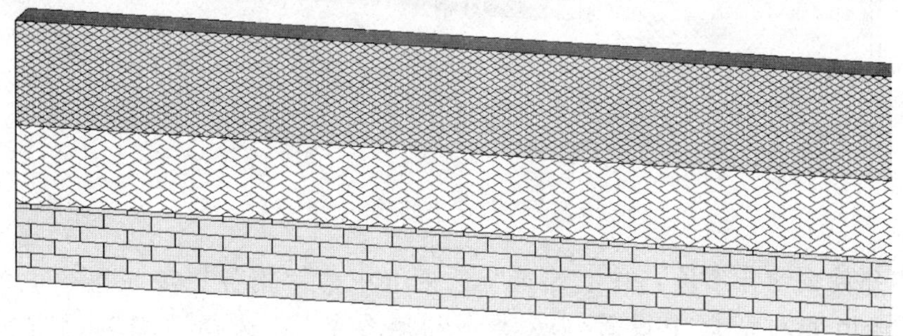

图 6-11　拆分面层并赋予材质

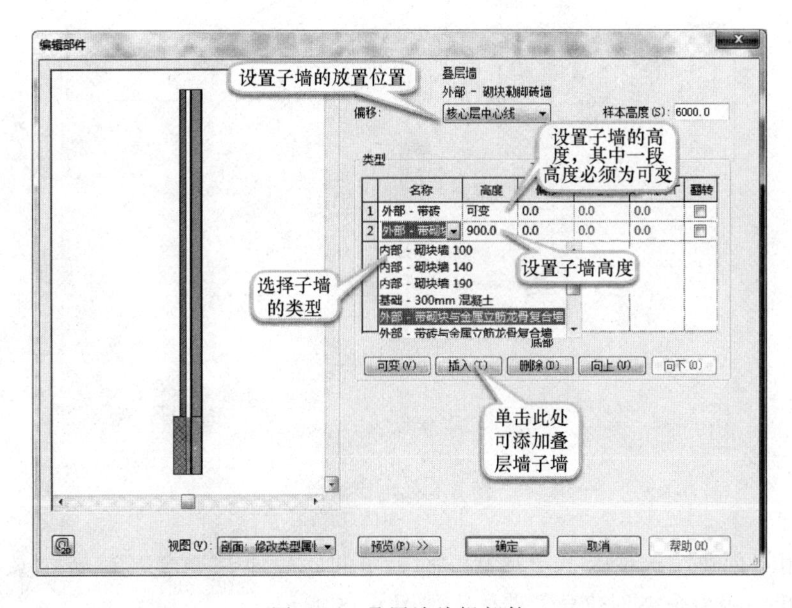

图 6-12　叠层墙编辑部件

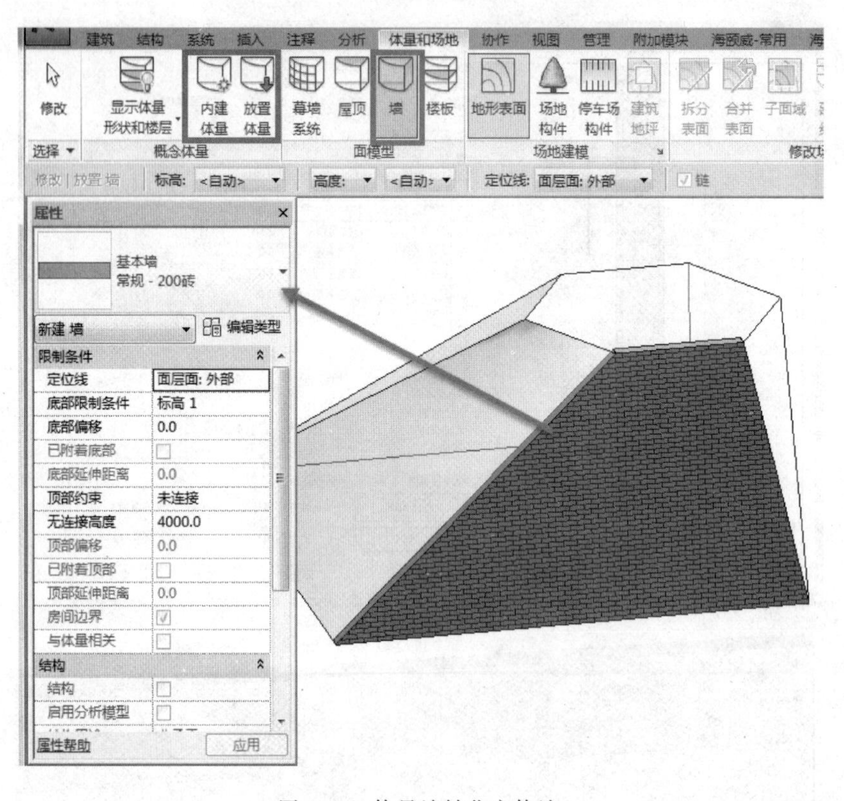

图 6-13　体量墙转化实体墙

（2）内建族创建异形墙：在“建筑”选项卡中的“构件”下拉菜单中单击“内建模型”，在弹出的对话框中设置“族类别和族参数”，选择“墙”确定，如图 6-14 所示。

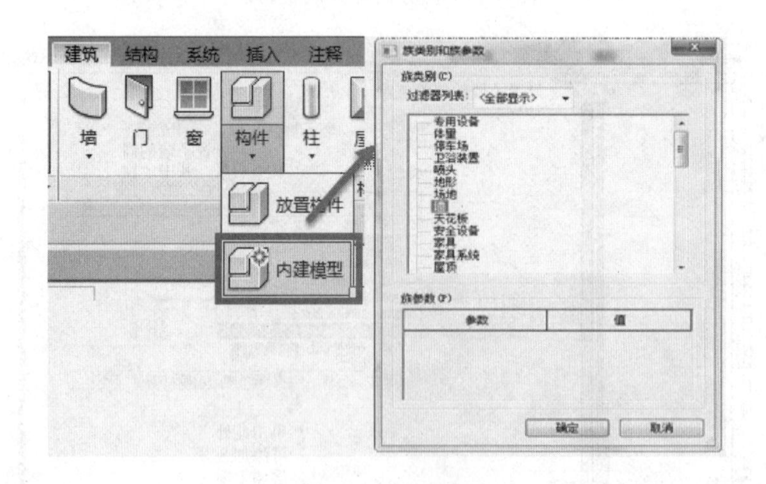

图 6-14　内建模型

然后使用“创建”选项卡下“形状”面板中的“拉伸”“融合”“旋转”“放样”“放样融合”“空心形状”等命令来创建异形墙体，如图 6-15 所示。

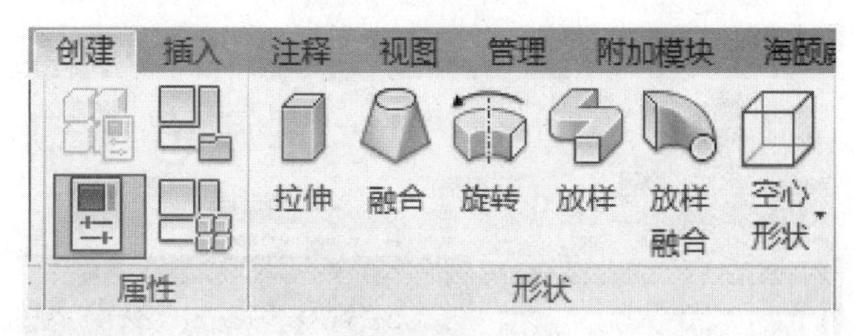

图 6-15　内建模型创建工具

6.2　幕墙

Revit 幕墙是一种外墙，附着到建筑结构，而且不承担建筑的楼板或屋顶荷载。在一般应用中，幕墙常常定义为薄的且通常带铝框的墙，包含填充的玻璃、金属嵌板或薄石。幕墙默认有三种类型：店面、外部玻璃、幕墙。三者之间的区别是：幕墙是未做网格的预先划分；店面的网格划分比较大；外部玻璃的网格划分较小，与常规窗玻璃相当。幕墙的竖梃样式、网格分隔形式、嵌板样式及定位关系皆可修改，如图 6-16 所示。

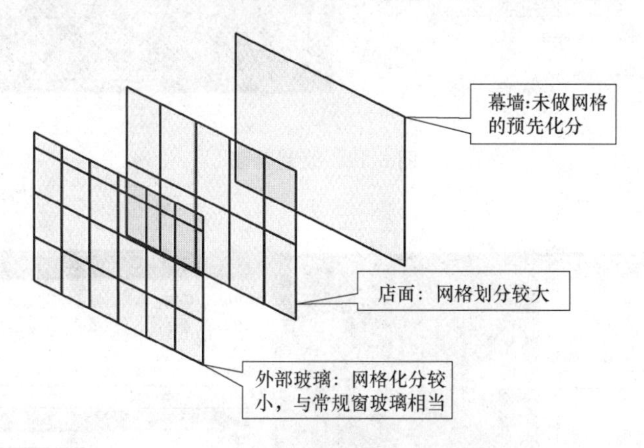

图 6-16　幕墙类型

1. 绘制幕墙

在 Revit 中玻璃幕墙是一种墙的类型，可以像绘制基本墙一样绘制幕墙，单击“建筑”选项卡“构建”面板下的“墙”命令，从类型选择器中选择幕墙类型，绘制幕墙或选择现有的基本墙，从类型下拉列表中选择幕墙类型，将基本墙转换成幕墙，如图 6-17 所示。

2. 图元属性修改

对于外部玻璃和店面类型幕墙，可用参数控制幕墙网格的布局模式、网格的间距值及对齐、旋转角度和偏移值。选择幕墙，自动激活“修改 墙”选项卡，单击“属性”面板下的实例属性按钮打开幕墙的“实例属性”对话框，编辑幕墙的实例和类型参数，如图 6-18 所示。

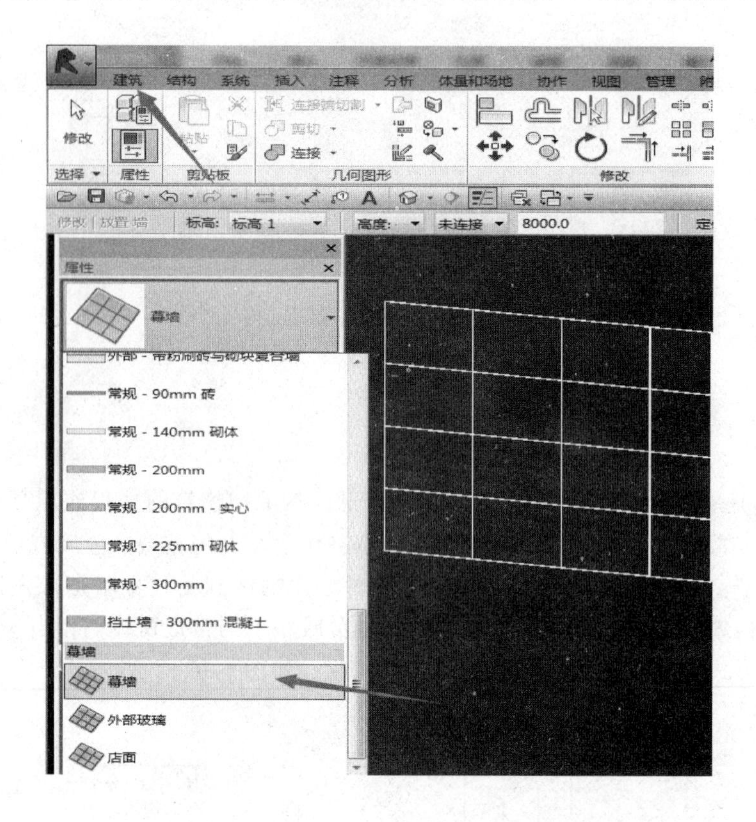

图 6-17　绘制幕墙

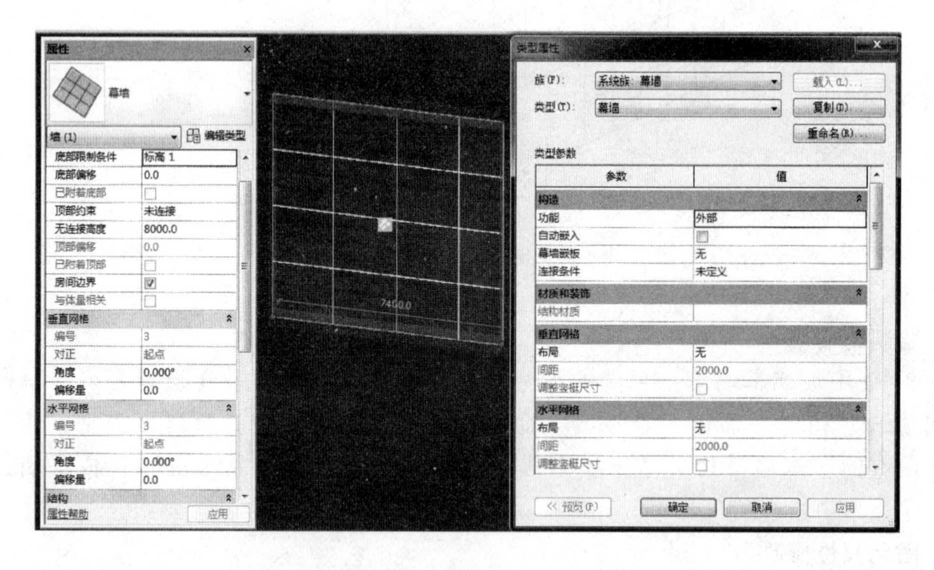

图 6-18　修改幕墙实例和类型属性

3. 手动修改

选择幕墙网格（可单击 Tab 键切换选择），点开锁标记，即可修改网格临时尺寸，如图 6-19 所示。

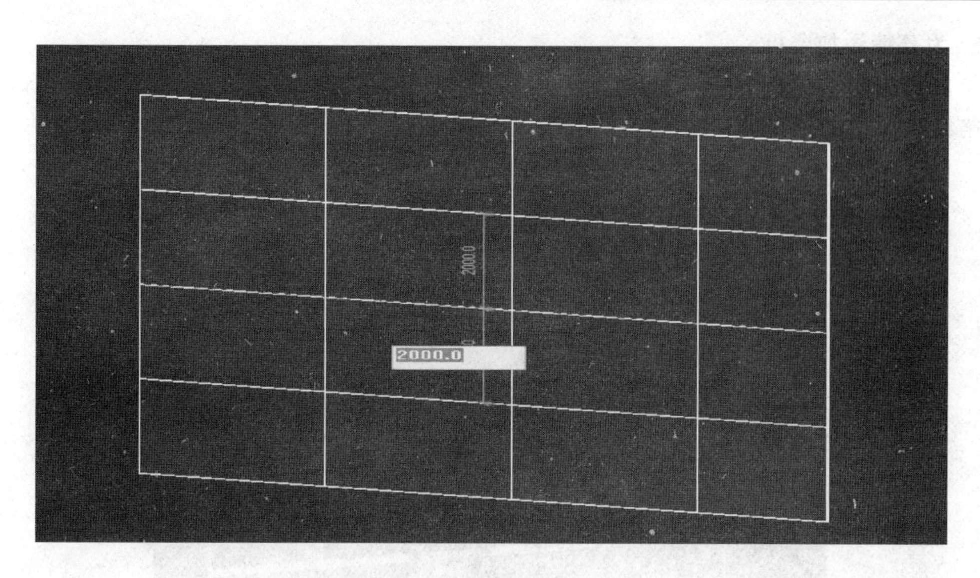

图 6-19　修改幕墙网格尺寸

4. 幕墙网格与竖梃

单击“建筑”选项卡“构建”面板下的“幕墙网格”命令，可以整体分割或局部细分幕墙嵌板。

各选项说明如下：

（1）全部分段：单击添加整条网格线。

（2）一段：单击添加一段网格线细分嵌板。

（3）除拾取外的全部：单击先添加一条红色的整条网格线，再单击某段删除，其余的嵌板添加网格线，如图 6-20 所示。

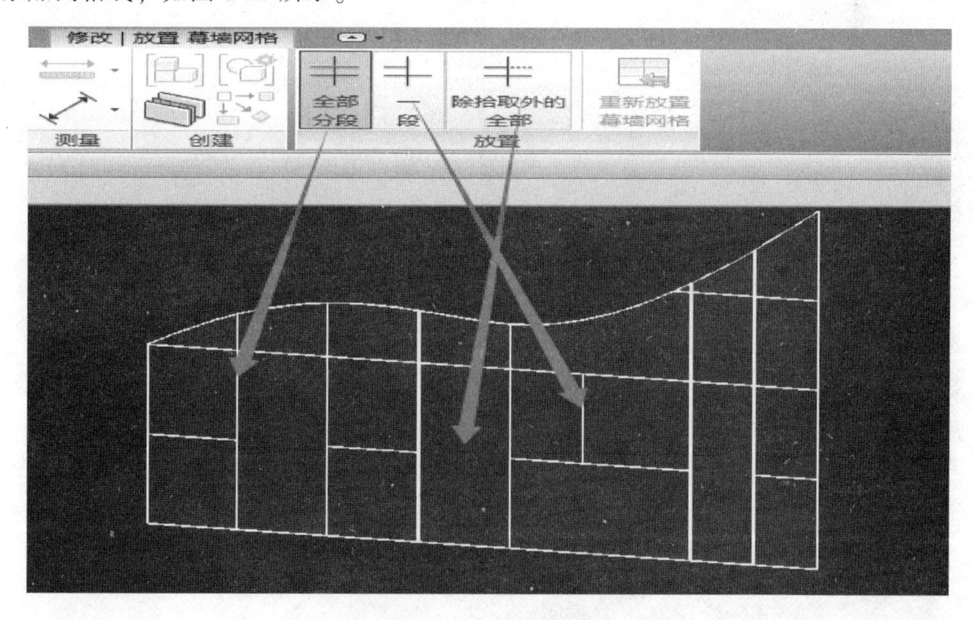

图 6-20　增添幕墙网格

5. 为幕墙添加竖梃

单击“构建”面板下的“竖梃”命令，选择竖梃类型，从右边选择合适的创建命令拾取网格线添加竖梃，如图 6-21 所示。

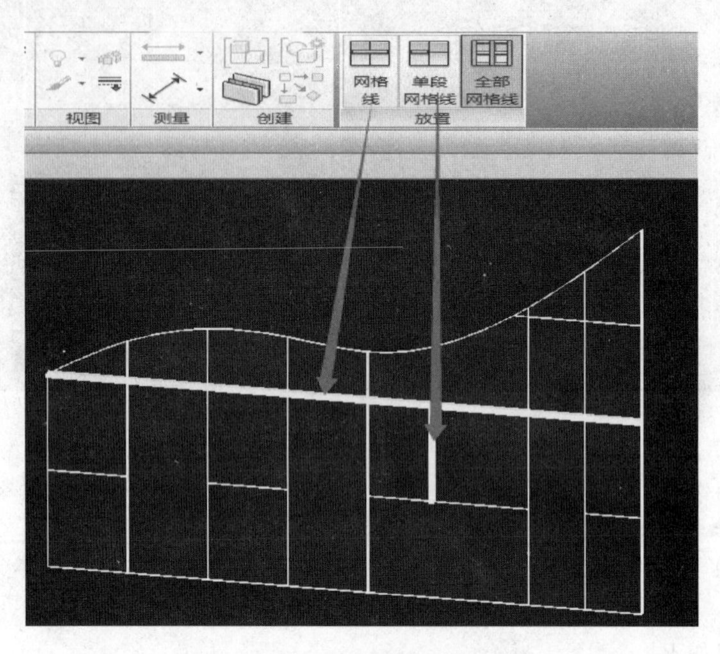

图 6-21　添加幕墙竖梃

第7章 门　　窗

门、窗必须放置于墙、屋顶等主体图元上，这种依赖于主体图元而存在的构件称为“基于主体的构件”。在 Revit 中，门、窗构件与墙不同，门、窗图元属于可载入族，在添加门、窗前，必须在项目中载入所需的门、窗族，才能在项目中使用。

1. 放置门、窗

门窗插入技巧：只需在大致位置插入，通过修改临时尺寸标注或尺寸标注来精确定位，因为在 Revit 中具有尺寸和对象相关联的特点。

单击“建筑”选项卡“构建”面板下“门”“窗”命令，在类型选择器下，选择所需的门、窗类型，如果需要更多的门、窗类型，可从库中载入。在选项栏中选择“在放置时进行标记”自动标记门窗，选择“引线”可设置引线长度。在墙主体上移动鼠标指针，当门位于正确的位置时单击鼠标确定，如图 7-1 所示。

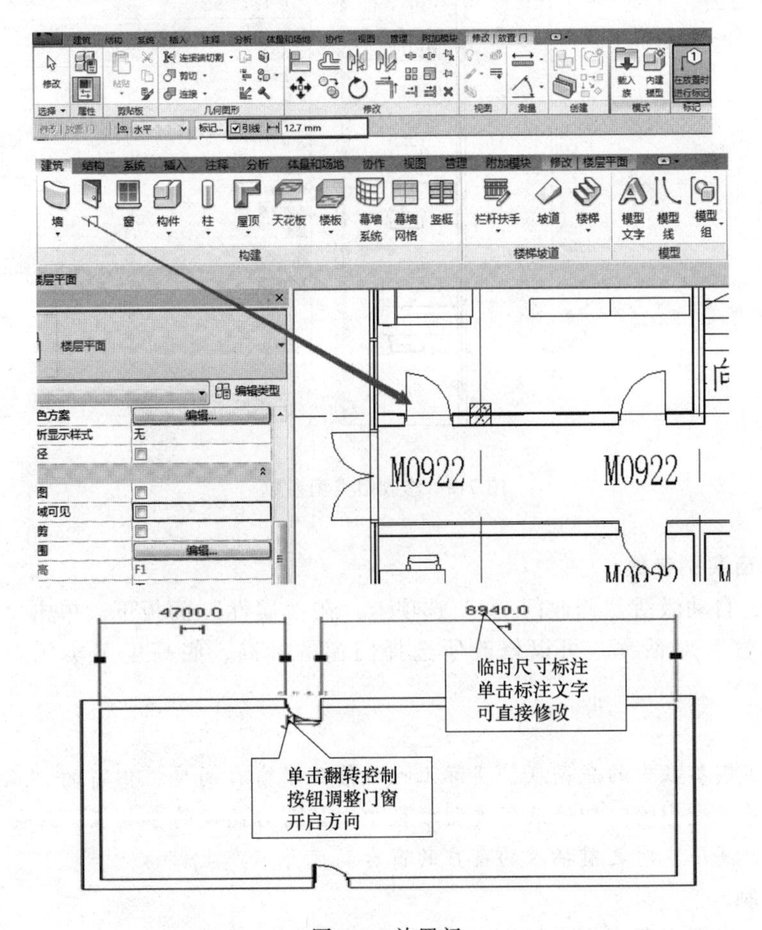

图 7-1　放置门

【提示】

1）插入门窗时输入“SM”，自动捕捉到中点插入。

2）插入门窗时在墙内外移动鼠标改变内外开启方向，按空格键改变左右开启方向。

3）在平面插入窗，其窗台高为“默认窗台高”参数值。

4）在立面上，可以在任意位置插入窗。在插入窗族时，立面出现蓝色虚线时，此时窗台高为“默认窗台高”参数值。

2. 修改门窗类型参数

选择门窗，自动激活“修改门/窗”选项卡，在“属性”面板下，单击“属性”命令，打开“图元属性”对话框，单击“编辑类型”按钮打开“类型属性”对话框，单击“复制”创建新按钮的门窗类型，修改高、宽度尺寸等参数，单击“确定”，如图7-2所示。

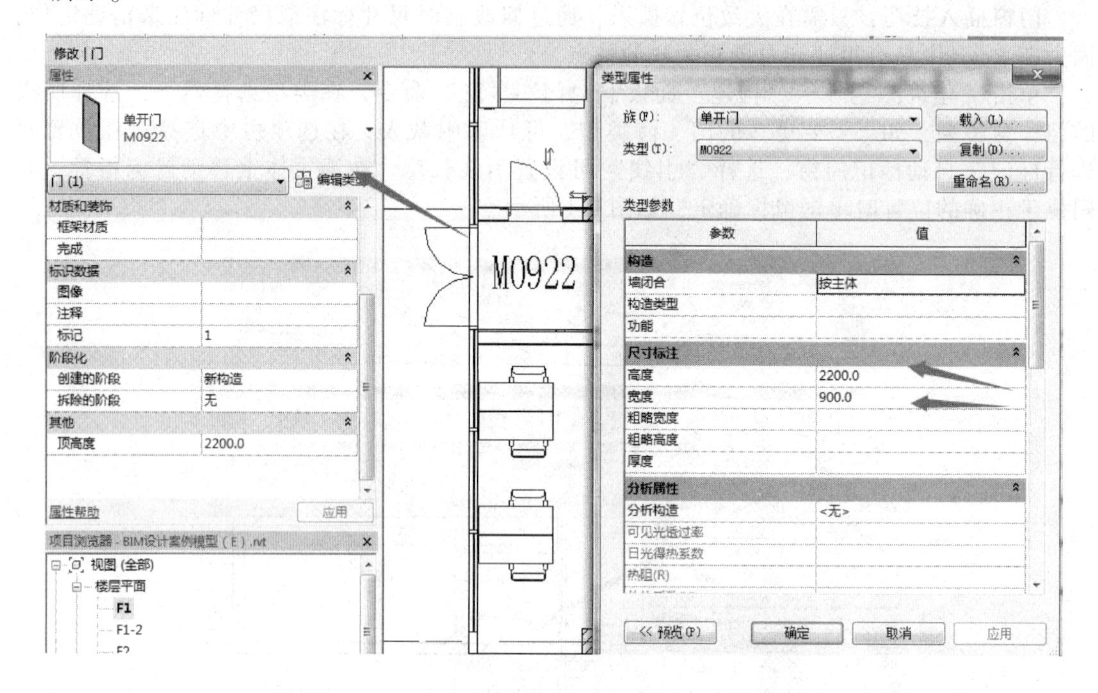

图7-2　修改门类型参数

3. 修改门窗实例参数

选择门窗，自动激活“修改门/窗”选项卡，在“属性”面板下，单击“属性”命令，打开“图元属性”对话框。可以修改所选择门窗的标高、底高度等实例参数，如图7-3所示。

【提示】

修改窗的实例参数中的底高度，实际上也就修改了窗台高度，但窗的“默认窗台高度”这个类型参数并不受影响。即修改了类型参数中默认窗台高度的参数值，只会影响随后再插入的窗户的窗台高度，对之前插入的窗户的窗台高度并不产生影响。

4. 鼠标控制

选择门窗，出现“开启方向控制”和“临时尺寸”，鼠标单击改变开启方向和位置尺

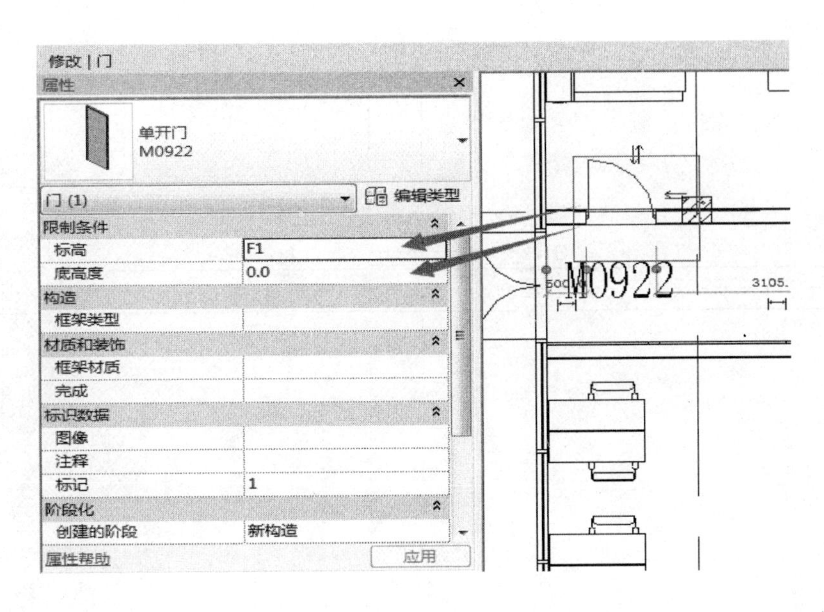

图 7-3　修改门实例属性

寸，用空格键改变左右开启方向。鼠标拖拽门窗改变门窗位置，墙体洞口自动修复，开启新的洞口，如图 7-4 所示。

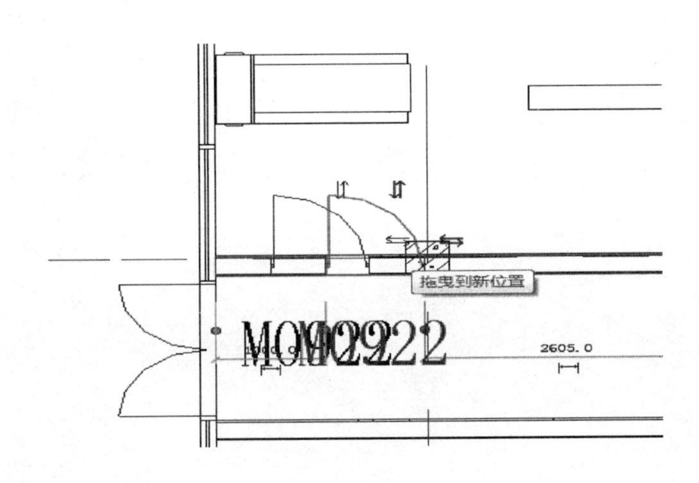

图 7-4　绘制门的控制

5. 窗族的宽、高为实例参数时的应用

选择“窗”，单击“族”面板中的“编辑族”命令，进入族编辑模式。进入“楼板线”视图，选择“宽度”尺寸标签参数，在选项栏中勾选“实例参数”，此时，“宽度”尺寸标签参数改为实例参数，如图 7-5 所示。同理，将“高度”尺寸标签参数改为实例参数。

载入到项目中，在墙体中插入门窗，可看到，可以任意改变窗的宽度、高度。

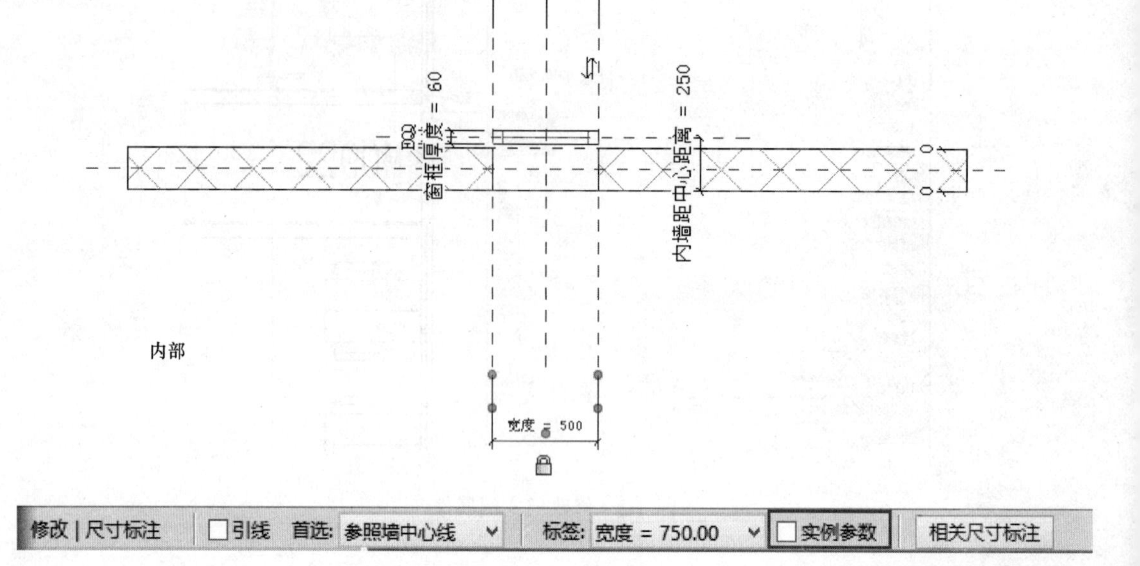
外部
EQ
EQ
EQ
窗框厚度 = 60
内墙距中心距离 = 250
0
0
内部
宽度 = 500
修改 | 尺寸标注
引线
首选: 参照墙中心线
标签: 宽度 = 750.00
实例参数
相关尺寸标注

图 7-5　设置实例参数

第8章　楼板、屋顶和天花

楼板、屋顶和天花板是 Revit 软件中常见的“平板”工具，利用这些工具可以灵活地创建项目中的各类对应平板型图元。楼板、屋顶和天花板均为系统族，只可以在项目环境下进行族的类型编辑操作，无法通过族编辑环境来进行制作；本章将基于典型实例，对楼板、屋顶和天花板三种命令进行详细讲解。

8.1　楼板

楼板命令位于“建筑/结构”选项卡下，是相当常用的图元构件之一，楼板命令主要用于基于标高分割建筑的各层空间。Revit 中的楼板主要分为“建筑楼板”和“结构楼板”两大类别，同时提供了“面楼板”工具，面楼板工具是将概念体量模型基于标高分割后形成的体量楼层，依照体量楼层可以对应生成建筑楼板或结构楼板。

结构楼板拥有结构属性，方便在楼板中布置钢筋和进行受力分析等结构专业应用，也提供了如“钢筋保护层厚度”类的结构属性参数。

在楼板命令下还有“楼板边”的命令，基于该命令，可以利用轮廓，沿着楼板的边沿进行放样操作形成实体模型。

8.1.1　创建楼板

在 Revit 中，所有的工作基本都在楼层平面上进行实际建模操作；楼板命令就是选择相关的楼层平面视图，进行楼板外轮廓的勾勒，生成指定构造的楼板模型。与 Revit 中其他的图元构件类似，在绘制楼板前，需要先定制楼板的类型。

需要明确的是，通常结构标高是用来定义结构楼板的标高线，建筑标高是用来定义楼板面层的标高线；因为 Revit 当中标高区分建筑标高和结构标高，所以楼板面层的标高基准线和结构楼板的标高基准线会有差别。

【提示】

楼板命令在 Revit 中是基于标高向下进行创建的，所以倘若建立好楼板后没有在对应视图中显示，需要调整当前视图的“视图范围”参数。

（1）打开配套案例“小别墅 . rvt”的项目文件，以 2F 层为例，进行楼板的绘制。在项目浏览器中切换至 2F 楼层平面，单击“结构”→“楼板”下拉列表，选择“结构楼板”，此时激活“修改 | 创建楼层边界”的操作界面，如图 8-1 所示。

（2）在项目模型的建模过程中，对于楼板的构造分层可以有不同的处理方式，本实例中将会对于楼板面层和楼板结构层进行分开建模。

在“属性”面板中，激活楼板的类型选择；单击“编辑类型”，激活“楼板类型属性”对话框，复制出名称为“常规-120mm-混凝土”的楼板类型。单击类型参数列表中“结构”

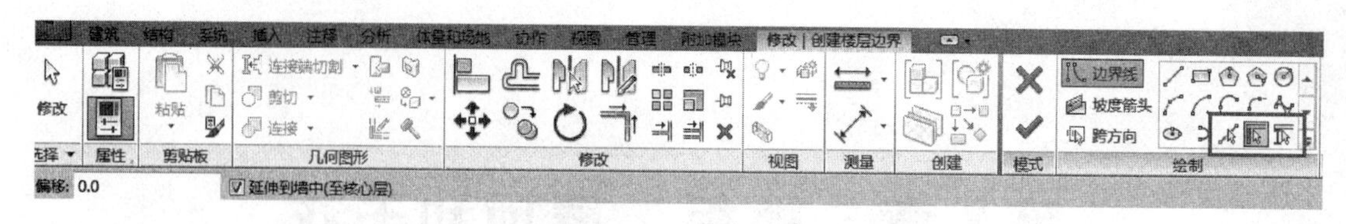

图 8-1 “修改 | 创建楼层边界”操作界面

参数，激活楼板的分层命令界面，该界面类似墙体的分层界面设置，如图 8-2 所示。

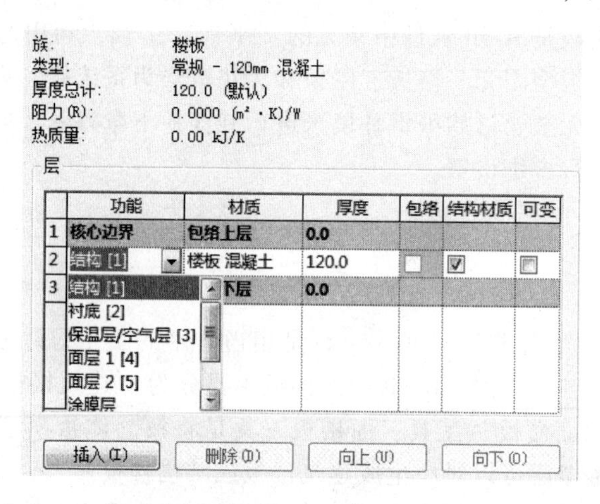

图 8-2 楼板的分层命令界面

在 Revit 中，对楼板的分层具有 7 种不同的功能，分别是结构 [1]、衬底 [2]、保温层/空气层 [3]、面层 1 [4]、面层 2 [5]、涂膜层及压型板 [1]。其中“压型板 [1]”用于兼容 Revit 结构建模中的压型钢板，应用该层级需要关联一种压型板轮廓族，该轮廓族仅会显示在立面视图当中，不会有相应的三维模型效果，此处不再赘述。

对于楼板分层功能后边标识的数字，代表着其他可分层构件（如墙体、屋顶等）同楼板之间发生连接关系时，带有相同的标识数字具有相同的连接优先级。

(3) 单击“结构 [1]”功能层，对该层设置材质，会跳出软件自带的材质库；在材质列表中新建材质并定义外观，命名为“楼板-混凝土”。

【提示】

1) 在编辑楼板表面时，勾选“可变”选项的结构功能层，其厚度可发生变化。

2) 在编辑楼板的分层材质时，如尚未定义楼板的材质信息，可单击图 8-3 中左下角第一个箭头所指，可将楼板材质定义为“按类别”，即令楼板的材质信息遵从当前项目文件的“对象样式”中对楼板的设置安排。

(4) 材质设置完成后，单击“确定”按钮两次，退出楼板类型属性对话框。因为此处建立的楼板是结构楼板，而本实例中尚未定义结构标高，所以需要设置该楼板基于 2F 向下偏移 50mm（即-50mm）的偏移量。

(5) 设置好楼板的类型以及偏移量后，开始进行楼板外边界的绘制，选取绘制方式为“拾取墙”，设置距离外边界的偏移量为“0”，勾选“延伸到墙中（至核心层）”的选项，如图 8-4 所示。

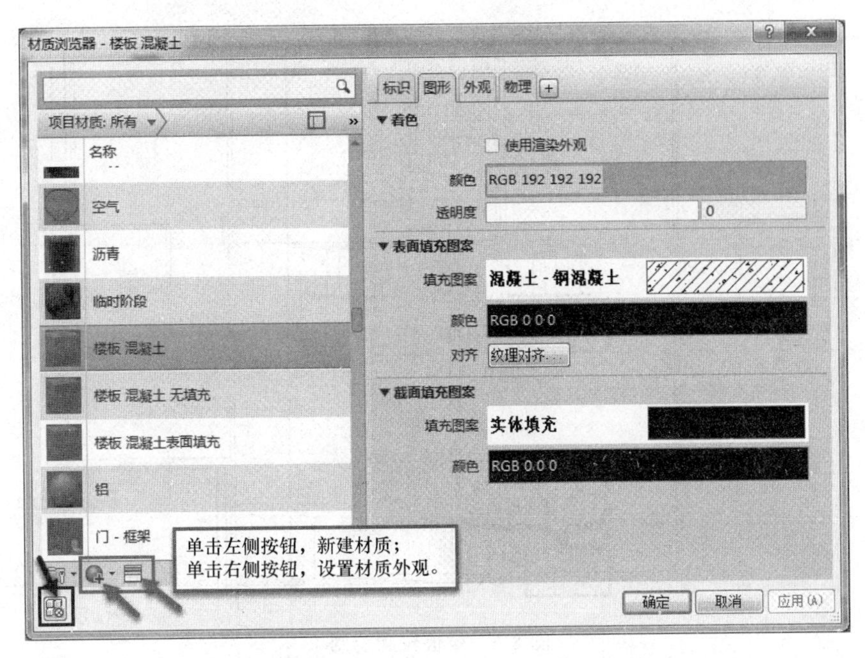

图 8-3　新建楼板分层结构材质

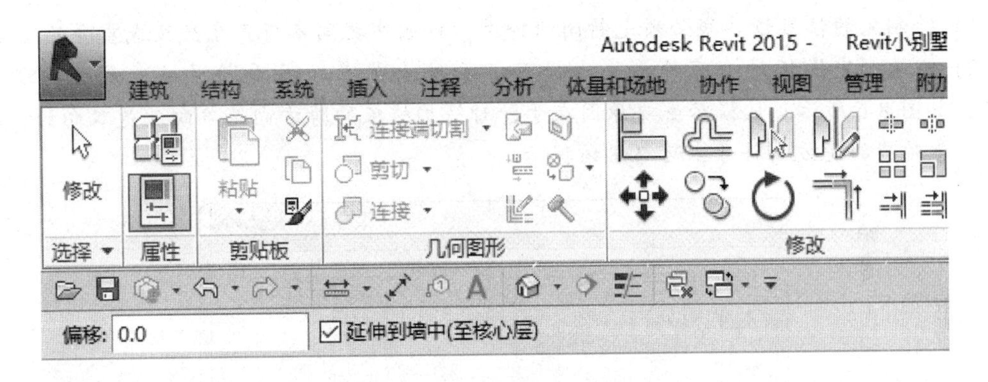

图 8-4　绘制楼板选项栏

【提示】

1）在 Revit 中，楼板边界的拾取具有多样性，在图 8-1 中所标识出来的三种分别为“拾取线”“拾取墙”以及“拾取支座”，其中“拾取墙”是默认类型；可以根据楼板的建立需求，选择合适的拾取方式。

2）选择“拾取墙”命令后，在楼板的编辑内容中会激活“是否延伸到墙中（至核心层)”，若此处打√，则在拾取墙体的过程中会直接拾取到墙体的核心层边界线，否则拾取到墙体的外边线。

（6）参照图 8-5 的楼板轮廓进行绘制。移动鼠标指针到外墙位置，墙体将会高亮显示。单击鼠标左键，沿外墙核心层表面生成粉红色楼板边界线。在拾取墙体生成楼板轮廓边界线时，单击边界线上的翻转符号，可以切换墙体核心层的外表面或是内表面；在绘制楼板边界时，需要设置楼板的某一边为跨方向标记，才可以生成对应的楼板。

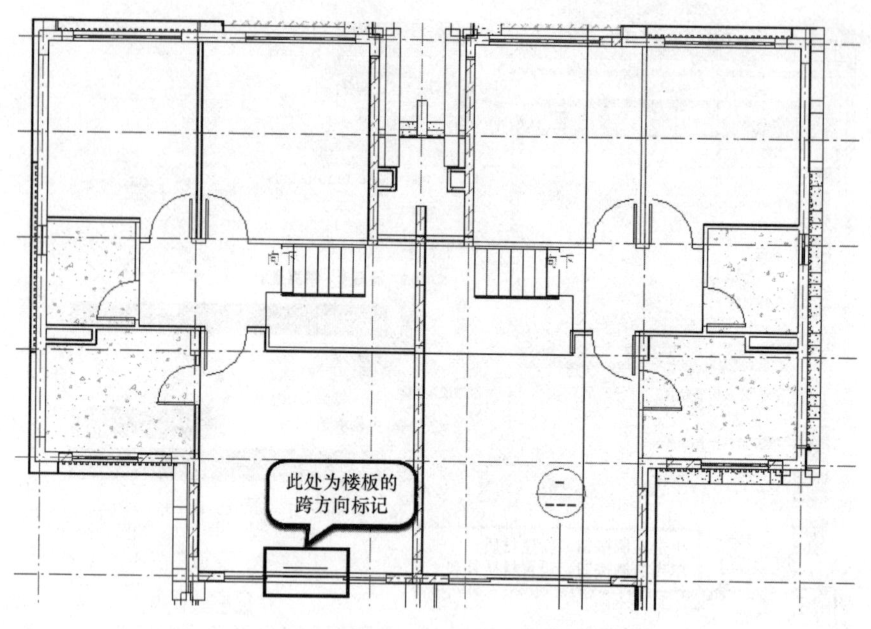

图 8-5　楼板轮廓绘制

【提示】

1）绘制完的楼板边界线必须是封闭的轮廓，轮廓线之间不得产生交叉或重叠的现象。

2）在绘制完楼板时，有时会跳出提示“系统未载入跨方向符号族，是否要现在载入?”，如图 8-6 所示。该提示主要原因在于针对结构楼板的跨方向是单向或是双向的，从而添加一个对应的跨方向符号，可忽略该提示。

图 8-6　跨方向符号族未载入的提示

（7）确定好楼板的边界，单击完成退出楼板的绘制。绘制完成后，软件会跳出如图 8-7 所示的提示“是否希望将高达此楼层标高的墙附着到此楼层的底部?”，此处单击“否”，方便后期调整对应标高下方的墙体标高。

（8）楼板绘制完成后，记得核查属性选项卡下楼板的标高信息和偏移信息（图 8-8），自此 2F 标高下的结构楼板绘制完成。运用同样的办法，可以利用建筑楼板命令，选择合适的楼板类型，绘制 2F 标高下的楼板面层，此处不再赘述。

8.1.2　楼板的编辑工具

在创建楼板后，有可能需要对楼板进行适当编辑，本节介绍楼板的几种常见编辑工具。

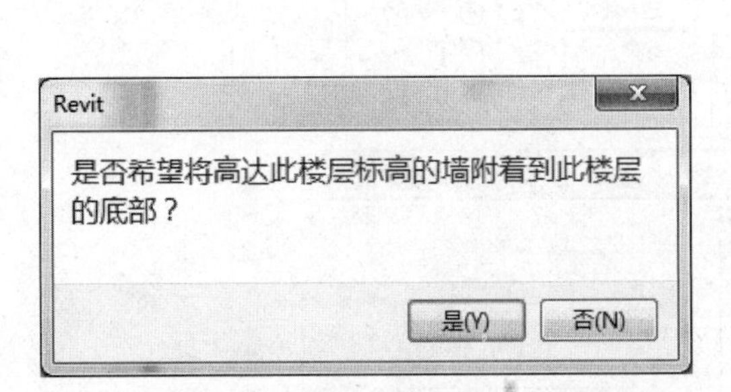

图 8-7 提示是否让墙体与该楼板发生附着关系

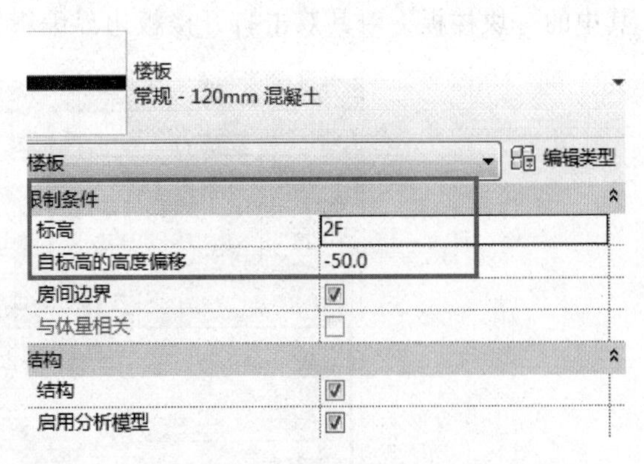

图 8-8 核查楼板的限制条件设置

1. 利用楼板边界对楼板挖洞

Revit 中提供了多种洞口的方式，这个在下一章中会详细讨论。不过利用楼板的边界，可以对楼板进行单独挖洞操作，该方法经常用于项目中的楼板挖洞，操作实例如下：

打开配套案例“小别墅 . rvt”的项目文件，以项目 1F 为例。在本实例中，楼板命令被用来建立室外场地平面；如图 8-9 所示，复制出类型为“常规-150mm-实心”板来作为室外场地平板；随后基于小别墅的外轮廓，勾出小别墅的外边界。建立完成后，可以看到场地平板被挖出了以小别墅外轮廓为边界的洞口。

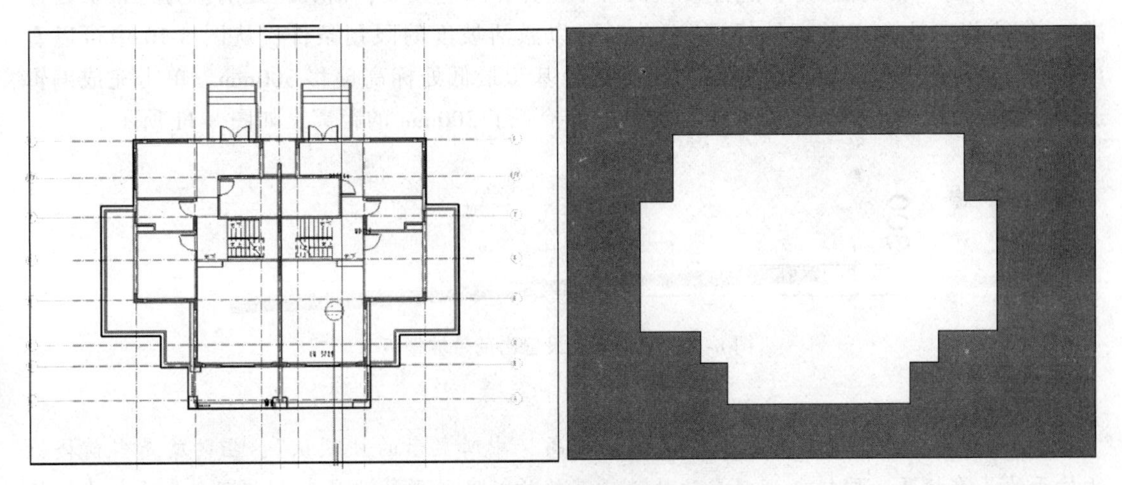

图 8-9 利用楼板边界对楼板挖洞

【提示】

该方法是对楼板挖洞经常使用的方法。需要注意在楼板内部绘制轮廓时，不同的边界之间不可产生交叉现象，否则不能生成正确的楼板；在绘制楼板的过程中，可以利用该方法对楼板设置多个洞口。

2. 对楼板设置坡度

在绘制楼板的边界时，会在轮廓设置界面旁看到坡度箭头工具。利用该工具可以直接对楼板进行坡度的设置，从而使楼板成为一块斜楼板，实例如下：

（1）打开配套案例“楼板编辑 . rvt”，可以看到该文件中已经绘制好了三块楼板，选择其中的一块楼板，对其双击打开楼板边界编辑界面，如图 8-10 所示。

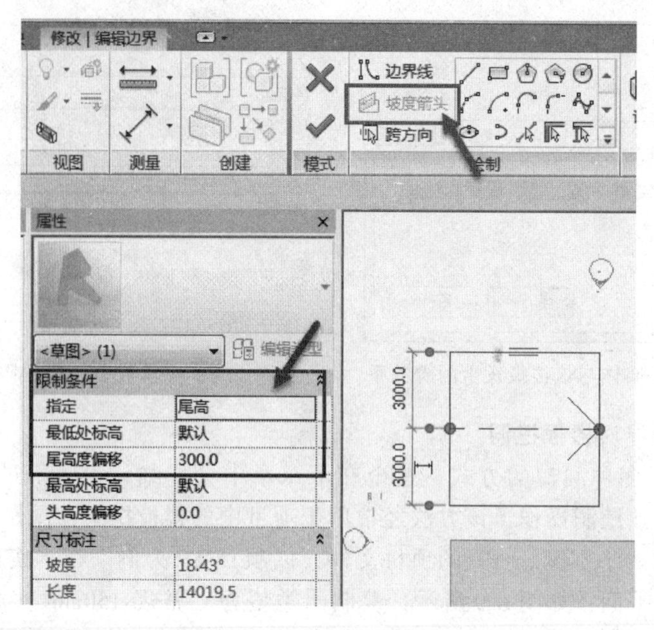

图 8-10　对楼板添加坡度箭头

（2）单击“坡度箭头”，选择楼板的一个边界作为起坡点，箭头尾处所指为“最低处标高”，箭头指向处为“最高处标高”。此时可以激活坡度的限制条件，从图 8-10 中可以看出，此时坡度箭头的限定条件指定为箭头尾处基于最低处标高偏移 300mm，单击完成编辑退出绘制，可以看出箭头尾处对应的楼板边界抬高了 300mm 的距离，如图 8-11 所示。

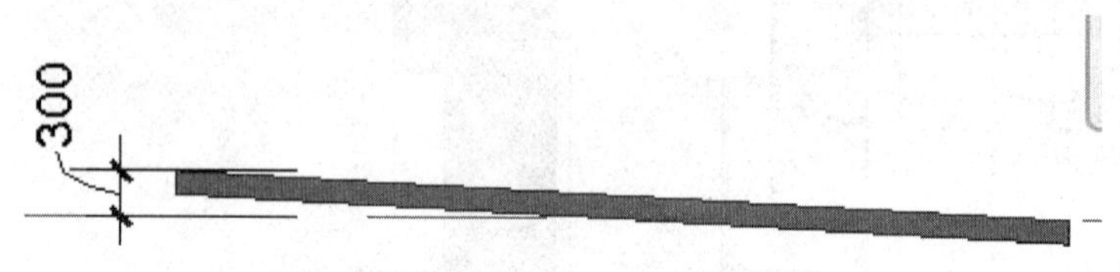

图 8-11　根据尾高设置出的带坡楼板

【提示】

1）此处的“最低处标高”或“最高处标高”中所显示的“默认”，指的就是当前楼板所位于的基准标高；同样也可以在此处选择其他的标高，则箭头尾部或首部会基于相应的标高进行偏移操作。

2）坡度的限制条件除了指定“尾高”外，还可以指定“坡度”，当选择“坡度”时，尺寸标注中的坡度参数被激活，可以设置楼板的坡度角度值；同时箭头所指的“最高处标高”灰显，无法进行标高设置操作。

3. 利用“修改子图元”工具制作斜楼板

本章中所提及的楼板、屋顶两种平板工具均具有“修改子图元”功能，利用这个功能可以对楼板进行“异形”的操作。该命令经常用于绘制异形楼板或坡道，甚至是造型屋顶。下面就实例来讲解子面域的编辑工具。

（1）打开“楼板编辑 .rvt”文件，单击其中任意楼板，在“修改 | 楼板”选项卡中找

到“修改子图元”功能，如图 8-12 所示。

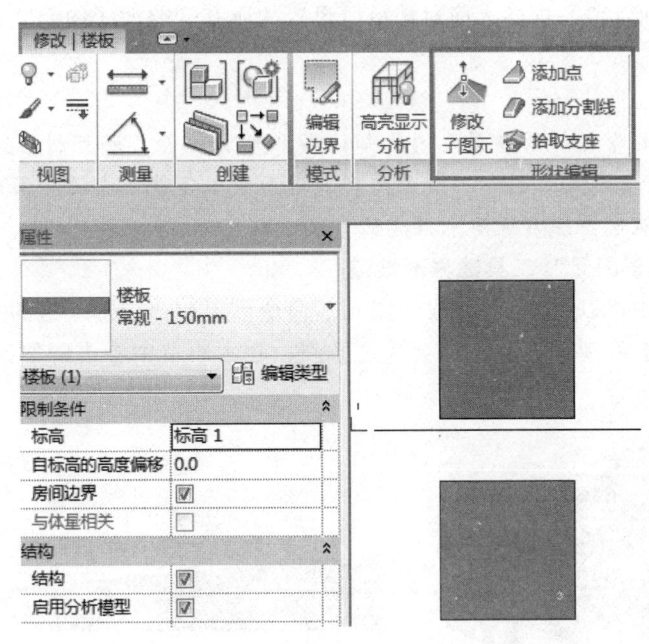

图 8-12　楼板的“修改子图元”工具

（2）切换至三维工作界面，方便进行子图元的修改工作。单击被编辑的楼板，单击“修改子图元”，此时楼板的上表面状态如图 8-13 所示。

（3）从图 8-13 可知，对于被修改的楼板，仅可以编辑楼板的上部表面；此时对于当前楼板的上部表面的 4 个角点以及 4 条边界，均可调整相应纵向上的位移；在本实例中，将图 8-13 中蓝色箭头所指的边界抬高 300mm，即可得到与图 8-11 带有相同坡度效果，厚度为 150mm 的楼板。

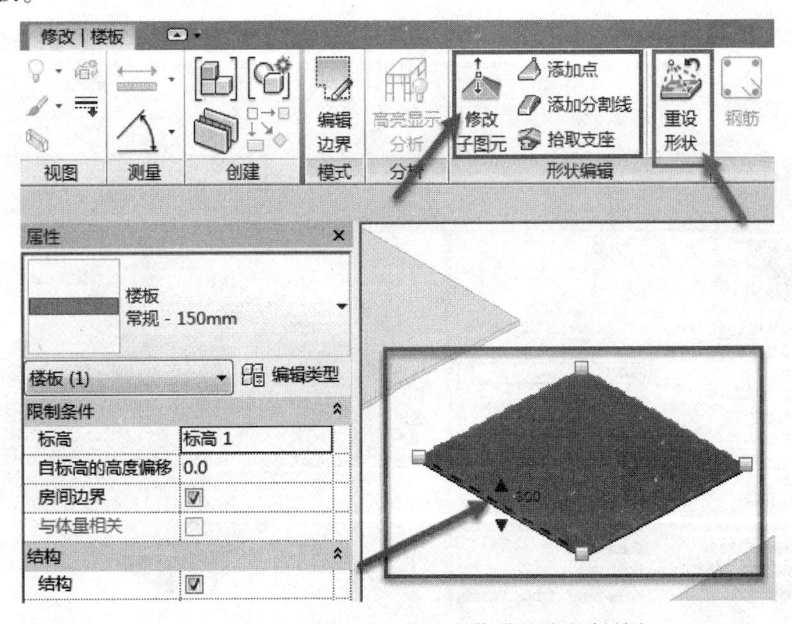

图 8-13　利用“修改子图元”制作带坡度的斜楼板

(4) 如果对“修改子图元”的所有操作需要恢复至初始状态，可以单击图 8-13 中绿色箭头所指的“重设形状”，这样之前对楼板所设置的所有“修改子图元”操作均会恢复至最初状态。

【提示】

修改子图元工具除可以调整图元的已知边界和角点以外，还可利用“添加点”功能和“添加分割线”功能，对图元进行额外的编辑，进而做出各种形态的异形效果，而且边界高度方便控制。该功能也会经常被用来搭建弧形坡道模型。

4. 利用“修改子图元”工具建异形坡道

根据上一小节中可以得知，“修改子图元”命令可以建出异形坡道的效果，通常利用该命令修改楼板时，会发现楼板整体都会随之倾斜，在本小节中会讲解如何制作如图 8-14 所示的变截面的异形坡道。

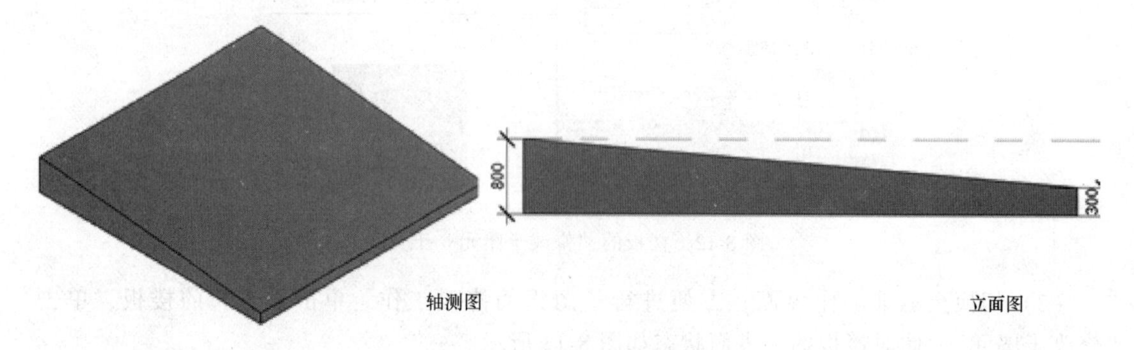

图 8-14 异形坡道绘制

(1) 打开配套案例“楼板编辑 . rvt”文件，选择楼板类型为“常规-800”的楼板，激活“修改子图元”命令，选择需要调整高度的楼板边界，使该边界向下偏移 500mm，如图 8-15 所示。

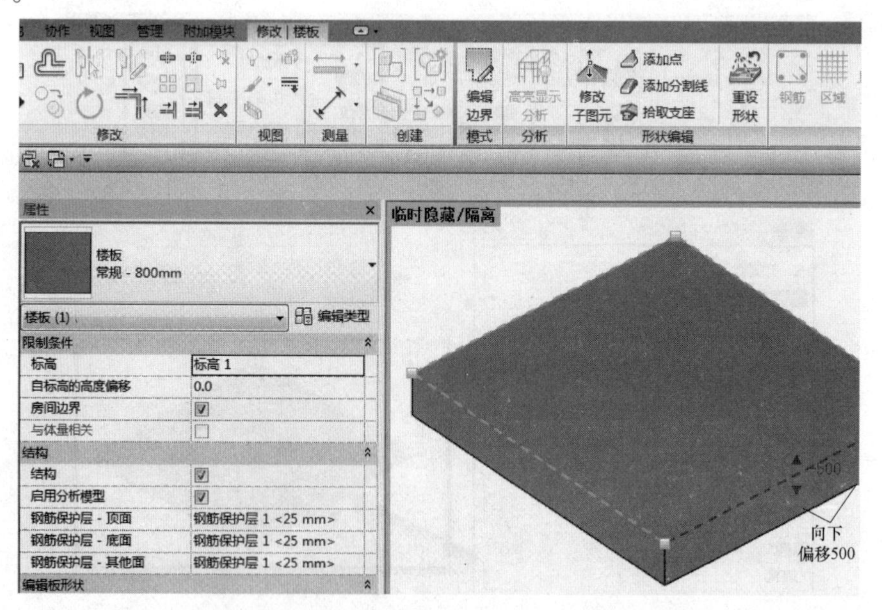

图 8-15 利用“修改子图元”命令编辑楼板边界

（2）修改好楼板边界后，仔细检查模型发现楼板被修改的边界依旧只是整体向下倾斜了 500，此时单击该楼板，单击“编辑类型”→“结构编辑”，将有需要调整变截面的那一个层级后的“可变”属性勾选，使盖层厚度属性可变。然后点击“确定”按钮，退出编辑。如图 8-16 所示。

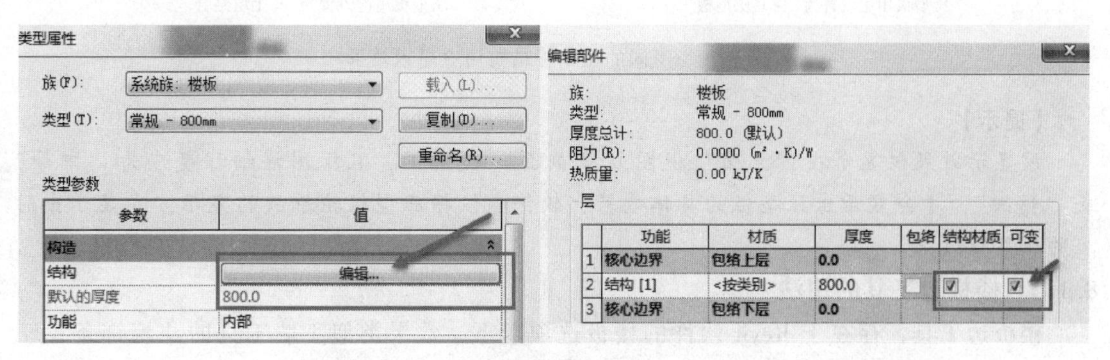

图 8-16　修改楼板结构层属性参数为可变厚度

（3）退出编辑后，即可看到该楼板的效果同图 8-14 中所示效果。

【提示】

利用“修改子图元”命令，仅可调整楼板或者屋顶的上表面各角点和边界的位置移动，无法利用该命令调整楼板或者屋顶的下表面。

5. 楼板结构属性中的“压型板功能”

在楼板类型属性中的结构选项下，可以看到楼板“功能”项中有一个层级名为“压型板”，如图 8-17 所示。当设置该属性时可以在底部设置压型板轮廓组即组类型，并可以在“压型板用途”中设置为“与上层组合”或“独立压型板”。从图 8-17 中也可以看出选择该属性的前提在于要在当前项目中载入“压型板”的轮廓族。在软件自带的族库当中提供了几个可用的压型板轮廓族。

载入压型板轮廓族后，结构属性界面如图 8-18 所示。当设置压型板用途为“与上层组合”时，Revit 会将与压型板功能相邻的上一层构造层使用指定的压型板轮廓进行修剪，所以选择该项用途的前提在于该结构楼板在划分层级的时候不可以仅有一层。若选择压型板的

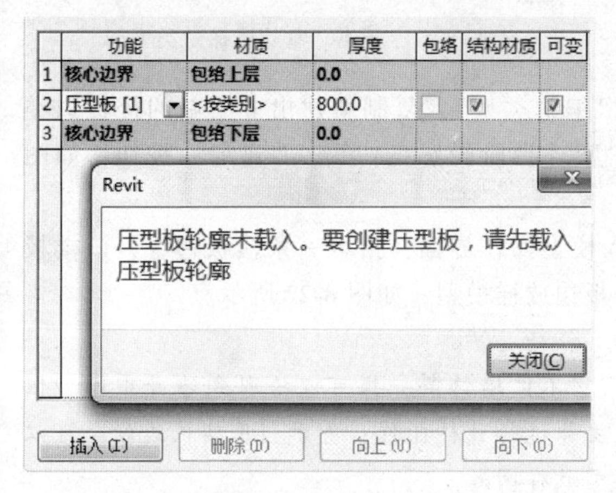

图 8-17　压型板的使用及对应轮廓族的载入提示

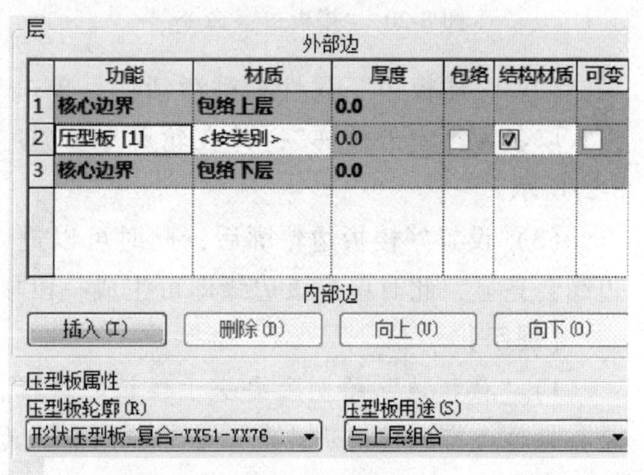

图 8-18　压型板轮廓选择及用途

用途为“独立压型板”，则 Revit 会自行生成新的压型板结构功能层，效果如图 8-19 所示。需要注意的就是在绘制楼板轮廓时，压型板的生成方向与楼板的跨方向设置有关。

压型板用途设置为“独立压型板”　　压型板用途设置为“与上层结合”

图 8-19　不同的压型板结构用途显示效果

【提示】

该显示效果仅显示在“立面”视图或“剖面”视图下，且视图详细程度应为“中等”或“精细”，才会显示出压型板的具体效果，软件会依据压型板轮廓族的显示方式显示出对应的压型板效果。

8.1.3　楼板边工具的用法

楼板边工具，存在于 Revit 软件的楼板选项卡下，效果类似于墙工具的“墙饰条”工具，就是基于楼板的某一条边界添加一个需要的轮廓族，然后以楼板边界作为路径放样形成一段模型。

（1）打开配套案例“楼板编辑 . rvt”文件，找到建筑（或结构）选项下的楼板，单击“楼板边”命令，如图 8-20 所示。

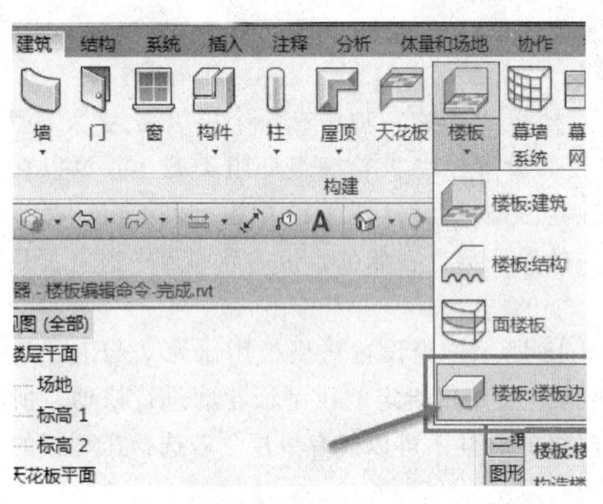

图 8-20　“楼板边”命令

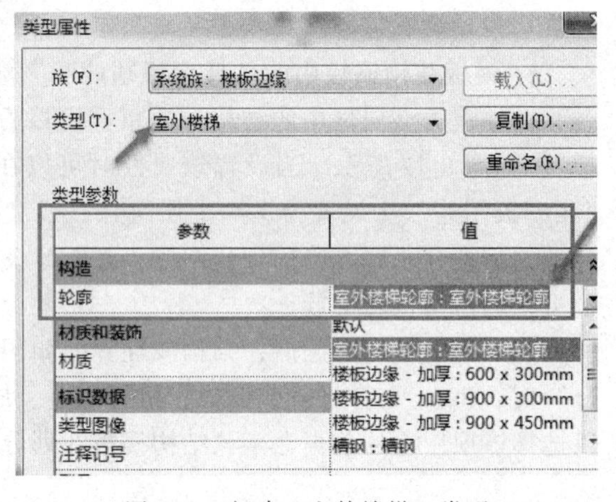

图 8-21　新建“室外楼梯”类型

（2）“楼板边”属性栏被激活后，单击“编辑类型”，复制新建出一个新的楼板边类型，取名为“室外楼梯”，并在轮廓中找选“室外台阶轮廓”，单击“确定”按钮，如图 8-21所示。

（3）设置好楼板边轮廓后，此时可以进入模型操作界面，拾取一条楼板边缘，该楼板边缘会亮显，此时单击该边缘即可生成一段楼板边放样模型，如图 8-22 所示。

【提示】

1）“楼板边”绘制主要基于楼板的边缘，它不像墙饰条一样可以拾取到墙身中间。但是楼板边还有一种用法就是，它可以模型线为主体进行放样操作；善于利用楼板边命令可以解决很多项目中需要应用到的不规则路径的模型放样问题。

2）经过“修改子图元”命令调整过的楼板边缘，将无法被用来拾取楼板边缘进行放样

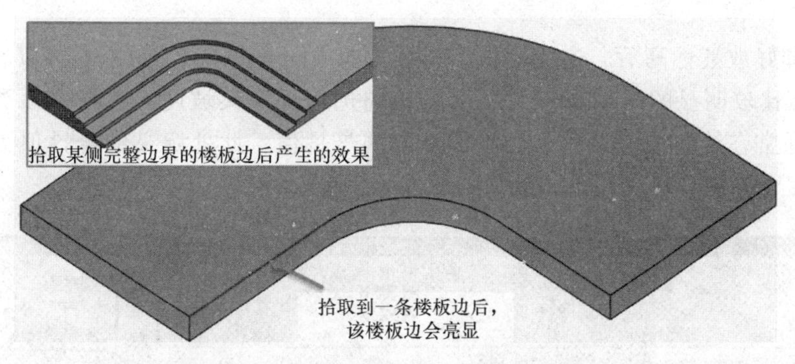

图 8-22　楼板边命令的使用效果

操作。

8.1.4　楼板工具的应用小结

1）Revit 中标高存在结构标高和建筑标高的区别；通常建筑标高会比结构标高相差一个面层厚度的距离，所以在模型建立的过程中，经常会选择结构楼板和建筑面层分开搭建的方式，建筑面层会采用建筑楼板，而结构楼板则直接采用结构楼板进行绘制。

2）建筑面层和结构楼板分开建立的另一层因素在于，方便多层墙体正确地与对应的结构材质进行连接。当墙体的划分十分细致，而绘制过程中会发生相同材质属性的构件不能妥善连接起来的情况，分层建立可以大大减少这种模型错误；此外，分层建立也方便后期利用 Revit 的明细表功能对楼板作相关工程量的统计工作。

3）楼板图元在 Revit 的模型搭建过程中，通常是在模型整体框架搭好之后，最后进行建立的；换言之，楼板图元相对于柱、梁、墙等土建专业图元，在建模过程中具有最末优先级。

4）对于楼板边命令的用法，除却本节中所提到的室外台阶这种应用以外，还经常被用来建立室外排水沟、室内墙体踢脚线、阳台的翻梁等工具，是非常好用的功能。

8.2　屋顶

屋顶工具位于 Revit 中“建筑”选项卡下，是独立的建筑图元之一。在 Revit 中对屋顶工具的划分依据建模方式的不同而被区分为——迹线屋顶、拉伸屋顶和面屋顶三种。其中迹线屋顶的创建方式与楼板非常类似，区别在于，屋顶是基于当前标高向上建立的模型图元，而且可以灵活地为屋顶定义多个坡度。

8.2.1　利用迹线屋顶来创建屋顶

(1) 打开配套案例“屋顶编辑练习 . rvt”文件。找到“建筑”选项卡，单击“屋顶”命令，下拉选择“迹线屋顶”。首先要明确的是，在建立屋顶的时候应当确定屋顶所在的标高位置，通常软件会将屋顶放置在默认的基层平面上，若你在基层平面单击绘制屋顶，软件会给出提示是否要将屋顶建立在某个标高上，如图

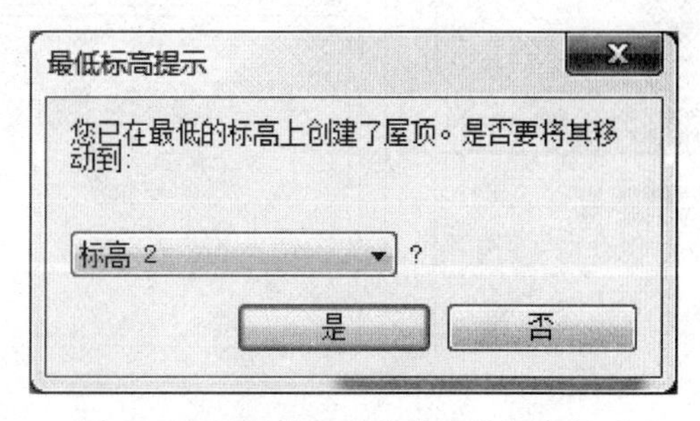

图 8-23　屋顶建立之前出现的标高提示

8-23 所示。

（2）选择好放置标高后，迹线屋顶编辑界面打开，如图 8-24 所示。可以看出编辑界面和楼板类似，比较明显的区别在于系统会默认勾选边界定义坡度，选择屋顶类型为“常规-125mm”。通常在绘制坡屋顶时，会添加一定的悬挑值，此处定义的悬挑值为 500mm，不勾选定义坡度，绘制一块平屋顶，效果如图 8-25 所示。

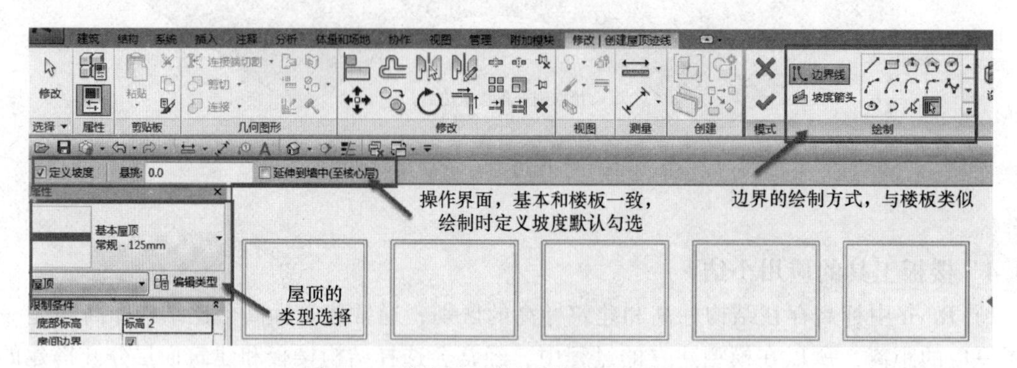

图 8-24　迹线屋顶的绘制操作界面（一）

（3）明确了简单的平屋顶的绘制后，接下来开始对屋顶的边界增加坡度。单击“迹线屋顶”命令后，按照（2）中的方式再绘制一块屋顶，然后单击一条边界，勾选“定义屋顶坡度”，此时尺寸标注中的坡度参数被激活，用于设置这条边界的坡度值，如图 8-26 所示。此处对屋顶的左右两处边界均设置坡度为 30°，完成绘制带坡屋顶的绘制，最终效果如图8-27所示。

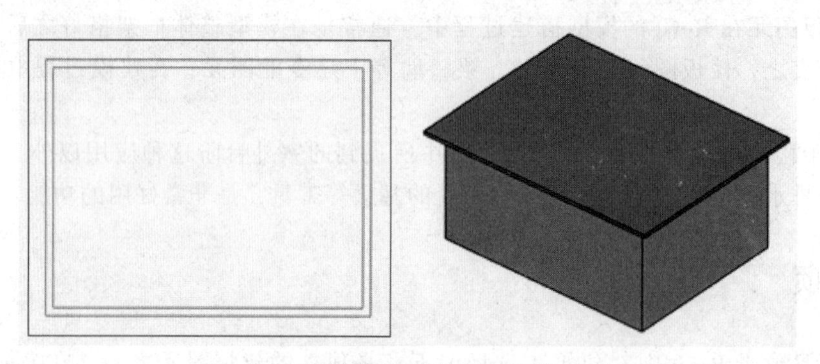

图 8-25　迹线屋顶的绘制操作界面（二）

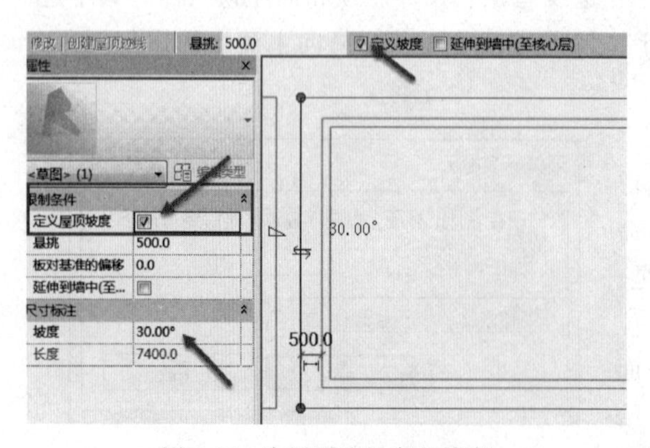

图 8-26　为屋顶边界定义坡度

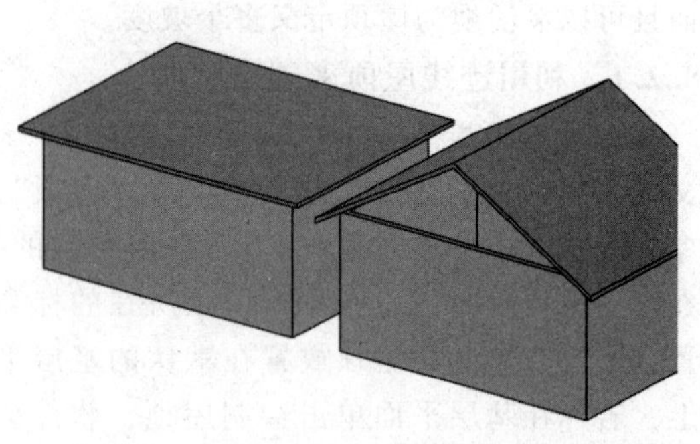

图 8-27　轴侧方向上的带坡屋顶

【提示】

从图 8-27 可以看出，绘制好的带坡屋顶，其下方的墙体不会自动附着到屋顶，此时如果需要墙体附着到屋顶，可以使用墙体的“附着”功能命令。

（4）如果需要绘制如图 8-28 所示那样的特殊屋顶，则需要对屋顶的迹线进行再次编辑。将需要设置带有简易老虎窗的屋顶边界，利用“拆分图元”命令将该段边界拆分为 3 段，并取消中间段的坡度参数，如图 8-29 所示。

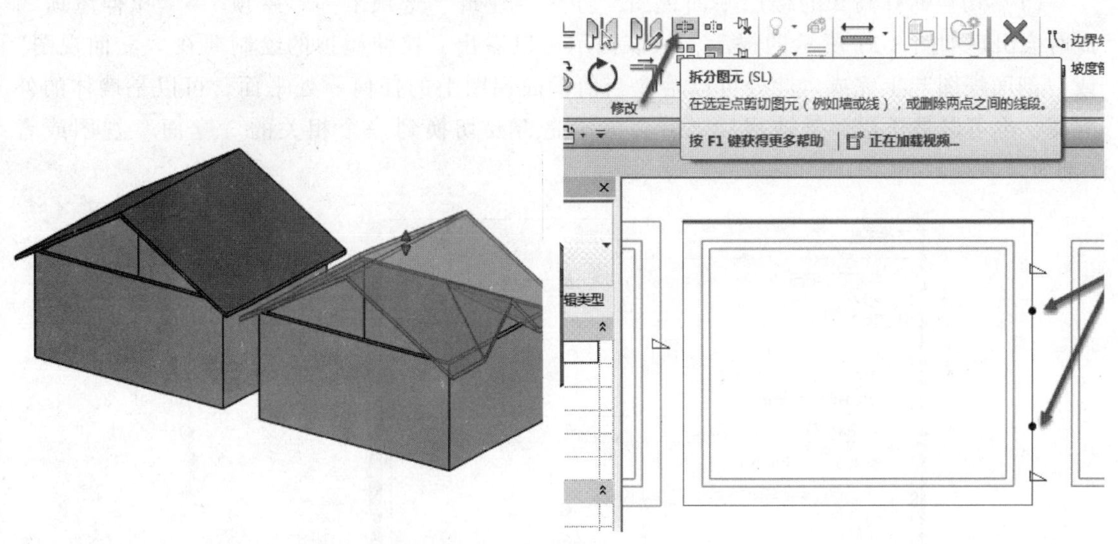

图 8-28　带有简易老虎窗的坡屋顶

图 8-29　拆分屋顶边界

（5）随后在“编辑迹线”功能下的“绘制”面板上找到“坡度箭头”并单击，在这段被拆分出的屋顶边界的两端开始绘制“坡度箭头”，两个坡度箭头均相交于中点位置，然后在如图 8-30 红框所示的地方分别把本示例中选择的“坡度箭头”的限制条件指定为“坡度”，尺寸标注中坡度指定为 45°，单击“确定”按钮退出后，即可得出如图 8-28 所示的老虎窗效果。

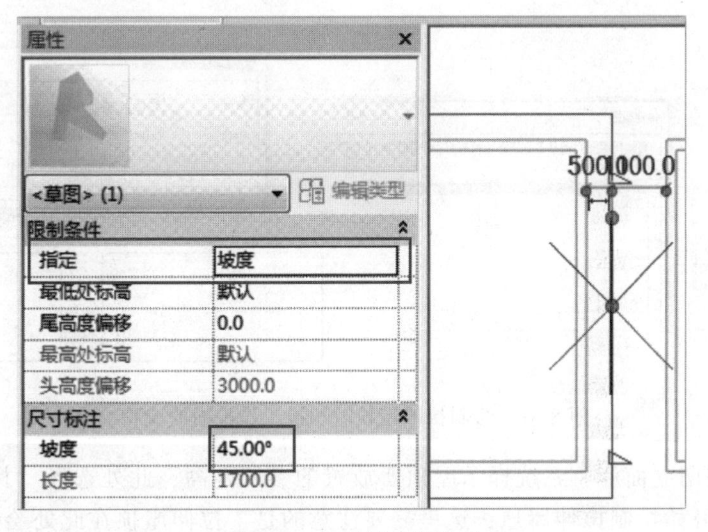

图 8-30　坡度箭头的设置

【提示】

关于“老虎窗”的建模，在此处只是提及了老虎窗的其中一种情况，另外一种较常见的老虎窗形式，会在第 7 章的“洞口”命令中详细讲解。

8.2.2　利用拉伸屋顶来创建屋顶

“拉伸屋顶”的使用相对不如“迹线屋顶”广泛，它的使用大多是用于一些截面造型一致的造型屋顶（如带有弧线的屋顶）的模型建立，如下面的实例应用：

（1）切换回标高 2 的楼层平面视图，打开“建筑”选项卡→“屋顶”→“拉伸屋顶”，此时会出现如图 8-31 所示的提示，从该提示可以看出，拉伸屋顶的绘制要在“立面视图”或“剖面视图”上完成。此处可以拾取当前平面视图上的任何一处平面，可以是墙体的外立面，也可以是任意一条轴网，之后会提示是否要切换到一个相关的“立面”视图或者“剖面”视图。

图 8-31　绘制拉伸屋顶出现的工作平面提示

（2）如图 8-32 所示，拾取到当前靠南侧的墙体外立面后，系统提示选择转到哪一个立面视图当中，选择南立面，然后开始进行拉伸屋顶的绘制。

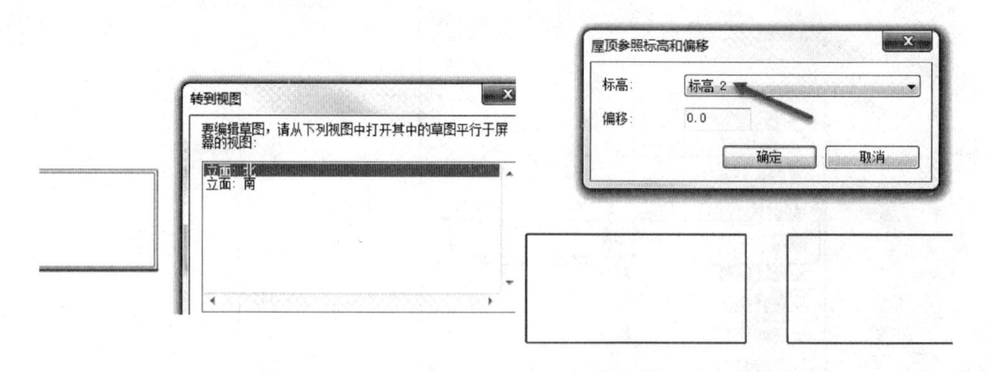

图 8-32　绘制拉伸屋顶时切换工作平面的流程

（3）切换到南立面后，系统提示屋顶所放置的参照标高，此处选择“标高 2”，然后偏移值默认为 0，开始绘制拉伸屋顶；这里需要注意的是，拉伸屋顶在此处绘制的轮廓，并非是一个闭合的轮廓，只需要在屋顶属性栏选择好所需要的屋顶类型，然后绘制一条不闭合的轮廓线（可以是直线、曲线、折线），绘制完成后，会生成相应的屋顶效果，如图 8-33 所示为生成拉伸屋顶前的轮廓线及绘制完成后的效果。

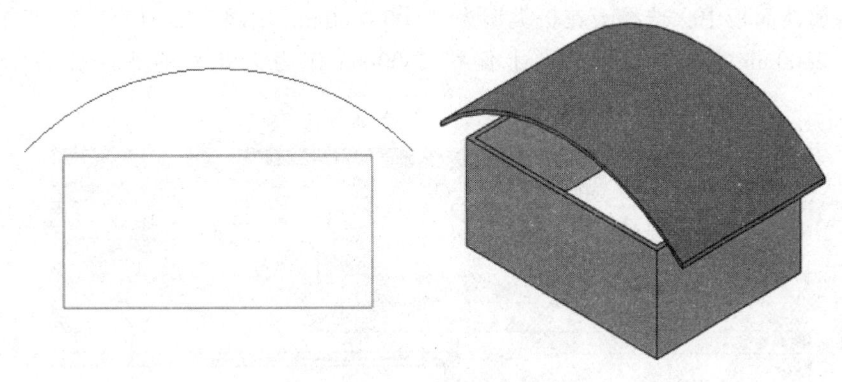

图 8-33　绘制拉伸屋顶的具体效果

【提示】

拉伸屋顶的应用点主要在于一些弧形屋顶或者造型比较特殊的屋顶，对于拉伸屋顶效果达不到的异形屋顶，则需要“面屋顶”工具。

8.2.3　关于屋顶构造的实例参数“椽截面”的设置

在设置屋顶时，在屋顶属性中会看到一个实例参数为“椽截面”，Revit 软件为该参数设置了三种形式，分别为垂直截面、垂直双界面和正方形截面。这些类型分别和“封檐带深度”参数共同影响屋顶形式，详细见表 8-1。

表 8-1　实例参数“椽截面”及“封檐带深度”对屋顶形态的影响

椽截面形式	封檐带深度	椽截面图例	封檐带极限形式
垂直截面	不可用		不可用
垂直双截面	可用	b	
正方形双截面	可用	b	

8.3　天花板

天花板工具位于 Revit 中“建筑”选项卡下，也是单独的建筑图元之一。天花板的建模过程与楼板和屋顶的建模过程类似，但相较于这两种图元，天花板的应用范围远小于前边两种平板工具。在 Revit 中，天花板工具可以智能查找房间的边界。

8.3.1　创建天花板

（1）打开“小别墅 . rvt”文件，切换至 1F 楼层平面视图。选择“建筑”选项卡，单击

“天花板”命令，进入“修改 | 放置天花板”命令，对 1F 楼层中的卫生间添加距离地面 2600mm 的天花板。

（2）在属性面板中，选择天花板类型为“600×600mm 轴网”类型，设置“自标高的高度偏移”为 2600mm，即当前标高向上偏移 2600mm 作为天花板的底面标高，如图 8-34 所示。

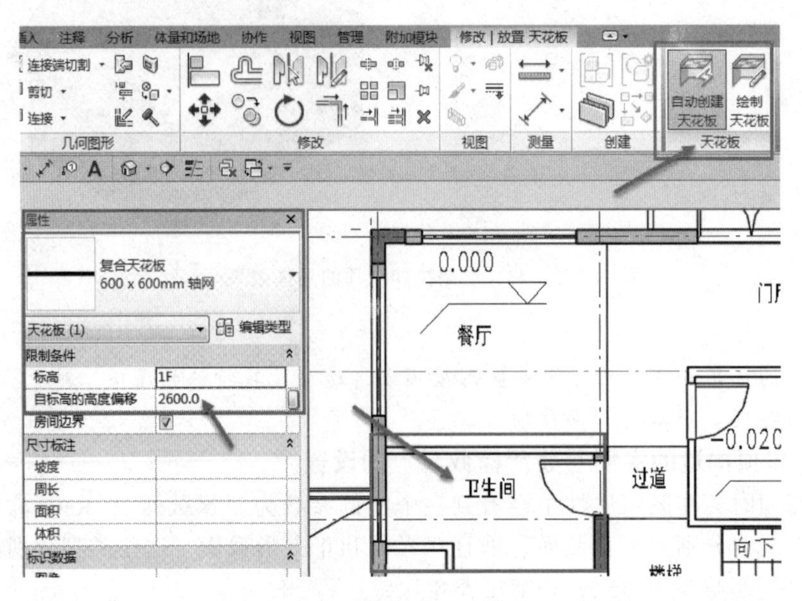

图 8-34　天花板的创建命令

（3）单击编辑类型，可以看到天花板的类型属性编辑界面，其中结构参数的设置方式和楼板基本类似，此处不作详细赘述，设置好所需要的材质、层级及厚度后，可以退出结构编辑界面；选择创建天花板的形式为“自动创建天花板”，然后拾取到“卫生间”，此时会发现天花板会自动拾取房间边界，左键单击后即可生成指定类型的天花板图元，如图 8-35 所示。

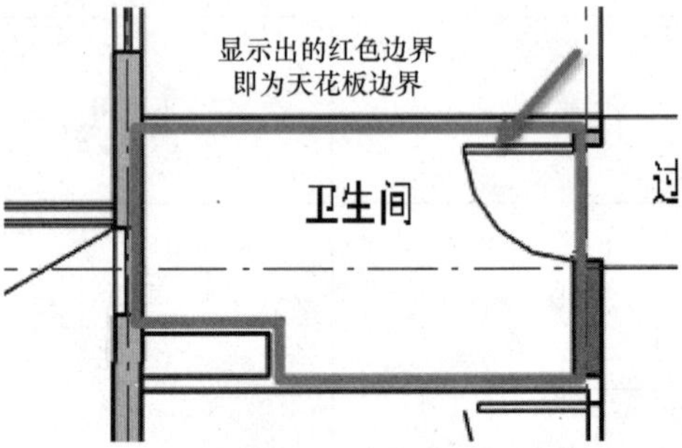

图 8-35　“自动创建天花板”拾取出的边界

8.3.2　编辑天花板

使用“自动创建天花板”方式创建出的天花板仍可修改边界线：进入天花板平面配合 Tab 键转换拾取需改动的天花板，进一步通过“编辑边界”修改其边界线，如图 8-36 所示。在编辑天花板边界轮廓时，可以配合使用坡度

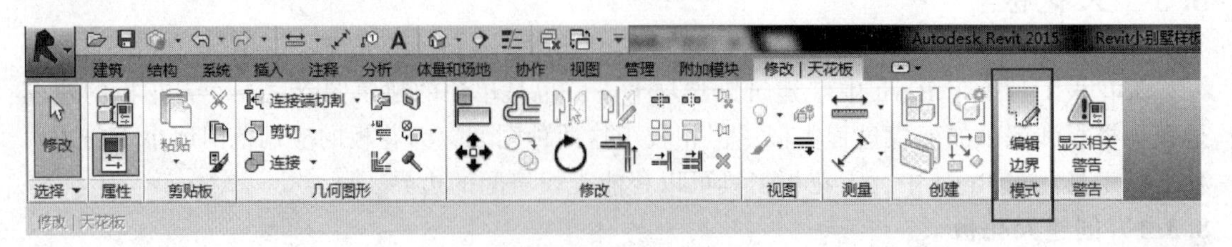

图 8-36　天花板的编辑边界

箭头工具，创建带有坡度的天花板。

Revit 中提供了天花板视图，用于查看天花板。

8.4　关于屋顶和天花板工具的特殊应用

与楼板类似，屋顶工具和天花板工具作为 Revit 软件中存在的平板类图元，应用得当可以做出一些满足项目需求的分部模型。

在屋顶工具的属性栏中，有一类屋顶名称为“玻璃斜窗”，此类别的屋顶具有和幕墙功能相同的各类属性，如添加幕墙网格，依照网格添加横梃竖梃；Revit 中所有的平板类图元，唯有“屋顶”工具包含了此项功能，所以有时在项目中有需要网格划分，例如地面瓷砖铺装等建模需求时，可以考虑利用该功能进行模型搭建。

天花板工具也可用于房间的顶棚装饰面层单独设置，方便后期对于顶部面层的工程量统计的使用。

第9章　洞　口

洞口命令位于Revit软件的“建筑”选项卡中，如图9-1所示，主要有“按面洞口”“竖井洞口”“墙体洞口”“垂直洞口”“老虎窗”五大类型；分清楚Revit软件中的洞口设置，可以依照项目建模需求，选择合适的洞口类型。此外，根据模型的建模方法，洞口的建立也会有其他的方法。

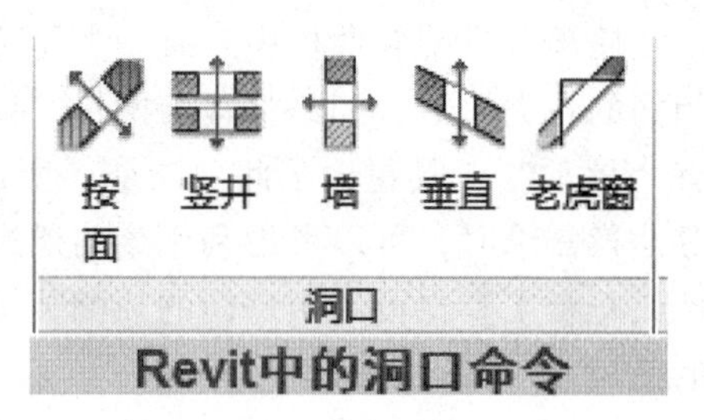

图9-1　Revit中的洞口类型

9.1　按面绘制洞口

该命令主要用于垂直于“楼板”“屋顶”“天花板”三种平板类构件的洞口模型，前提要求被拾取的构件只能是上面这三种类型族，无法利用该命令创建墙体或内建模型中的洞口。以下用简单实例创建一个按面绘制的洞口。

(1) 打开配套案例“洞口练习.rvt”模型文件，该练习模型准备了几块楼板，分别是“普通楼板”、添加了坡度的“带坡楼板”以及经过“修改子图元”功能形成的“异形楼板”，如图9-2所示。

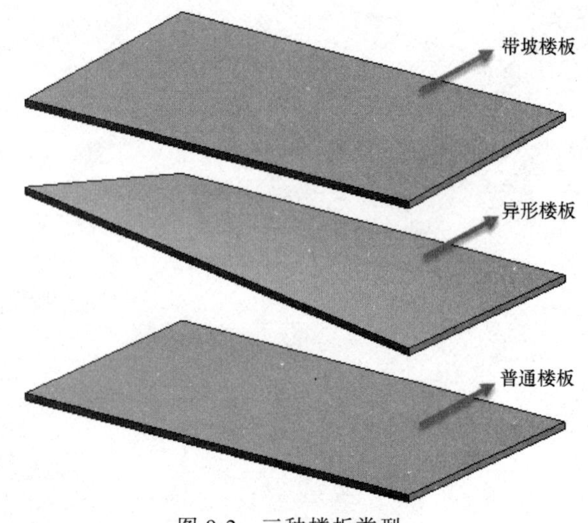

图9-2　三种楼板类型

(2) 打开“建筑”选项卡，找到“洞口”→“按面绘制洞口”命令，拾取“普通楼板”的某一个面，然后激活洞口绘制界面，如图9-3所示。

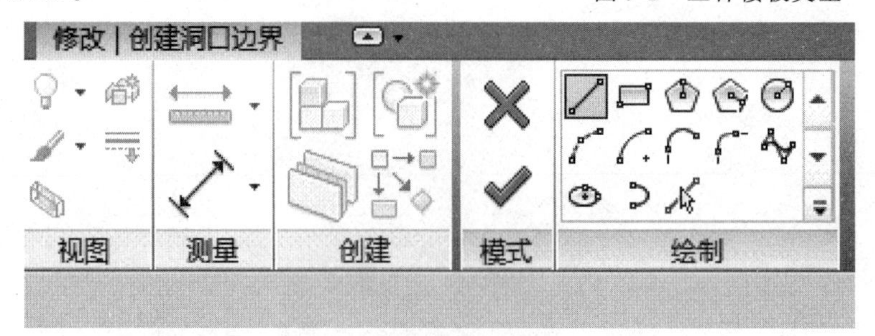

图9-3　按面绘制洞口界面

(3) 可以看出，绘制界面与绘制楼板、迹线屋顶等命令类似，不过区别在于，洞口所绘制的轮廓一定要是闭合的。在本实例中，选择在楼板上打开一个圆形洞口，如图 9-4 所示，切换至标高 1 平面，绘制一个半径 1500mm 的洞口。

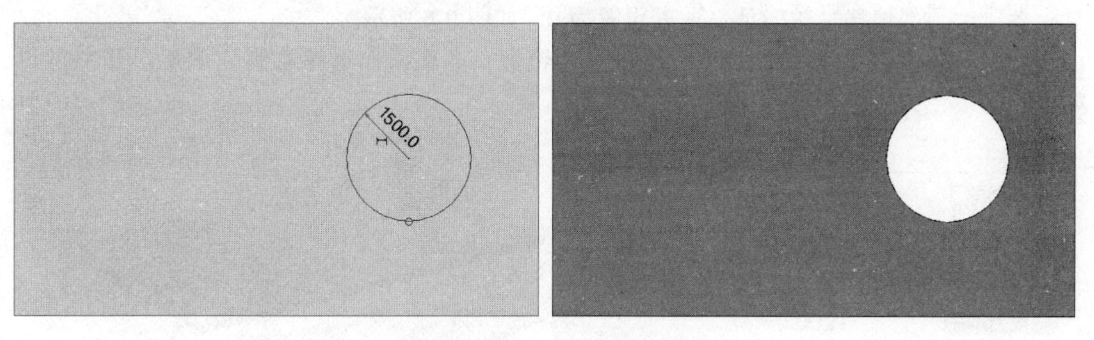

图 9-4　简单的洞口绘制效果

(4) 运用同样的方法，可否对“带坡楼板”以及“异形楼板”进行直接开洞呢？经过测试，该命令可以对“带坡楼板”进行垂直洞口剪切操作，而“异形楼板”无法做到这种效果，如图 9-5 所示，原因在于，“异形楼板”无法被拾取到平整的表面，所以难以创建洞口。

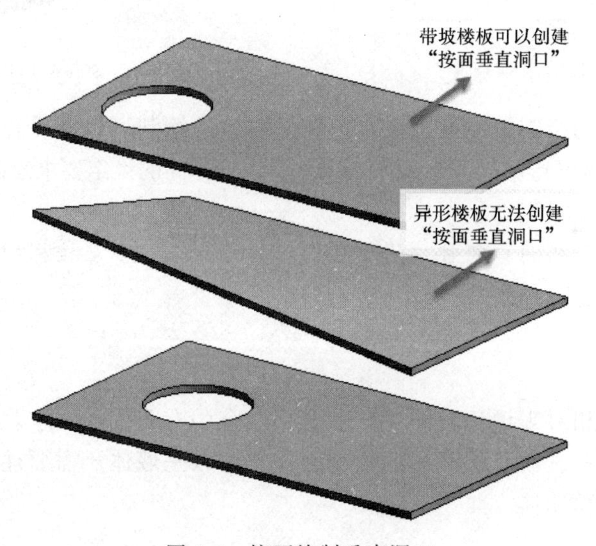

图 9-5　按面绘制垂直洞口

9.2　竖井洞口

竖井洞口拥有特定的限制条件，如图 9-6 所示，通过底部限制条件和顶部约束的设置，可以创建横跨多标高的洞口。该洞口可以直接剪切楼板、屋顶以及天花板，下面可以根据实例进行操作。

(1) 基于上一小节中的实例，切换至标高 1 楼层平面视图，打开“建筑”选项卡，找到“洞口”→“竖井洞口”命令，单击后激活“创建竖井洞口草图”界面，该界面与图 9-3

类似。

（2）设置竖井洞口的限制条件，“底部限制条件”为标高 1，“底部偏移”设置为 -200mm，即标高 1 处的楼板的厚度；“顶部约束”设置到标高 4，随后“无连接高度”灰显，参数“顶部偏移”被激活，此处设置为 0，如图 9-6 所示。

（3）设置好限制条件后，即可绘制洞口轮廓，本次操作选择绘制一个矩形竖井洞口，如图 9-7 所示。

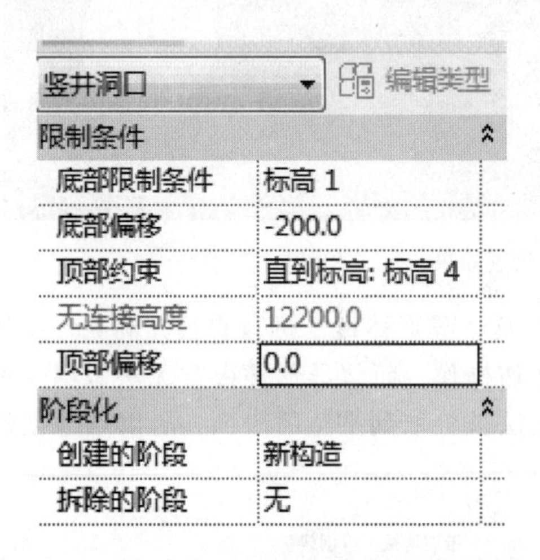

图 9-6　竖井洞口的限制条件

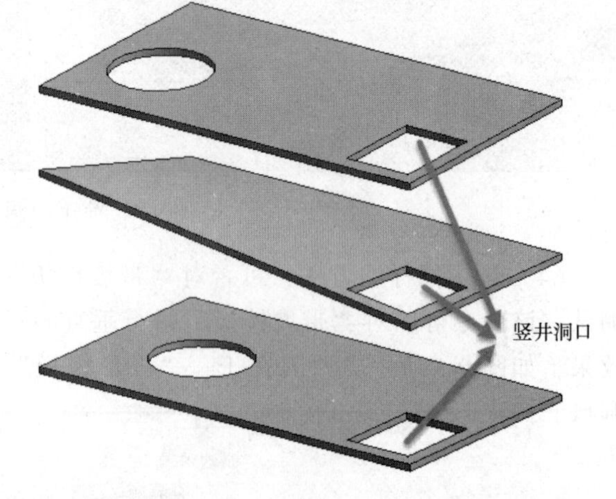

图 9-7　竖井洞口的绘制效果

（4）从竖井洞口的绘制效果可以看出，竖井洞口的绘制可以不受楼板、屋顶、天花板是否存在坡度和异形等因素影响，只参照限制条件，依据标高的设定要求绘制出合适的竖井轮廓。

【提示】

在项目应用中，竖井洞口经常被用于核心筒的绘制以及多层楼梯的洞口设置。

9.3　墙体洞口

墙体洞口的绘制相对来说比较简单，在这个命令中有明确的要求就是——所绘制的墙体洞口只可以是矩形洞口，而且被开洞的模型对象只可以是墙体。需要注意的是，墙体的矩形洞口也可以适用于曲面墙体。

9.4　垂直洞口

垂直洞口主要指的是垂直于标高方向上的洞口，它可以用于剪切楼板、屋顶以及天花板等模型构件；下面根据实例进行操作。

（1）打开配套案例“洞口练习 .rvt”文件，切换视图至“标高 1”楼层平面；打开“建筑”选项卡，找到“洞口”→“垂直洞口”命令；单击后，Revit 会要求拾取一块楼板、屋顶、天花板或檐底板来创建垂直洞口，如图 9-8 所示，绘制一个半径为 1100mm 的圆形作为洞口轮廓。

（2）此时确定，即可绘制出相应的垂直洞口；采用同样的方法，也可以在“带坡楼板”

“异形楼板”绘制出洞口，需要注意的是，这种工具绘制的洞口均是垂直于标高层面的洞口，而并非与平板表面垂直，而且绘制完后仅适用于当前平板，不会影响其他标高的平板类构件，如图 9-9 所示。

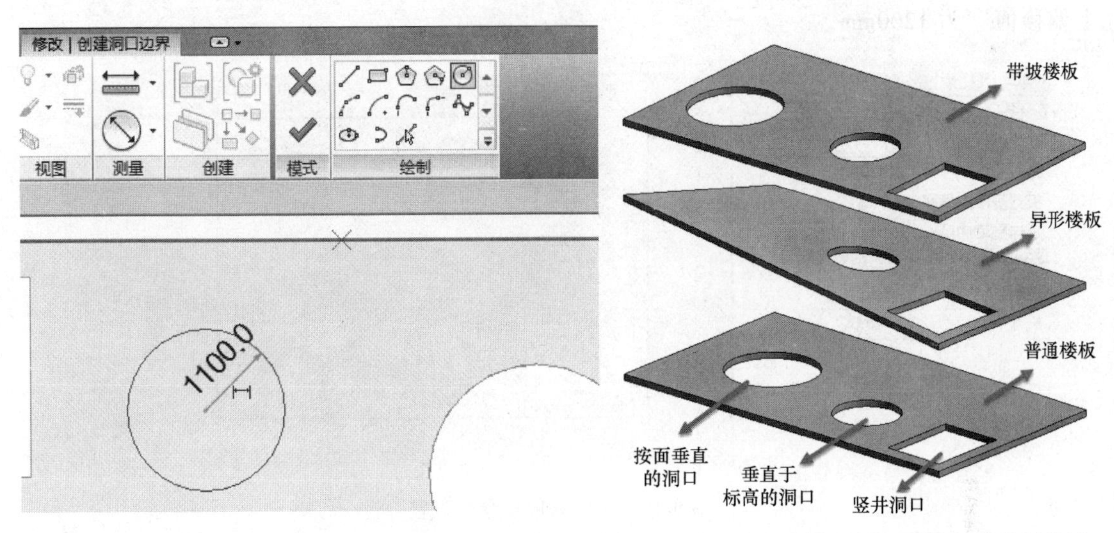

图 9-8　利用垂直洞口在楼板表面绘制洞口轮廓　　　图 9-9　三种不同洞口在不同楼板的绘制效果

9.5　老虎窗洞口

老虎窗洞口属于一类特殊的洞口类型，主要针对倾斜的屋顶表面，同时创建两个方向上的洞口。老虎窗可以说是 Revit 专门针对这个建筑构件特别设置的洞口命令。下面根据实例进行操作。

（1）打开配套案例“洞口练习 . rvt”文件，切换视图至“标高 4 楼层平面”；打开“建筑”选项卡，选择“墙”命令，选择“常规-90mm 砖”的墙类别，绘制出老虎窗的外围墙体，定义标高参数为基于标高 4 向上延伸 1500mm 的高度，如图 9-10 所示。

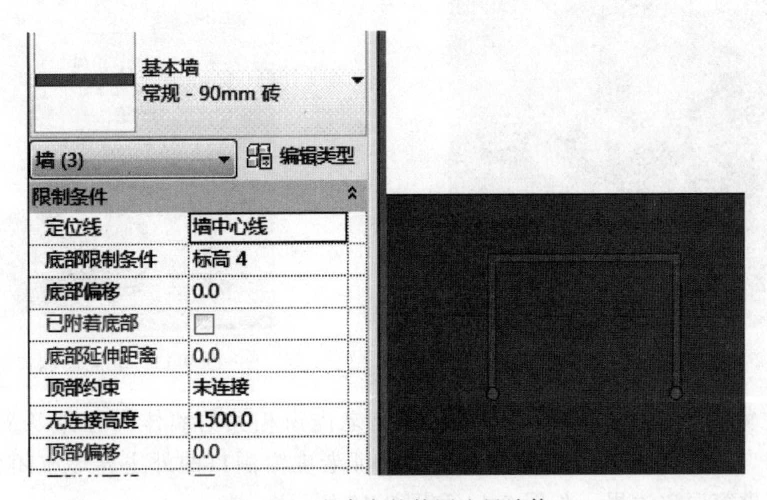

图 9-10　老虎窗的外围边界墙体

（2）随后找到“迹线屋顶”命令，选择“常规-125mm”的屋顶类别，配合“拾取墙”绘制屋顶（注意墙的方向），悬挑设置为200mm，绘制出老虎窗对应的屋顶，对屋顶的左右两侧边界定义屋顶坡度参数为30°，如图9-11所示，定义屋顶的限制条件“自标高的底部向上偏移值”为1200mm。

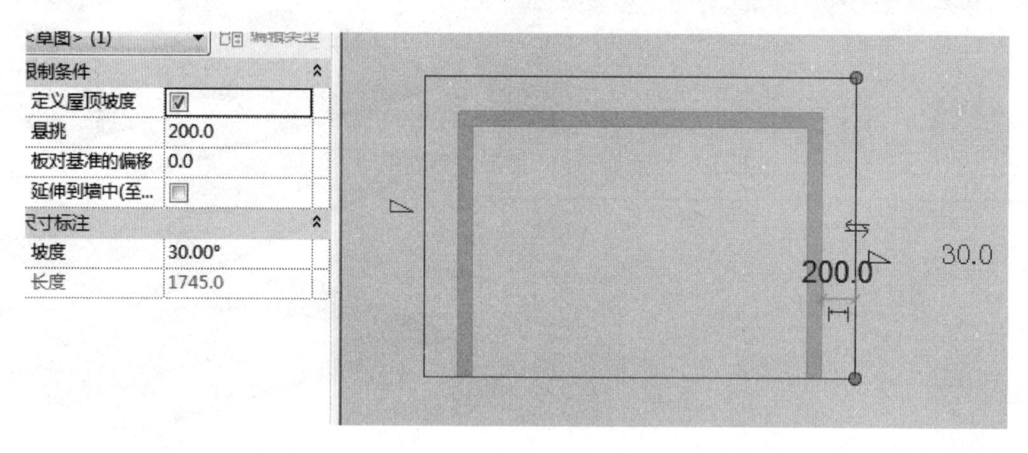

图 9-11　对应的屋顶参数设置

（3）调整老虎窗上的墙体命令，将墙体顶部附着至老虎窗的屋顶，底部附着至房屋的屋顶，并为老虎窗的外墙添加一面“长×宽”为“1200×900”参数的推拉窗。

（4）利用“修改”选项卡下，“几何图形”面板中的“屋顶连接”功能，将两段屋顶彼此之间连接起来，最终的效果如图9-12所示。

（5）进入“建筑”选项卡，找到“洞口”→“老虎窗”命令；单击后，Revit会要求拾取一块要被老虎窗洞口剪切的屋顶，如图9-13所示，正式激活老虎窗洞口的绘制界面。

图 9-12　老虎窗外形绘制完毕

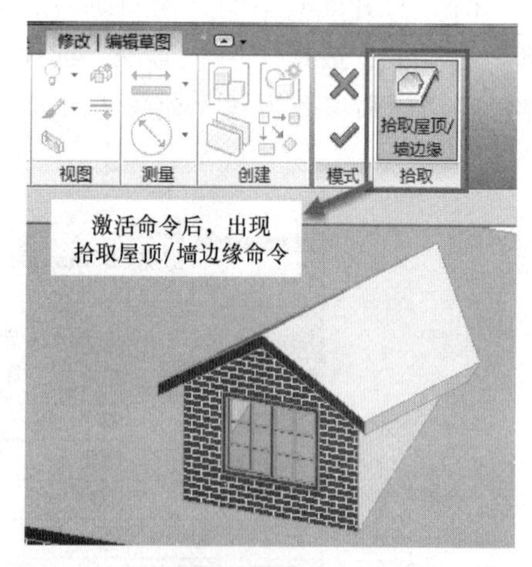

图 9-13　老虎窗洞口命令激活

（6）老虎窗洞口命令激活时，可以选择与老虎窗相关的墙体内边界以及屋顶内边界，并利用“修改”选项卡下的“修剪”命令，保证老虎窗洞口的外边界形成闭合轮廓，即可生成正确的老虎窗洞口边界，如图9-14和图9-15所示。

图 9-14 老虎窗洞口的边界拾取

图 9-15 老虎窗洞口的完成效果

【提示】

在拾取老虎窗洞口的边界时，由于墙体和屋顶均使用了附着功能保证模型的正确性，所以如果洞口边界拾取到了墙体的外边界，则会导致墙体的附着命令失效，使老虎窗得到错误的效果，通常拾取边界时被拾取到的会是对象的外边界，这时候单击边界的控件符号（⇆）即可切换内外边界。

9.6 Revit 中其他的洞口制作方式

Revit 中除了软件本身提供的洞口工具以外，墙体、幕墙、楼板、迹线屋顶、天花板都有其他生成洞口的方法。利用内建族的方式，可以制作空心模型，并用于剪切出现在模型中的各类实体构件。

墙体、幕墙生成洞口的主要方法为“编辑轮廓”命令，利用该命令，可以直接在一整面墙体中间绘制多个不交叉的闭合轮廓，这些轮廓可以生成对应的洞口形态。

楼板、迹线屋顶、天花板等，可以在编辑草图轮廓的同时，在草图轮廓中额外绘制不交叉的闭合轮廓，这样同样可以在对应构件上生成洞口形态，此法也经常在项目模型搭建的过程当中会遇到。

在制作内建族的空心实体时，完成操作后软件会自动提示该空心实体应当与模型中的某个模型构件发生布尔运算的“剪切”操作，该功能位于“修改”选项卡下的几何图形工具栏。

第 10 章　扶手、楼梯

10.1　扶手、楼梯的创建

10.1.1　创建楼梯

楼梯按梯段可分为单跑楼梯、双跑楼梯和多跑楼梯；梯段的平面形状有直线的、折线的和曲线的，楼梯的种类和样式多样。楼梯主要由踢面、踏面、扶手、梯边梁以及休息平台组成，图 10-1 所示为楼梯的各部分名称，图 10-2 所示为草图楼梯属性参数设置。

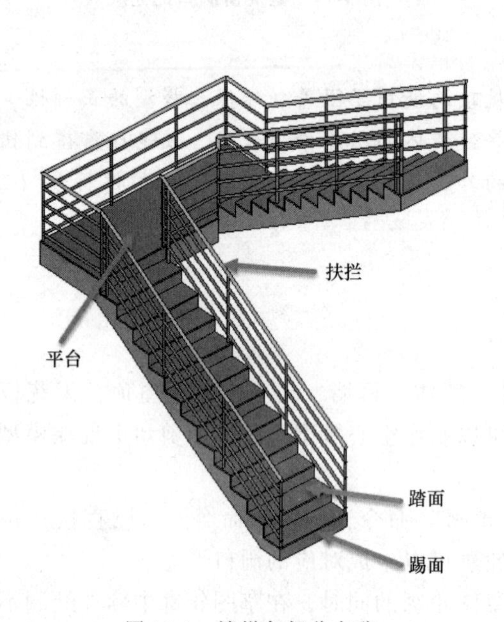

图 10-1　楼梯各部分名称

图 10-2　草图楼梯的实例参数设置

找到 “建筑” 选项卡→“楼梯”面板→选择“楼梯(按草图)”命令（按草图相比按构件绘制的楼梯修改更灵活），进入绘制楼梯草图模式，自动激活 “修改|创建楼梯草图” 上下文选项卡，选择 “绘制” 面板下的 “梯段” 命令，即可开始直接绘制楼梯。

1. 实例属性

在 “属性” 框中，主要需要确定 “楼梯类型”“限制条件” 和 “尺寸标注” 三大内容，如图 10-2 所示。根据设置的 “限制条件” 可确定楼梯的高度（1F 与 2F 间高度为 4m），“尺寸标注” 可确定楼梯的宽度、所需踢面数以及实际踏板深度，通过参数的设定软件可自动计算出实际的踏步数和踢面高度。

2. 类型属性

单击“属性”框中的“编辑类型”，在弹出的“类型属性”对话框中，如图 10-3 所示，主要设置楼梯的“踏板”“踢面”与“梯边梁”等参数。

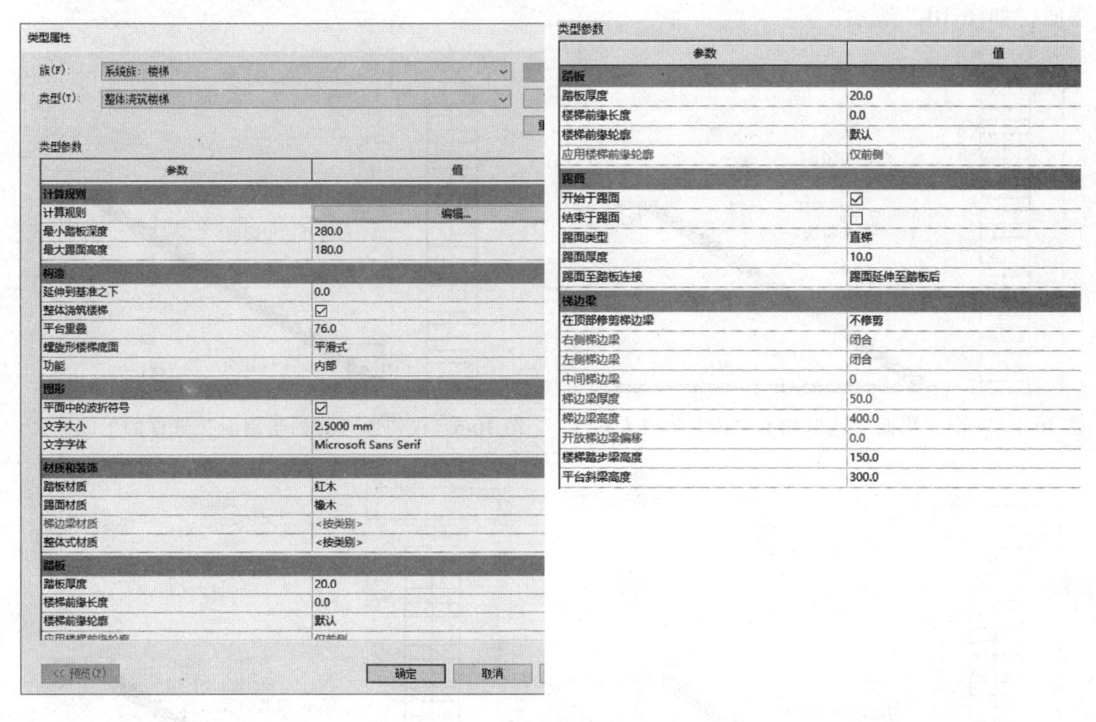

图 10-3　草图楼梯的类型参数设置

【提示】

如果“属性”框中指定的实际踏板深度值小于“最小踏板深度”，将显示警告。

各选项说明如下：

(1) 若选中“开始于踢面”，将在楼梯开始部分添加踢面。如果清除此复选框，则可能会出现“实际踢面数超出所需踢面数”的警告。此时如需解决此问题，请选中“结束于踢面”，或修改所需的踢面数量。

(2) 若选中“结束于踢面”，将在楼梯末端部分添加踢面。如果清除此复选框，则会删除末段踢面；勾选后需要设置“踢面厚度”才能在图中看到结束于踢面。

针对“开始/结束于踢面”的选项是否需要勾选，可通过图 10-4~图 10-7 这 4 幅图中看出些许差别。

【提示】

图 10-4~图 10-7 中选取的条件设置如下：标高 1 和标高 2 之间相距 3500mm，设置“最小踏板深度”为 250mm，“最大踢面高度”为 160mm，踢面数设为 22。

1) 若两个选项均不勾选，可以看出踏面绘制 23 个，踢面绘制 22 个，楼梯升至标高 2 处楼板，如图 10-4 所示。

2) 仅勾选“开始于踢面”，踏面绘制 22 个，踢面绘制 22 个，楼梯第一个台阶为踢面，楼梯升到标高 2 处楼板，如图 10-5 所示。

3）仅勾选“结束于踢面”，则需设置踢面和踏面的厚度，才能看到楼梯结束于踢面，踏面绘制有 22 个，其未升至标高 2 处楼板，原因是当前的踢面数已达到 22，如图 10-6 所示。

4）若两个选项均勾选，楼梯第一个台阶则为踢面，最后以踢面结束，21 个踏面，22 个踢面，如图 10-7 所示。

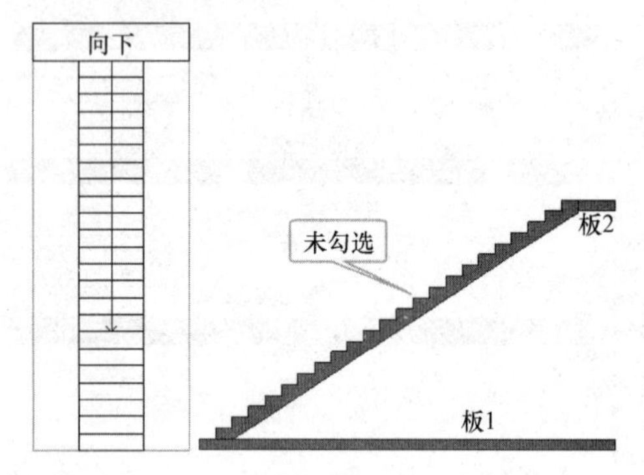

图 10-4　两个“踢面”选框均不勾选的生成方式

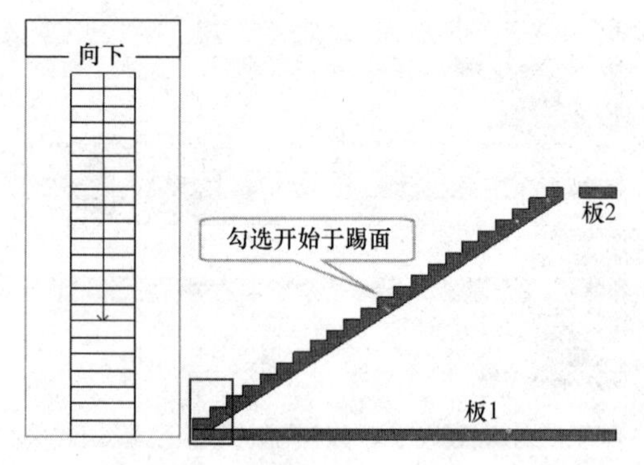

图 10-5　仅勾选“开始于踢面”选框的生成方式

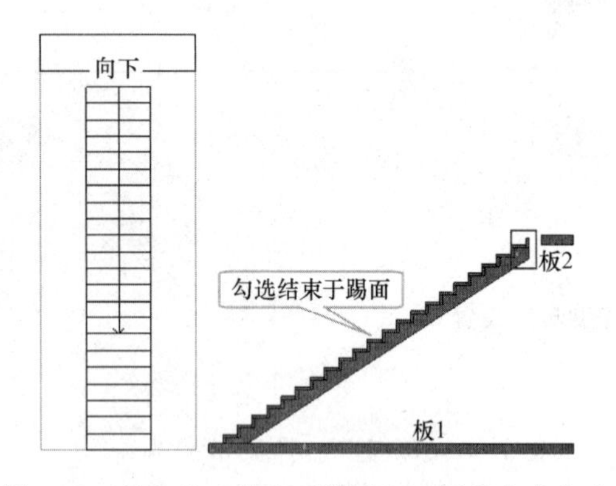

图 10-6　仅勾选“结束于踢面”选框的生成方式

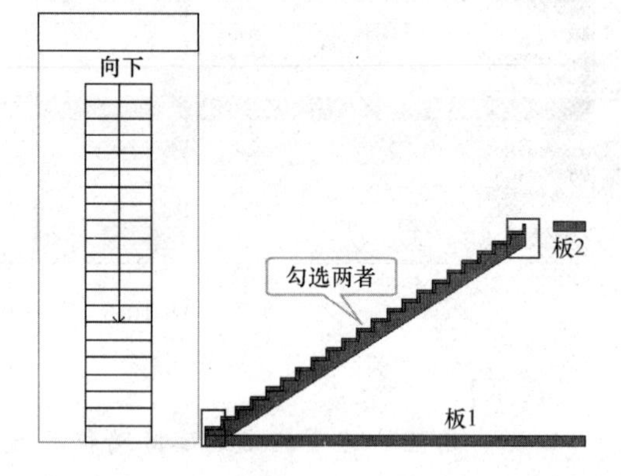

图 10-7　两个“踢面”选框均勾选的生成方式

【提示】

“最大踢面高度”设置不同时，所生成的楼梯踢面数也不同。

完成楼梯的参数设置后，可直接在平面视图中开始绘制。单击“梯段”命令，捕捉平面上的一点作为楼梯起点，向上拖动鼠标后，梯段草图下方会提示“创建了 12 个踢面，剩余 8 个”。

单击“修改 | 楼梯>编辑草图”上下文选项卡→“工作平面”面板→“参照平面”命令，在距离第 12 个踢面 1000mm 处绘制一根水平参照平面，用于创建一段单跑楼梯中间的小段平台，如图 10-8 所示。捕捉参照平面与楼梯中线的交点继续向上绘制楼梯，直到梯段草图下方提示“创建了 20 个踢面，剩余 0 个”。

完成草图绘制的楼梯如图 10-9 所示，勾选“完成编辑模式”，楼梯扶手自动生成，即可完成楼梯。

10.1.2　创建扶手

Revit 软件有单独的栏杆扶手工具，位于“建筑”选项卡下的“楼梯坡道”单元。通过字面意思可以看出，栏杆扶手属于两类构件，但是综合于同一个建筑图元当中。其中栏杆指

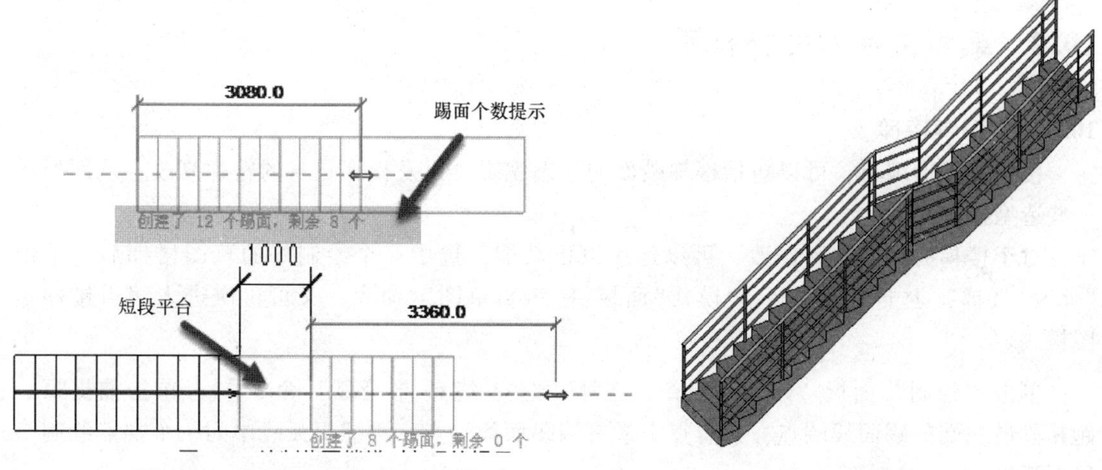

图 10-8　绘制草图楼梯时出现的提示

图 10-9　草图楼梯绘制完成

的是纵向上垂直立于主体的部分，而扶栏则是横向上平行于主体的部分。其中，扶栏分为“顶部扶栏”和“普通扶栏”两大类，而栏杆则有“普通栏杆”“起点栏杆”“终点栏杆”“转角栏杆”四大类别。绘制栏杆的时候，可以选择单独绘制路径，或者直接拾取主体。

针对本节中所建立的楼梯，单击“建筑”选项卡→“楼梯坡道”面板→“扶手栏杆”下拉列表→“绘制路径”/“放置在主体上”。其中放置在主体上主要是用于坡道或楼梯。

对于“绘制路径”方式，绘制的路径必须是一条单一且连接的草图，如果要将栏杆扶手分为几个部分，请创建两个或多个单独的栏杆扶手。但是对于楼梯平台处与梯段处的栏杆是要断开的，如图 10-10 所示。

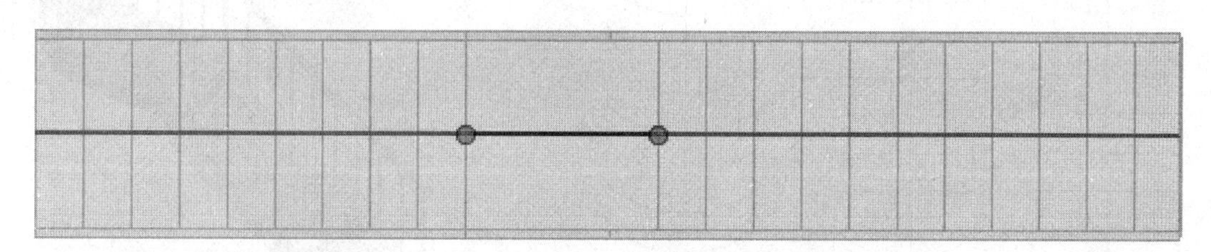

图 10-10　楼梯的绘制路径方式

对于绘制完的栏杆路径，需要单击“修改|栏杆扶手”上下文选项卡→“工具”面板→“拾取新主体”，或设置偏移值，才能使得栏杆落在主体上，如图 10-11 所示。

图 10-11　拾取楼梯主题绘制栏杆

10.2　编辑楼梯和栏杆扶手

10.2.1　编辑楼梯

楼梯的外形编辑，可以包括楼梯踏面的形态编辑，以及楼梯自身的轮廓修改，从而形成一些造型楼梯。

对于楼梯的踢面轮廓修改，可以运用以下功能。选中一个绘制好的草图楼梯后，单击“修改|楼梯”上下文选项卡→“模式”面板→“编辑草图”命令，又可再次进入编辑楼梯草图模式。

单击“绘制”面板“踢面”命令，选择“起点-终点-半径弧”命令，单击捕捉第一跑梯段最左端的踢面线端点，接着点击最右端踢面线端点，再捕捉弧线中间一个端点绘制一段圆弧。

选择上述绘制的圆弧踢面，单击“修改”面板的“复制”按钮，在选项栏中勾选“约束”和“多个”，即 修改 | 编辑草图　☑约束 □分开 ☑多个。选择圆弧踢面的端点作为复制的基点，水平向右移动鼠标，在之前直线踢面的端点处单击放置圆弧踢面，如图 10-12 所示。

在放置完第一跑梯段的所有圆弧踢面后，按住 Ctrl 键选择第一跑梯段所有的直线踢面，按 Delete 键删除，如图 10-13 所示。单击“完成编辑”命令，这样就绘制出了一段圆弧踢面的造型楼梯。

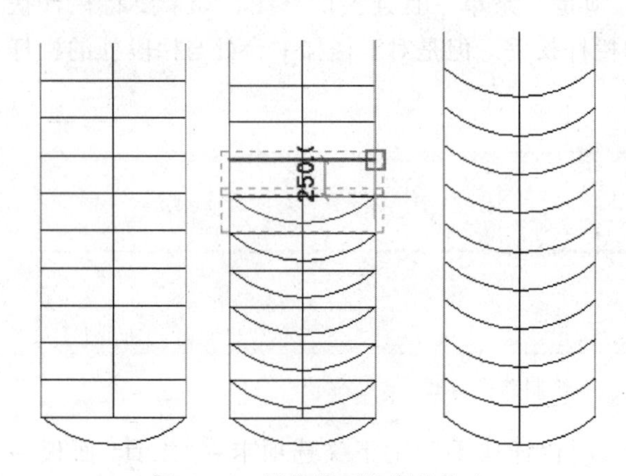

图 10-12　楼梯踏面轮廓的修改

图 10-13　圆弧踢面楼梯的绘制

【提示】

楼梯需要采用按草图的方法绘制，楼梯按踢面来计算台阶数，楼梯的宽度不包含梯边梁，边界线为绿线，可改变楼梯的轮廓，踏面线为黑色，可改变楼梯宽度。

有时对于具有不同边界的造型楼梯，Revit 中也可以直接修改对于草图楼梯的边界，如图 10-14 所示，即可绘制出边界为弧形的造型楼梯，而且楼梯的栏杆也会自动获取楼梯边界而产生特殊的造型修改。

10.2.2　编辑栏杆扶手

完成楼梯后，自动生成栏杆扶手，选中栏杆，在“属性”栏的下拉列表中可选择其他扶手替换。如果没有所需的栏杆，可通过“载入族”的方式载入。

选择扶手后，单击“属性”框→“编辑类型”→“类型属性”，如图 10-15 所示。

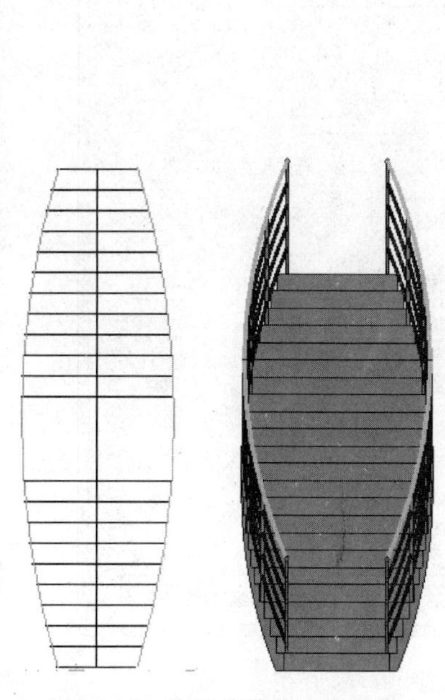

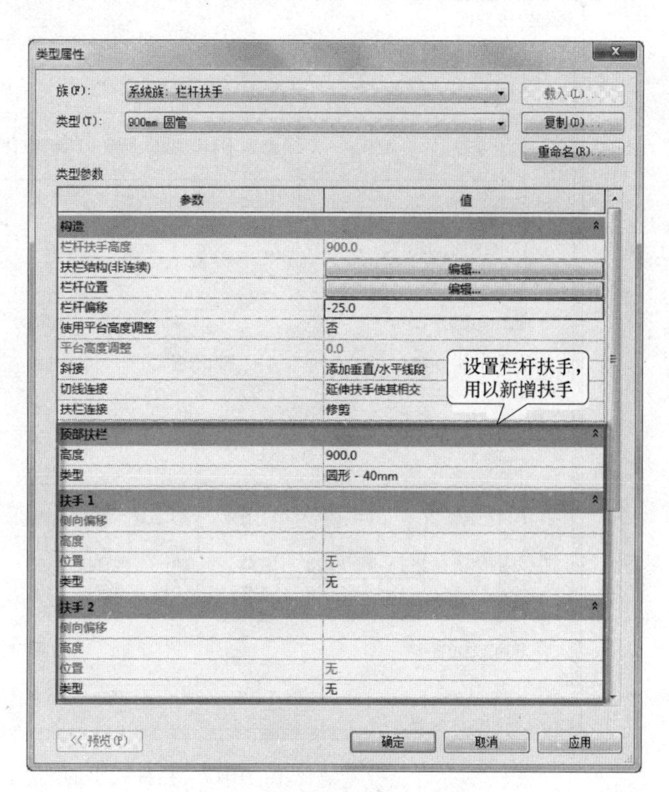

图 10-14　草图楼梯的边界设置　　图 10-15　栏杆扶手的类型参数设置

（1）扶栏结构（非结构）：单击扶栏结构的“编辑”按钮，打开“编辑扶手”对话框，如图 10-16 所示。可插入新的扶手，“轮廓”可通过载入“轮廓族”重新选择，对于各扶栏可设置其名称、高度、偏移、材质等。

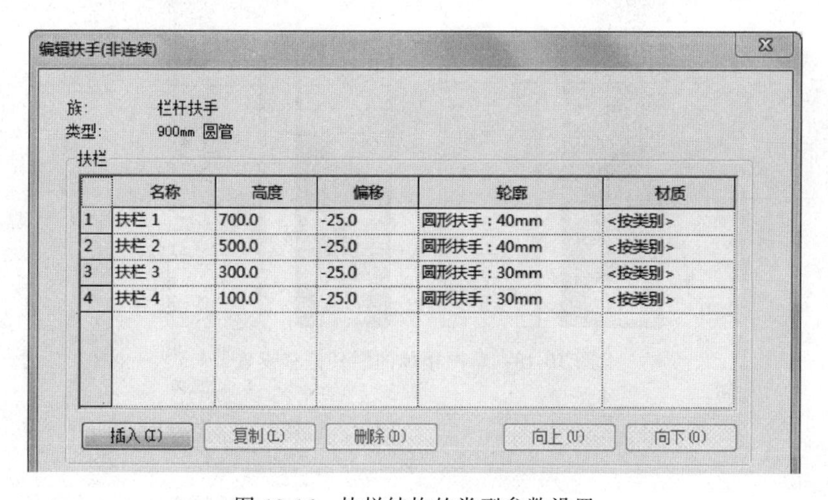

图 10-16　扶栏结构的类型参数设置

（2）栏杆位置：单击栏杆位置“编辑”按钮，打开“编辑栏杆位置”对话框，如图 10-17 所示。可编辑 900mm 圆管的“栏杆族”的族轮廓、偏移等参数。

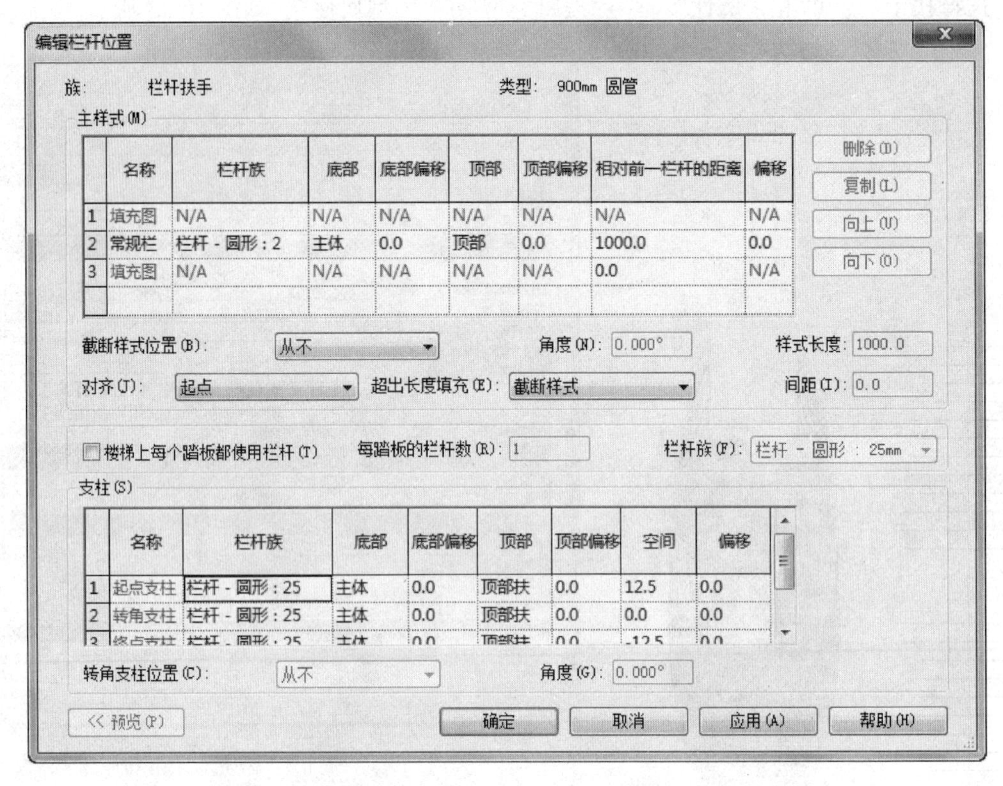

图 10-17　栏杆扶手的类型参数设置

（3）栏杆偏移：栏杆相对于扶手路径内侧或外侧的距离。如果为-25mm，则生成的栏杆距离扶手路径为 25mm，方向可通过“翻转箭头”控件控制，如图 10-18 所示。

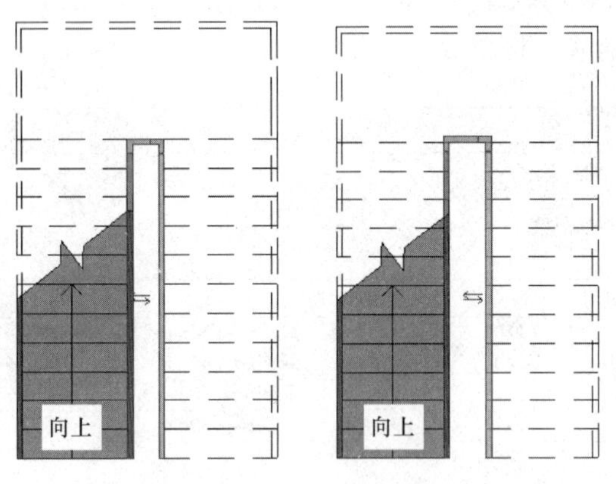

图 10-18　草图楼梯的栏杆偏移设置

第 11 章　场地设计

场地作为房屋的地下基础，要通过模型表达出建筑与实际地坪间的关系，以及建筑的周边道路情况。通过本章的学习，将了解场地的相关设置，地形表面、场地构件的创建与编辑的基本方法和相关应用技巧。

单击“体量和场地”选项卡→“场地建模”面板→↘按钮。在弹出的“场地设置”对话框中，可设置等高线间隔值、经过高程、添加自定义的等高线、剖面填充样式、基础土层高程、角度显示等项目全局场地设置，如图 11-1 所示。

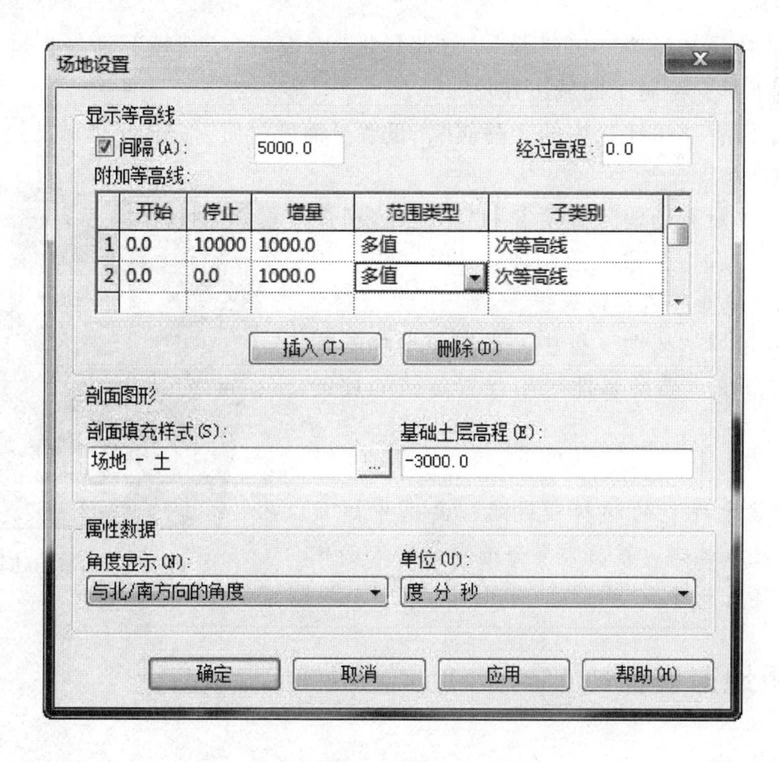

图 11-1 “场地设置”对话框

11.1　创建地形表面、子面域与建筑地坪

11.1.1　地形表面

地形表面是建筑场地地形或地块地形的图形表示。默认情况下，楼层平面视图不显示地形表面，可以在三维视图或在专用的“场地”视图中创建。

单击打开“场地”平面视图→“体量和场地”选项栏→“场地建模”面板→“地形表面”命令，进入地形表面的绘制模式。

单击“工具”面板下“放置点”命令，在“选项栏” 高程 0.0 绝对高程 中输入高程值，在视图中单击鼠标放置点，修改高程值，放置其他点，连续放置则生成等高线。

单击地形“属性”框设置材质，完成地形表面设置。

11.1.2　子面域与建筑地坪

“子面域”工具是在现有地形表面中绘制的区域，不会剪切现有的地形表面。例如，可以使用子面域在地形表面绘制道路或绘制停车场区域。“子面域”工具和“建筑地坪”工具不同，“建筑地坪”工具会创建出单独的水平表面，并剪切地形，而创建子面域不会生成单独的地平面，而是在地形表面上圈定了某块可以定义不同属性集（例如材质）的表面区域，如图 11-2 所示。

（1）子面域。

1）单击“体量和场地”选项卡→“修改场地”面板→“子面域”命令，进入绘制模式。用“线”绘制工具，绘制子面域边界轮廓线。

2）单击子面域“属性”中的“材质”，设置子面域材质，完成子面域的绘制。

（2）建筑地坪。

1）单击“体量和场地”选项卡→“场地建模”面板→“建筑地坪”命令，进入绘制模式。用“线”绘制工具，绘制建筑地坪边界轮廓线。

2）在建筑地坪“属性”框中，设置该地坪的标高以及偏移值，在“类型属性”中设置建筑地坪的材质。

图 11-2　子面域与建筑地坪

【提示】

退出“建筑地坪”的编辑模式后，要选中建筑地坪才能再次进入编辑边界，常常会选中地形表面但却认为选中了建筑地坪。

11.2　编辑地形表面

11.2.1　编辑表面

选中绘制好的地形表面，单击“修改 | 地形”上下文选项卡→“表面”面板→“编辑表面”命令，在弹出的“修改 | 编辑表面”上下文选项卡的“工具”面板中，如图 11-3 所示，可通过“放置点”“通过导入创建”以及“简化表面”三种方式修改地形表面高程点。

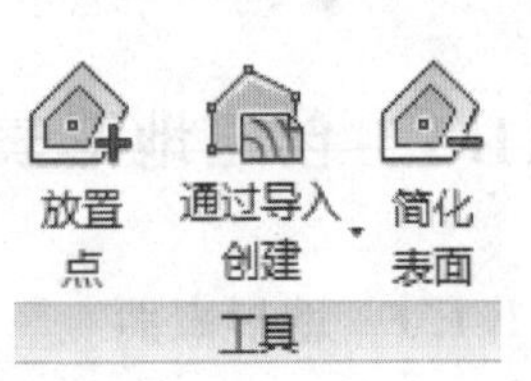

图 11-3　编辑地形表面

1）放置点：增加高程点的放置。

2）通过导入创建：通过导入外部文件创建地形表面。

3）简化表面：减少地形表面中的点数。

11.2.2　修改场地

打开“场地”平面视图或三维视图，在“体量和场地”选项卡的“修改场地”面板中，包含多个对场地修改的命令。

1）拆分表面：单击“体量和场地”选项卡→“修改场地”面板→“拆分表面”命令，选择要拆分的地形表面进入绘制模式。用“线”绘制工具，绘制表面边界轮廓线。在表面“属性”框的“材质”中设置新表面材质，完成绘制。

2）合并表面：单击“体量和场地”选项卡“修改场地”面板下“合并表面”命令，勾选“选项栏”。☑删除公共边上的点 选择要合并的主表面，再选择次表面，两个表面合二为一。

【提示】

合并后的表面材质，同先前选择的主表面相同。

3）建筑红线：创建建筑红线可通过两种方式。

方法一：单击“体量和场地”选项卡→“修改场地”面板→“建筑红线”命令，选择“通过绘制来创建”进入绘制模式，如图11-4所示创建建筑红线。用“线”绘制工具，绘制封闭的建筑红线轮廓线，完成绘制。

【提示】

要将绘制的建筑红线转换为基于表格的建筑红线，选择绘制的建筑红线并单击“编辑表格”。

方法二：单击“体量和场地”选项卡→“修改场地”面板→“建筑红线”命令，选择“通过输入距离和方向角来创建”建筑红线，如图11-5所示。

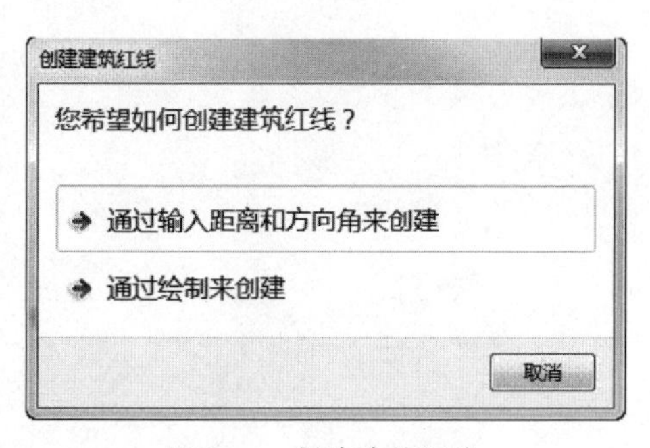

图11-4　创建建筑红线

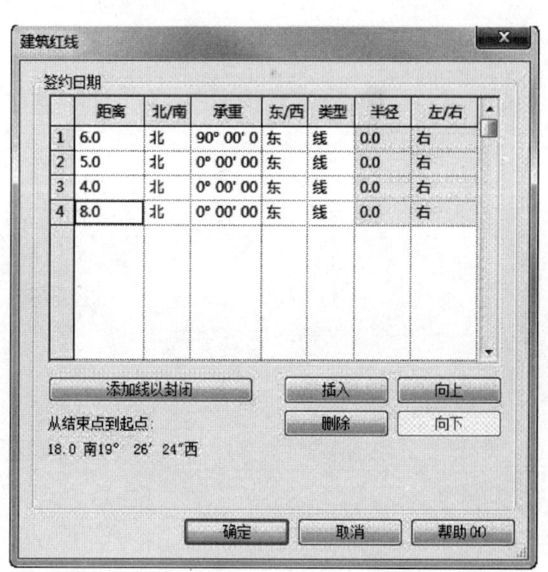

图11-5　建筑红线设置

单击“插入”添加测量数据，并设置直线、弧线边界的距离、方向、半径等参数。调整顺序，如果边界没有闭合，单击“添加线以封闭”。确定后，选择红线移动到所需位置。

【提示】

可以利用“明细表/数量”命令创建建筑红线、建筑红线线段明细表。

11.3 放置场地构件

进入到“场地”平面视图后，单击“体量和场地”选项卡→“场地建模”面板→“场地构建”命令，从下拉列表中选择所需的构件，如树木、RPC 人物等，单击鼠标放置构件。

打开“场地”平面，单击“体量和场地”选项卡→“场地建模”面板下→“停车场构件”命令。从下拉列表中选择所需不同类型的停车场构件，单击鼠标放置构件。可以用复制、阵列命令放置多个停车场构件。选择所有停车场构件，单击“主体”面板下的“拾取新主体”命令，选择地形表面，停车场构件将附着到表面上，如列表中没有需要的构件，则需从族库中载入。

通过本节的学习，需掌握地形表面、建筑地坪、子面域、场地构件等功能的使用。利用地形表面和场地修改工具，以不同的方式生成场地地形表面；建筑地坪可剪切地形表面；子面域是在地形表面上划分场地功能；场地构件则可为场地添加树、人等构件，丰富场地的表现。

第 12 章　概念体量和参数化设计

12.1　概念体量形状创建

在方案构思阶段，设计师习惯从概念模块开始建模，再逐步细化实现造型。在现阶段 Revit 中提供了类似于设计软件 SketchUp 的体量建模方式——“概念体量”，相比于传统常规构件，“概念体量”具有灵活的建模和编辑功能，能让设计师快速表达其设计概念，在一定程度上满足了复杂异形建筑的建模需求。

1. 创建途径

“概念体量”的创建途径有两种：

（1）通过 Revit 中的主选项栏中选择，新建→概念体量。

（2）打开 Revit 时页面内的列表中选择新建概念体量，默认位置是 Revit 安装时的库文件位置。进入创建环境后视图默认为三维视图，当中显示了以虚线方式显示的参照平面（包括前后和左右）和标高 1 的工作平面，如图 12-1 所示。

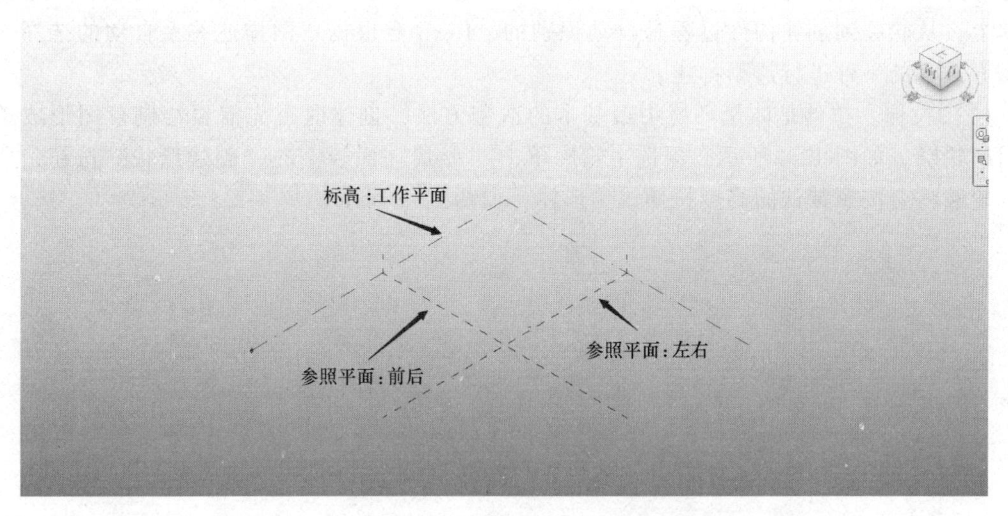

图 12-1　概念体量工作环境

2. 创建工具

体量创建环境中的绘制面板与族编辑器界面有所不同（图 12-2）。草图直接可以在工作平面上创建。体量环境中的绘制面板不仅出现在创建启动时，在模型修改时也会显示在修改面板中。绘制面板有三个工具集：①线类型——模型线、参照线和参照平面；②草图工具；③工作平面。

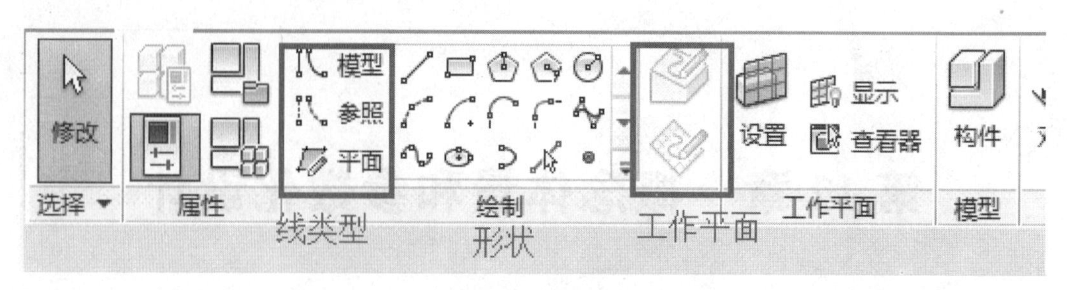

图 12-2　创建工具

这些工具的绘制方式与族编辑器工具一样，但是，体量轮廓可以是不闭合的草图线，后面将介绍相关内容。无论采用哪一个草图工具，默认绘制流程是选择模型线→草图工具→在面上绘制，如图 12-3 所示。

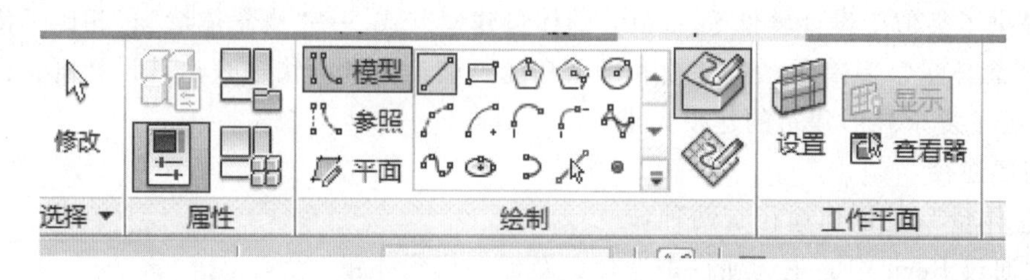

图 12-3　默认绘制工具

在体量中创建造型的常见方式有 5 种，分别是：拉伸、融合、放样融合、旋转和放样。体量工具与族编辑器造型工具类似，都有一定的造型合理性要求。体量造型工具并不显示在菜单上，从轮廓到创建构件过程是自动识别的，Revit 会根据草图描述关系自动的选择 5 种造型方式中的一种进行造型构建。

（1）拉伸。拉伸是体量环境中最基本的造型方法，创建时首先需要绘制草图形成单一的封闭轮廓，如图 12-4 所示。再选中轮廓单击“形状”面板上的“创建形状”按钮，所选择的轮廓将会按照默认的高度拉伸成为形体，如图 12-5 所示。

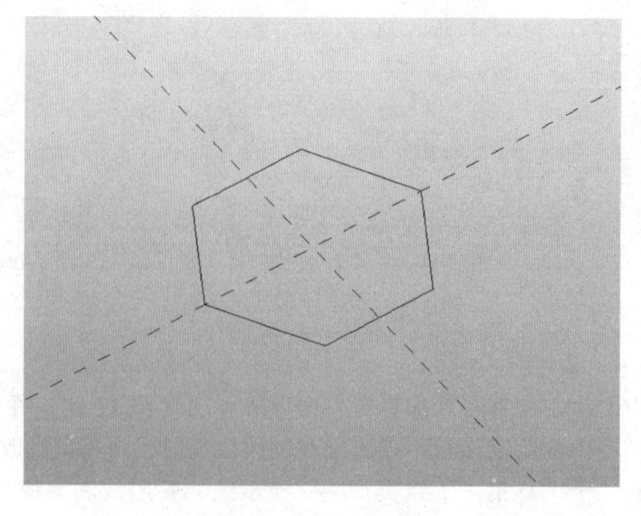

图 12-4　绘制轮廓

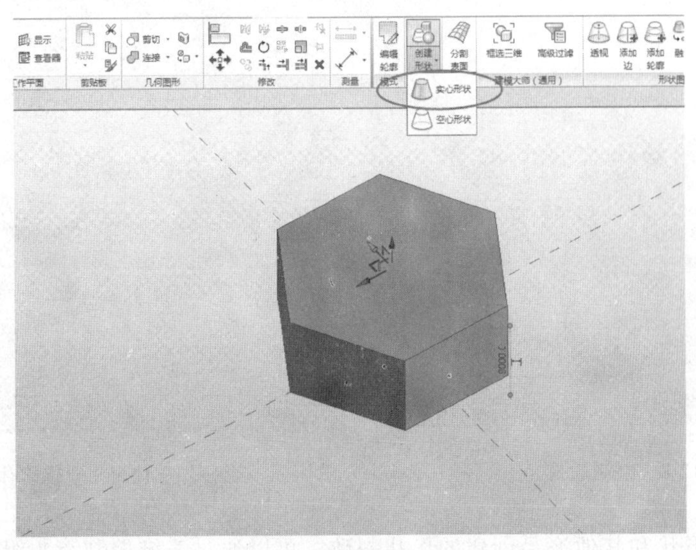

图 12-5　创建实心形状

初步形状创建后可对其进行形状调整，在图 12-6 中可以看到顶面的红绿蓝箭头组，这些箭头组可以被拖拽，蓝色箭头可以调整拉伸的高度，绿色和红色箭头控制模型的平面形状移动，这就是 3D 控制。当轮廓被拉伸为三维形体时就会出现上述箭头组，在选择一个表面、边或顶点时，这样的三维控制箭头组也会出现，方便用户进行手动拖拽调整造型，如图 12-6 所示。

【提示】

当绘制工具启动时，鼠标指针悬浮于其上的面的边缘会高亮显示，并且该面自动被设置为工作平面。草图将绘制与该面同在的工作平面上，如图 12-7 所示。

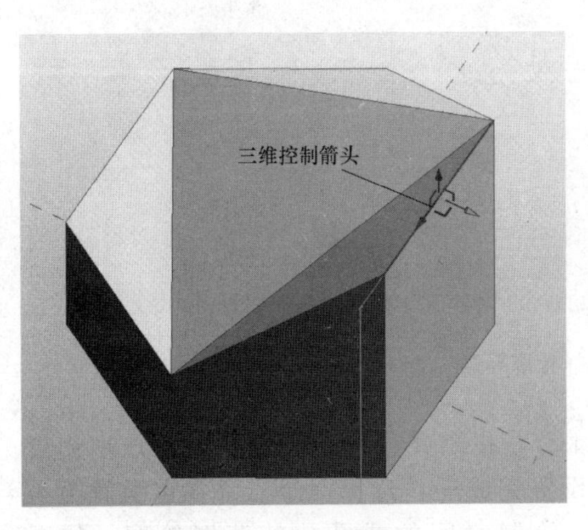

图 12-6　三维控制箭头

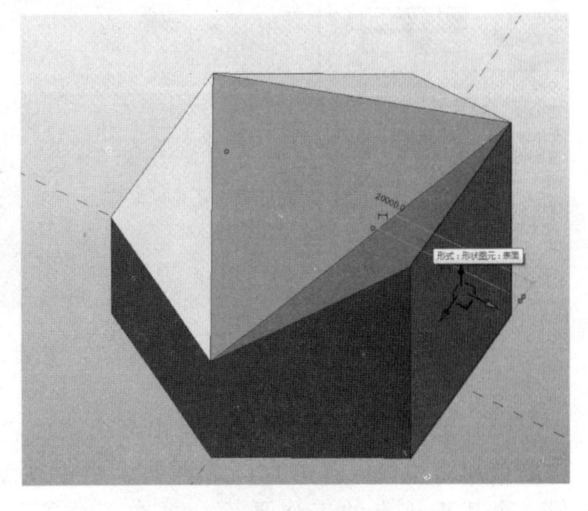

图 12-7　自动设置工作平面

（2）融合。处于不同标高上的草图轮廓可以用来创建融合形体，在三个不同标高处绘制三个形状如图 12-8 所示。再选择所有创建的轮廓并单击“创建形状”按钮，所有轮廓将组合并创建相应形状，如图 12-9 所示。

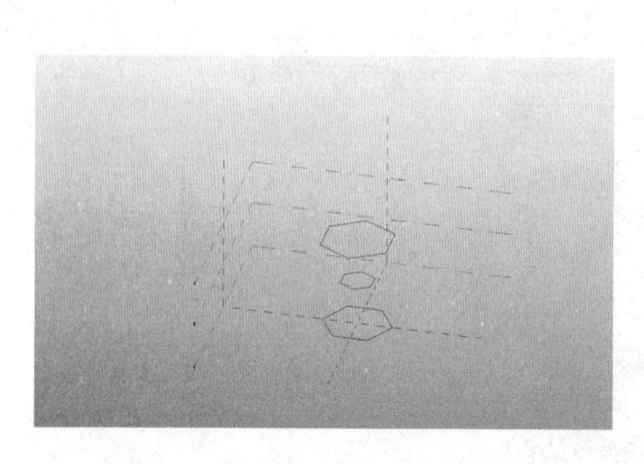

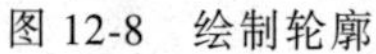

图 12-8　绘制轮廓

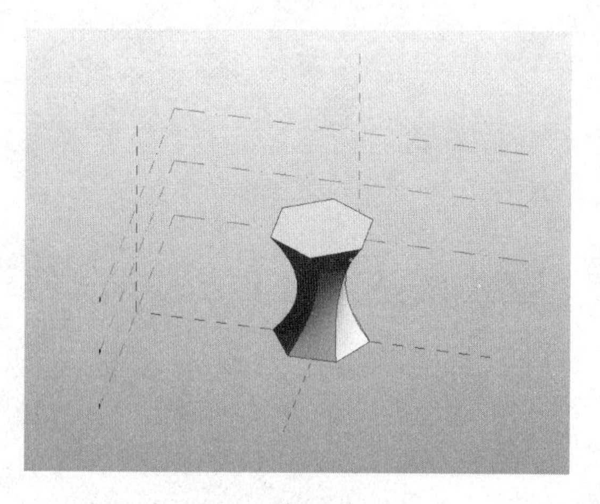

图 12-9　创建实体形状

融合创建的形状和其他途径创建的形状一致，可以通过三维控制箭头组进一步调整形状的面、边或顶点。当在某平面视图（项目当前视图标高）创建了轮廓，想快速调整标高以进行形状调整时，可以在选择轮廓后，在选项栏中通过“主体”标签的下拉菜单指定标高，进行快速移动改变形状，如图 12-10 所示。

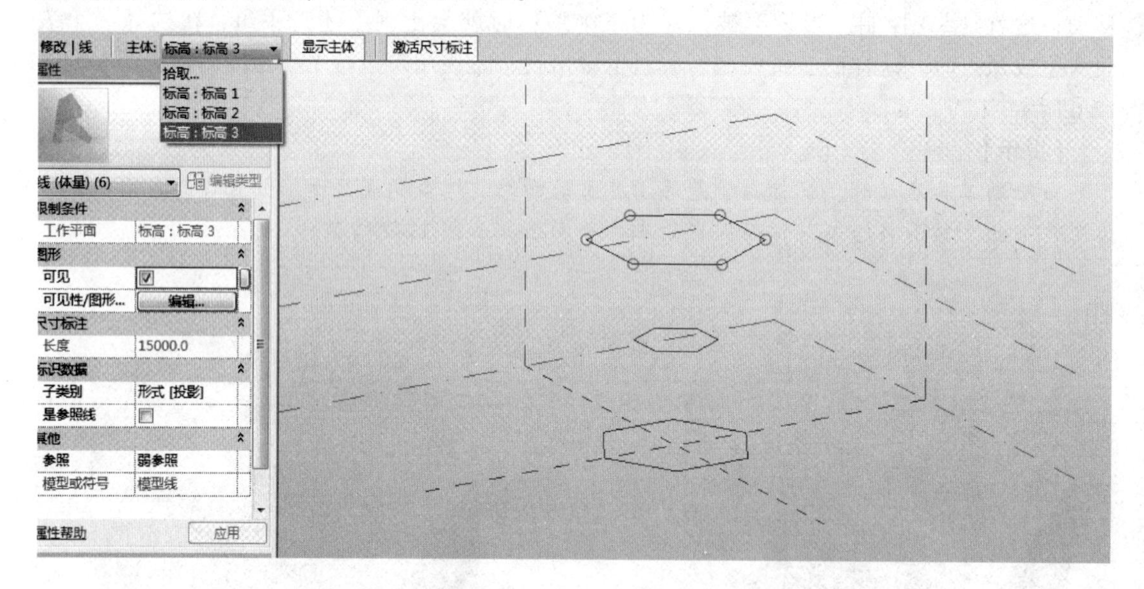

图 12-10　快速选择轮廓标高

（3）放样融合。放样融合是由多个截面轮廓沿着指定路径进行形状创建。该项创建由路径和路径上设置的点图元开始，路径和点设置完成后，选择一个点，在点上就会生成一个基于该点的工作平面，再在工作平面上绘制封闭的或开放的草图轮廓，如图 12-11所示。完成后选择所有轮廓单击“创建形状”按钮，生成设计形状，如图 12-12 所示。

（4）旋转。旋转形状是在同一工作平面内通过控制轮廓围绕一根旋转中心轴旋转后形成模型的方法。旋转轴可以是模型线或参照线，但轮廓和旋转轴必须处于同一工作平面才可以造型。在概念体量环境中创建控制轮廓和参照，如图 12-13 所示，选择轮廓和选择轴，单击“创建形状”按钮完成旋转模型创建，如图 12-14 所示。

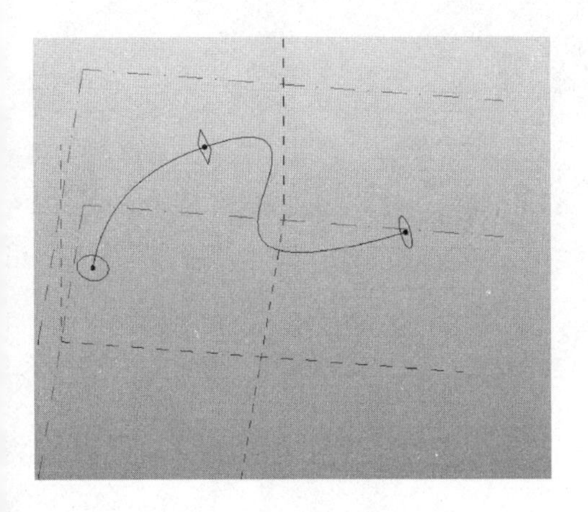

图 12-11　绘制路径和截面形状

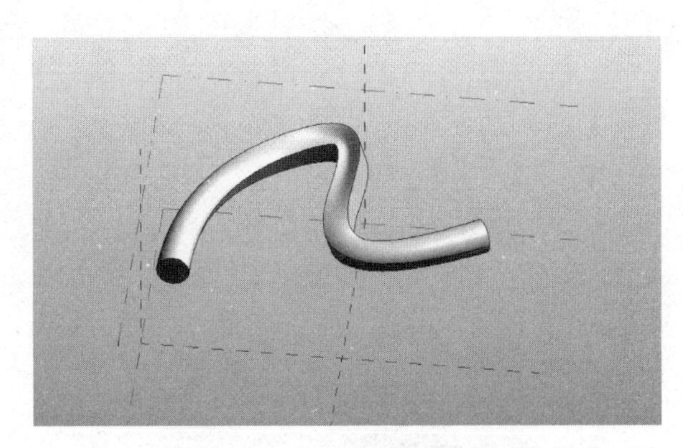

图 12-12　放样融合生成形状

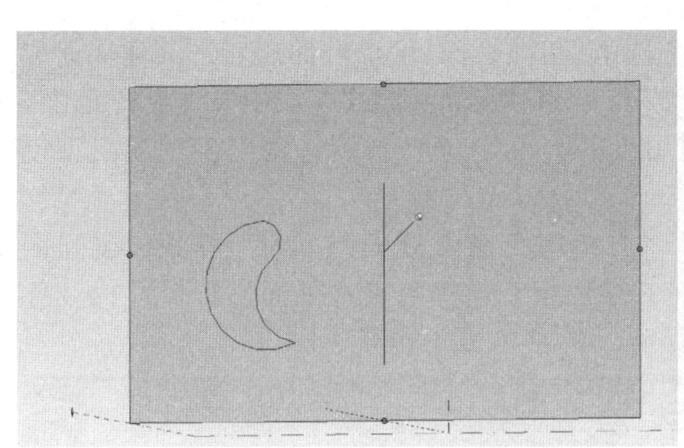

图 12-13　选择轮廓和旋转轴

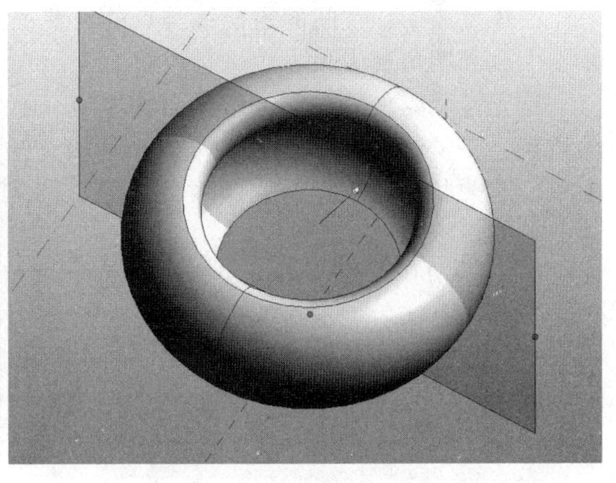

图 12-14　旋转生成形状

在旋转造型实例属性窗口的“限制条件”栏可以通过设定“起始角度”值和“结束角度”值来控制旋转造型，如图 12-15 所示。

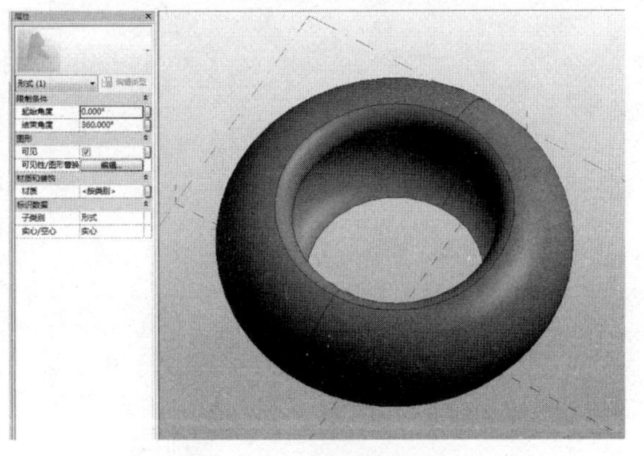

图 12-15　设置旋转角度

（5）放样。放样的创建是由单个面轮廓沿着一条路径进行形状创建。该创建过程由路径和在路径上的放置点图元开始，选择绘制点，基于该点产生一个工作平面，然后在该工作平面上绘制封闭的或开放的草图轮廓，如图 12-16 所示。

单击“创建形状”按钮，就会自动创建形状，如图 12-17 所示。

图 12-16 绘制轮廓和路径

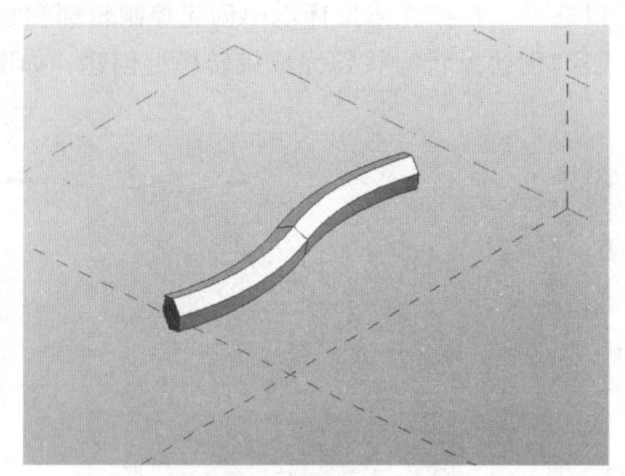

图 12-17 放样生成形状

12.2 空间定位

在体量族中，空间的定位线与点的位置关系可以直接影响到所创建的模型形状，下面以梦露大厦和四角攒尖顶为例进行讲解。

首先是梦露大厦，它是由几何秩序为一个椭圆平面，随着高度上升而旋转平面建构而成的建筑，在“概念体量”中，可以运用自适应族两点的“距离参数”与构件“旋转角度”参数公式关联控制构件不同角度的旋转，再利用线的分割定位控制旋转角度，完成模型创建，具体做法如下。

(1) 从应用程序菜单中单击新建族，选择“自适应公制常规模型 .rfa”样板，创建两点都设置为自适应点，高差为 3000mm，在竖直工作平面上选择两点水平面进行尺寸标注并设置其参数类型为实例报告参数，如图 12-18 所示。

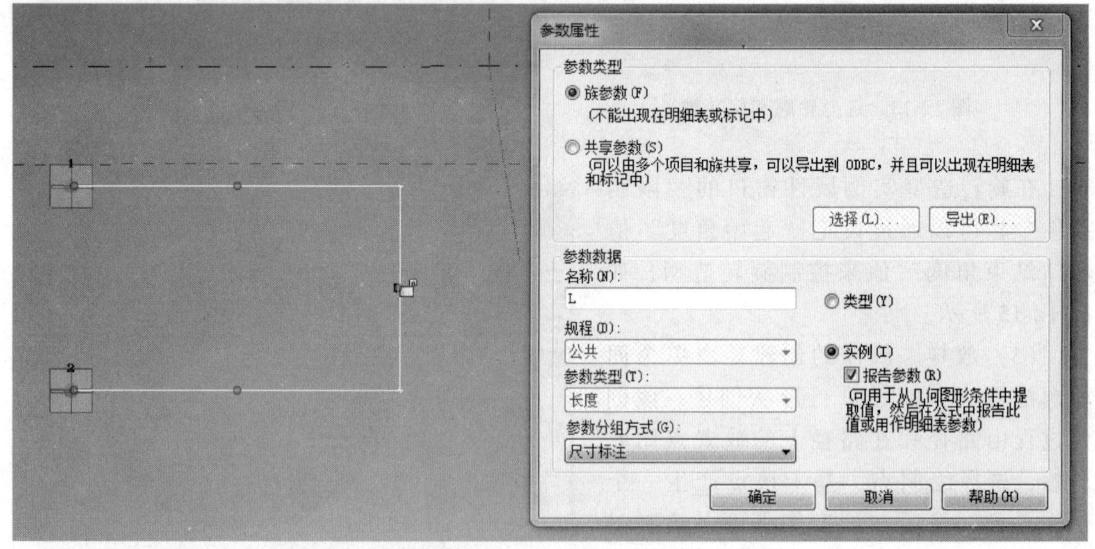

图 12-18 创建实例报告参数

工作平面设置在 1 号自适应点水平面上，继续放置一个参照点，并隐藏 1 号自适应点，给参照点设置显示参照平面为始终，并为其添加角度参数 an，如图 12-19 所示。

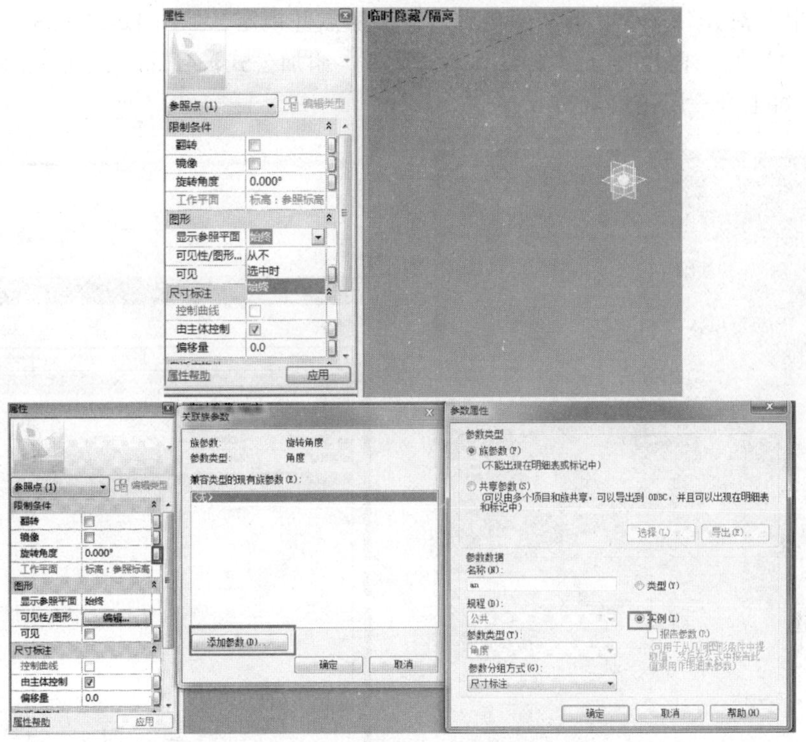

图 12-19 创建旋转角度参数

（2）工作平面设置在参照点的水平面并创建一个椭圆，设置中心标记可见，选择“是参照线”，并添加尺寸标记短半轴 a 和长半轴 b 长度参数控制椭圆，如图 12-20 所示。

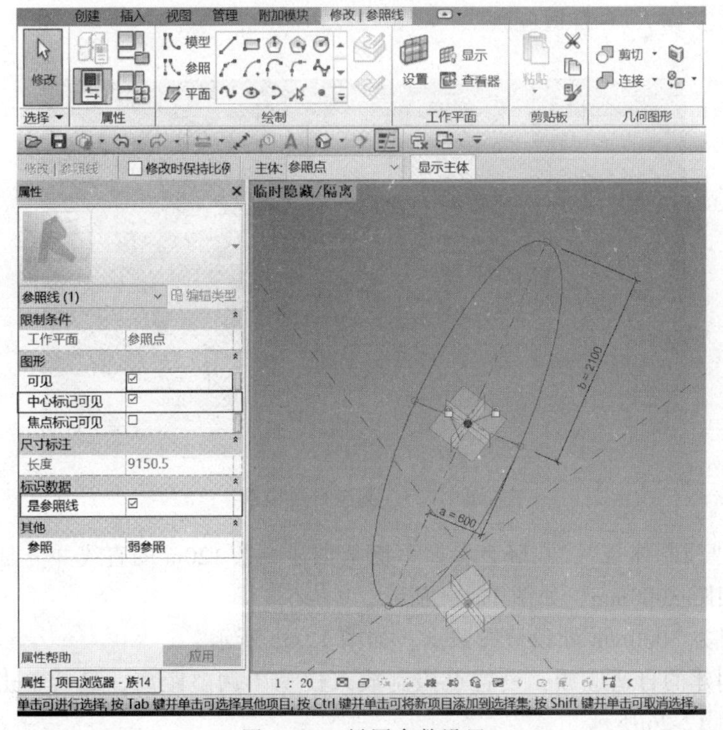

图 12-20 椭圆参数设置

然后利用“对齐”命令让椭圆两条轴对齐参照点并锁定，如图 12-21 所示。

（3）在“属性”面板打开“族类型”对话框，添加公式设置 an 的角度控制参数，如图 12-22 所示，每上升一层角度旋转 6°。

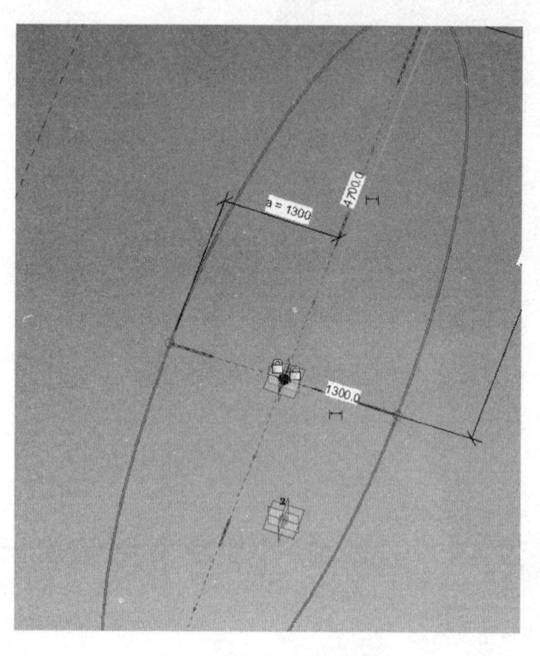

图 12-21　锁定长短轴

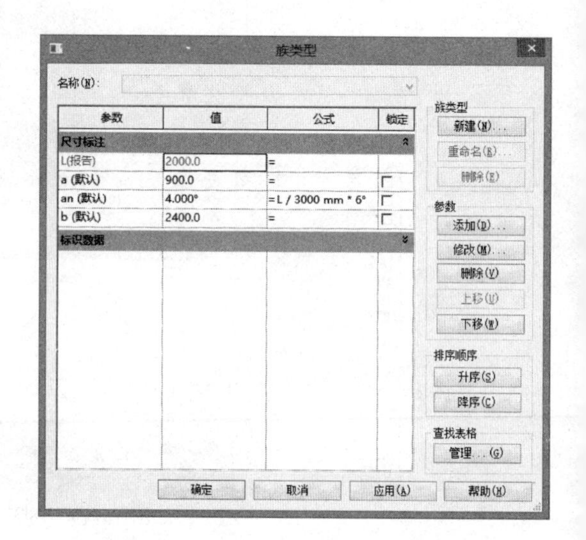

图 12-22　添加公式

移动 2 号自适应点，看椭圆是否随着自适应点 2 转动，创建 3000mm 实体构件后，保存自适应构件为“梦露大厦-自适应族”，如图 12-23 所示。

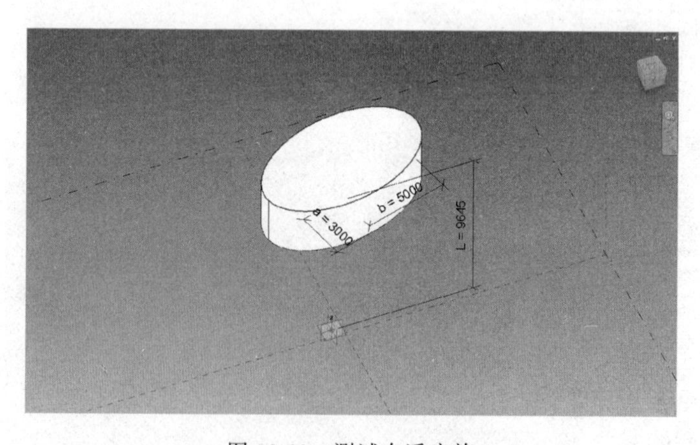

图 12-23　测试自适应族

（4）新建“公制体量”，在竖直参照平面上创建一条 120m 的直线并分割路径为 41 条使每条各分割点相距 3000mm，如图 12-24 所示。

在模型线下方 3000mm 处设置参照点，如图 12-25 所示。

载入刚刚创建的自适应族，设置点控制放入模型中调整距离，最后单击“重复”完成模型创建，如图 12-26 所示。

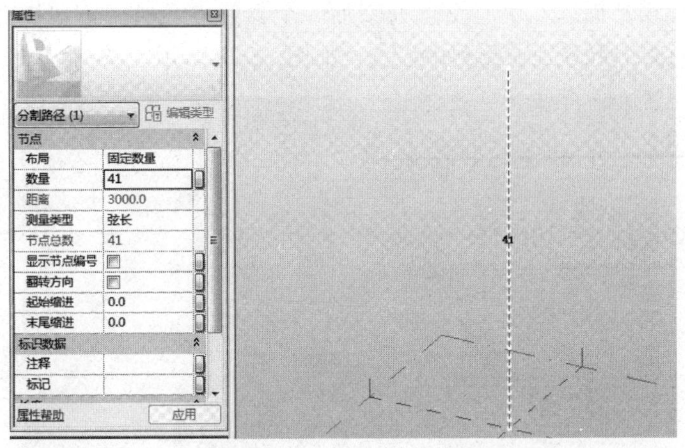

图 12-24　创建路径并分割

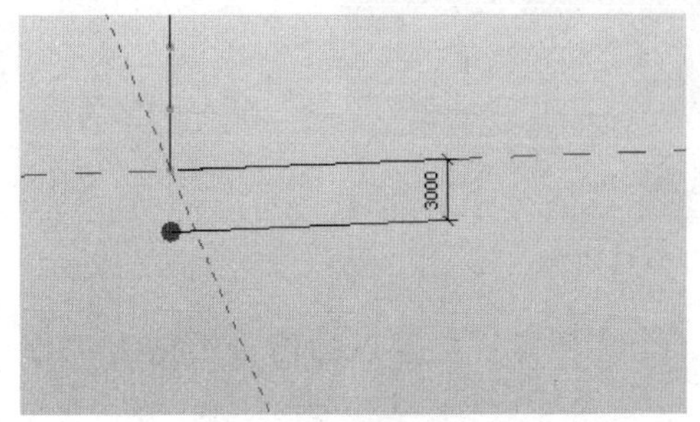

图 12-25　创建参照点

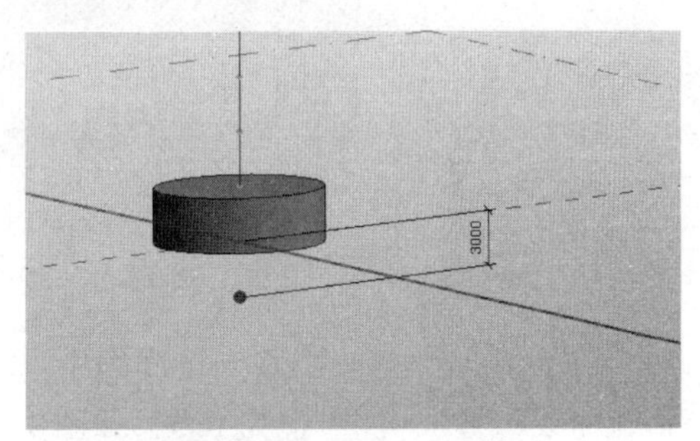

图 12-26　放置自适应构件

如果希望做到更加精细化的变化，可以试着分段控制旋转角度，此时就需要对参数或者公式进行更为复杂的改造，如添加 if 语句进行条件控制，或者添加中间参数作为过渡，读者可以自行尝试，在此不再赘述。

以下是由参照点控制样条曲线，再由参数化控制形状生成四角攒尖顶实例。

(1) 打开“自适应公制常规模型”，创建矩形轮廓，添加尺寸标注，并将“属性”中的标识数据设置为“是参照线”，并添加长度参数 *L*、*B*，如图 12-27 所示。

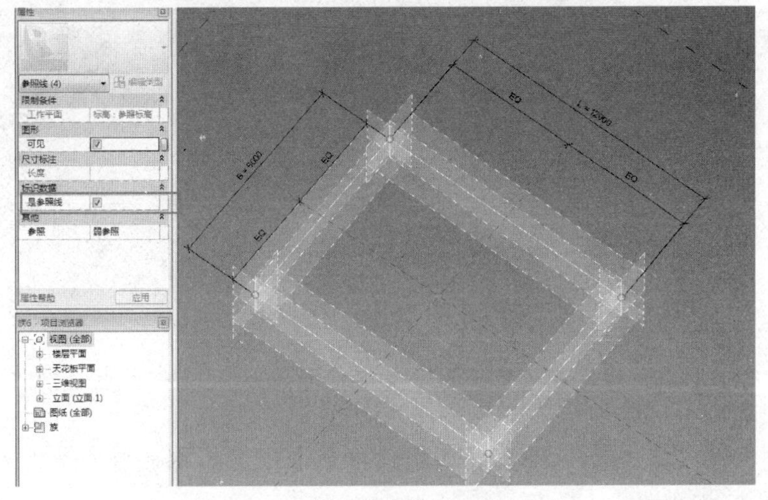

图 12-27　创建轮廓并添加长度参数

（2）打开到楼层平面，在中心交点处添加一个参照点，然后再切换到三维视图，用参照线直线将矩形的四个点分别连接到中心点，如图 12-28 所示。

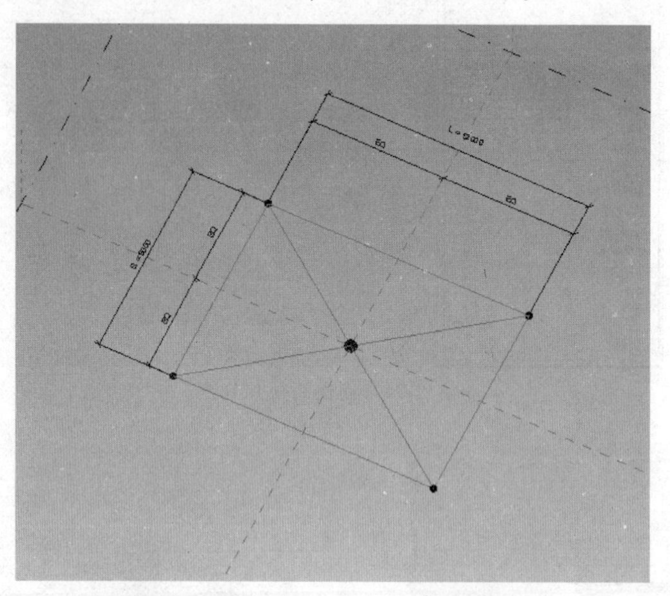

图 12-28　创建中心参照点并连接四顶点

（3）在四个角与中心点连线的中点上分别放置 4 个参照点，参照点的测量类型为“规格化曲线参数”，测量值为 0. 5，如图 12-29 所示。

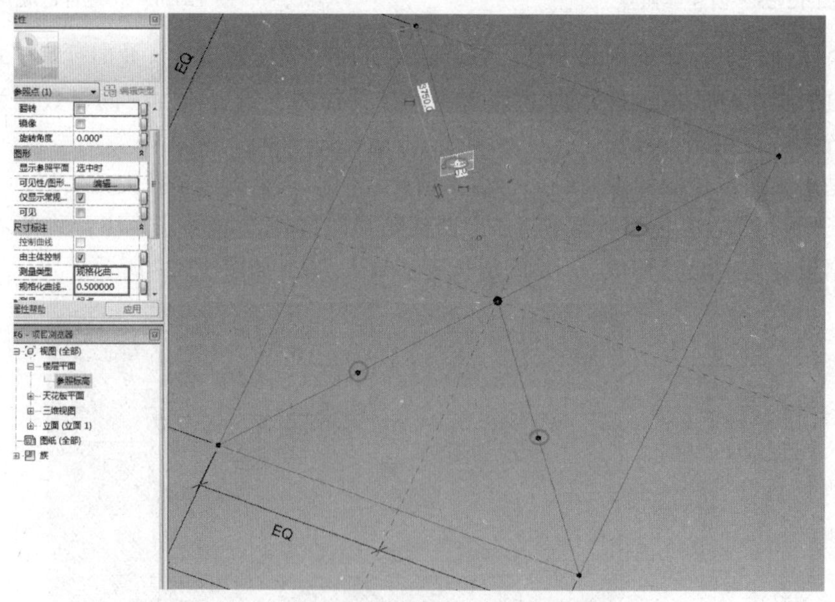

图 12-29　创建中点参照点

（4）在中心参照点上再放置一个参照点（顶点），选定这个参照点竖直向上移动，设置偏移量为 h，如图 12-30 所示。

（5）设定工作平面为 XY，分别在四根连接线的中心点再放置四个点然后往上偏移 3000mm，如图 12-31 所示。

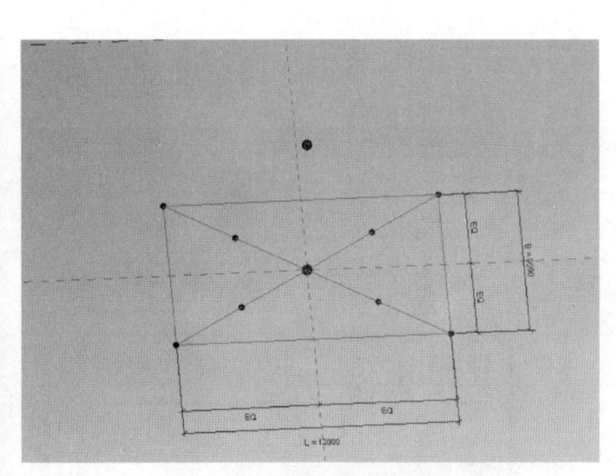

图 12-30　创建顶点参照点

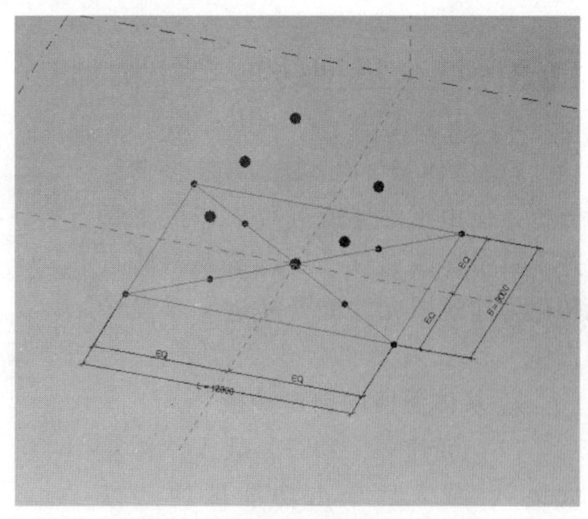

图 12-31　创建并偏移中点参照点

（6）利用“参照线-通过点的样条曲线”分别连接，如图 12-32 所示。

（7）选中相邻范围内的三角边创建形状，如图 12-33 所示。

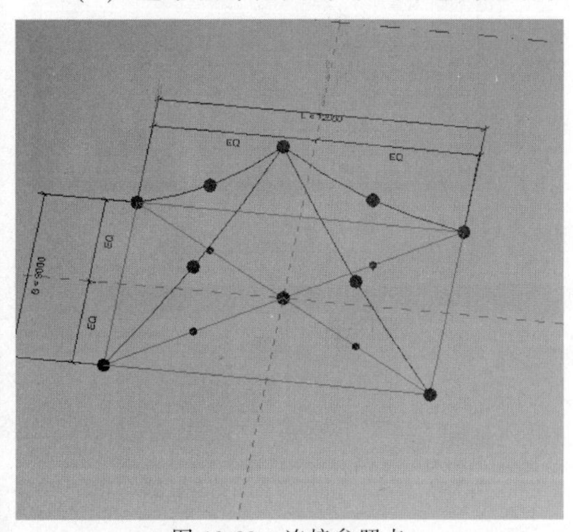

图 12-32　连接参照点

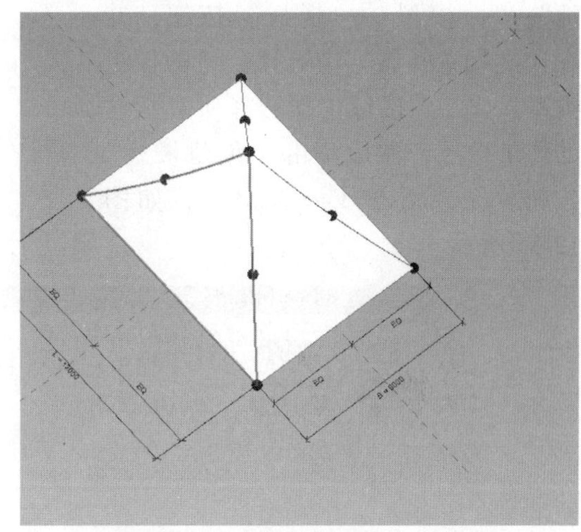

图 12-33　选择相邻三角边生成面

选中设置材质，更改高度参数，可以查看模型变化，如图 12-34 所示。

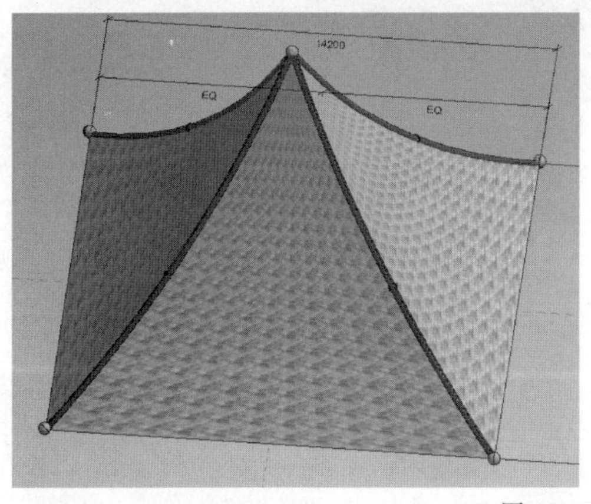

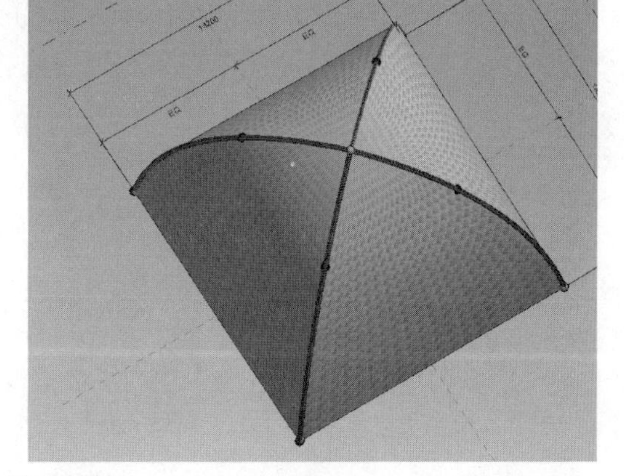

图 12-34　赋予材料

12.3　概念模型转换实体构件

“概念体量”可以辅助概念设计分析，但由于内建或可载入体量本身并不具备建筑属性，所以需要把体量转化为建筑图元才能开展进一步设计工作。

1. 从体量楼层创建楼板

（1）新建一个项目，载入“体量大厦”，载入后单击功能区的“修改”—“模型”—“体量楼层”按钮，然后选择全部标高，如图 12-35 所示。

（2）单击功能区的“体量和场地”—“面模型”—“楼板”按钮，并在“类型选择器”中选择合适的楼板类型。在绘图区域内框选择所有新建的体量楼层，然后单击“创建楼板”按钮，完成后按 Esc 键退出，如图 12-36 所示。

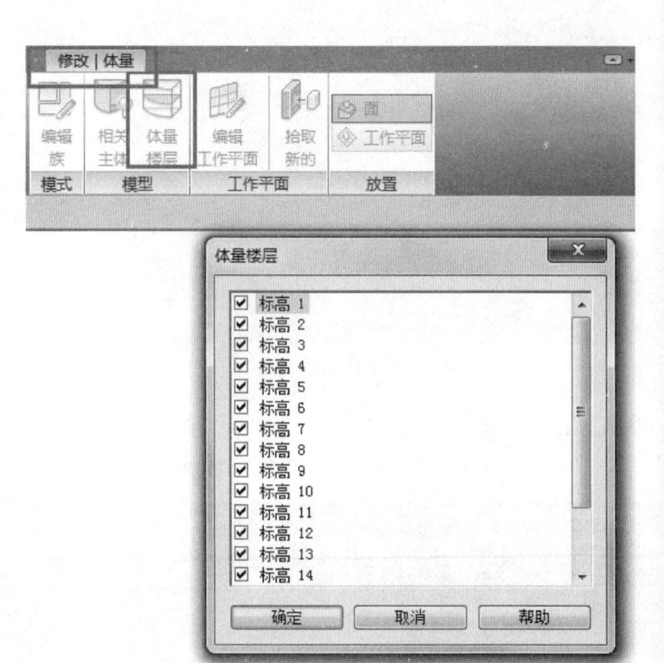

图 12-35　创建体量楼层

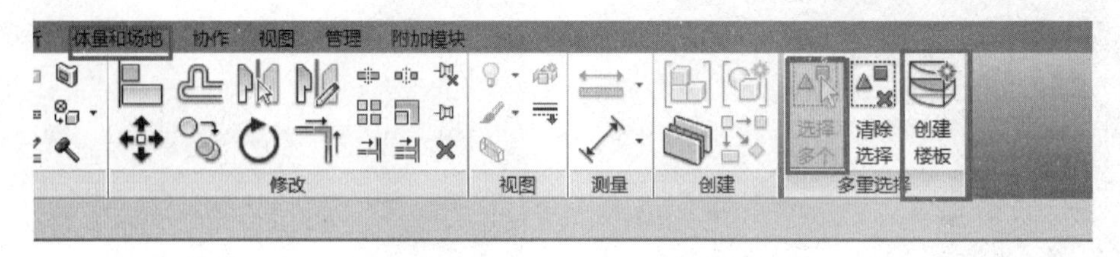

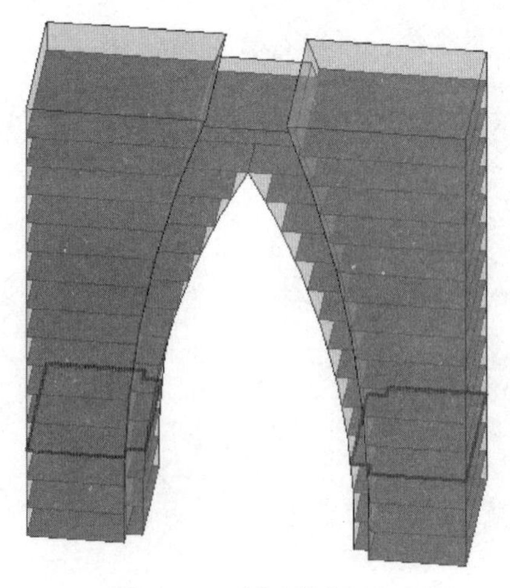

图 12-36　创建楼板

2. 从体量实例创建墙体

(1) 打开“体量大厦”，在功能区中单击“体量和场地”—“面模型”—“墙”按钮，在选项栏上的“定位线”下拉选项中选择“面层面：外部”，在“类型选择器”中选择合适的墙体类型，如图 12-37 所示。

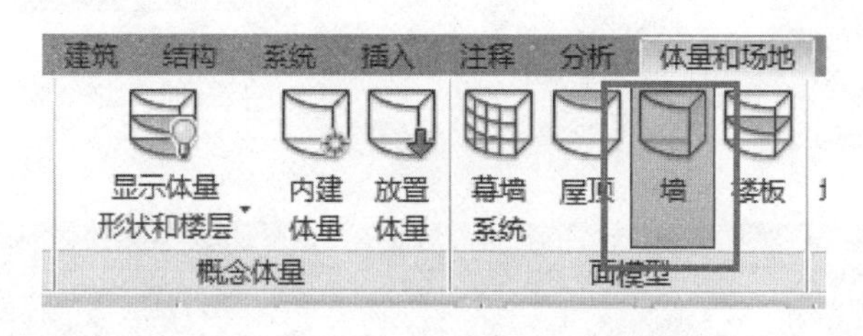

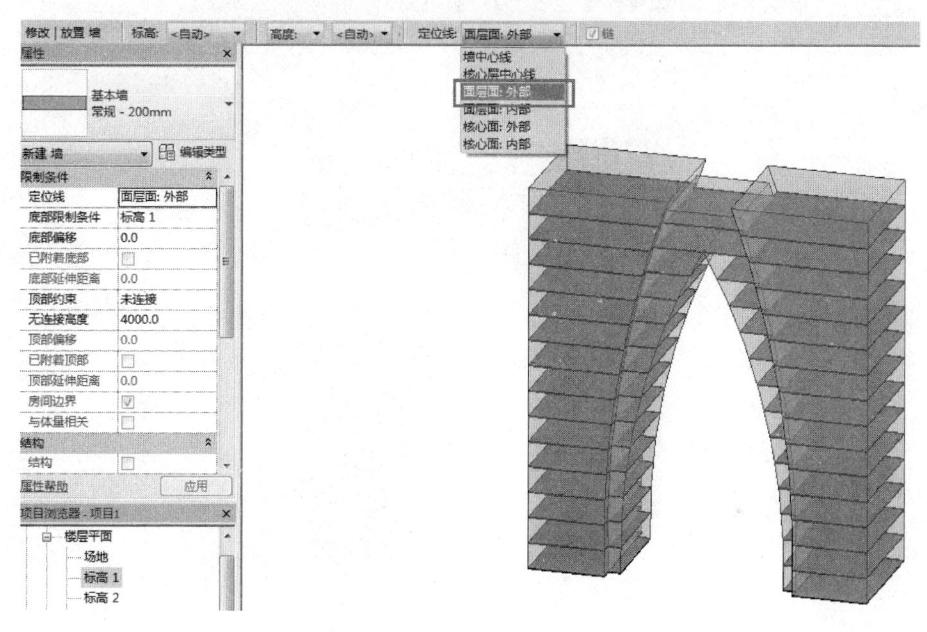

图 12-37　选择面墙工具并设置选项

(2) 在“体量大厦”中选择多个面后，单击右键“取消”，墙体创建完成，如图 12-38 所示。

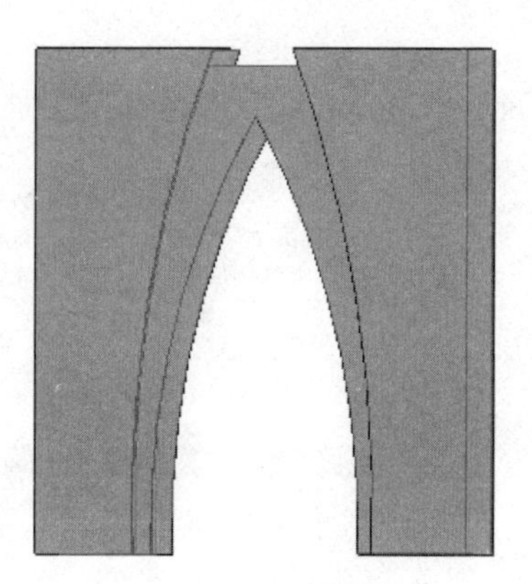

图 12-38　创建墙体

3. 从体量实例创建屋顶

单击功能区中“体量和场地”—“面模型”—“屋顶”按钮，并在“类型选择器”中选择合适的屋顶类型。在“体量大厦”实例中选择屋顶层，然后单击功能区中的“创建屋顶”按钮，完成后按 Esc 键退出，如图 12-39 所示。

4. 从体量实例创建幕墙系统

单击功能区中“体量和场地”—“面模型”—“幕墙系统”按钮，在“类型选择器”中选择合适的幕墙系统类型。在“体量大厦”实例中选择要添加到幕墙系统中的面，单击功能区中的“多重选择”—“创建系统”按钮，完成后按 Esc 键退出，幕墙创建完成，如图 12-40 所示。

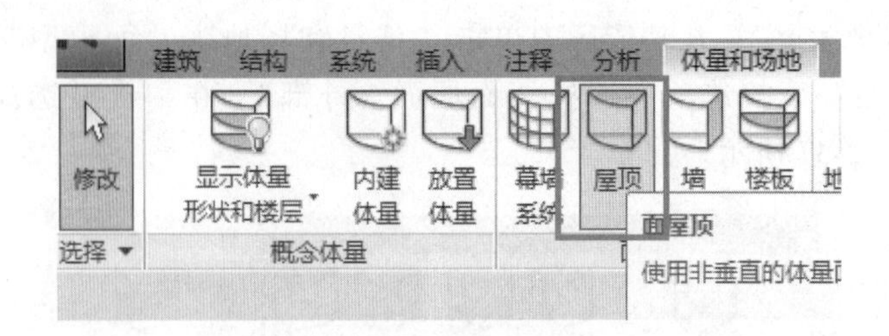

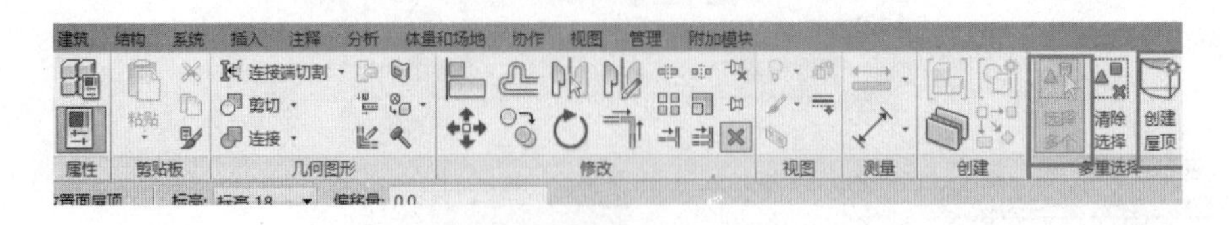

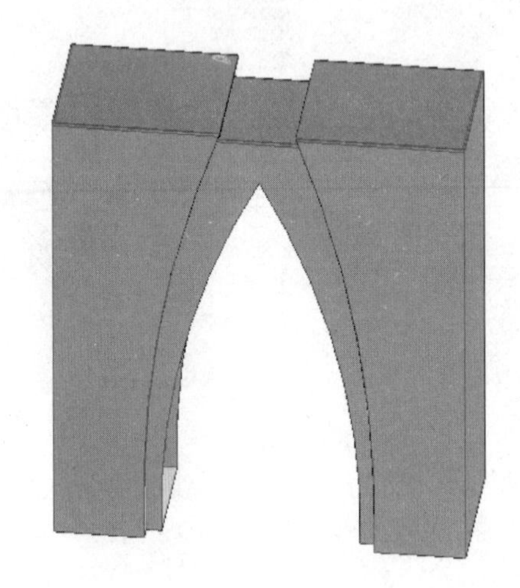

图 12-39　创建屋顶

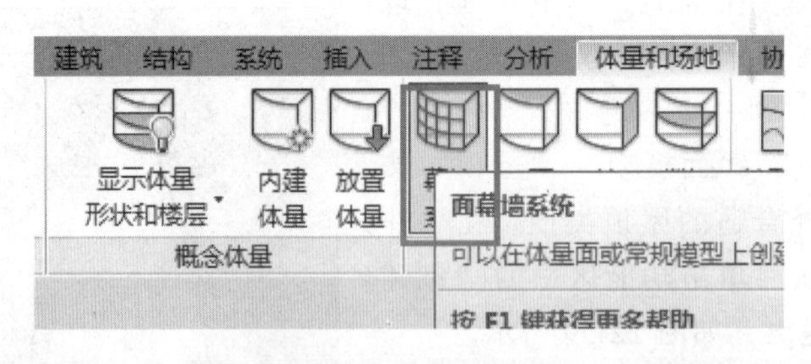

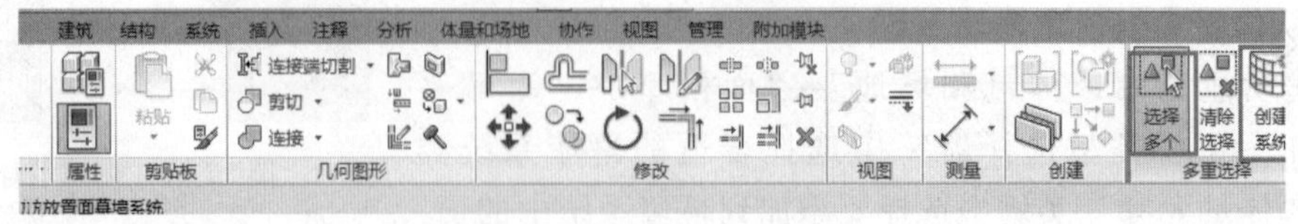

图 12-40　创建玻璃幕墙

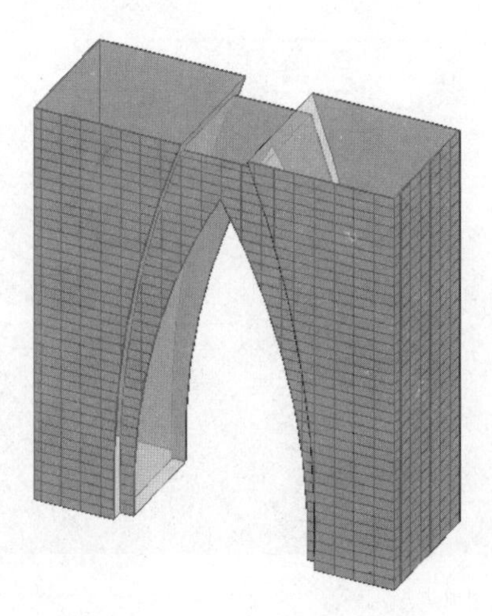

图 12-40　创建玻璃幕墙（续）

12.4　有理化表现

在概念设计环境中，可以通过分割形状表面并在分割的表面上进行填充图案，将表面有理化处理成为可参数化的建筑部件。有理化处理表面，可以丰富形体的表面肌理，使之满足建筑外立面的幕墙或者其他有重复肌理效果部件的要求。

对表面填充图案，首先必须对表面进行分割处理。通过分割表面工具新形成的表面只依附于形体，而不会取代形体本身的表面。

1. 通过 UV 网格分割表面

在概念设计环境中，可以通过 UV 网格分割表面，UV 网格对于填充图案和填充图案构件也具有限定作用。

（1）创建 UV 网格。新建一个体量族文件并命名为“分割的表面”，创建形状后再选择单击表面，然后单击功能区中“修改/形式”—“分割”—“分割表面”按钮，如图 12-41 所示。

（2）启用和禁用 UV 网格。UV 网格彼此独立，可以根据需要开启和关闭。默认情况下，分割表面后，U 网格和 V 网格都处于启用状态。单击选择分割表面，然后单击功能区中“修改/分割的表面”—“UV 网格和交点”—“U 网格”按钮。U 网格被禁用，如图 12-42 所示，再次单击可将其启用。

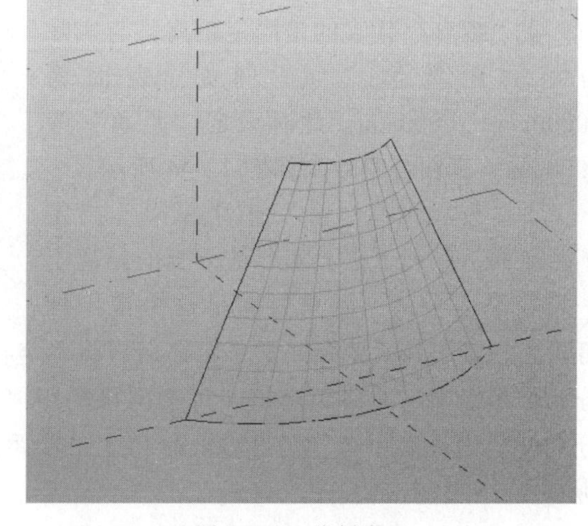

图 12-41　分割表面

（3）通过选项栏调整 UV 网格表面。可以按分割数量或分割之间距离进行分割。选择分割表面后，选项栏会显示 U 网格和 V 网格的设置，如图 12-43 所示。

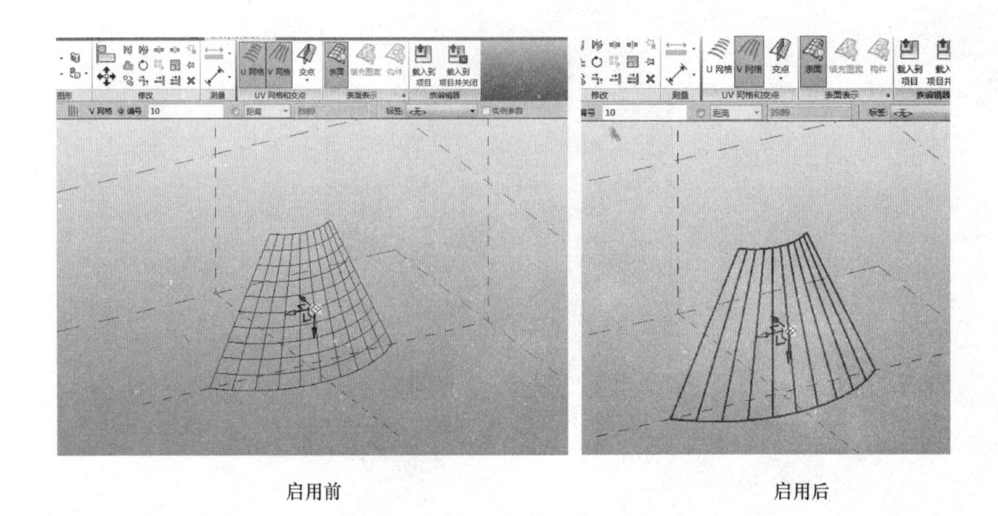

图 12-42　UV 网格的启用和禁用

图 12-43　UV 网格选项设置

1）按分割数分布网格：选择“编号”选项，输入将沿表面平均分布的分割数。

2）按分割之间距离分布网格：选择“距离”选项，输入沿分割表面分布的网格之间的距离。“距离”下拉列表中除“距离”外，还有“最小距离”或“最大距离”选项。

①“距离”代表的是固定距离，与实际分割的距离值一致。例如，表面为 20000mm×20000mm，此时设定“距离”为 3000mm，表面分割效果如图 12-44 所示。

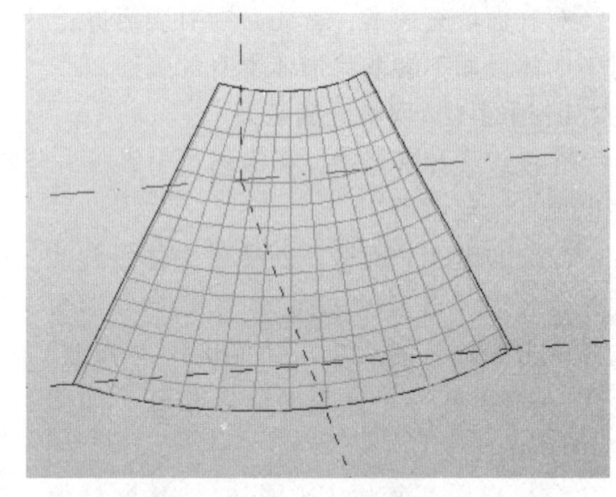

图 12-44　选择“距离”分割

②“最大距离”和“最小距离”指定了距离的上限和下限，实际被分割的距离不一定等于这个值，而只要满足这个范围即可。当指定了最大距离或最小距离后，将确定在这个范围内的最多或最少分割数；然后根据分割数最终确定网格距离值，每个网格的距离值相等。例如，表面为 20000mm×20000mm，分别设定“最大距离”为 3000mm 和“最小距离”为 3000mm，表面分割效果，如图 12-45 所示。

（4）通过“属性”对话框调整 UV 网格。单击选择分割表面，在“属性”对话框各列表中调整 UV 网格参数值，如图 12-46 所示。其中大部分属性可以关联一个族参数来控制其参变。

各选项说明如下：

1）所有网格旋转：修改“限制条件”列表下的“所有网格旋转”参数，可以同时控制 UV 网格的旋转角度。

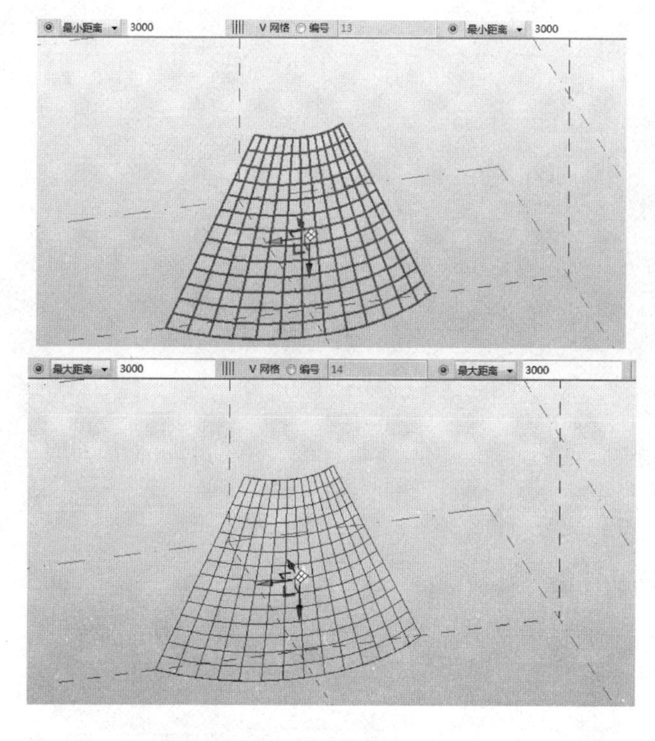

图 12-45　最大距离和最小距离分割

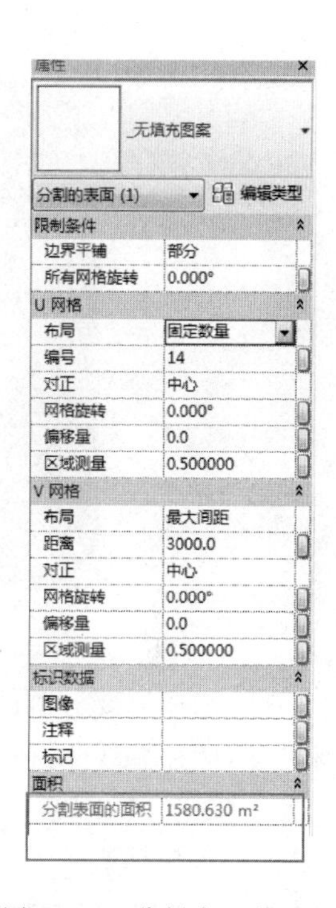

图 12-46　分割表面的面积

2）U 网格/V 网格：修改“U 网格”或“V 网格”列表下的参数，可以单独控制 U 网格或 V 网格的间距单位（“布局”参数）、固定分割数（“编号”参数）、固定分割距离（“距离”参数）、网格位置（“对正”参数）及旋转角度（“网格旋转”参数）。

3）面积：在“面积”列表下“分割表面的面积”参数中，可以读取被分割表面的面积数据。

（5）通过“面管理器”调整 UV 网格。“面管理器”是一种编辑模式，可以在选择分割表面后，通过在三维组合小控件的中心单击“面管理器”图标来访问。选择后，UV 网格编辑控件即显示在表面上，如图 12-47 所示。通过“面管理器”，也可以调整 UV 网格的间距、旋转和网格定位等。

2. 通过相交分割表面

除了通过 UV 网格来分割表面外，也可以使用相交的三维标高、参照线、参照平面和参照平面上所绘制的模型线来分割表面。这种分割方式与 UV 网格分割表面的不同在于，使用 UV 网格可以用网格距离或者分割数关联一个参数控制参变；而使用相交分割方式，则不具备这样的功能。

（1）使用三维标高和参照平面来分割表面，步骤如下：

1）创建一个长方体体量族，在绘图区域单击选择一个外表面。

2）单击功能区中“修改/形式”—“分割”—“分割表面”按钮。

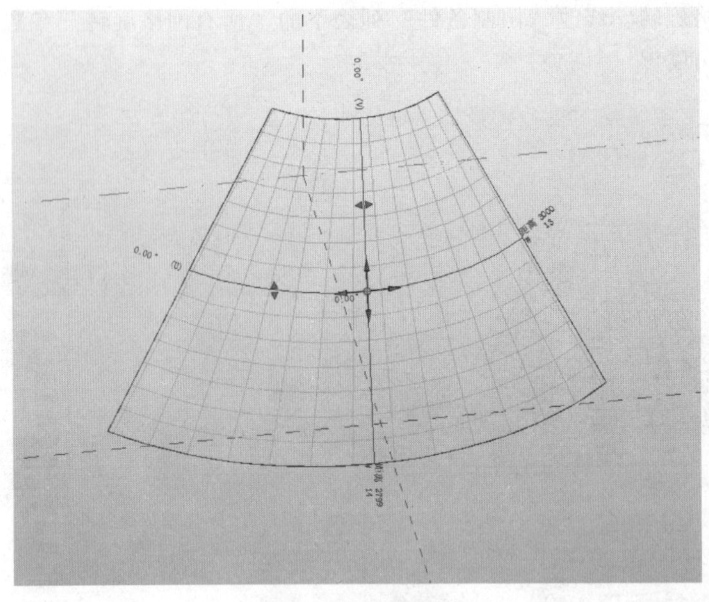

图 12-47　面管理器

3）选择需要分割的表面，单击功能区中“修改—分割的表面”—“UV 网格和交点”—“U 网格”按钮和“V 网格”按钮，U 网格、V 网格被禁用，然后单击旁边的“交点”下拉列表—“交点”按钮，如图 12-48 所示。

4）在绘图区域创建并选择所有标高平面和参照平面，单击功能区中的“修改—分割表面”—“交点”—“完成”按钮，如图 12-49 所示。

(2) 使用模型线或参照线来分割表面。如果与形状相交的分割线为弧形或更加自由的形状，可以使用模型线或参照线来分割表面。步骤如下：

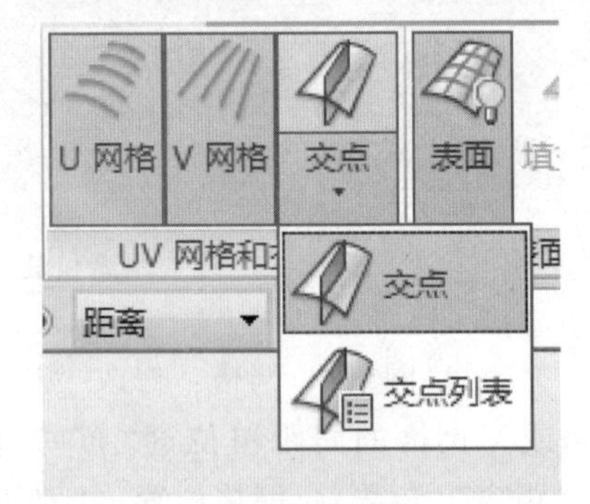

图 12-48　交点工具

分割表面前

分割表面后

图 12-49　交点工具分割表面前后

1）新建体量族文件，将其命名为“相交分割表面 2”，创建一个长方体模型，单击选择一个表面，在该表面上绘制需要的模型线或参照线。

2）选择该表面，单击功能区中“修改-形式”—”分割”—“分割表面”按钮。

3）单击功能区中“修改—分割的表面”—“UV 网格和交点”—“U 网格”按钮或“V 网格”按钮，把 U 网格或 V 网格禁用；然后单击“修改—分割的表面”—“UV 网格和交点”—“交点”下拉列表—“交点”按钮。

4）在绘图区域选择该表面所有模型线或参照线，单击功能区中“修改—分割的表面”—“交点”—“完成”按钮，即可在表面上创建分割线，如图 12-50 所示。

图 12-50　模型线分割表面

提示：为了能看到网格线相交的节点，请单击“表面表示”面板右侧小箭头，在弹出的对话框中勾选“表面”选项栏中的“节点”复选框。另外，一旦上面的模型线或参照线删除，表面的分割线也会随之删除。

12.5　参数化设计

随着形体的创新设计，越来越多异形体和非线性表皮出现。这些模型依靠传统建模手段构建相当困难，同时固化的模型不利于多方案比较，因此需要搭建适用于方案设计推敲的参数化模型。此类表参数化模型通常包含两个层面的参变，其一是网格图案，其二是单元自适应构件。第一个层面的参变一般通过上述网格分割表面形成；第二层面则通过 Revit 的自适应构件功能完成。

在 Revit 里，通过“自适应公制常规模型 . rft”的族样板，可以创建自适应构件族。其默认的族类别为“常规模型”，也可以为自适应构件重新指定一个类别。这些构件族类似于填充图案构件族，可作为嵌套族载入概念体量族和填充图案构件族，同时也被用来布置符合自定义限制条件的构件而生成的重复系统或作为灵活的独立构件被应用。用这个族样板创建构件时，可以通过形状生成工具来创建各种形状。自适应构件是参数化设计的典型应用，以下通过实例来介绍自适应构件。

（1）由闭合线直接生成体量嵌板，嵌板保持为一个方块（图 12-51）。

创建方法如下：

1）新建一个“基于填充图案的公制常规模型”，在这样板中的基础点都是自适应点，所以不需要再去设置，然后在现有形状的基础上直接选择全部进行创建形状，如图 12-52 所示。

2）创建后为所创建的图形添加高度参数，单击图形在“属性”中选择“正偏移”中的参数关联，新添加参数命名为 h，如图 12-53 所示，保存为“嵌板 1”模型文件。

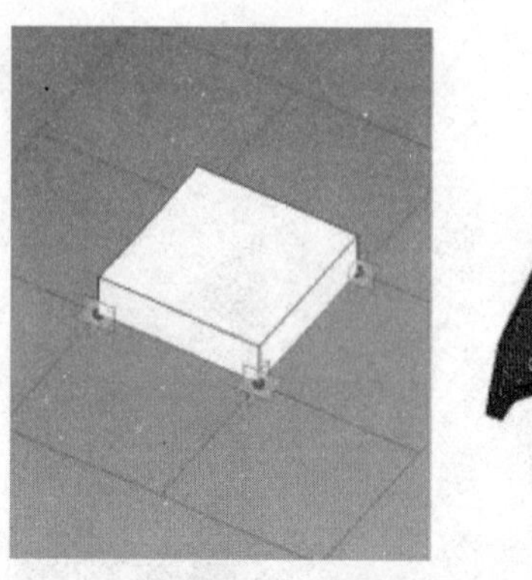

图 12-51　单元嵌板和完成形状

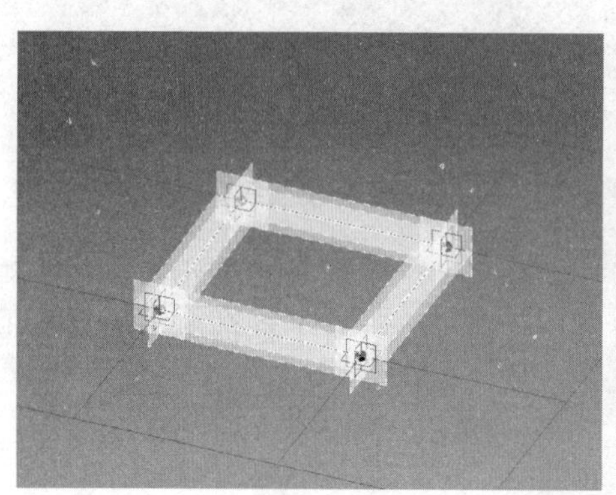

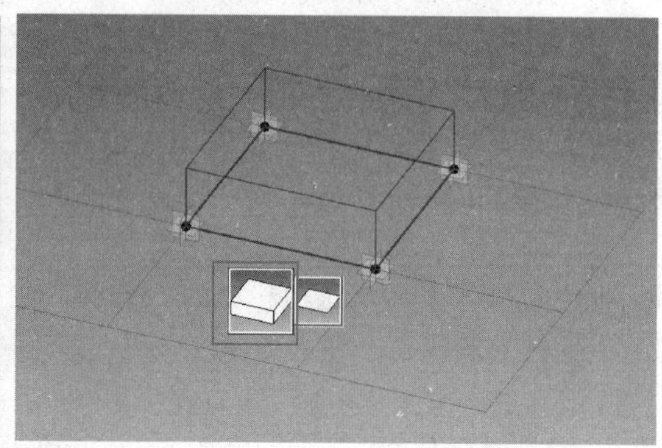

图 12-52　创建嵌板单元

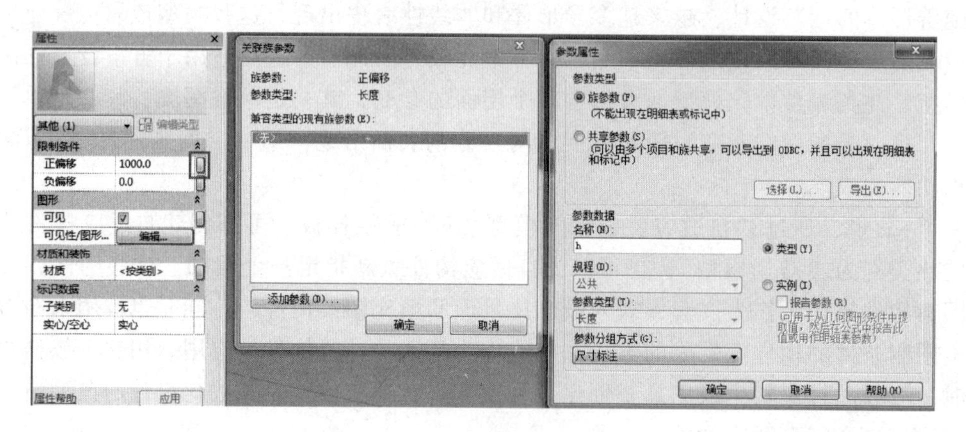

图 12-53　创建嵌板高度参数

3）完成后新建一个概念体量，在 *XY* 工作平面上画出一个半径为 4500mm 的圆，创建形状并选择“球”形状，然后选择表面进行分割表面，如图 12-54 所示。

4）分割表面完成后选择“表面表示”中的“节点”，勾选并按“确定”按钮，如图 12-55 所示。

5）球表面分割线交点显示，然后把刚刚画的“基于填充图案的公制常规模型”族载入体量当中，在球表面逆时针连接四个点将族附上球表面，如图 12-56 所示。

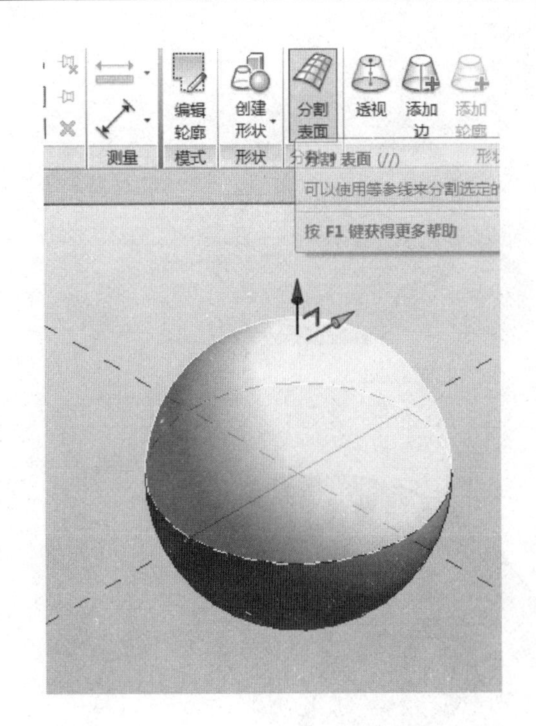

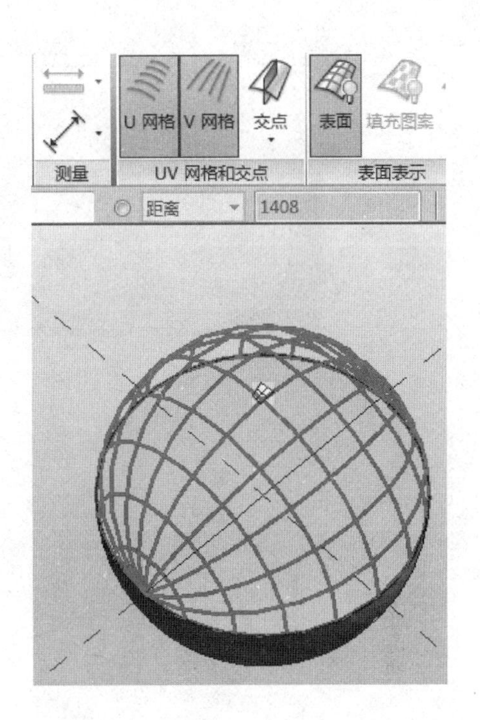

图 12-54　创建概念体量并分割表面

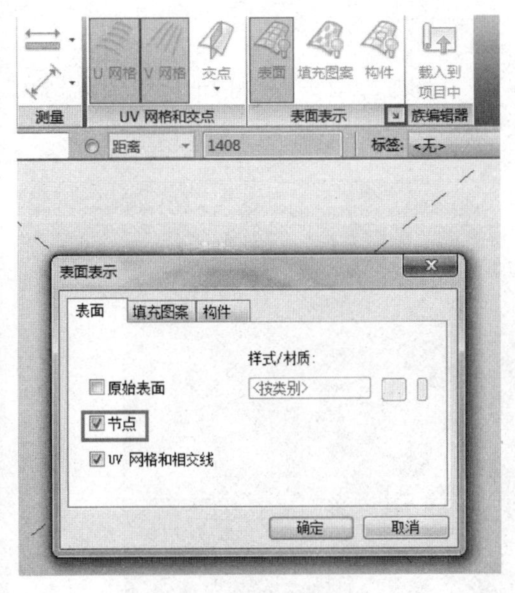

图 12-55　“节点”表面表示

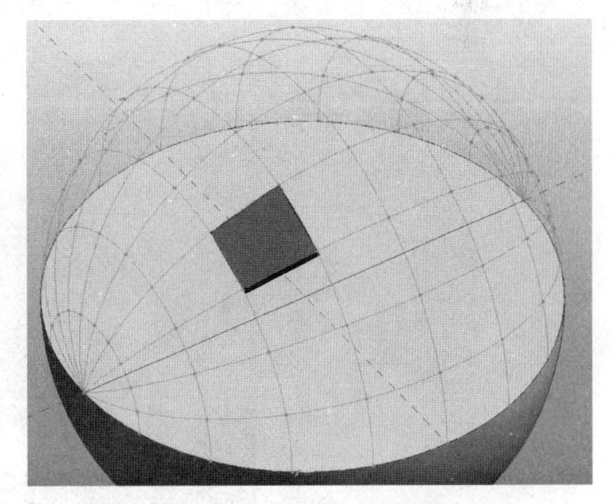

图 12-56　载入嵌板单元并附着球表面

6）单击选择所形成的图案选择“重复”命令，就能在圆的表面生成形状，如图 12-57 所示，保存为“形状 1”模型文件。

（2）从自适应点偏移出参照点，用自适应点和参照点各自连成的参照线融合生成嵌板单元，嵌板边将会垂直表面保持无缝连接，如图 12-58 所示。

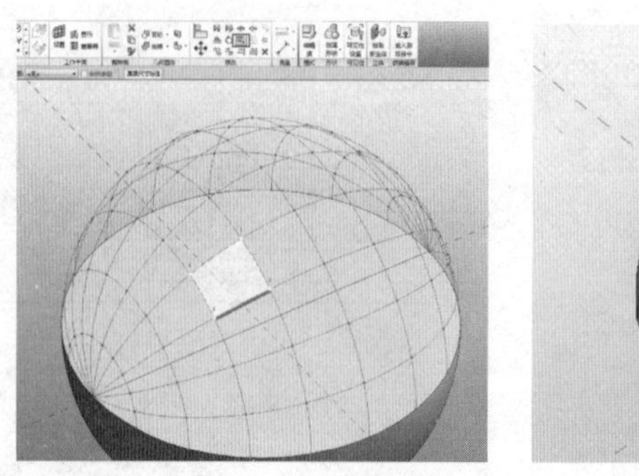 

图 12-57 “重复”命令生成形状

 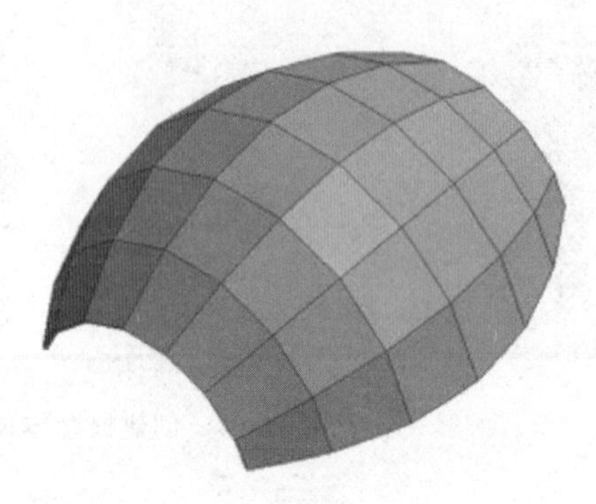

图 12-58 无缝表面生成过程

创建步骤如下：

1）新建一个“基于填充图案的公制常规模型”，在图形原有的四个自适应点上分别在各自的 *XY* 工作平面上添加一个参照点，如图 12-59 所示。

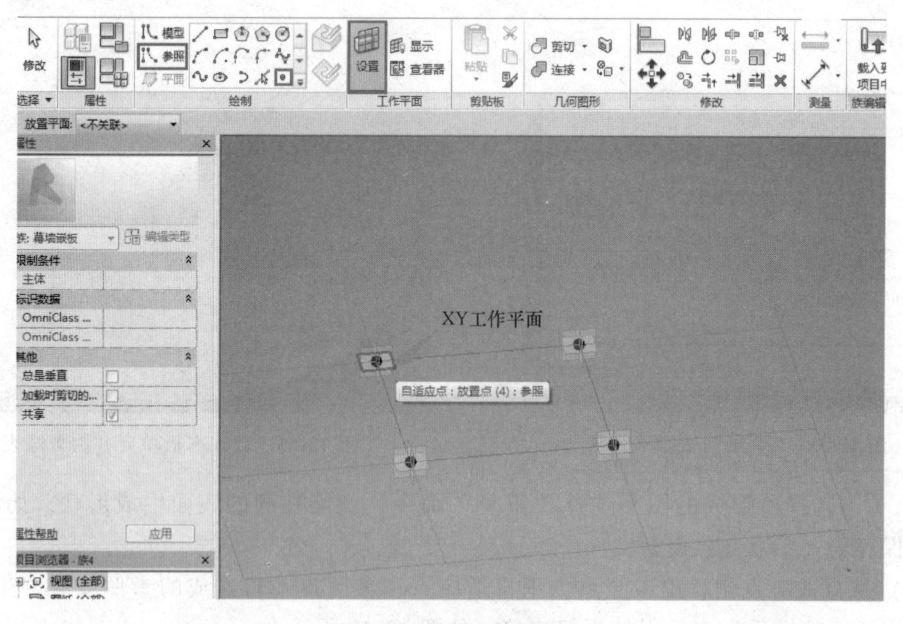

图 12-59 放置参照点

2）选中参照点，向上拖出，为其设置高度关联参数 h，与上一个方法一致，设置完以后，用参照线的样条曲线去选择两两参照点连接，因为直线不能三维捕捉，所以用样条曲线去连接，如图 12-60 所示。

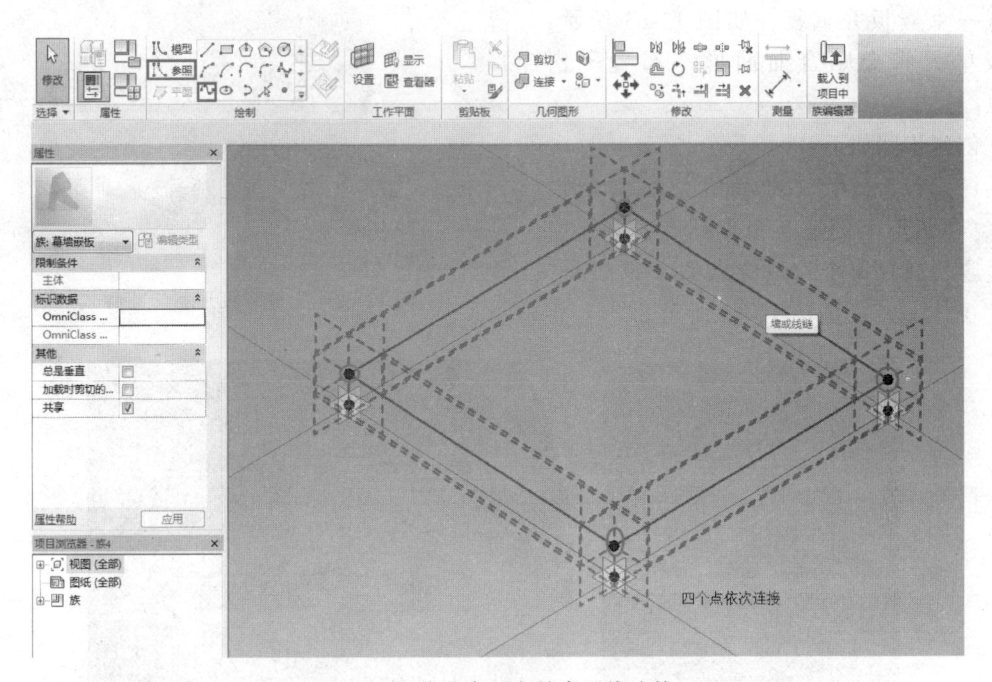

图 12-60　偏移参照点并参照线连接

3）完成后创建图形，如图 12-61 所示，保存为“嵌板 2”模型文件。

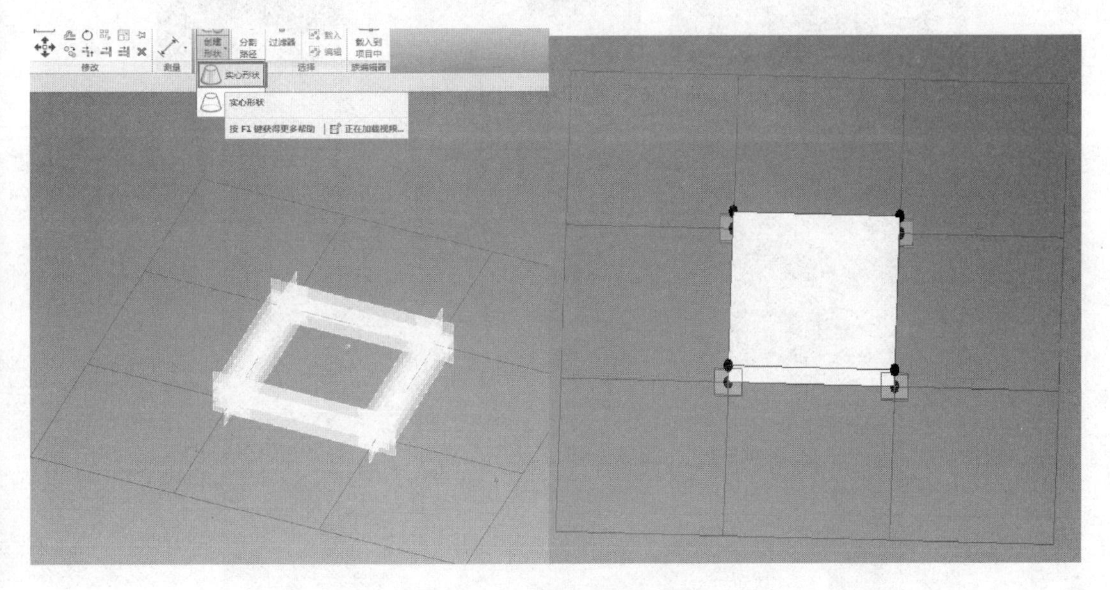

图 12-61　创建嵌板单元形状

4）新建一个体量模型，后续做法同上一个方法一致，这里就不再重复，所形成的最终样式，如图 12-62 所示，保存为“形状 2”模型文件。

（3）绘制 9 个自适应点并偏移出 9 个参照点，用参照线的样条曲线将所有点连接，并选择三个框架生成形状，在表面上放置一个嵌板并重复，如图 12-63 所示，嵌板单元将会贴合曲面形态布置平滑过渡。

图 12-62　无缝表面形状最终样式

创建步骤如下：

1）新建一个“自适应公制常规模型”，在图形上创建 9 个参照点，并使之自适应，设置每个自适应点的“定向到”为“主体 xyz”，如图 12-64 所示。

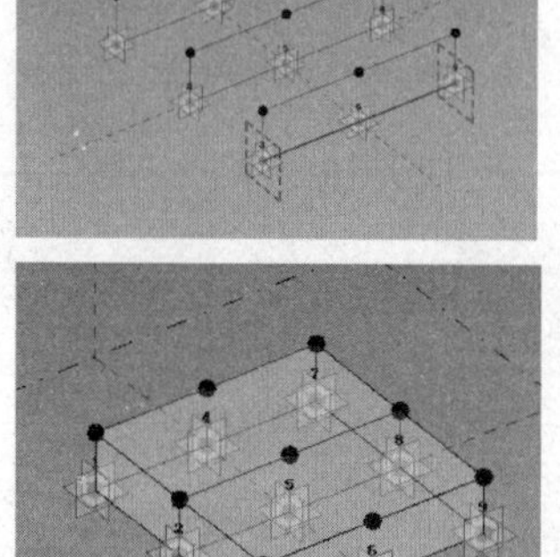

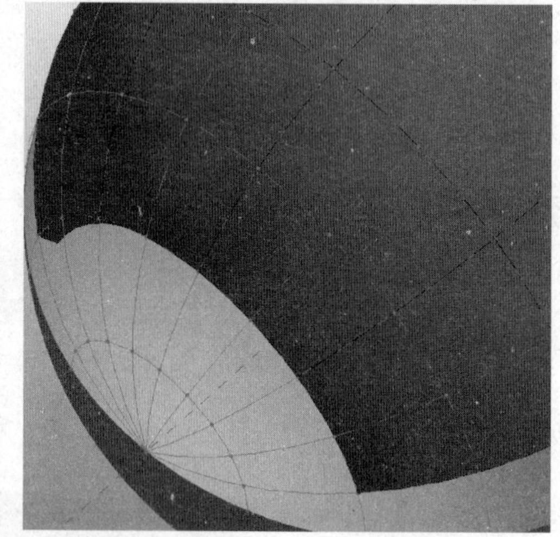

图 12-63　光滑表面生成过程

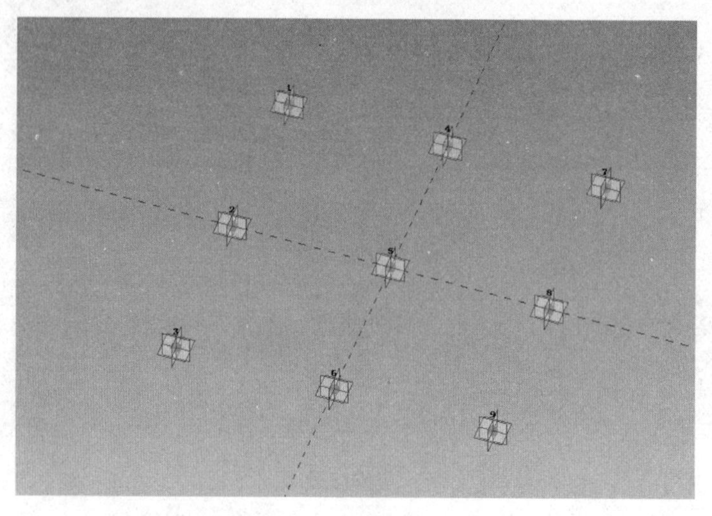

图 12-64　创建自适应点

2）创建完自适应点后在原有自适应点的基础上添加参照点，（参照点的设置要依据自

适应点的同一 X 或 Y 平面上设置，保证参照点的高度设置一致）并往上偏移 1000mm，并且每个参照点设置偏移量参数 h，如图 12-65 和图 12-66 所示。

3）参照点放置完成后选择参照线“通过点的样条曲线”依次连接水平自适应点（连接时一定要设置在同一参照平面否则无法控制参照点），竖向连接选择“直线”进行连接，完成后如图 12-67 所示，再尝试移动自适应点看看参照点是否随自适应点移动，如果没有，则说明样条曲线或参照点没有设置在同一参照平面上。

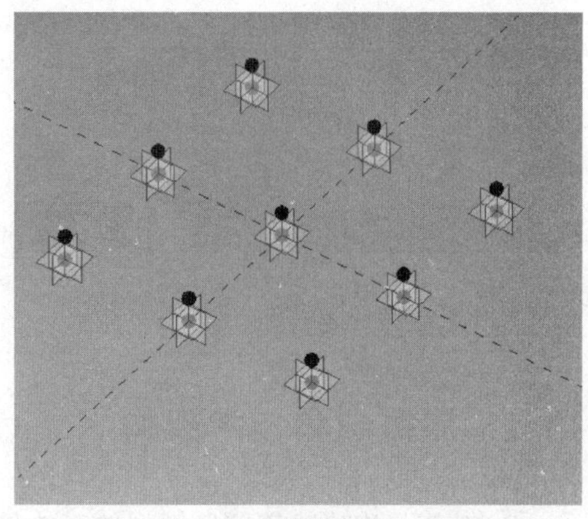

图 12-65　创建参照点

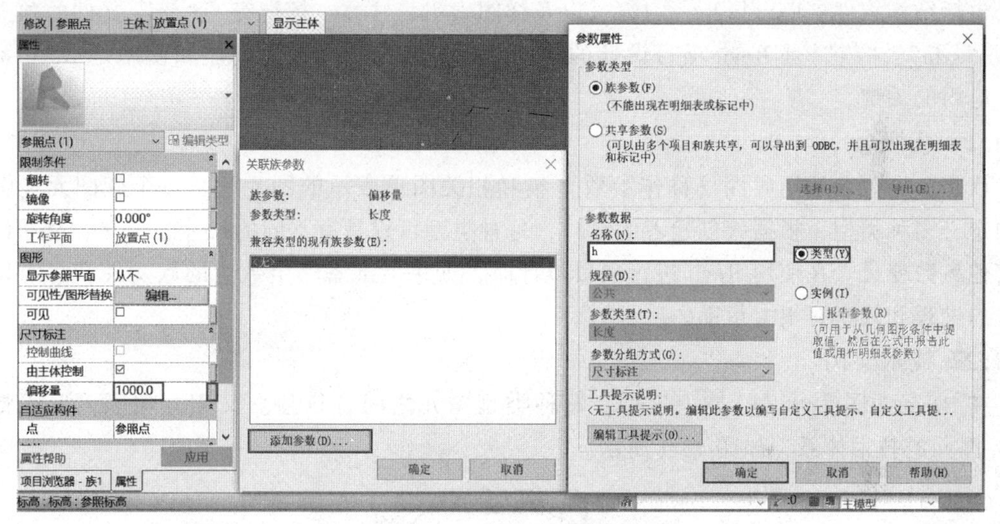

图 12-66　创建高度参数

4）参照线完成并连接无误后，完成创建实心形状，再载入模型中，此时模型表面将圆滑地进行无缝连接，如图 12-68 所示。

根据不同的需求使用上述这三种嵌板，可进行不同样式的表面绘制。

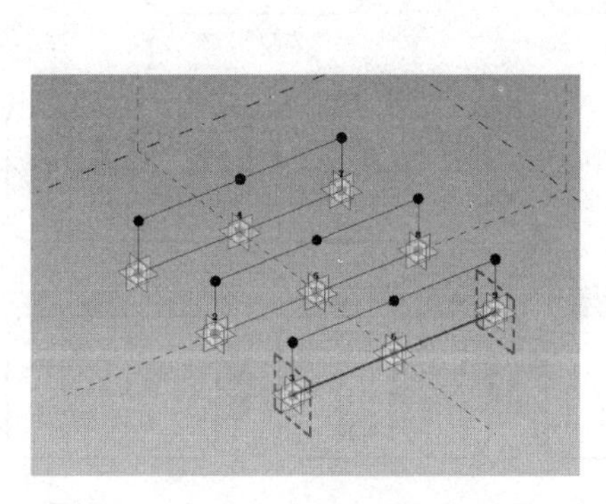

图 12-67　连接点

图 12-68　光滑表面形状最终样式

第13章　基　本　族

13.1　族概念和技术架构

Revit 族是构建建筑信息模型的基本图元，添加到 Revit 项目中的图元都是使用族创建的，包括结构构件、墙、屋顶、门窗，以及详图索引、注释、标记等。“族”文件的独立后缀为“.rfa”，“族”是 Revit 项目设计的构件基础，熟练掌握族的创建和使用是 Revit 系列软件应用的关键。

13.1.1　族概念

族是一个包含通用属性（称作参数）集和相关图形表示的图元组。每个族图元能够在其内定义多种类型，根据族创建者的设计，每种类型可以具有不同的尺寸、形状、材质设置或其他参数变量。在使用 Revit 进行项目设计时，如果能准备一定数量的族文件，将对设计工作的进程和效率有很大帮助。

13.1.2　技术架构

在 Revit 的图元可以归类为三种，每种类型图元之间各自独立又相互关联，形成整个 Revit 图元的技术体系，如图 13-1 所示。

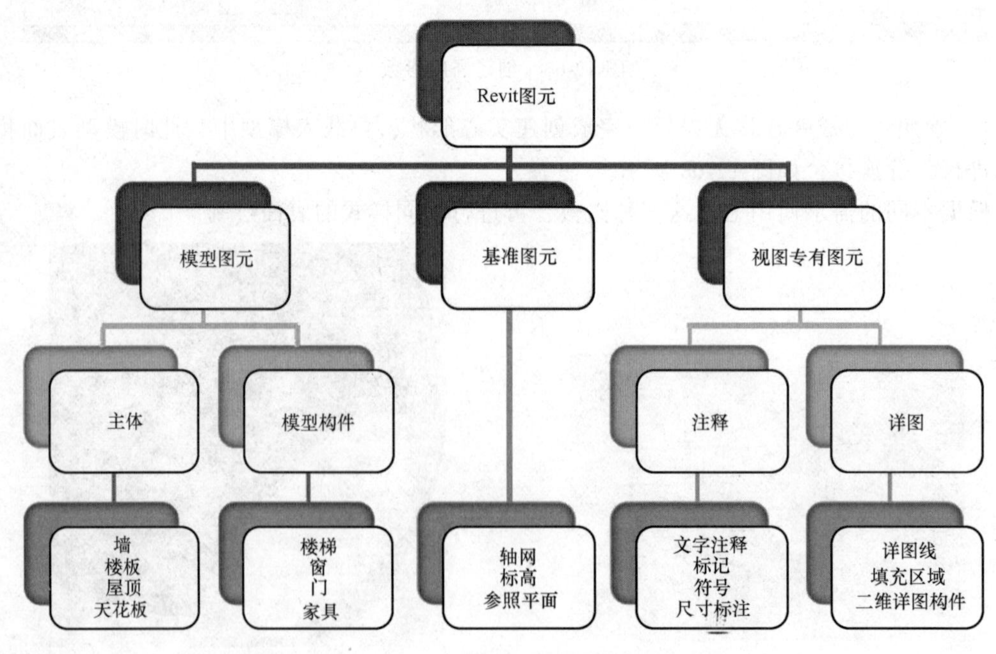

图 13-1　Revit 图元分类

1. 图元

在建立 Revit 模型时，所创建的建筑信息模型主要使用三种类型图元，它们分别是“模型图元”“基准图元”“视图专有图元”。

（1）模型图元：主要是创建建筑模型的三维几何图形，模型图元又可以分为两种图元，分别为“主体图元”和“模型构件图元”，例如墙、楼板、屋顶、天花板属于主体图元，而楼梯、窗、门、家具都是属于模型构件图元。

【提示】

主体图元都可以进行参数化设置，需要注意的是，这类图元的基本参数类型设置是软件系统预先设定，用户不能自由删改，只能在原有参数类型基础上进行修改，生成新的主体类型。

主体图元与模型构件图元两者之间是属于相互依附的关系，也可理解为父子隶属的关系。如门、窗依附在“墙”主体图元上，若删除墙，则墙上的“门”和“窗”则会自动删除。门、窗图元是数据可自行制作的图元，可独立设置各种图元参数，以满足构件参数修改的需要。

（2）基准图元：是创建三维几何形体的空间关系基础，同时也是三维设计的参考基准面，例如轴网、标高、参照平面。

（3）视图专有图元：是显示放置在 Revit 图元各个视图中的表达内容，可以在模型图元的基础上，帮助进行描述与归档。视图专有图元又可以分为两种子图元，分别为注释图元和详图图元。

【提示】

注释图元用户可自行定制，以满足本地化设计应用的各种需要。Revit 中注释图元与标注、标记的对象之间具有特定的关联。如门、窗的定位尺寸标注，当修改门窗位置或门窗大小时，其尺寸标注会自动修改，墙的材质修改，墙材质标记也会自动变化。

Revit 中的所有图元是按照一定规律，具有上下层级构建的紧密关系，如图 13-2 所示，每一种图元可以归类于“类别”“族”“类型”“实例”，它们之间各自独立又相互联系。

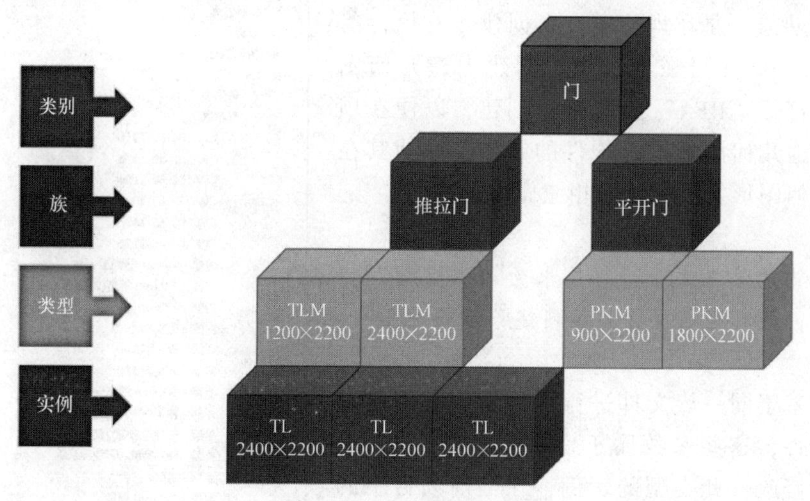

图 13-2 Revit 图元层级

2. 类别

族类别的选择基于该族在行业中的分类，族类别需要在创建族的时候进行设置，在项目中使用时会影响在项目中的归类，以及后续对族的统计，Revit 中的可行性/图元替换、对象样式、项目浏览器对其进行详细归类，如图 13-3 所示。

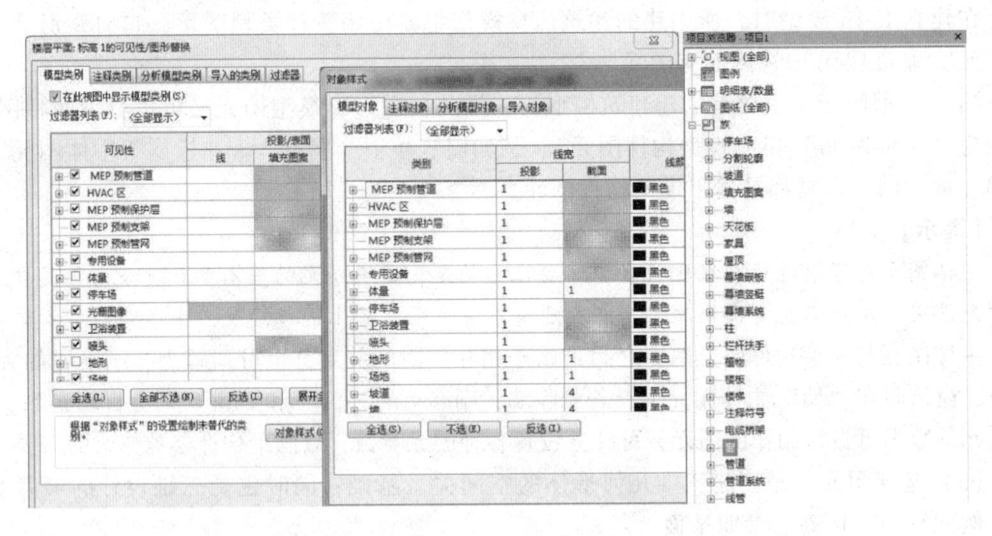

图 13-3　族类别

Revit 中族可分为三种类型，分别为系统族、可载入族、内建族。

（1）系统族：系统族是在 Revit 软件中预先定义好的基本建筑构件，如墙、柱、楼板等。用户不能将其当作外部文件载入到项目中，也不能将其保存到项目之外。

【提示】

能够影响项目环境且包含标高、轴网、图纸和视口类型的系统设置也是系统族。

（2）可载入族：是根据 Revit 自带的“族”样板，进行自行创建的构件，由于它们具有高度的可自定义特征，因此可载入族是在 Revit 中最常创建和修改的族。

（3）内建族：是在当前项目中创建专有构件时的一种简称。Revit 可在项目中，创建内建几何图形，而无须打开“RFA”文件进行创建，以便在项目中参照其他几何图形进行构件的制作，且使其在所参照的几何图形发生变化时相应做出调整。

【提示】

创建“内建”图元时，将要求为该内建图元指定一种类型，该类型也将作为该内建族的族类型。

3. 类型

类型是基于同一族文件进行不同参数数值设置而形成的文件，这些参数属于“类型参数”，一旦对其值进行修改，此类型的实例，在当前项目中的所有构件会一并修改，若修改的实例，其参数定义的是“实例参数”，则不会影响同类型的其他实例。单击项目浏览器中展开的“墙”系统族，可以看到该系统族包含了不同的类型，如图 13-4 所示。

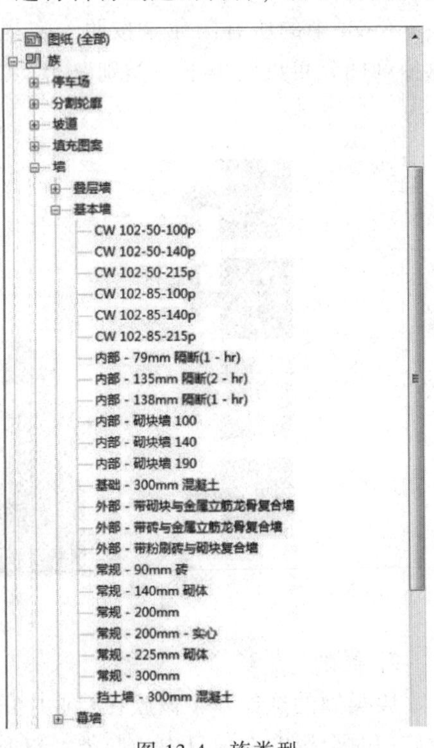

图 13-4　族类型

4. 实例

每个放置在项目中的族类型都是实例，每个实例在项目中可以任意放置，而每放置一处就是该类型的一个实例。例如三人沙发在一层、二层的客厅各放一个，这两个沙发就是两个实例。

5. 族编辑器

族编辑器是 Revit 中的一种图形编辑模式，能够创建并修改可引入到项目中的族。在 Revit 中族的编辑器可归类为三种：非系统族编辑器（即模型编辑器）、二维族编辑器、在位编辑器。

（1）非系统族编辑器（即模型编辑器）：一般用于非系统族，例如门、窗、家具、水管管件、风管管件等，如图 13-5 所示。

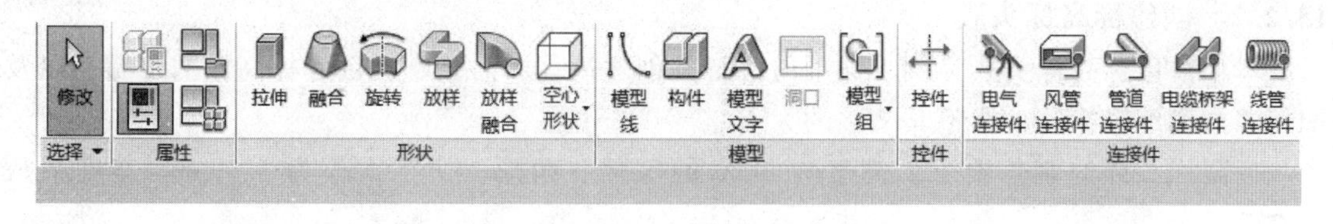

图 13-5　模型编辑工具

（2）二维族编辑器：主要用于创建二维族，例如标记族、注释族等，如图 13-6 所示。

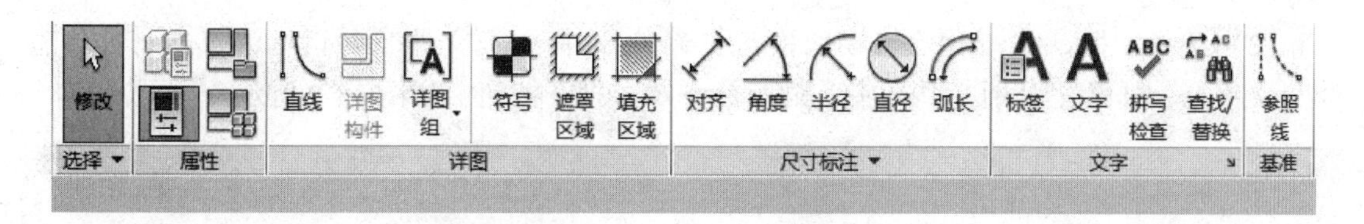

图 13-6　二维族编辑工具

（3）在位编辑器：主要用于创建体量族，如图 13-7 所示。

图 13-7　在位编辑工具

6. 族样板

创建族需要选择合适的族样板，可通过“新建”的方式，在对话框中选择族样板。Revit 自带的族样板储存位置在“X：\ ProgramData \ Autodesk \ RVTxxx \ Family Templates \ Chinese”。

Revit 族样板后缀为“. rft”，默认的系统自带样板包含着“标题栏”“概念体量”“注释”三个子文件夹，用于创建相对应的族模型，其他的族样板用于创建非系统模型族，还有未规定使用用途的样板文件，如“公制常规模型 . rft”。

13.2　注释族

本节主要任务是介绍注释族的基本概念和作用，并通过案例讲解注释族创建的基本步骤和创建过程的注意事项。

13.2.1　含义与特点

注释族主要用于各类族的标记和符号，标记也可以包含出现在明细表中的属性。通过选择要与符号相关联的族类别，然后绘制符号并将值应用于其属性，可创建注释符号。其中多数注释族样板主要起标记作用，部分则用于不同用途的常规注释，例如构件族标记、轴网标头族等。注释族的主要特点是能够根据族中设置的选项自动拾取构件信息。

13.2.2　创建标高标头族

本小节以标高标头族为例，详细的讲解其创建过程，需要掌握创建标高族的步骤，以及如何添加和编辑标签、调整其文字的大小。

标高标头族的制作要求：高度为 3mm 的等腰三角形，文字大小为 3.5mm，宽度系数为 0.7。

创建步骤如下：

（1）新建族：单击 Revit 初始界面的“应用程式菜单栏”按钮→“新建”→“族”，如图 13-8 所示。

（2）选择样板：Revit 将会自动切换至“新族-选择样板文件”对话框，双击打开“注释”文件夹，选择“公制标高标头”样板族，单击打开按钮，如图 13-9 所示。

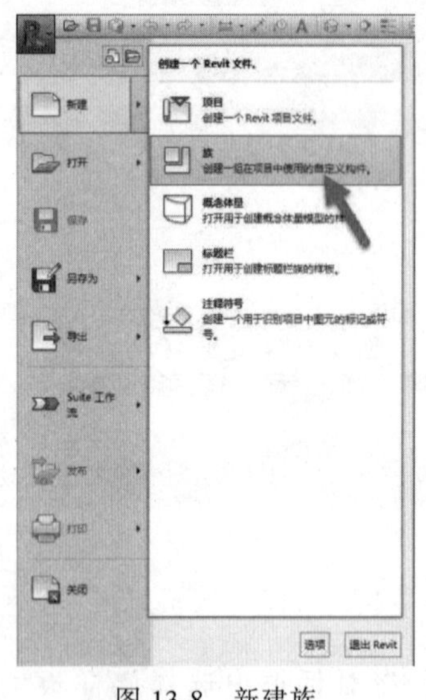

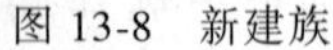
图 13-8　新建族

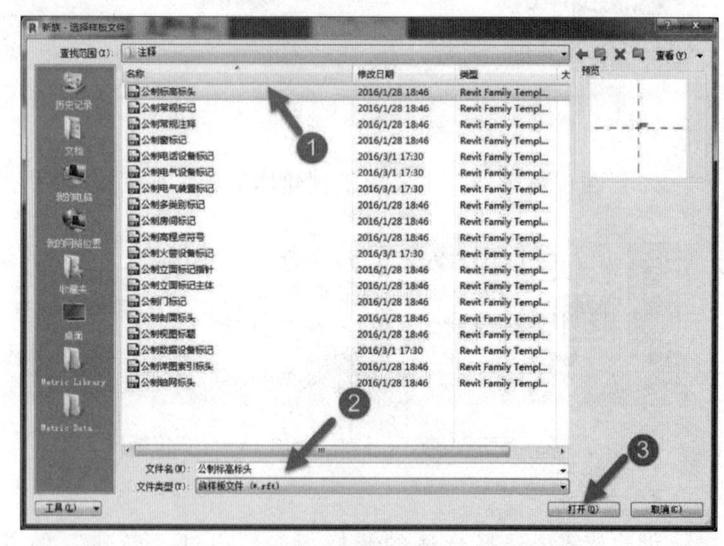

图 13-9　选择“公制标高标头”样板族

（3）族编辑器工作界面：完成以上所有操作，Revit 将会启动族编辑器工作界面，如图 13-10 所示。打开之后，将视图中的注释删除。

（4）选择工具：切换“创建”选项卡→选择“详图”面板→“直线”工具，如图13-11 所示。

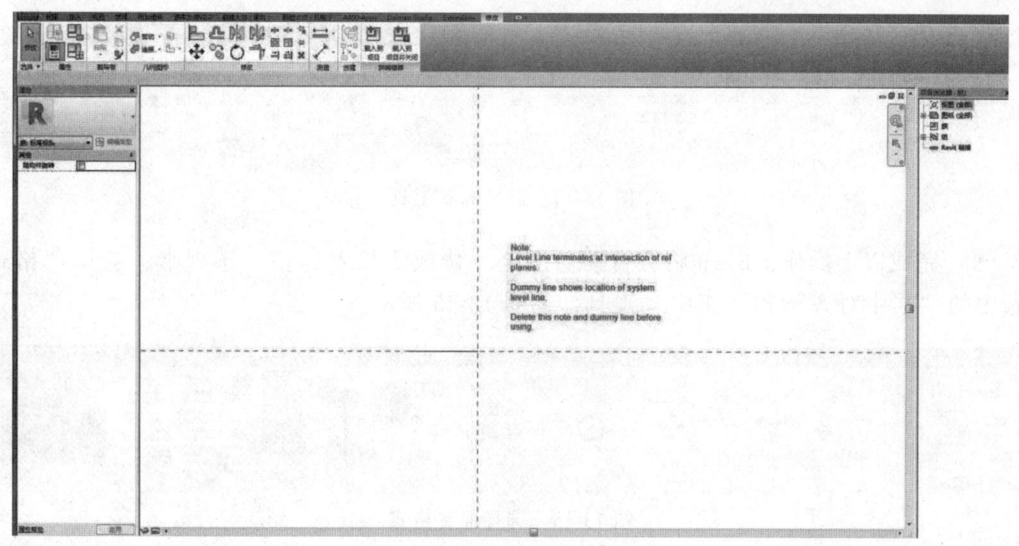

图 13-10　族编辑器工作界面

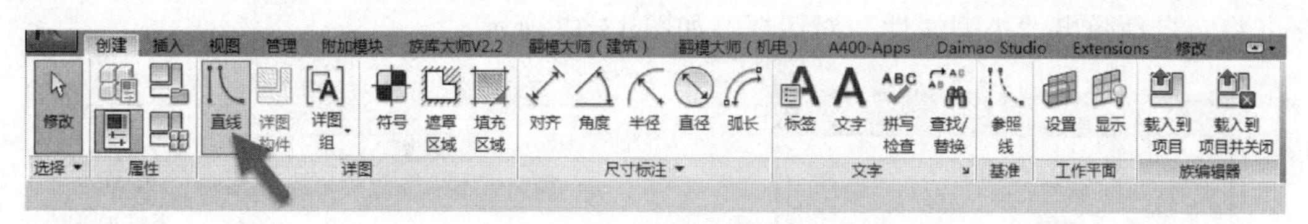

图 13-11　选择绘制工具

（5）完成以上操作，Revit 将会自动切换至“修改｜放置线”选项卡，选择“绘制”面板中的“直线”工具，修改“子类别”面板族的子类别为“标高标头”，如图 13-12 所示。

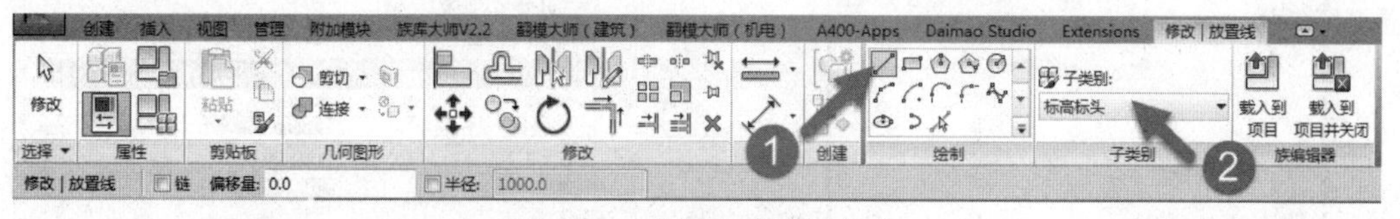

图 13-12　选择直线绘制方式

（6）绘制标高标头：绘制标高符号，在视图中绘制等腰三角形，高度为 3mm，符号的尖端在参照线的交点处，如图 13-13 所示。

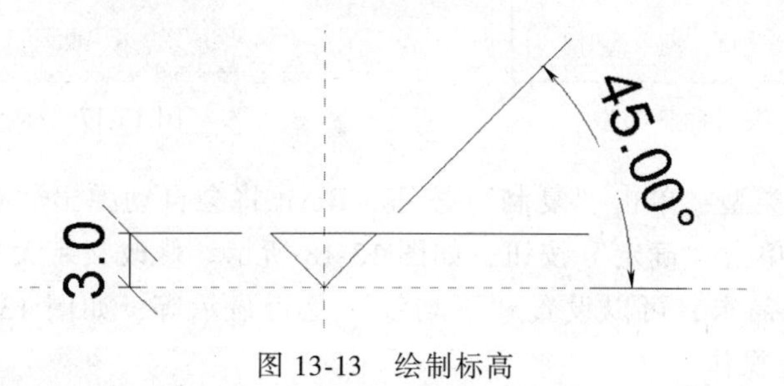

图 13-13　绘制标高

（7）选择标签工具：切换“创建”选项卡→选择“文字”面板→“标签”工具，如图 13-14 所示。

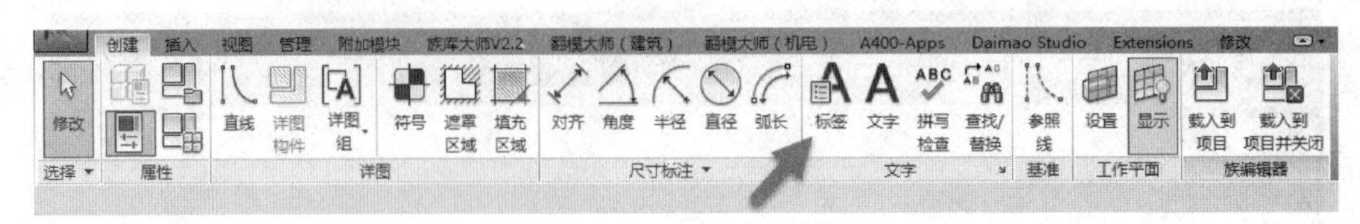

图 13-14　选择标签工具

（8）完成以上操作，Revit 将会自动切换至“修改｜放置标签”选项卡，选择“格式”面板中的“居中对齐”和“正中”工具，如图 13-15 所示。

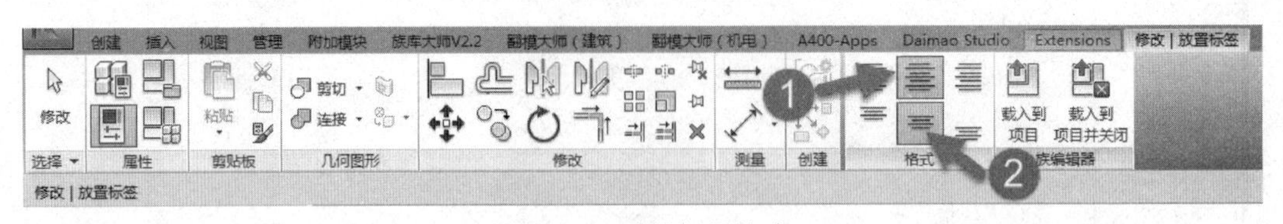

图 13-15　选择标签格式

（9）修改标签属性：单击“属性”面板中的“编辑类型”按钮，如图 13-16 所示。Revit 将会自动弹出“类型属性”对话框，如图 13-17 所示。

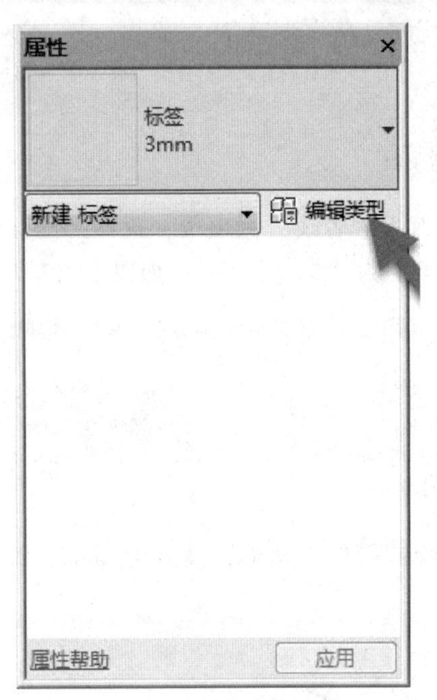

图 13-16　编辑标签类型

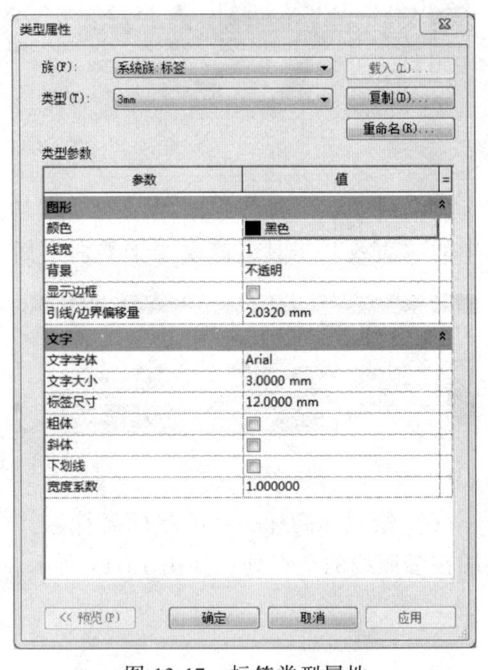

图 13-17　标签类型属性

（10）创建标签类型：单击“复制”按钮，Revit 将会自动弹出“名称”对话框，修改名称为“3.5mm”，单击“确定”按钮，如图 13-18 所示。修改文字大小为 3.5mm，宽度系数为 0.7，用户根据需求，可以设置“下划线”是否显示等，如图 13-19 所示。单击“确定”按钮，完成以上操作。

（11）放置标签：单击操作平面的交点处，确定标签的位置，Revit 将会弹出“编辑标签”对话框，如图 13-20 所示。

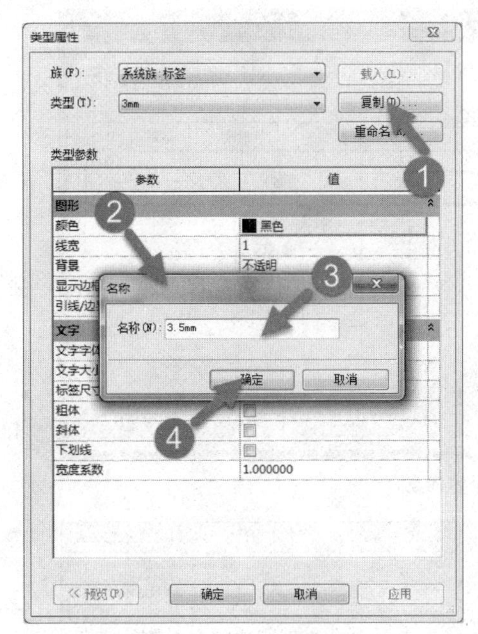

图 13-18　新建标签

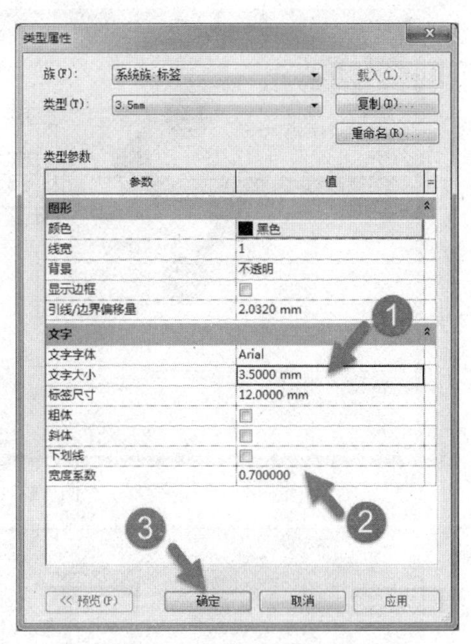

图 13-19　修改标签类型

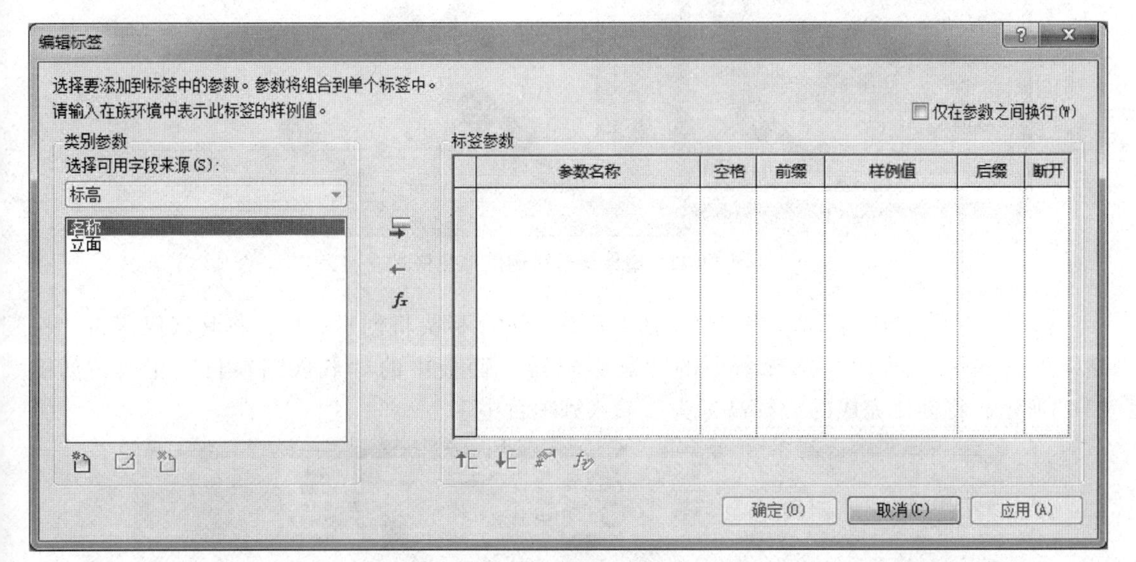

图 13-20　编辑标签

（12）在“类别参数”中，选择“名称”与“立面”，单击“（将参数添加到标签）”按钮，如图 13-21 所示。可以修改参数的“样例值”，单击对应的参数，修改其样例值的名称。在“名称”参数的“后缀”栏，空格 3 次，将与“立面”参数有一定距离。

（13）编辑参数样例值单位格式：单击选择“立面”，在“标签参数”下方的“编辑参数的单位格式”将会高亮显示，单击“（编辑参数的单位格式）”按钮，Revit 将会弹出“格式”对话框，取消勾选“使用项目设置”，修改“单位”为“米”，“舍入”为“3 个小数位”，“单位符号”为“无”。修改完成，单击两次“确定”按钮，完成操作，如图 13-22 所示。

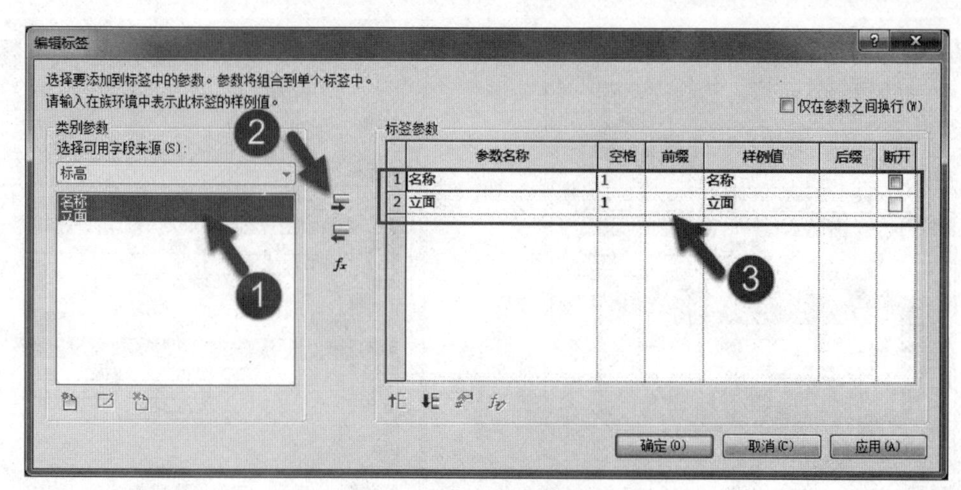

图 13-21　添加标签参数

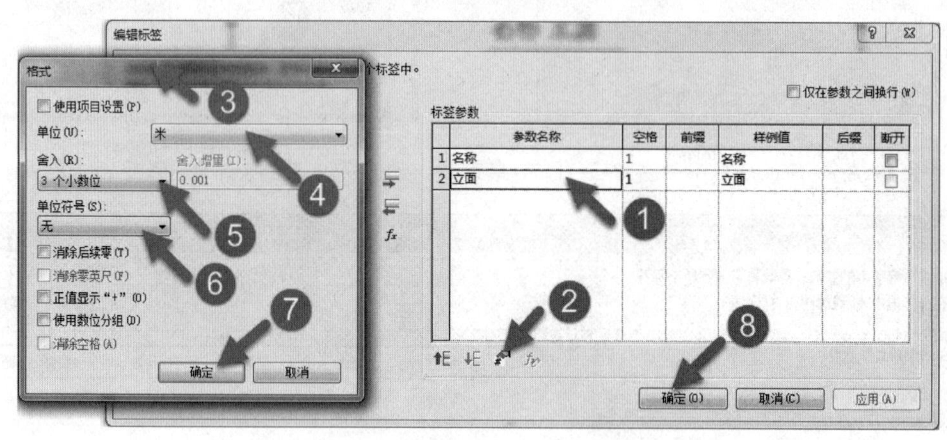

图 13-22　编辑参数样例值单位格式

（14）载入项目中测试：完成以上所有操作，标高标头将创建完成，将其族保存为“标高标头”，单击“修改”选项卡中的“族编辑器”面板中的“载入到项目”工具，如图13-23所示，将创建完成的“标高标头”载入到项目中。

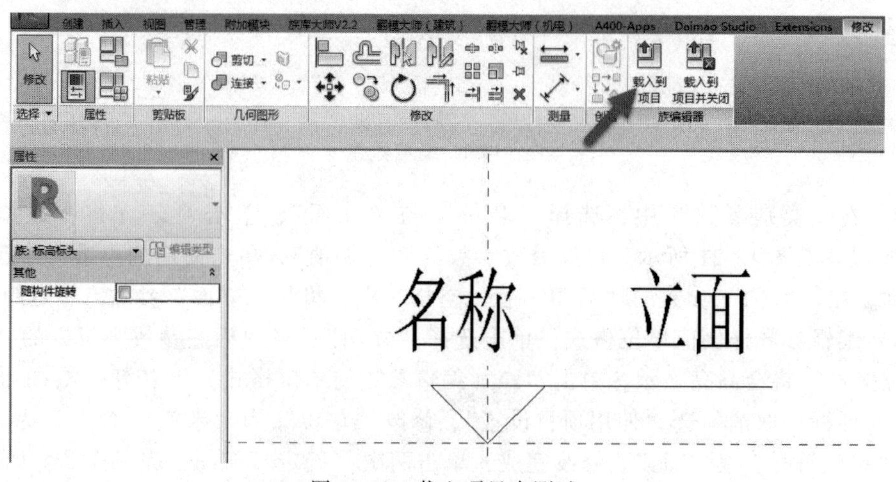

图 13-23　载入项目中测试

（15）进入项目的南立面视图，单击视图的“标高 2”，单击“标高”属性面板中的“编辑类型”按钮，如图 13-24 所示。

图 13-24 编辑标高类型属性

（16）弹出的“类型属性”对话框，如图 13-25 所示。修改“符号”项为“标高标头”，单击“确定”按钮，如图 13-26 所示。查看“南”视图中标高的变化，如图 13-27 所示，测试成功。

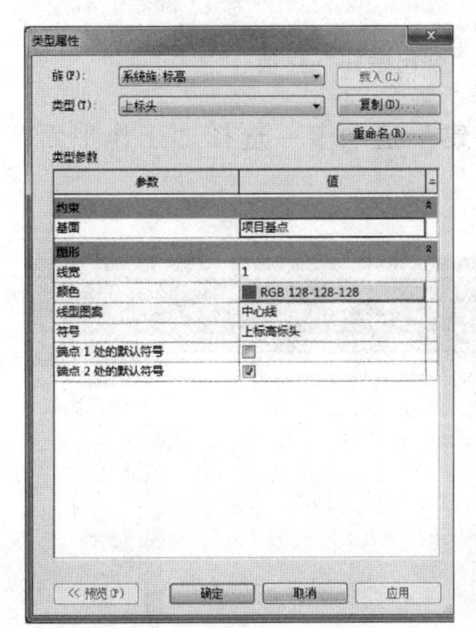

图 13-25 标高类型属性选项

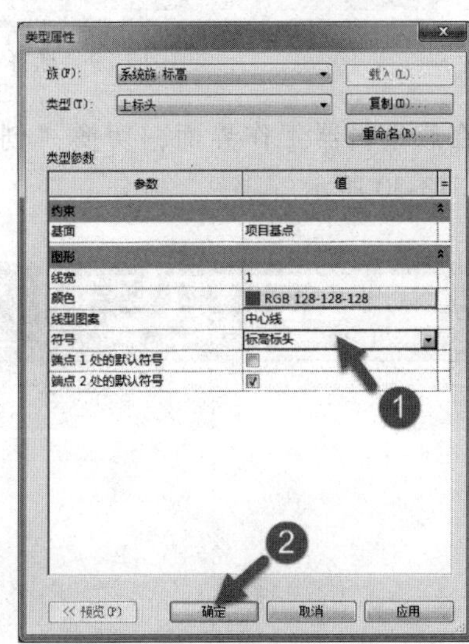

图 13-26 修改“符号”

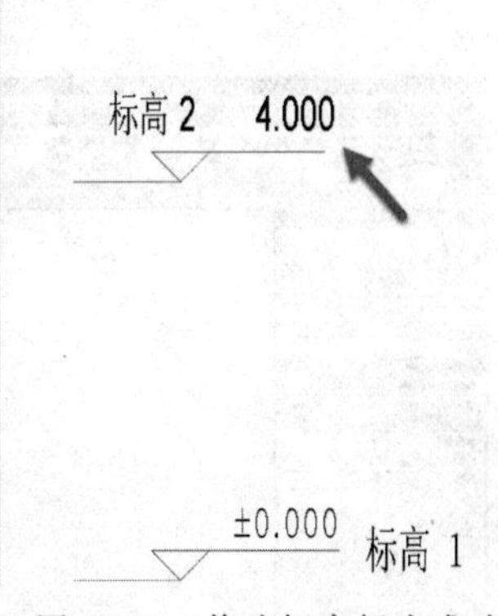

图 13-27 修改标高标头成功

13.3 模型族

13.3.1 栏杆族

本次讲解以栏杆族为案例，详细讲解其创建过程，需要掌握创建栏杆族步骤、创建栏杆的样板、熟悉创建的工具，创建实体时，工作平面的设定和锁定的应用、设定子类别、为族添加参数（材质，长度，是/否—即可见性）、设置构件在视图中的可见性。

栏杆要求：根据要求的轮廓，创建栏杆模型，栏杆材质为木材。

创建步骤如下：

（1）新建族：单击 Revit 初始界面的“应用程式菜单栏”按钮→“新建”→“族”如图 13-28 所示。

（2）选择样板：在“新族-选择样板文件”对话框，选择“公制栏杆”样板族，单击打开按钮，如图 13-29 所示。

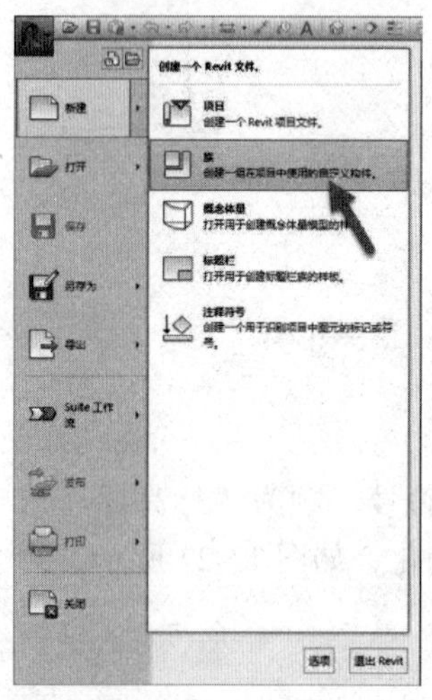

图 13-28　新建族

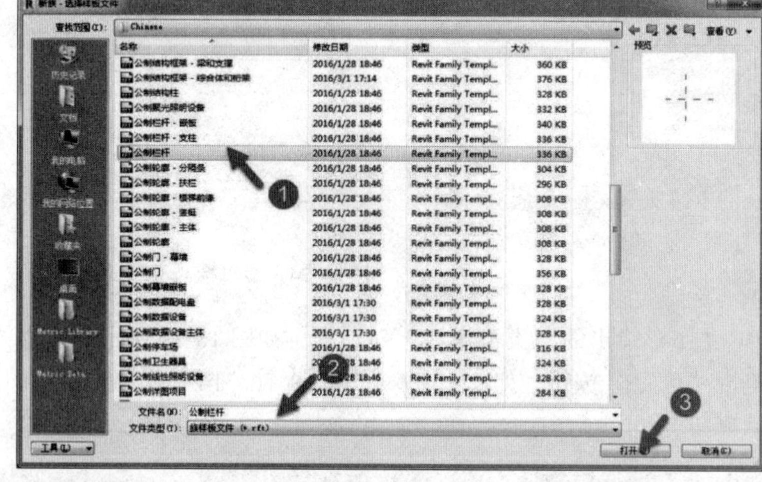

图 13-29　选择“公制栏杆”样板

（3）设置工作平面：在族编辑器工作界面，切换“创建”选项卡→选择“工作平面”面板→“设置”工具，如图 13-30 所示。

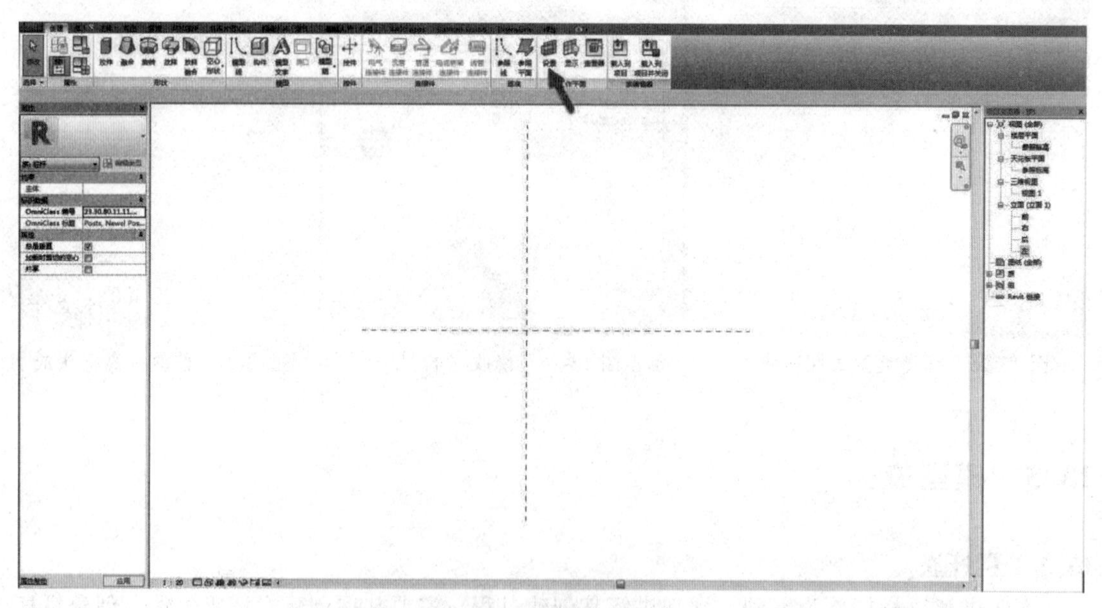

图 13-30　选择“设置工作平面”工具

（4）完成以上操作，弹出“工作平面”对话框，如图 13-31 所示。在“指定新的工作平面”中，选择“拾取一个平面”，单击“确定”按钮，如图 13-32 所示。

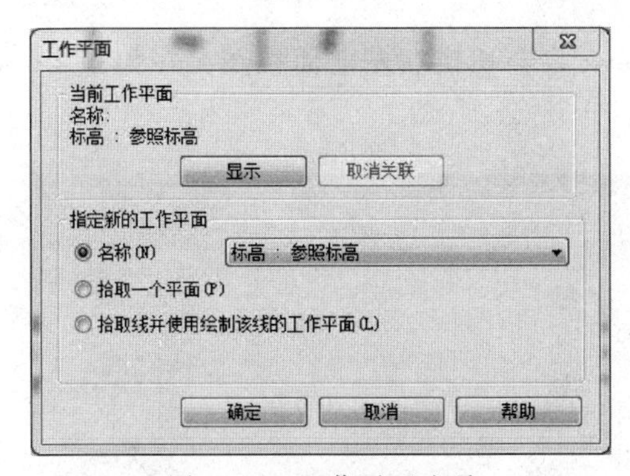

图 13-31 工作平面选项

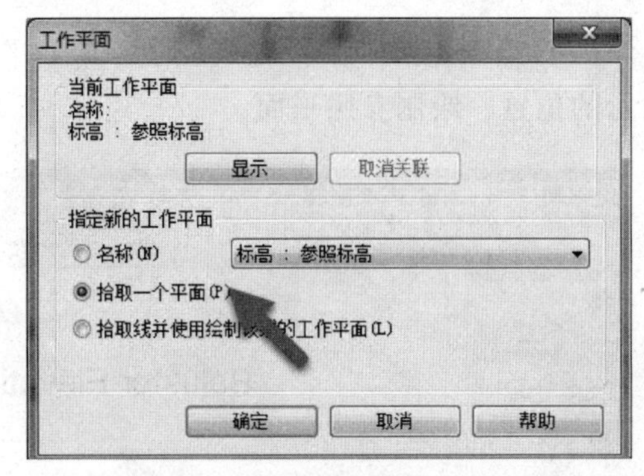

图 13-32 选择选取工作平面方式

(5) 完成以上操作，鼠标指示图标将会变成“十字光标”，移动鼠标指针至平面视图中的“水平中心”的参照平面，如图 13-33 所示。

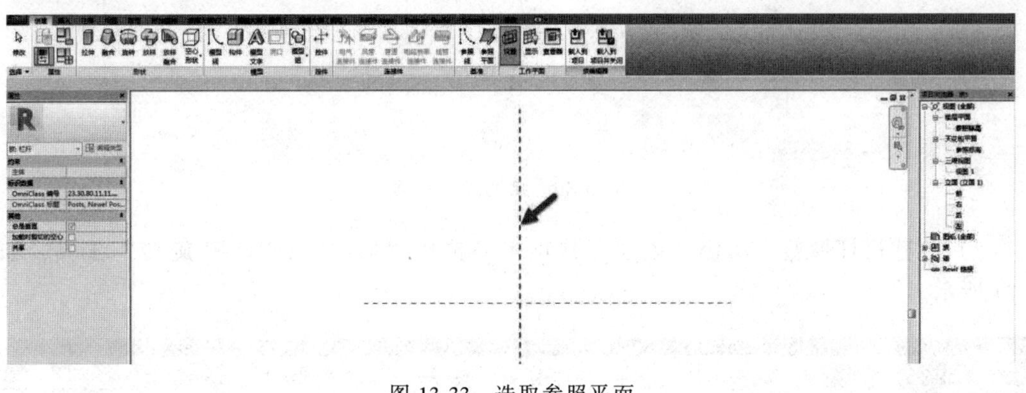

图 13-33 选取参照平面

(6) Revit 将会弹出“转到视图”对话框，如图 13-34 所示。单击选择“立面：左”，单击“打开视图”，如图 13-35 所示。

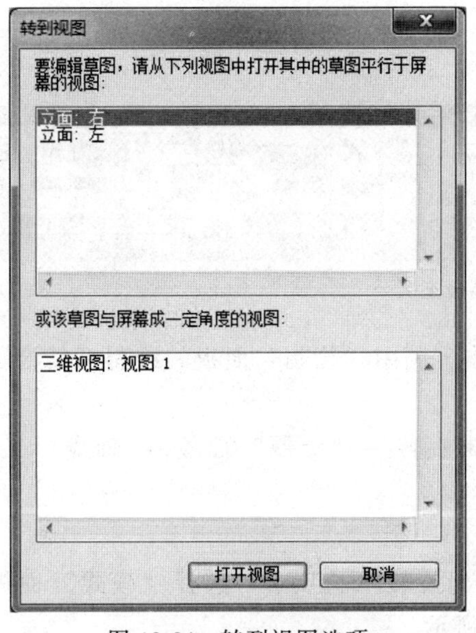

图 13-34 转到视图选项

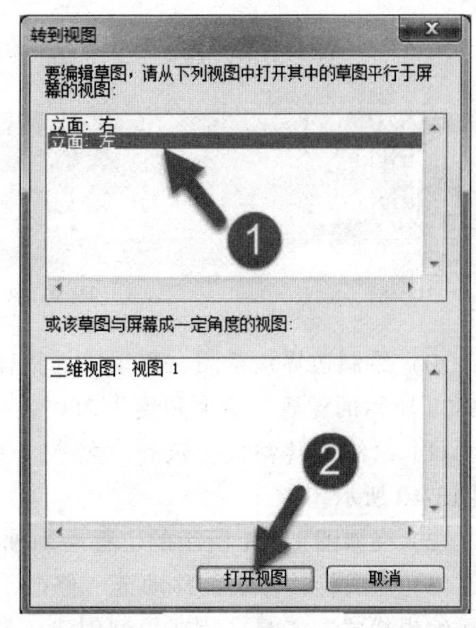

图 13-35 打开“立面：左”视图

（7）绘制参照平面：完成以上所有操作，Revit 将会切换在左立面视图，在如图 13-36 所示的位置，绘制参照平面。

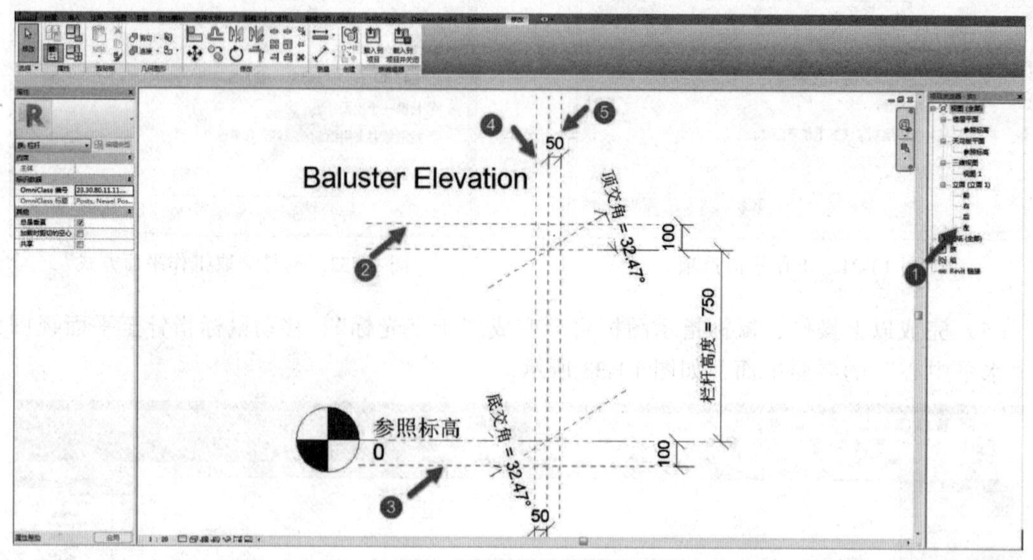

图 13-36　绘制参照平面

（8）创建栏杆模型：切换“创建”选项卡→选择“形状”面板→“旋转”工具，如图 13-37 所示。

图 13-37　选择“旋转”工具

（9）Revit 将会自动切换至“修改 | 创建旋转”选项卡，选择边界线，如图 13-38 所示。

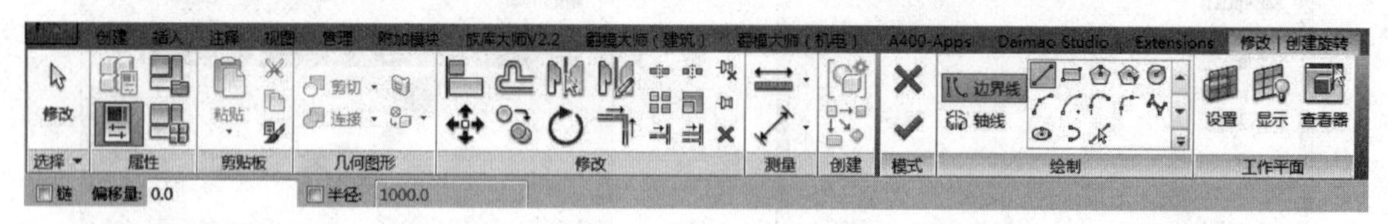

图 13-38　选择边界线工具

（10）绘制边界线草图：移动鼠标指针至视图中，利用“绘制”面板的绘制工具绘制如图 13-39 所示的轮廓，结束角度为 360°。

（11）绘制旋转轴线：选择“修改 | 旋转>编辑旋转”→“绘制”面板→“轴线”工具，如图 13-40 所示。

（12）在如图 13-41 所示的位置绘制轴线。

（13）完成旋转体块：移动至“修改 | 旋转>编辑旋转”选项卡→选择“模式”面板→“完成编辑模式”工具，完成模型创建，如图13-42所示。

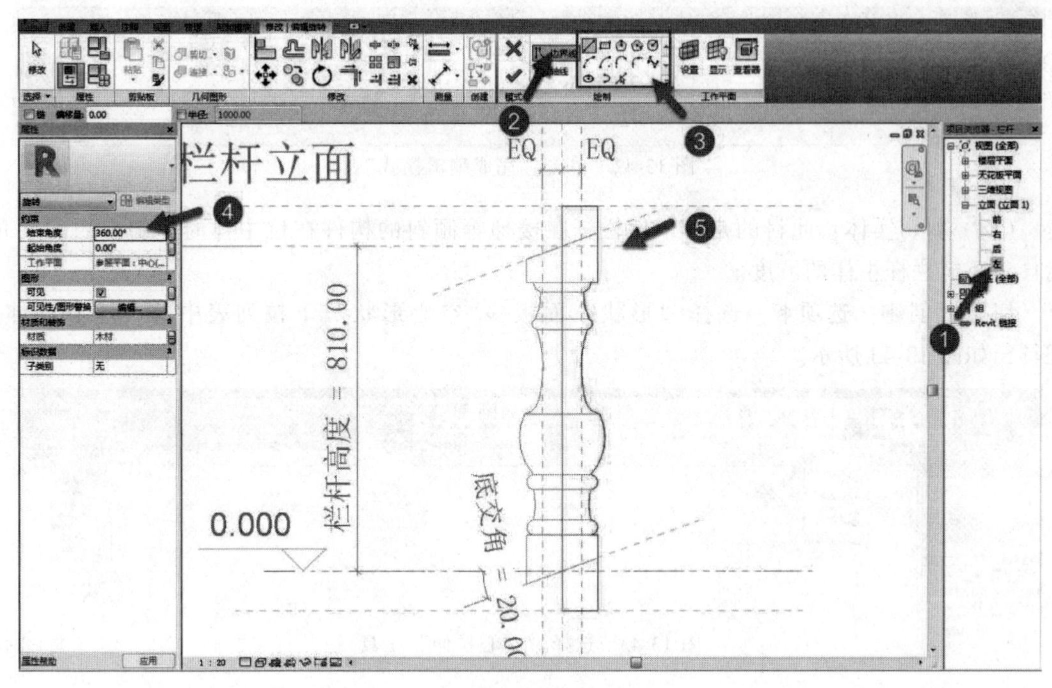

图 13-39 绘制轮廓

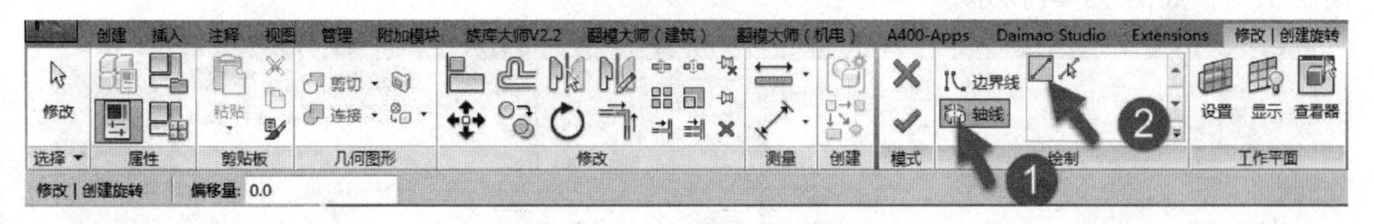

图 13-40 连择轴线工具

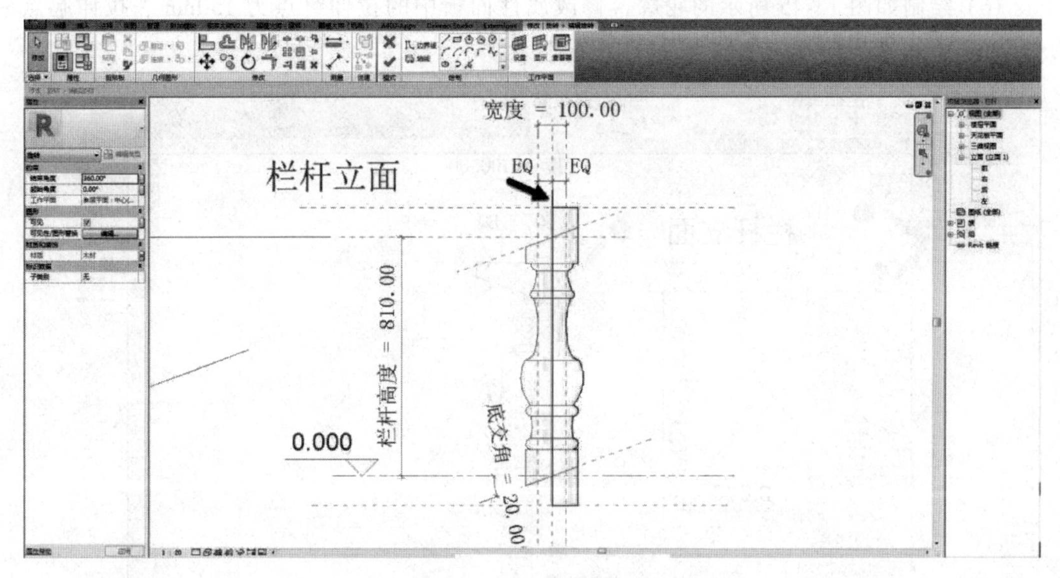

图 13-41 绘制轴线

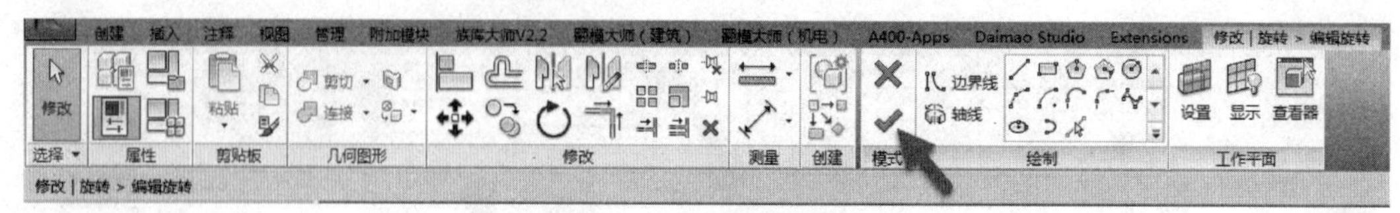

图 13-42　单击“完成编辑模式”

（14）剪切实体：此目的是为了使栏杆在楼梯等倾斜的构件在位主体时，斜参照的夹角能自动适应栏杆主体的坡度。

切换“创建”选项卡→选择“形状”面板→“空心形状”下拉列表中的“空心拉伸”工具，如图 13-43 所示。

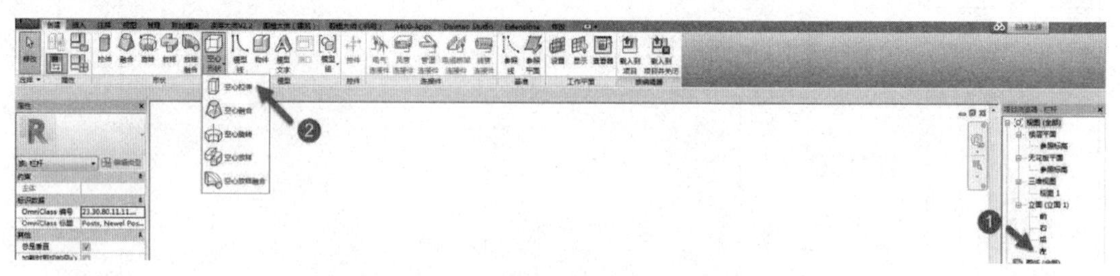

图 13-43　选择“空心拉伸”工具

（15）Revit 将会自动切换至“修改 | 创建空心拉伸”选项卡，选择“绘制”面板中的绘制工具，如图 13-44 所示。

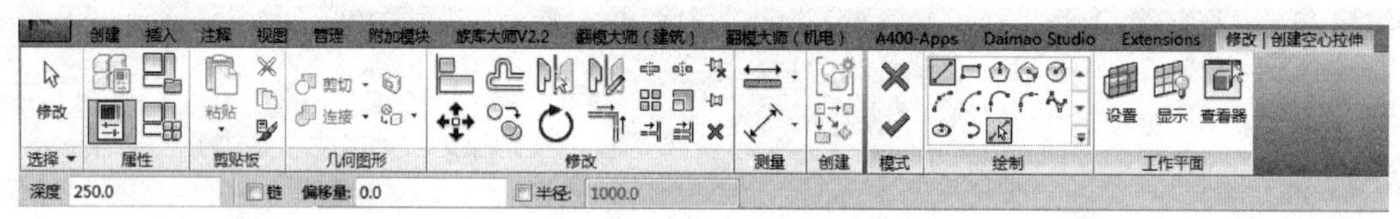

图 13-44　选择绘制方式

（16）绘制如图 13-45 所示的轮廓，修改属性面板中的拉伸终点为 150mm、拉伸起点应为-150mm，用同样的方法创建下部空心拉伸。

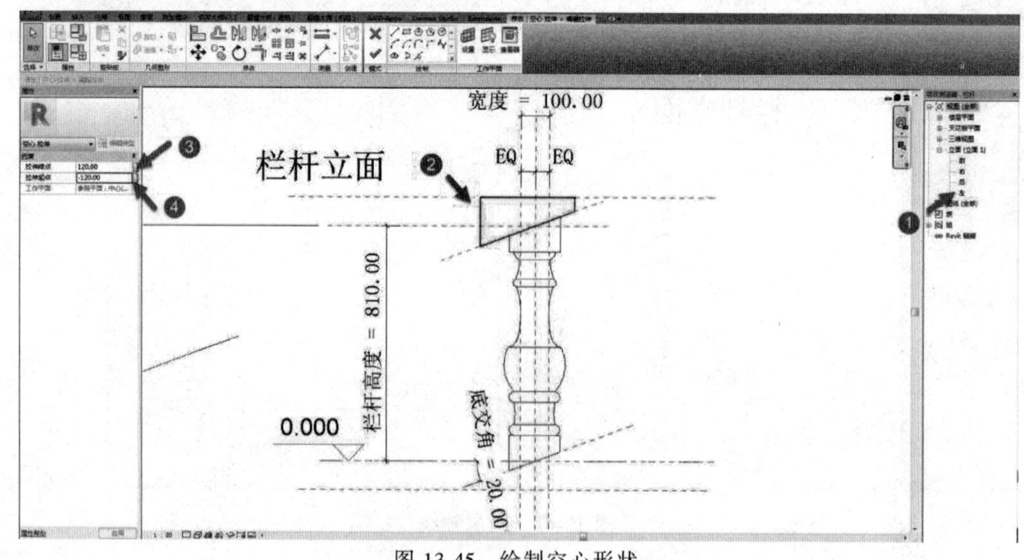

图 13-45　绘制空心形状

（17）按 Esc 键两次，移动至“修改｜放样>编辑轮廓”选项卡→选择“模式”面板→“完成编辑模式”工具，完成模型创建，如图 13-46 所示。

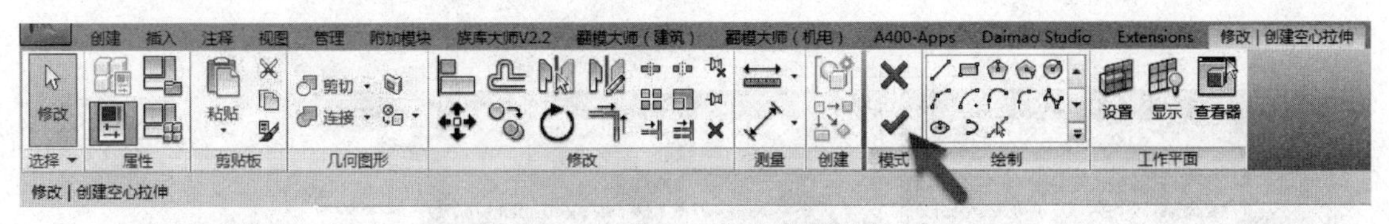

图 13-46　单击“完成编辑模式”

（18）添加材质参数：双击三维视图中的“三维”，视图切换至“三维”视图，单击创建完成的栏杆模型，Revit 将会自动切换至“修改｜旋转”选项卡，单击在“属性”面板中的“材质”值，如图 13-47 所示。

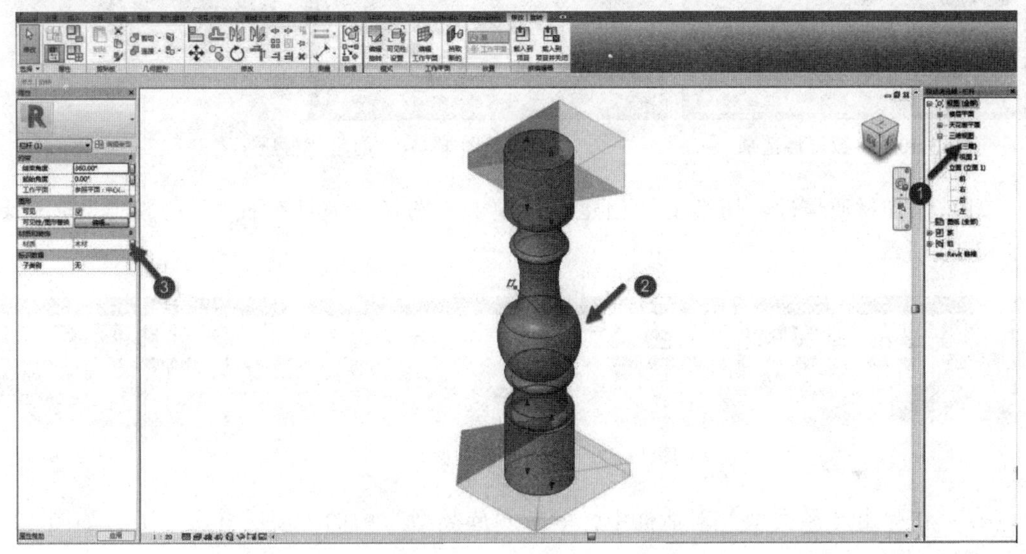

图 13-47　单击材质关联参数

（19）Revit 将会自动弹出“关联族参数”对话框，如图 13-48 所示。单击“新建参数”按钮，新建踏板材质参数，如图 13-49 所示。

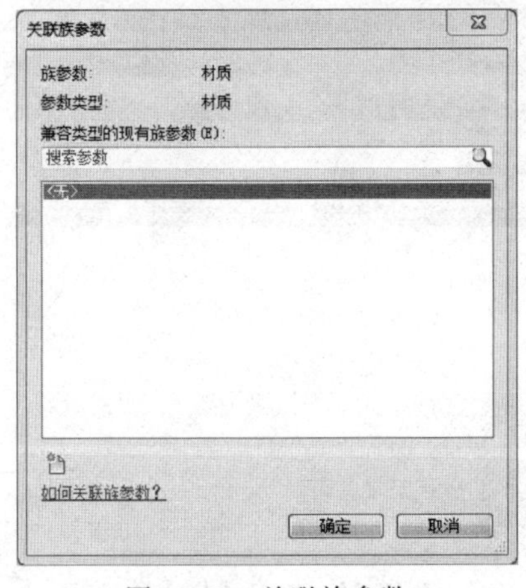

图 13-48　关联族参数

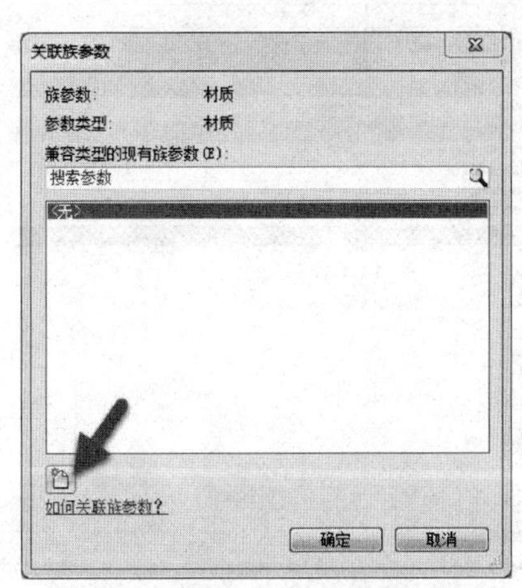

图 13-49　新建材质参数

（20）在弹出的“参数属性”对话框中（图 13-50），输入参数名称为“材质”，单击“确定”按钮，完成参数新建，Revit 将会切换至“关联族参数”对话框，再次单击“确定”按钮，完成操作，如图 13-51 所示。

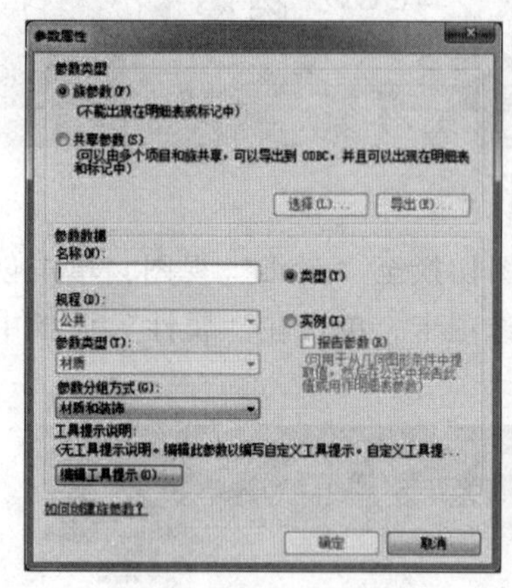

图 13-50 参数属性选项

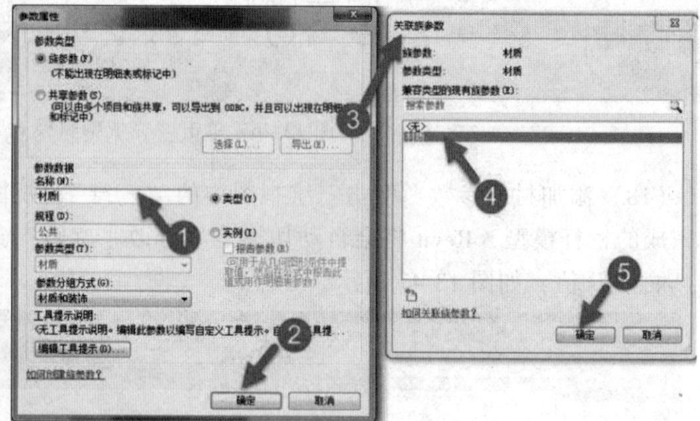

图 13-51 创建“材质”参数

（21）添加材质属性：切换至“创建”选项卡→选择“属性”面板→“族类型”工具，如图 13-52 所示。

图 13-52 选择“族类型”工具

（22）在弹出“族类型”对话框中，单击“族类型”中的“面层材质”值，如图 13-53 和图 13-54 所示。

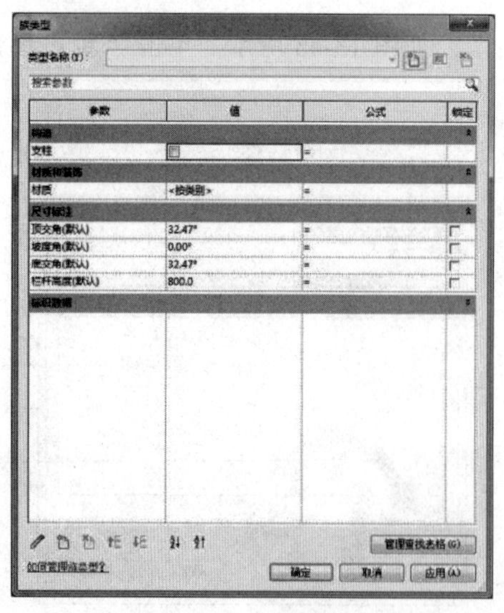

图 13-53 族类型选项

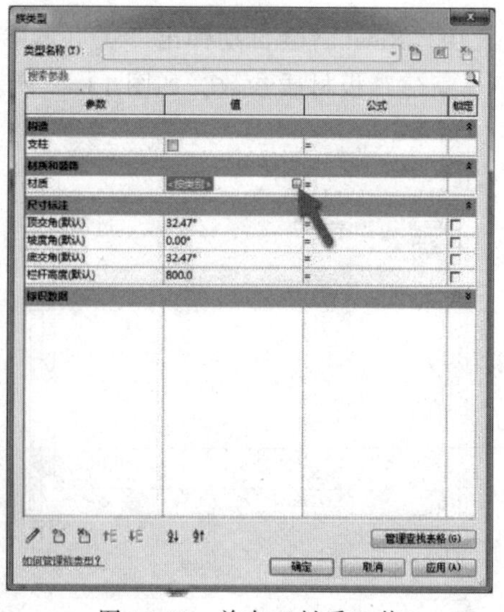

图 13-54 单击“材质”值

（23）单击完成后 Revit 将会弹出“材质浏览器”，如图 13-55 所示，单击“材质浏览器”下方的“新建材质”按钮，Revit 将会再新建一个材质，如图 13-56 所示。

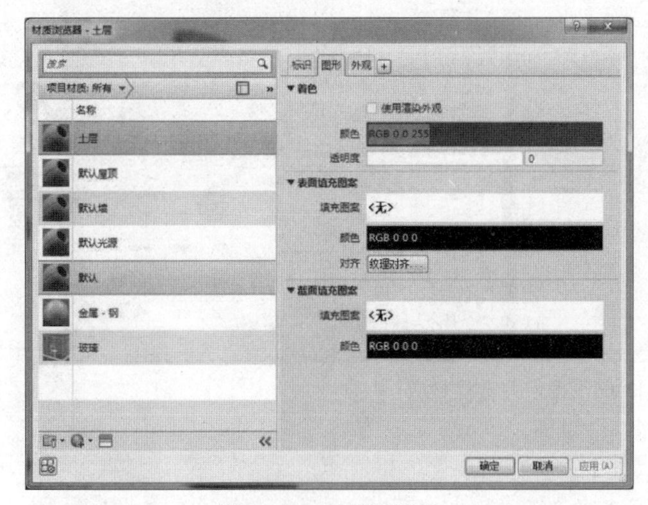

图 13-55　材质浏览器

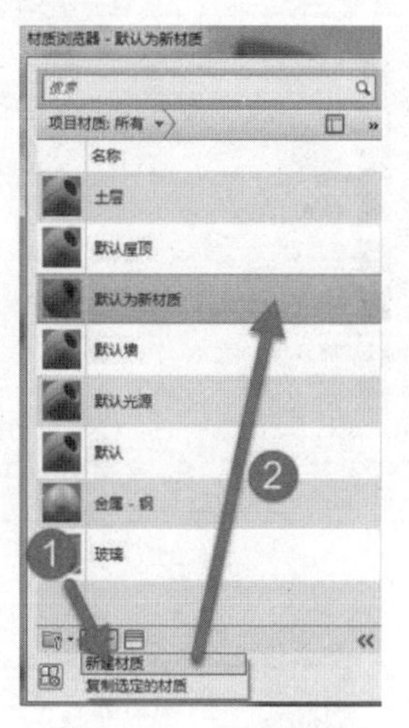

图 13-56　新建材质

（24）选择“默认为新材质”，右击重命名，如图 13-57 所示。将名称修改为“木材”，如图 13-58 所示。单击“打开/关闭资源浏览器”按钮，如图 13-59 所示。

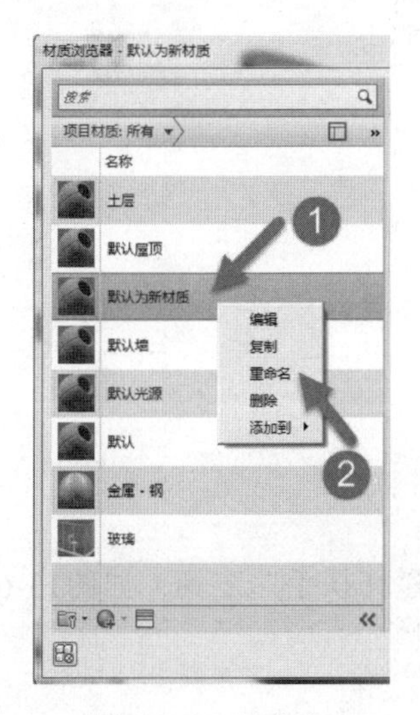

图 13-57　重命名

图 13-58　命名为“木材”

图 13-59　单击“打开/关闭资源浏览器”

（25）Revit 将会弹出“资源浏览器”，单击上方的搜索按钮，输入“木材”，Revit 将会自动搜索出“木材”的材质，选择材质为“白色橡木-天然中光泽”，单击后面的添加按钮，将材质资源添加到“栏杆”中，如图 13-60 所示。添加完成，单击两次“确定”按钮，完成材质添加。

（26）载入项目中测试：完成以上所有操作，栏杆将创建完成，将其族保存为“栏杆”，单击“修改”选项卡中的“族编辑器”面板中的“载入到项目”工具，如图 13-61 所示，将创建完成的“栏杆”载入到项目中。

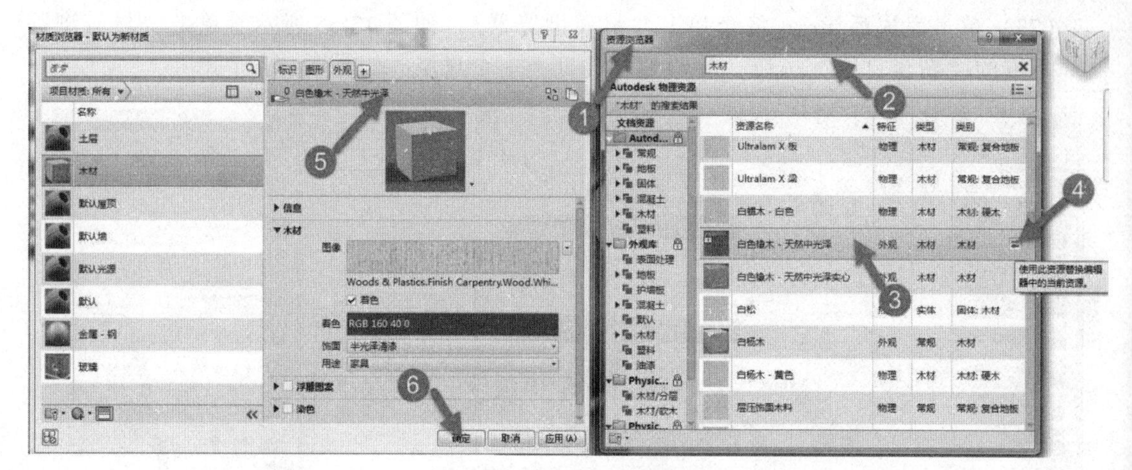

图 13-60　搜索并选择材质

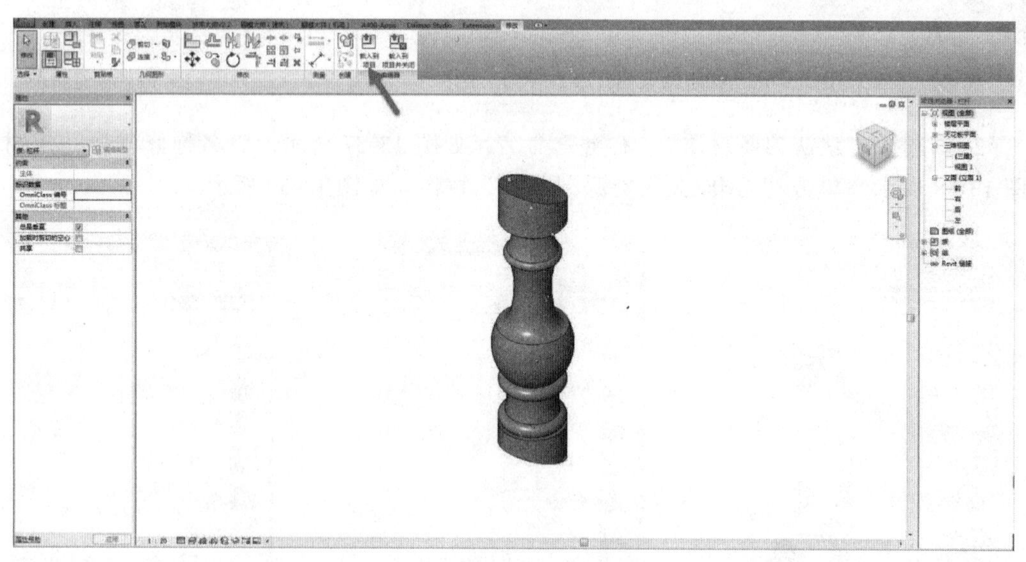

图 13-61　赋予栏杆材质完成

（27）切换至“建筑”选项卡→选择“楼梯坡度”面板→“栏杆扶手”工具，如图13-62所示。

图 13-62　选择“栏杆扶手”工具

（28）在“修改｜创建栏杆扶手路径”选项卡上，选择“绘制”面板中的“直线”工具，选择栏杆类型为“栏杆扶手 1100mm”，在视图中绘制长度“4500”的栏杆扶手路径，如图 13-63 所示。

（29）完成以上操作，按键盘“Esc”键两次，移动至“修改｜放样>编辑轮廓”选项卡→选择“模式”面板→“完成编辑模式”工具，完成模型创建，如图 13-64 所示。

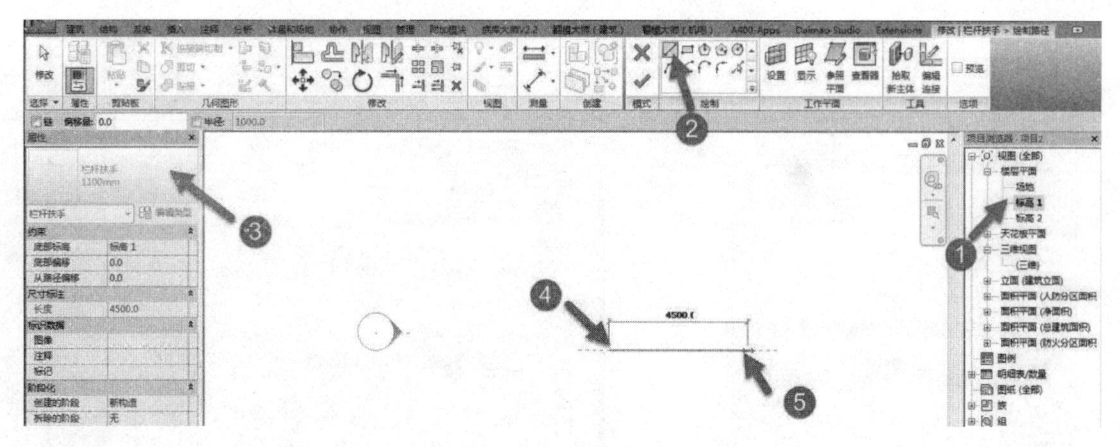

图 13-63　绘制栏杆

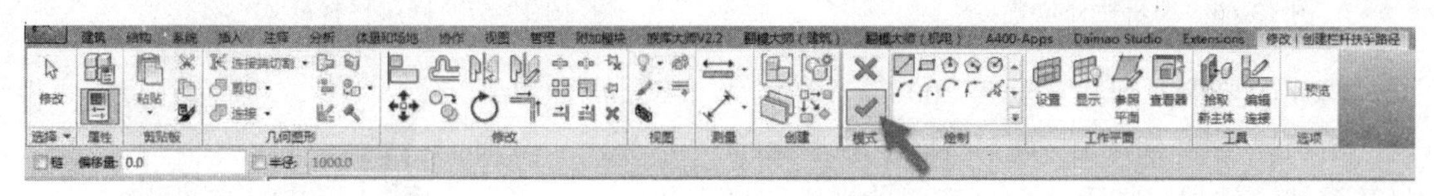

图 13-64　单击“完成编辑模式”

（30）双击三维视图中的“三维”，视图切换至“三维”视图，单击绘制完成的栏杆扶手，单击属性面板中的“编辑类型”按钮，如图 13-65 所示。

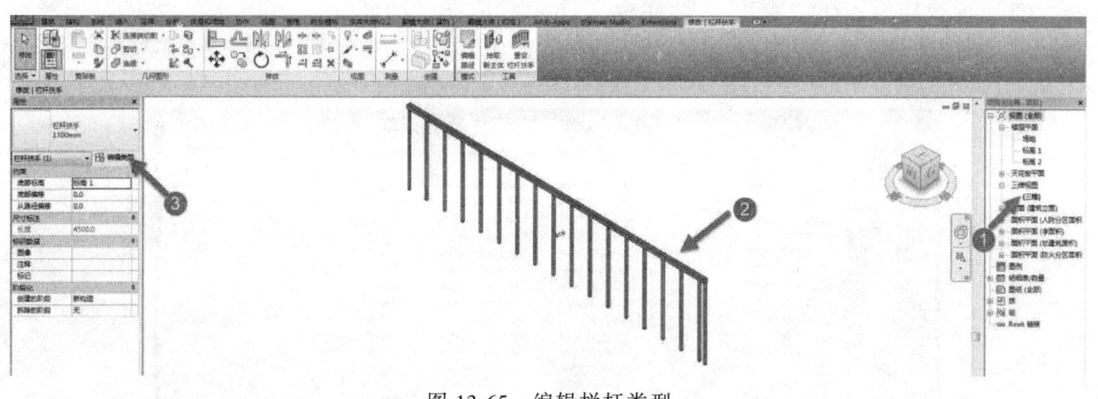

图 13-65　编辑栏杆类型

（31）在弹出的“类型属性”对话框里，单击“栏杆位置”按钮，如图 13-66 所示。Revit 将会弹出“编辑栏杆位置”对话框，修改“主样式”下的“栏杆族”为“栏杆：栏杆”，支柱中的栏杆族设置为“无”，单击两次“确定”按钮，完成所有操作，如图 13-67 所示。

（32）完成以上所有操作，修改的结果如图 13-68 所示。

13.3.2　门

本次讲解的是门族案例，需要掌握创建门族的步骤，创建实体时工作平面的设定和锁定的应用、设定子类别、为族添加参数（材质，长度，是/否—即可见性）、设置构件在视图中的可见性。

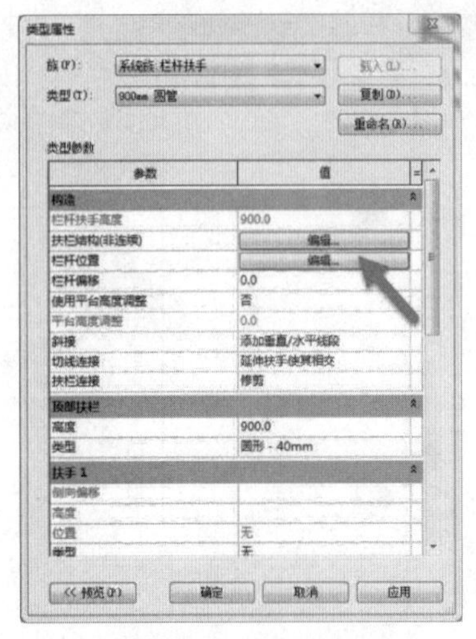

图 13-66　编辑栏杆位置

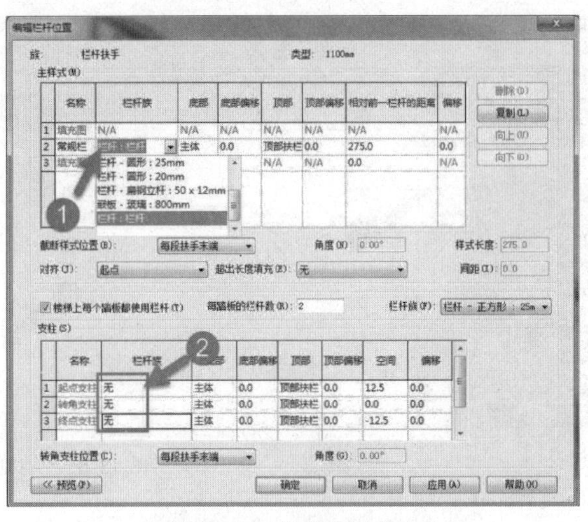

图 13-67　修改栏杆样式

门族的要求：创建宽度为 800mm、高度为 2100mm 的单开门，门板厚度为 60mm，墙、门扇、玻璃全部中心对齐，添加材质属性，添加门把手，并创建门的平面二维表达。

创建步骤如下：

（1）新建族：单击 Revit 初始界面的“应用程式菜单栏”按钮→“新建”→“族”。

（2）选择样板：在“新族-选择样板文件”对话框，选择“公制门”族样板，单击打开按钮，如图 13-69 所示。

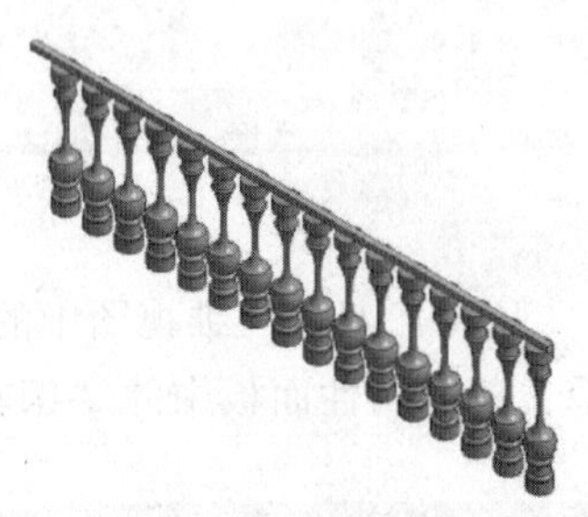

图 13-68　修改栏杆样式完成

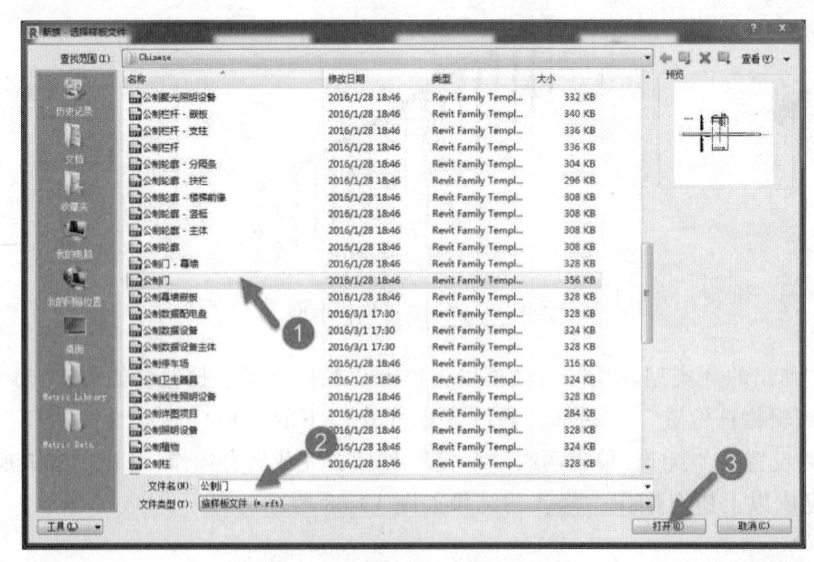

图 13-69　选择“公制门”样板

（3）设置工作平面：在族编辑器工作界面中，切换“创建”选项卡→选择“工作平面”面板→“设置”工具，如图 13-70 所示。

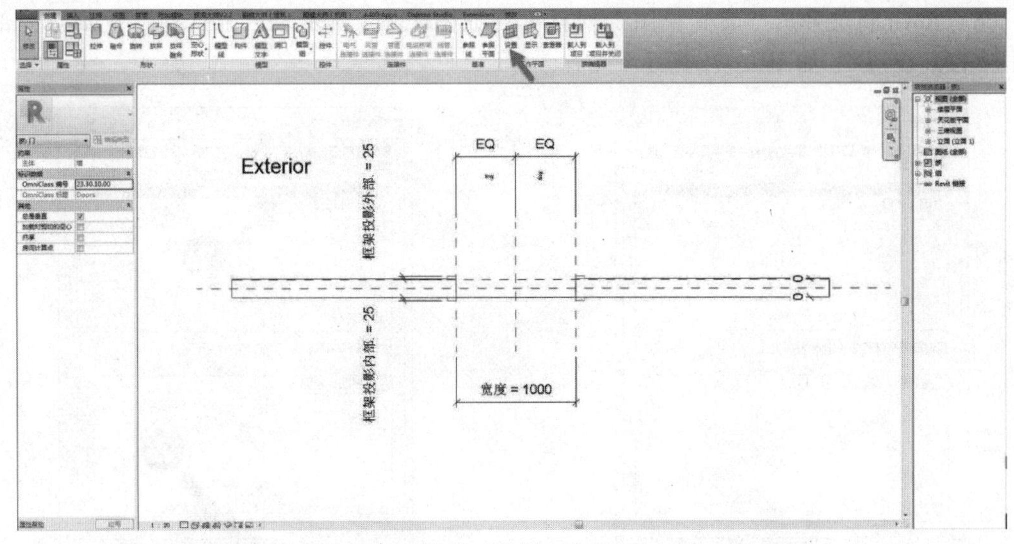

图 13-70　选择“设置工作平面”工具

(4) Revit 会弹出“工作平面”对话框，如图 13-71 所示。在“指定新的工作平面”中，选择“拾取一个平面”，单击“确定”按钮，如图 13-72 所示。

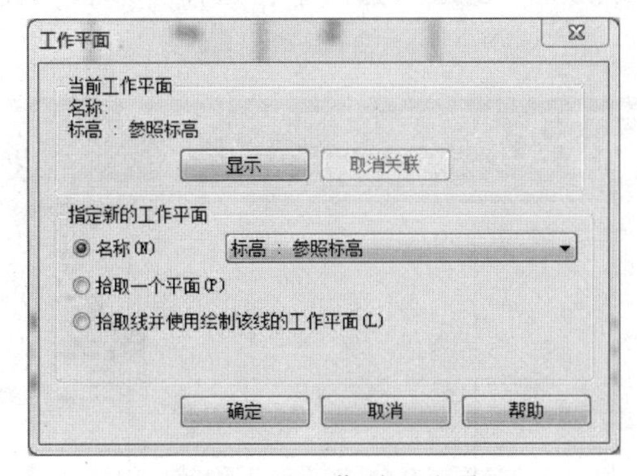

图 13-71　工作平面选项

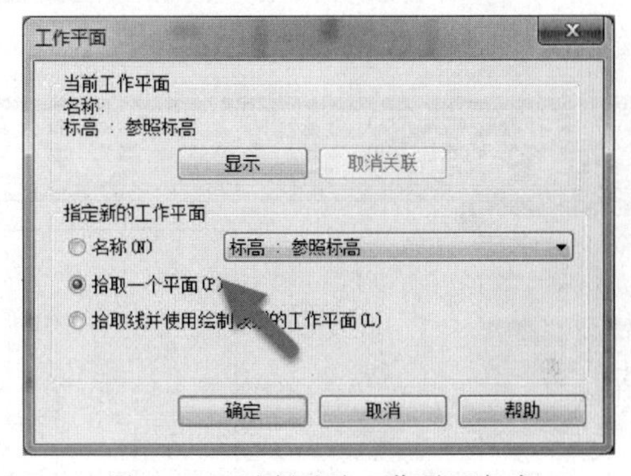

图 13-72　选择选取工作平面方式

(5) 鼠标指示将会变成“十字光标”，移动鼠标指针至平面视图中的“水平中心”的参照平面，如图 13-73 所示。

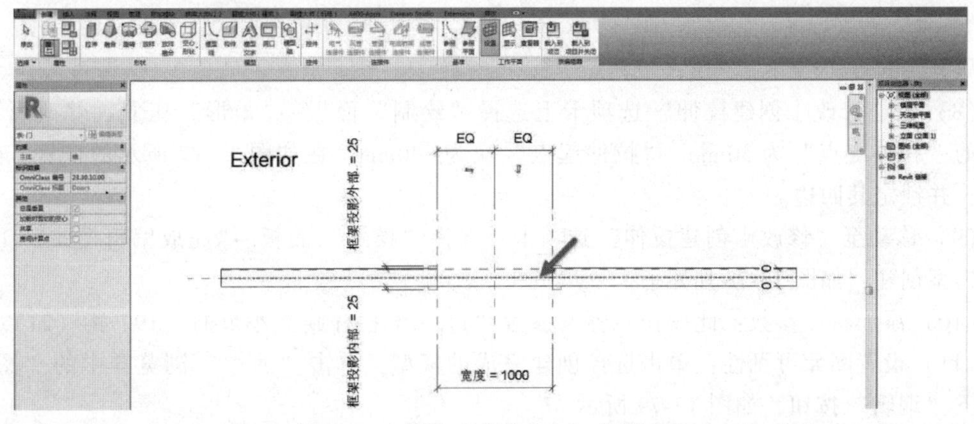

图 13-73　拾取“水平中心”参照平面

（6）Revit 将会弹出“转到视图”对话框，如图 13-74 所示。单击选择“立面：内部”单击“打开视图”，如图 13-75 所示。

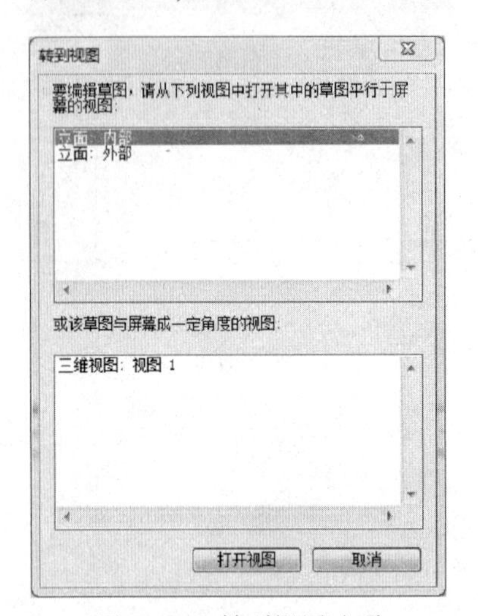

图 13-74　转到视图选项

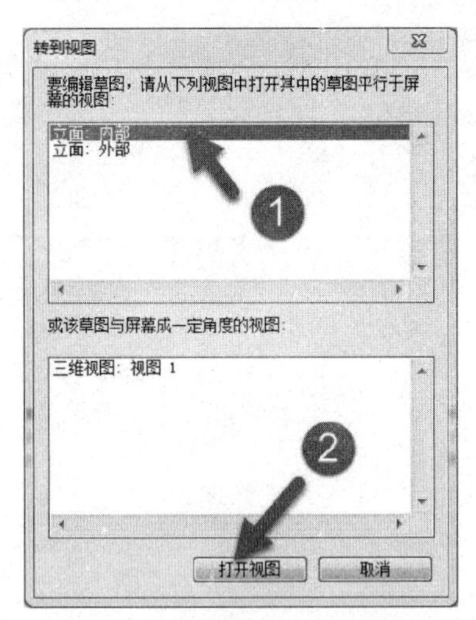

图 13-75　打开“立面：内部”视图

（7）Revit 将会切换至“内部”立面视图，切换至“创建”选项卡，选择“形状”面板中的“拉伸”工具，如图 13-76 所示。

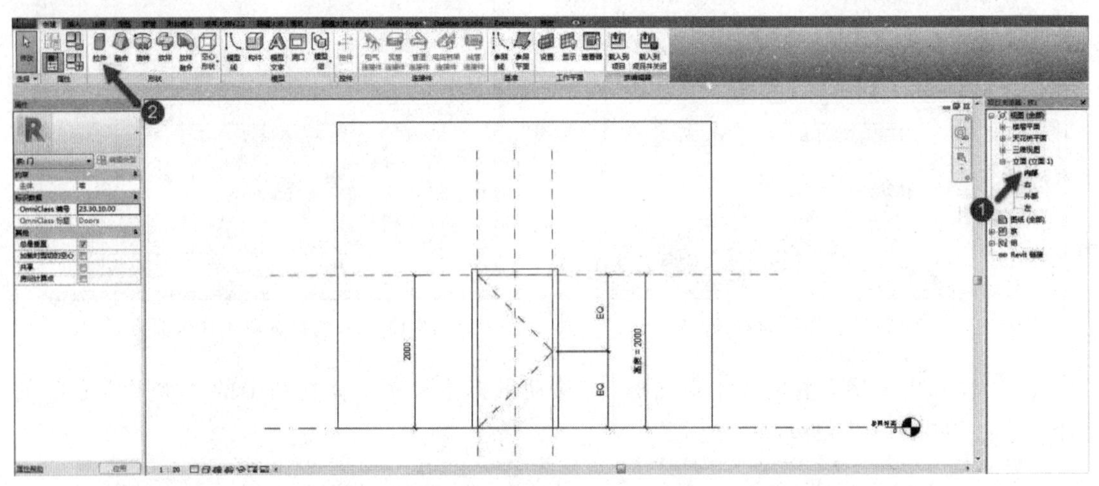

图 13-76　选择“拉伸”工具

（8）在“修改｜创建拉伸”选项卡上选择“绘制”面板→“矩形”工具，修改属性面板中的“拉伸终点”为 30mm、“拉伸起点”应为-30mm，在如图 13-77 所示的位置，绘制轮廓，并锁定其四边。

（9）移动至“修改｜创建拉伸”选项卡→选择“模式”面板→“完成编辑模式”工具，完成模型创建，如图 13-78 所示。

（10）添加材质参数：此操作步骤请参考“11.3.1 栏杆族”小节的（19）～（21）。

（11）设置图元可见性：单击选择创建完成的模型，单击“属性”浏览器中的“图元”选项下“编辑”按钮，如图 13-79 所示。

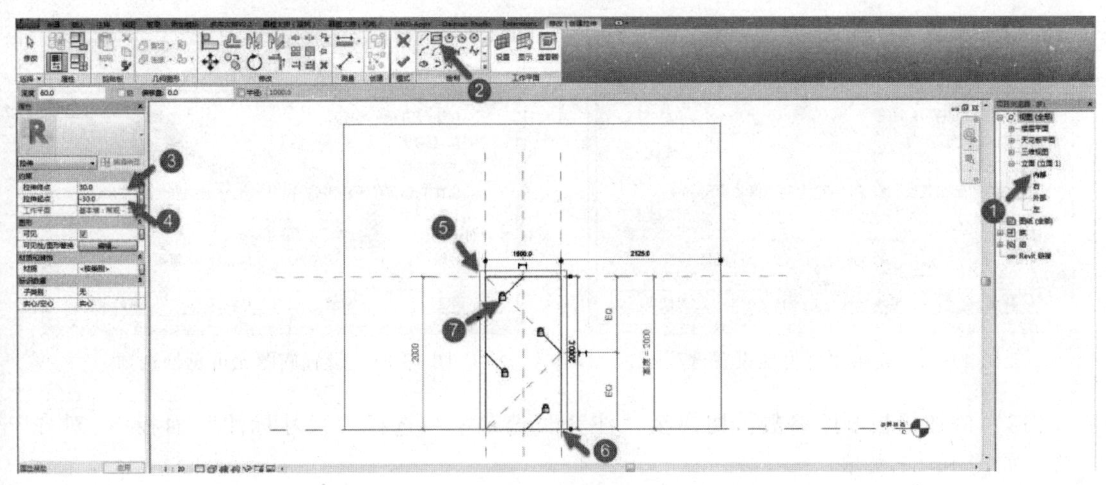

图 13-77 绘制门扇

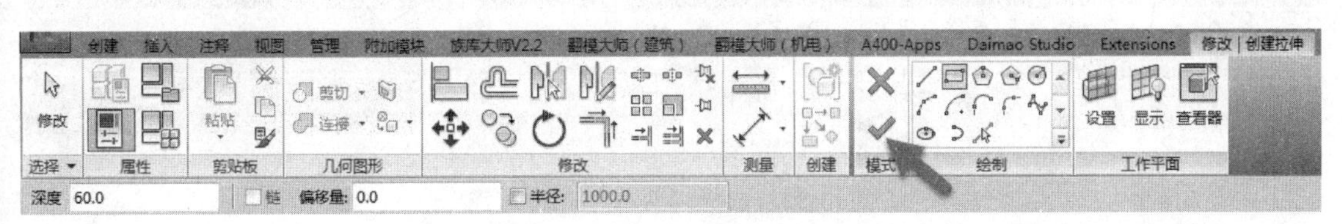

图 13-78 单击“完成编辑模式”

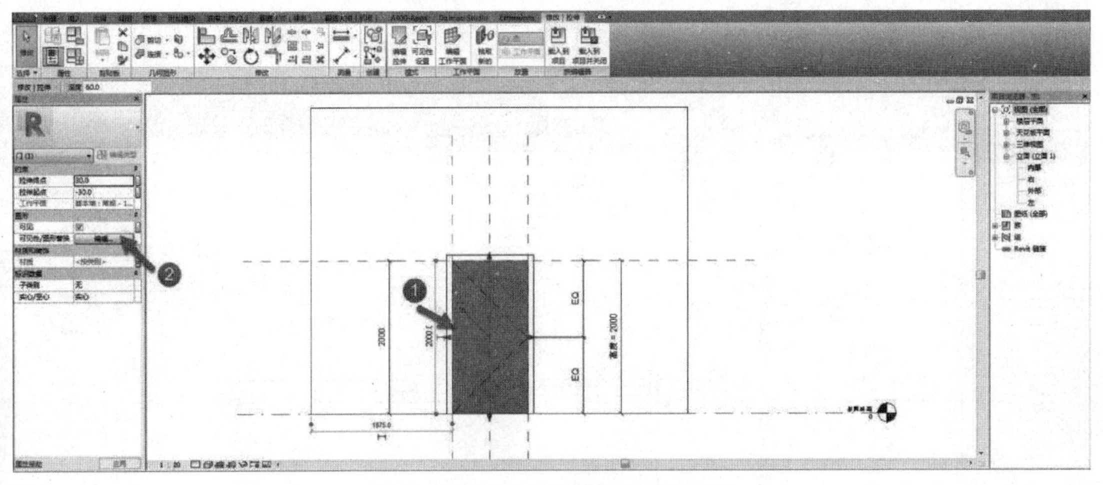

图 13-79 编辑“可见性/图形替换”

【提示】

由于图元模型创建完，平面视图会出现很多图元线，在二维表达时将会受到影响，因此，模型中的图元，需要隐藏图元线在平面上显示。由于“公制门”样板文件，门框架默认已隐藏其在平面视图进行显示，因此，将以上创建的模型设置可见性。

（12）完成以上操作，Revit 将会弹出“族图元可见性设置”，如图 13-80 所示。取消勾选“平面/天花板平面视图”“当在平面/天花平面视图中被剖切时（如果类别允许）”，单击“确定”按钮，完成操作，如图 13-81 所示。

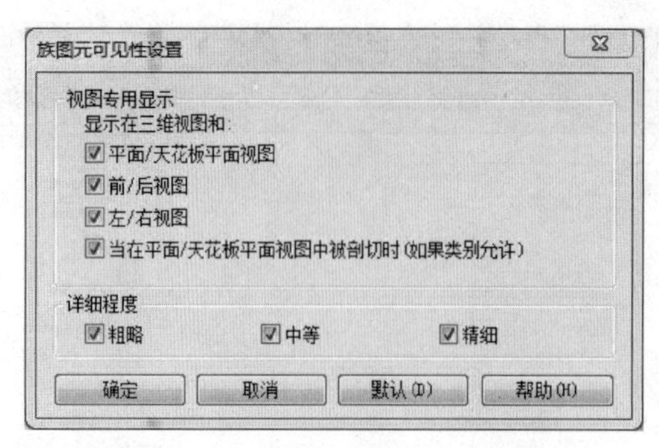

图 13-80　族图元可见性设置选项

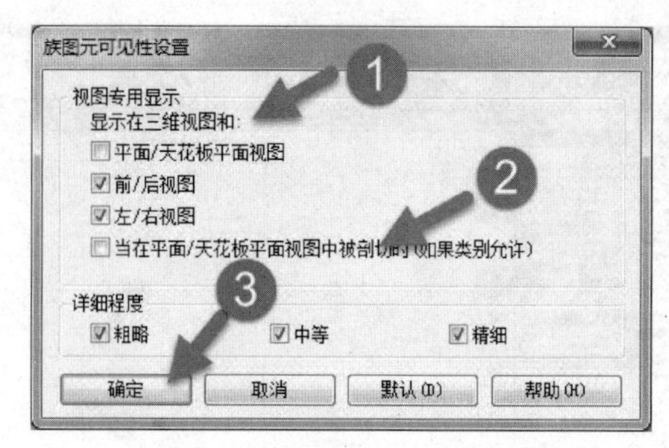

图 13-81　设置族图元可见性选项

（13）添加门板厚度参数：切换至“注释”选项卡→选择“尺寸标注”面板→“对齐”工具，如图 13-82 所示。

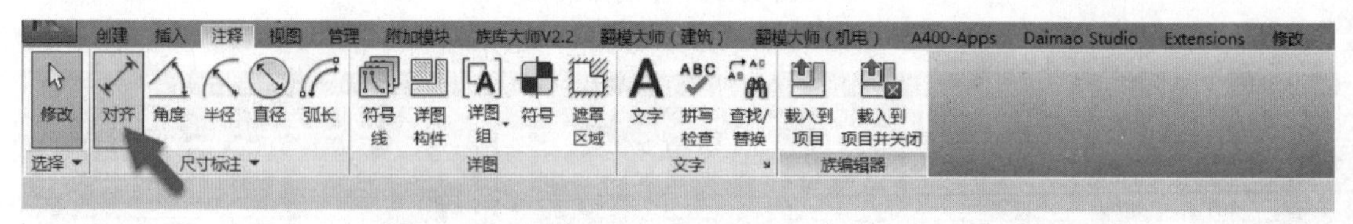

图 13-82　选择“对齐”尺寸标注

（14）在“修改 | 放置尺寸标注”选项卡，选择“尺寸标注”面板中的“对齐”工具，如图 13-83 所示的位置进行标注。

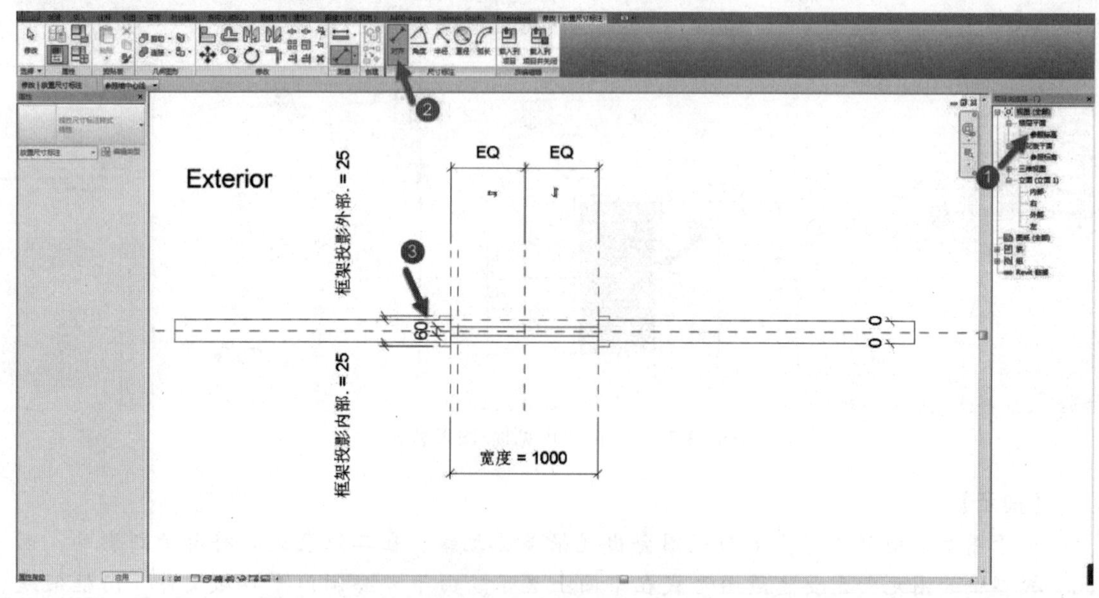

图 13-83　添加尺寸标注

（15）创建面板厚度参数：单击选择“60”的尺寸标注，Revit 会自动切换至“修改 | 尺寸标注”选项卡，选择“标签尺寸标注”面板中的“标签”下拉列表中的“厚度”，如图 13-84 所示。

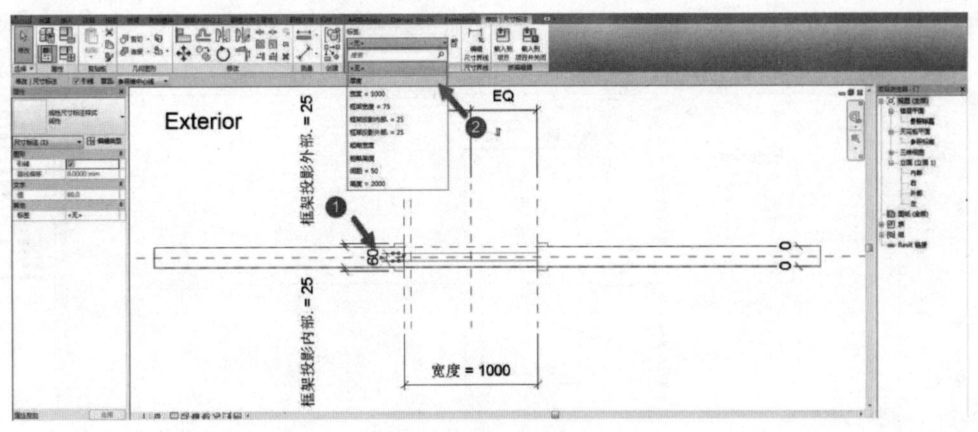

图 13-84　添加“厚度”参数

（16）完成所有操作，如图 13-85 所示。

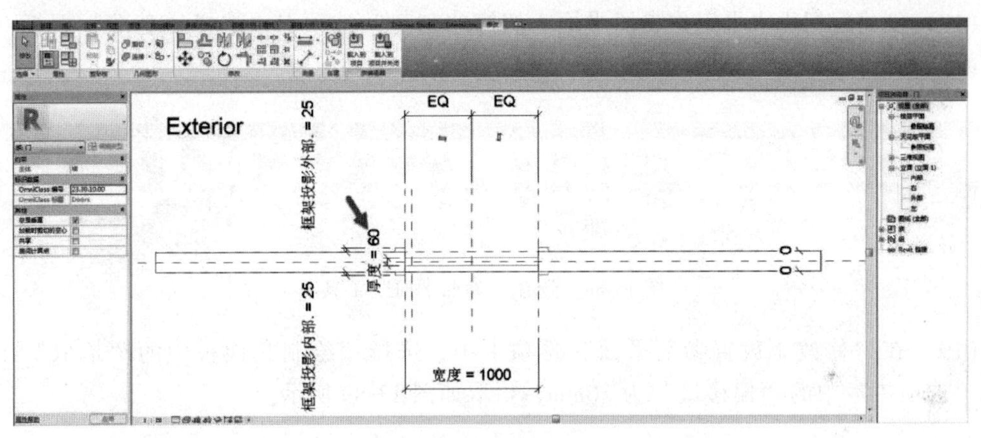

图 13-85　添加参数成功

（17）添加门把手：在项目浏览器中，双击楼层平面视图中的“参照标高”，如图 13-86 所示。Revit 将会切换至“参照标高”楼层平面视图，如图 13-87 所示。

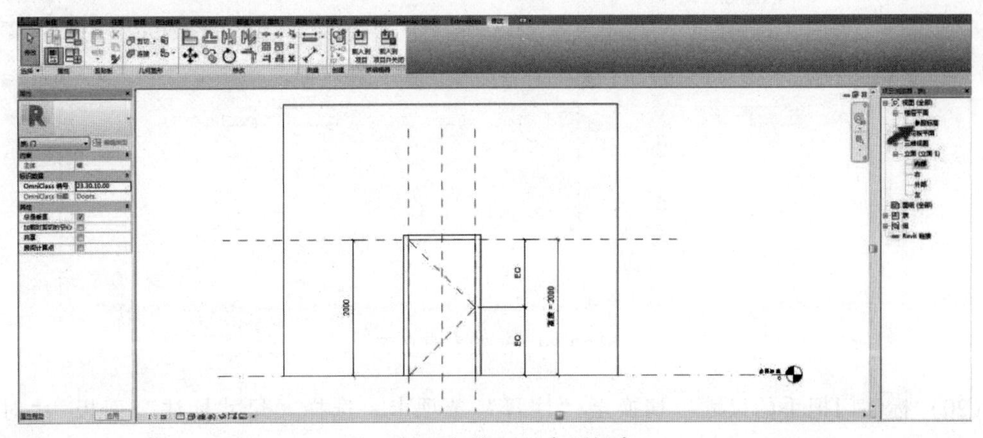

图 13-86　切换至“参照标高”

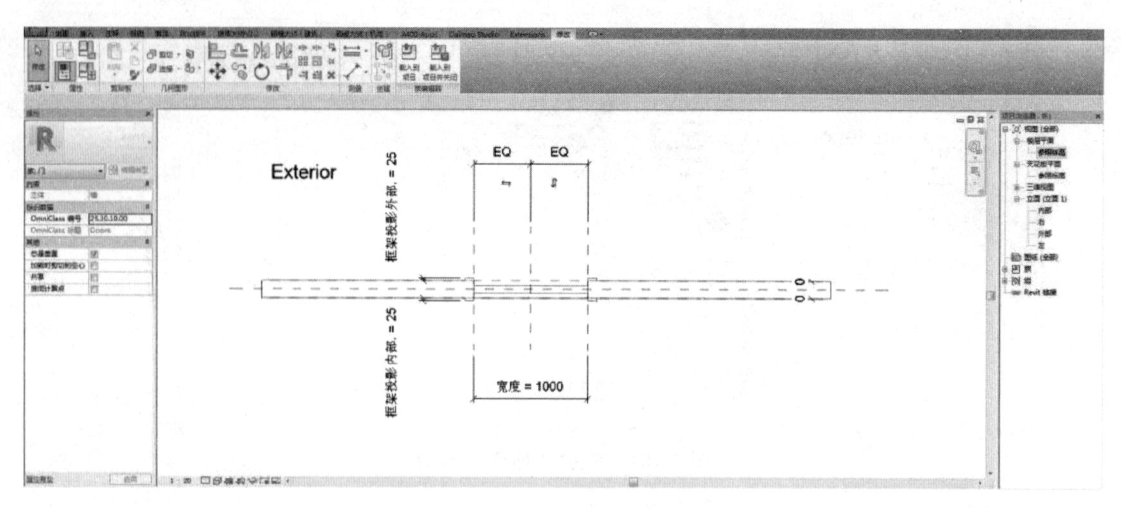

图 13-87　“参照标高”视图

（18）创建门把手水平定位参照平面：切换“创建”选项卡→选择“基准”面板→“参照平面”工具，如图 13-88 所示。

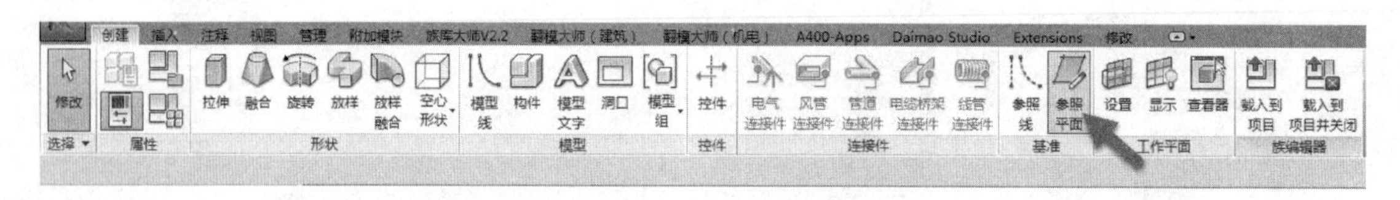

图 13-88　选择“参照平面”工具

（19）在“修改｜放置参照平面”选项卡中，选择“绘制”面板中的“拾取”工具，修改“选项栏”中的“偏移量”为 50mm，拾取如图 13-89 所示。

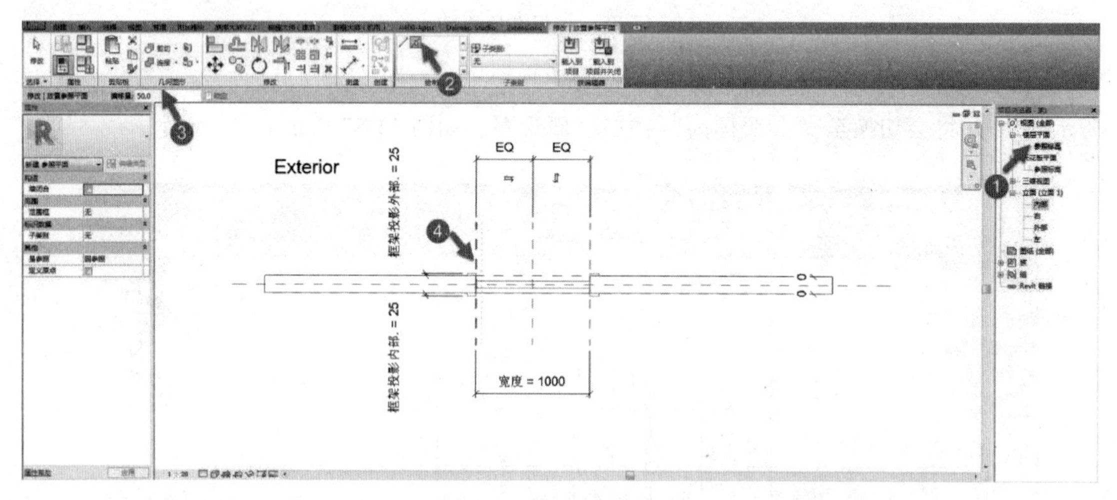

图 13-89　绘制参照平面

（20）标注门把手的尺寸：切换至“注释”选项卡→选择“尺寸标注”面板→“对齐”工具，如图 13-90 所示。

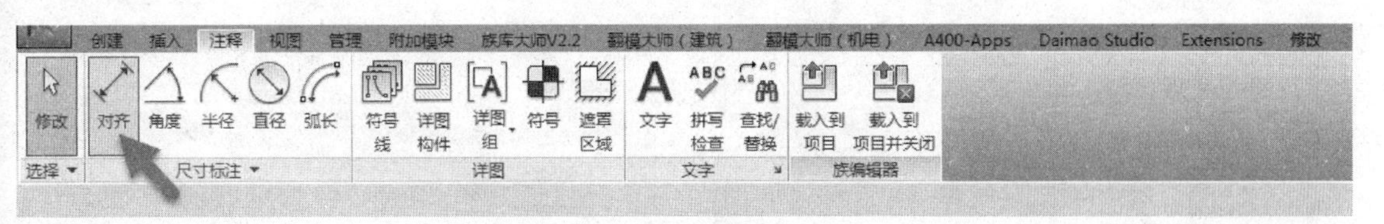

图 13-90　选择“对齐”尺寸标注

(21) 在“修改 | 放置尺寸标注”选项卡中，选择“尺寸标注”面板中的“对齐”工具，如图 13-91 所示的位置进行标注。

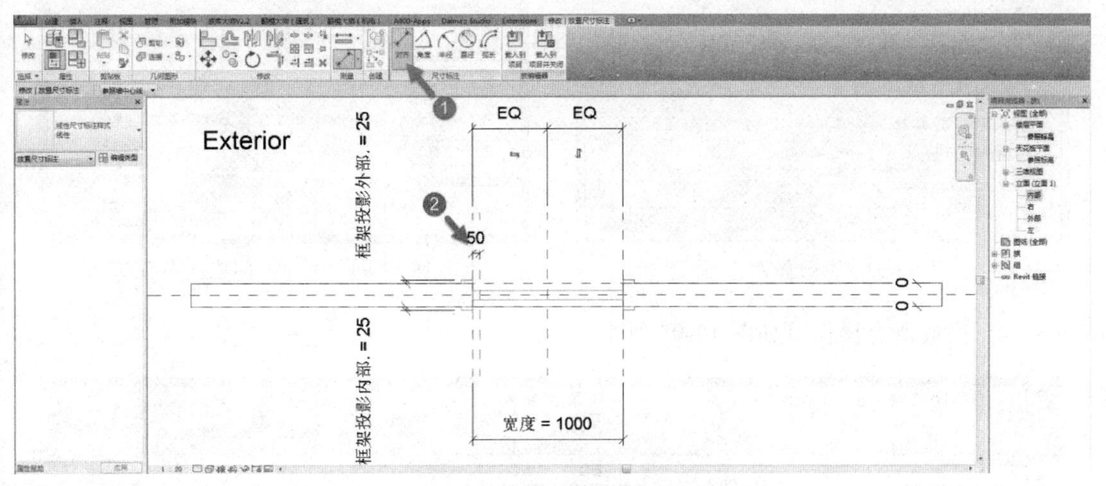

图 13-91　添加尺寸标注

(22) 创建门把手间距的参数：单击选择“50”的尺寸标注，Revit 将会自动切换至“修改 | 尺寸标注”选项卡，选择“标签尺寸标注”面板中的“创建参数”，如图 13-92 所示。

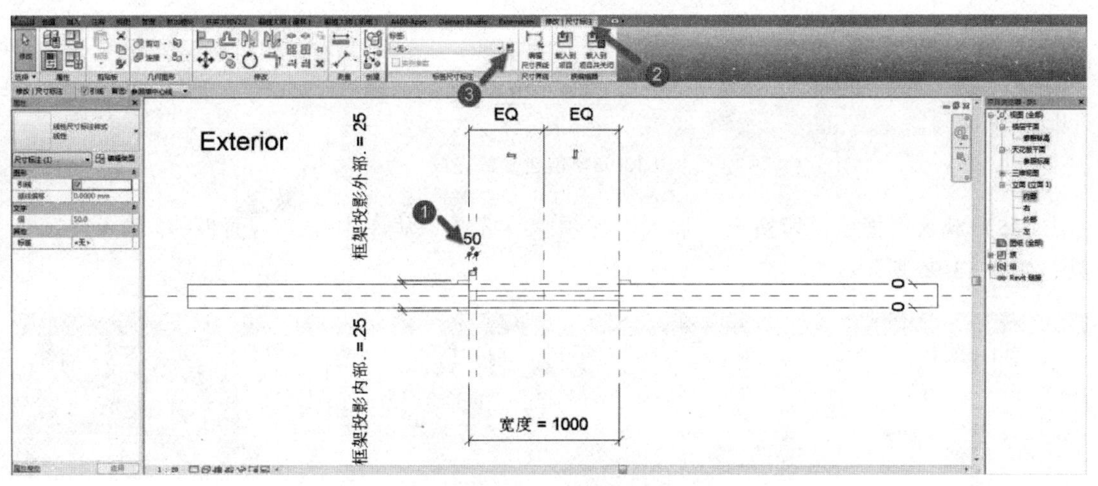

图 13-92　新建参数

(23) Revit 将会弹出“参数属性”对话框，如图 13-93 所示。在“参数属性”面板中，输入名称为“间距”，单击“确定”按钮，如图 13-94 所示。

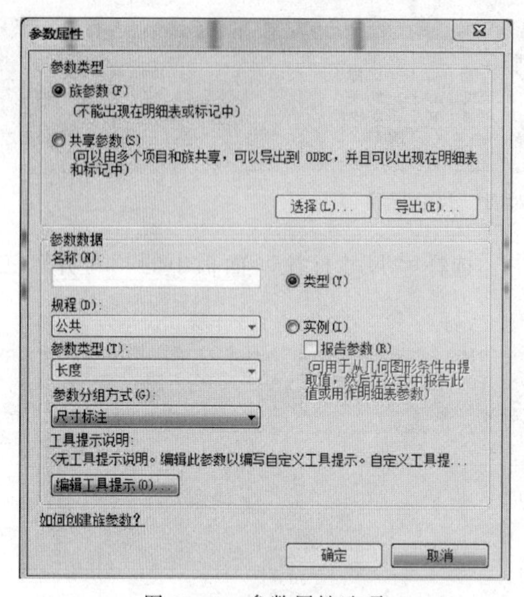

图 13-93　参数属性选项

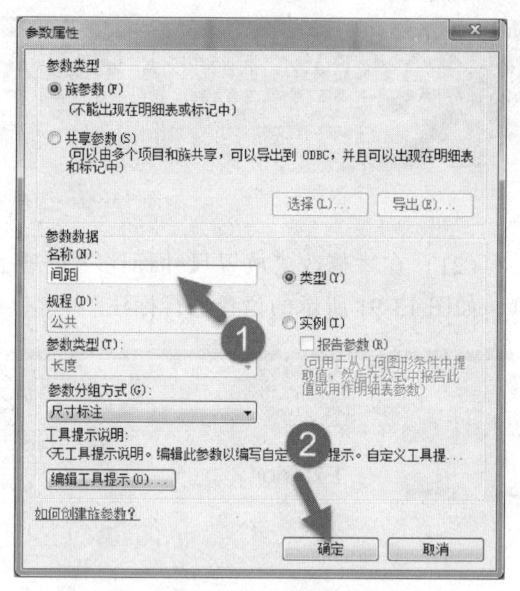

图 13-94　创建“间距”参数

（24）完成所有操作，如图 13-95 所示。

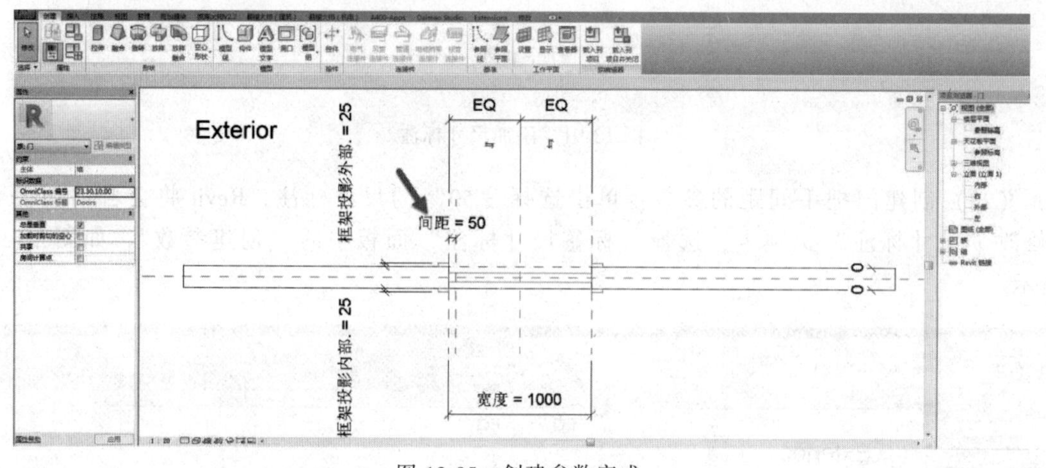

图 13-95　创建参数完成

（25）载入门把手：切换至“插入”选项卡→选择“从库中载入”面板→“载入族”工具，如图 13-96 所示。

图 13-96　选择“载入族”工具

（26）在弹出的“载入族”对话框，切换文件路径至“建筑”→“门”→“门构件”→“拉手”→“门锁 5”，单击“打开”按钮，如图 13-97 所示。

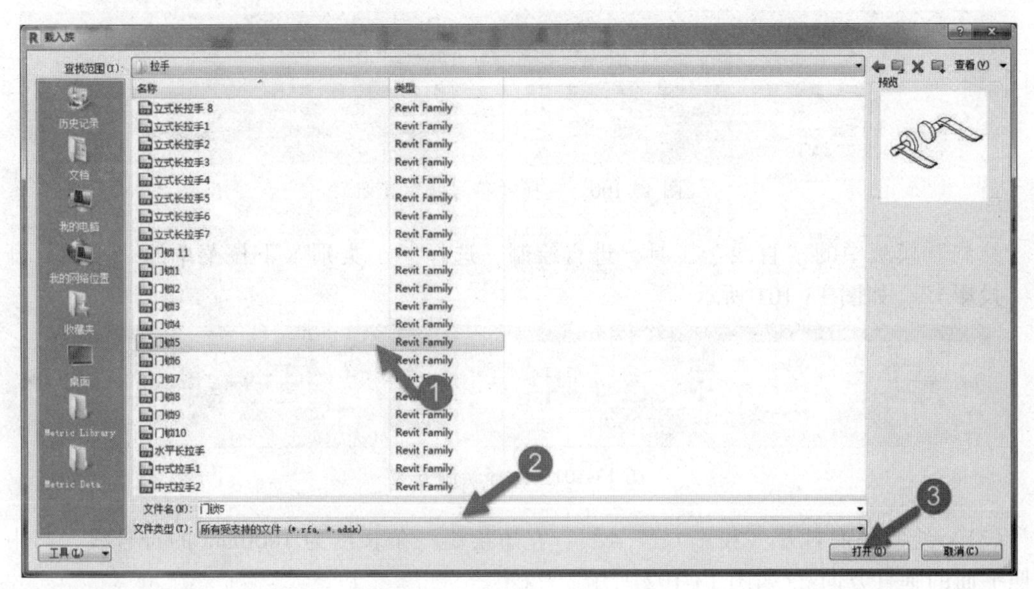

图 13-97 载入“门锁”族

（27）放置门把手：切换至“创建”选项卡→选择“模型”面板→“构件”工具，如图13-98所示。

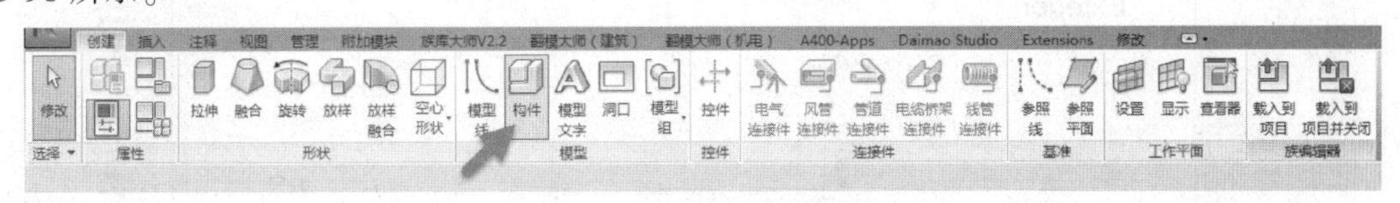

图 13-98 选择“构件”

（28）在“修改 | 放置构件”选项卡，将门把手放置至如图13-99所示的位置，并修改“属性”面板中的“偏移量”为900mm。

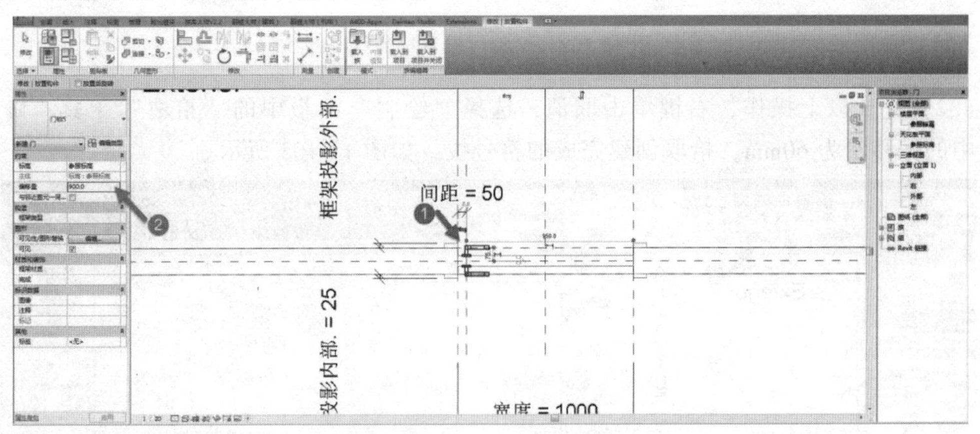

图 13-99 放置门锁

（29）创建平面表达：切换至“注释”选项卡→选择“详图”面板→“符号线”工具，如图13-100所示。

（30）选择“符号线”之后，Revit将会自动切换至“修改 | 放置符号线”选项卡，选

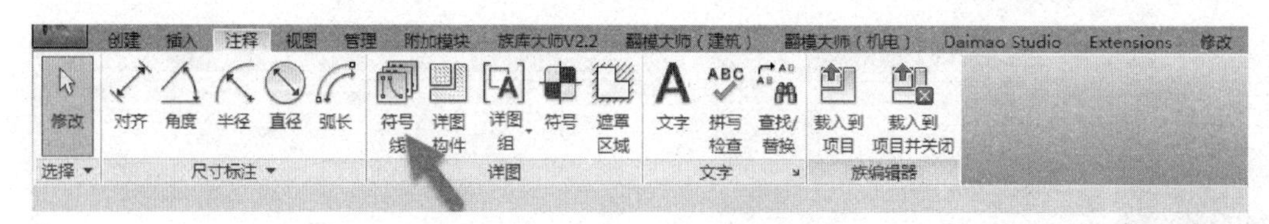

图 13-100　选择“符号线”工具

择“绘制”模板中的“直线”工具，进行绘制，选择“子类别”下拉菜单的“平面打开方向（投影）”，如图 13-101 所示。

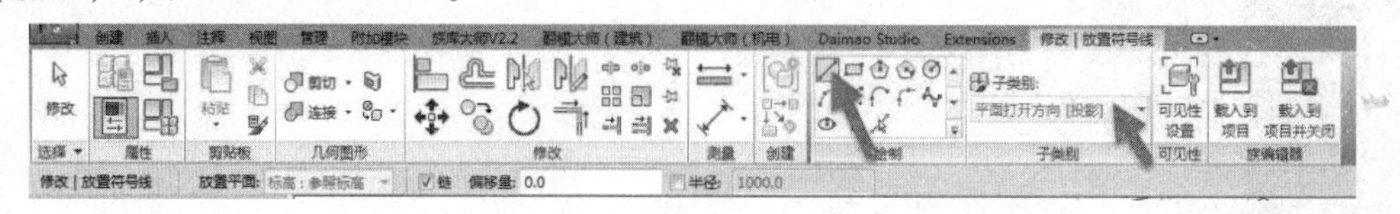

图 13-101　选择绘制方式

（31）绘制平面打开（投影）符号线：左边绘制一条长度为 1000mm 的符号线，与中心参照平面的垂直方向，如图 13-102 所示。

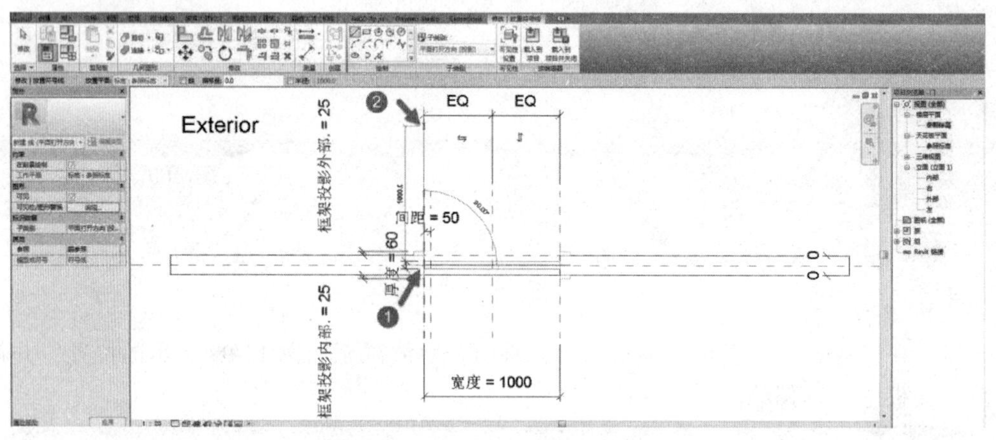

图 13-102　绘制门投影符号线一

（32）完成以上操作，右键单击取消，选择“绘制”面板中的“拾取”工具，修改选项栏中的偏移量为 60mm，拾取创建完成的符号线，如图 13-103 所示。

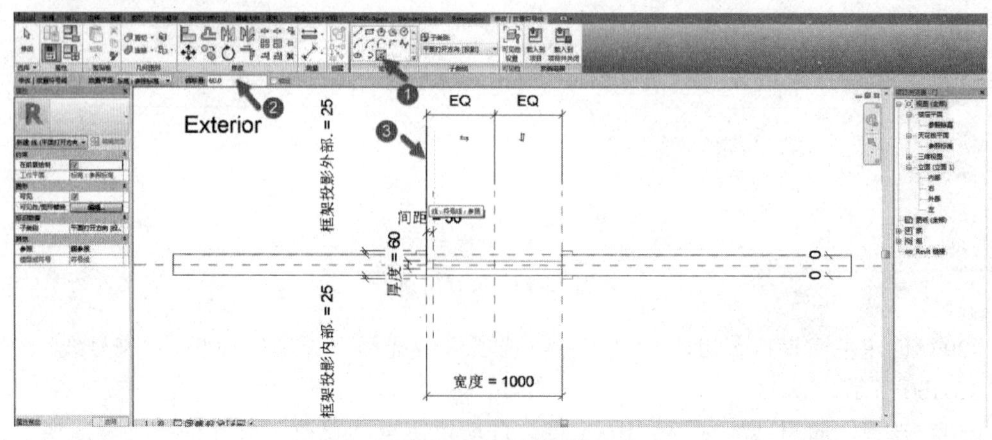

图 13-103　绘制门投影符号线二

（33）右键单击取消，选择“绘制”面板中的“圆心-端点弧”工具，在如图 13-104 所示的位置绘制弧形。

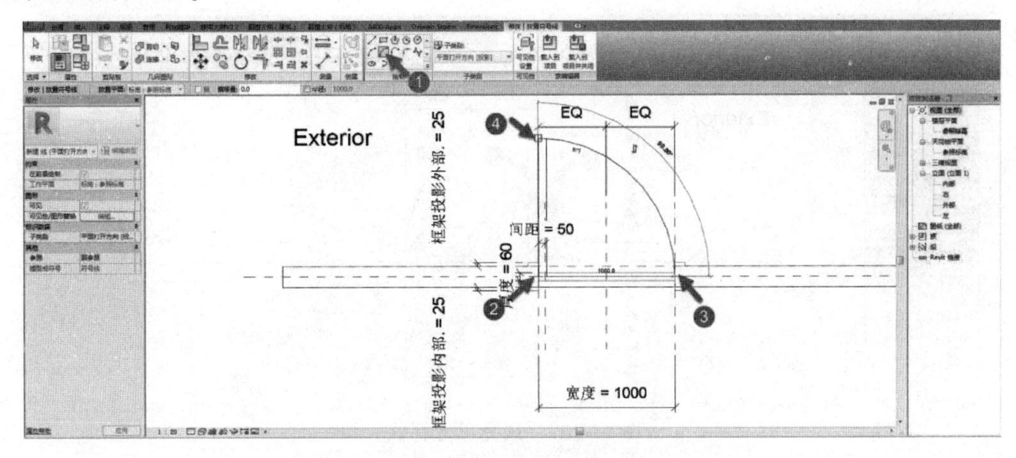

图 13-104 绘制门开启弧线

（34）对齐锁定：切换至“修改”选项卡→选择“修改”面板→“对齐”工具，移动鼠标指针至视图，用 Tab 键在弧线的顶端位置循环选择，分别捕捉到弧线和门板线的端点并单击，再单击完成的符号线，会出现“锁头”符号，单击将其锁定，如图 13-105 所示。

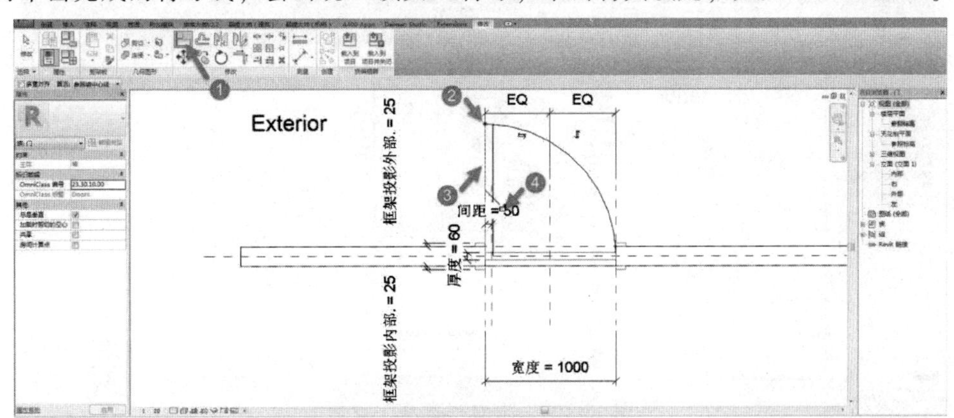

图 13-105 锁定符号线端点一

（35）同理，将弧形的另外一端点与右边的参照平面对齐锁定，如图 13-106 所示。

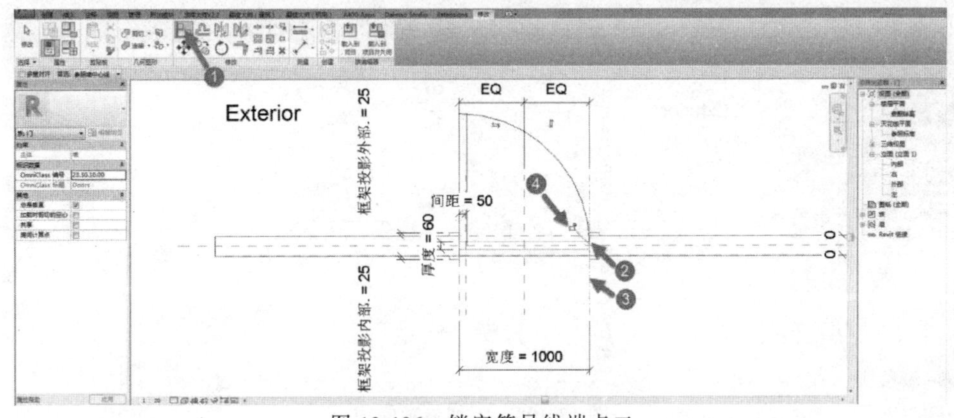

图 13-106 锁定符号线端点二

（36）添加符号线参数：右键单击取消或单击 Esc 键两次，单击完成的符号线，将会出现临时尺寸标注，单击“使此临时尺寸标注成为永久尺寸标注”按钮，如图 13-107 所示。

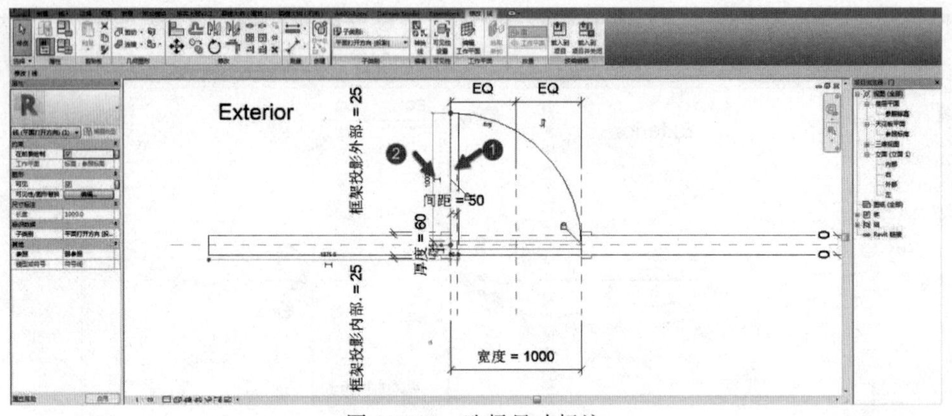

图 13-107 选择尺寸标注

（37）完成以上操作，符号线将创建其尺寸标记，单击选择“1000”的尺寸标注，Revit 将会自动切换至“修改 | 尺寸标注”选项卡，选择“标签尺寸标注”面板中的“标签”下拉列表中的“宽度”，如图 13-108 所示。

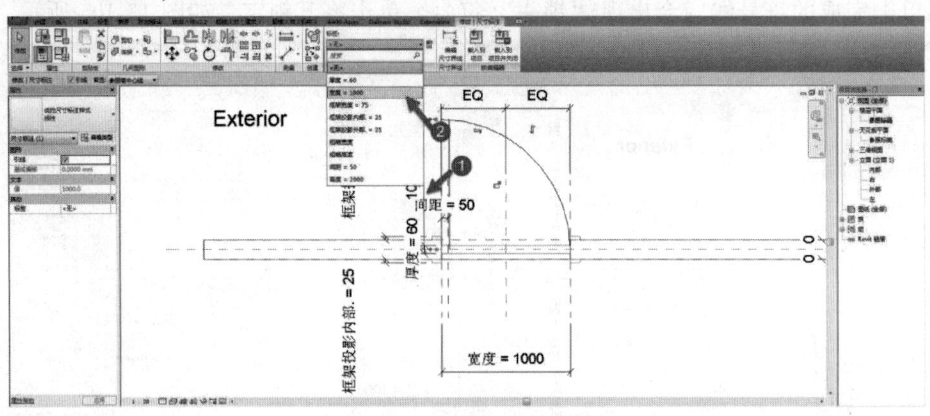

图 13-108 添加“宽度”参数

（38）同理，将另外一条垂直方向和弧线的符号线进行添加参数，如图 13-109 所示。

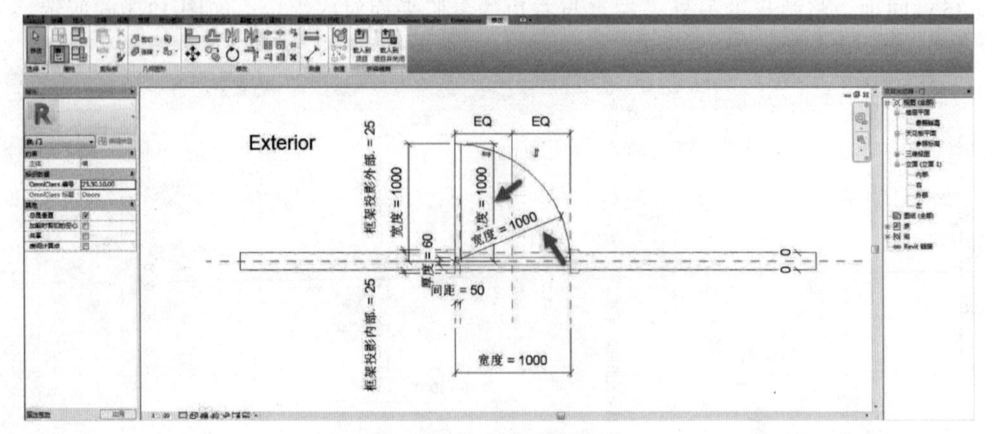

图 13-109 添加参数完成

(39) 修改参数：测试族是否参数化，切换至“创建”选项卡→选择“属性”面板→单击“族类型”工具，如图 13-110 所示。

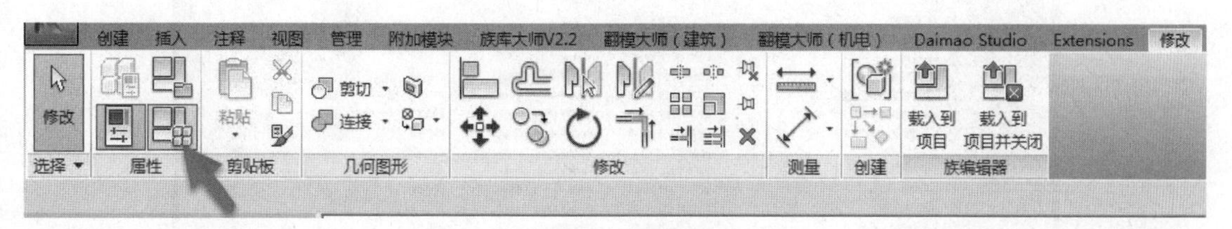

图 13-110 选择“族类型”工具

(40) 单击之后，Revit 将会弹出“族类型”对话框，如图 13-111 所示。修改宽度为 800mm，高度为 2100mm，单击“确定”按钮如果没有弹出“警告”对话框，提示错误，表示族创建成功，如图 13-112 所示。

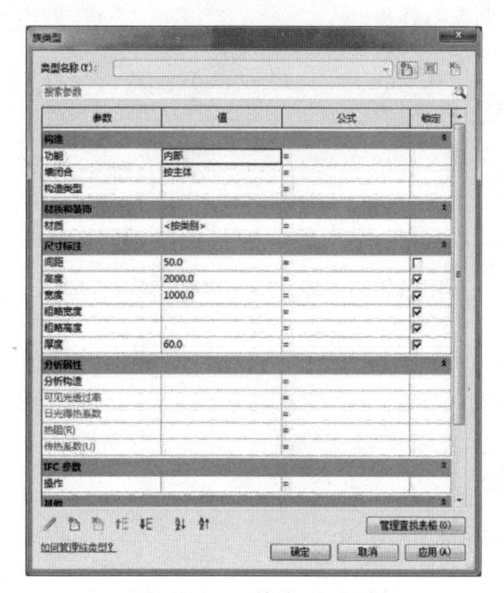

图 13-111 族类型选项

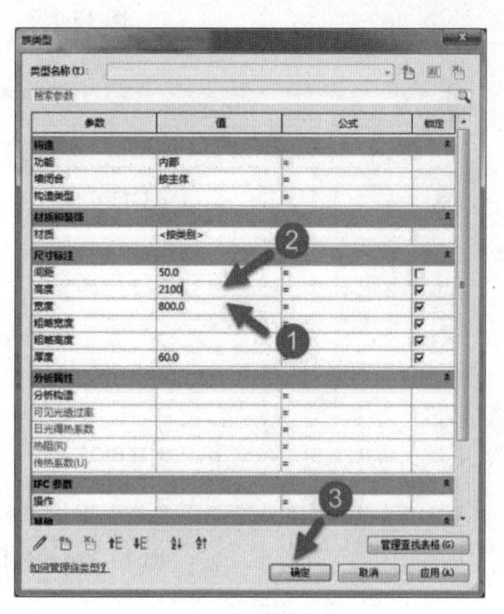

图 13-112 修改测试完成

13.3.3 窗

本小节以普通窗为例，需要掌握的包括创建窗族的步骤，创建实体时，工作平面的设定和锁定的应用、设定子类别、为族添加参数（材质、长度、是/否—即可见性）、设置构件在视图中的可见性。

窗族的要求：创建宽度为 1000mm，高度为 1500mm 的固定窗，默认窗台高为 800mm，扇边框断面尺寸为 50mm×50mm，玻璃厚度为 6mm，墙、窗扇、玻璃全部中心对齐，添加材质属性，并创建窗的平面二维表达。

创建步骤如下：

(1) 新建族：单击 Revit 初始界面的“应用程式菜单栏”按钮→“新建”→“族”。

(2) 选择样板：在弹出的“新族-选择样板文件”对话框中选择“公制窗”样板族，单击打开按钮，如图 13-113 所示。

(3) 设置工作平面：在族编辑器工作界面上，切换“创建”选项卡→选择“工作平面”面板→“设置”工具，如图 13-114 所示。

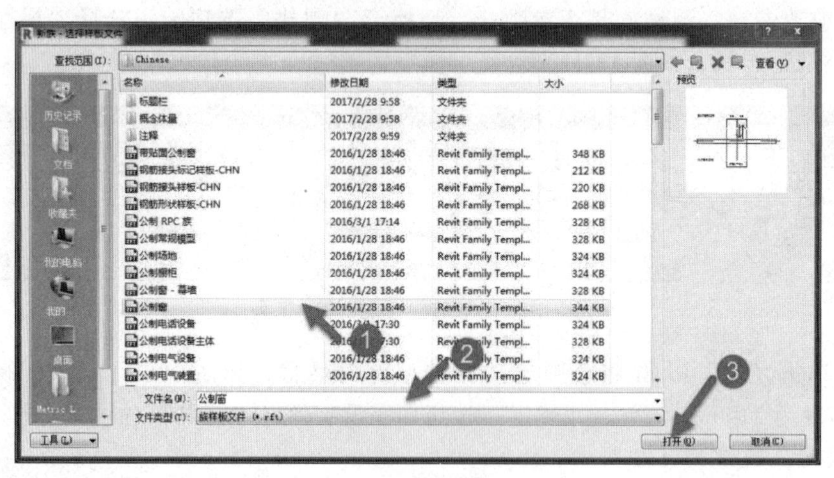

图 13-113　选择“公制窗”样板

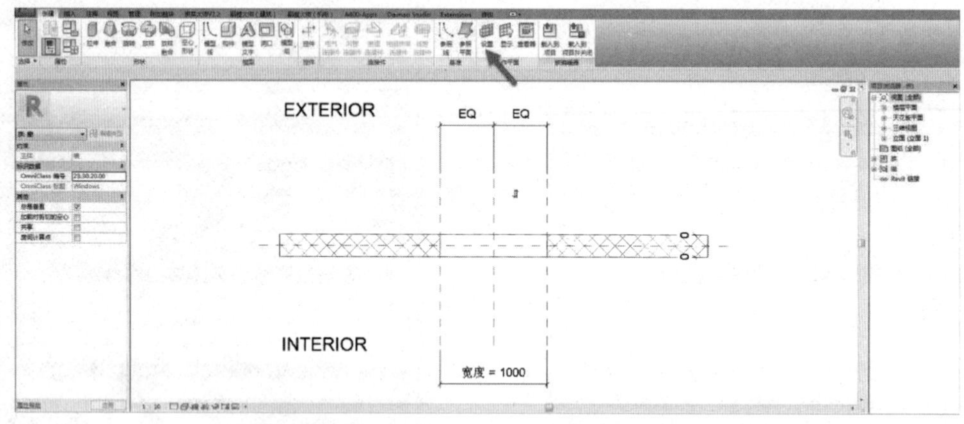

图 13-114　选择“设置工作平面”工具

（4）Revit 将会弹出“工作平面”对话框，如图 13-115 所示。在“指定新的工作平面”中，选择“拾取一个平面”，单击“确定”按钮，如图 13-116 所示。

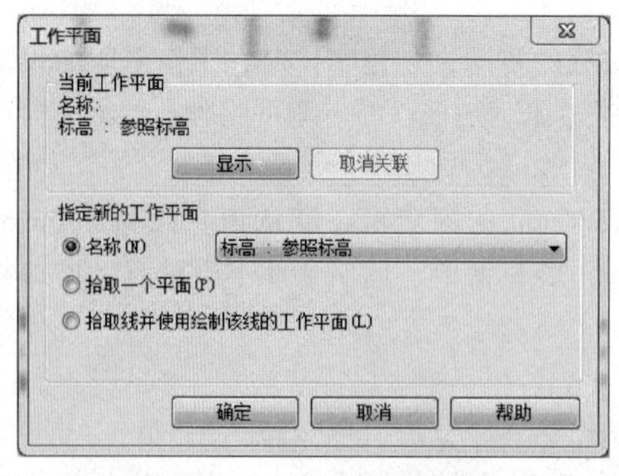

图 13-115　工作平面选项

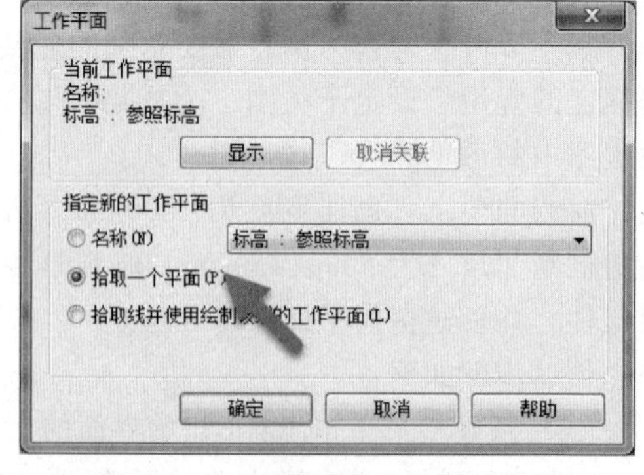

图 13-116　选择选取工作平面方式

（5）完成以上操作，鼠标指示图标将会变成“十字光标”，移动鼠标指针至平面视图中的“水平中心”的参照平面，如图 13-117 所示。

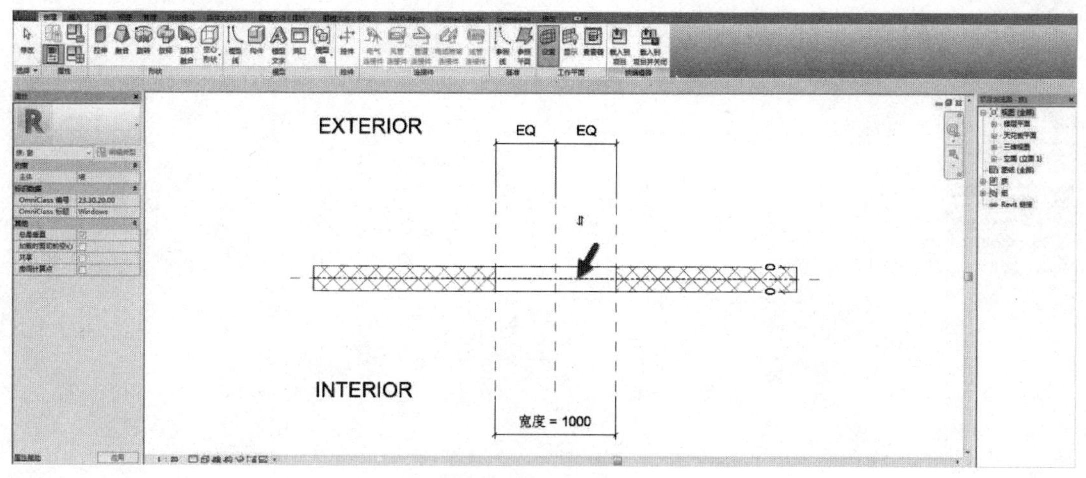

图 13-117 选取“水平中心”参照平面

（6）Revit 将会弹出“转到视图”对话框，如图 13-118 所示。单击选择“立面：内部”单击“打开视图”，如图 13-119 所示。

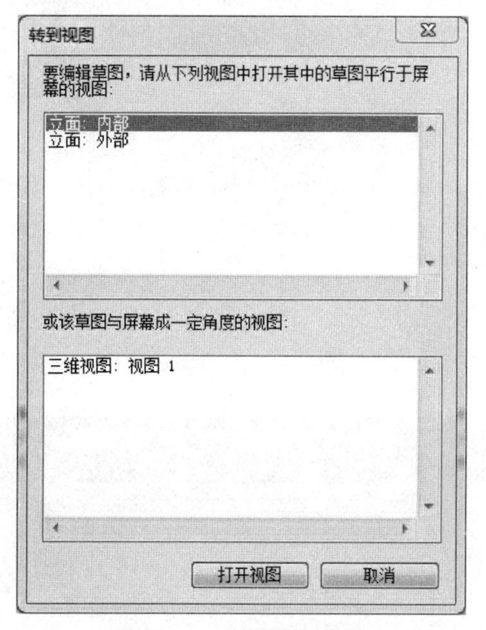

图 13-118 转到视图选项

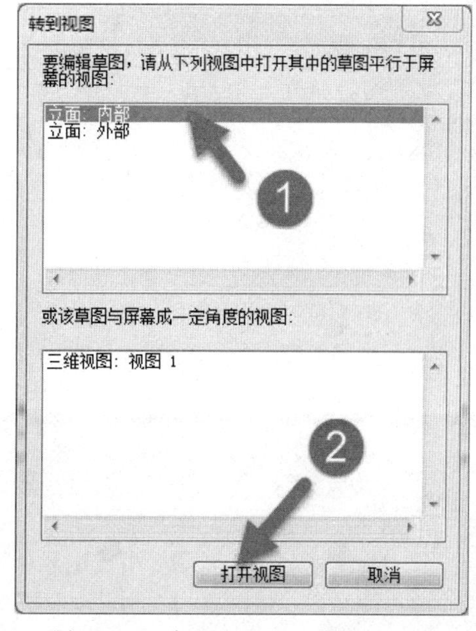

图 13-119 打开“立面：内部”视图

（7）完成以上操作，Revit 将会切换至“内部”立面视图，切换至“创建”选项卡，选择“形状”面板中的“拉伸”工具，如图 13-120 所示。

（8）创建窗框：在“修改｜创建拉伸”选项卡，选择“绘制”面板→“矩形”工具，修改属性面板中的“拉伸终点”为 25mm、“拉伸起点”应为-25mm，在如图 13-121 所示的位置，绘制轮廓，并锁定其四边。

（9）选择“绘制”面板中的“矩形”工具，修改偏移量为“-50”，修改属性面板中的“拉伸终点”为 25mm、“拉伸起点”为-25mm，在如图 13-122 所示的位置，绘制轮廓。

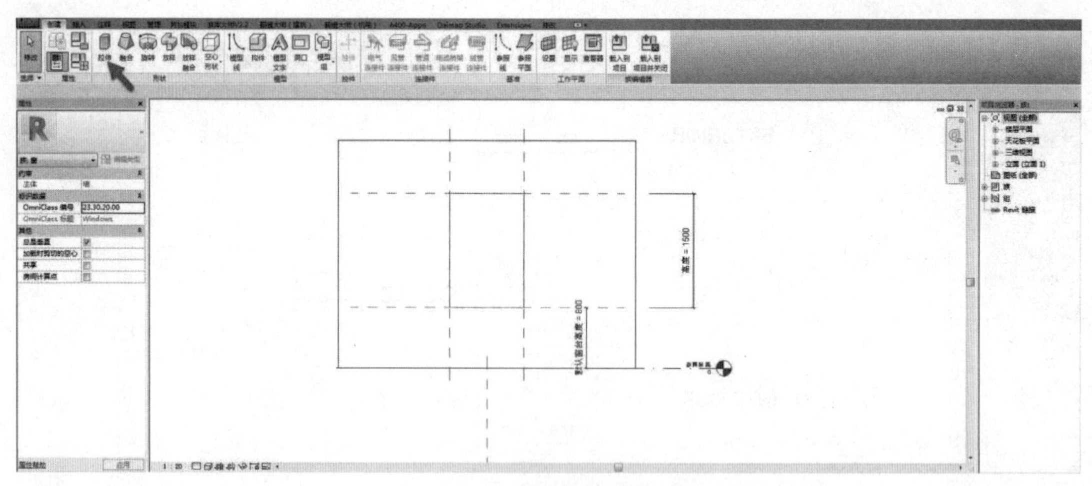

图 13-120　选择“拉伸”工具

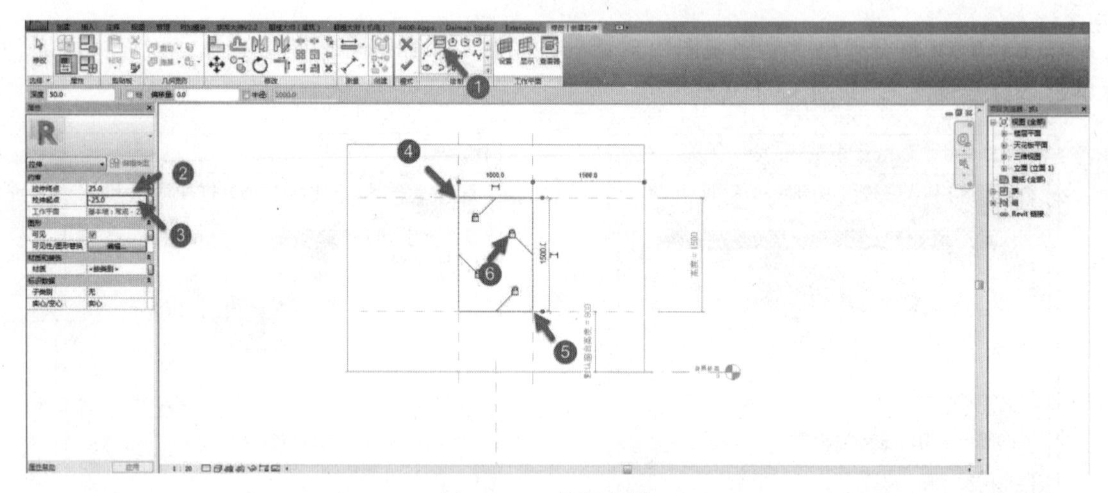

图 13-121　绘制窗框一

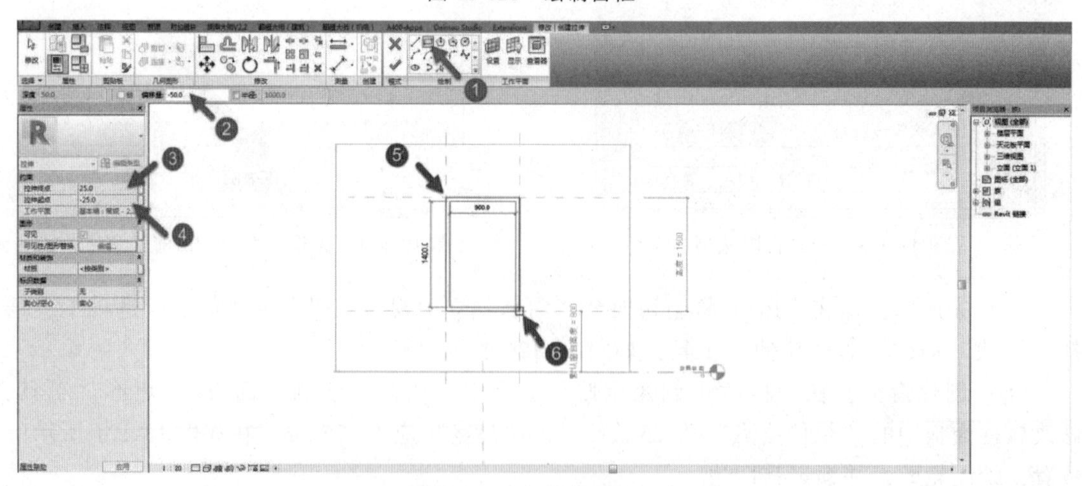

图 13-122　绘制窗框二

（10）添加窗框宽度：切换至“注释”选项卡→选择“尺寸标注”面板→“对齐”工具，如图 13-123 所示。

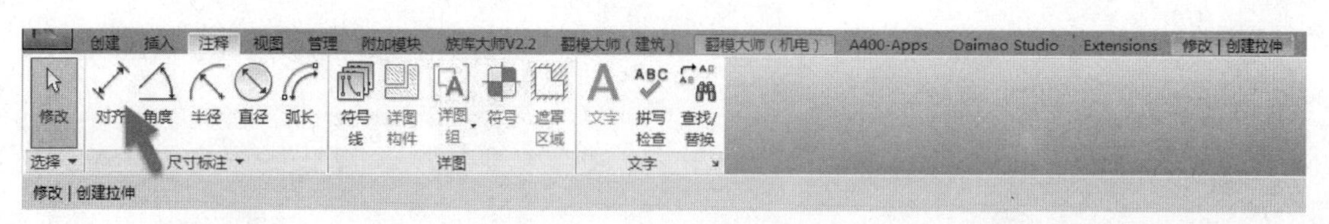

图 13-123　选择“对齐”尺寸标注

（11）在“修改｜放置尺寸标注”选项卡，选择“尺寸标注”面板中的“对齐”工具，在如图 13-124 所示的位置进行标注。

（12）创建窗框宽度参数：选择全部的“50”尺寸标注，Revit 将会自动切换至“尺寸标注”选项卡，选择“标签尺寸标注”面板中的“创建参数”，如图 13-125 所示。

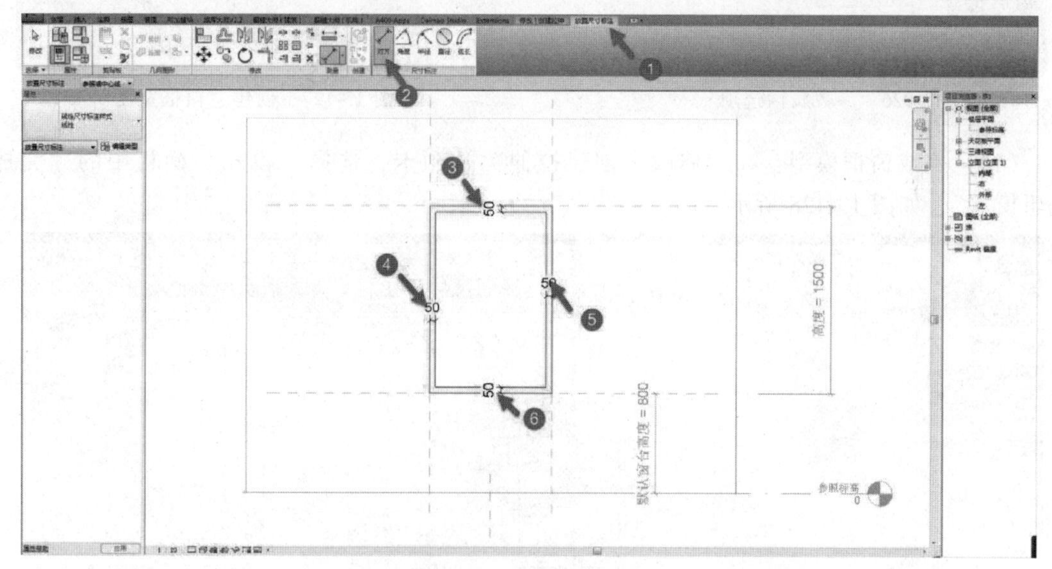

图 13-124　添加尺寸标注

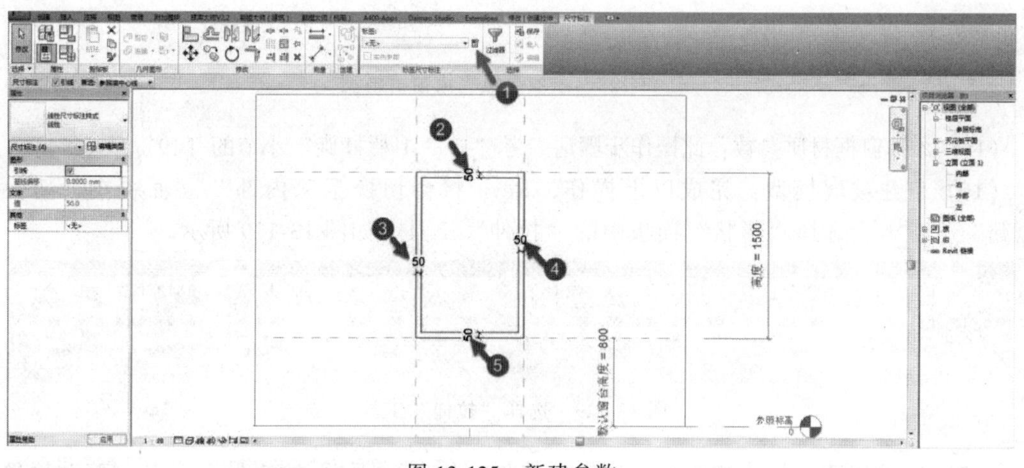

图 13-125　新建参数

（13）完成以上操作，Revit 将会弹出“参数属性”对话框，如图 13-126 所示。在“参数属性”面板中，输入名称为“窗框宽度”，单击“确定”按钮，如图 13-127 所示。

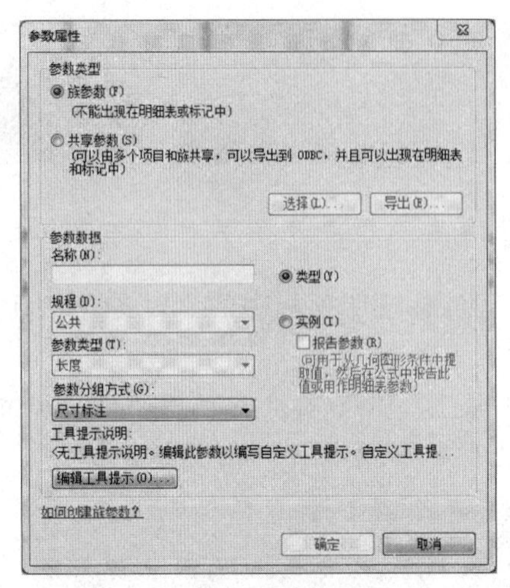

图 13-126　参数属性选项

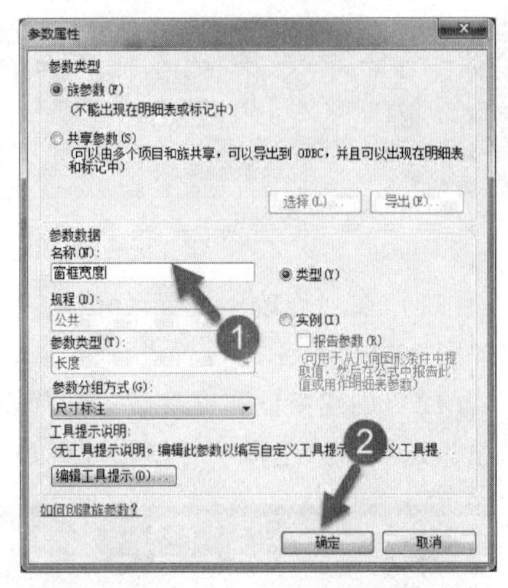

图 13-127　创建“窗框宽度”参数

(14) 完成窗框模型：在“修改｜创建拉伸”选项卡，选择“模式”面板中的“完成编辑模式”，如图 13-128 所示。

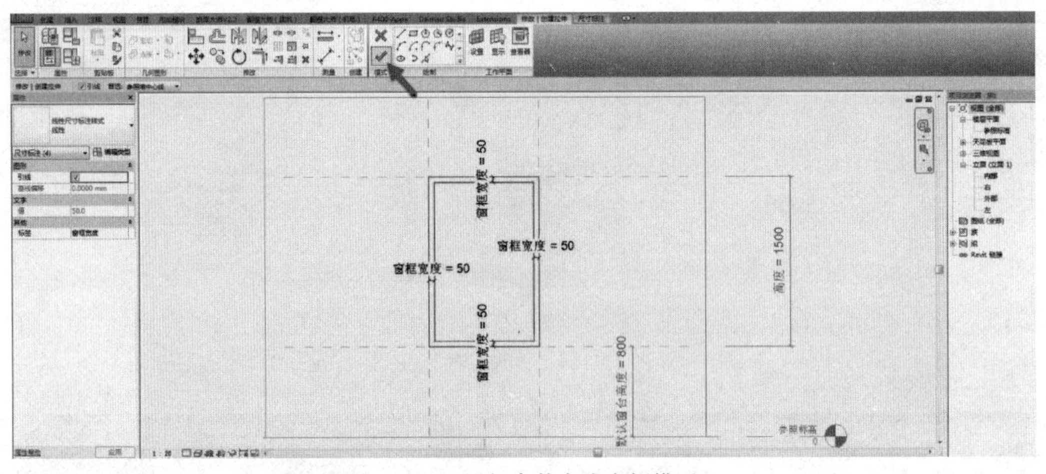

图 13-128　添加参数完成窗框模型

(15) 添加窗框材质参数：此操作步骤请参考“11. 3. 1 栏杆族”小节的 (19) ~ (21)。

(16) 创建玻璃模型：完成以上操作，Revit 将会切换至“内部”立面视图，切换至“创建”选项卡，选择“形状”面板中的“拉伸”工具，如图 13-129 所示。

图 13-129　选择“拉伸”工具

(17) 在“修改｜创建拉伸”选项卡，选择“绘制”面板→“矩形”工具，修改属性面板中的“拉伸终点”为 3mm、“拉伸起点”应为-3mm，在如图 13-130 所示的位置，绘制轮廓，并锁定其四边。

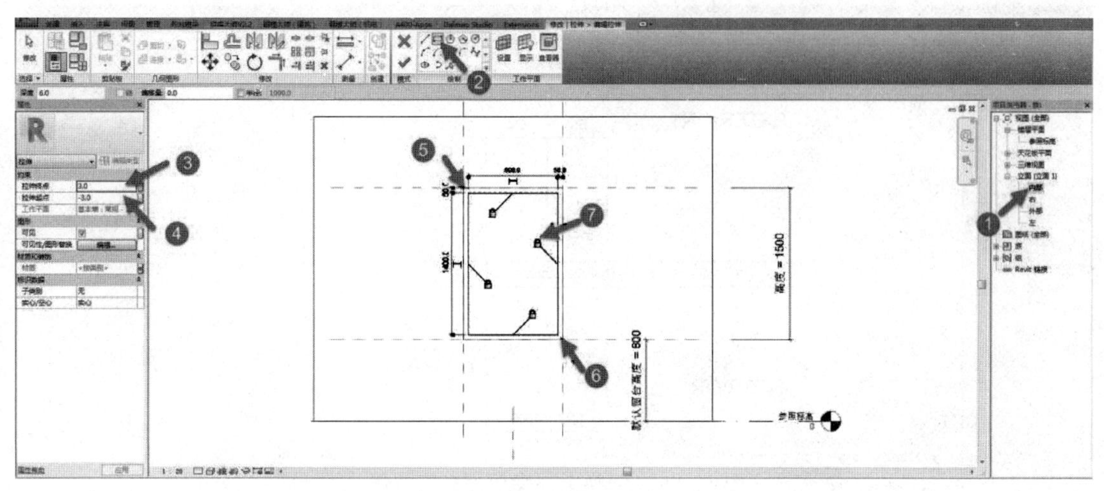

图 13-130 绘制玻璃

（18）按 Esc 键两次，切换至“修改｜创建拉伸”选项卡，选择“模式”面板中的“完成编辑模式”，如图 13-131 所示。

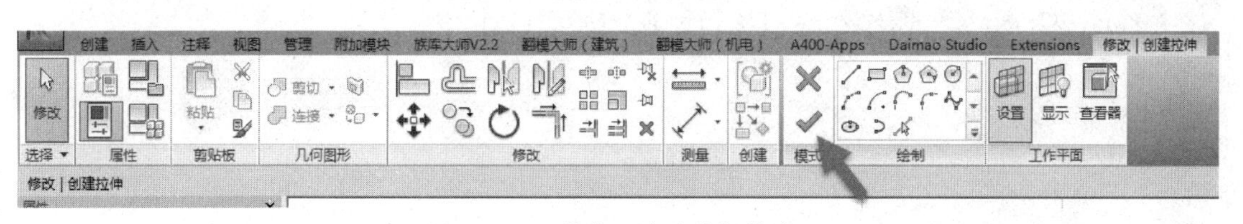

图 13-131 单击“完成编辑模式”

（19）添加玻璃材质参数：此操作步骤请参考“11.3.1 栏杆族”小节的（19）～（21）。

（20）设置图元可见性：选择创建完成的模型，单击“属性”浏览器中的“图元”选项下“编辑”按钮，Revit 将会弹出“族图元可见性设置”，如图 13-132 所示。取消勾选“平面/天花板平面视图”“当在平面/天花平面视图中被剖切时（如果类别允许）”，单击“确定”按钮，完成所有操作，如图 13-133 所示。

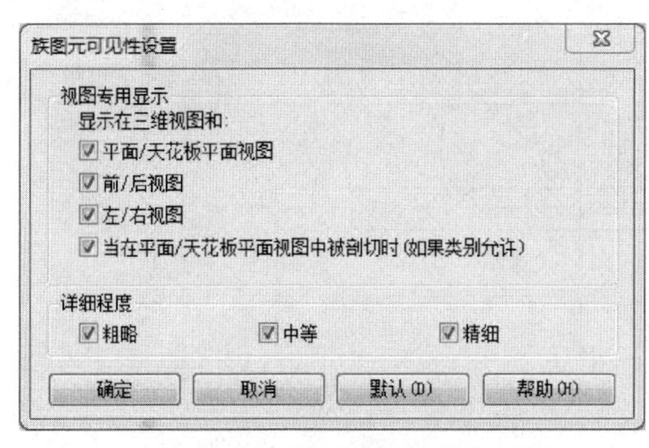

图 13-132 族图元可见性设置选项

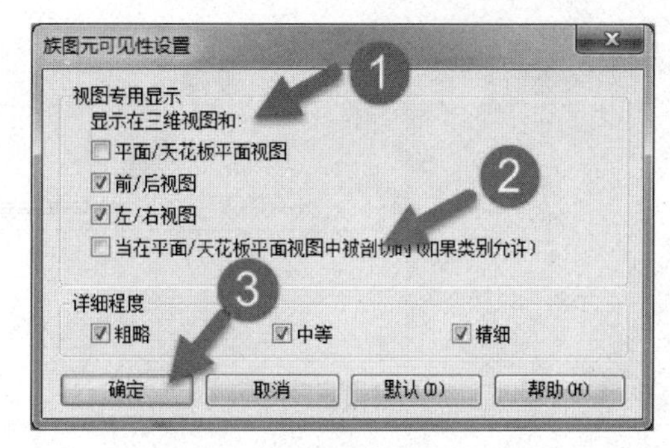

图 13-133 设置族图元可见性

（21）创建平面表达：在项目浏览器中，双击楼层平面中的“参照标高”，切换至“参照平面”，如图 13-134 所示。

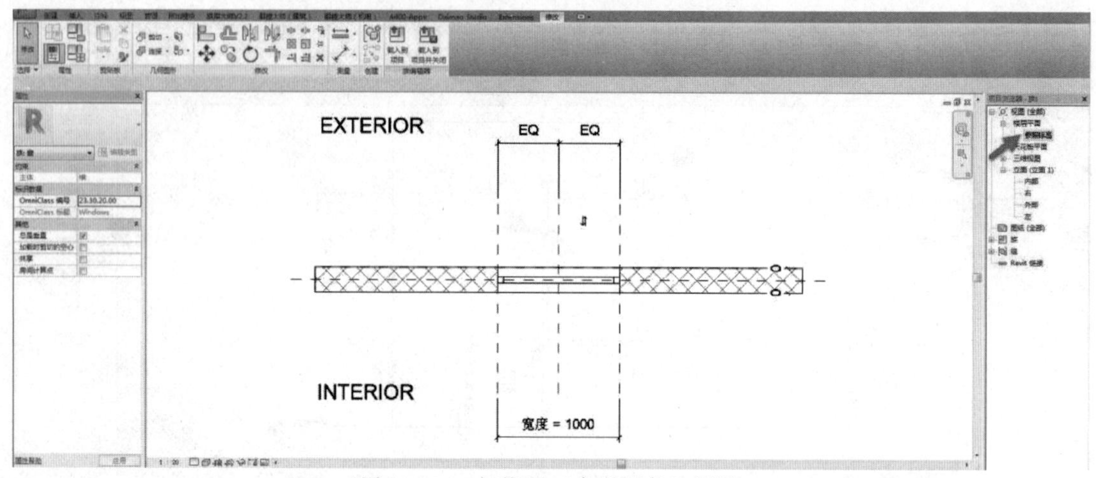

图 13-134　切换至“参照标高”视图

（22）添加窗框厚度：换至“注释”选项卡→选择“尺寸标注”面板→“对齐”工具，如图 13-135 所示。

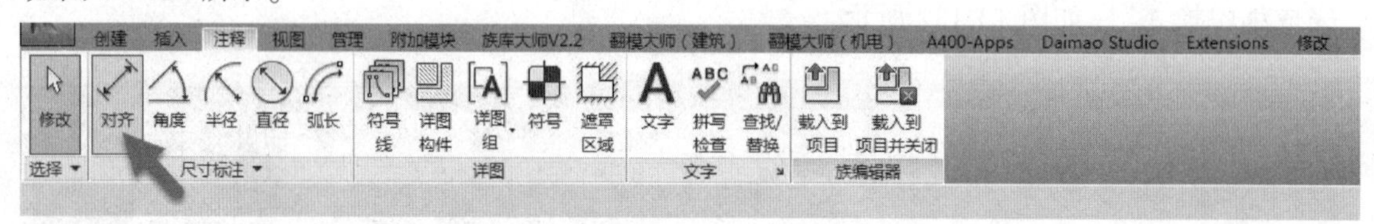

图 13-135　选择“对齐”尺寸标注

（23）在“修改｜放置尺寸标注”选项卡，选择“尺寸标注”面板中的“对齐”工具，在如图 13-136 所示的位置进行标注。

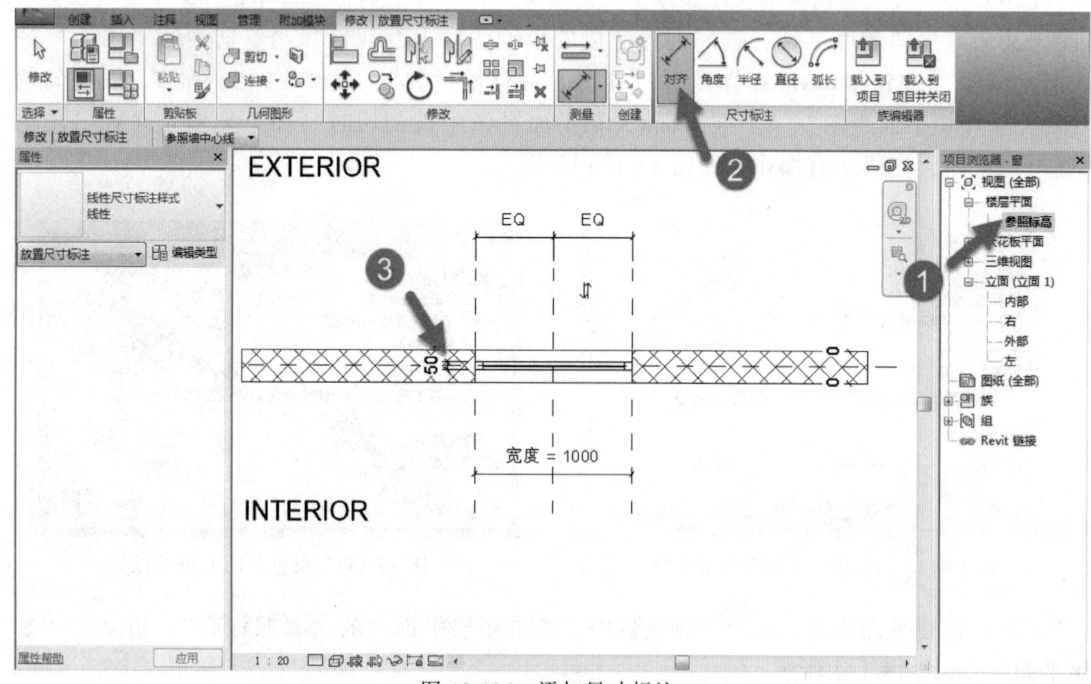

图 13-136　添加尺寸标注

（24）创建面板厚度参数：单击选择“60”的尺寸标注，Revit 会自动切换至“修改｜尺寸标注”选项卡，选择“标签尺寸标注”面板中的“创建参数”的工具，Revit 将会自动弹出“参数属性”对话框，修改名称为“框架厚度”，修改参数属性为“类型”，单击“确定”按钮，如图 13-137 所示。

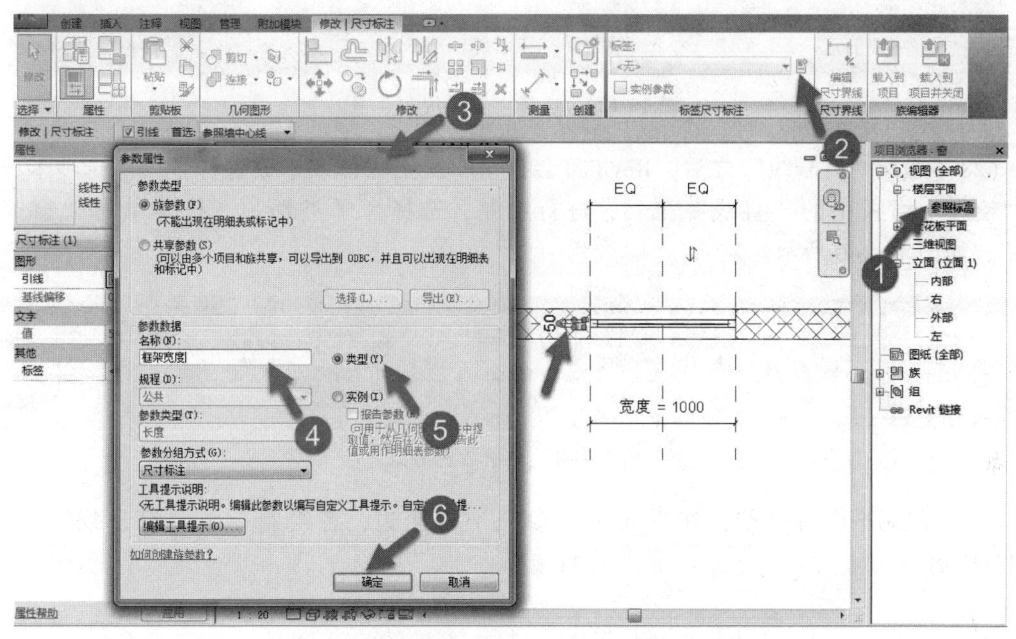

图 13-137　创建“框架宽度”参数

（25）完成所有操作，如图 13-138 所示。

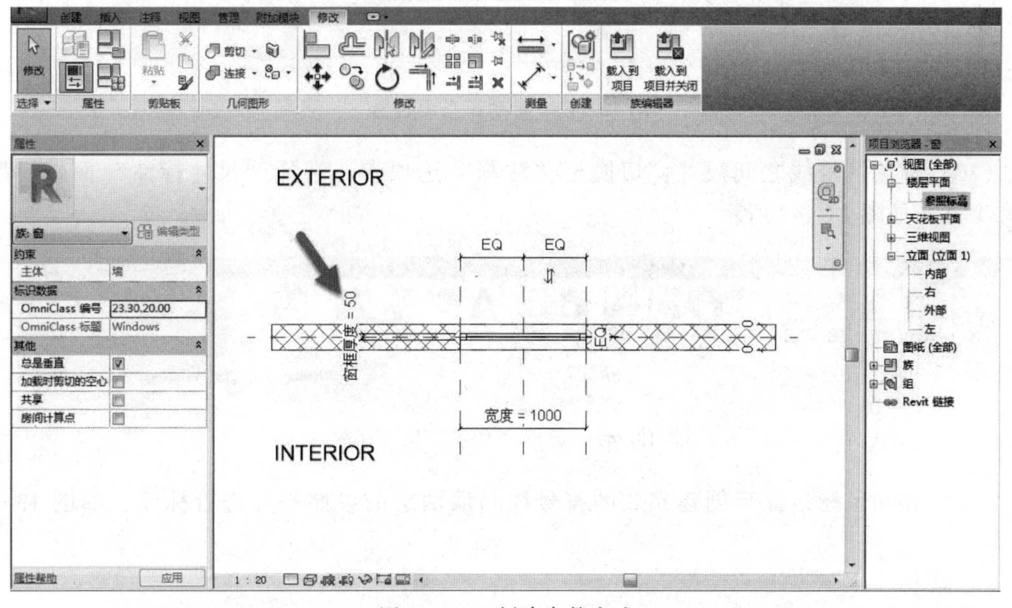

图 13-138　创建参数完成

（26）添加玻璃厚度：此操作步骤如上。

（27）创建平面表达：切换至“注释”选项卡→选择“详图”面板→“符号线”工具，如图 13-139 所示。

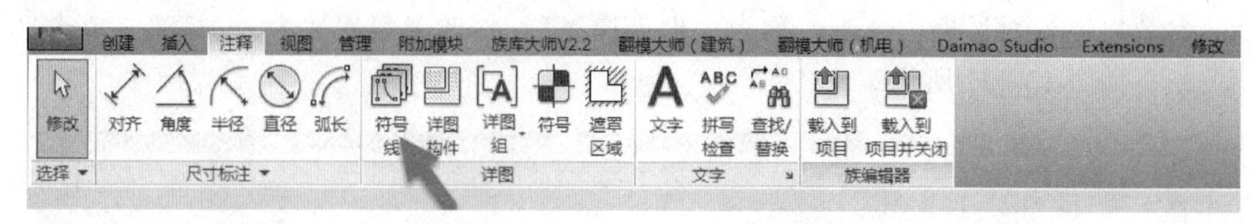

图 13-139 选择“符号线”工具

（28）选择“符号线”之后，Revit 将会自动切换至“修改｜放置符号线”选项卡，选择“绘制”面板中的“直线”工具，进行绘制，选择“子类别”下拉菜单的“窗（截面）”，如图 13-140 所示。

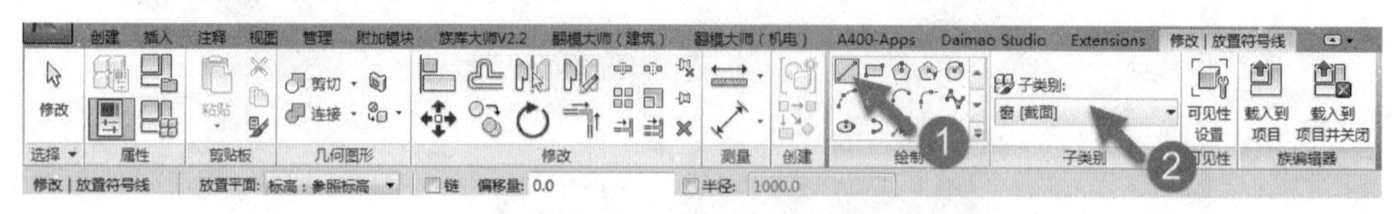

图 13-140 选择绘制方式

（29）绘制平面符号线：在平面中心参照平面两边，各绘制一条“符号线”，如图 13-141所示。

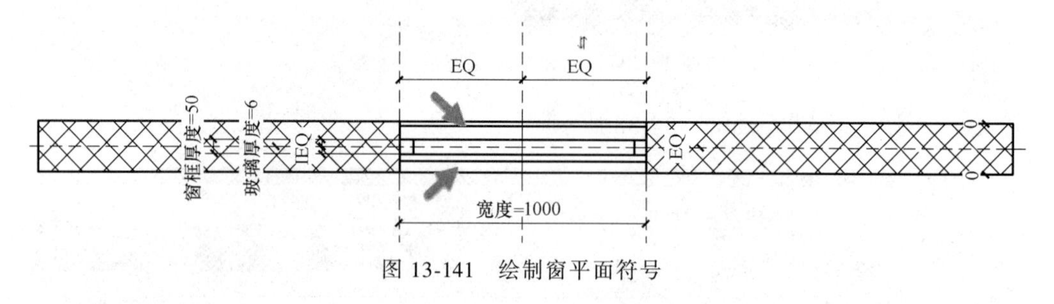

图 13-141 绘制窗平面符号

（30）标注符号线之间尺寸：切换至“注释”选项卡→选择“尺寸标注”面板→“对齐”工具，如图 13-142 所示。

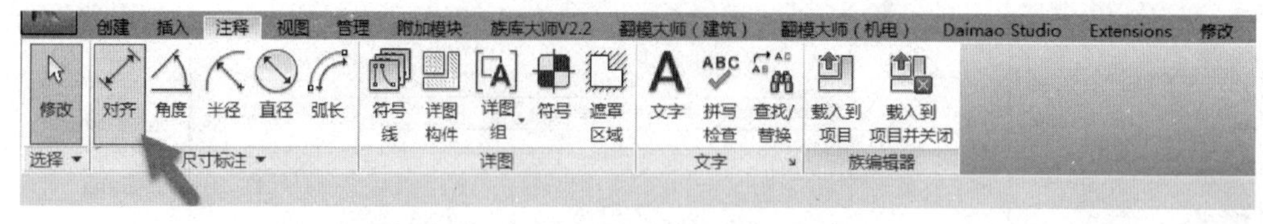

图 13-142 选择“对齐”尺寸标注

（31）移动鼠标指针至创建完成的符号线与墙两边的参照平面进行标注，如图 13-143 所示。

【提示】

在此次标注时，软件会自动捕捉参照平面与墙中心线，为可以更准确地捕捉到，“符号线”与墙边界线，可利用 Tab 键进行辅助操作。

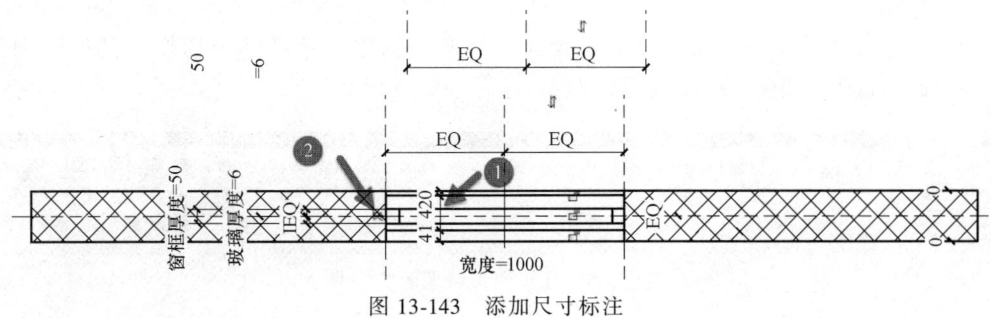

图 13-143 添加尺寸标注

(32) 均等分符号线：单击上一步骤标注的尺寸，会出现“EQ”控件。
(33) 单击“EQ”，平均符号线与墙中，如图 13-144 所示。

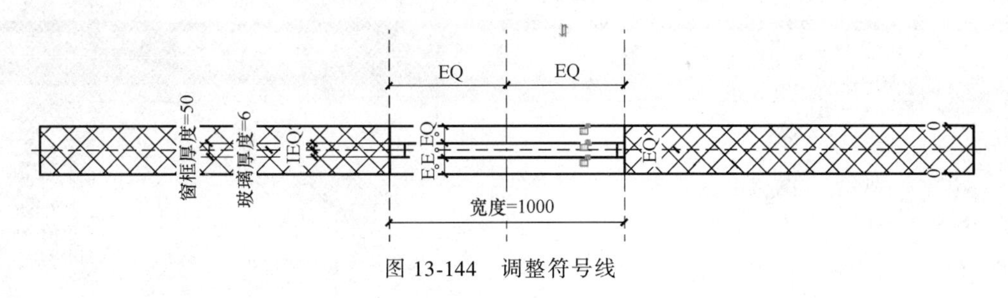

图 13-144 调整符号线

(34) 修改参数：可测试窗参数的有效性，设置宽度为 1000mm，高度为 1500mm。

13.4 嵌套族

13.4.1 嵌套族含义

可以在族中嵌套（插入）其他族，以创建包含合并族几何图形的新族。要在某一族中嵌套其他族，需要先创建或打开一个主体（基本）族，然后将一个或多个族类型的实例载入并插入到该族中。

13.4.2 创建四扇推拉窗

本次讲解的是以四扇推拉窗为案例，需要掌握的要点包括：创建窗族的步骤；创建实体时，工作平面的设定和锁定的应用；插入已经创建完成的单扇窗，并将单扇窗的参数进行关联；设定子类别、为族添加参数（材质，长度，是/否—即可见性）、设置构件在视图中的可见性。

四扇推拉窗族的要求：创建宽度为 3600mm，高度为 1500mm 的推拉窗，窗扇为 4 扇，默认窗台高为 800mm，扇边框断面尺寸为 50mm×50mm，墙、窗扇、玻璃全部中心对齐，添加材质属性。

创建步骤如下：

(1) 新建族、(2) 选择样板、(3) 设置工作平面、(4) 创建扇框和 (5) 修改参数（修改扇框宽度为 3600mm，高度为 1500mm），以上操作可参考 13.3.2 门的相关操作部分，在此不再赘述。

(6) 绘制参照平面：完成以上所有操作，切换“创建”选项卡→选择“基准”面板→“参照平面”工具，如图 13-145 所示。

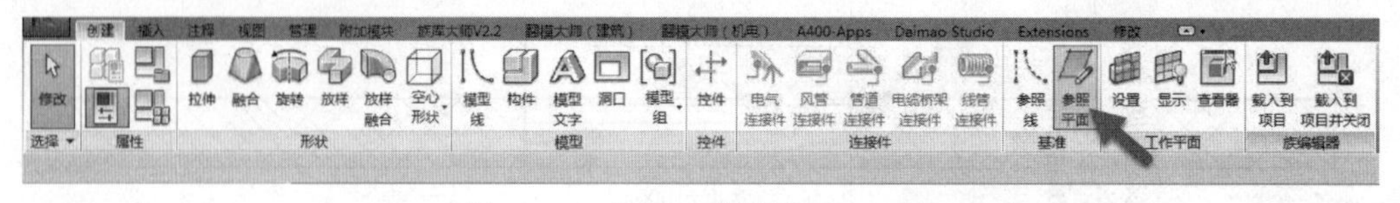

图 13-45　选择“参照平面”工具

(7) 在“修改 | 放置参照平面”选项卡，选择“绘制”面板中的“拾取”工具，修改“选项栏”中的“偏移量”为 50mm，拾取左右两边的参照平面，如图 13-146 所示。修改偏移量为 900mm，拾取左右两边的参照平面。

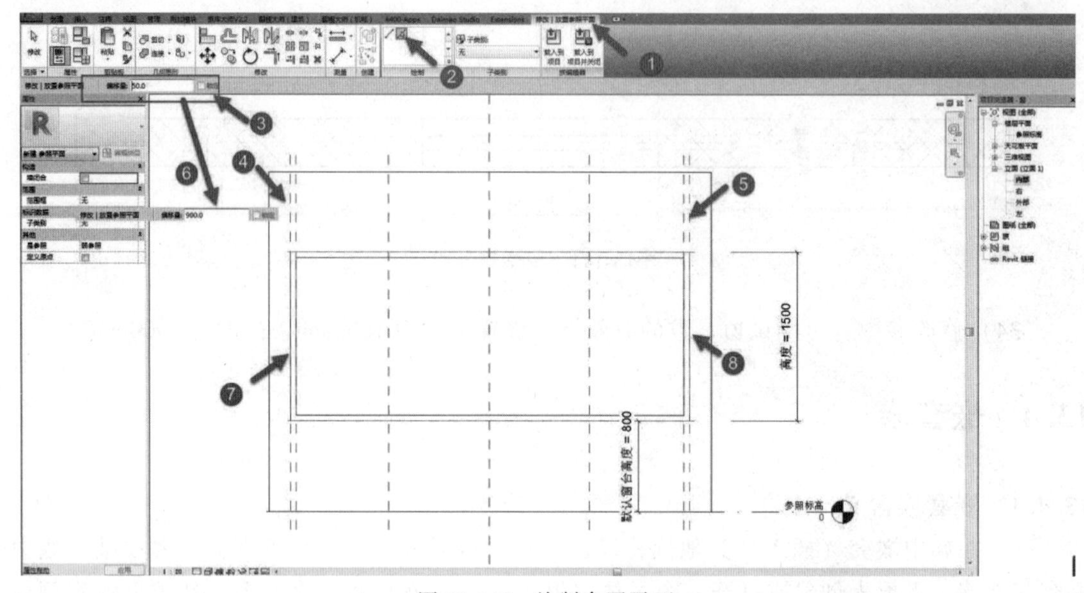

图 13-146　绘制参照平面

(8) 标注参照平面的尺寸：切换至“注释”选项卡→选择“尺寸标注”面板→“对齐”工具，如图 13-147 所示。

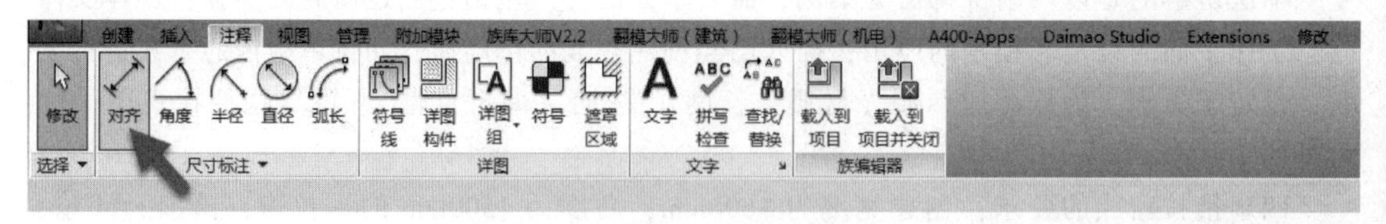

图 13-147　选择“对齐”尺寸标注

(9) 在“修改 | 放置尺寸标注”选项卡，选择“尺寸标注”面板中的“对齐”工具，在如图 13-148 所示的位置进行标注。

(10) 均等分符号线：按 Esc 键两次退出，单击中间标注的尺寸，Revit 将会切换至“修改 | 尺寸标注”选项卡，出现“EQ”控件，如图 13-149 所示。

(11) 单击“EQ”，平均中间的参照平面，如图 13-150 所示。

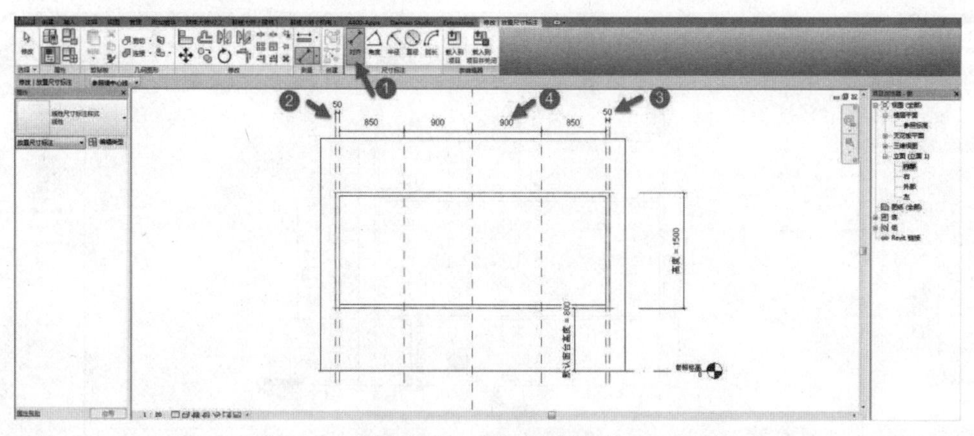

图 13-148　添加尺寸标注

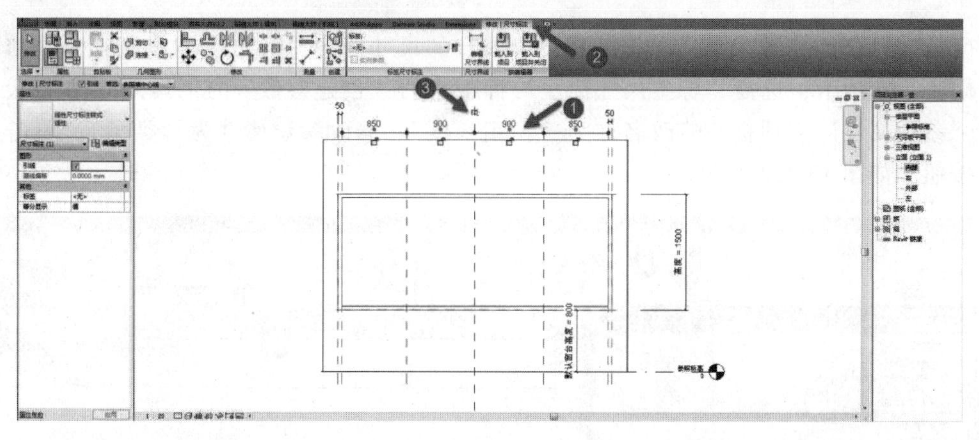

图 13-149　调整参照平面

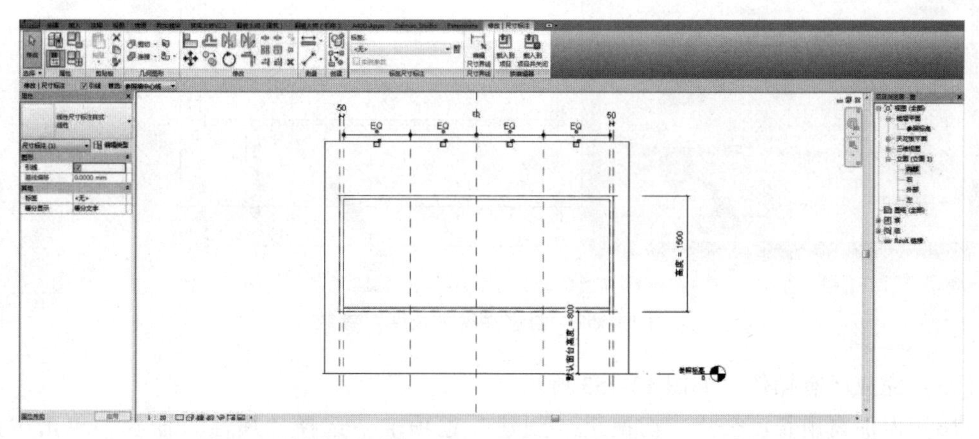

图 13-150　调整参照平面完成

（12）添加窗扇长度尺寸：参考上面（8）和（9）的操作步骤。

（13）完成以上所有操作，Revit 将会切换至“修改｜放置尺寸标注”选项卡，选择“尺寸标注”面板中的“对齐”工具，在如图 13-151 所示的位置进行标注。

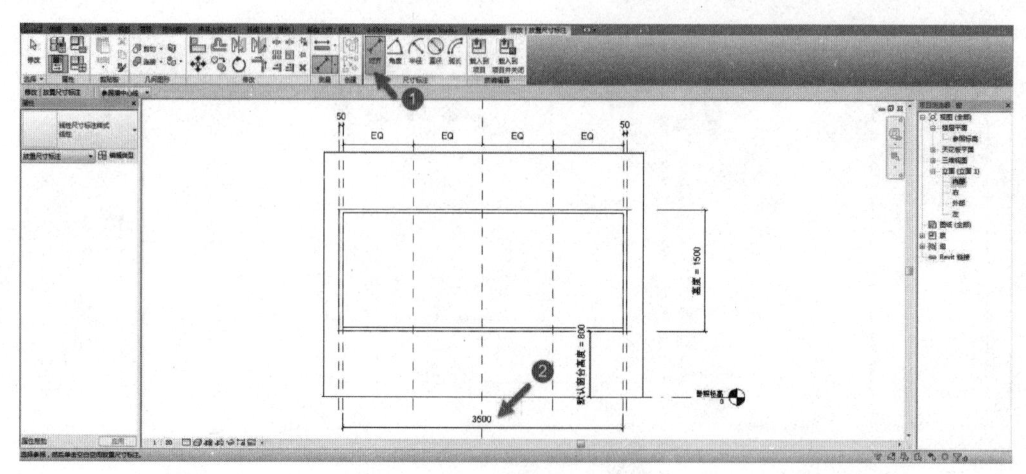

图 13-151　添加尺寸标注

（14）添加窗扇长度参数：单击选择“3500”的尺寸标注，Revit 会自动切换至“修改 | 尺寸标注”选项卡，选择“标签尺寸标注”面板中的“创建参数”的工具，Revit 将会自动弹出“参数属性”对话框，修改名称为“窗扇长度”，修改参数属性为“类型”，单击“确定”按钮，如图 13-152 所示。

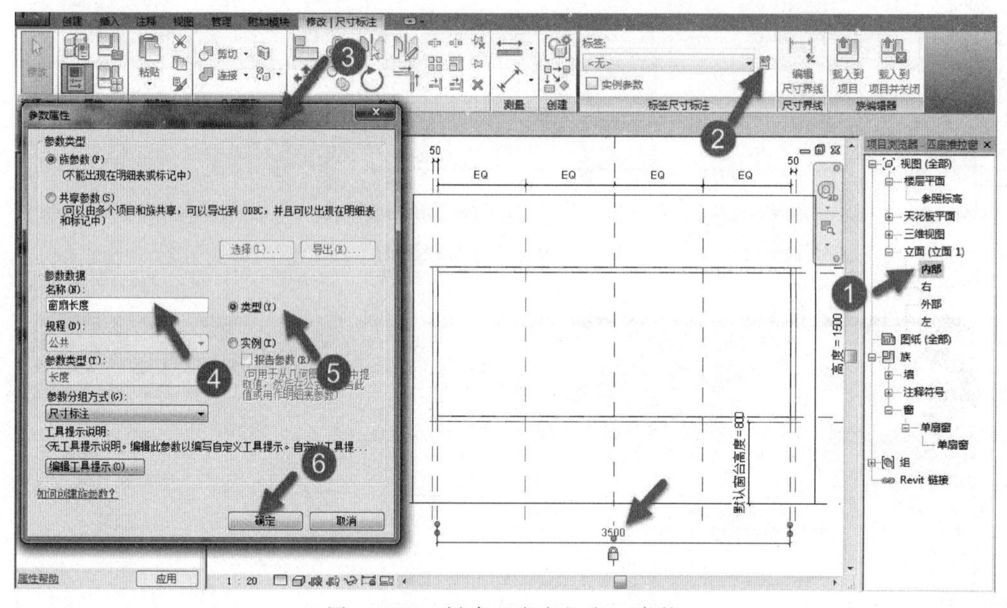

图 13-152　创建“窗扇长度”参数

（15）完成所有操作，如图 13-153 所示。

（16）添加窗扇长度公式：切换至“创建”选项卡→选择“属性”面板→单击“族类型”工具，如图 13-154 所示。

（17）单击之后，Revit 将会弹出“族类型”对话框，如图 13-155 所示。单击“窗扇长度”参数后面的公式，输入公式为“宽度－2 * 窗框宽度”，单击“确定”按钮，完成操作，如图 13-156 所示。

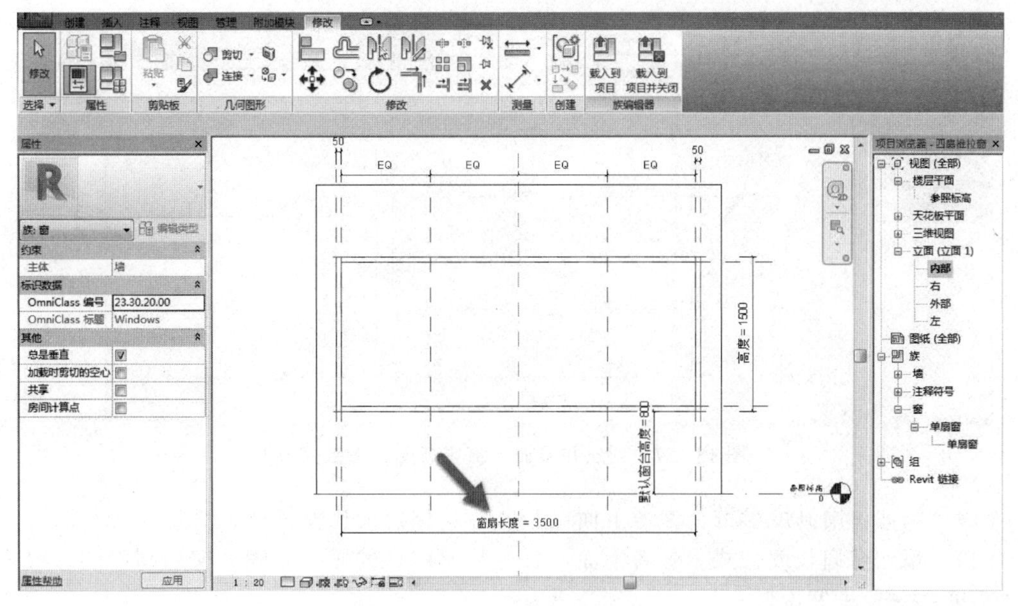

图 13-153 添加参数完成

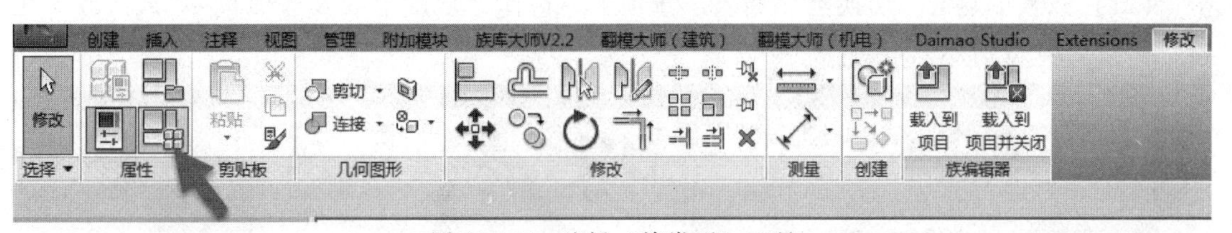

图 13-154 选择“族类型”工具

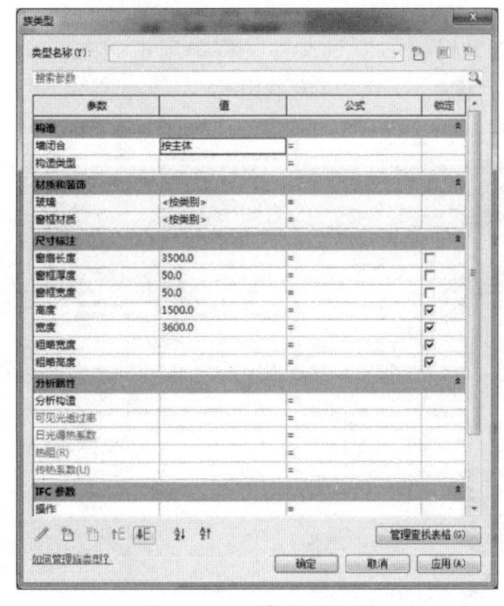

图 13-155 族类型选项

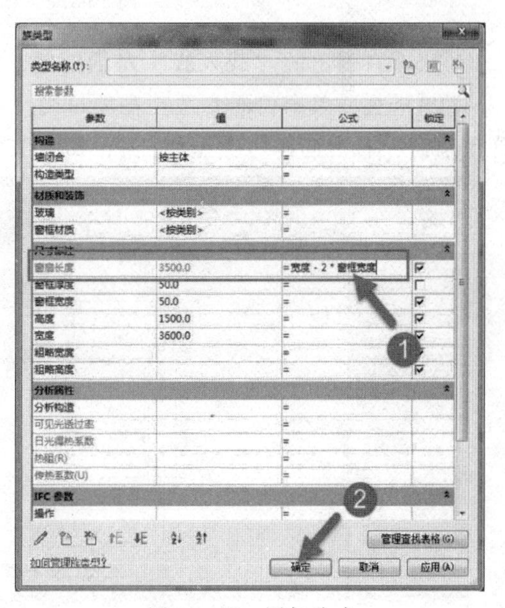

图 13-156 添加公式

（18）创建窗扇高度参数：参考上面（13）~（15）的操作步骤。完成的结果，如图 13-157 所示。

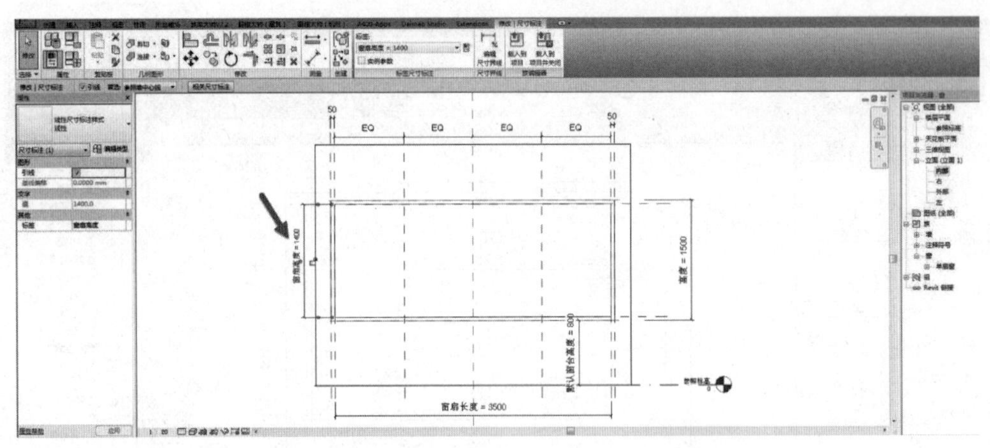

图 13-157　创建并添加“窗扇高度”参数完成

(19) 添加窗扇高度参数：参考上面 (13) ~ (15) 的操作步骤。

(20) 添加窗扇长度公式：参考上面 (16) ~ (17) 的操作步骤。窗扇高度的参数公式为“高度-2＊窗框宽度”。

(21) 载入单扇窗：切换至“插入”选项卡→选择“从库中载入”面板→“载入族”工具，如图 13-158 所示。

图 13-158　选择“载入族”工具

(22) 在弹出的“载入族”对话框里，选择本书提供的项目文件，将单扇窗载入。

(23) 关联单扇窗的参数：在项目浏览器中→“族”→“窗”→“单扇窗”→“单扇窗”，选择单扇窗，右击选择“类型属性”，如图 13-159 所示。

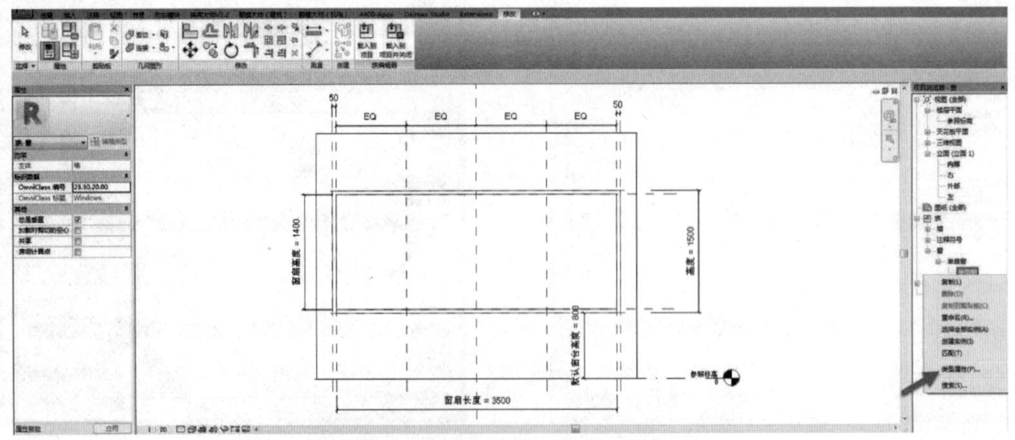

图 13-159　选择单扇窗类型属性

(24) 单击之后，Revit 将会弹出“类型属性”对话框，单击“高度”按钮后面的“关联参数”按钮，如图 13-160 所示。Revit 将会弹出“关联族参数”对话框，选择“窗扇高度”参数，并单击“确定”按钮，如图 13-161 所示。

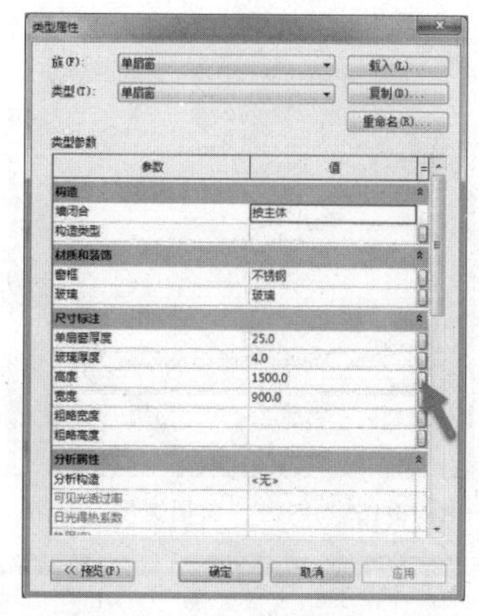

图 13-160 单击“关联参数”按钮

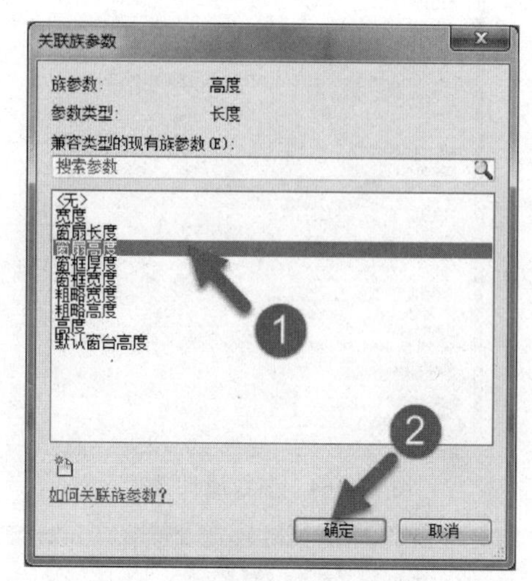

图 13-161 选择“窗扇高度”

（25）创建窗扇宽度参数：Revit 将会弹出“类型属性”对话框，单击“宽度”按钮后面的“关联参数”按钮，如图 13-162 所示。Revit 将会弹出“关联族参数”对话框，单击“新建参数”，如图 13-163 所示。

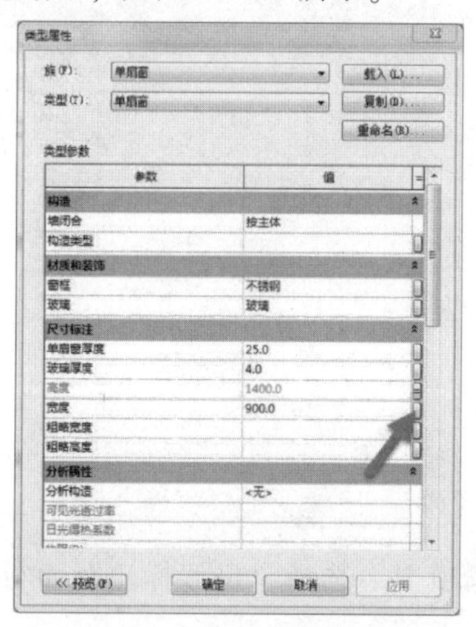

图 13-162 单击“关联参数”按钮

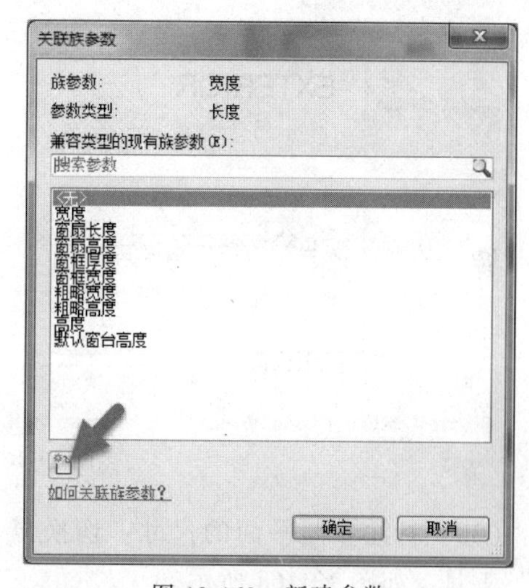

图 13-163 新建参数

（26）Revit 将会弹出“参数属性”对话框，如图 13-164 所示。修改名称为“窗扇宽度”，完成以上所有操作，单击两次“确定”按钮，如图 13-165 所示。

（27）添加窗扇宽度参数公式：窗扇高度的参数公式为“窗扇长度 / 4”。

（28）绘制窗框厚度参照平面：在项目浏览器中，双击楼层平面中的“参照标高”，切换至“参照平面”，切换“创建”选项卡→选择“基准”面板→“参照平面”工具，如图 13-166 所示。

（29）在“修改 | 放置参照平面”选项卡，选择“绘制”面板中的“直线”工具，在窗框中间绘制两条参照平面，如图 13-167 所示。

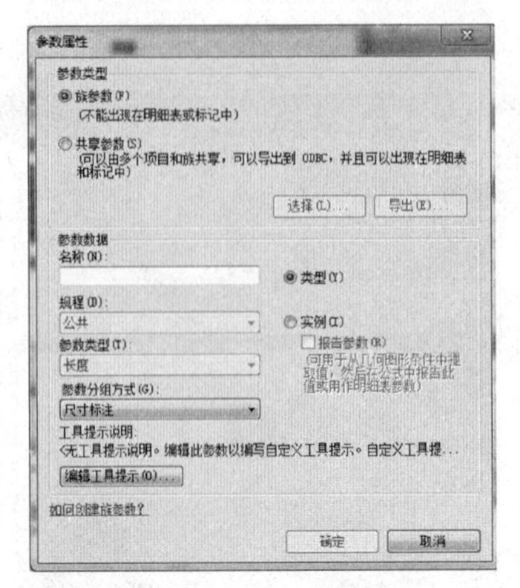

图 13-164　参数属性选项

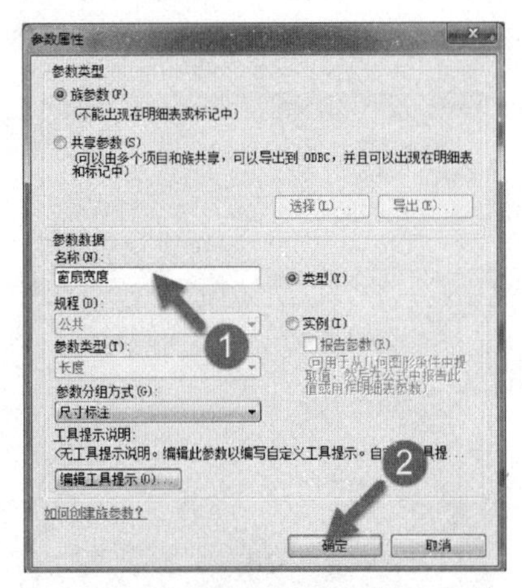

图 13-165　创建“窗扇宽度”参数

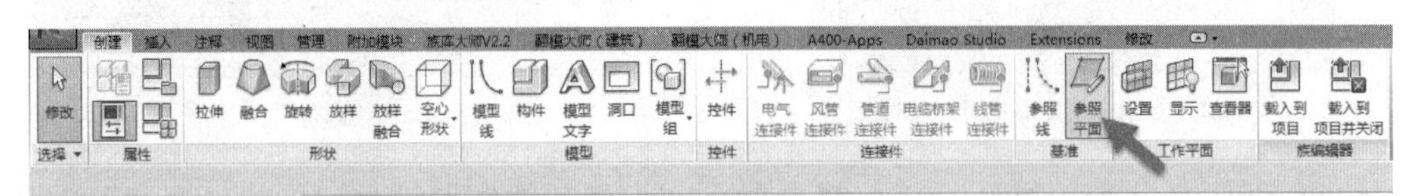

图 13-166　选择“参照平面”工具

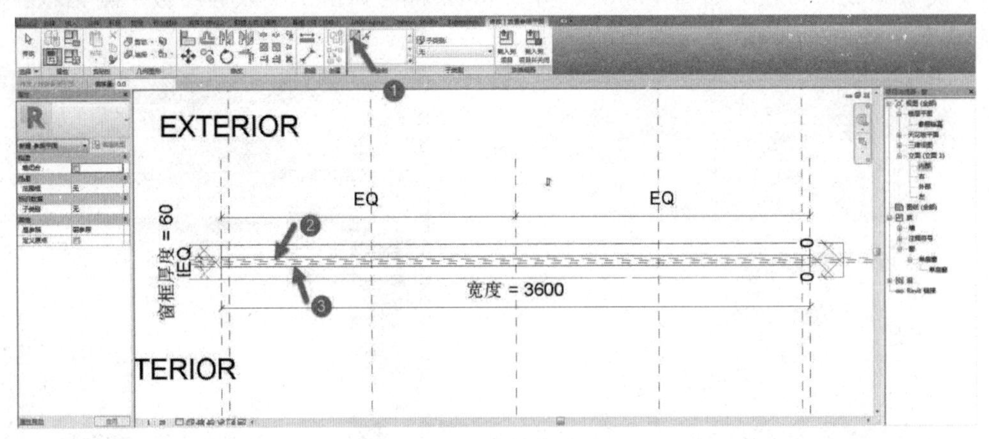

图 13-167　绘制参照平面

(30) 标注参照平面的尺寸：切换至“注释”选项卡→选择“尺寸标注”面板→“对齐”工具，如图 13-168 所示。

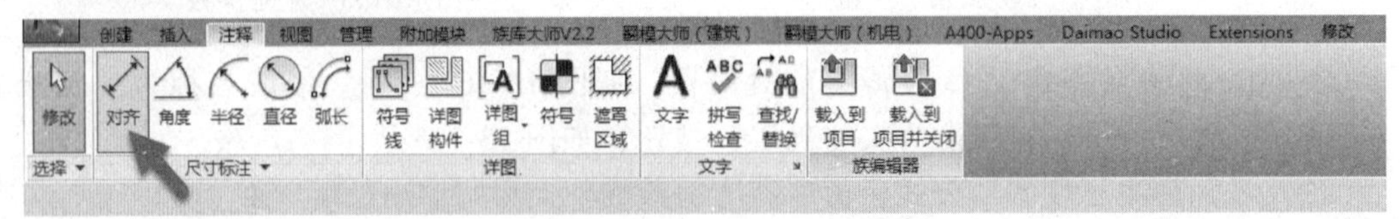

图 13-168　选择“对齐”尺寸标注

(31) 在“修改 | 放置尺寸标注”选项卡，选择“尺寸标注”面板中的“对齐”工具，在如图 13-169 所示的位置进行标注。

(32) 均等分符号线：完成以上所有操作，按 Esc 键两次退出，单击中间标注的尺寸，Revit 将会切换至“修改 | 尺寸标注”选项卡，会出现“EQ”控件，如图 13-170 所示。

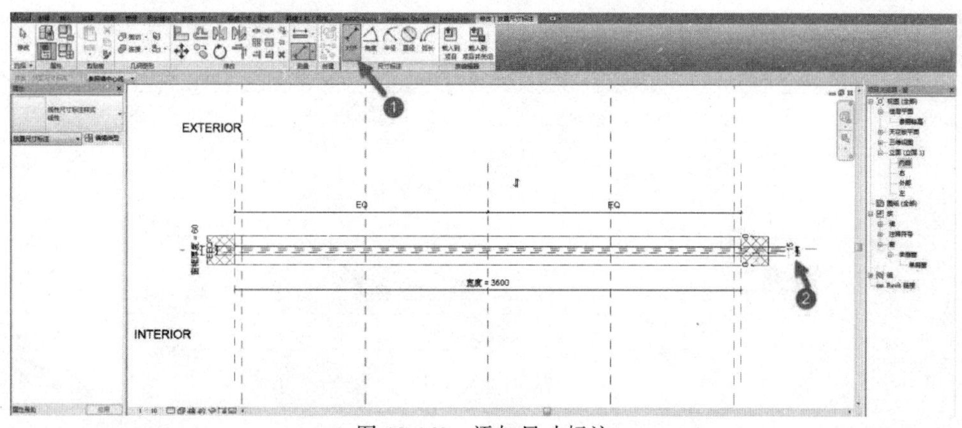

图 13-169 添加尺寸标注

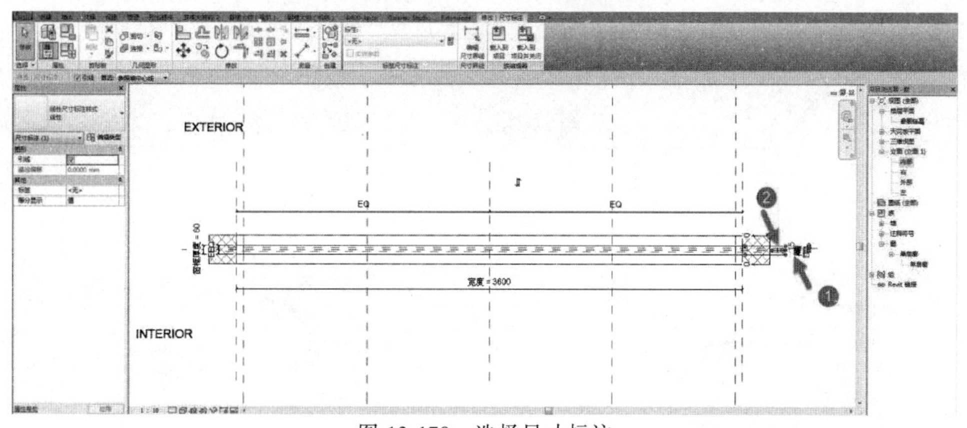

图 13-170 选择尺寸标注

(33) 单击“EQ”，平均中间的参照平面，如图 13-171 所示。

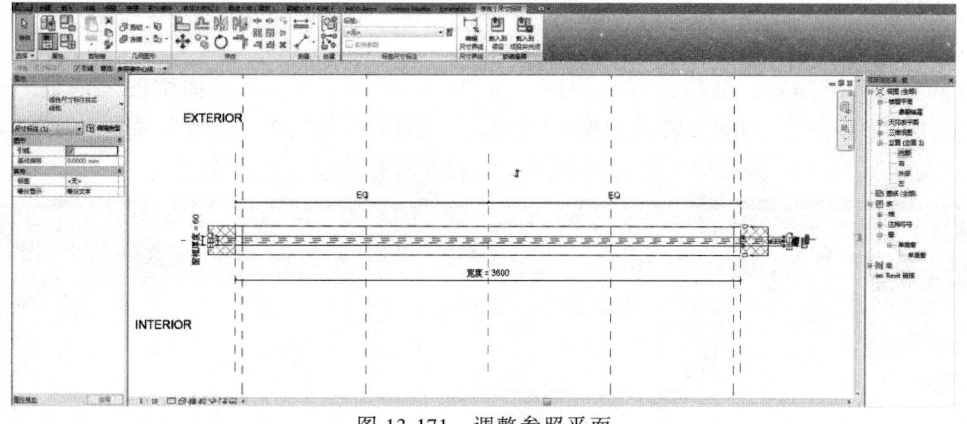

图 13-171 调整参照平面

(34) 创建单扇窗并放置：在项目浏览器中，双击楼层平面中的“参照标高”，切换至“参照平面”，在项目浏览器中→“族”→“窗”→“单扇窗”→“单扇窗”，右击单扇窗，选择“创建实例”，放置如图 13-172 所示的位置。

(35) 锁定单扇窗：在“修改”选项卡，选择“修改”面板中的“对齐”工具，在如图 13-173 所示的位置对齐锁定。

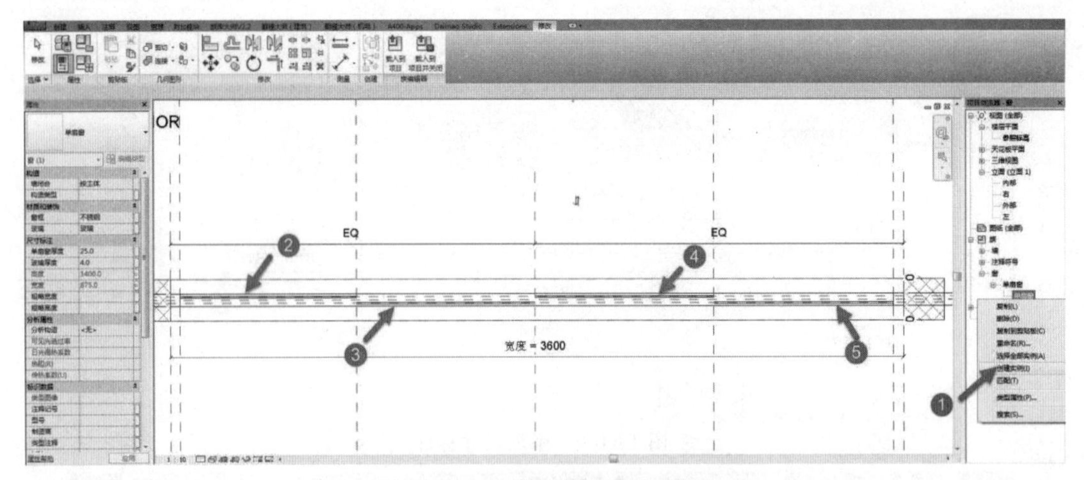

图 13-172　创建“单扇窗”模型

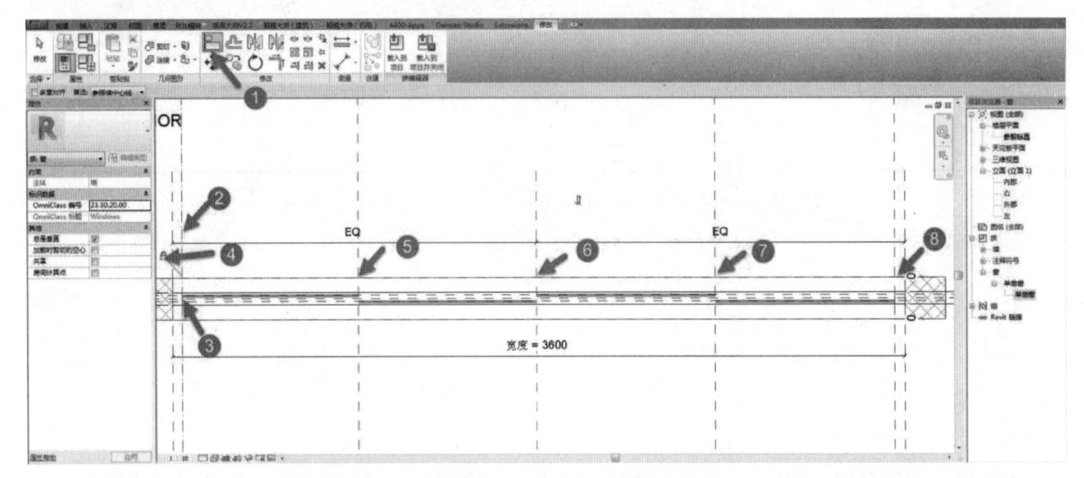

图 13-173　锁定单扇窗一

（36）修改单扇窗高度位置并且锁定：在项目浏览器中，双击立面中的“内部”视图，切换至“立面”视图，Revit 将会切换至“修改”选项卡，选择“修改”面板中的“对齐”工具，在如图 13-174 所示的位置对齐锁定。将剩下所有单扇窗对齐锁定。

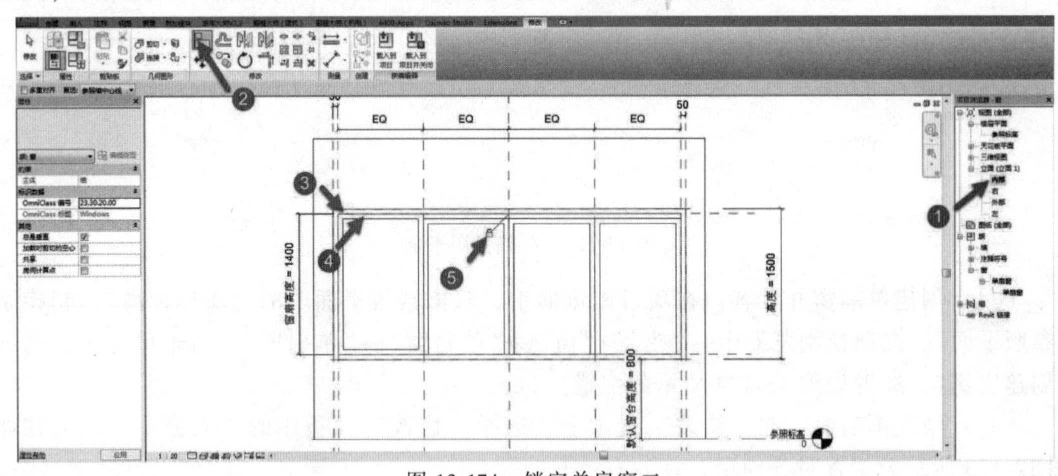

图 13-174　锁定单扇窗二

（37）同理，将单扇窗下方的边对齐锁定，如图 13-175 所示。

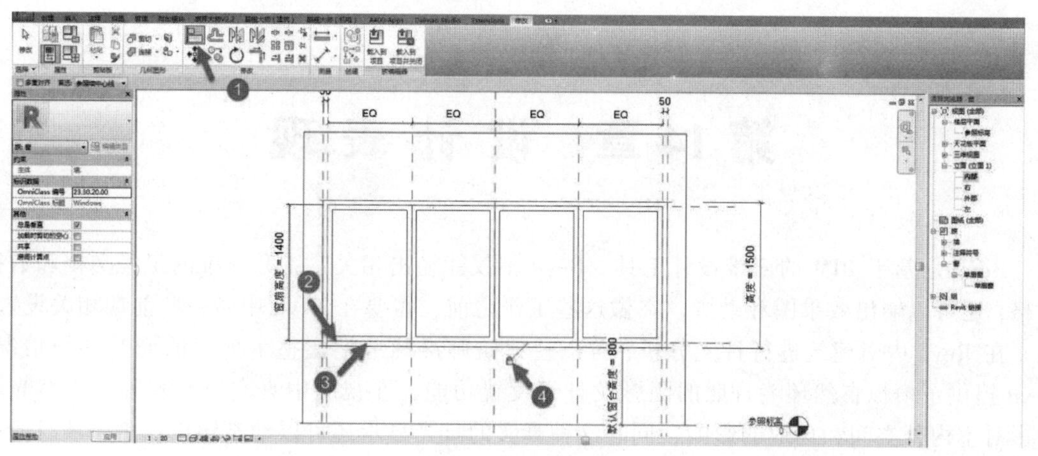

图 13-175　锁定单扇窗三

（38）修改参数：测试族是否参数化，切换至“创建”选项卡→选择“属性”面板→单击“族类型”工具，如图 13-176 所示。

图 13-176　选择“族类型”工具

（39）单击之后，Revit 将会弹出“族类型”对话框，如图 13-177 所示。修改宽度为 4200mm，高度为 2100mm，单击“应用”如果没有弹出“警告”对话框，提示错误，表示族创建成功，如图 13-178 所示。

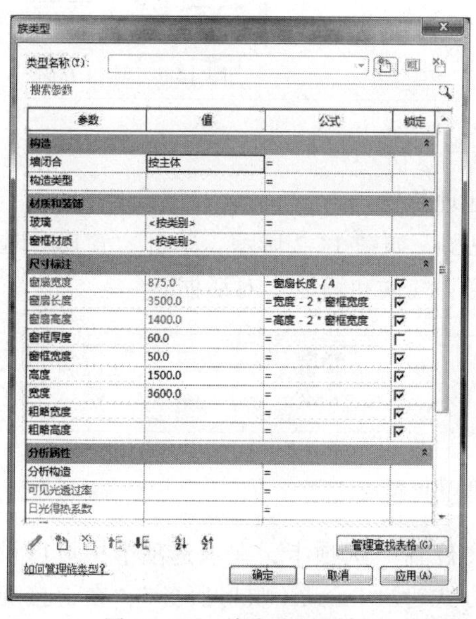

图 13-177　族类型对话框

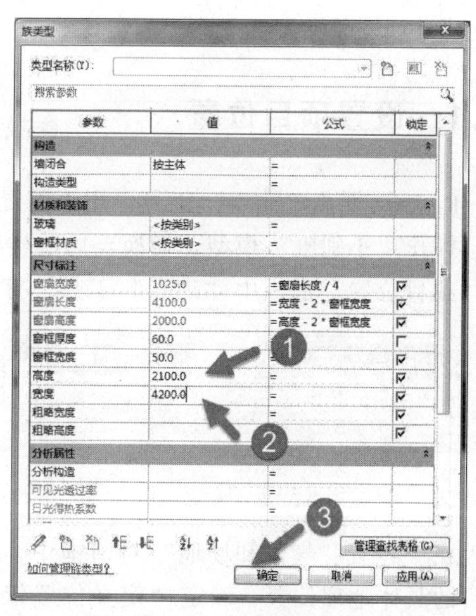

图 13-178　修改族类型参数

第 14 章　设 计 表 现

Revit 是基于 BIM 的三维设计工具。Revit 不仅能输出相关二维和三维的工程文档和数据表格，还可以输出效果图和动画。在做这些工作之前，需要在 Revit 中做一些前期相关设置。

在 Revit 中对建筑进行日光分析，可以让建筑师准确地把握整个项目的光影环境情况。Revit 提供了模拟自然环境日照的阴影及日光设置功能，在视图中真实地反映外部自然光和阴影对室内外空间和场地的影响，同时这种真实的日光显示还可以动态输出。由于项目所在的地理位置、项目朝向、日期与时刻均会影响光影的状态，因此在 Revit 中进行日光分析必须先确定项目的地理位置和朝向。

首先了解关于项目朝向的两个概念：项目北和正北。

1）项目北：当打开 Revit 软件时，在楼层平面视图的顶部默认定义为项目北；反之视图为项目南，项目北与建筑物的实际地理方位没有关系，只是建模空间的一个视图方位而已。

2）正北：指项目的真实地理方位朝向。如果项目的方向是正南北向，那么项目北方向和项目实际的方向就是一致的，反之则有所不同，即可能项目北和正北存在一个方位角。

在 Revit 中进行日光分析时，是以项目的真实地理位置数据作为基础，因此通常情况下，需要在 Revit 中指定建筑的地理方位，即指定项目的“正北”，如图 14-1 所示，在视图属性面板中，可以指定当前视图显示为“正北”方向还是“项目北”方向。

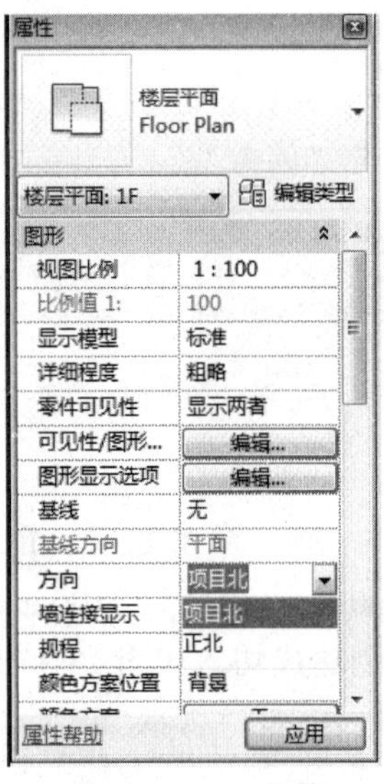

图 14-1　项目方向

14.1　设置项目位置

Revit 提供了“地点”工具，用于设置项目的地理位置。

打开“小别墅”模型，切换至场地楼层平面视图，如图 14-2 所示，单击“管理”选项卡“项目位置”面板中“地点”工具，打开“位置、气候和场地”对话框。

图 14-2　设置项目地理位置

在“位置、气候和场地”对话框中，切换至“位置”选项卡，在该选项卡中可以设置项目的具体地理位置，确定“定义位置依据”的方式为“Internet 映射服务”，在链接互联网的情况下，将在下方显示 Google 地图。在“项目地址”中输入“中国北京”，并单击

“搜索”按钮，Revit将在Google地图中搜索该地理位置，并在地图中显示项目位置的标记。在地图中还可以通过拖动项目位置标记对项目位置进行精确的微调。

完成后，单击“确定”按钮退出“位置、气候和场地”对话框。

接下来，设置当前项目的“正北”方向。要设置项目正北，必须将视图中项目的显示方向设置为“正北”。

确认当前视图为“场地-楼层平面视图”，确认不选择任何图元，在属性面板中将显示当前楼层平面视图属性，如图14-3所示，修改“方向”为“正北”，单击“应用”按钮应用该设置，由于当前项目正北与项目北方向相同，因此视图显示并未发生变化。

如图14-4所示，单击“管理”选项卡“项目位置”面板中“位置”下拉列表，在列表中选择“旋转正北”选项，进入正北旋转状态。

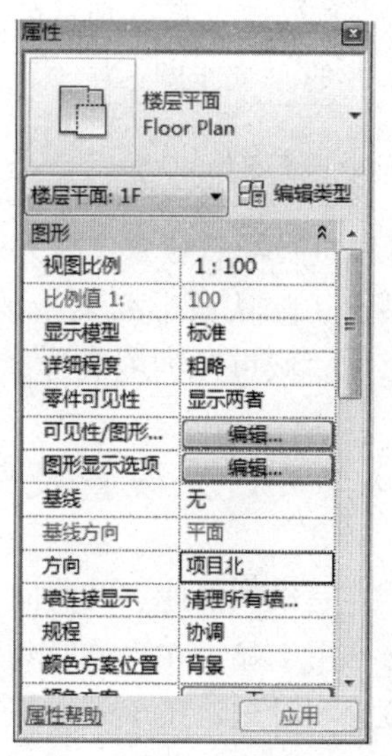

图14-3 楼层平面属性

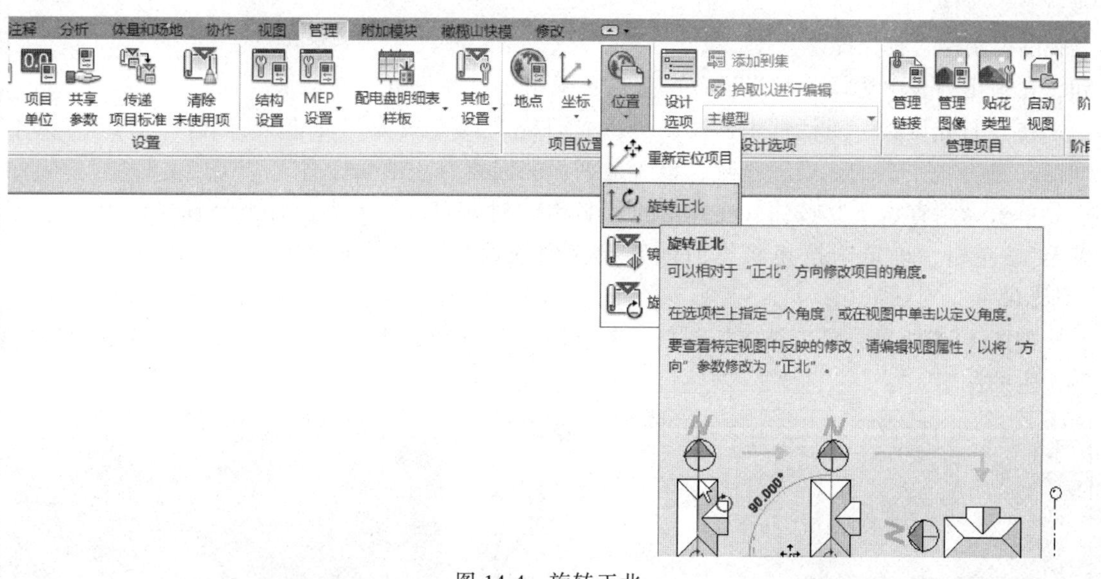

图14-4 旋转正北

如图14-5所示修改选项栏“从项目到正北方向的角度”值为30°，参照方向为“西”，按Enter键，将按逆时针方向旋转当前项目。注意视图中所有模型显示方向均已发生旋转。完成后按Esc键退出旋转正北模式。

图14-5 旋转正北选项

修改视图“属性面板”中“方向”为“项目北”，单击“应用”按钮，当前视图将按项目北的方式显示，视图将恢复旋转前状态。

旋转正北工具的用法与Revit图元旋转工具用法类似。可以通过拖拽旋转中心的方式指定旋转中心位置。除可以通过选项栏输入旋转的角度外，还可以手动指定旋转角度。

旋转正北后，项目的正北朝向将改变。修改任意视图中的“方向”为“正北”，均将显示设置的正北方向。

在“位置、气候和场地”对话框中，除使用 Google 地图进行项目位置定位外，在“定义位置依据”中还提供了“默认城市列表”的方式，如图 14-6 所示，可以通过“城市”的列表选择当前项目的所在地点。

图 14-6　默认城市列表

14.2　日光设置及阴影的设置

完成项目地点及朝向设定后，可以在 Revit 中设置太阳的位置以及时刻，并开启项目阴影，用于显示在当前时刻下的项目阴影状态。在 Revit 中，可以为项目设置多个不同的太阳位置和时刻，用于表达不同时刻下的阴影状态。

打开项目，切换至默认三维视图。如图 14-7 所示，单击视图控制栏“日光设置”按钮，在弹出列表中选择“日光设置”选项，弹出“日光设置”对话框。

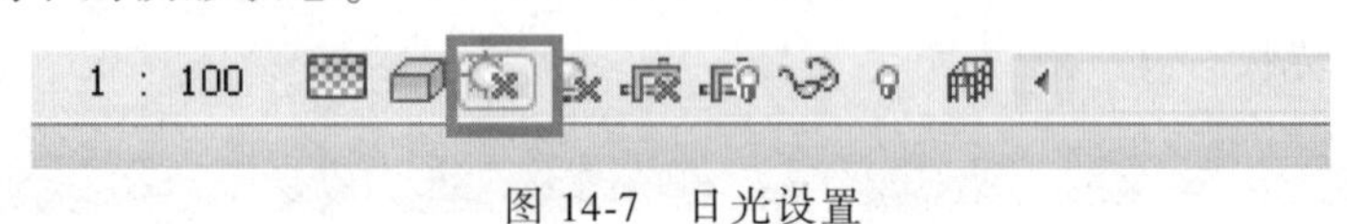

图 14-7　日光设置

在“日光设置”对话框中，设置“日光研究”的方式为“静止”，修改“日期”“时间”勾选“地平面的标高”选项，设置地平面的标高为“地面标高”，如图 14-8 所示。

单击“保存设置”按钮，在弹出的“名称”对话框，输入当前日光设置名称为“北京冬至”，单击“确定”按钮将当前配置保存到预设列表中。再次单击“确定”按钮退出“日光设置”对话框。

如图 14-9 所示，单击视图控制栏“打开阴影”按钮，将在当前视图中显示当前太阳时刻产生的阴影。

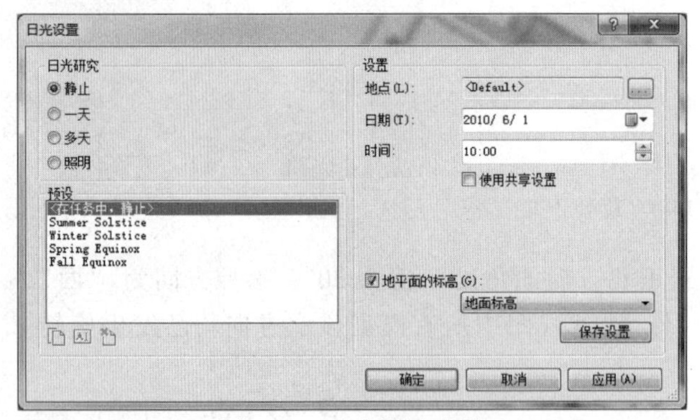

图 14-8　日光设置选项

图 14-9　阴影

如图 14-10 所示，单击视图控制栏“日光设置”按钮，在列表中选择“打开日光路径”选项，Revit 将在当前视图中显示指北针以及当天太阳的运行轨迹。

图 14-10　日光路径工具

如图 14-11 所示，在显示日光路径状态下，可以通过拖动太阳图标动态修改太阳位置。还可以通过单击当前时刻值，将太阳位置修改到指定时刻。

单击“日光设置”按钮，在列表选择“关闭日光路径”选项，关闭日光路径的显示。

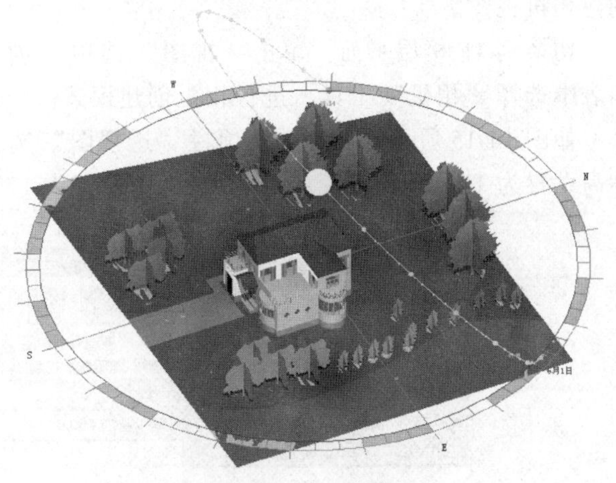

图 14-11　日光路径

打开“日光设置”对话框，如图 14-12 所示，设置“日光研究”的方式为“一天”，勾选“日出到日落”设置阴影显示时间间隔为“一小时”，勾选“地平面的标高”，设置地平面的标高为“地面标高”。将当前设置保存名称为“北京冬至日光研究”，单击“确定”按钮退出日光设置对话框。

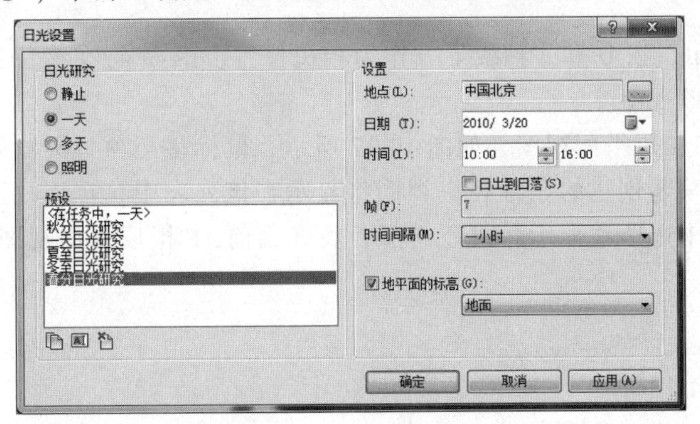

图 14-12　日光设置选项

单击“日光设置”按钮，如图 14-13 所示，由于当前日光设置为一天的方式，将生成动态阴影。在列表中出现“日光研究”选项，单击该选项，进入日光阴影预览模式。

图 14-13　日光设置

如图 14-14 所示，在选项栏中出现日光研究预览控制按钮。单击“播放”，Revit 将在当前视图中按之前设置的“一小时”间隔显示冬至日一天的阴影变化情况。

图 14-14　动态阴影播放栏

14.3　创建相机视图

Revit 提供了相机工具，用于创建任意静态相机视图。本节继续以上节模型为例，介绍创建相机视图。

切换到 1F 楼层平面，单击“视图”选项“创建”面板中“三维视图”下拉列表，在列表中选择“相机”工具，进行相机创建模式。

如图 14-15 所示确认勾选选项栏“透视图”选项，设置相机的偏移量值为 1750mm，自标高设置为 1F，即相机距离当前 1F 标高位置为 1750mm。

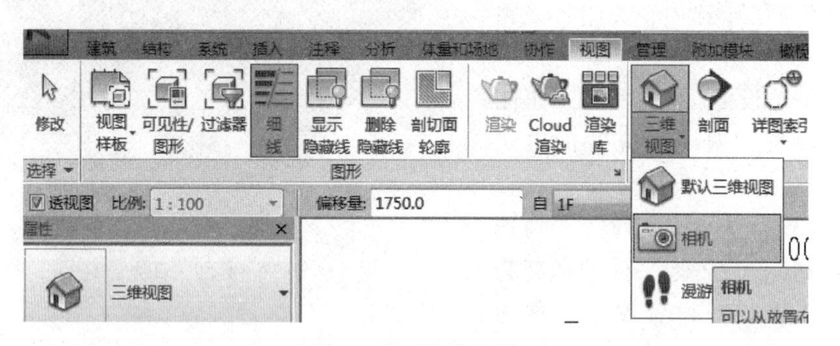

图 14-15　相机工具

如图 14-16 所示，在 D 和 3 轴线下方作为相机位置，Revit 将在该位置生成三维相机视图，并自动切换至该视图。

再次切换至 1F 楼层平面视图，如图 14-17 所示，鼠标移至项目浏览器中展开“三维视图”视图类别，上一步创建的三维相机视图将显示在该列表中。在该视图名称上单击鼠标右键，在弹出列表中选择“显示相机”选项，将在当前 1F 楼层平面视图中再次显示相机，如图 14-17 所示。

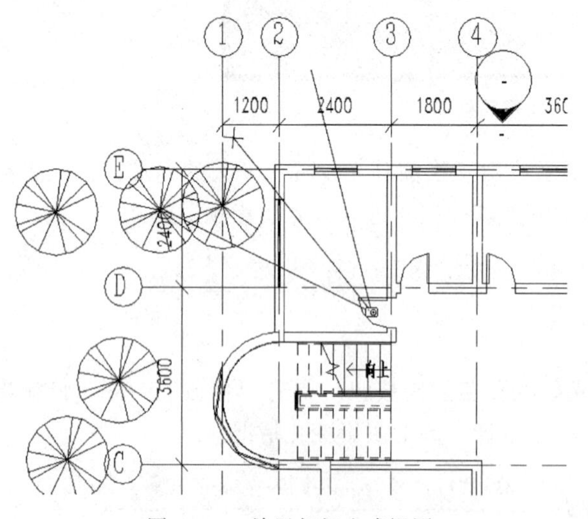

图 14-16　放置相机生成视图

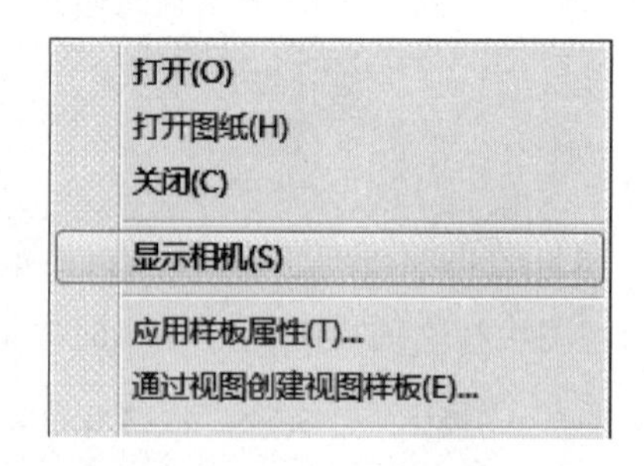

图 14-17　显示相机

如图 14-18 所示，显示相机后可以在视图中拖拽相机位置、目标位置（视点）以及远裁剪框范围的位置。

确保相机在显示状态，此时“属性”面板中显示相机视图的属性。如图 14-19 所示，调整相机的“视点高度”和“目标高度”以满足相机视图的要求。

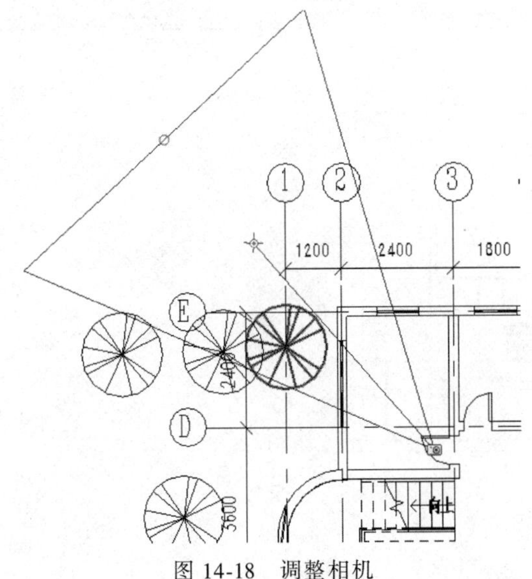

图 14-18　调整相机

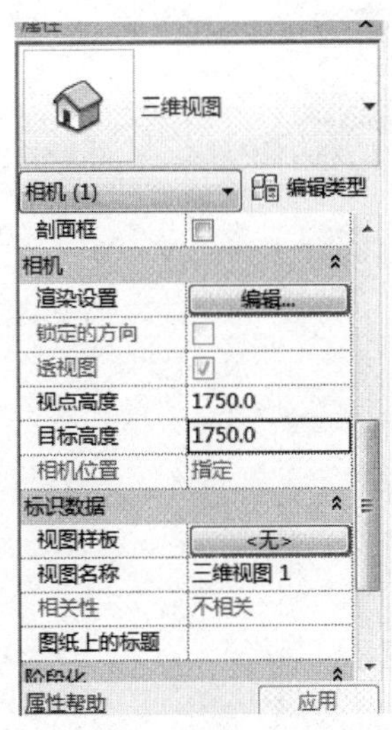

图 14-19　调整相机属性

在创建的三维视图中，如图 14-20 所示，移动鼠标指针至视图边缘位置单击选中视图边框，拖拽视图边界控制点调整其大小范围，以满足要求。

至此，完成了三维视图操作，保存并关闭模型。

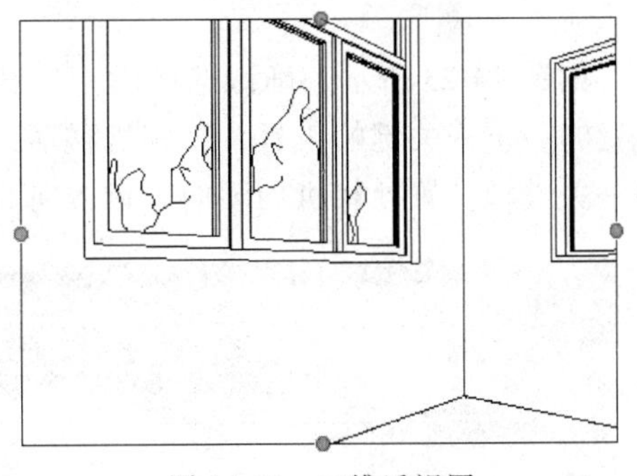

图 14-20　三维透视图

14.4　添加漫游动画

在 Revit 中不仅可以使用相机添加单帧图片，还可以在项目模型添加动态漫游动画。进入创建面板“三维视图”命令下拉列表，在列表中选择“漫游”工具，进入漫游路径绘制状态并绘制相应的路径，自动切换至“修改 | 漫游”上下文选项卡，如图 14-21 所示。

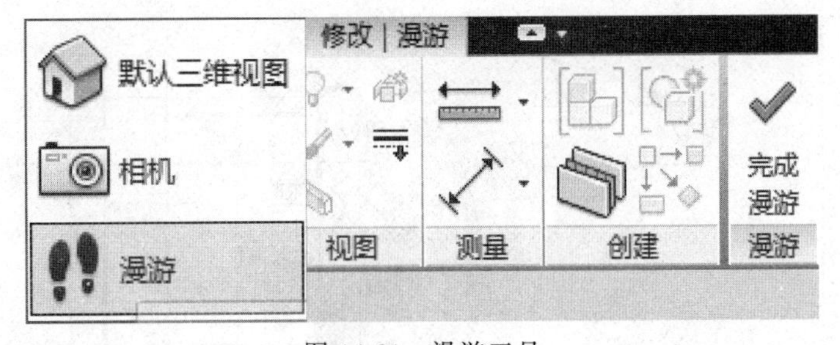

图 14-21　漫游工具

确认选项栏中勾选“透视图”选项，设置相机偏移量为 1750mm，并设置标高“自”1F 标高，如图 14-22 所示。

确保上一步中绘制的漫游路径处于选择状态。单击“漫游”面板编辑漫游工具，切换至漫游编辑界面。

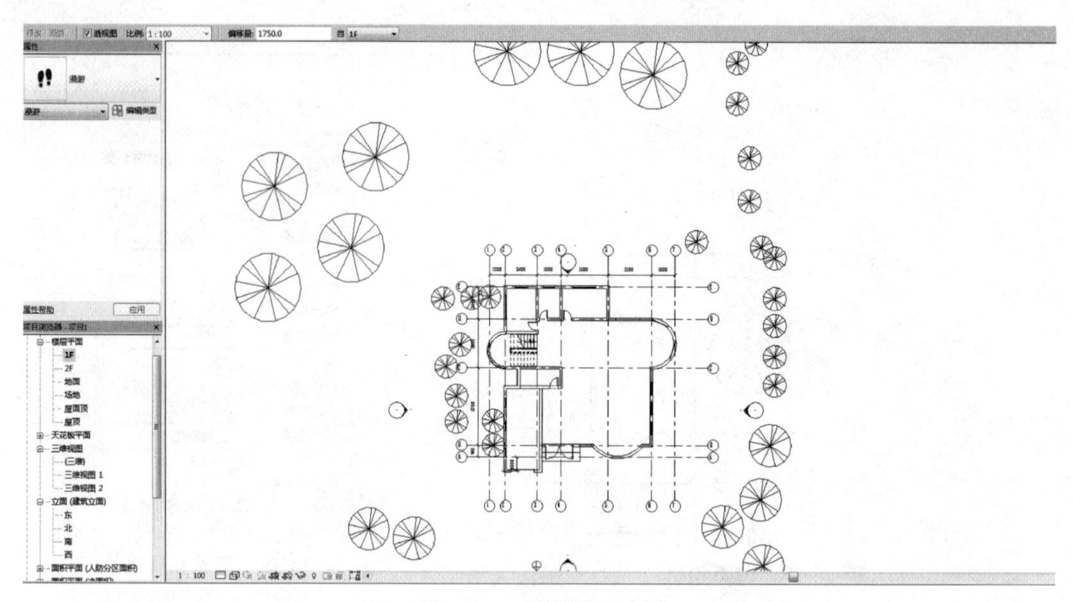

图 14-22　设置漫游选项

如图 14-23 所示，确认选项栏“控制”的方式为“活动相机”，配合“漫游”面板上一关键帧、下一关键帧工具，将相机移动到各关键帧位置，使用鼠标拖动相机的目标位置，使每一关键帧位置处相机均朝向项目方向。

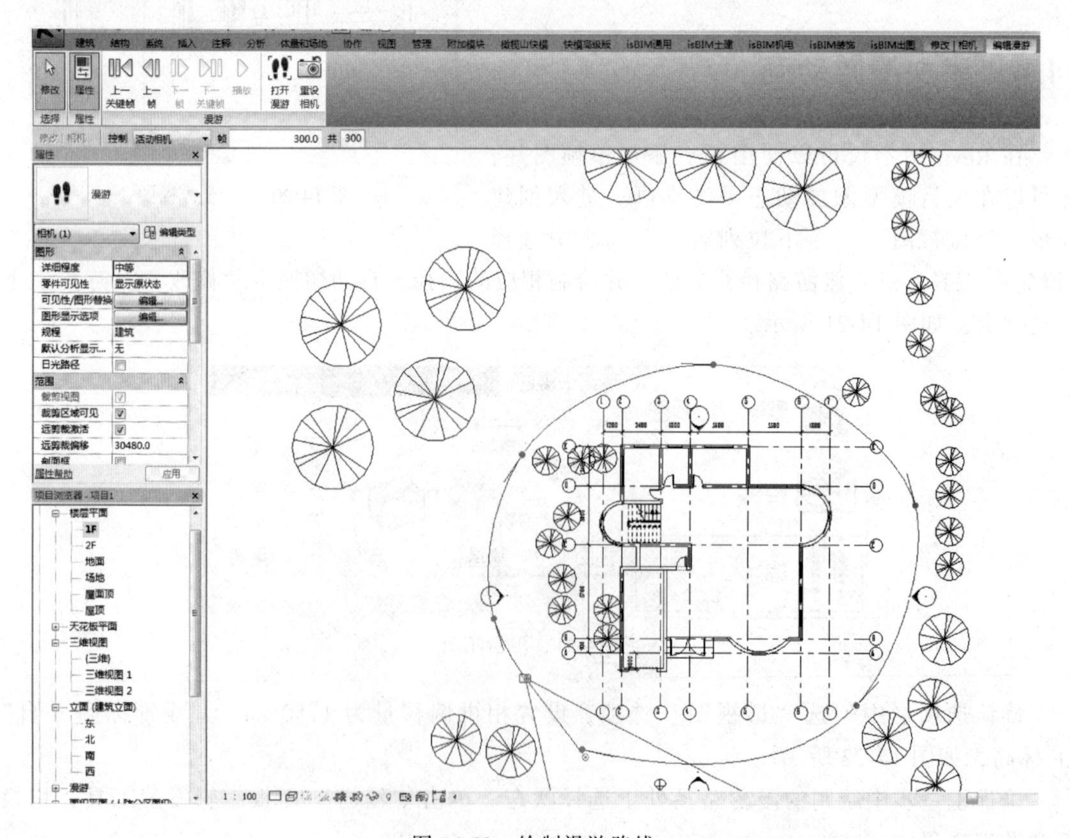

图 14-23　绘制漫游路线

如图14-24显示，单击选项栏中的“控制”下拉列表，在列表中选择“添加关键帧”选项。在漫游路径上添加相应关键帧，实现漫游平滑。

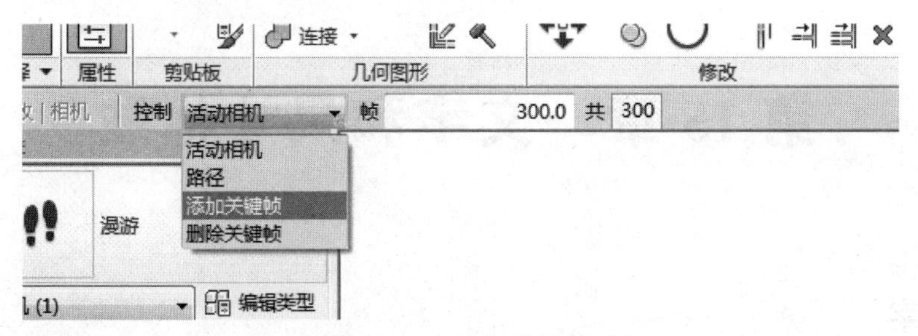

图14-24 添加关键帧

切换到漫游视图，单击漫游视图边框，单击“编辑漫游”工具进入漫游编辑模式。修改选项栏“帧”值为1，单击“编辑漫游”选项卡“漫游”面板中“播放”工具，然后单击“播放”按钮，进入三维视图模式，可以预览漫游效果。

完成动画后，可以导出动画，单击左上角“开始”菜单的导出功能，选择“图像和动画”—“漫游”，弹出如图14-25所示“长度/格式”对话框，确定尺寸、分辨率后确定保存。

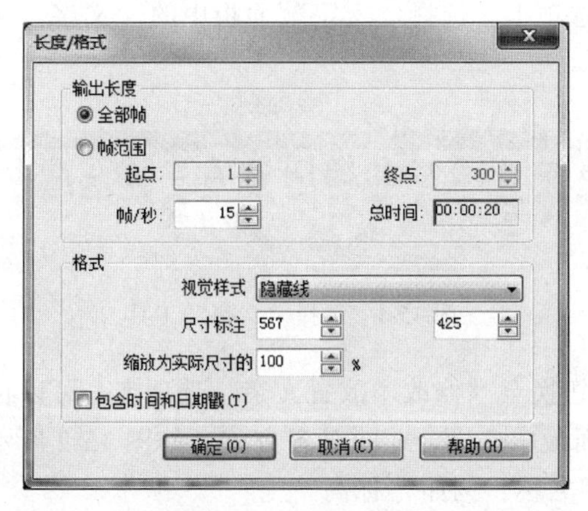

图14-25 设置动画属性

Revit继续弹出“视频压缩”对话框，如图14-26所示。在“视频压缩”对话框中选择合适的视频压缩格式，完成漫游动画导出。

图14-26 选择视频压缩格式

静帧效果图的渲染设置将在第3篇小别墅方案设计实例的第25章讲述。

第 15 章　文字和尺寸标注

15.1　文字

在 Revit 软件中，若要记录设计注释信息，可利用文字注释功能，将文字注释添加到图形中（含带有引线或不带引线形式）。而在 Revit 软件中，还有另一种表达形式是“模型文字”，使用模型文字可在三维建筑模型体量或墙上创建标志或字母。

15.1.1　文字注释

文字注释：通过该功能将说明、技术或其他文字注释添加到工程图，可以插入换行或非换行文字注释，这些注释在图纸空间中测量而且自动随视图一起缩放。

（1）单击“注释”选项卡，选择“文字”面板中的“文字”工具，添加文字注释，如图 15-1 所示。

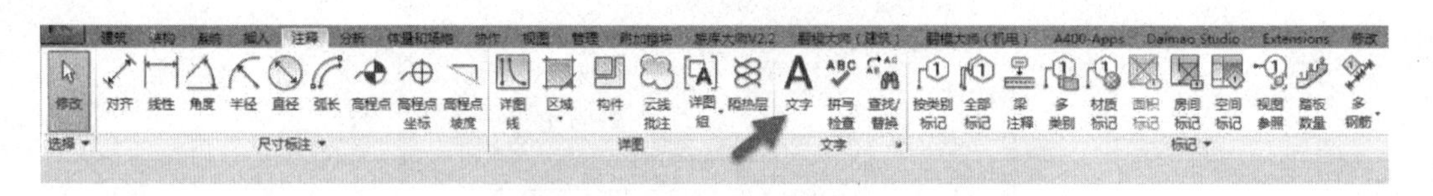

图 15-1　选择“文字”工具

（2）Revit 将会自动切换至“修改 | 放置文字”选项卡，可以在“引线”面板中选择合适的引线，在“段落”面板中选择合适的对齐方式，如图 15-2 所示。在视图中放置文字注释的位置，并且输入文字名称，例如“标高”。

（3）编辑文字注释：在添加文字注释后，可对其进行编辑以更改其位置或作出其他修改。单击创建完成的文字，Revit 将会自动切换至“修改 | 放置文字”选项卡，可以在“引线”面板中选择合适的引线，在“段落”面板中选择合适的对齐方式，如图 15-3 所示。

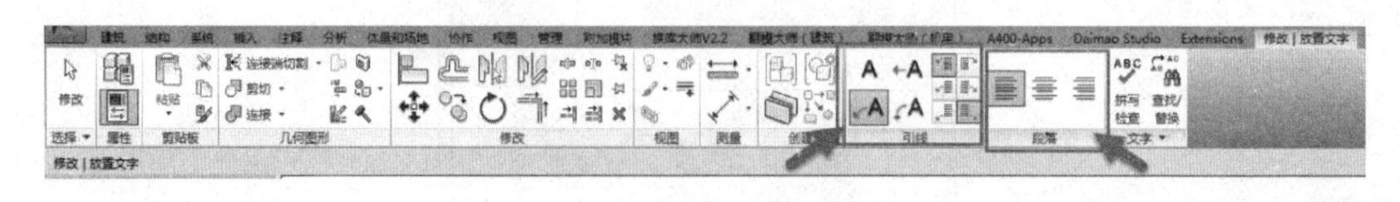

图 15-2　选择文字格式

15.1.2　关于查找和替换文字

查找和替换文字：使用“查找/替换”工具搜索注释和详图组中的文字，并替换为新文字，还可以在工作集用户之间传递控制。

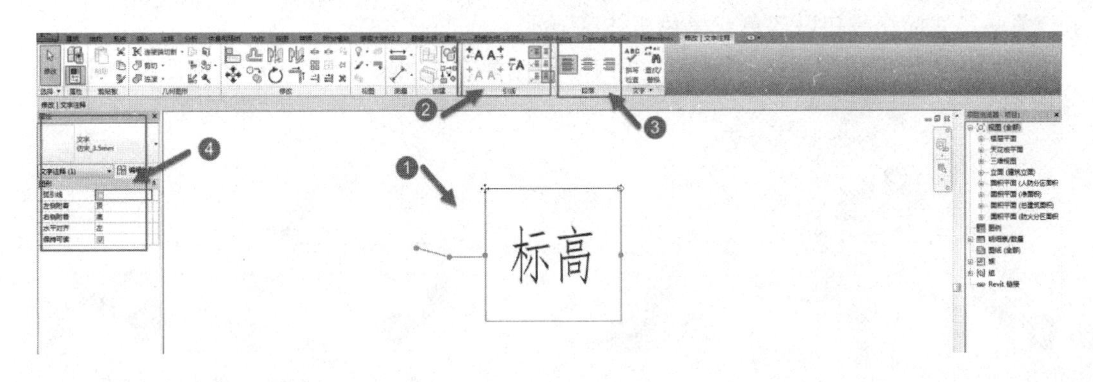

图 15-3　添加文字注释

【提示】

“查找/替换”功能仅适用于使用“文本”工具创建的文字。“查找/替换”功能无法识别视图中基于参数的文字（例如标签值）或明细表中的文字。

15.1.3　模型文字

（1）模型文字：是基于工作平面的三维图元，可用于建筑或墙上的标志或字母。对于能以三维方式显示的族（如墙、门、窗和家具族），可以在项目视图和族编辑器中添加模型文字。模型文字不可用于只能以二维方式表示的族，如注释、详图构件和轮廓族。可以指定模型文字的多个属性，包括字体、大小和材质。

（2）模型文字上的剖切面效果：如果模型文字与视图剖切面相交，则前者在平面视图中显示为截面。如果族显示为截面，则与族一同保存的模型文字将在平面视图或天花板投影平面视图中被剖切，如果该族不可剖切，则它不会显示为截面。

15.2　尺寸标注

尺寸标注是在项目中显示测量值，一般情况下，在“注释”选项卡中的“尺寸标注”面板，如图 15-4 所示。

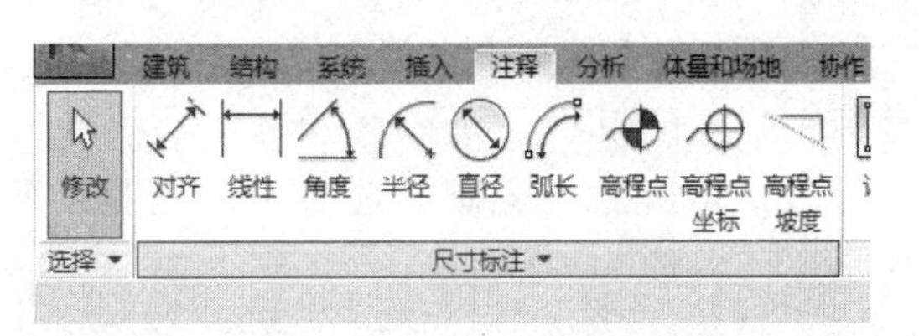

图 15-4　尺寸标注面板

15.2.1　临时尺寸标注

临时尺寸标注：当放置图元、绘制线或选择图元时在图形中显示的测量值，如图 15-5 所示。在完成动作或取消选择图元后，这些尺寸标注会消失。在 Revit 中选择了多个图元，则不会显示临时尺寸标注和限制条件。

可以将临时尺寸标注转换为永久性尺寸标注，以便其始终显示在图形中。

使用关联尺寸标注：进行绘制时，可以明确输入绘制线的值，方法是在开始绘制线时键入一个数字。接下来，通过以下操作进行练习。

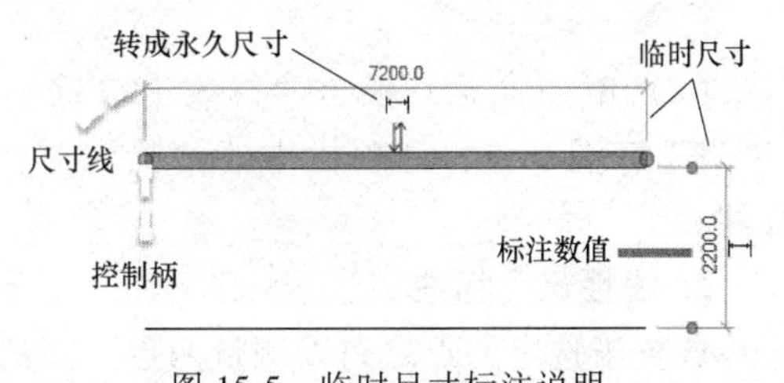

图 15-5　临时尺寸标注说明

（1）在开始绘制线的时候，如图 15-6 所示，关联尺寸标注最初以蓝色或黑色粗体字显示。

(2) 输入长度值：键入数字时，将出现一个文本框，按 Enter 键确定，如图 15-7 所示。

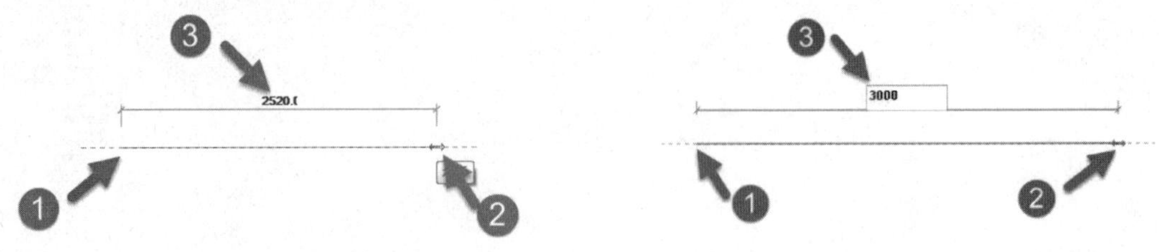

图 15-6　临时尺寸标注数值　　　　图 15-7　修改临时尺寸标注数值

15.2.2　永久性尺寸标注

永久性尺寸标注是一个视图专有的图元，添加到图形以记录设计的测量值。永久性尺寸标注能够以两种不同的状态显示，即可修改状态和不可修改状态。若要修改某个永久性尺寸标注，请先选择参照该尺寸标注的几何图形并进行修改。使用“尺寸标注”工具在项目构件或族构件上放置永久性尺寸标注。

【提示】

类似于其他注释图元，尺寸标注为视图专有图元，不会自动显示在其他视图中。

Revit 中尺寸标注有对齐、线性、角度、半径、直径、弧长等，每一个尺寸标注都具有不同的特性，针对不同的标注情况进行标注。以下介绍主要类型尺寸标注的创建步骤。

1. 添加对齐尺寸标注

可以将对齐尺寸标注放置在两个或两个以上平行参照或两个或两个以上点之间进行标注。

打开资料文件夹中“第二篇　Revit 入门基础”→“第 15 章 文字和标注”→“对齐尺寸标注”进行练习。

(1) 切换至“注释”选项卡→选择“尺寸标注”面板→“对齐”工具，如图 15-8 所示。

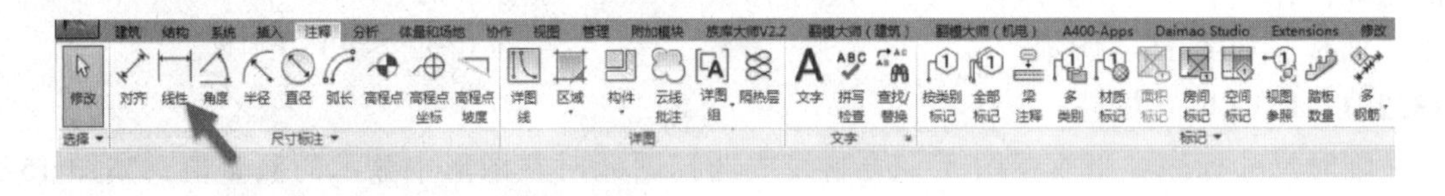

图 15-8　选择“对齐”尺寸标注

(2) Revit 将会切换至“修改 | 放置尺寸标注”选项卡，选择“尺寸标注”面板中的“对齐”工具，选择选项栏中的“拾取”为“单个参照点”，在如图 15-9 所示的位置进行标注。

2. 线性尺寸标注

放置于选定的点之间以测量两点之间的水平或者垂直距离，尺寸标注与视图的水平轴或垂直轴对齐，选定的点是图元的端点或参照的交点，在放置线性标注时，可以使用弧端点作为参照。

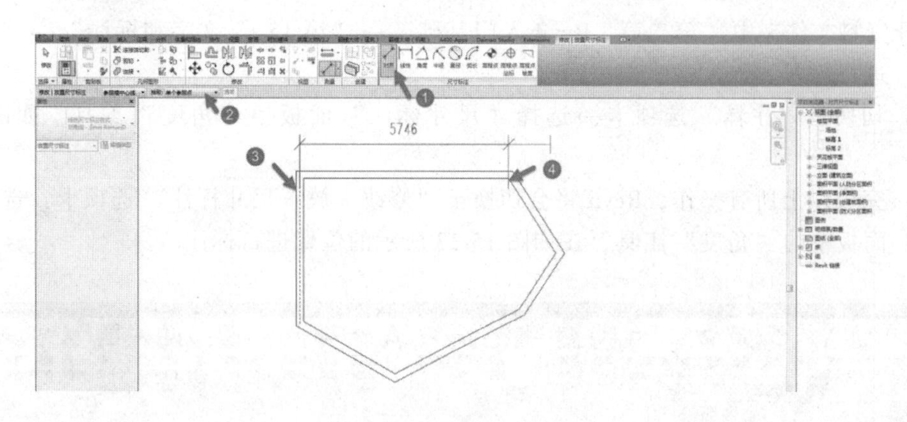

图 15-9　添加尺寸标注

【提示】

只有在项目环境中才可用水平标注和垂直标注，无法在族编辑器中创建它们。

打开资料文件夹中“第二篇　Revit 入门基础”→“第 15 章 文字和标注”→“线性尺寸标注”进行练习，通过对下面形状不规则的建筑上的水平线性尺寸标注和垂直线性尺寸标注进行练习。

（1）切换至“注释”选项卡→选择“尺寸标注”面板→“线性”工具，如图 15-10 所示。

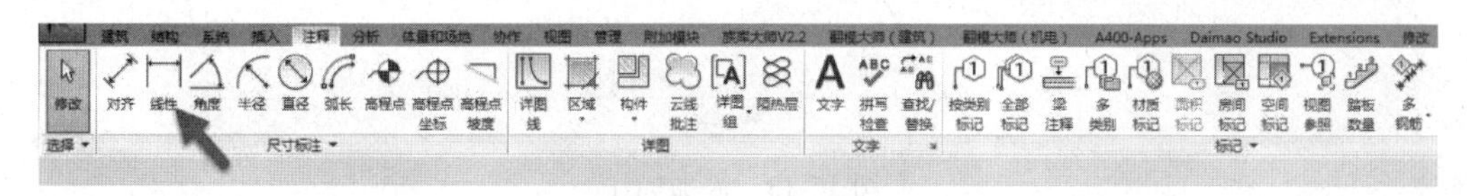

图 15-10　选择“线性”尺寸标注

（2）Revit 将会切换至“修改｜放置尺寸标注”选项卡，选择“尺寸标注”面板中的“线性”工具，在如图 15-11 所示的位置进行标注。

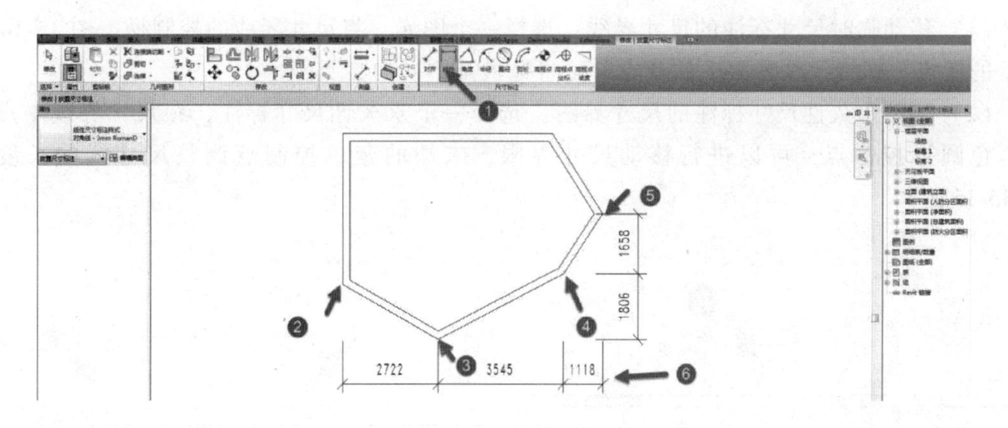

图 15-11　添加尺寸标注

3. 角度尺寸标注

放置角度尺寸标注以测量共享同一公共交点的多个参照点之间的角度。

打开资料文件夹中“第二篇　Revit 入门基础”→“第 15 章 文字和标注”→“角度尺寸标注”进行练习。

(1) 切换至“注释”选项卡→选择“尺寸标注”面板→“角度”工具，如图 15-12 所示。

(2) 完成以上所有操作，Revit 将会切换至“修改 | 放置尺寸标注”选项卡，选择“尺寸标注”面板中的“角度”工具，在如图 15-13 所示的位置进行标注。

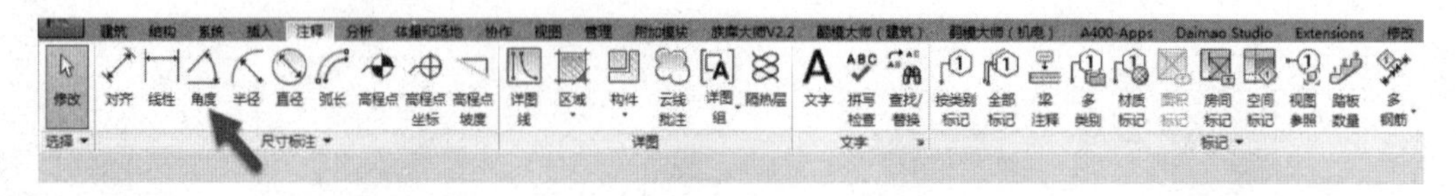

图 15-12　选择“角度”尺寸标注

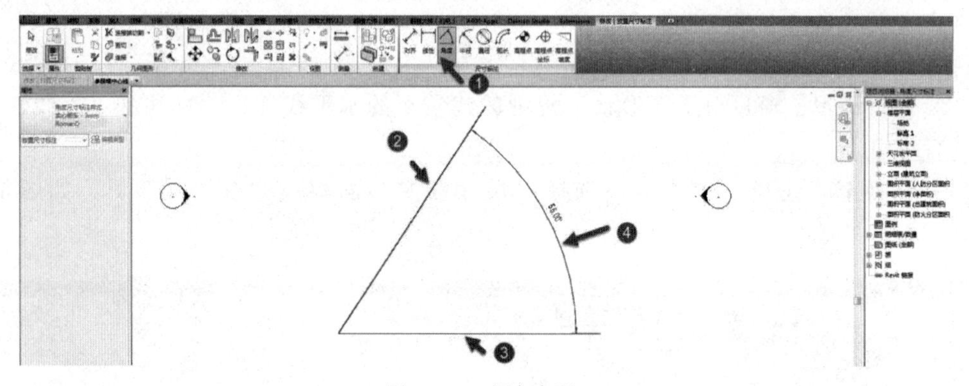

图 15-13　添加标注

15.2.3　尺寸标注尺寸界线

尺寸标注尺寸界限：可以将尺寸界线移到临时尺寸标注和永久性尺寸标注的新参照，还可以控制永久性尺寸标注的尺寸界线和图元间的间隙。

(1) 移动临时尺寸标注的尺寸界线：选择一个图元，将尺寸界线的控制柄，图 15-14 中显示的蓝点，拖拽尺寸界限上的蓝点，可将拖拽至不同的参照。

(2) 移动永久性尺寸标注的尺寸界线：选择一个永久性尺寸标注，在尺寸界线中点处的蓝色圆形控制点，可以进行移动尺寸界限，末端的蓝色控制点调整尺寸线的长度如图 15-15所示。

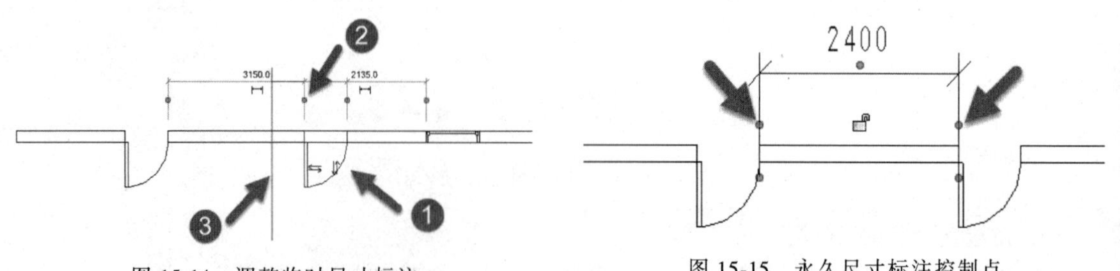

图 15-14　调整临时尺寸标注

图 15-15　永久尺寸标注控制点

15.3　高程点和坡度

15.3.1　高程点

使用高程点标注可用来记录立面、坐标或选定点的坡度或绘图中的图元，可以显示选定点的高程或图元的顶部（和底部）高程，高程点坐标会显示选定点的“北/南”和“东/西”坐标，还显示选定点的高程，会显示选定点的实际高程。可以获取坡道、道路、地形表面和楼梯平台的高程点。

打开资料文件夹中“第二篇　Revit 入门基础”→“第 15 章 文字和标注”→“高程点”进行练习。

（1）切换至“注释”选项卡→选择“尺寸标注”面板→“高程点”工具，如图 15-16 所示。

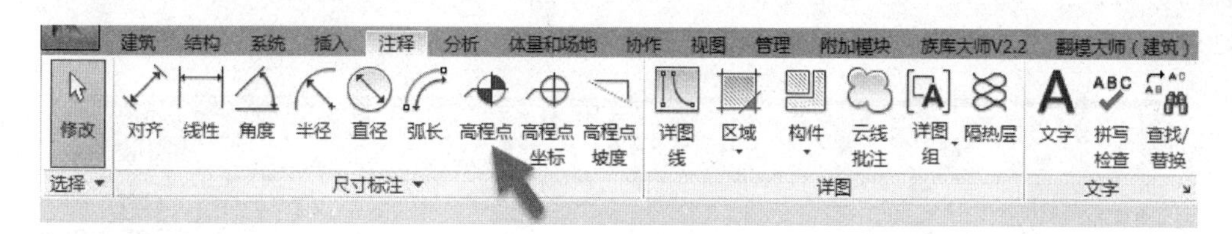

图 15-16　高程点工具

（2）Revit 将会切换至“修改｜放置尺寸标注”选项卡，在项目浏览器中，双击立面（建筑立面）中的“南”立面视图，切换至“南”立面视图，在属性面板的“类型选择器”中选择要放置的高程点的类型，在选项栏中勾选（或取消勾选）“引线”“水平线”，移动鼠标指针至视图中，标注需要标注的高程点位置，如图 15-17 所示。

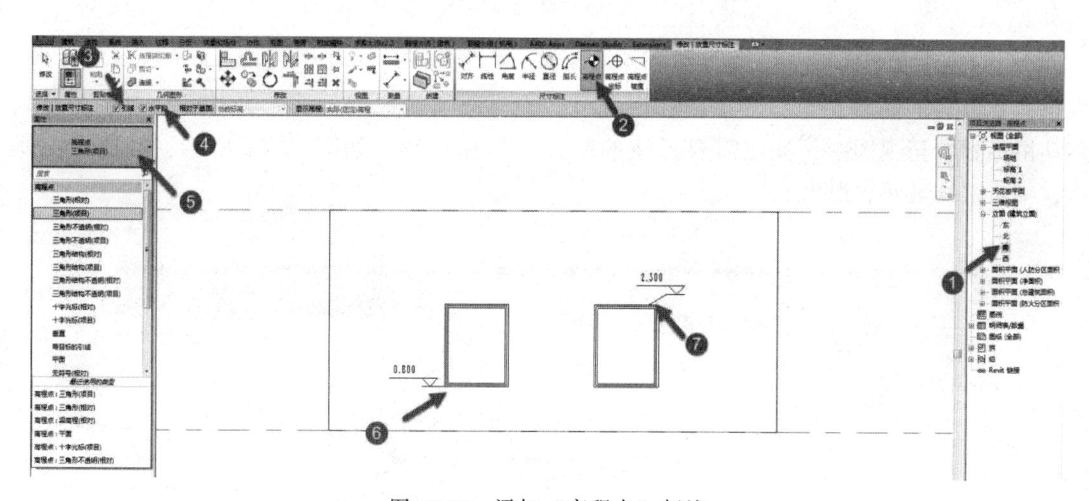

图 15-17　添加“高程点”标注

15.3.2　高程点坐标

高程点坐标会报告项目中点的“北/南”和“东/西”坐标，可以在楼板、墙、地形表面和边界线上添加高程点坐标，将高程点坐标放置在非水平表面和非平面边缘上，如

图 15-18所示。除坐标外，还可以将高程点坐标与高程点放置在同一位置上显示，如图 15-19所示。

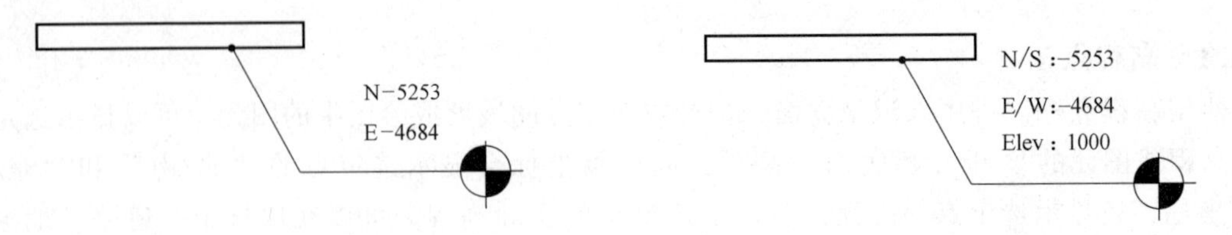

图 15-18 “高程点坐标”标注　　图 15-19 “同时显示高程点坐标和高程点”标注

打开资料文件夹中“第二篇　Revit 入门基础”→“第 15 章 文字和标注”→“高程点”进行练习。

(1) 在项目浏览器中，双击立面（建筑立面）中的“南”立面视图，切换至“南”立面视图，切换至“注释”选项卡→选择“尺寸标注”面板→“高程点坐标”工具，如图 15-20 所示。

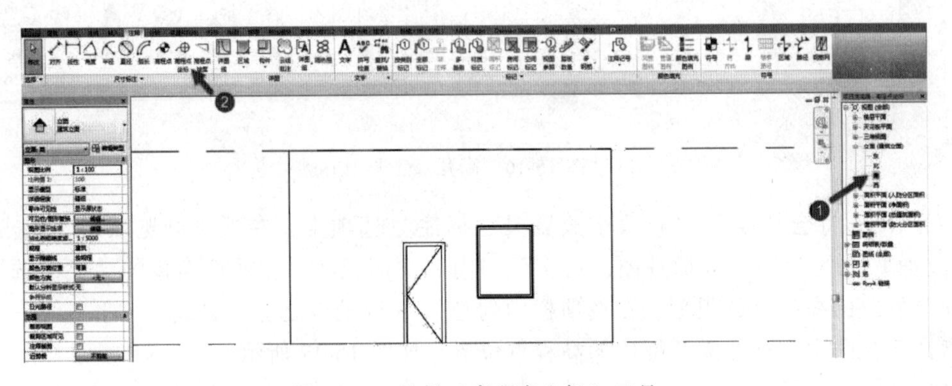

图 15-20 选择“高程点坐标”工具

(2) Revit 将会切换至“修改 | 放置尺寸标注”选项卡，在属性面板的“类型选择器”中选择要放置的高程点坐标的类型，在选项栏中勾选（或取消勾选）“引线”“水平线”，移动鼠标指针至视图中，标注需要标注的高程点坐标位置，如图 15-21 所示，完成以上操作，单击 Esc 键两次退出。

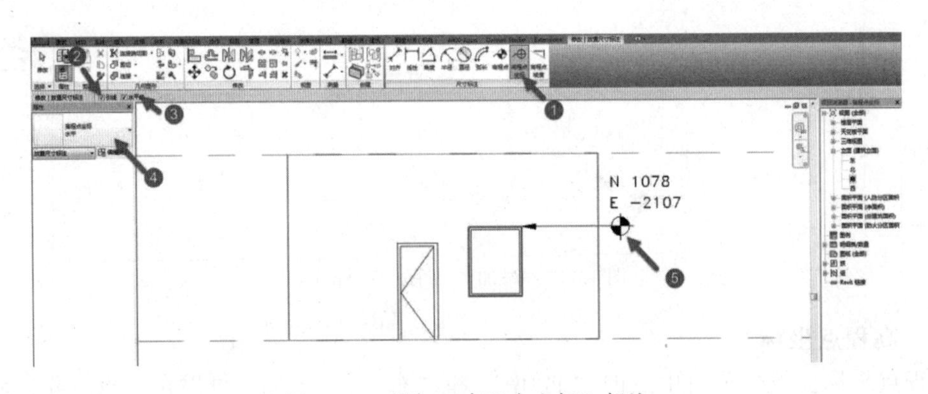

图 15-21 添加“高程点坐标”标注

（3）同时显示高程点坐标与高程点：修改属性面板的“类型选择器”中的高程点坐标类型为“高程点坐标水平（W-立面）”类型，如图 15-22 所示。

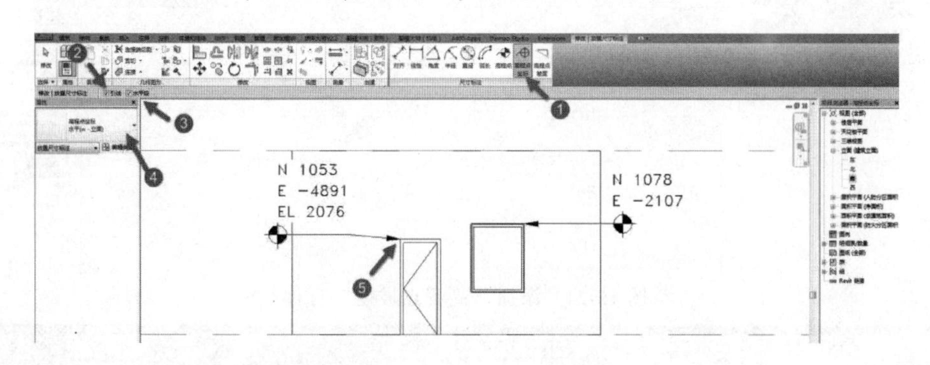

图 15-22　添加“同时显示高程点坐标与高程点”标注

15.3.3　高程点坡度

高程点坡度可以显示图元的面或边上的特定点处的坡度，高程点坡度的对象通常包括屋顶、梁和管道，可以在平面视图、立面视图和剖面视图中放置高程点坡度。

打开资料文件夹中“第二篇　Revit 入门基础”→“第 15 章 文字和标注”→“高程点坡度”进行练习。

（1）在项目浏览器中，双击立面（建筑立面）中的“南”立面视图，切换至“南”立面视图，切换至“注释”选项卡→选择“尺寸标注”面板→“高程点坡度”工具，如图 15-23 所示。

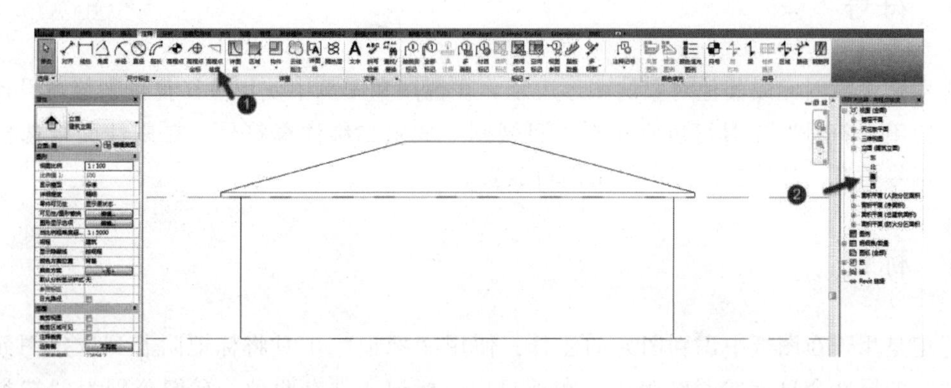

图 15-23　选择“高程点坡度”工具

（2）Revit 将会切换至“修改｜放置尺寸标注”选项卡，修改选项栏中的坡度表示为“箭头”，设置合适的“相对参照的偏移”量值，在属性面板的“类型选择器”中选择高程点坡度类型为“坡度”类型，鼠标指针移动至视图需要标注的位置，如图 15-24所示。

（3）重复上面第 1 步操作，修改选项栏中的坡度表示为“三角形”，如图 15-25 所示。

【提示】

选择高程点坡度，会显示翻转控制柄（↑↓），以翻转高程点坡度尺寸标注的方向。

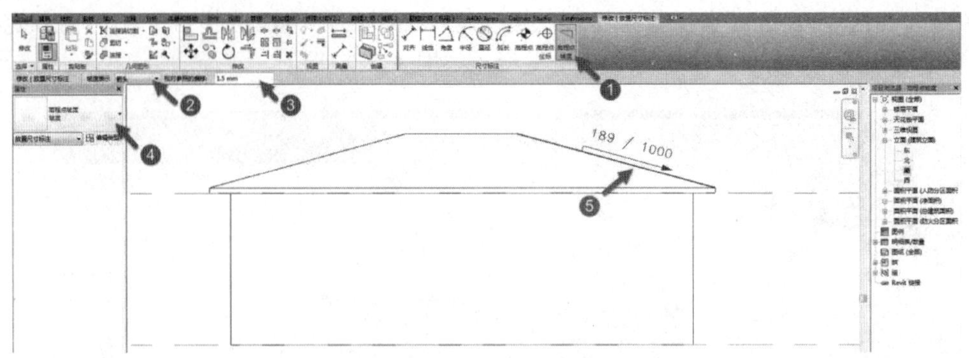

图 15-24　添加“高程点坡度”标注

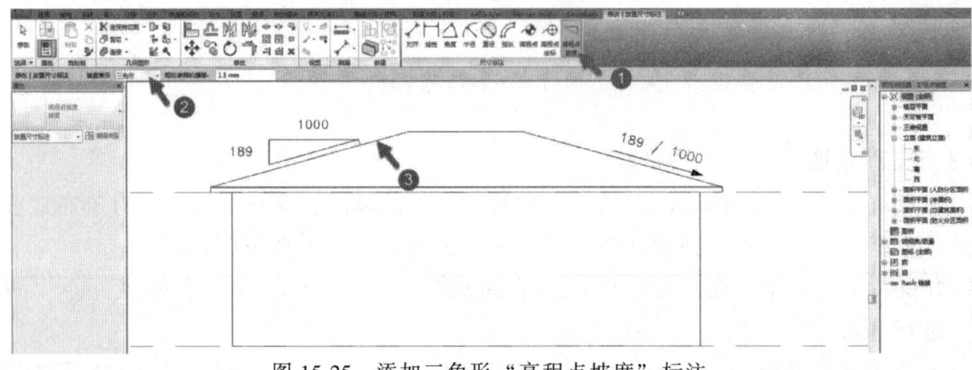

图 15-25　添加三角形“高程点坡度”标注

15.4　符号

符号是注释图元或其他对象的图形表示，在视图和图例中使用注释符号来传达设计详细信息，使用“符号”工具可以直接在项目视图中放置二维注释符号。在属性面板选择需要放置的符号类型，然后在绘图区单击即可放置。

15.5　标记

标记是用于在图纸中识别图元的注释，使用“标记”工具将标记附着到选定图元，标记相关联的属性会显示在明细表中。在项目中，标记通常有两种，它们分别为“按类别标记”“全部标记”，可在“注释”选项卡中的“标记”面板中进行选择，如图 15-26 所示。对于尚未标记的图元通过这两个工具标记后，即可出现图元标记，该方面功能在门窗标记中使用较多，如图 15-27 所示。

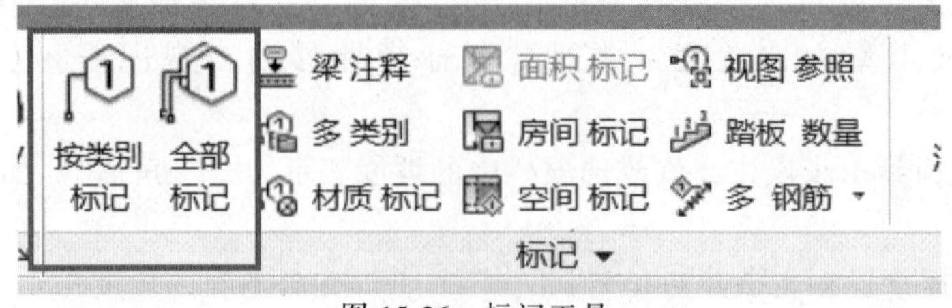

图 15-26　标记工具

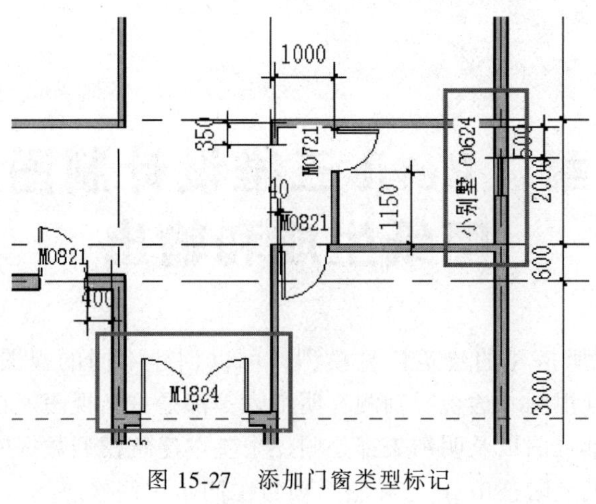

图 15-27　添加门窗类型标记

第 16 章　Revit 三维设计制图原理、图纸生成和输出

在 Revit 平台中，所搭建的建筑信息模型，可以创建不同的视图，模型中的每一个平面、立面、剖面、三维视图、透视、轴测、明细表等都是一个视图。在建筑模型中，所有的图纸、二维视图和三维视图以及明细表都是同一个基本建筑模型数据库的信息表现形式。修改某个视图中的建筑模型时，Revit 会在整个项目中同步这些修改。

Revit 是一款参数化的三维设计软件，如果在 Revit 中创建三维模型，并且进行相关的设置，获得符合设计要求的相关平立剖大样详图等图纸，本章将详细地讲解 Revit 三维设计制图原理、图纸生成和输出。

16.1　平面图生成

本节内容将详细讲解生成平面图的操作步骤，对平面图创建、详细程度、可见性、模型图形样式、基线、视图范围设置等。

16.1.1　平面图创建

Revit 的二维视图提供了查看模型的传统方法，平面视图包括楼层平面、天花板投影平面和结构平面，大多数模型至少包含一个楼层平面。

接下来，通过以下操作创建平面视图：

（1）创建平面视图：打开项目文件，切换至“视图”选项卡，选择“创建”面板中的“平面视图”的下拉列表中选择“楼层平面”，如图 16-1 所示。

图 16-1　平面视图

（2）平面视图下拉列表：打开“平面视图”的下拉列表，将有楼层平面、天花板投影平面、结构平面、平面区域、面积平面选项，如图 16-2 所示，选择其中一项，Revit 将会自动弹出“新建楼层平面（根据用户新建的类型）”对话框，此处将会显示项目已经创建完成但没有生成视图的标高，用户根据需求选择创建相对应的平面视图，如图 16-3 所示。勾选“不复制现有的视图”在标高选项框中，将不会显示已创建完成视图的标高。

（3）编辑类型：单击“新建楼层平面”中的“编辑类型”按钮，Revit 将会自动弹出“类型属性”对话框，用户可根据需求，对“详图索引标记”参数的“值”进行修改，也

可以在“标识数据”栏目，修改“查看应用到新视图的样板”值，如图 16-4 所示。

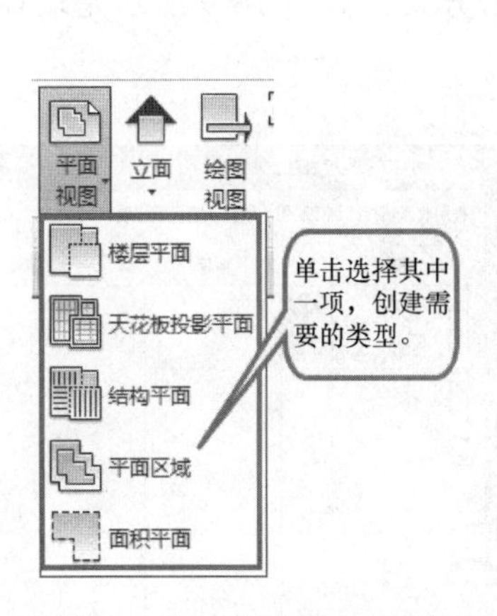

图 16-2 “平面视图”下拉选项

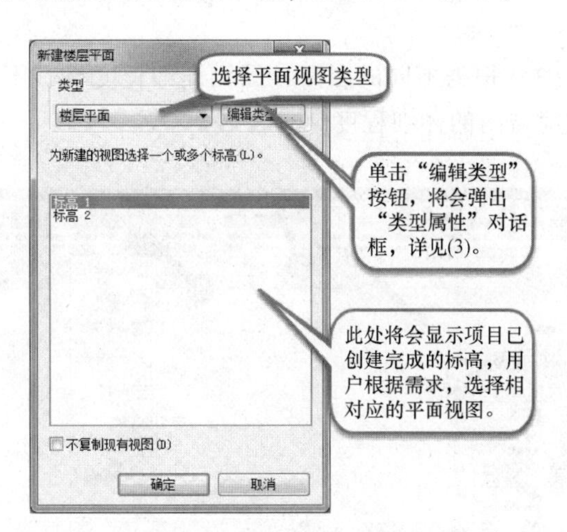

图 16-3 创建平面视图

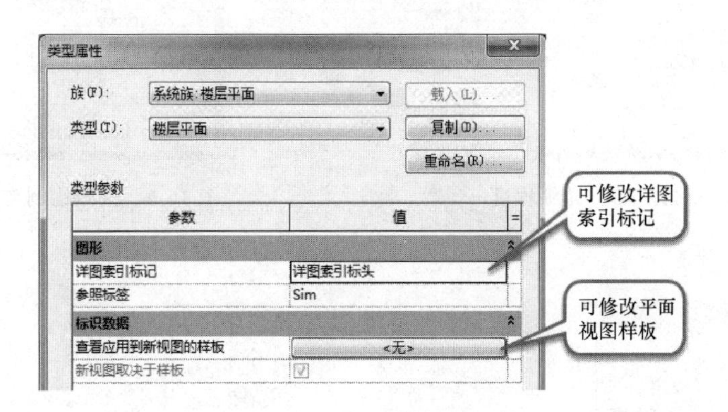

图 16-4 楼层平面类型属性

16.1.2 详细程度

可根据视图比例设置新建视图的详细程度，在 Revit 中详细程度被归类为三种，分别为“粗略”“中等”和“精细”。通过预定义详细程度，可以影响不同视图比例下同一几何图形的显示。可以通过在“视图属性”中设置“详细程度”参数，从而随时替换详细程度。

1. 对设置详细程度比例值进行操作

(1) 切换“管理”选项卡→选择“设置”面板→“其他设置”下拉列表中的“详细程度”工具，如图 16-5 所示。

(2) Revit 将会自动弹出“视图比例与详细程度的对应关系”对话框，如图 16-6 所示。可以单击“»”按钮，将比例向右移动，单击“«”按钮，将比例向左移动。不能单独选择比例，它们只能按顺序依次移动；要返回原始设置，可单击“默认”按钮。

2. 对指定视图的详细程度进行操作

(1) 单击视图中的空白区域，然后在“属性”选项卡上，选择“粗略”“中等”或“精细”作为“详细程度”，如图 16-7 所示。

（2）在绘图区域底部的视图控制栏上，单击“详细程度”图标，并选择一个选项，如图 16-8 所示。

（3）根据不同的图元，图元详细程度将有不同的显示方式，如图 16-9 所示是墙体的详细程度与门的详细程度。

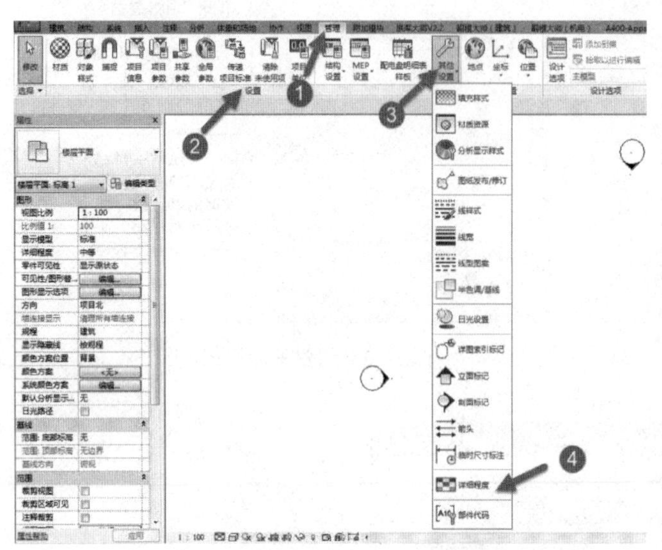

图 16-5　详细程度

视图比例与详细程度的对应关系

使用此表格按比例控制用于新视图的详细程度。

粗略	中等	精细
1 : 5000	1 : 25	1 : 5
1 : 2000	1 : 20	1 : 2
1 : 1000	1 : 10	1 : 1
1 : 500		
1 : 200		
1 : 100		
1 : 50		

确定　取消　默认(D)

图 16-6　视图比例与详细程度对应关系

图 16-7　设置视图详细程度一

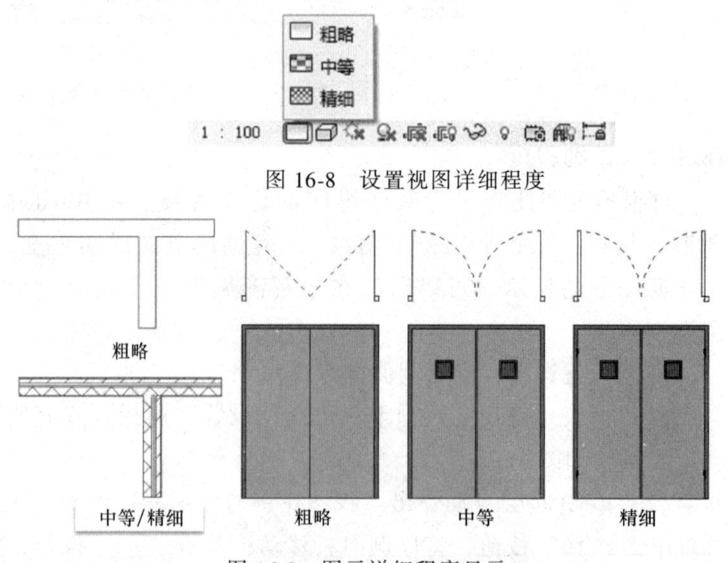

图 16-9　图元详细程度显示

16.1.3　可见性

可见性/图形替换：可以控制项目中各个视图的模型图元、基准图元和视图专有图元的可见性和图形显示。

接下来通过以下练习，对可见性/图形替换进行设置。

（1）在“楼层平面”属性面板中的“可见性/图形替换”选项，单击“编辑”按钮，Revit 将会弹出“××平面视图可见性/图形替换”对话框，可以根据项目需要对其进行修改，如图 16-10 所示。

（2）在打开的“可见性/图形替换”对话框中，Revit 对图元类别进行详细的归类，分别有模型类别、注释类别、分析模型类别、导入的类别、过滤器。

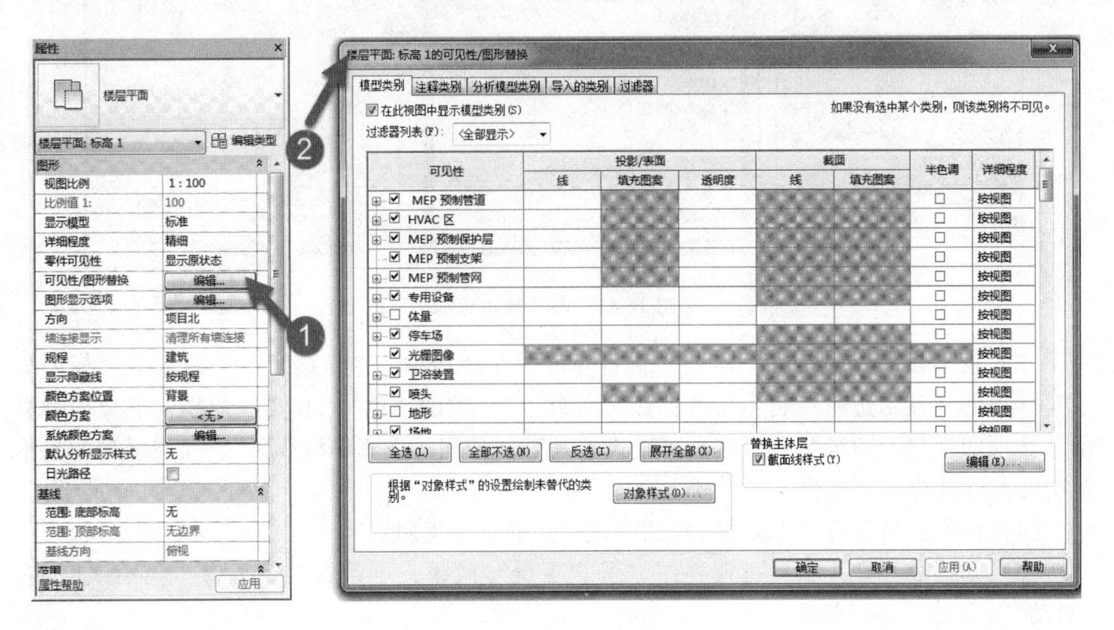

图 16-10　可见性/图形替换设置

（3）模型类别：主要对项目主体图元进行归类，可以对其内容显示或隐藏，调整模型构件的“投影/表面”，可以修改“线”“填充图案”“透明度”；也可以修改模型构件的“截面”，分别对“线”“填充图案”进行设置；还可以调整模型构件的半色调与详细程度。

（4）注释类别：主要控制注释构件的可见性，调整注释构件“投影/表面”中的“线”的图形，还可以修改注释构件的半色调。

（5）分析模型类别：主要对分析模型构件的可见性进行控制，与“模型类别”一致，可对“投影/表面”“半色调”与“详细程度”进行设置。

16.1.4　模型图形样式

模型图形样式：可以通过“楼层平面”属性面板中的“图形显示选项”选项，进行设置，来增强模型视图的视觉效果。

接下来通过以下练习，对可见性/图形替换进行设置。

（1）在“楼层平面”属性面板中的“图形显示选项”选项，单击“编辑”按钮，Revit 将会弹出“图形显示选项”对话框，可以根据项目需要对其进行修改，如图 16-11 所示。

（2）在打开的“图形显示选项”对话框，可以对“模型显示”“阴影”“勾绘线”“深度提示”“照明”“摄影曝光”“另存为视图样板”设置。

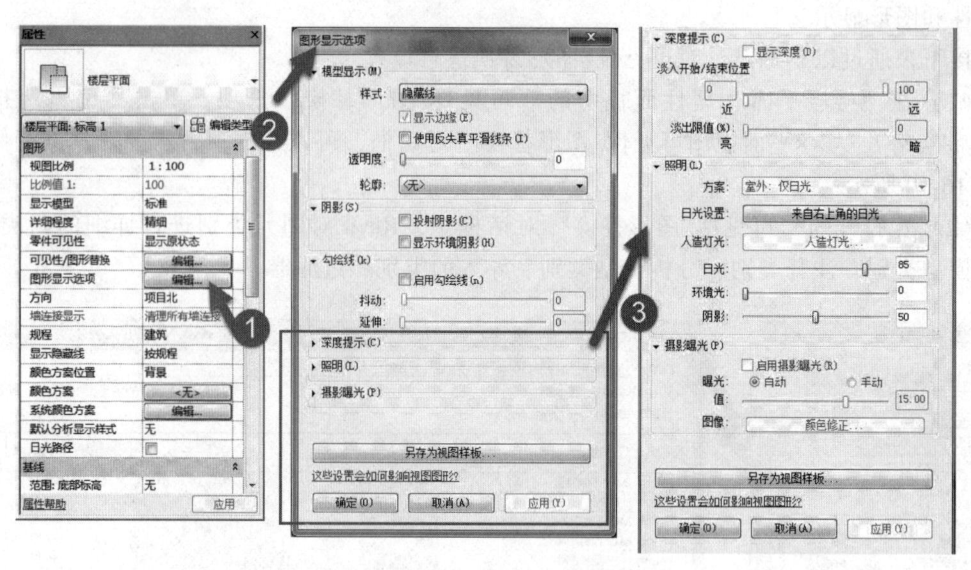

图 16-11　图形显示选项

（3）模型显示：可以对“样式”进行修改，在“线框”“隐藏线”的模式下“模型显示”选项的“显示边缘”将不可选；在“着色”“一致的颜色”“真实”的模式下“模型显示”选项的“显示边缘”将可选。可以设置是否“使用反失真平滑线条”，设置模型的显示透明度，可以选择“轮廓”的样式。

（4）阴影：可设置是否需要“投射阴影”“显示环境阴影”。

（5）勾绘线：此工具，可使视图显示“手绘”效果，可设置是否需要“勾绘线”，对“抖动”“延伸”进行设置。

（6）深度提示：选中该复选框以启用当前视图的深度提示。

（7）照明：设置视图的照明效果。

（8）摄影曝光：这些设置仅在使用“真实”视觉样式的视图中可用。

（9）另存为视图样板：使用该选项可保存特定的“图形显示选项”设置，以备将来使用。

16.1.5　基线

基线：设置基线时，Revit 会显示当前平面视图下其剖切面处模型的其他标高；可以从当前标高上方或下方查看基线；基线以半色调显示，在隐藏线视图下可见。

接下来通过以下练习，对基线进行设置。

（1）在打开楼层平面视图中，在“楼层平面”属性面板中的“基线”选项，可以设置“范围：底部标高”“范围：顶部标高”“基线方向（可以设置俯视与仰视）”，如图 16-12 所示。

（2）设置“范围：底部标高”为“无”，“范围：顶部标高”“基线方向”将不可修改，视图中的灰色轮廓将不显示，如图 16-13 所示。

16.1.6　视图范围设置

视图范围是控制对象在视图中的可见性和外观的水平平面集。

在“属性”面板中的，单击“范围”参数中的“视图范围”→“编辑”按钮，如图 16-14 所示，Revit 将会弹出“视图范围”对话框，如图 16-15 所示。

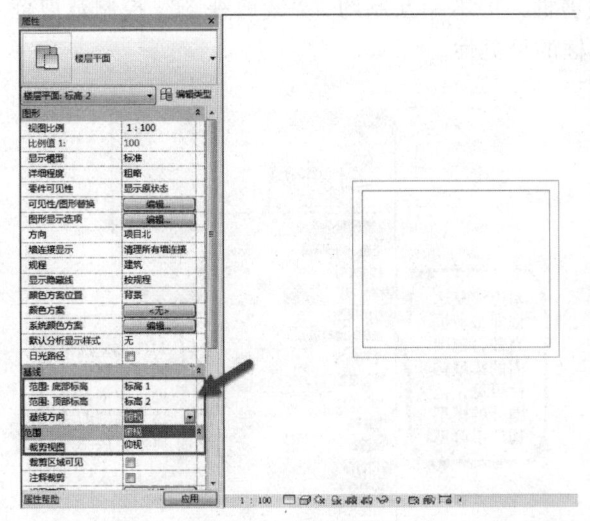

图 16-12 基线设置选项

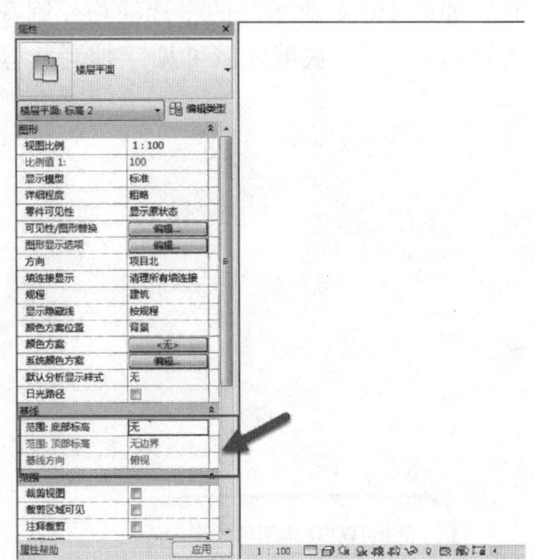

图 16-13 基线设置

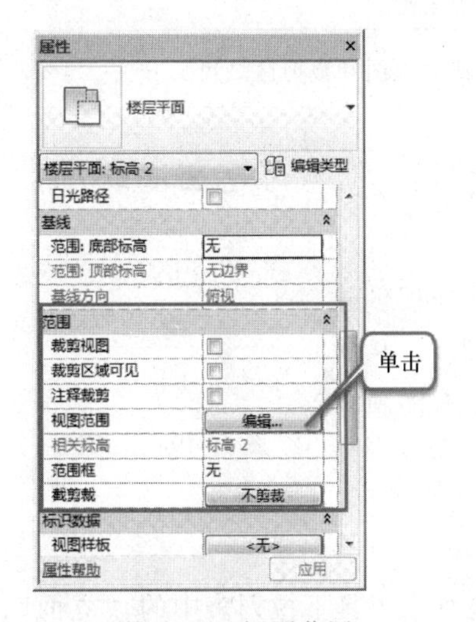

图 16-14 视图范围

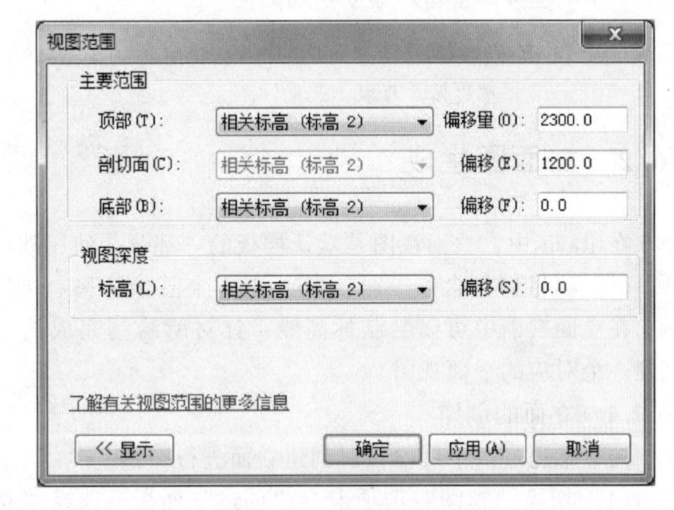

图 16-15 视图范围选项

图 16-16 所示为视图范围各选项的图示说明；楼层平面的“实例属性”对话框中的“范围”栏可以对裁剪进行相应设置，只有将裁剪视图打开在平面视图中，裁剪区域才会起效，若需要调整，在视图控制栏同样可以控制裁剪区域的可见及裁剪视图的开启及关闭，如图 16-17 所示。

在“属性”面板中也可控制裁剪视图的开启及关闭与裁剪区域

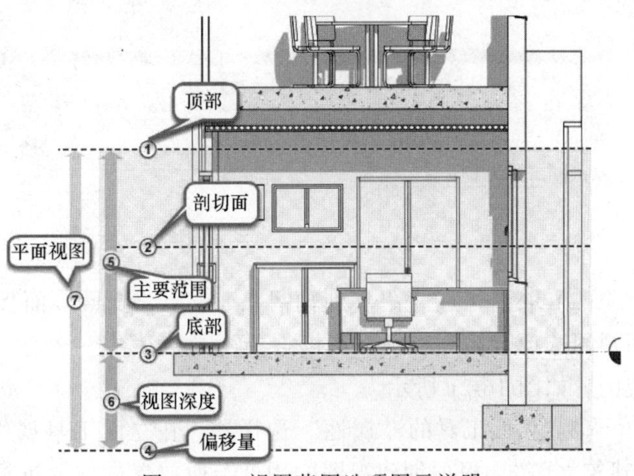

图 16-16 视图范围选项图示说明

可见，如图 16-18 所示。两个选项均控制裁剪框，但不相互制约，“裁剪视图”控制裁剪框是否裁剪视图，“裁剪区域可见”控制裁剪框的可见性。

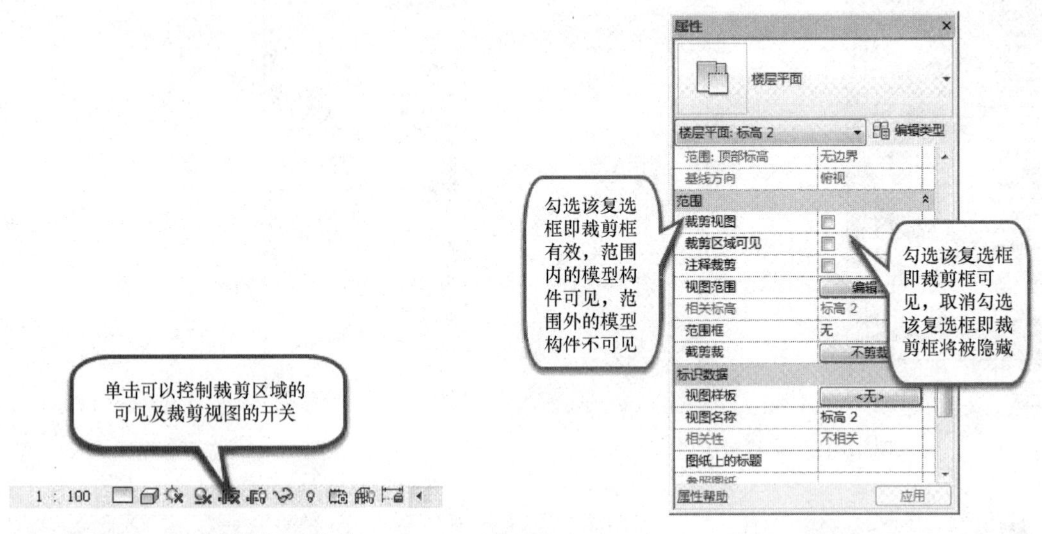

图 16-17　裁剪视图和裁剪区域可见开关一

图 16-18　裁剪视图和裁剪区域可见开关二

16.2　立面图生成

在 Revit 中，立面视图是默认样板的一部分，使用默认样板创建项目时，项目将包含东、西、南、北 4 个立面视图，如图 16-19 所示；在立面视图中可以绘制标高线，针对所绘制完成的每条标高线创建一个对应的平面视图。

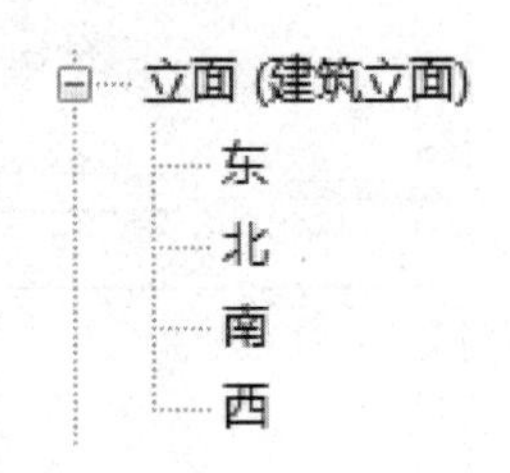

图 16-19　立面图

16.2.1　立面的创建

接下来通过以下练习，对创建立面进行操作。

（1）切换“视图”选项卡→“创建”面板→选择“立面”工具下拉列表中的“立面”，如图 16-20 所示。

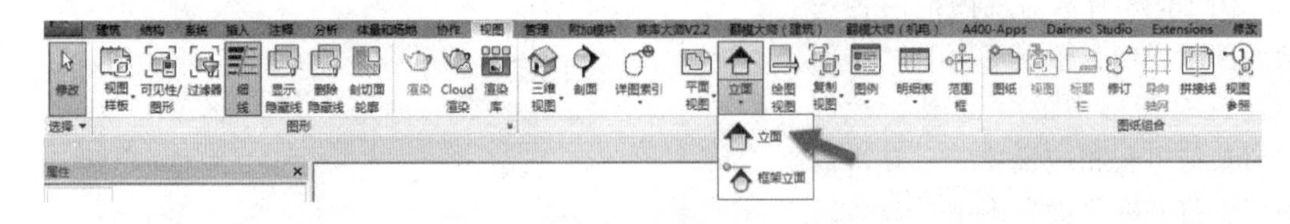

图 16-20　“立面”工具

（2）取消勾选“附着到轴网”，勾选“参照”面板中的“参照其他视图”时，Revit 后面视图选项会高亮显示，可以选择下拉列表中“新绘图视图”或其他在项目中已经创建的视图，如图 16-21 所示。

（3）立面工具的“属性”选择器：在立面工具属性选择器中，分别有“内部立面”与“建筑立面”，根据创建视图的用处与所放置的位置进行选择，如图 16-22 所示。

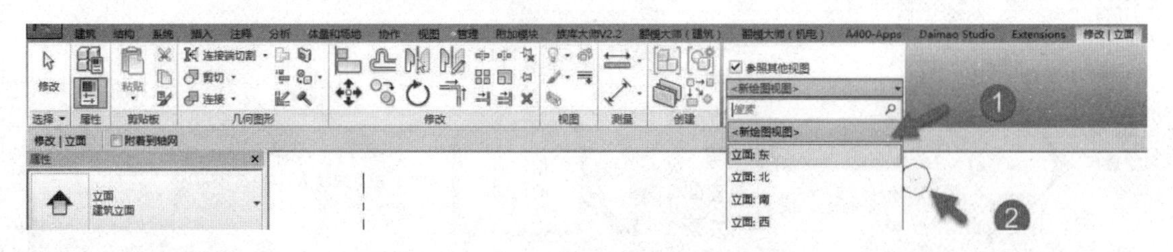

图16-21 “立面”工具选项

(4) 立面工具的类型属性：单击“编辑类型”按钮，将会弹出“类型属性”对话框，根据项目的需要对立面工具的“图形”“标识数据”的类型参数进行设置，如图16-23所示。

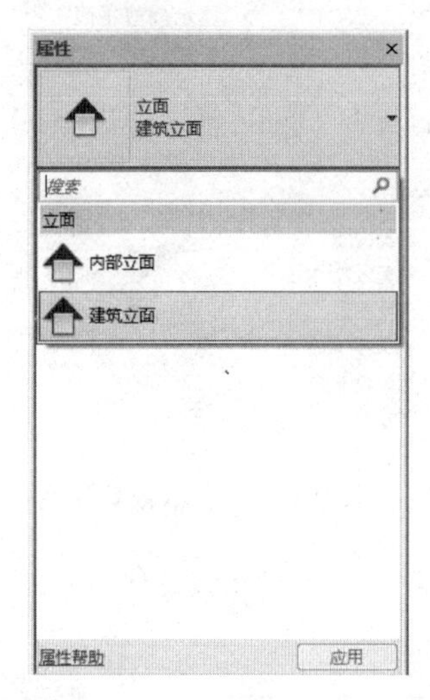

图16-22 “立面”工具类型

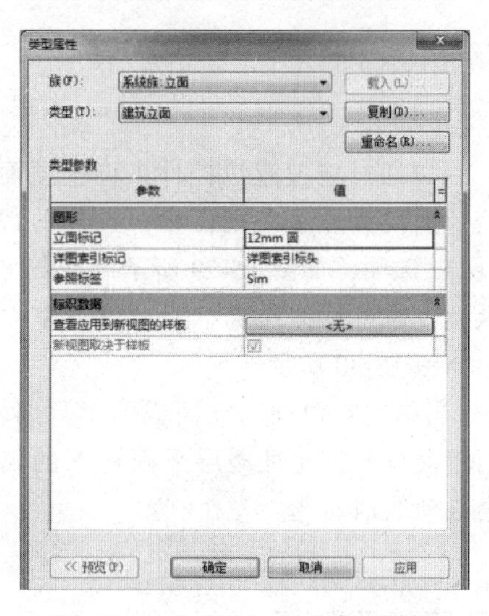

图16-23 “立面”工具类型属性

(5) 放置立面视图：将鼠标指针放置在墙附近并单击以放置立面符号，要设置不同的内部立面视图，可高亮显示立面符号的方形造型并单击，立面符号会随用于创建视图的复选框选项一起显示，如图16-24所示。

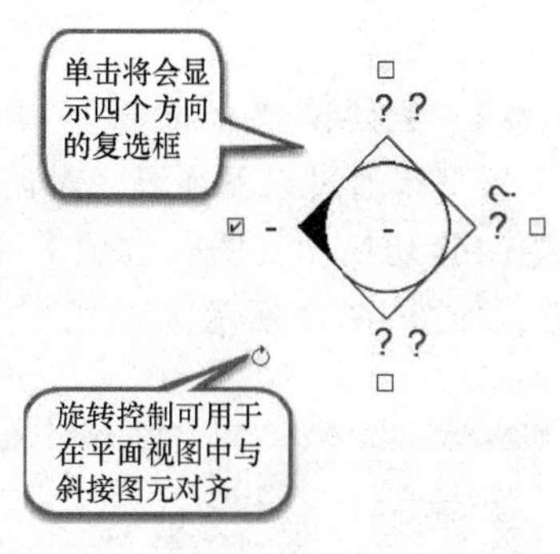

图16-24 立面符号

(6) 在选中复选框时（高亮显示符号上的箭头），如图16-25所示，立面视图将会同时创建，并且在“项目浏览器”中的“立面（建筑立面）”自动创建新立面视图与名称，需要修改时，在项目浏览器中，右击选择重命名，单击原来立面符号的位置以隐藏复选框，如图16-26所示。

(7) 删除立面：取消勾选复选框，将会弹出“Revit”对话框，单击“确定”按钮，视图将会被删除，项目浏览器中的立面视图也将会被删除，如图16-27所示。

(8) 剪裁平面：单击箭头一次以查看剪裁平面位置，剪裁平面的位置是立面视图显示的位置，移动剪裁平面，可以捕捉剪裁平面移动到的位置，剪裁平面的端点将捕捉墙并连接墙，如图16-28所示，显示裁剪平面。

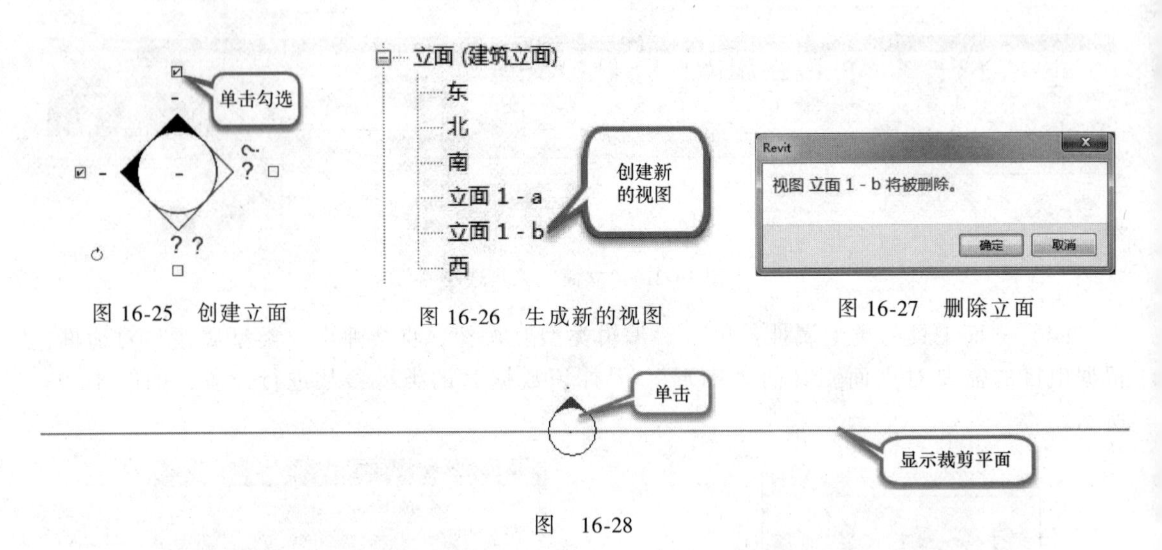

图 16-25　创建立面　　图 16-26　生成新的视图　　图 16-27　删除立面

图　16-28

(9) 可以通过拖拽蓝色控件来调整立面的宽度，如果蓝色控制柄没有显示在视图中，选择剪裁平面，勾选“裁剪视图”选项，如图 16-29 所示。剪裁平面两端将会出现操纵柄，通过拉伸操纵柄，可以调整立面视图裁剪的范围，如图 16-30 所示。

(10) 当单击空白处，立面视图工具属性将会关闭，楼层平面将会打开，此时楼层平面视图的属性中的裁剪视图将会自动取消勾选。

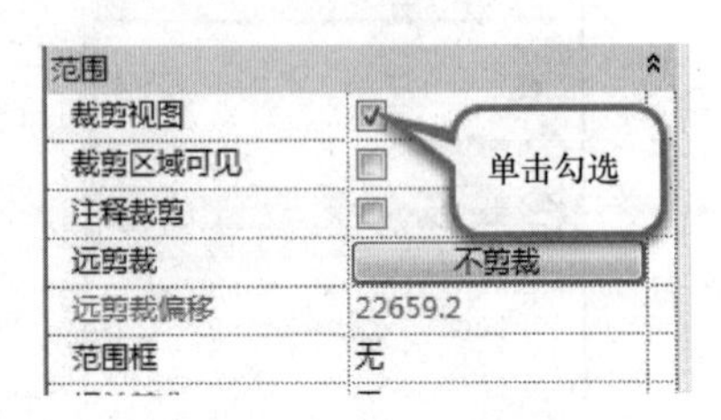

图 16-29　显示裁剪视图

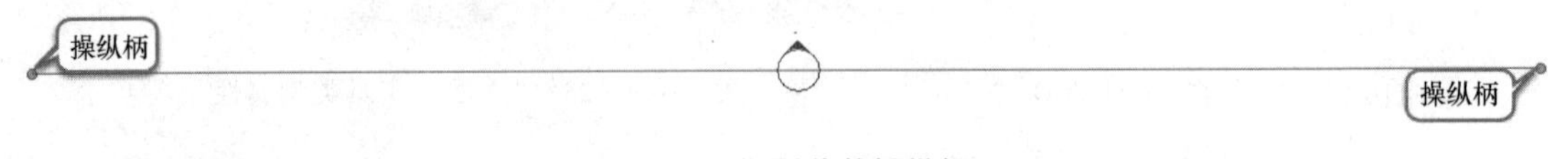

图 16-30　视图裁剪操纵柄

16.2.2　创建框架立面

接下来通过以下练习，对创建框架立面进行操作。

(1) 切换“视图”选项卡→“创建”面板→选择“立面”工具下拉列表中的“框架立面”，如图 16-31 所示。

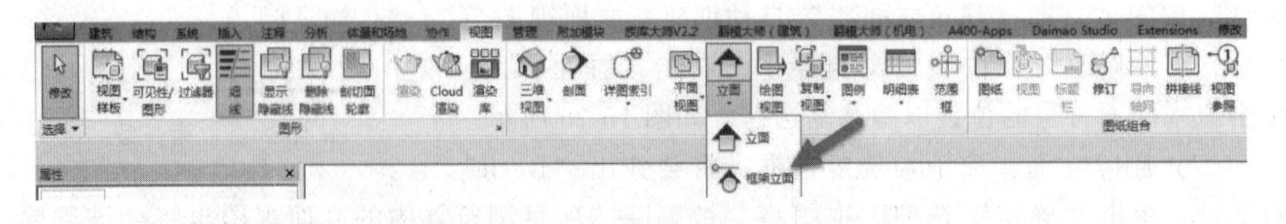

图 16-31　“框架立面”工具

【提示】

视图中必须有轴网或参照平面，才能添加框架立面视图。

(2) Revit 将会自动切换至“修改 | 立面”选项卡，此时鼠标指针会显示一个带有立面

的符号，在选项栏中，勾选“附着到轴网”，此时“类型选择器”中，自动变更为“内部立面”符号，移动鼠标指针至平面视图中，只有移动到轴网，立面符号才会显示，移动至其他图元不会显示，如图 16-32 所示。

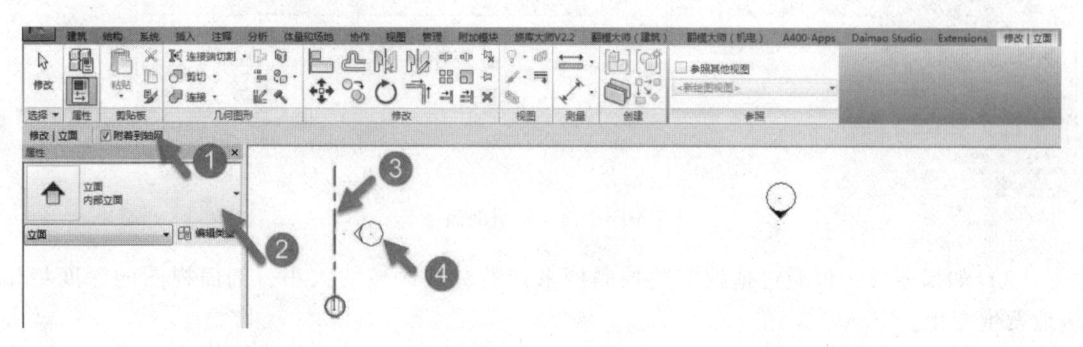

图 16-32　创建“框架立面”

（3）将框架立面符号垂直于选定的轴网线并沿着要显示的视图的方向放置，然后单击以将其放置。完成以上操作，按 Esc 键两次退出。

16.3　剖面图生成

剖面视图是在平面图、剖面图、立面图和详图视图中通过添加二维符号生成的二维剖切视图，剖面视图可在远剪裁平面处剪切剖面，每种类型都有唯一的图形外观，且每种类型都列在项目浏览器下的不同位置处。

建筑剖面视图和详图视图分别显示在项目浏览器的“剖面（建筑剖面）”分支和“详图视图（详图）”分支中。

16.3.1　创建剖面图

通过以下练习，对创建剖面图进行操作。

（1）在楼层平面进行操作，切换“视图”选项卡→“创建”面板→选择“剖面”工具，如图 16-33 所示。

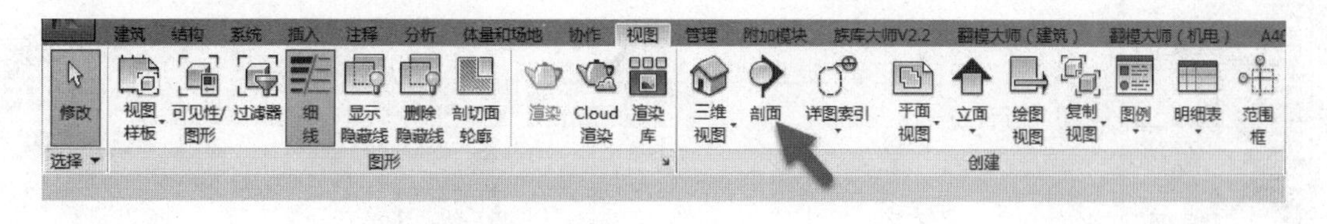

图 16-33　“剖面”工具

（2）Revit 将会自动切换至“修改 | 剖面”选项卡，将鼠标指针放置在剖面的起点处，并拖拽鼠标指针穿过模型，当到达剖面的终点时单击；这时将出现剖面线和裁剪区域，如图 16-34 所示。

【提示】

在放置剖面起点处时，可以捕捉与非正交基准或墙平行或垂直的剖面线。可在平面视图中捕捉到墙。

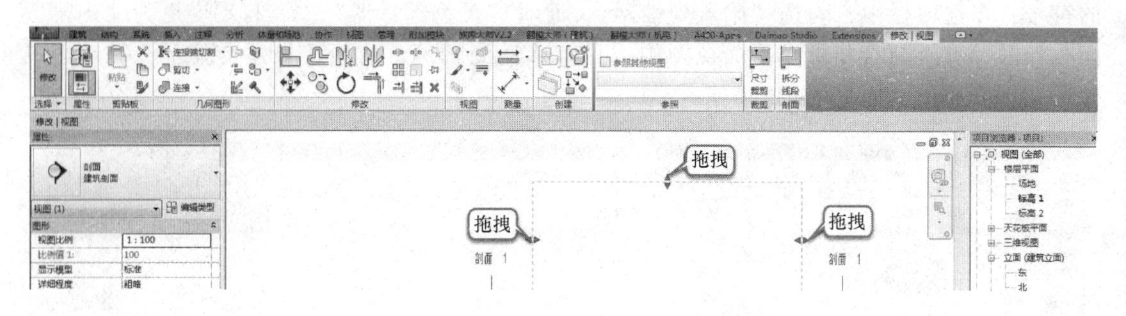

图 16-34　绘制剖面

(3) 如果需要，可通过拖拽蓝色控制柄来调整裁剪区域的大小，剖面视图的深度将相应地发生变化。

(4) 如果需要查看方向，可单击控制柄翻转视图，来查看视图的方向，单击线段“间隙符号”，可在有隙缝的或连接的剖面线样式之间切换，如图 16-35 所示。

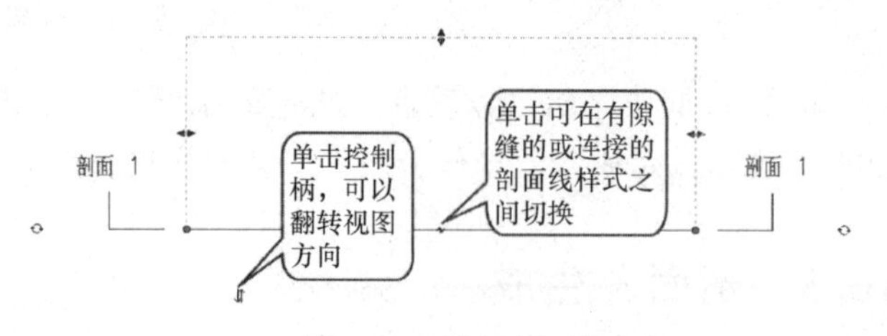

图 16-35　剖面选项

16.3.2　创建转角剖面图

在“16.3.1 节创建剖面图”创建剖面的基础上，进行操作，单击创建完成的剖面线，Revit 将会自动切换至“修改｜视图”选项卡，选择“剖面”面板中的“拆分线段”工具，此时鼠标指针将会显示拆分符号，移动鼠标指针至单击剖面线，拖拽线段至合适的位置，Revit 将会自动生成转角剖面图，如图 16-36 所示。

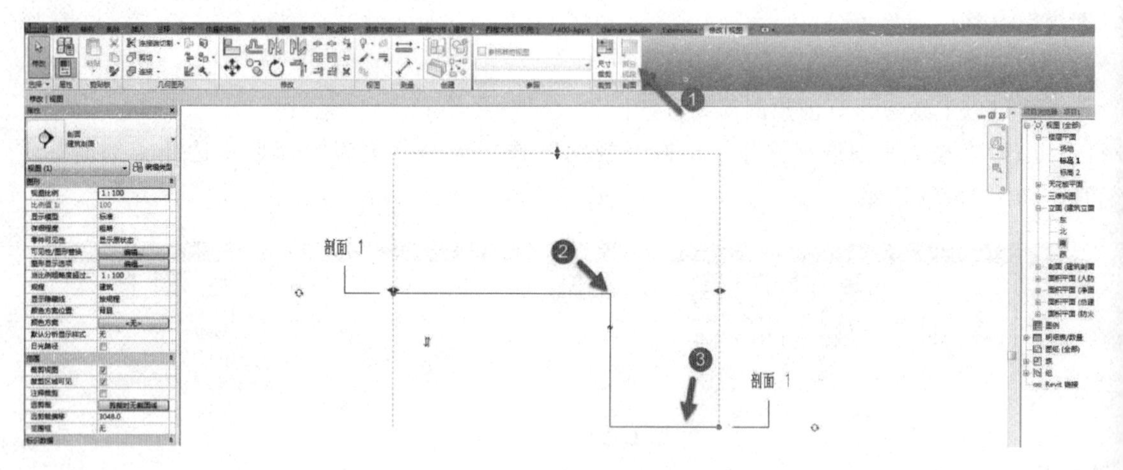

图 16-36　绘制转角剖面

16.4　三维视图生成

16.4.1　透视图

接下来通过以下练习，对创建透视图进行操作。

打开资料文件夹中“第二篇　Revit 入门基础”→“第 16 章 Revit 三维设计、图纸生成和输出”→“透视图练习”项目文件，进行练习。

（1）在项目浏览器中，双击楼层平面中的“标高 1”楼层平面视图，切换“视图”选项卡→“创建”面板→选择“三维视图”工具中的下拉列表“相机”，如图 16-37 所示。

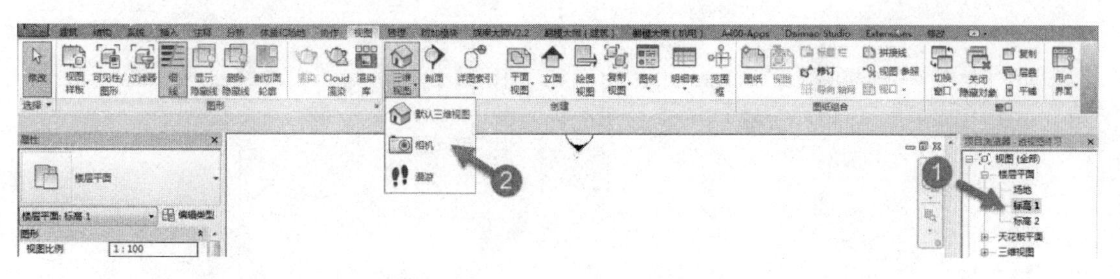

图 16-37　相机工具

（2）在选项栏中设置相机的“偏移量”，在绘图区域中单击以放置相机，将鼠标指针拖拽到所需目标然后单击即可放置。系统会自动打开一个透视三维视图，并为该视图指定名称：三维视图 1、三维视图 2 等，如图 16-38 所示。

（3）选择“属性”面板“范围”下的“裁剪区域可见”，三维视图将会显示视图控制点，可以通过移动蓝色点，调整视图的大小到合适的范围，如图 16-39 所示。

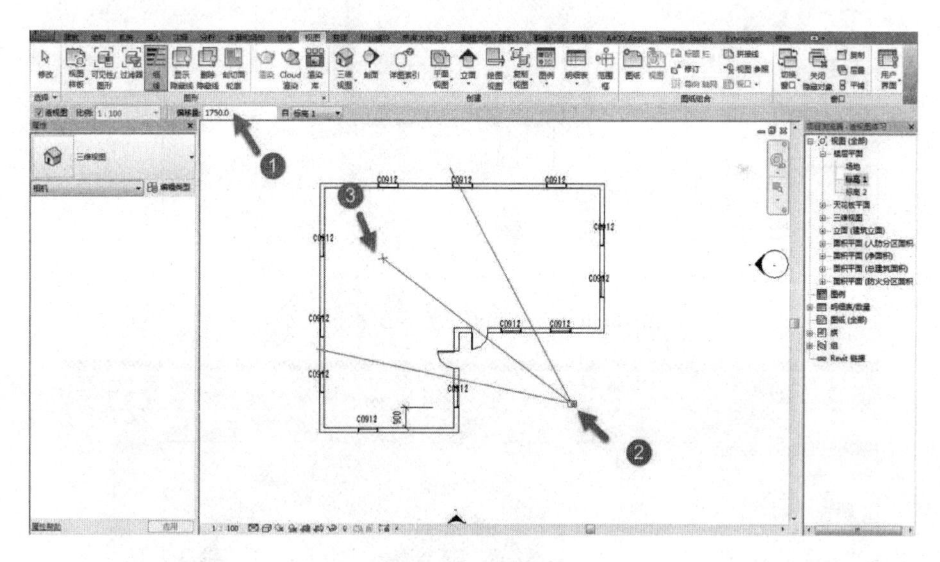

图 16-38　放置相机

（4）如果需要调整精确的视口大小，选择视口，Revit 将会自动切换至“修改｜相机”选项卡，选择“裁剪”面板中的“尺寸裁剪”工具，Revit 将会自动弹出“裁剪区域尺寸”对话框，如图 16-40 所示。

16.4.2　轴测图

打开三维视图，单击三维视图右上角的“主视图”按钮，或者 ViewCube 立方体的顶角，选择适当角度进行创建轴测图，如图 16-41 所示。

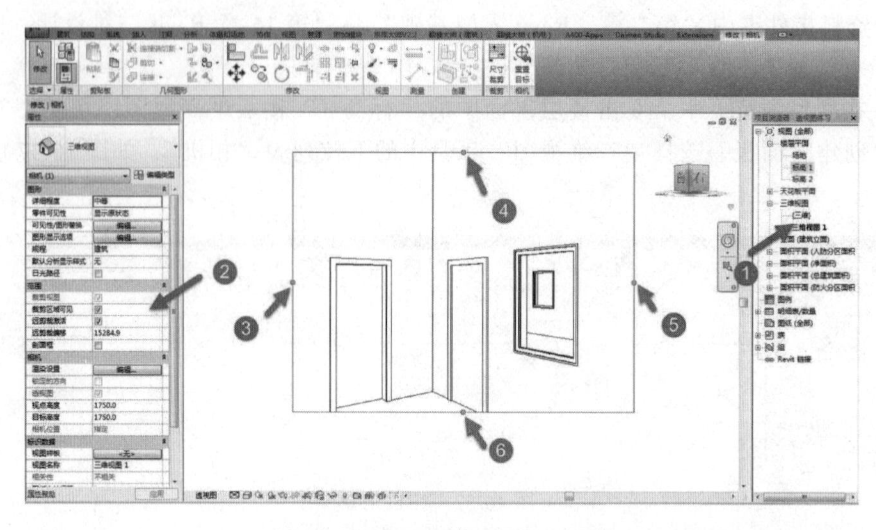

图 16-39 调整三维视图视口大小

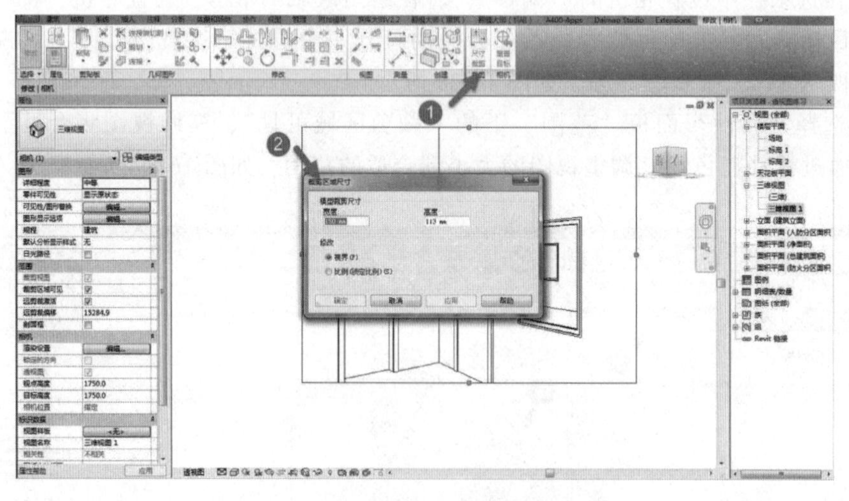

图 16-40 精确调整三维视图视口大小

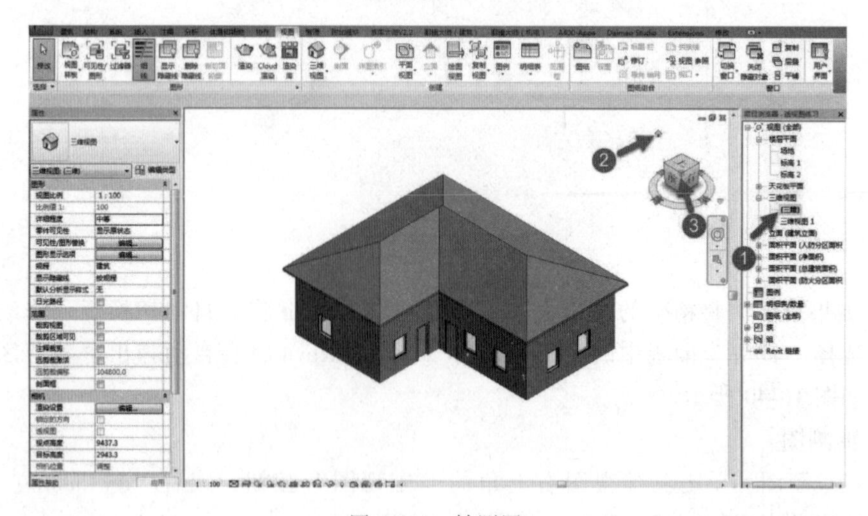

图 16-41 轴测图

16. 4. 3　剖面框

剖面框的原理是在三维视图中，通过剖面框命令的工具，推拉控件，剖切三维模型，剖面框作用是可以通过剖切，查看内部空间细部。

（1）创建剖切等轴测视图：打开三维视图，在“属性”面板中“范围”选项，勾选“剖面框”，三维视图会显示剖面框，如图 16-42 所示。

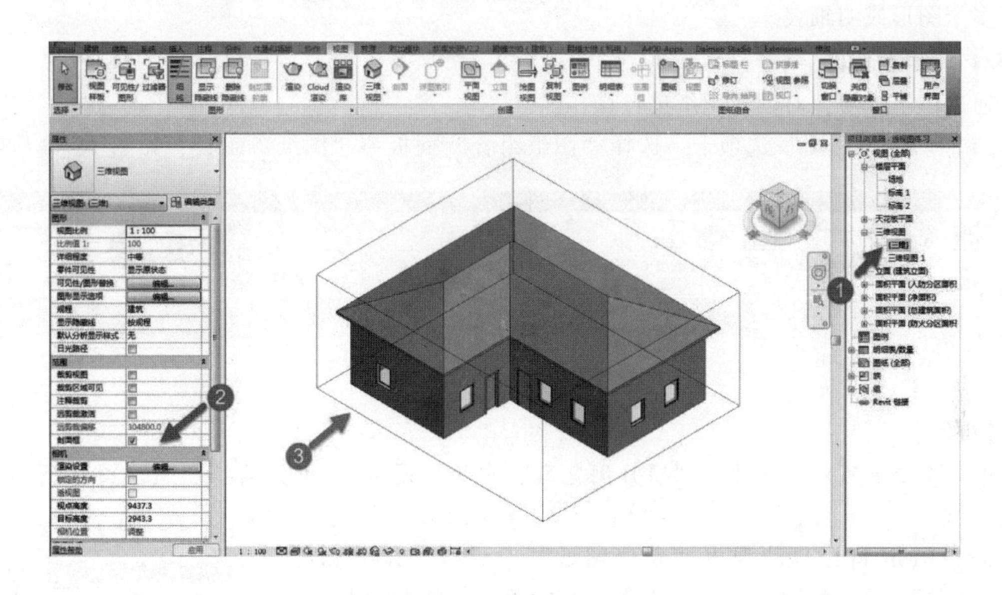

图 16-42　剖面框工具

（2）调整剖面框：单击剖面框，会显示“拖拽”控件，用户可以根据需要，推拉控件进行调整三维视图，调整剖面框到需要的楼层或侧面剖切位置，生成剖切等轴测视图，如图 16-43 所示。

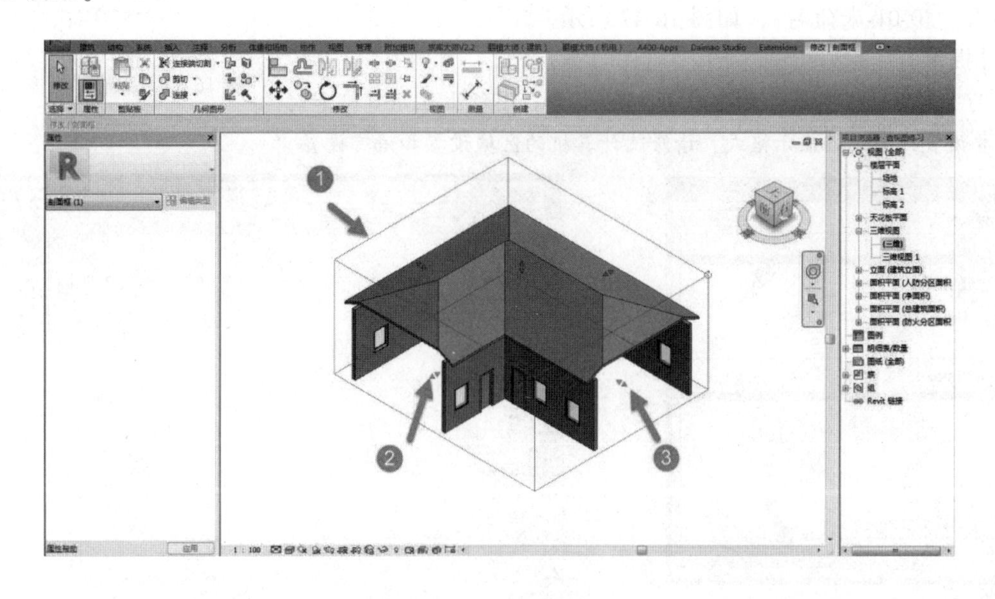

图 16-43　调整剖面框

16.5　布图和出图样式设置

创建一个视口以在集合中收集施工图文档，施工图文档集（也称图纸集）由几个图纸组成，在 Revit 中，为施工图文档集的每个图纸创建一个图纸视图，然后在每个图纸视图上放置多个图形或明细表。

16.5.1　创建图纸

通过以下练习，对创建图纸进行操作。

(1) 切换“视图”选项卡→选择“图纸组合”面板→“图纸”工具，如图 16-44 所示。

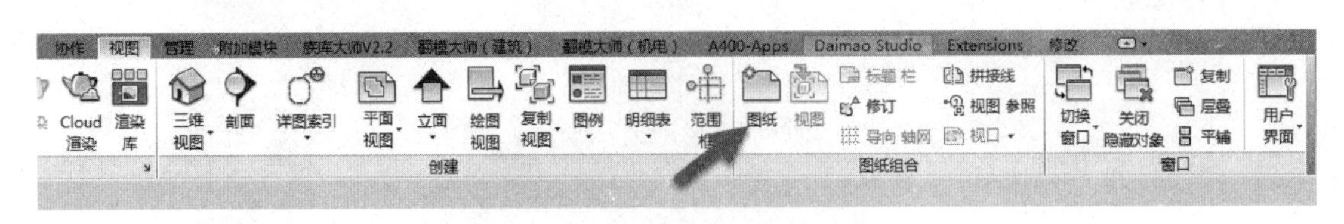

图 16-44　“图纸”工具

【提示】

新建图纸也可以通过选择“项目浏览器”中的“图纸”，右击选择“新建图纸”，如图 16-45 所示。

(2) Revit 将会自动弹出“新建图纸”对话框，在“标题栏”中选择需要的标题栏，若没有合适的标题栏，单击“载入”按钮，载入相对应的标题栏，此处选择载入标题栏为“A1 公制”，单击“确定”按钮，完成图纸的新建。

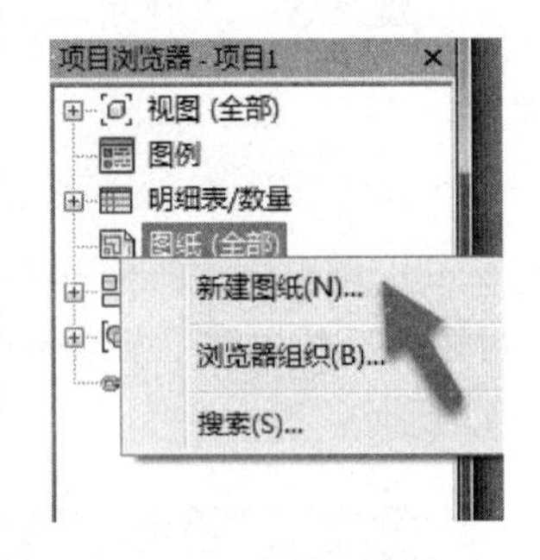

图 16-45　新建图纸方式

Revit 在视图中创建了一张图纸视图，如图 16-46 所示。创建完成的视图后，在项目浏览器中“图纸”下拉列表边自动增加了图纸“J0-01-未命名”，如图 16-47 所示。

【提示】

为了追踪每张图纸的打印时间，Revit 会在图纸上显示日期和时间。要设置此标记的显示格式，请修改计算机的区域设置和语言设置。

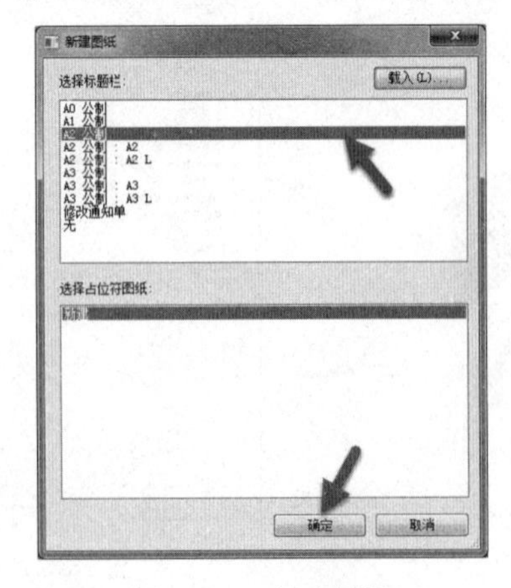

图 16-46　新建图纸

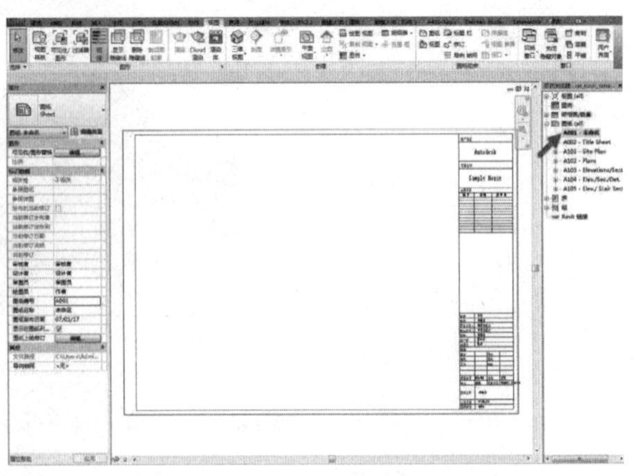

图 16-47　生成图纸

16.5.2　设置项目信息

指定项目信息（例如项目名称、状态、地址和其他信息），项目信息包含在明细表中，该明细表包含链接模型中的图元信息，还可以用在图纸上的标题栏中。

通过以下练习，对项目信息进行设置。

（1）切换“管理”选项卡→选择“设置”面板→“项目信息”工具，如图 16-48 所示。

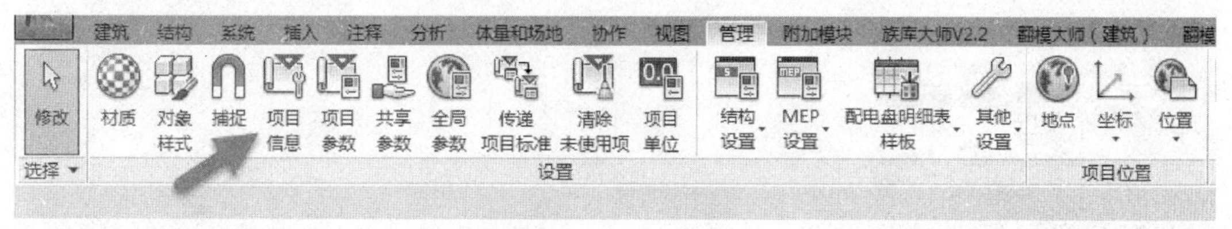

图 16-48　项目信息

（2）Revit 将会自动弹出“项目信息”对话框，可以对项目信息的对应参数进行设置，根据项目所要求的信息，录入其中，单击“确定”按钮，完成项目信息录入，如图 16-49 所示。

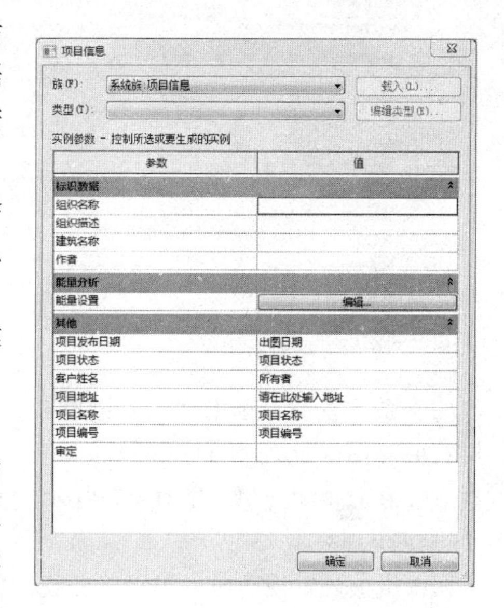

图 16-49　项目信息选项

（3）对于图纸里的专业属性，可以在图纸修改审核者、设计者、审图员、绘图员、图纸编号、图纸名称等，如图 16-50 所示。

（4）完成以上操作，创建完成了图纸的创建和项目信息的设置。

16.5.3　视图布置

创建完成图纸后，即可在图纸中添加建筑的一个或多个视图，包括楼层平面视图、立面视图、剖面视图、三维视图、详图视图、明细表、渲染视图等。将视图添加至图纸后，需要对图纸的位置、名称等属于标题信息的内容进行设置。

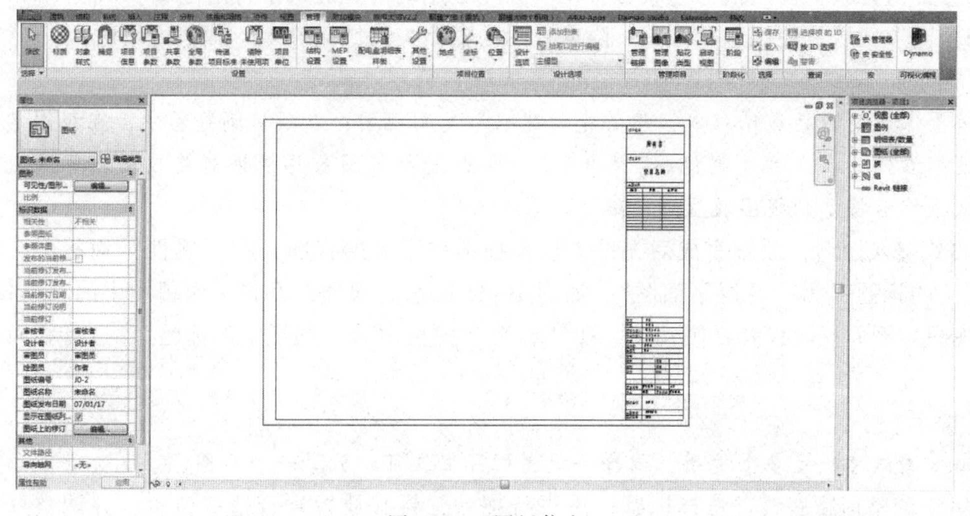

图 16-50　图纸信息

通过以下练习，对视图布置进行操作。

(1) 修改图纸编号与名称：创建完成图纸后，根据传统的图纸归档，需要对图纸进行统一的编号和命名，单击打开项目浏览器中展开的“图纸”选项，选择“A001-未命名”图纸，右击选择“重命名”选项，如图 16-51 所示。

Revit 将会自动弹出“图纸标题”对话框，单击“确定”按钮，完成所有修改，如图 16-52 所示。

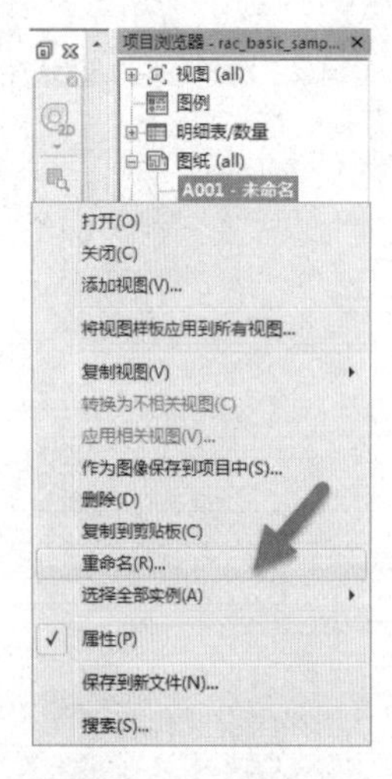

图 16-51　重命名图纸

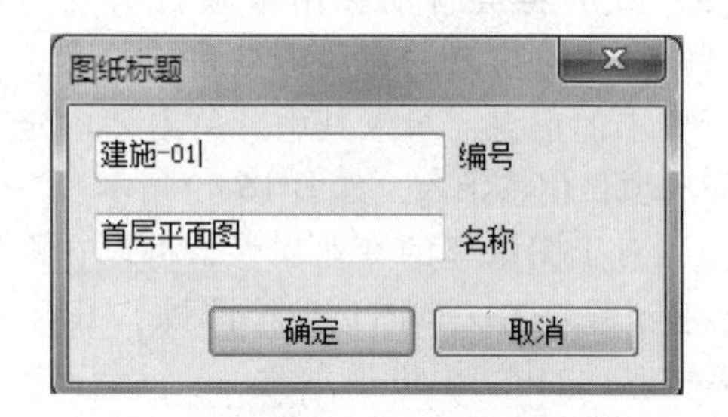

图 16-52　编辑图纸标题

(2) 放置视图：单击“项目浏览器”中的“视图（全部）”，选择“楼层平面”中的一层的平面图（此处为 1F），单击鼠标不放，将其拖至图纸空白处，图纸将会以“蓝色”方框附着在鼠标上，如图 16-53 所示。移动至图纸合适位置，单击“确定”按钮，如图 16-54所示。

在图纸上放置视图时，可以隐藏视图的某些部分，以专注于某一区域，使用下列一种或两种工具：

1) 裁剪区域：使用裁剪区域可将视图聚焦于建筑模型的某个特定区域。

2) 遮罩区域：使用遮罩区域可隐藏视图的不相关区域（在矩形裁剪区域内）。

【提示】

若要保留视图的原始版本，请首先创建一个复制视图；在项目浏览器中，在视图名称上单击鼠标右键，单击“复制视图”“复制”；打开复制视图，再根据需要应用裁剪区域和遮罩区域，然后将复制视图放置到图纸上。

(3) 修改图名：放置完成后，单击选择拖拽接下来的视图，在“属性”面板中，修改“图纸上的标题”为“首层平面图”，如图 16-55 所示。同理，可将平面视图中的其他楼层、立面视图、剖面视图以及详图视图，在“属性”面板中的“图纸上的标题”，进行相对应的修改。

【提示】

每张图纸可布置多个视图，但每个视图栏目里仅可以放置一个视图。

(4) 调整标题底线：选择标题，再进行拖动，将其放置到合适的位置，并调整好标题文字底线到合适的长度，调整底线的长度，需要单击拖拽进来的视图，底线将会出现两个端点，通过这两个端点进行调整，如图 16-56 所示。

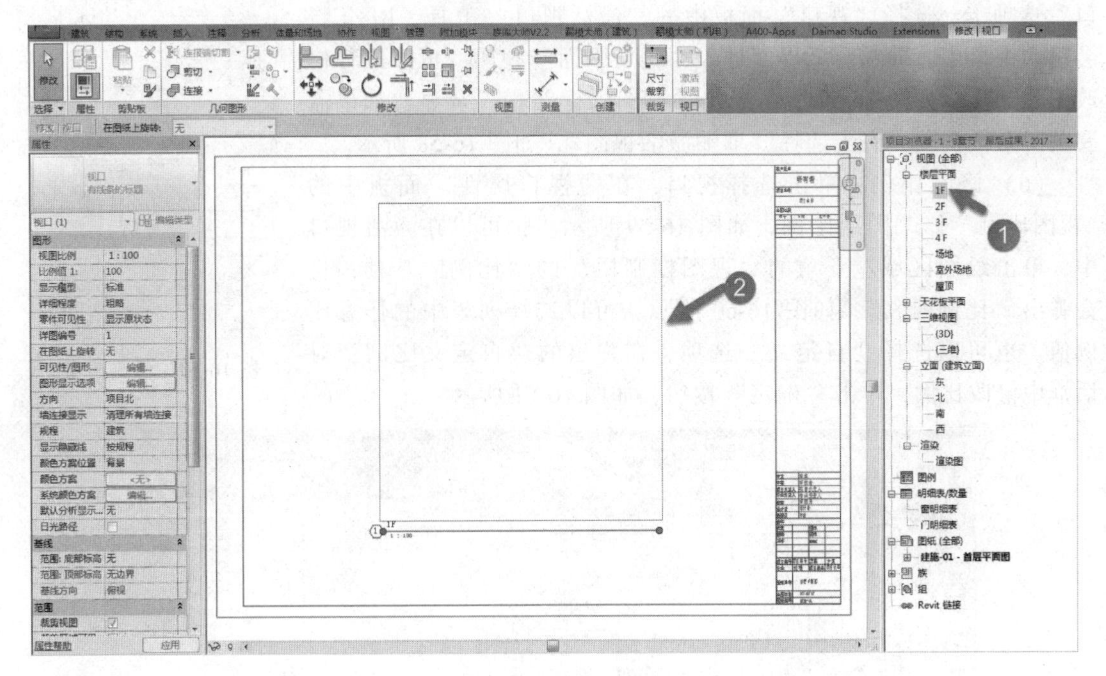

图 16-53　放置视图

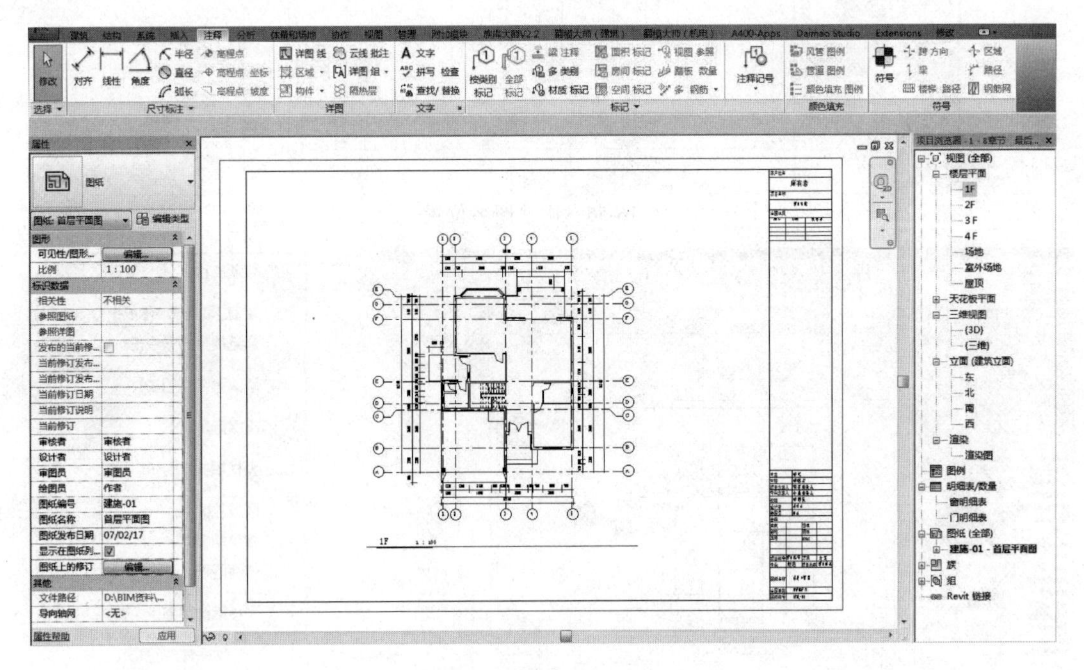

图 16-54　调整视图完成

【提示】

调整标题底线必须选中视图，标题线才会显示拖拽端点，否则不可调整，只能移动标题。

（5）激活视口：选择视口，Revit将会自动切换至“修改｜视口”选项卡，选择“视口”面板中的“激活视口”工具，Revit将会进入视口中，即在图纸界面进入“楼层平面”视图，可以进行修改图元操作，如图16-57所示。此时“图纸标题栏”灰显，如果需要关闭激活视图，右击选择“取消激活视图”，如图16-58所示。

（6）修改比例：单击选择视口，在“视口属性”面板中的“视图比例”修改图纸比例，如图16-59所示。也可以在激活视口中，单击绘图区域左下角的“视图控制栏”的“比例”选项，将会弹出“比例列表”，如图16-60所示，可以选择列表中的任意比例值。也可以选择“自定义”选项，在弹出的“自定义比例”对话框中修改比例，单击“确定”按钮，如图16-61所示。

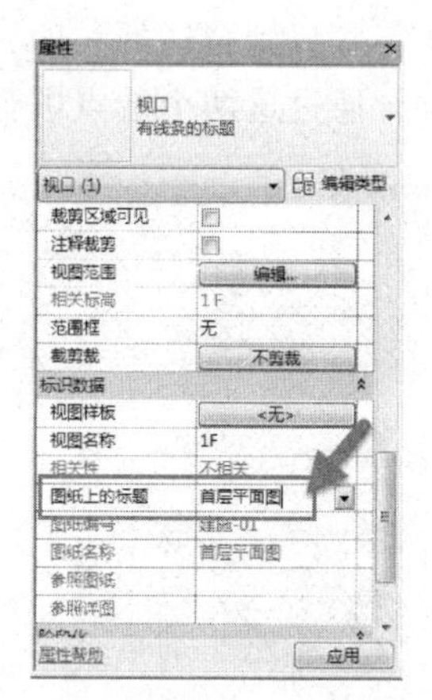

图16-55　修改图名

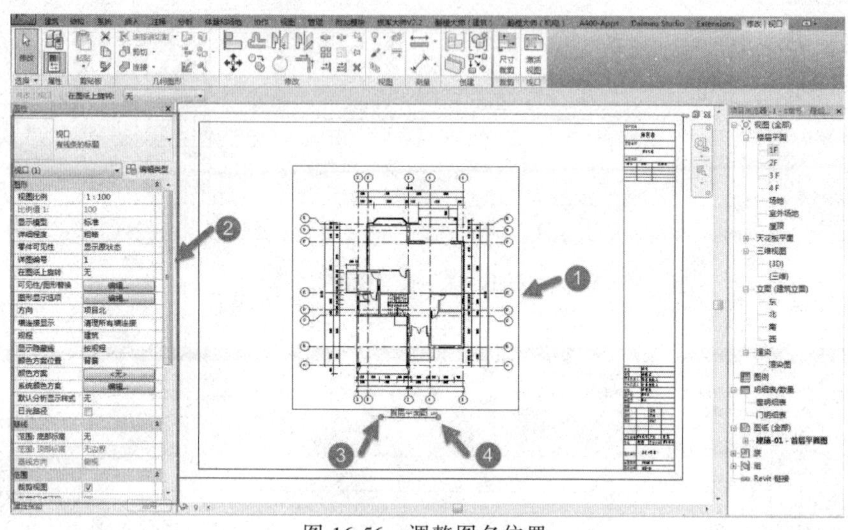

图16-56　调整图名位置

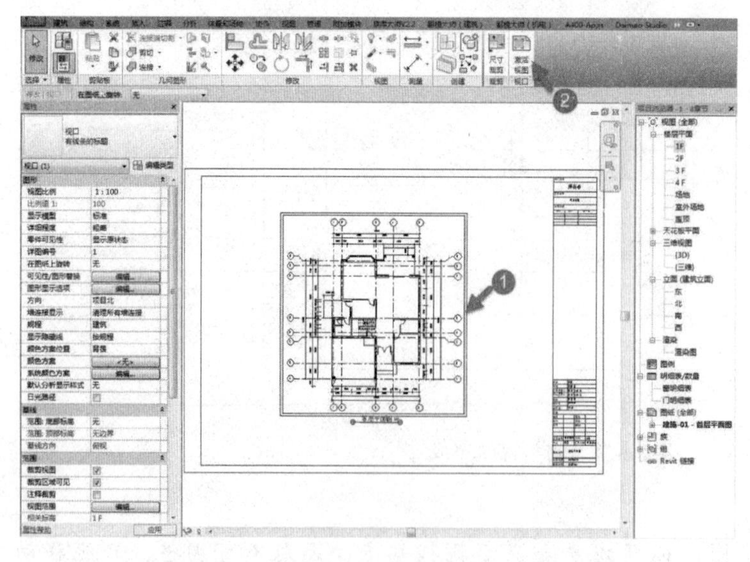

图16-57　激活视口

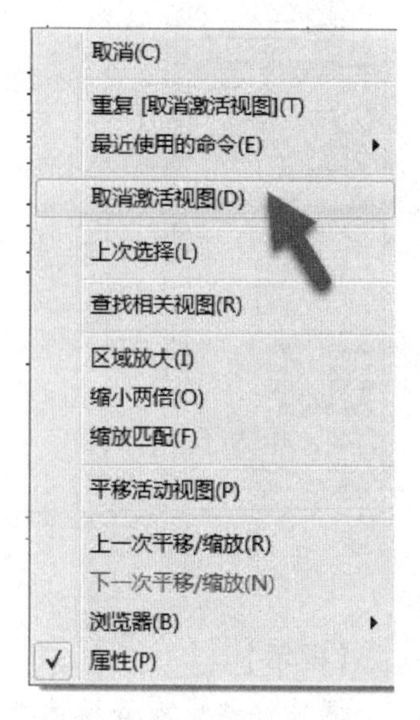

图16-58　取消激活视图

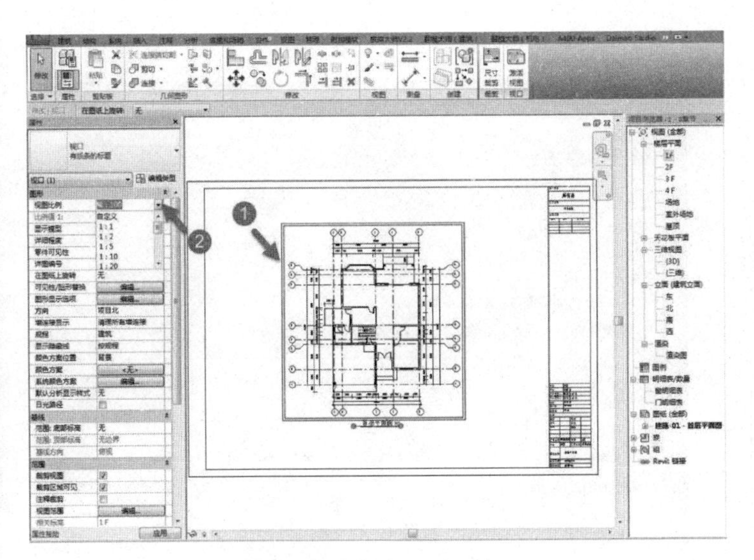

图 16-59 修改图纸比例一

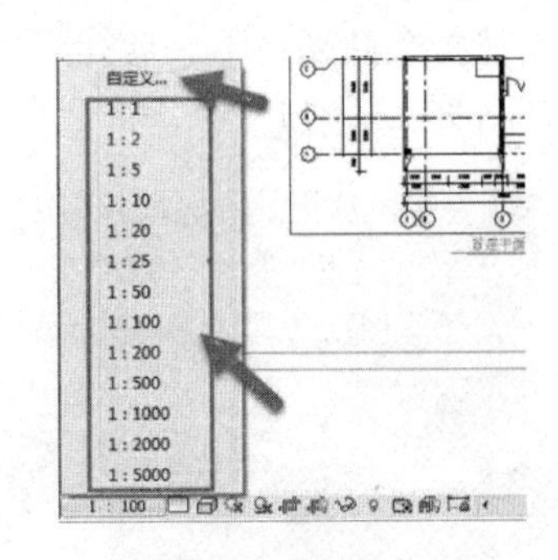

图 16-60 修改图纸比例二

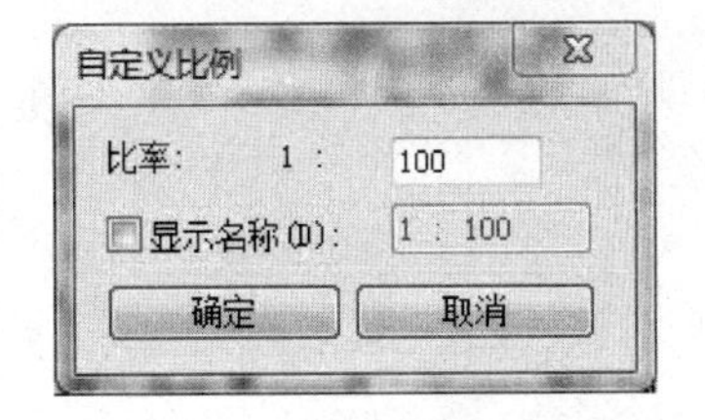

图 16-61 修改图纸比例三

16.6 打印输出

图纸布置完成，可以对图纸进行打印或是导出，将项目文件中的图纸导出需要的 DWG 文件。

16.6.1 打印

完成创建图纸，“打印”工具可打印当前窗口、当前窗口的可见部分或所选的视图和图纸，可以将所需的图形发送到打印机，打印为 PRN 文件、PLT 文件或 PDF 文件。

通过以下练习，对图纸打印进行操作。

(1) 接上一节练习，选择“应用程序菜单按钮”选项，选择“打印”选项，视图框中会显示“打印”“打印预览”“打印设置”选项，如图 16-62 所示。

(2) 打印设置：单击打印选项，Revit 将会自动弹出“打印”对话框，选择打印机名称为“Foxit reder PDF Printer”，如图 16-63 所示。

(3) 打印机属性：单击打印机中的“属性”，Revit 将会自动弹出“Microsoft XPS Document Writer 文档属性”对话框，单击“布局选项”，可以修改打印图纸的方向；单击“高级”按钮，将会弹出“Microsoft XPS Document Writer 高级选项”对话框，可以修改“纸张/输出”中的“纸张规格”，选择纸张的规格，完成修改，单击两次“确定”按钮，如图 16-64所示。

(4) 打印设置：单击选择“打印设置”选项，Revit 将会自动弹出“打印设置”对话框，单击“另存为…”，将会弹出“新建”对话框，修改名称为“A2 图纸打印”，修改尺寸为 A2，如果打印为黑白色，单击外观选项中的光栅质量选择为“高”，通常情况下，打印颜色为黑白，选择颜色为黑白线条，如图 16-65 所示。

(5) 打印范围：打印图纸，可以在“打印范围”选项中选择“当前窗口”“当前窗口可见部分”“所选视图/图纸”，当选择“所选视图/图纸”，下方的〈在任务中〉的“选择”

按钮将会高亮显示。选择完成之后，“创建单独的文件，视图/图纸的名称将被附加到指定的名称之后（E）”，将会自动选择。

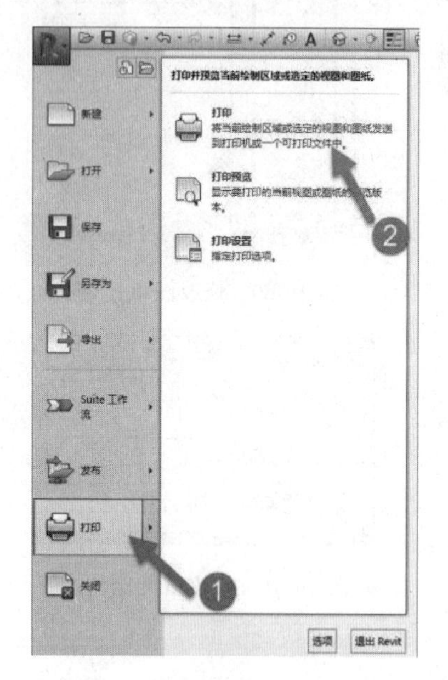

图 16-62　打印

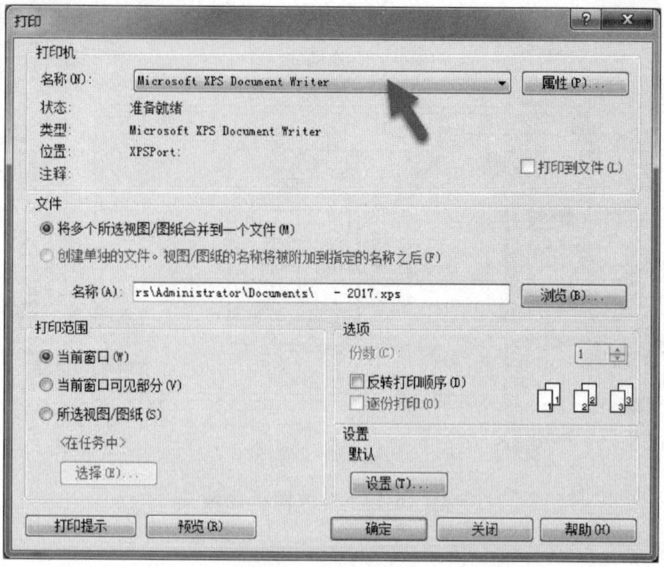

图 16-63　选择打印机

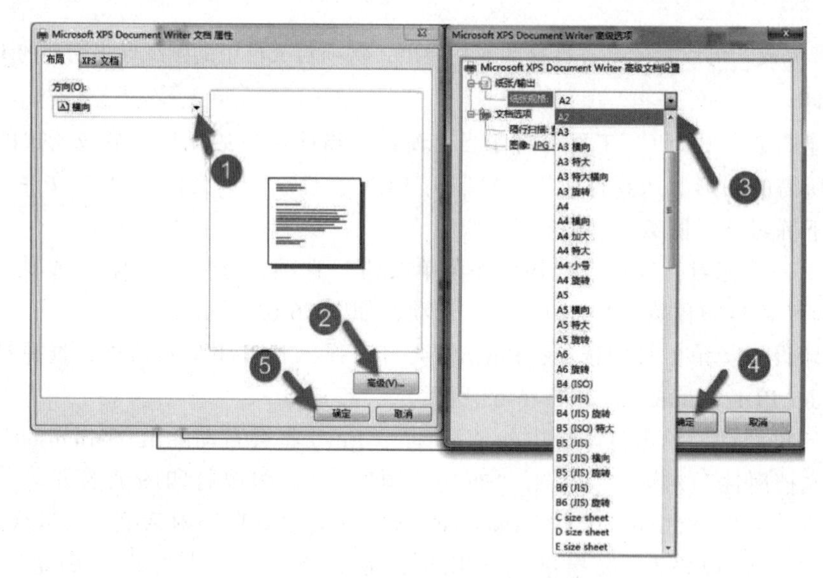

图 16-64　打印机属性

由于图纸图框不相同，选择“所选视图/图纸”，单击“选择”按钮，Revit 将会自动弹出“视图/图纸集”对话框，取消勾选“视图”选项，选择将要打印的图纸，对其进行勾选，对图纸大小也进行勾选，再返回“设置”面板进行设置，如图 16-66 所示。

（6）选项：在“选项”选项栏中，可设置“份数”“反转打印顺序”或是“逐份打印”，如图 16-67 所示。

（7）预览：在打印之前，可以对其进行预览，查看打印是否正确，单击预览，Revit 将

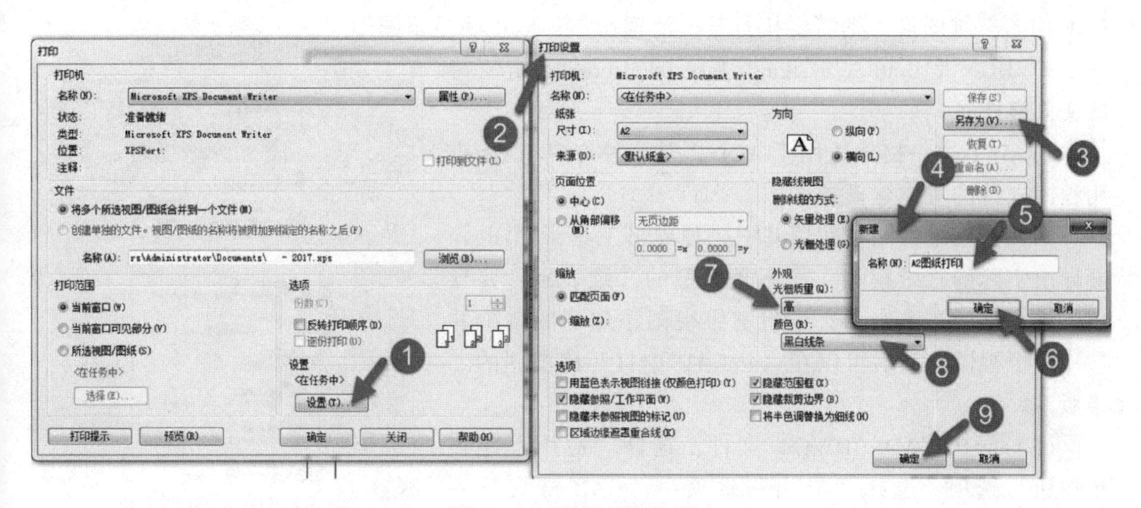

图 16-65　设置打印选项

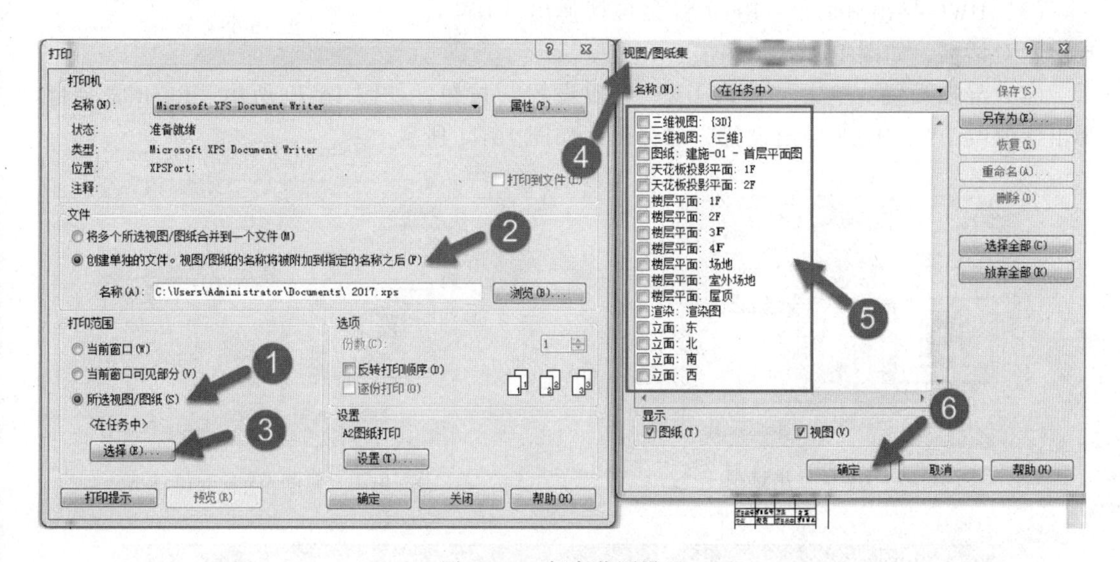

图 16-66　打印范围设置

会自动弹出“预览”框。

（8）单击“确定”按钮，Revit 将会打印需要打印的图纸。

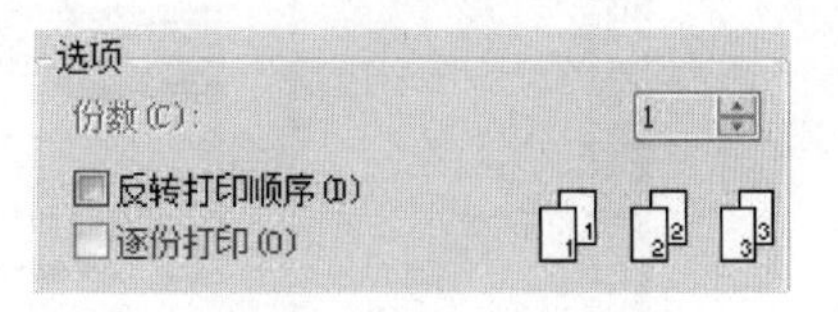

图 16-67　打印“选项”

16.6.2　导出 DWG 与导出设置

导出选定的视图、图纸或整个建筑模型已将信息转换为不同格式，以在其他软件中使用。

通过以下练习，导出 DWG 与对导出设置进行操作。

（1）Revit 支持导出到多种计算机辅助设计（CAD）格式。

1）DWG（绘图）格式是 Auto CAD 和其他 CAD 应用程序所支持的格式。

2）DXF（数据传输）是一种许多 CAD 应用程序都支持的开放格式。DXF 文件是描述二维图形的文本文件。由于文本没有经过编码或压缩，因此 DXF 文件通常很大。如果将

DXF 用于三维图形，则需要执行某些清理操作，以正确显示图形。

3）DGN 是 Bentley Systems，Inc. 的 MicroStation 支持的文件格式。

4）SAT 这一格式适用于 ACIS，是一种许多 CAD 应用程序支持的实体建模技术。

如果在三维视图中使用其中一种导出工具，则 Revit 会导出实际的三维模型，而不是模型的二维表示。要导出三维模型的二维表示，请将三维视图添加到图纸中并导出图纸视图，然后可以在 AutoCAD 中打开该视图的二维版本。

（2）导出 CAD（DWG）文件：选择“应用程序菜单按钮”选项，选择“导出”选项→“CAD 格式”→“DWG”，如图 16-68 所示。

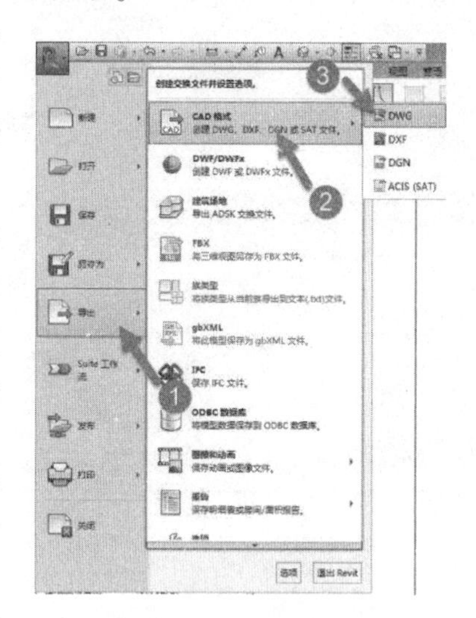

图 16-68　导出

（3）DWG 导出对话框：Revit 将会自动弹出“DWG 导出”对话框，如图 16-69 所示。

（4）导出设置：单击“修改 DWG 导出设置”按钮，如图 16-70 所示。Revit 将会自动弹出“修改 DWG/DXF 导出设置”对话框，如图 16-71 所示。

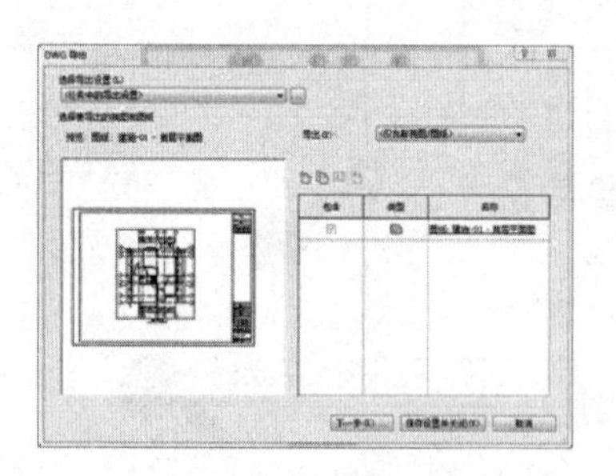

图 16-69　DWG 导出选项

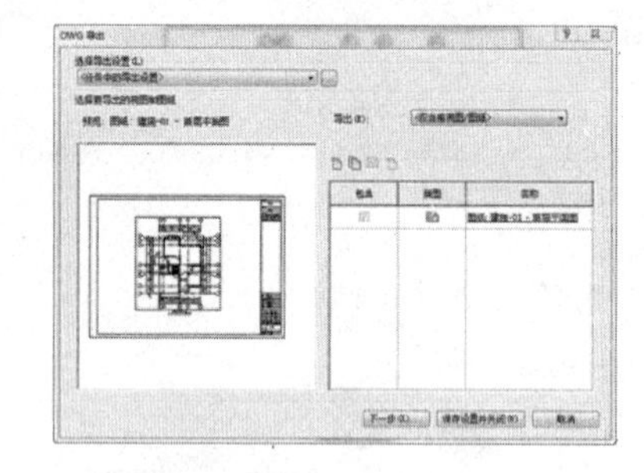

图 16-70　修改 DWG 导出选项

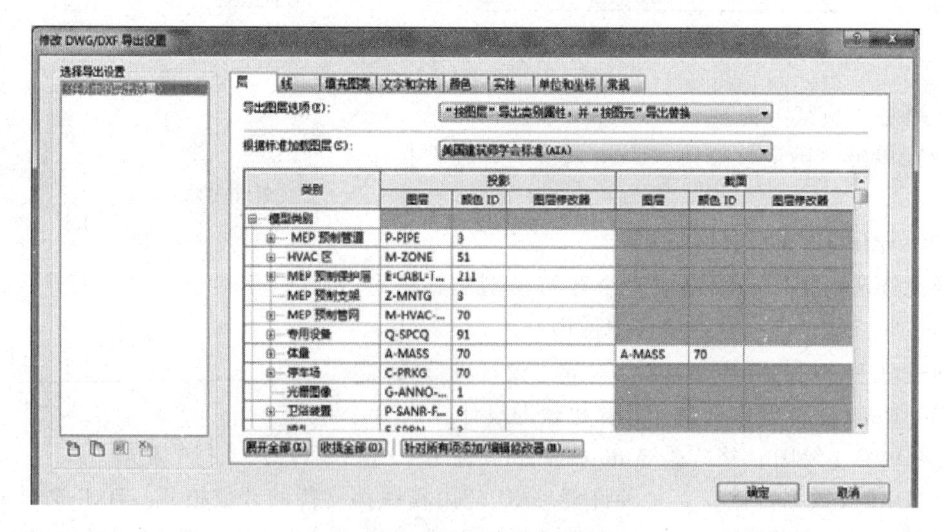

图 16-71　DWG 导出设置选项

(5) 修改“DWG 导出图层”：此处的“层”相对应的是导出 Auto CAD 中的图层名称，用户对各类别的图层与颜色进行修改，也可以通过导入“根据标准加载图层”，导入“导出标准”，如图 16-72 所示。

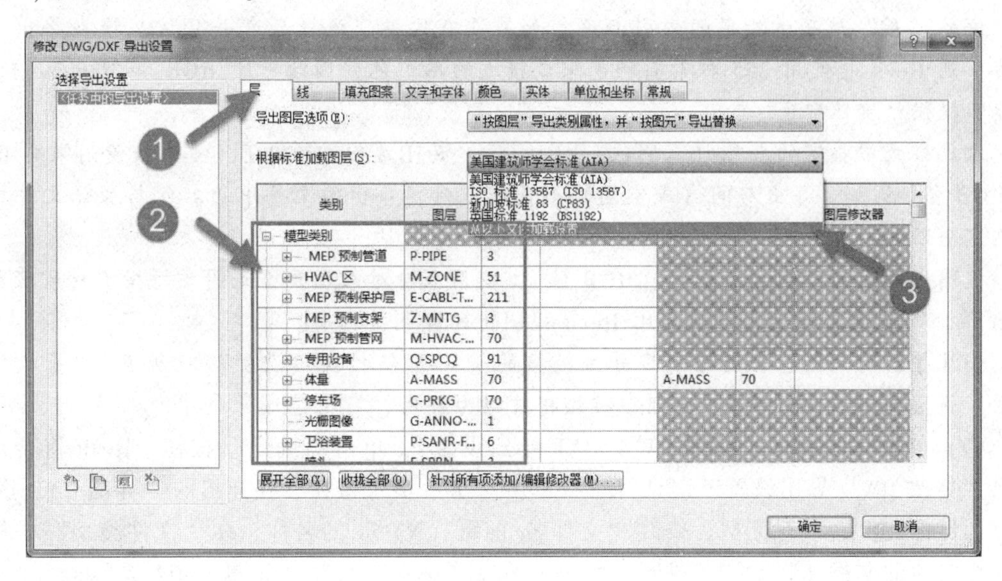

图 16-72　修改 DWG 导出图层

【提示】

创建或修改图层映射，以确保存储在 Revit 类别和子类别中的所有模型信息都将导出到适当的 CAD 图层（或标高，如果导出为 DGN）。尽管在创建或修改导出设置时可从文本文件加载设置，但 Revit 会将导出设置存储为项目的一部分，而不是单独的文本文件。

(6) 修改导出颜色：选择“颜色”选项，颜色有两种，分别为“索引颜色”与“真彩色”，如图 16-73 所示。

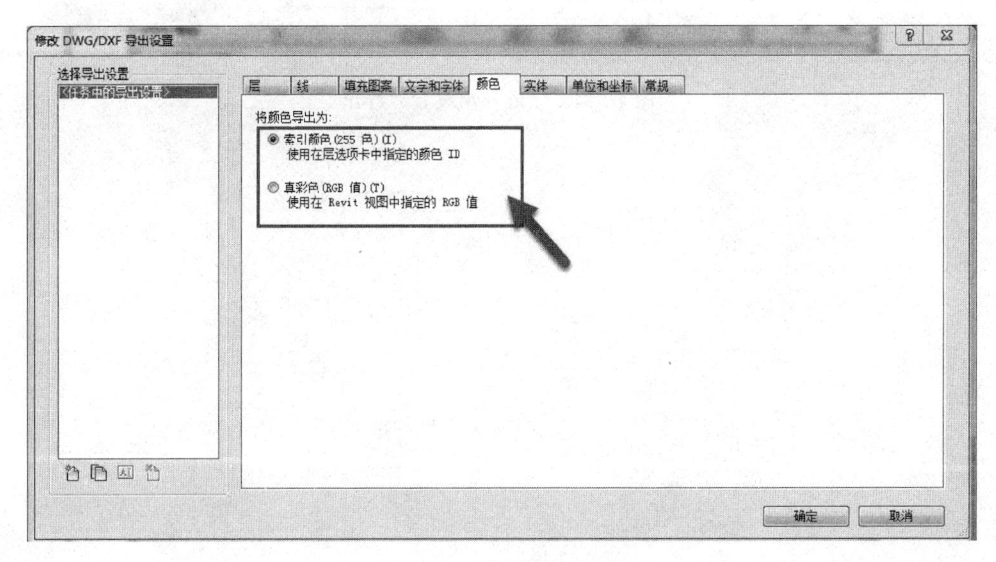

图 16-73　修改导出颜色

【提示】

在“将颜色导出为”下，选择以下任一值：

索引颜色（255 色）：对于按类别设置的颜色，将使用在“修改 DWG/DXF 导出设置”对话框的“层”选项卡指定的索引颜色，如果没有按类别设置颜色并且该替换在导出中被保留，则 Revit 将使用 255 种索引颜色中最接近的匹配色，因此对于 RGB 和 Pantone 颜色，可能不提供精确匹配色。

对象样式中指定的颜色（真彩色 - RGB 值）：为 ByLayer 和 ByEntity 参数使用来自 Revit 的 RGB 值。例如，导出房间（或空间）颜色填充时，导出的文件中的颜色与原始文件中的颜色完全匹配。

视图中指定的颜色（真彩色 - RGB 值）：使用来自对象表面填充图案所指定材质颜色的 RGB 值。此选项能使颜色看起来比 Revit 视图中的颜色更真实。

如果导出的视图包含链接项目并且链接的“RVT 链接显示设置”对话框（“基本”选项卡）设置为“按主体视图”，则该链接将被视为替代。

(7) 修改完成所有“修改 DWG/DXF 导出设置”，单击“确定”按钮，Revit 将会自动弹出“修改 DWG 导出设置”对话框中，单击“下一步”按钮，在弹出的“导出 CAD 格式-保存到目标文件夹”对话框，修改“文件名/前缀（N）”的名称，在“文件类型”中修改保存相对应的文件夹版本，完成所有操作，单击“确定”按钮，如图 16-74 所示。

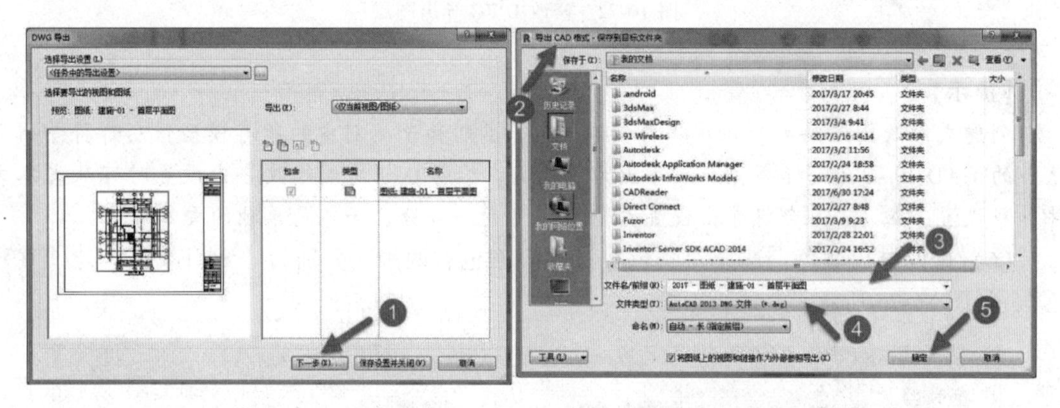

图 16-74　完成导出设置并导出

第 3 篇　小别墅方案设计实例

第 17 章　方案设计前期准备

BIM 是一系列的技术集成，采用这种技术进行方案设计需要进行必要的前期准备，以保证整个过程有条不紊地开展。

17.1　任务工作内容和目标设定

由于不同项目类型对方案设计的任务内容和目标要求不同，例如前期场地设计，是否需要多方案量化比较，是否需要统计场地工程量，设计过程有哪些部分需要进行量化分析，不同任务内容和目标对 BIM 方案设计的工作内容影响很大，直接关系 BIM 前期准备和团队架构的设计，因此最好在项目开始之前有基本的规划。

17.2　团队搭建

一个完整的建筑设计 BIM 制作团队如图 17-1 所示，这种架构可以满足各个阶段的 BIM 制作。建筑方案设计前期主要是规划和建筑专业参与，因此主要对建筑成员组进行分工约定，一般将成员分为两部分，一部分专门负责样板文件制作和各类族的创建，另一部分则负责整体的模型构建，后者根据项目规模还可按内部空间构建和外表皮构建两个部分划分。

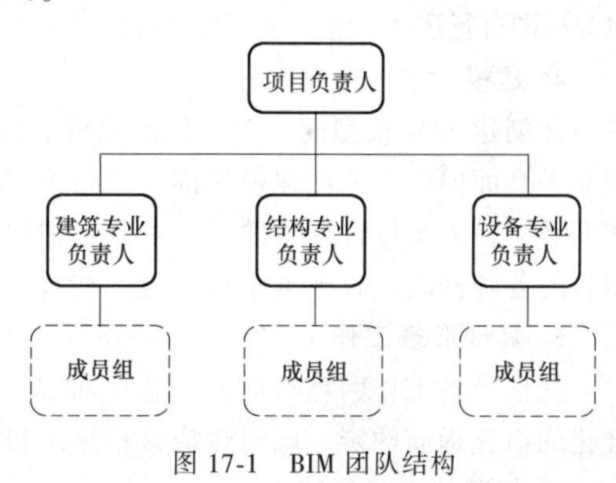

图 17-1　BIM 团队结构

进入优化设计和初步设计阶段，应逐步考虑其他专业组的加入。团队结构可参考施工图阶段的划分方式，即按项目负责人、专业负责人和成员组组员三个层级展开工作。项目负责人进行整体深化设计工作的组织协调，建筑、结构、设备的专业负责人组织协调专业组内的工作，项目负责人有些情况下同时兼任建筑专业组负责人。

17.3　相关前期准备

1. 团队管理规则和协同环境搭建

目前在国内 BIM 项目制作中，普遍对团队架构设计和职责的落实不重视，这是开展

BIM 的致命错误！在方案前期设计阶段，这方面的问题不明显，一旦进入优化和初步设计阶段，这部分问题就会突显。BIM 项目讲究建模规则，讲究协同，讲究模型的可持续使用，这过程既有工程技术问题也有 BIM 工具问题需要沟通和解决，缺乏团队管理规则和职责约定无法落实解决上述问题，会导致工作相互牵扯。

由于方案设计变动较多，一般不建议过早把团队管理规则设定过细，能满足项目的基本运作即可。只有在方案确定之后，进入初步设计阶段开始，就需要考虑细化设计团队管理规则，具体可参考本系列教程姐妹篇《BIM 技术应用事务——建筑施工图设计》的相关内容。

BIM 项目设计的优势是能实现多工种协同，一般也是在方案确定之后再开始考虑搭建协同设计环境。一般 BIM 的协同方式有两种，分别为文件链接和工作集。若采用文件链接方式，则不同专业之间的 Revit 模型文件需要定期链接关联，然后协调工作，这种方式操作方便，硬件资源消耗相对较少，但实时关联性较差；若采用中心文件工作集的方式，这种方式前期准备工作较多，对团队管理要求高，但实时协调关联较好，一般是同专业或者同一个团队进行内部协同，可根据需求采用。根据项目特点确定上述协同工作模式后，一般建议由项目负责人或建筑工种搭建项目协同环境和协同规则，统筹各专业开展工作。

2. 项目样板

Revit 软件本身自带项目样板，但与本地化工作习惯和出图要求有一定差距，因此需要结合项目类型和出图要求进行适当设定，构建项目制作基本环境。如果在方案设计初期就开始使用 Revit，那么项目样板由该阶段的负责人创建。

3. 视图样板

视图样板是一系列视图属性，如视图比例、规程、详细程度以及可见性等。使用视图样板可以为视图进行快速设置，可以提高视图显示和出图效率。视图样板一般包含在项目样板之中。

4. 建模标准

在创建 BIM 模型前，为了保证建模的统一，应当结合项目规模和类型、应用点等因素，建立一套面向各专业的建模标准，包括 BIM 模型空间定位及建模方式，以便后续的 BIM 工作开展。在方案设计开始阶段，一般不建议过多强调建模规则，应以快速建模为原则，应对项目的各种修改。直至方案确定进入初步设计阶段，可开始考虑这方面的工作落实。

5. 其他准备工作

其他准备工作因项目而异，总体而言，项目负责人既要有项目预见性，能把一些可以标准化的措施提前约定，同时也应该根据项目的进展灵活运用技术解决项目问题。

6. 与其他工具的配合

当前使用二维 CAD 和三维 SketchUp 开展方案设计的设计人员仍然占大多数，所以使用 BIM 工具应考虑与上述其他工具的协调。BIM 在内部功能空间表达方面优势明显，可直接在 BIM 平台上开展设计。如果前期已经有二维 CAD 成果的情况下，可考虑通过链接方式导入 BIM 平台，作为设计参考。SketchUP 在外观设计的频繁改动方面适应性较好，如果方案前期使用了 SketchUP 进行的外观设计，也可以导入 BIM 平台，与内部 BIM 空间形体进一步匹配和修正，最后所有的成果将归并至 BIM 平台上。

以下以小别墅为例，介绍在 BIM 方案设计中的流程。实际方案设计过程分析内容众多，改动频繁，为了提高学习效率，本案例主要选取方案设计的场地设计、建筑建模和效果渲染等环境进行一次性建模，其中的设计和工程技术问题不在本案例探讨范围之内。

第 18 章　绘制标高和轴网

标高用来定义楼层层高及生成平面视图；轴网用于为构件定位，在 Revit 中，轴网是一个不可见的工作平面。轴网编号以及标高符号样式可定制修改。在本章中，涉及的主要技术点包括：轴网和标高，“影响范围”命令的应用，轴网和标高标头的显示控制，如何生成对应标高的平面视图等功能应用。

18.1　创建标高

打开 Revit 软件，进入 Revit 初始界面，单击“新建”，在弹出的对话框中，样板文件中选择“浏览”，打开小别墅文件夹，选择“小别墅样板文件”，然后单击“打开”，此时样板文件下拉菜单中显示“小别墅样板文件”，注意新建的对象为“项目”，如图 18-1 所示。

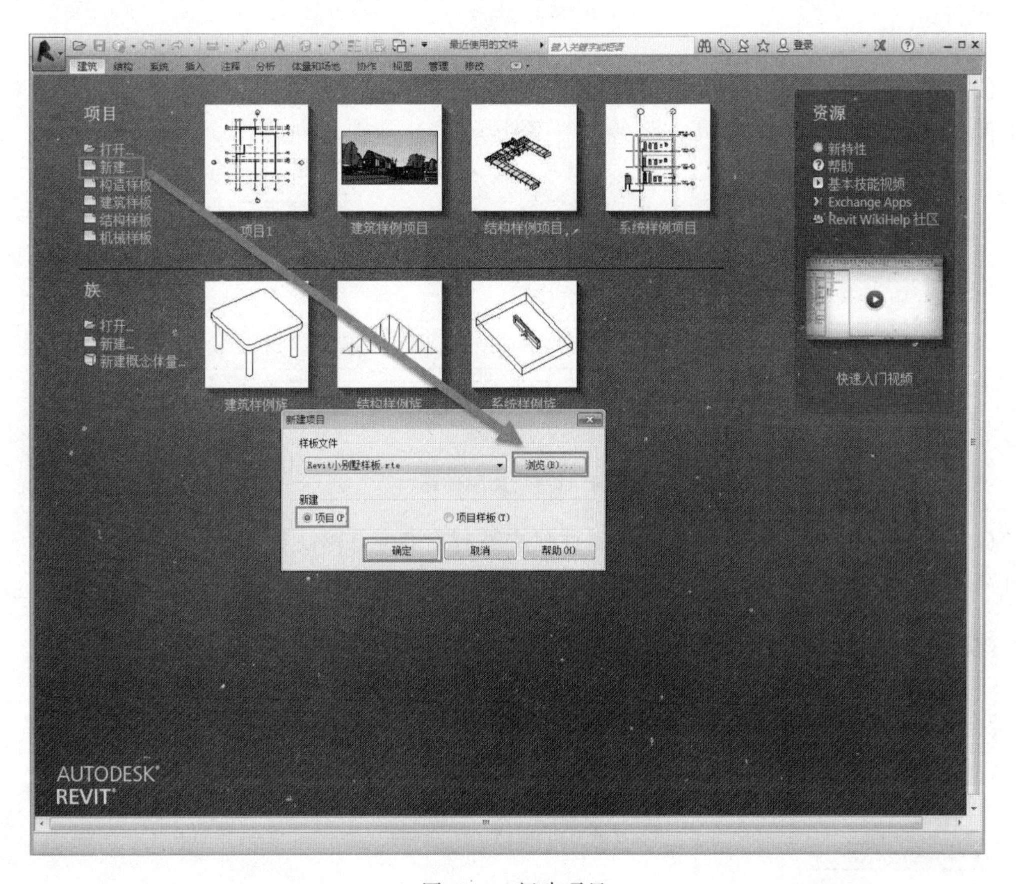

图 18-1　新建项目

再单击“确定”按钮，创建新项目。

在 Revit 中，“标高”命令必须在立面视图和剖面视图中才能使用，因此在正式开始项目设计前，应首先打开立面视图。在项目浏览器中展开“立面（建筑立面）”项，双击视图名称“南”，进入南立面视图，如图 18-2 所示。

（1）双击“标高 1”字符 标高1 ±0.000，将其改为“1F”，在弹出对话框“是否希望重命名相应视图”中单击“是”，自动生成平面，同理“标高 2”改为“2F”。

（2）调整“2F”标高，将一层与二层之间的层高修改为 3.4m，如图 18-3 所示。

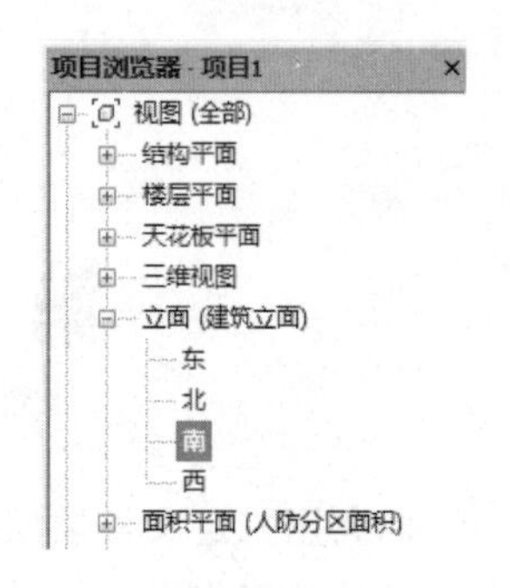

图 18-2　打开南立面视图

图 18-3　调整标高

（3）选中 1F 标高，在“修改 | 标高”选项卡中单击“复制”命令，选择 1F 标高往下拖动 0.3m，生成新的标高，改名为“室外场地”，如图 18-4 所示。

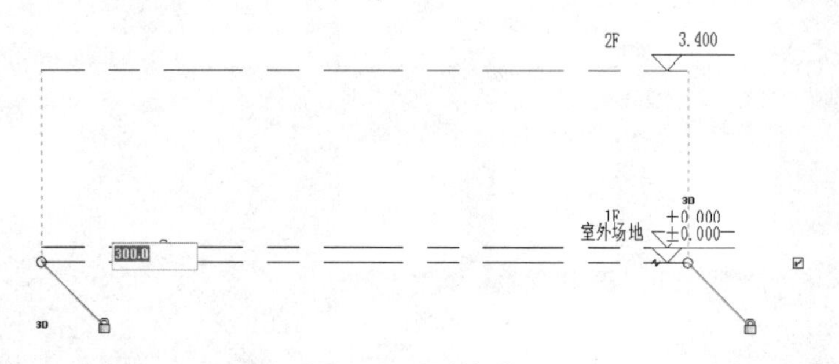

图 18-4　复制标高

（4）选中“室外场地”标高，在属性栏中选择“GB-上标高符号”，如图 18-5 所示，单击标高末折线，如图 18-6 所示，调整标头，结果如图 18-7 所示。

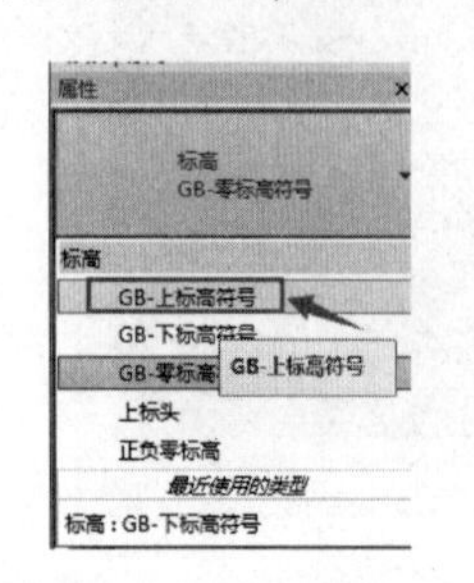

图 18-5　选择标高类型

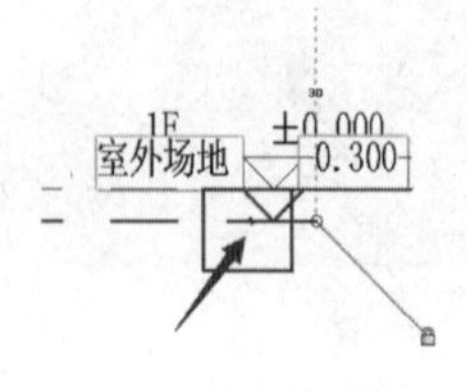

图 18-6　调整标头

图 18-7　标头调整结果

接着绘制 3F、4F 和屋面标高。先绘制 3F 的标高。

(1) 单击“建筑”选项卡，选择“标高” 标高 命令，把鼠标指针放到 2F 标高的左上方，高度随意。放到左侧起点上方的时候，Revit 会自动捕捉和对齐“2F”标高线的起点，然后单击鼠标，从左往右画，画到右侧时鼠标同样自动捕捉，并与右端标头对齐，再次单击鼠标，标高绘制完成，如图 18-8 和图 18-9 所示。

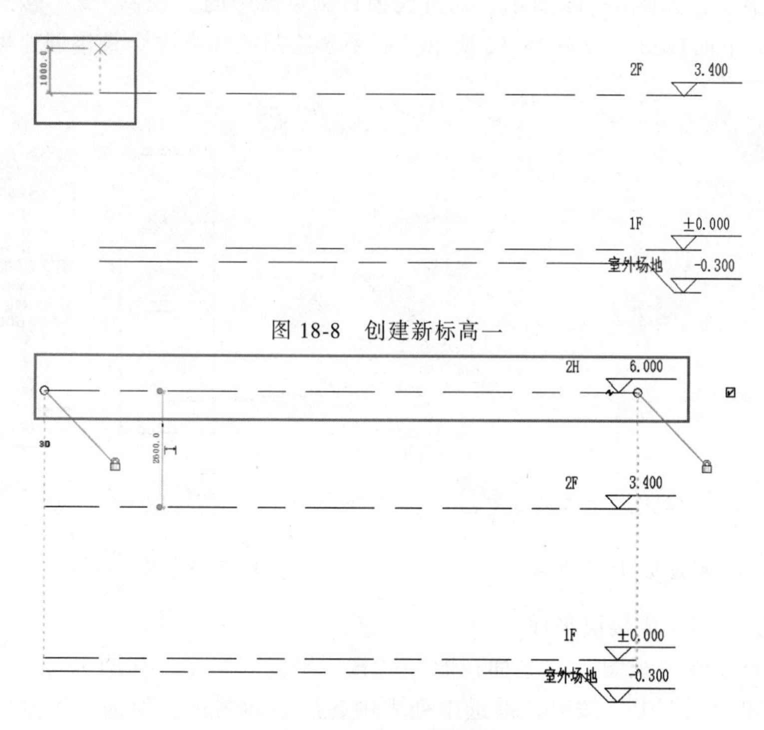

图 18-8　创建新标高一

图 18-9　标高创建结果

(2) 按同样方法，再绘制两条标高。绘制完成并修改标高的“高度”和“名称”，3F 为 6.8m，4F 为 10.1m，屋顶为 12.0m，最终如图 18-10 所示。

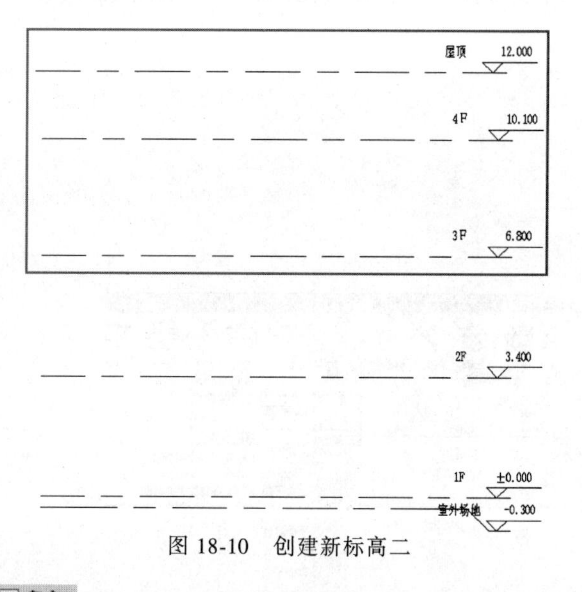

图 18-10　创建新标高二

也可以利用“复制”命令来创建“3F”“4F”和“屋面”标高，操作如下：

(1) 单击选择标高“2F”，工具栏弹出“修改 | 标高”选项卡，单击选择“修改 | 标高”面板中的“复制” 命令，此时“2F”标高线会被虚线框包围，表明可以执行下一步命令。

(2) 在视图区上方选项栏中可选择“复制”的执行条件，勾选“约束”和“多个”命令。修改 | 标高 ☑约束 □分开 ☑多个 移动鼠标指针在屏幕上单击，该点作为复

制参考点，然后垂直向上移动鼠标指针，输入间距值 3400mm 后，按 Enter 键确认后复制新的标高 3F。

（3）按同样方法，分别输入数值 3400mm 和 1900mm，创建“4F”和“屋顶”标高，修改名称后，结果如图 18-11 所示。

（4）需要注意的是：在 Revit 中复制的标高是参照标高，因此新复制的标高标头都是黑色（或白色）显示，如图 18-11 所示，而且在项目浏览器中的“视图”/“楼层平面”项下也没有创建新的平面视图，如图 18-12 所示。而手动绘制的标高则会直接创建楼层平面。

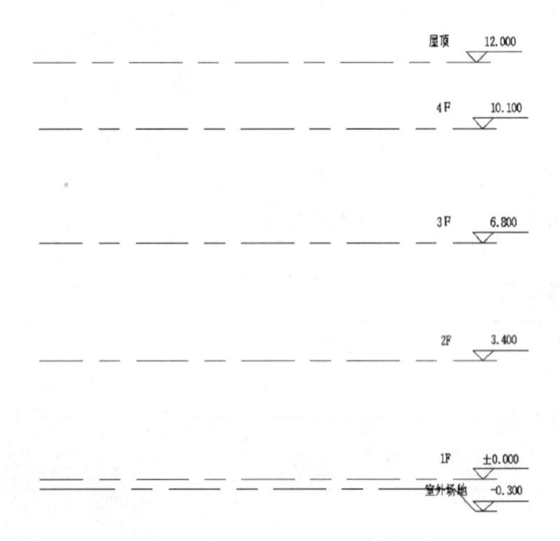

图 18-11　通过复制创建标高

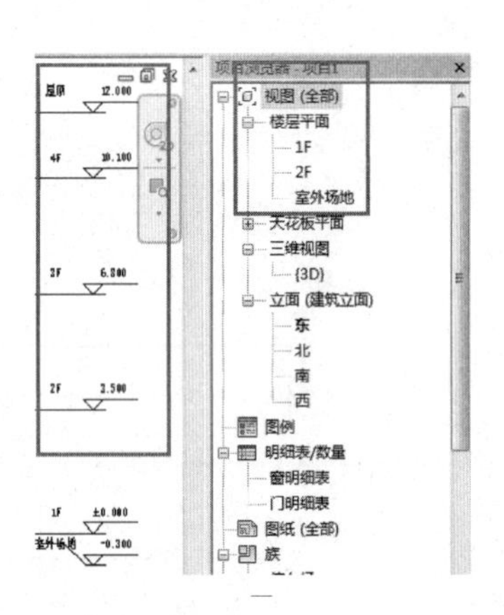

图 18-12　复制的标高没有创建平面视图

通过标高进一步生成楼层平面：

（5）单击选项卡“视图”—“平面视图”—“楼层平面”命令，如图 18-13 所示。

（6）在弹出的话框中，按 Ctrl 键选中列表中各层平面名称；勾选“不复制现有视图”，则不会显示已经创建视图的标高，如图 18-14 所示。

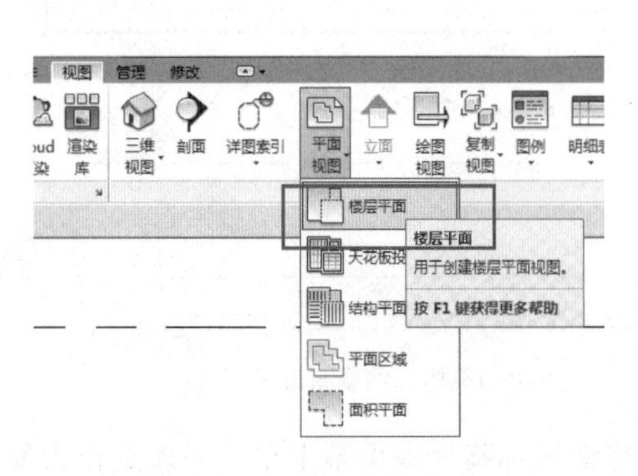

图 18-13　单击楼层平面

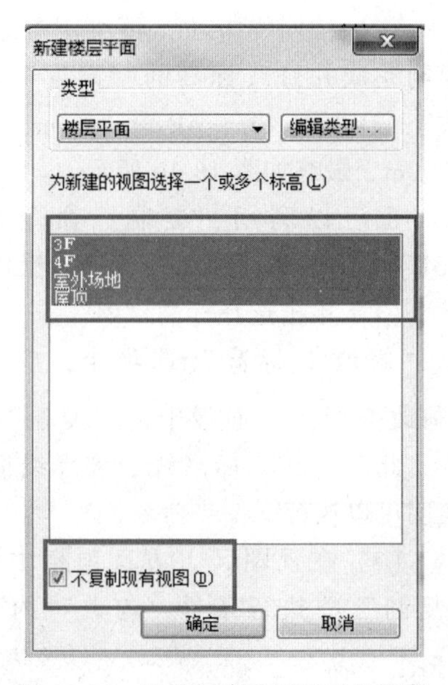

图 18-14　选择创建楼层平面的标高

（7）完成后单击“确定”按钮后，在项目浏览器中创建了新的楼层平面，并自动打开“屋顶”平面图作为当前视图，如图 18-15 所示。

（8）在项目浏览器中双击“立面（建筑立面）”项下的“南立面”视图回到南立面中，会发现标高“3F，4F，屋顶”标头变成蓝色显示，如图 18-16 所示。

至此建筑的各个标高就创建完成，另存为文件“章节二 绘制标高和轴网”。

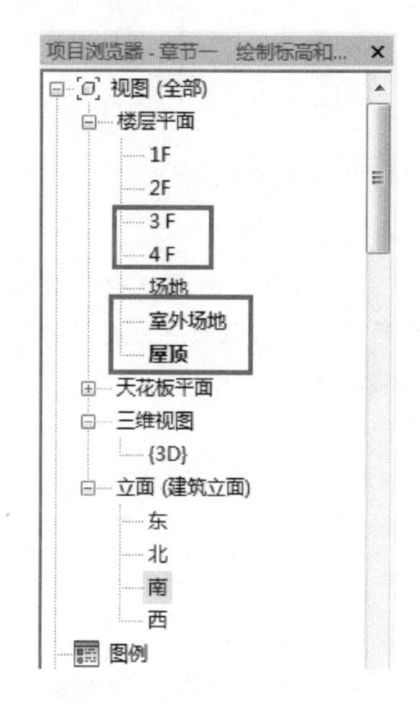

图 18-15 创建楼层平面结果一

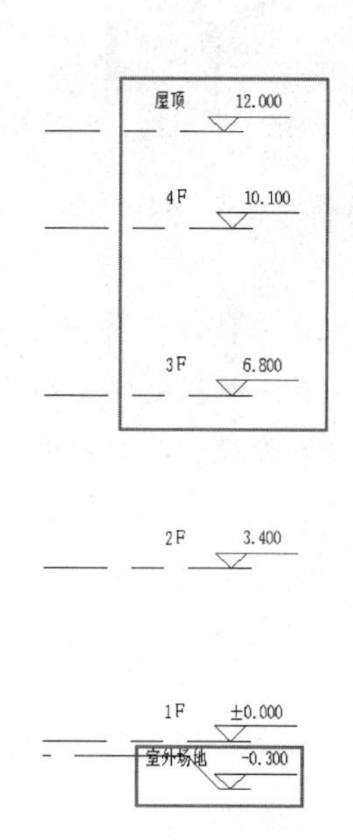

图 18-16 创建楼层平面结果二

18.2 创建轴网

下面将在平面图中创建轴网。在 Revit 中轴网只需要在任意一个平面视图中绘制一次，其他平面和立面、剖面视图中将自动显示。打开文件“章节二 绘制标高和轴网”。

（1）在项目浏览器中双击“楼层平面”项下的“1F”视图，打开 1F 平面视图。下面绘制垂直轴线。

（2）单击选项卡“建筑”—“轴网”命令，在视图中自下而上绘制一条垂直轴线，绘制完成后双击轴号，进入编辑模式，修改轴号为 1，鼠标单击空白处完成。接着利用“复制”命令创建 2~5 号轴网。

（3）单击选择 1 号轴线，然后选择“复制”命令，勾选“约束”和“多个” 修改 | 标高 ☑约束 □分开 ☑多个，移动鼠标指针在 1 号轴线上单击捕捉一点作为复制参考点，然后水平向右移动鼠标指针，输入间距值 1200mm 后按“Enter”键确认后复制 2 号轴线。保持鼠标指针位于新复制的轴线右侧，分别输入 4800mm、2500mm、3800mm 后按 Enter 键确认，绘制 3~5 号轴线。完成垂直轴线绘制后，加尺寸标注对其尺寸进行检验。

（4）单击选项卡“修改”—“测量”—“对齐尺寸标注”—“对齐”命令如图 18-17 所示，

从左往右依次选择轴线 1~5，选择完后，在右边空白处单击一下，完成尺寸标注，结果如图 18-18 所示。

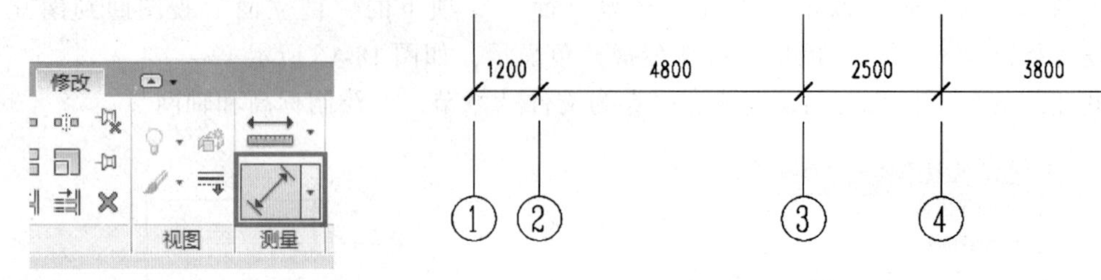

图 18-17　选择“对齐”尺寸标注　　　　图 18-18　添加尺寸标注

【提示】

如果标注文字过小，可以调整文字大小。单击标注文字，单击左侧属性栏“编辑类型”如图 18-19 所示。调整文字大小为“5.0000”（按工程图的约定，标注数字一般为 2.5mm 或 3mm，由于方案阶段，根据项目需要设置即可），如图 18-20 所示。

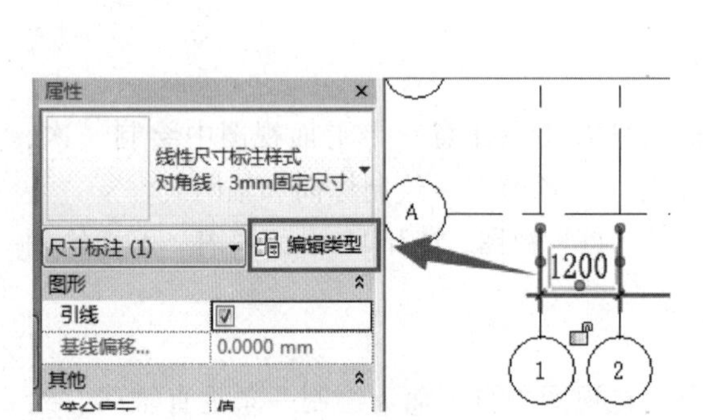

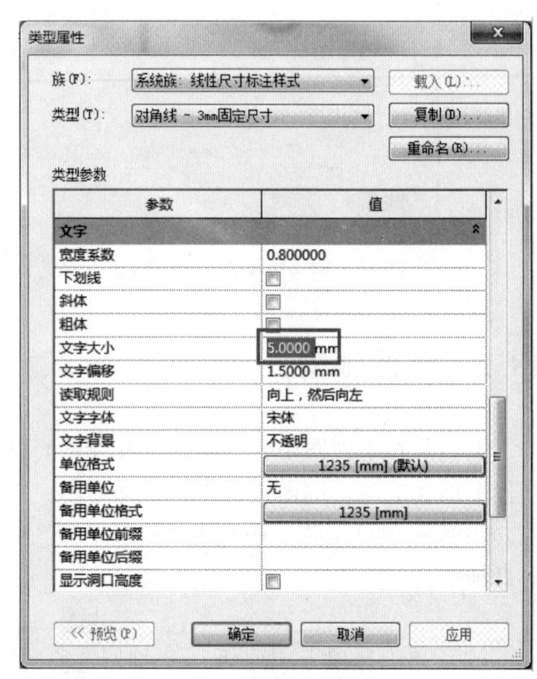

图 18-19　编辑尺寸标注类型　　　　图 18-20　调整文字大小

接着绘制水平轴线，先绘制水平轴线 A 轴：

（1）单击选项卡“建筑”—“轴网”命令，移动鼠标指针到视图中 1 号轴线下标头的左上方位置，单击鼠标左键捕捉一点作为轴线起点。然后从左向右水平移动鼠标指针到 5 号轴线右侧一段距离后，再次单击鼠标左键捕捉轴线终点创建第一条水平轴线。

（2）选择刚创建的水平轴线，双击标头的文字，修改标头文字为“A”，创建 A 号轴线。利用“复制”命令，创建 B~H 号轴线。

（3）选择 A 号轴线，选择“复制”命令，勾选“约束”和“多个”

修改 | 标高　☑约束 □分开 ☑多个，移动鼠标指针在 A 号轴线上单击捕捉一点作为复制参考点，然后垂直向上移动鼠标指针，保持鼠标指针位于新复制的轴线上侧，分别输入以下数据 2200mm、3600mm、600mm、2000mm、5800mm、1400mm、700mm，并分别按 Enter 键确认，完成复制，按 B~H 命名。可添加尺寸标注对其尺寸进行检验。

（4）单击选项卡“修改”—“测量”—“对齐尺寸标注”—“对齐”命令，从下往上依次选择轴线 A~H，选择完后，在右边空白处单击一下，完成尺寸标注，如图 18-21 所示。

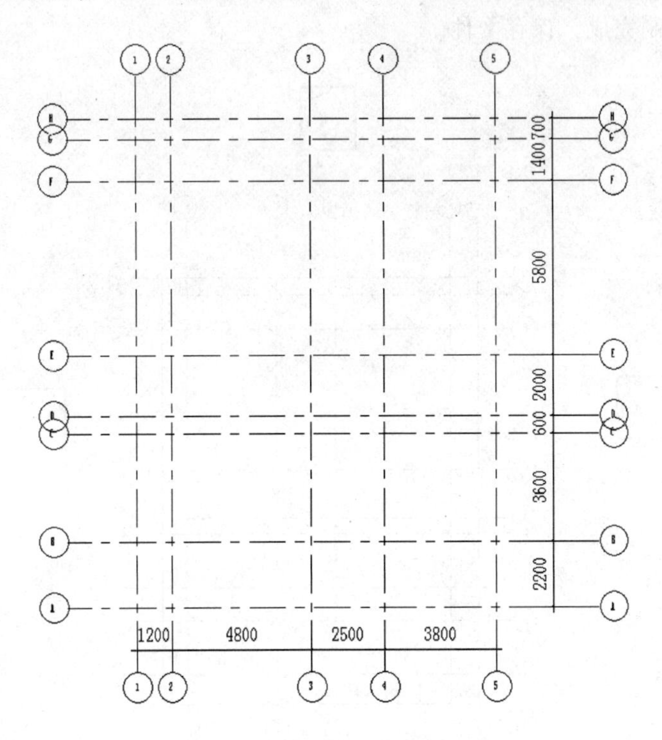

图 18-21　添加尺寸标注

【提示】

如果绘制完成后，发现垂直轴线或水平轴线过长，可以选中过长的其中一条轴网，单击并拖动标头下的小圆圈，对其进行长度调整，将其调整到适合位置如图 18-22 所示。

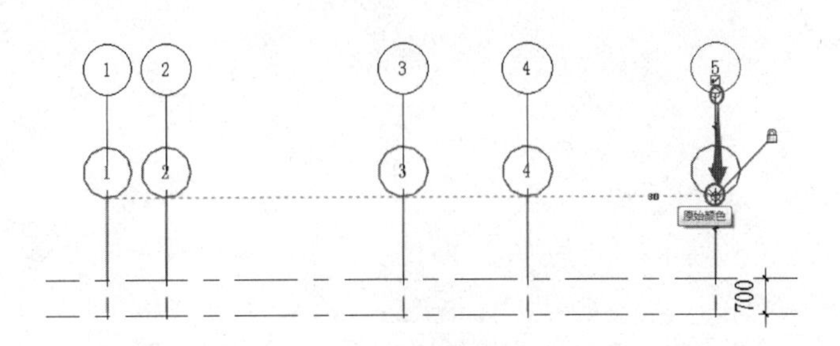

图 18-22　调整轴线长度

轴网绘制完成后，为防止在后期绘制中轴网发生变动，要对轴网进行锁定：

（1）锁定轴网：从右住左框选中所有轴线，单击“锁定”  按扭锁定轴网。

（2）框选中北视图，拖动调整到合适位置。结果如图 18-23 所示。标高和轴网绘制完成，保存文件。

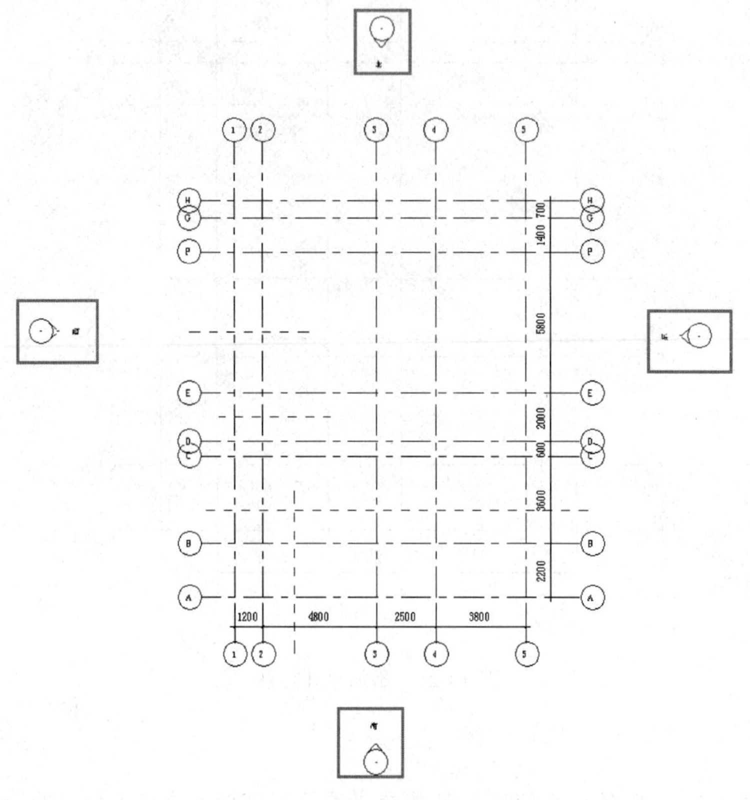

图 18-23　调整立面视图符号位置

第 19 章　墙体的绘制和编辑

上一章完成了标高和轴网等定位依据，本章将从一层平面开始，分层逐步完成别墅三维模型的创建。

打开之前保存的“章节二　绘制标高和轴网”文件，把文件另存为“章节三 墙体的绘制和编辑 ”。在项目浏览器中双击“楼层平面”项下的“1F”，打开一层平面视图。

19.1　绘制参照线

（1）选择“建筑”—“参照平面”命令，在 E 轴与 F 轴之间，从左往右随意绘制一条平行于 E 轴的参照平面，绘制完成后，让参考线在被选中的状态下，单击“临时尺寸标注”，将其与 E 轴间的尺寸更改为 2500，此时得到一条与 E 轴距离为 2500mm 的参考平面，如图 19-1 所示。

（2）同理，在 D 轴与 E 轴之间，绘制一条平行于 D 轴的参照平面，距离 D 轴为 1000mm，如图 19-2 所示。

（3）在 2 轴与 3 轴之间，距离 2 轴 1300mm 处绘制一条平行于 2 轴的参照平面，如图 19-3 所示。

在 B 轴上方，距离 B 轴 1400mm 处绘制一条平行于 B 轴的参照平面，绘制完成，如图 19-4 所示。

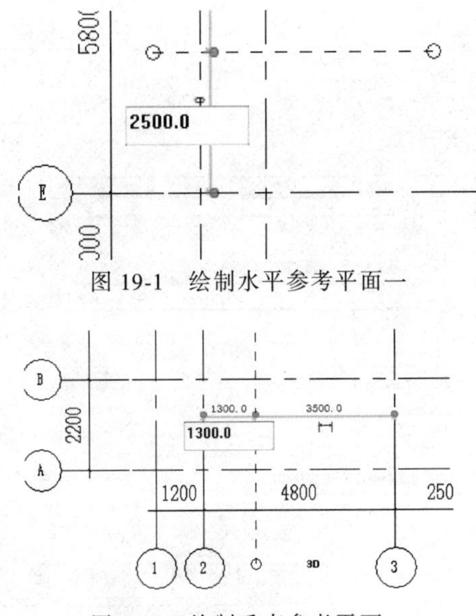

图 19-1　绘制水平参考平面一

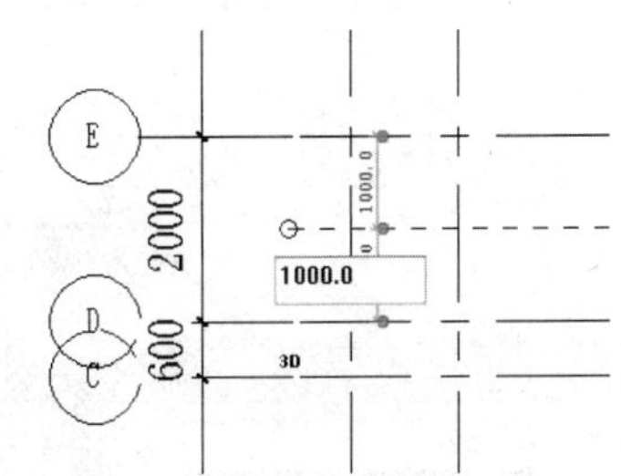

图 19-2　绘制水平参考平面二

图 19-3　绘制垂直参考平面

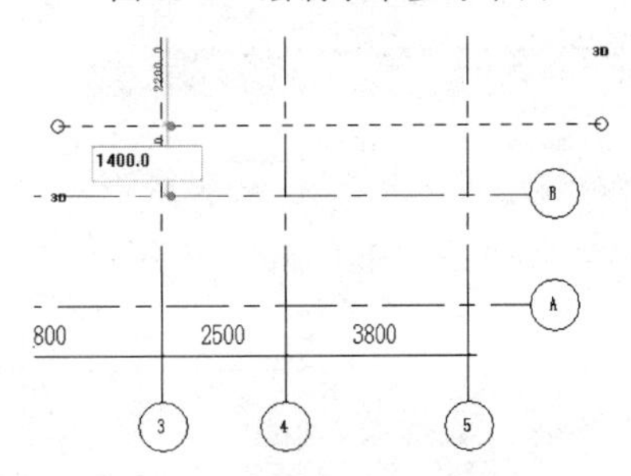

图 19-4　绘制水平参考平面三

19.2　创建新墙体，编辑贴图材质

绘制前，创建本项目所用的墙体，一层为叠层墙，二层为普通墙。先创建二层墙“2F 墙体”，因为该墙体族将作为一层叠层墙的一部分。

19.2.1　选择参照墙体，通过复制新建墙体

（1）单击选项卡“建筑”—“墙”—“墙：建筑”命令，如图 19-5 所示。单击属性栏上方位置选择墙类型为“常规-200mm”，如图 19-6 所示。

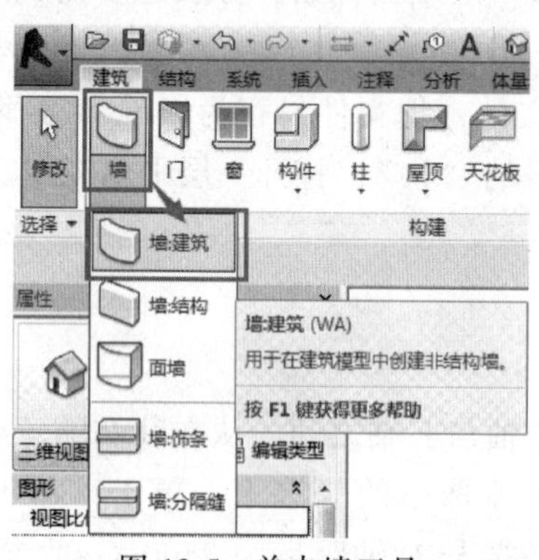

图 19-5　单击墙工具

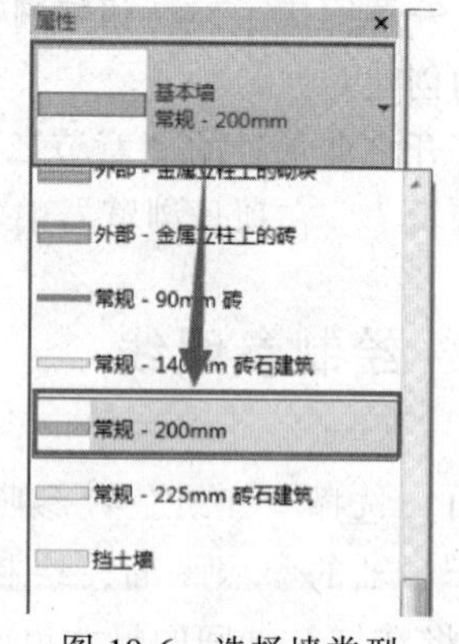

图 19-6　选择墙类型

（2）在属性一栏中单击“编辑类型”，进入类型属性窗口。单击“复制”按钮，弹出对话框，输入“2F 墙体”，单击“确定”按钮创建一个新墙体，如图 19-7 所示。

19.2.2　编辑墙体构造

（1）在类型属性窗口中单击“编辑”，弹出编辑部件对话框，单击“插入”新建一个层，“功能”选择为面层 1，材质选择为“机刨横纹灰白色花岗石墙面”，厚度 20mm，并向上移动到最顶处，此时系统默认作为外墙面面层；同理插入另一个面层 1，材质选择为“面层 - 白色”，厚度 20mm，并向下移动到最底处，此时系统默认作为内墙面面层；勾选“包络”，如图 19-8 所示。

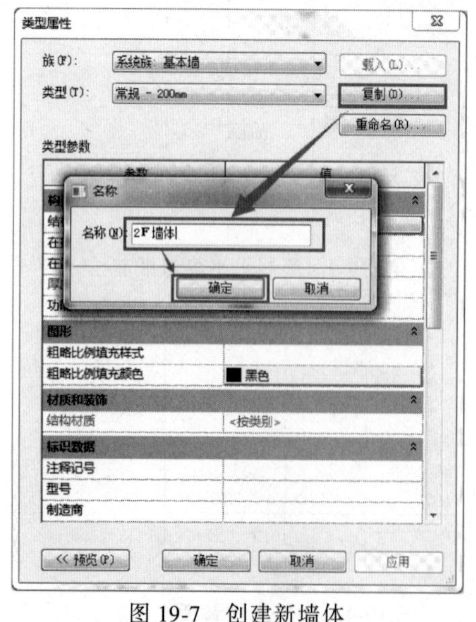

图 19-7　创建新墙体

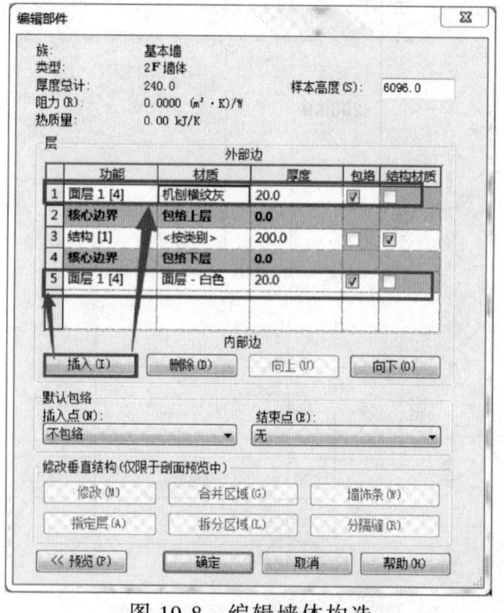

图 19-8　编辑墙体构造

（2）单击材质“机刨横纹灰白色花岗石墙面”右侧，弹出“材质浏览器”，点选“外观”菜单，单击“图像”如图 19-9 所示，进入“纹理编辑器”，把“样例尺寸”的宽度和高度均调整为 2500mm，编辑好后单击“完成”按钮，2F 墙体创建完毕。

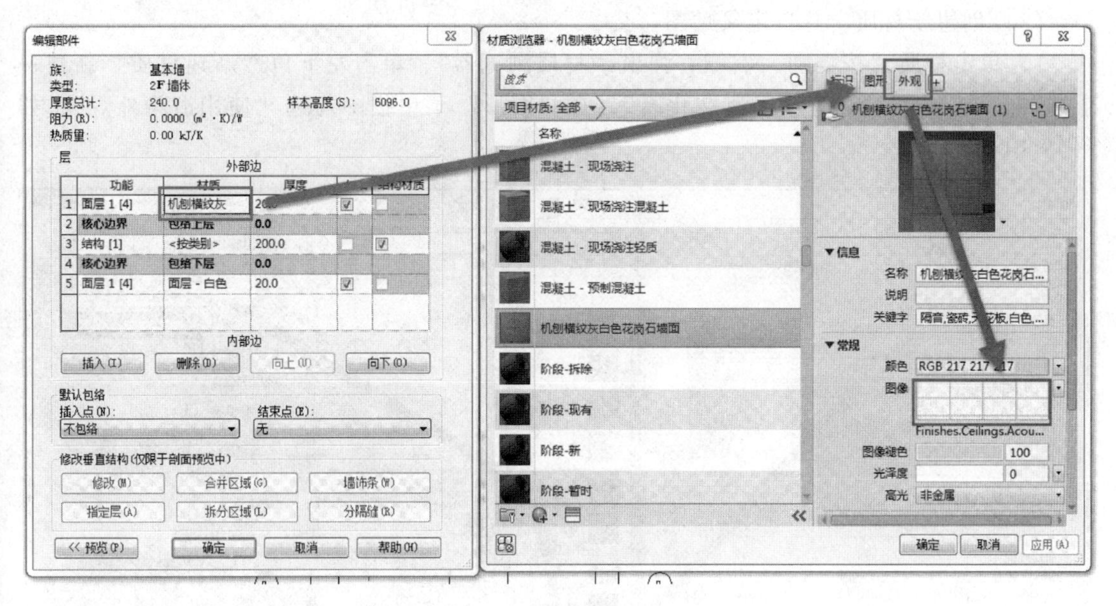

图 19-9　编辑材质外观

【提示】

在 Revit 的楼层平面视图中，如果将详细程度设置为“精细”或者“中等”，外墙（复合墙）的装饰层（或其他功能层）就会显示，从而导致外墙样式不是双线形式，不符合国内的出图要求；若将详细程度设置为“粗略”，外墙（复合墙）则可变为双线显示，但墙体的厚度就不仅是土建层的厚度，而是土建层和装饰层的厚度总和，这会导致外墙厚度可能为 225、240 等数据，与通常建筑工程图一般以土建层墙表达尺寸行业要求不一样。为了解决这个问题，同时也结合后续工程准确算量的要求，目前行业内较多采用的是将外墙的土建层和装饰层分开两道墙建模，即先建外墙土建层，再建装饰层，这样做可以在出图时将装饰层临时隐藏，满足出图要求，同时也可满足将墙体的土建层和装饰层分开算量。

由于本案例是方案设计阶段，对出图规范性要求不高，为了配合快速建模，所以暂时还是采用在一道墙中表达复合结构的 Revit 技术做法。

接着创建一层所使用的叠层墙“1F 墙体”。1F 墙体由勒脚部分和普通墙组成。先创建墙勒脚部分。

（1）继续以“常规-200mm”为参照墙体，通过复制新建墙体。

1）单击选项卡“建筑”—“墙”—“墙：建筑”命令，单击属性栏上方位置选择墙类型为“常规-200mm”。

2）在属性一栏中单击“编辑类型”，进入类型属性窗口。单击“复制”按钮，弹出对话框，输入“勒脚墙”，单击“确定”按钮创建一个新墙体。

（2）编辑墙体构造。

1）在类型属性窗口中单击“编辑”，弹出编辑部件对话框，单击“插入”新建一个层，

“功能”选择为面层 1，材质选择为“按类别”，厚度 40mm，并向上移动到最顶处。

2）同理插入另一个面层 1，材质选择为“面层-白色”，厚度 20mm，并向下移动到最底处；均勾选“包络”。

（3）创建新材质，并自定义贴图。

1）单击材质“按类别”右侧，弹出“材质浏览器”，单击左下角“新建材质”新建一个材质，并右击重命名为“勒脚文化石”，在“图形”菜单栏中勾选“使用渲染外观”，如图 19-10 所示。

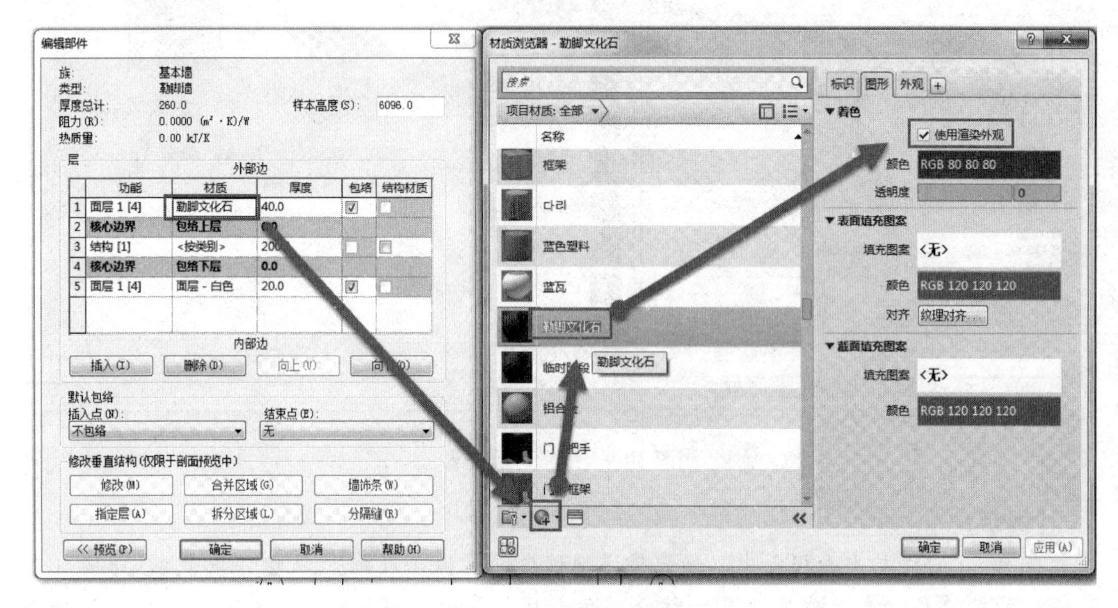

图 19-10　创建新材质

2）点选“外观”菜单，单击“图像”在“小别墅教程资料”—“材质贴图”中选择“石材贴图 3”，单击“打开”，载入贴图，如图 19-11 所示。

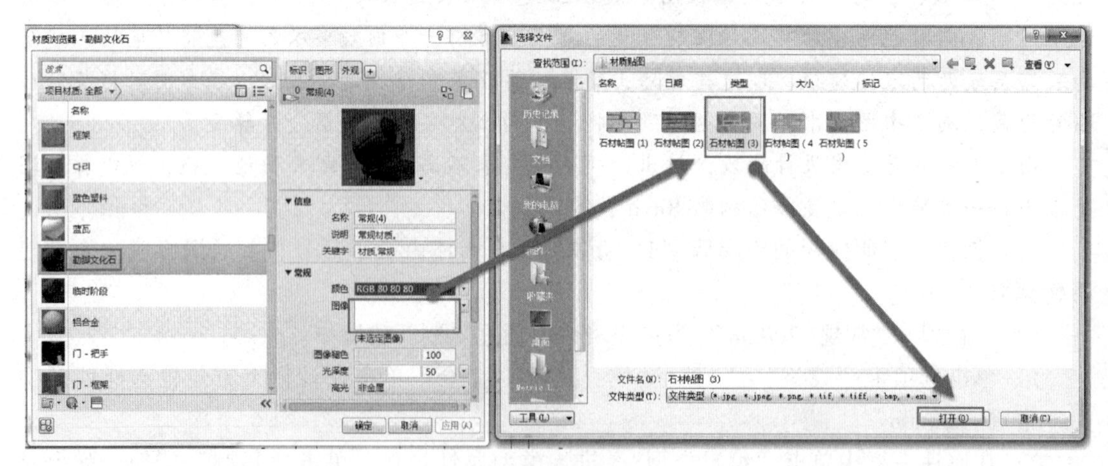

图 19-11　载入贴图

（4）调整贴图比例大小。

1）再次单击“图像”，在“纹理编辑器”中单击样例尺寸右侧锁定标志使其变成灰色以取消锁定。宽度设置为 1000mm，高度设置为 500mm，编辑完毕，单击“完成”按钮，如图 19-12 所示。

2）勒脚墙构造层最终如图 19-12 所示。编辑完成，单击“确定”按钮，退出编辑。

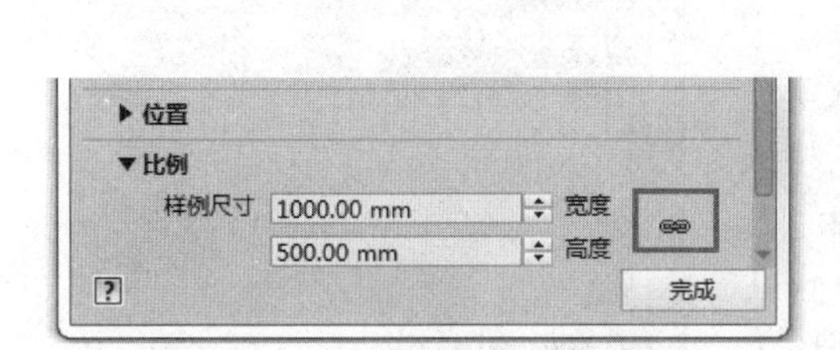

层

	功能	材质	厚度	包络	结构材质
	外部边				
1	面层 1 [4]	勒脚文化石	40.0	☑	☐
2	核心边界	包络上层	0.0		
3	结构 [1]	<按类别>	200.0	☐	☐
4	核心边界	包络下层	0.0		
5	面层 1 [4]	面层 - 白色	20.0	☑	☐
	内部边				

插入(I)　删除(D)　向上(U)　向下(O)

图 19-12　调整贴图比例大小

接着创建一层的叠层墙：“1F 墙体”。

(5) 继续以“常规-200mm”为参照墙体，通过复制新建墙体，步骤如下：

1）单击选项卡“建筑”—“墙”—“墙：建筑”命令，单击属性栏上方位置选择墙类型为“常规-200mm”。

2）在属性一栏中单击“编辑类型”，进入类型属性窗口。族这里选择“系统族-叠层墙”。单击“复制”按钮，弹出对话框，输入“1F 墙体”，单击“确定”按钮创建一个新墙体，如图 19-13 所示。

3）单击“编辑”，墙体 1 选择为“2F 墙体”，墙体 2 选择为“勒脚墙”高度 900mm。单击“确定”按钮，完成一层墙体编辑，退出编辑界面，如图 19-14 所示。

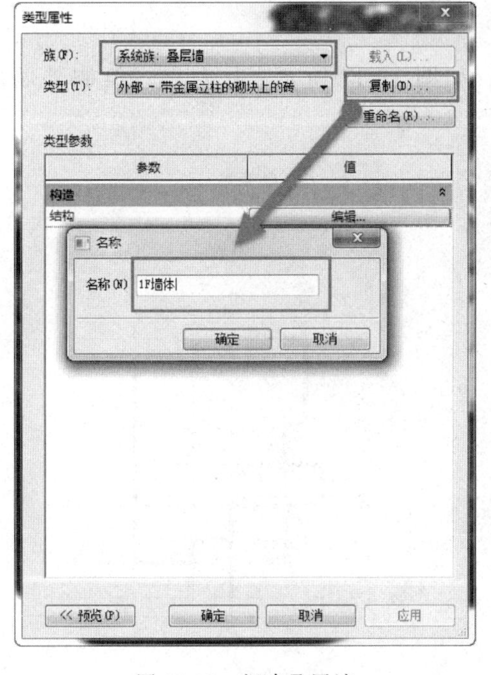

图 19-13　新建叠层墙

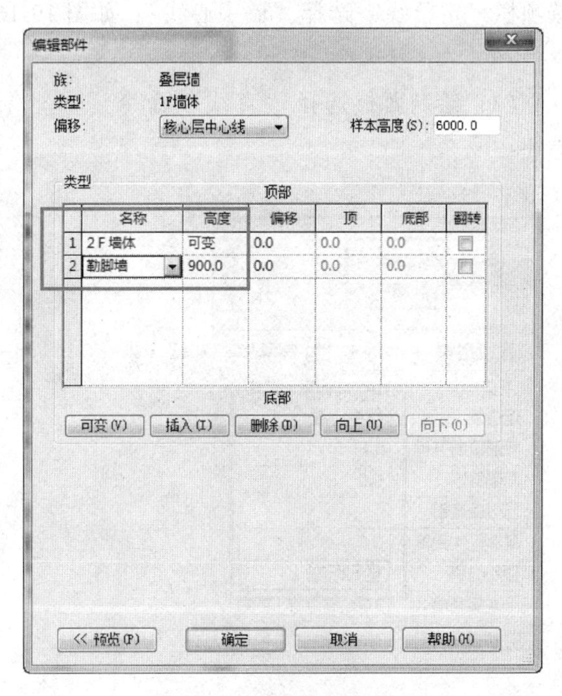

图 19-14　叠层墙编辑部件

（6）创建小别墅内墙：“内墙 120”，以“内部 - 砌块墙 100”为参照墙体，通过复制新建墙体，步骤如下：

1）单击选项卡“建筑”—“墙”—“墙：建筑”命令，单击属性栏上方位置选择墙类型为“内部 - 砌块墙 100”。

2）在属性一栏中单击“编辑类型”，进入类型属性窗口。单击“复制”按钮，弹出对话框，输入“内墙 120”，单击“确定”按钮创建一个新墙体。

3）单击“编辑”，结构材质修改为“默认墙”，把面层厚度均修改为“10”，其他保持不变。单击“确定”按钮，完成内墙编辑，退出编辑界面。如图 19-15 所示。

至此，外墙和内墙创建完毕。

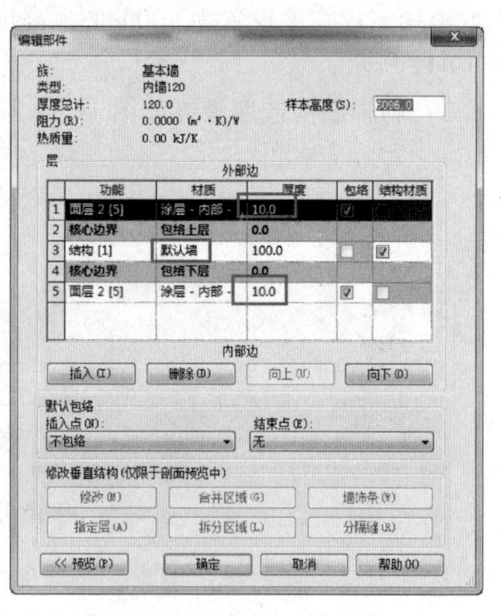

图 19-15 内墙编辑部件

19.3 绘制一层平面的外墙

（1）在项目浏览器中双击“楼层平面”项下的“1F”，回到一层平面视图，双击中间滚轮，调整到合适视图。

（2）单击选项卡“建筑”—“墙”—“墙：建筑”命令。在类型选择器中选择“叠层墙：1F 墙体”，设置实例参数“底部限制条件”为“1F”，“顶部约束”为“直到标高：2F”，选项栏“定位线”选择“墙中心线”，如图 19-16 所示。

（3）绘制面板选择“直线”命令，如图 19-17 所示，从左往右绘制外墙的墙体。

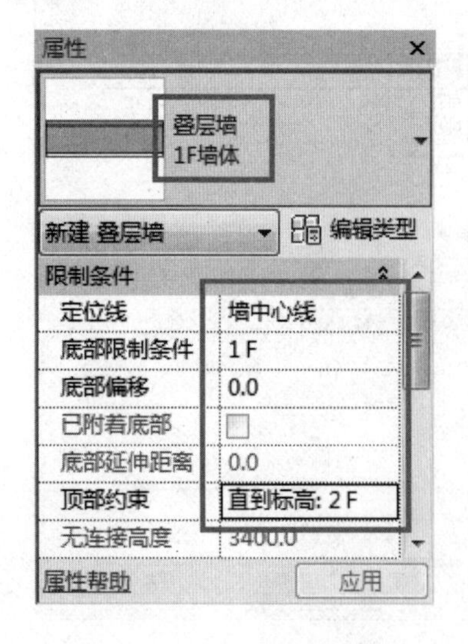

图 19-16 选择墙体类型

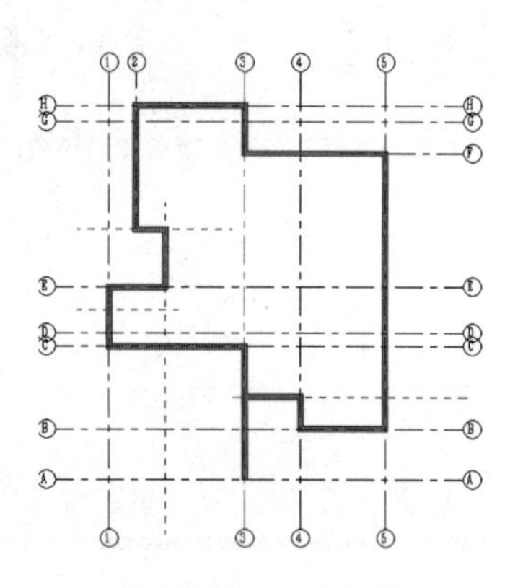

图 19-17 绘制外墙

【提示】

墙体从右往左画，系统默认识别下面为外墙面，上面为内墙面。可通过选中墙体，按空格键反转。

（4）绘制完成后，单击快速工具栏中的“默认三维视图”。如图 19-18 所示。

图 19-18　单击“三维视图”

（5）三维视图如图 19-19 所示，保存文件。

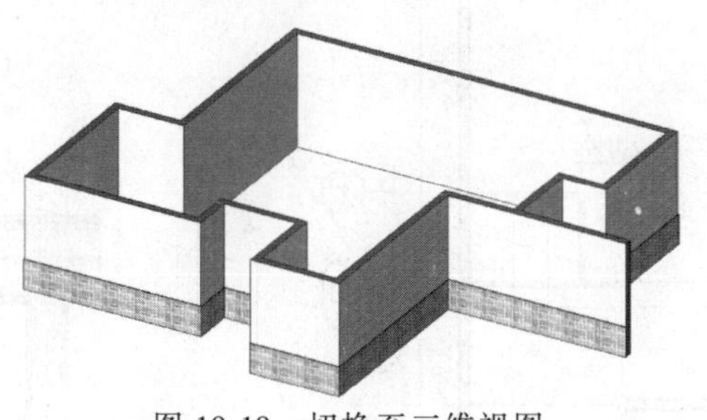

图 19-19　切换至三维视图

19.4　绘制一层平面的内墙

（1）在项目浏览器中双击“楼层平面”项下的“1F”，回到一层平面视图，双击中间滚轮，调整到合适视图。

（2）单击选项卡“建筑”—“墙”—“墙：建筑”命令。在类型选择器中选择“基本墙-内墙 120”类型。

（3）在“绘制”面板选择“直线”命令，在“属性”对话框，设置实例参数“底部限制条件”为“1F”，“顶部约束”为“直到标高：2F”。选项栏“定位线”选择“面层面：内部”，按图 19-20 所示内墙位置捕捉轴线交点从左往右绘制内墙至 3 轴，按一次 Esc 键结束绘制。

（4）设置保持不变，按图 19-21 和图 19-22 所示内墙位置，以从上到下接着从右到左的顺序绘制内墙。

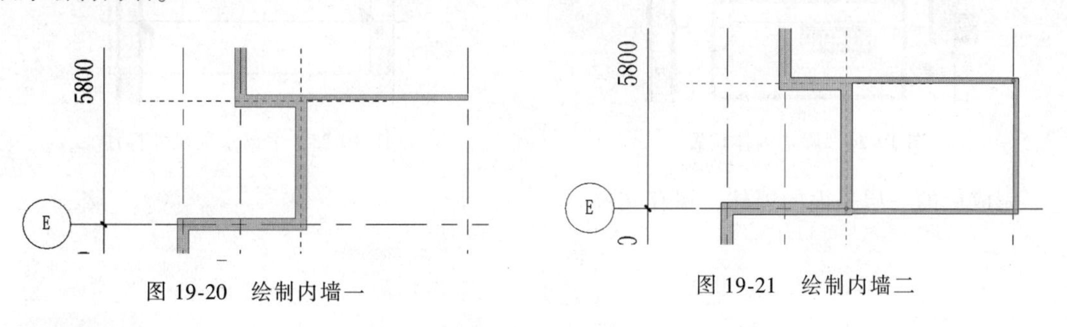

图 19-20　绘制内墙一　　图 19-21　绘制内墙二

【提示】

绘制墙体后选中墙体，出现临时尺寸标志。

1）拖动蓝色标注点可调整尺寸标志参考位置，如图 19-23 所示。

2）单击数值可输入给定数值调整墙体位置，如图 19-24 所示。

3）单击临时尺寸符号⊢⊣可将其变为固定尺寸，如图 19-25 所示。

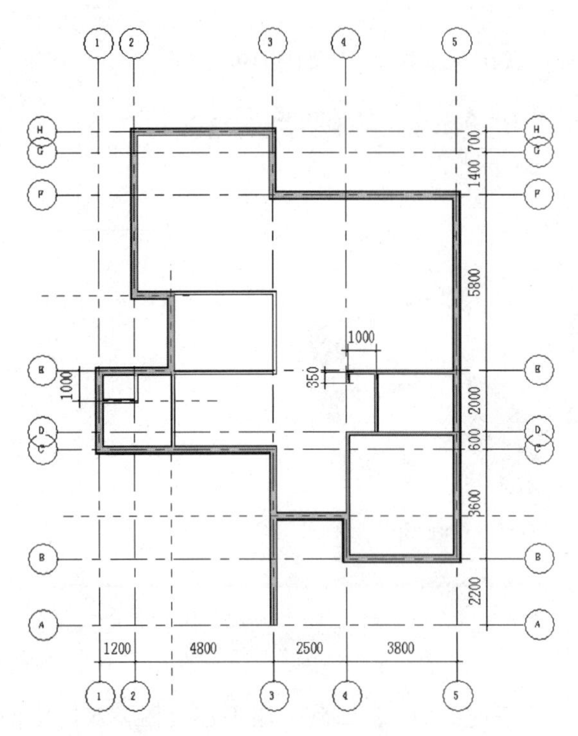

图 19-22　内墙绘制结果

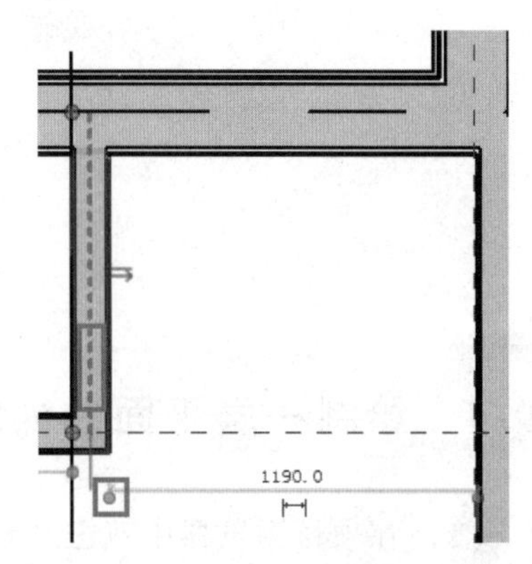

图 19-23　调制临时尺寸标志控制点

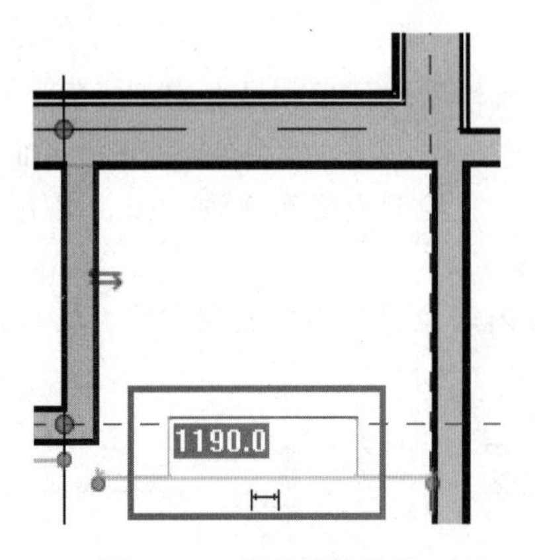

图 19-24　调整墙体位置

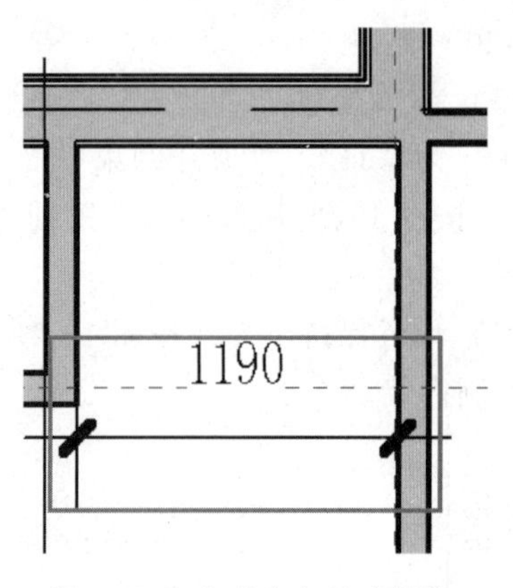

图 19-25　生成永久尺寸标注

完成后的一层平面的墙体，保存文件。

第 20 章　门窗和楼板

在三维模型中，门窗的模型与它们的平面表达并不是对应的剖切关系，这说明门窗模型与平立面表达可以相对独立。此外门窗在项目中可以通过修改类型参数如门窗的宽和高以及材质等，形成新的门窗类型。门窗主体为墙体，它们对墙具有依附关系，删除墙体，门窗也随之被删除。

20.1　插入一层门

打开上一章文件“章节三墙体的绘制和编辑”，把文件另存为“章节四 绘制门窗和楼板”。由于叠层墙体在放置门窗时不显示临时尺寸，放置前临时转换一层墙体属性。

（1）双击打开“1F”视图，在视图中指着任意一面外墙并右击，点选“选择全部实例>在视图中可见”菜单，选中视图中所有外墙，如图 20-1 所示。

（2）在左侧属性栏中把类型选为“2F 墙体”，将其属性临时改变，以便于插入门窗。

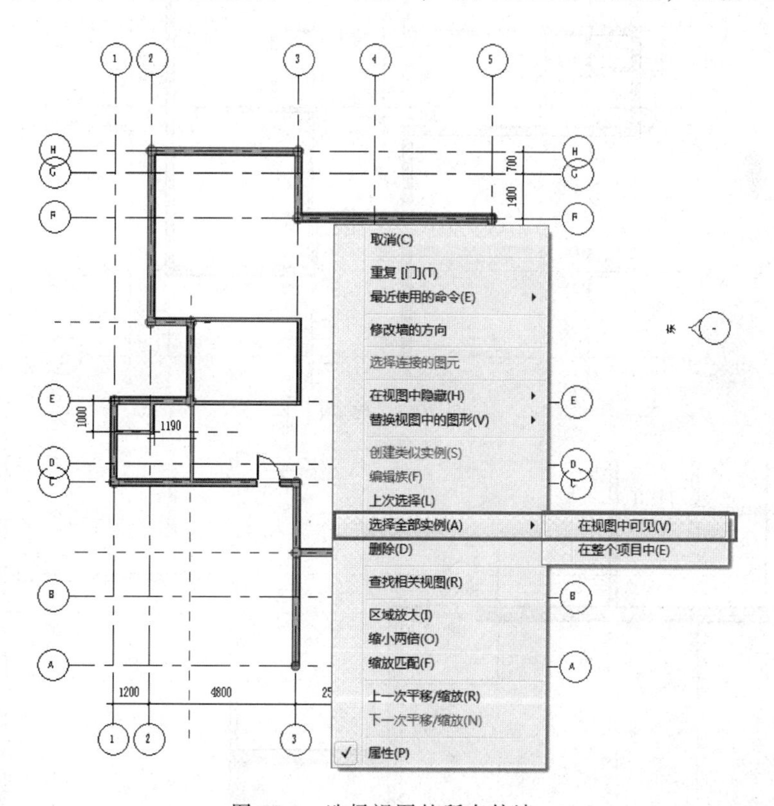

图 20-1　选择视图的所有外墙

（3）单击选项卡“建筑”—“门”命令，在类型选择器中选择“装饰木门-M0821”类型。

（4）在“标记”选项卡—“在放置时进行标记”，以便对门进行自动标记。不勾选引入标记引线，如图 20-2 所示。

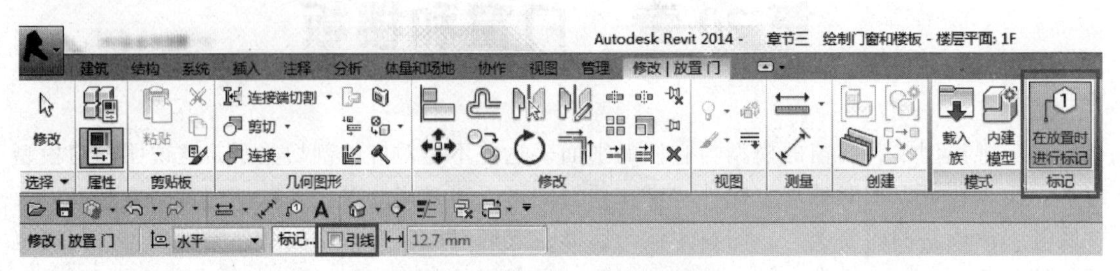

图 20-2　单击“放置时进行标记”

（5）将鼠标指针移动到位于 C 轴的墙体上靠近右侧任意位置，单击鼠标左键放置，按一次 Esc 键退出，如图 20-3 所示。

（6）选中该门，把右侧临时尺寸修改成数值为“400”的固定尺寸，第一个门放置完毕，如图 20-4 所示。

【提示】

在平面视图中放置门之前，按空格键可以控制门的左右开启方向。

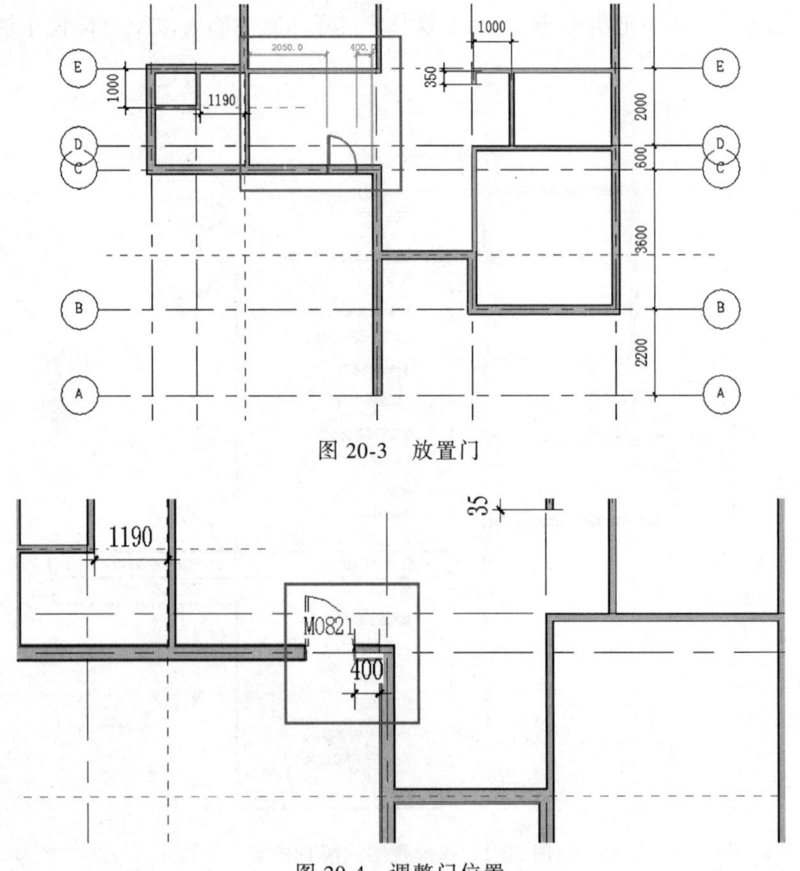

图 20-3　放置门

图 20-4　调整门位置

（7）在类型选择器中分别选择“双扇现代门”“装饰木门-M0821”“装饰木门-M0721”“四扇推拉门-3000×2100mm”门类型，按图 20-5 所示位置插入到一层墙上，并固定标记尺寸。

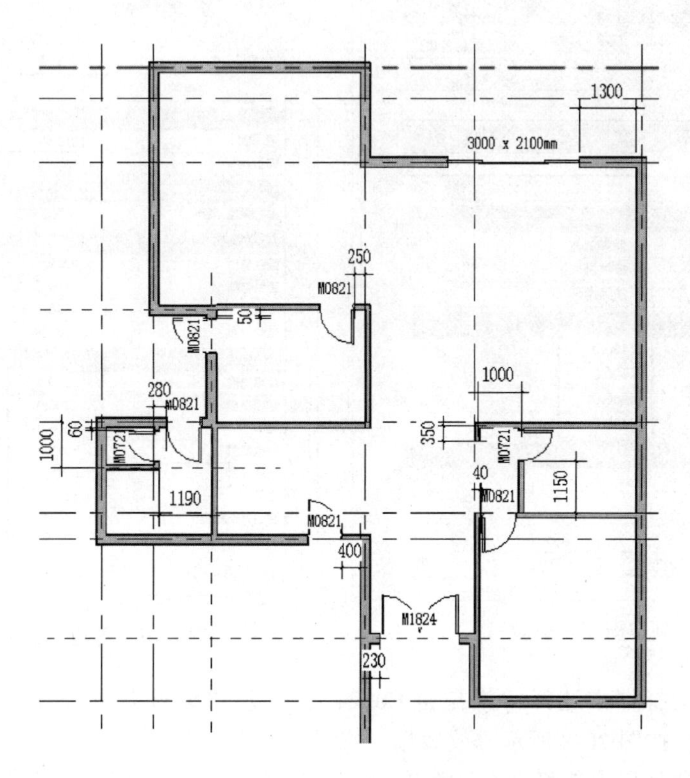

图 20-5　放置一层门

完成一层门放置后，保存文件。

20.2　放置一层的窗

接上节练习，给一层放置窗户。放置前先载入所需窗户，并通过复制创建适用于小别墅的新窗户类型。

1. 载入窗户

（1）双击打开“1F”视图。

（2）单击选项卡“插入”—“从库中载入”—“载入族”，选择小别墅教程资料文件夹“族文件”—“弧顶窗 1”，按“打开”。同理，载入“凸窗-三扇推拉-斜切”和“百叶窗 1”。

2. 通过复制创建新窗户

（1）单击选项卡“建筑”—“窗”命令。在类型选择器中选择“弧顶窗 1”—“900×1800mm”，打开“编辑类型”，按“复制”新建并命名为“小别墅弧顶窗”，按图 20-6 修改尺寸。

（2）在类型选择器中选择“凸窗-三扇推拉-斜切”—“2100×1600”，打开“编辑类型”，按“复制”，命名为“小别墅凸窗”，按图 20-7 所示修改数据。

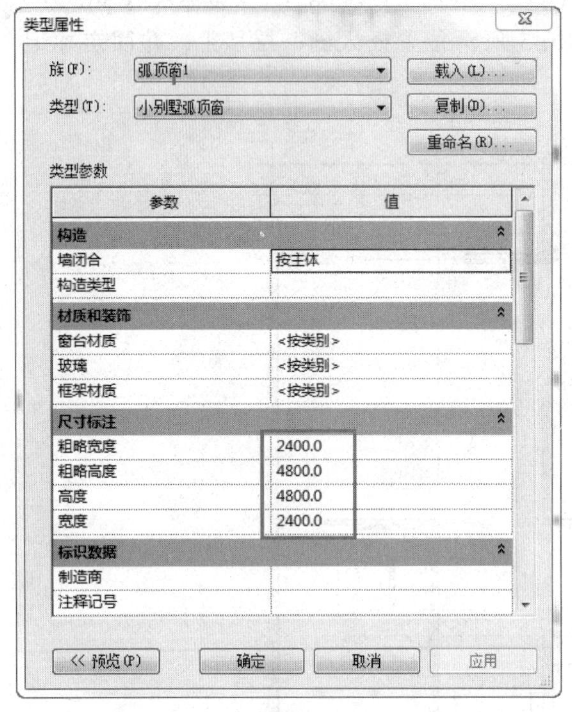

图 20-6　创建新窗户类型一

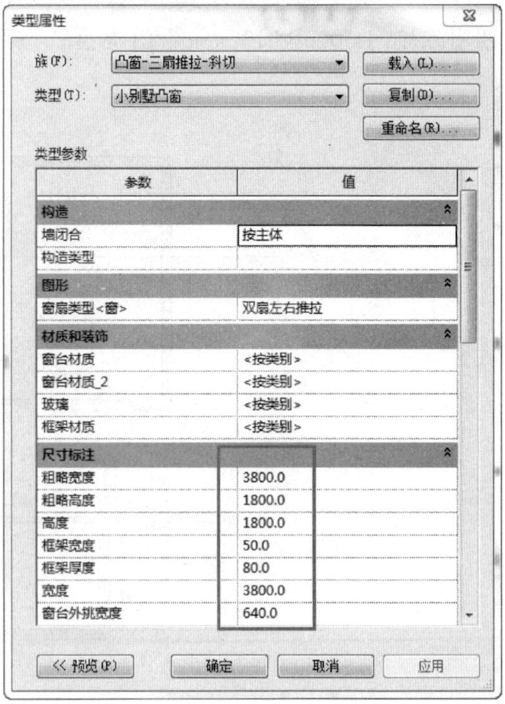

图 20-7　创建新窗户类型二

（3）在类型选择器中选择“推拉窗 C0624”，打开“编辑类型”，按“复制”，命名为“小别墅 C0624”，按图 20-8 所示修改数据。

（4）在类型选择器中选择“C0915 ”，打开“编辑类型”，按“复制”，命名为“小别墅 C0915 ” 按图 20-9 所示修改数据。

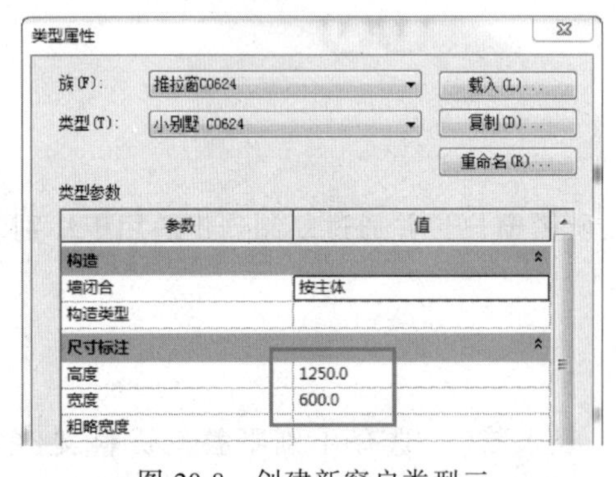

图 20-8　创建新窗户类型三

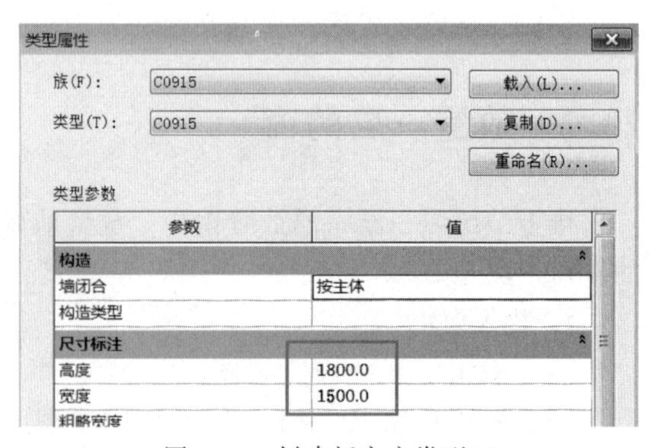

图 20-9　创建新窗户类型四

（5）在类型选择器中选择“百叶窗 1”—“900×900”，打开“编辑类型”，按“复制”，命名为“小别墅百叶窗”，按图 20-10 所示修改数据。

3. 放置窗户

单击选项卡“建筑”—“窗”命令。在类型选择器中分别使用“小别墅弧顶窗”“推拉窗 C0624：小别墅 C0624”“小别墅凸窗”“小别墅 C0915”类型，勾选“在放置时进行标记”，按图 20-11 所示位置，在墙上单击，将窗放置在合适位置。

图 20-10　创建新窗户类型五

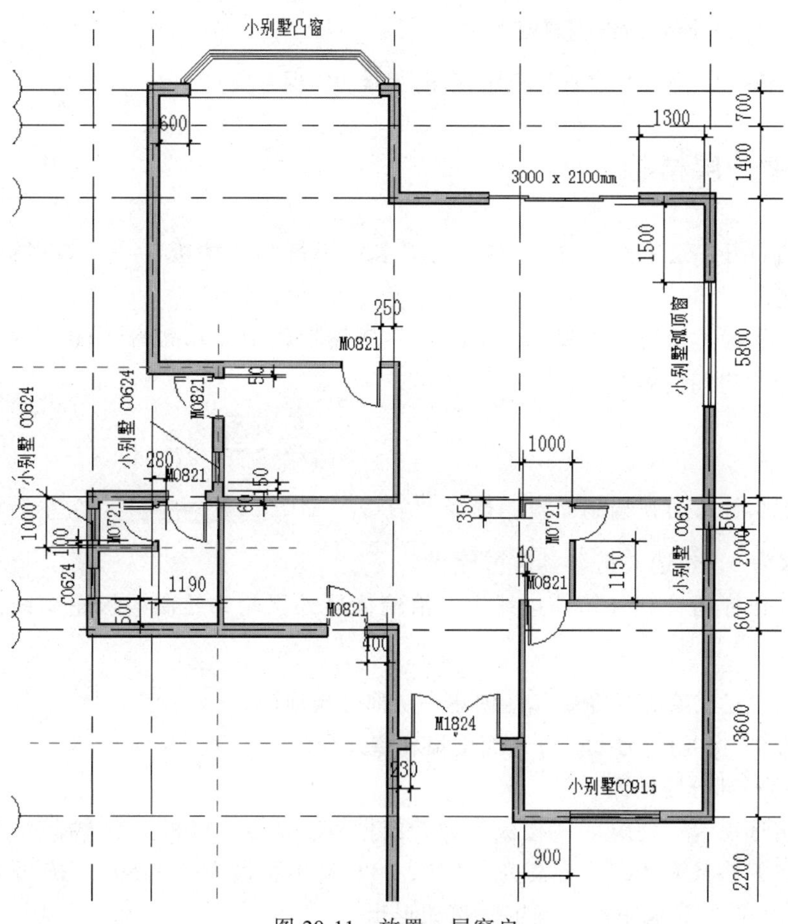

图 20-11　放置一层窗户

20.3　窗编辑——定义窗台高

本案例中窗台底高度不全一致，因此在插入窗后需要手动调整窗台高度。

(1) 选择“小别墅弧顶窗”，在左侧属性对话框中，修改“底高度”为 900mm。

(2) 同理，“小别墅 C0915”“小别墅凸窗”的“底高度”也改为 900mm。

(3) 选择 5 轴上“推拉窗 C0624：小别墅 C0624”，在“属性”对话框中，修改“底高度”为 1400mm。

把一层墙体类型调整回原来的“1F 墙体”：

(1) 在“1F”视图中指着任意一面外墙并右击，点选“选择全部实例>在视图中可见”菜单，选中视图中所有外墙，在左侧属性栏中把类型选为“1F 墙体”。

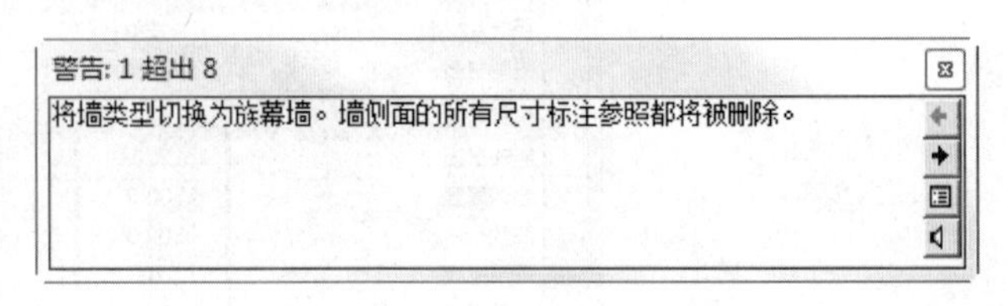

图 20-12　警告

(2) 系统会警告“将墙类型切换为族幕墙，墙侧面的所有尺寸标注参照都将被删除”，如图 20-12 所示，关掉对话框，忽略警告。

编辑完成窗户后，单击“默认三维视图”，保存文件。

20.4　创建一层楼板

(1) 双击打开一层平面“1F”。单击选项卡“建筑”—“楼板”—“建筑楼板”命令，进入楼板绘制模式。

(2) 选择楼板类型为“常规-150mm”。左侧属性栏中，标高为“1F”，自标高的高度为“0”，勾选“房间边界”。

(3) 鼠标指针移动到绘制面板，选择“直线”命令。在左上角设置栏中，把偏移量设置为 0，勾选“链”。

(4) 移动鼠标指针到外墙外边线上，沿墙体最外层轮廓绘制楼板轮廓线，如图 20-13 所示。

(5) 单击“完成绘制”命令创建一层部分楼地面。

按同样的方法，创建另一部分地面楼板和室外台阶。

1. 创建另一部分楼地面

(1) 单击选项卡“建筑”—“楼板”—“建筑楼板”命令，楼板类型选择“常规-150”。

(2) 设置偏移量为“0”，标高为“1F”，自标高偏移量为“-150”。按图 20-14 所示绘制楼板轮廓线，绘制完成单击“确定”按钮退出。

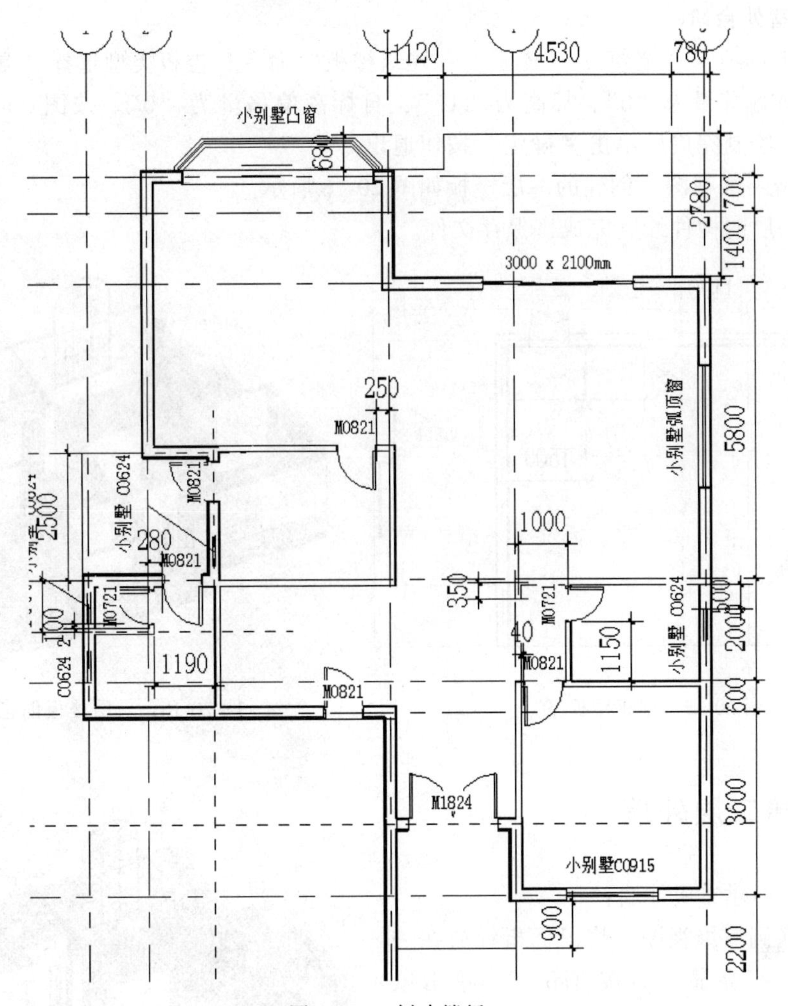

图 20-13　创建楼板一

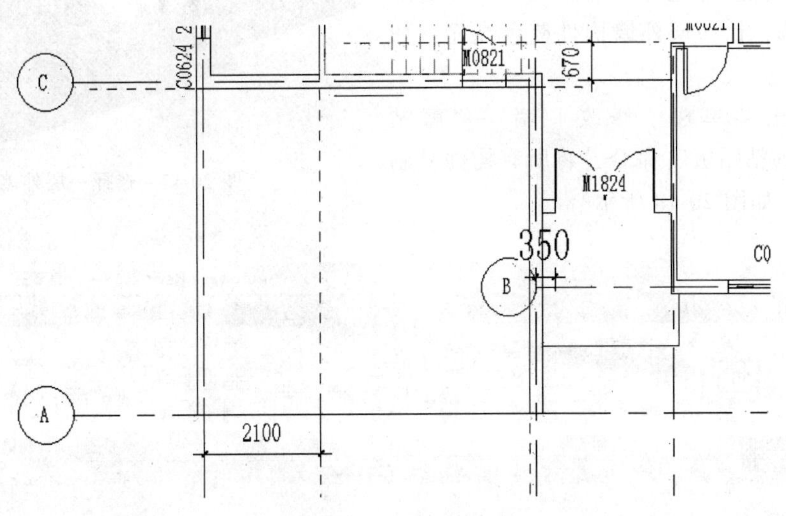

图 20-14　创建楼板二

2. 创建室外台阶

（1）单击选项卡“建筑”—“楼板”—“建筑楼板”命令，楼板类型选择“常规-150”。

（2）设置偏移量为“0”，标高为“1F”，自标高偏移量为“0”。按图 20-15 所示绘制楼板轮廓线，绘制完成后单击“确定”按钮退出。

（3）单击三维视图，创建的一层楼板如图 20-16 所示。

至此，一层的构件绘制完成，保存文件。

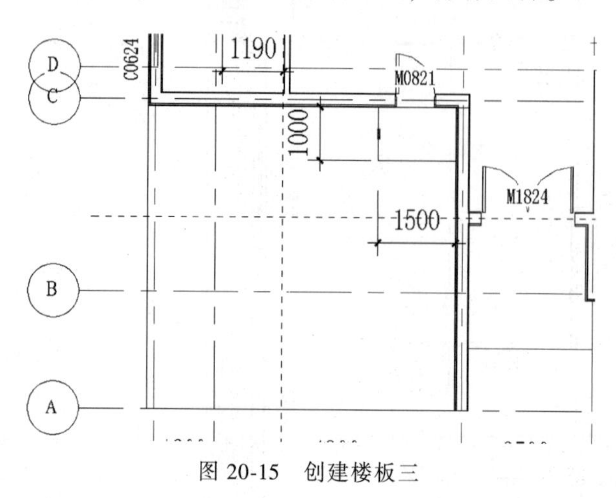

图 20-15　创建楼板三

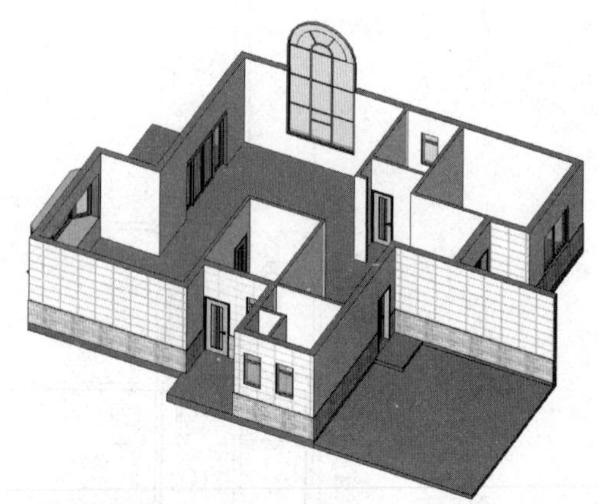

图 20-16　一层楼板创建完毕

20.5　创建二层外墙

通过复制创建二层外墙：

（1）切换到三维视图，将鼠标指针放在一层的外墙上，高亮显示后按 Tab 键，单击鼠标，所有外墙将全部高亮显示，单击鼠标左键，一层外墙将全部选中，漏选的按 Ctrl 键加鼠标左键补选，让一层外墙构件蓝色亮显，如图 20-17 所示。

（2）单击菜单栏“修改｜墙”—“剪贴板”—“复制到粘贴板”命令，将所有构件复制到粘贴板中，如图 20-18 所示。

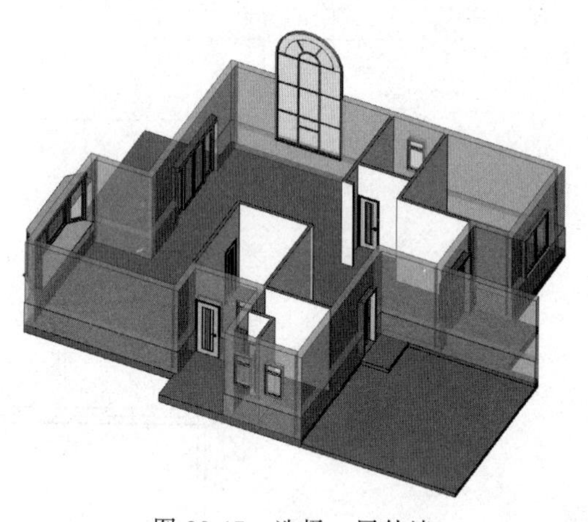

图 20-17　选择一层外墙

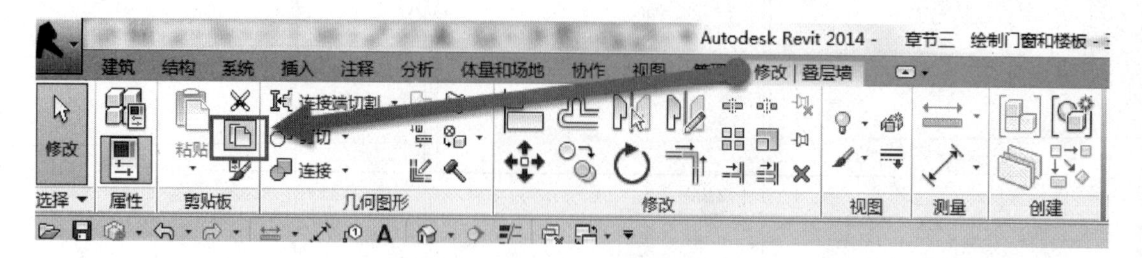

图 20-18　复制墙

（3）同理，单击菜单栏“修改 | 墙”—“剪贴板”—“粘贴”—“与选定的标高对齐”命令，弹出“选择标高”对话框，选择“2F”，单击“确定”按钮，在保持墙体被选中的情况下，在属性栏中修改墙体类型为“2F 墙体”。

此时系统会提示“不能从墙外剪切 M0821 的实例”，单击“删除实例”。

一层平面的外墙都被复制到二层平面，同时由于门窗默认为是依附于墙体的构件，所以一并被复制，如图 20-19 所示。

图 20-19　粘贴结果

对二层墙体以外的构件进行清理：

（1）在项目浏览器中双击“楼层平面”项下的“2F”，打开二层平面视图。从左往右选二层所有构件，单击“修改 | 选择多个”—“选择”—“过滤器”，如图 20-20 所示。

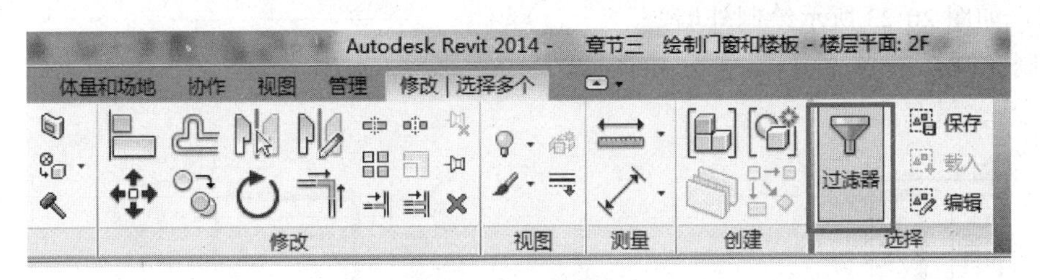

图 20-20　使用过滤器

（2）弹出过滤器对话框，取消勾选“墙”，单击“确定”按钮，选择所有门窗，如图 20-21 所示。按 Del（Delete 删除）键，删除所有门窗。

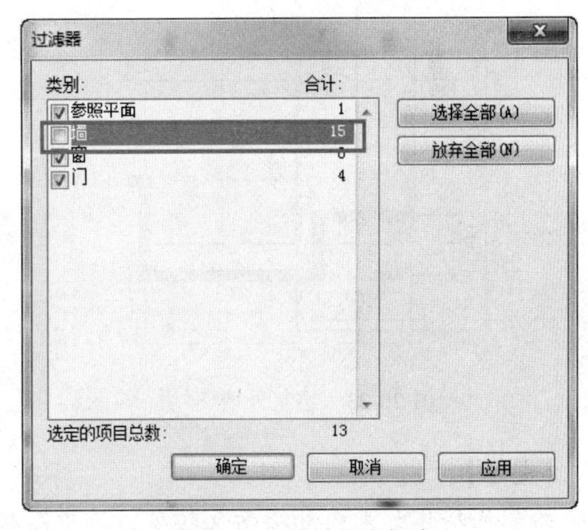

图 20-21　选择所有门窗

【提示】

1）过滤器是按构件类别快速选择一类或几类构件最方便快捷的方法。

2）过滤器选择时，当类别很多，需要选择的很少时，可以先单击“放弃全部”，再勾选“墙”等需要的类别；当需要选择的很多，而不需要选择的相对较少时，可以先单击“选择全部”，再取消勾选不需要的类别。

3）“复制到剪贴板”工具可将一个或多个图元复制到剪贴板中，然后使用“从剪贴板中粘贴”工具或“对齐粘贴”工具将图元的副本粘贴到其他项目中或图纸中。

4）“复制到剪贴板”工具与“复制”工具不同。要复制某个选定图元并立即放置该图元时（例如，在同一个视图中），可使用“复制”工具。在对某一部分需要整体复制并迁移到其他视图时可考虑使用“复制到剪贴板”工具。

20.6　编辑二层外墙

在项目浏览器中双击“楼层平面”项下的“2F”，打开二层平面视图。

调整外墙位置：移动鼠标指针，按 Ctrl 键选中如图 20-22 所示的外墙上，按 Delete 键删除墙。

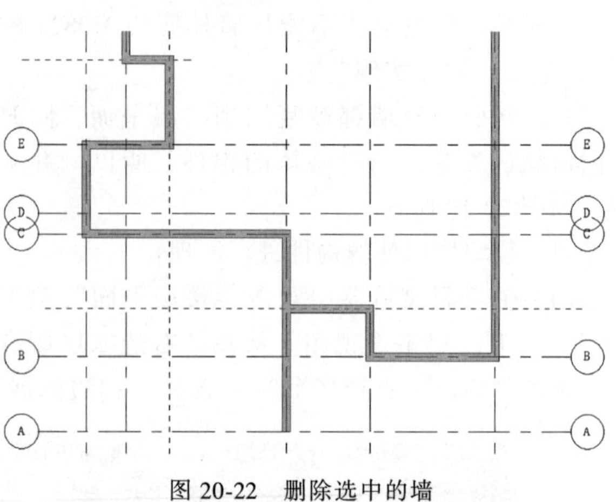

图 20-22　删除选中的墙

重新绘制墙位置：

(1) 选择选项卡“建筑”—“墙”—“墙：建筑”命令，选择“2F 墙体”。定位线为：墙中心线；底部限制条件为 2F；底部偏移为 0；顶部约束为“直到标高 3F”；顶部偏移为 0。

(2) 如图 20-23 所示绘制外墙。

绘制完成后，二层平面部分如图 20-24 所示，保存文件。

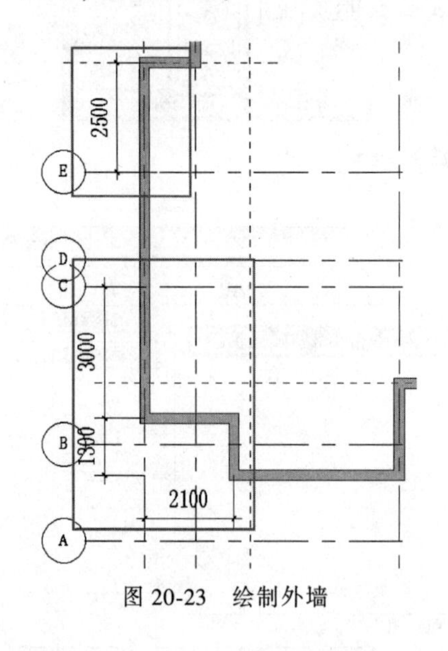

图 20-23　绘制外墙

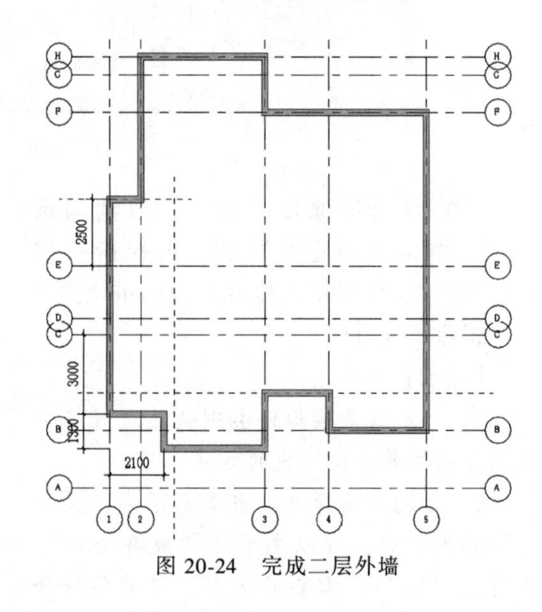

图 20-24　完成二层外墙

【提示】

绘制的墙体如果内外墙面反转了，选中后按空格键可反转墙面。

20.7　创建二层内墙

通过复制创建二层内墙：

(1) 在项目浏览器中双击“楼层平面”项下的“1F”，打开 1F 平面视图。

(2) 鼠标选中视图中任意一面内墙并右击，点选“选择全部实例”—“在视图中可见”菜单，选中视图中所有内墙，按Ctrl键加选位于C轴上的一面墙，如图20-25所示。

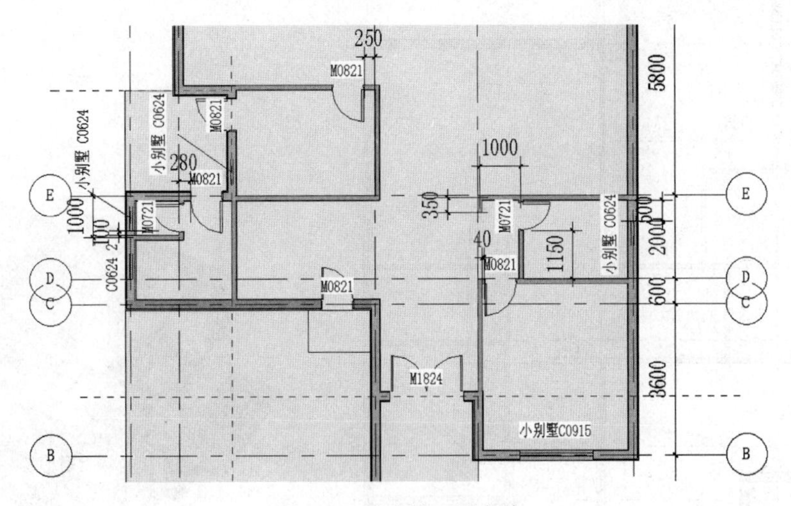

图20-25 连择一层内墙

(3) 单击菜单栏“修改 | 墙”—“剪贴板”—“复制到粘贴板”命令，将所有构件复制到粘贴板中。

(4) 同理，单击菜单栏“修改 | 墙”—“剪贴板”—“粘贴”—“与选定的标高对齐”命令，弹出“选择标高”对话框，选择“2F”，单击“确定”按钮，墙体被粘贴到二层。

(5) 在项目浏览器中双击“楼层平面”项下的“2F”，打开2F平面视图。

单击菜单栏“建筑”—“参照平面”命令，在C轴上的面墙沿着上侧绘制一条参照线，如图20-26所示绘制完成后把该墙删掉，沿着参考线下面补画一面“内墙120”，如图20-27所示。

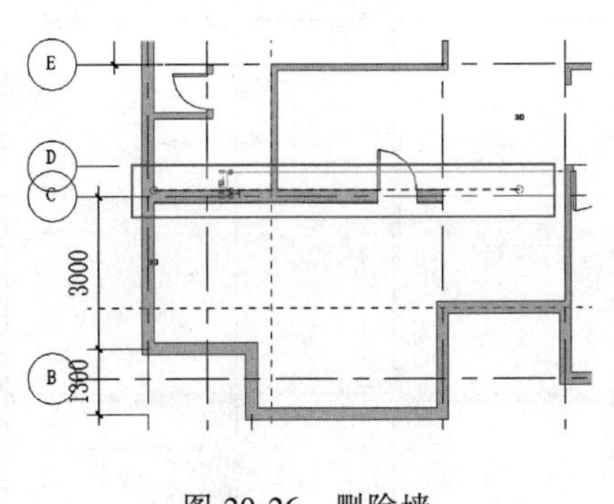

图20-26 删除墙

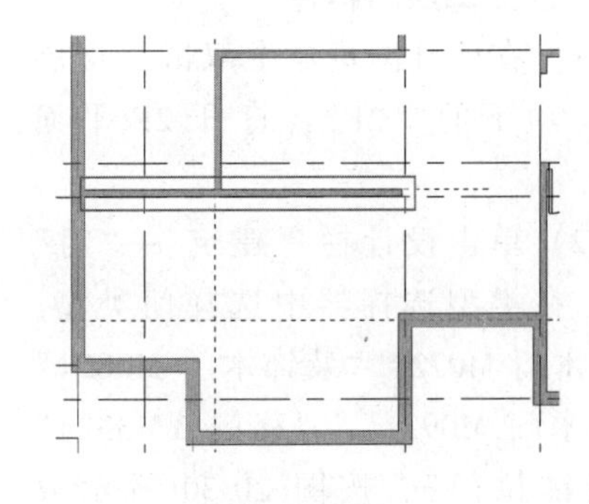

图20-27 绘制墙

(6) 单击菜单栏“建筑”—“墙”—“墙：建筑”命令，墙类型选择“内墙120”。

(7) 定位线选择“面层面-外部”；底部限制条件为“2F”；顶部约束为“直到标高：3F”，顶部偏移为0，单击“应用”。

(8) 按图20-28所示绘制其余内墙。

(9) 绘制完成，单击默认三维视图，二层墙体如图20-29所示。

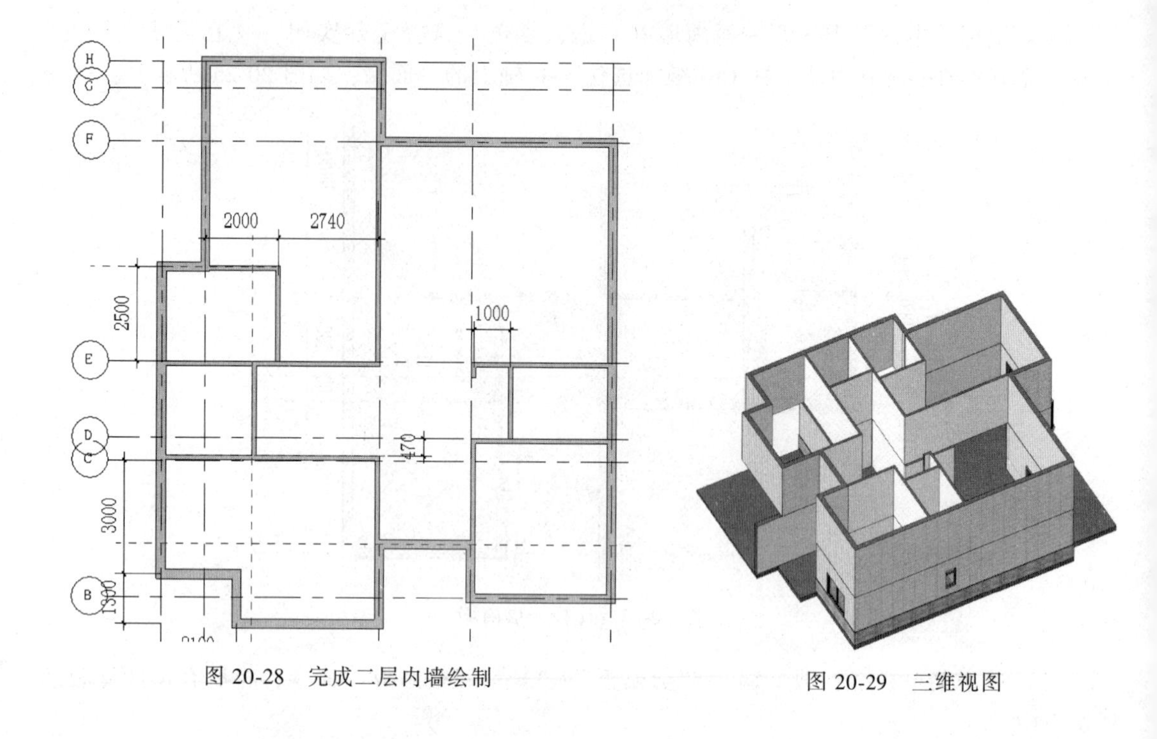

图 20-28　完成二层内墙绘制

图 20-29　三维视图

20.8　插入和编辑二层的门窗

编辑完成二层平面内外墙体后，即可创建二层门窗。门窗的插入和编辑方法同 20.1 节、20.2 节和 20.3 节内容，本节不再赘述。

1. 放置二层门构件

（1）在项目浏览器中双击“楼层平面”项下的“2F”，打开 2F 平面视图。

（2）单击设计栏“建筑”—“门”命令，在类型选择器中选择门类型：“装饰木门 M0721”“装饰木门 M0821”“装饰木门 M0921”“移门 YM3324”“塑钢推拉门”，按图 20-30 所示放置门。

2. 放置二层窗构件

（1）单击选项卡“建筑”—“窗”命令。

（2）在类型选择器中选择窗类型：“小别墅凸窗”“推拉窗 C0624”“C3415”“小别墅百叶窗”“推拉窗

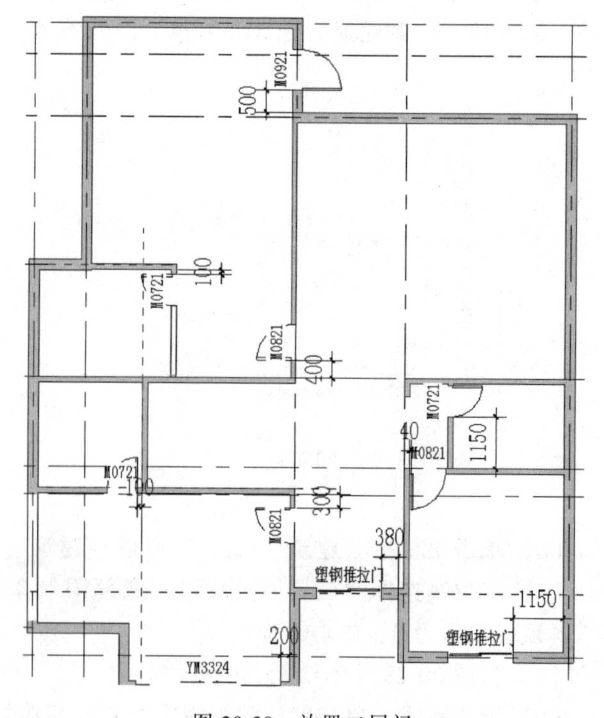

图 20-30　放置二层门

C0823”等，按图 20-31 所示位置移动鼠标指针到墙体上单击放置窗。

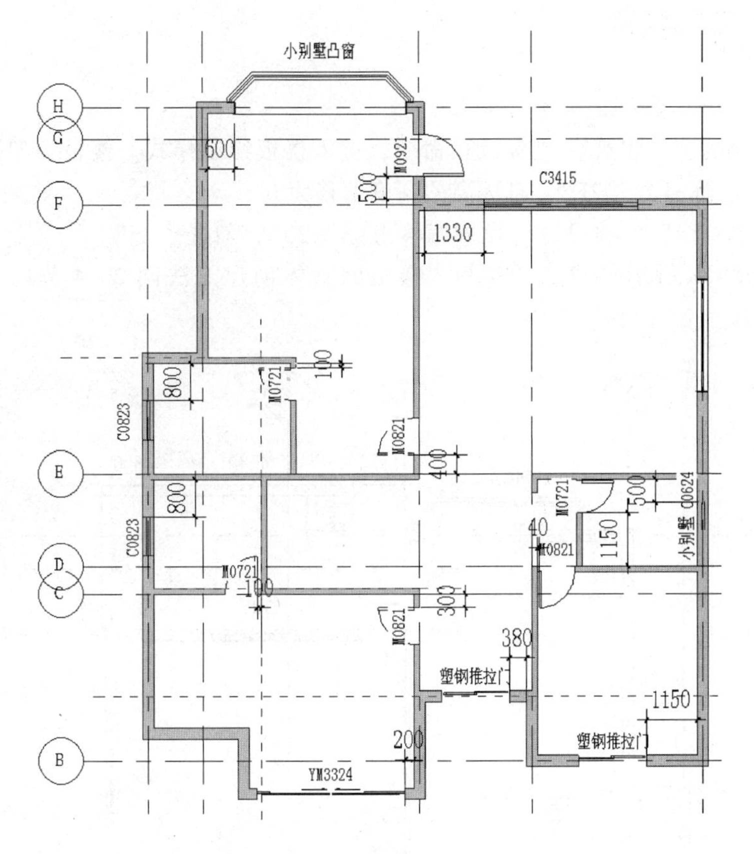

图 20-31　放置二层窗

（3）编辑窗台高：在平面视图中选择窗，单击“属性”按钮打开“图元属性”对话框，设置参数“底高度”参数值，调整窗户的窗台高。除窗“推拉窗 C0624 ”的窗台高为 1400mm，其余窗的窗台高均为 900mm。

（4）放置完成后单击默认三维视图，效果如图 20-32 所示。

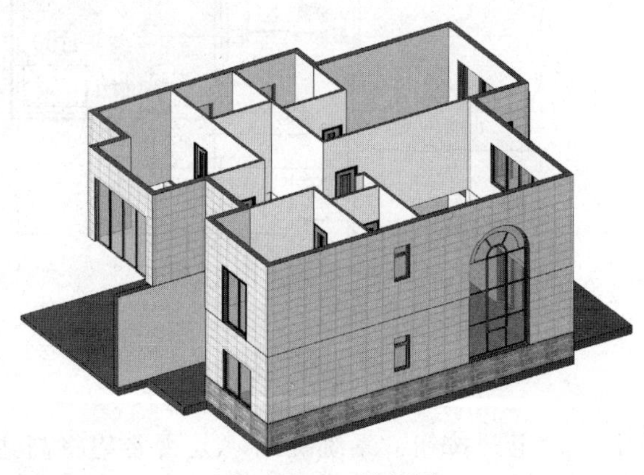

图 20-32　三维视图

20.9　创建二层楼板

（1）双击打开二层平面视图“2F”。

（2）单击选项卡“建筑”—“楼板”命令，进入楼板绘制模式。楼板类型选择为“常规-150mm-实心”，标高为“2F”，自标高的高度偏移为 0。

（3）选择“直线”绘制命令，设置偏移为：“-20”，勾选“链”。

（4）如图 20-33 所示创建二层楼板，楼板的具体创建方法同 20.4 节内容，本节不再赘述。

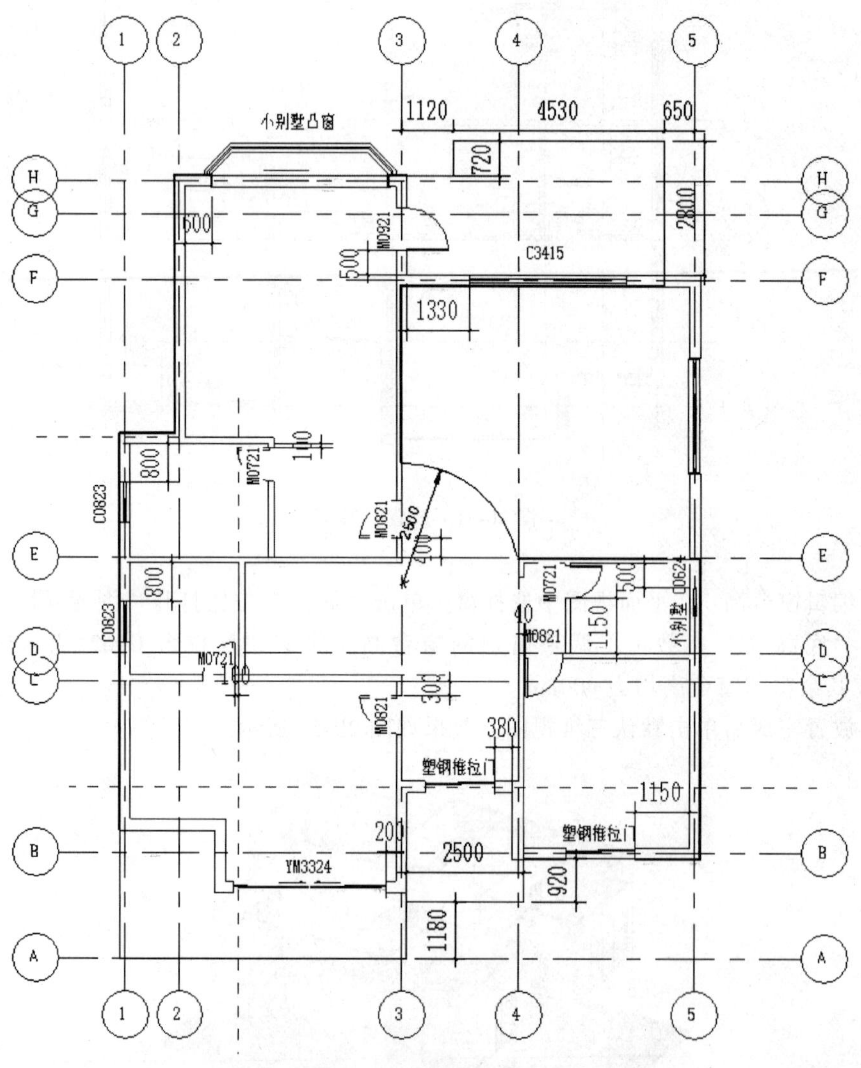

图 20-33　绘制二层楼板

（5）绘制完成后单击“确定”按钮，系统提问“是否希望将高达此楼层标高的墙附着到此楼层的底部？”点选“否”，如图 20-34 所示。

（6）转到三维默认视图，效果如下图 20-35 所示。

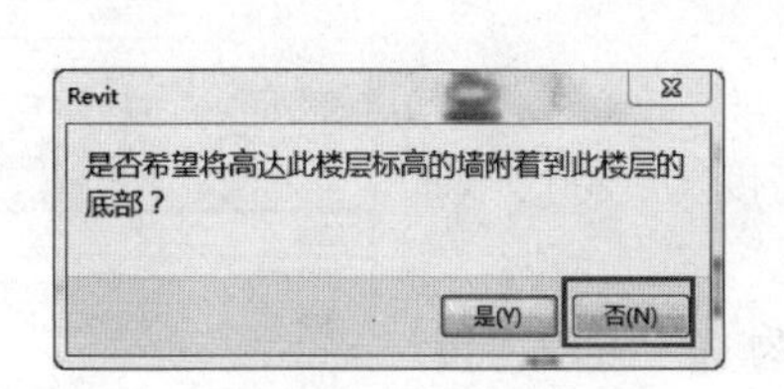

图 20-34　单击“否”

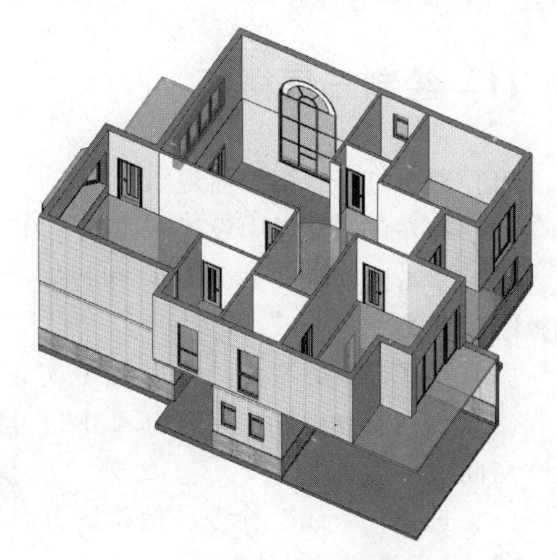

图 20-35　三维视图

20.10　绘制三层平面

（1）双击打开三层平面视图“3F”。

（2）外墙：使用“2F 墙体”。

（3）设置实例参数：“定位线”选择“墙中心线”；底部限制条件为“3F”；顶部限制条件为“直到标高：4F”；顶部偏移为 0。

如图 20-36 所示位置绘制 3F 外墙。

绘制完外墙，接着绘制三层平面内墙：

（1）内墙：使用“内墙 120”类型。

（2）设置实例参数：定位线选择“核心面：外部”；底部限制条件为“3F”；顶部限制条件为“直到标高：4F”。

（3）如图 20-37 所示位置绘制 3F 内墙。

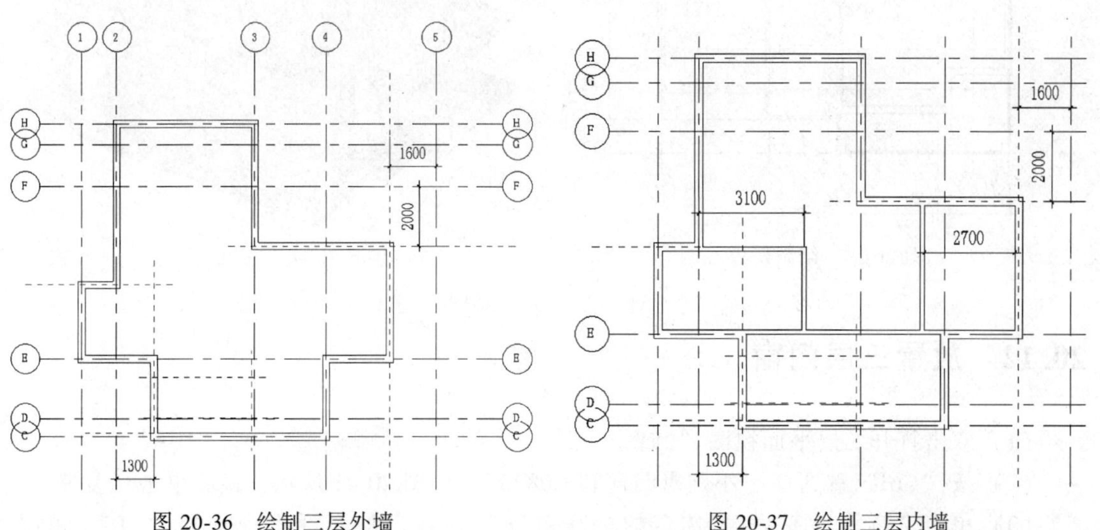

图 20-36　绘制三层外墙

图 20-37　绘制三层内墙

20.11　绘制三层楼板

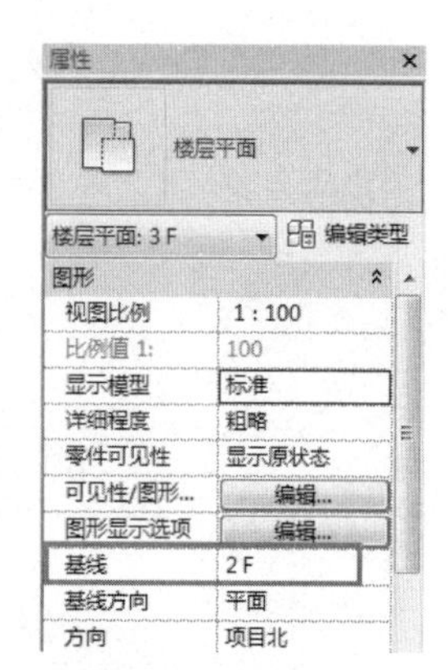

图 20-38　调整基线

（1）双击打开三层平面视图“3F”。

（2）在左侧属性栏中设置基线为“2F”，如图 20-38 所示。

（3）单击选项卡“建筑”—“楼板”—“建筑楼板”命令，进入楼板绘制模式。

（4）选择楼板类型为“常规-150 实心”。

（5）属性参数设置：标高为“3F”，自标高的高度为“0”，勾选“房间边界”。

（6）选择“直线”命令，偏移量为：“-20”，勾选“链”，按图 20-39 所示绘制楼板外轮廓。

（7）绘制完成后单击“确定”按钮，系统提问：是否希望将高达此楼层标高的墙附着到此楼层的底部。点选“否”。

（8）切换到三维默认视图，效果如图 20-40 所示。

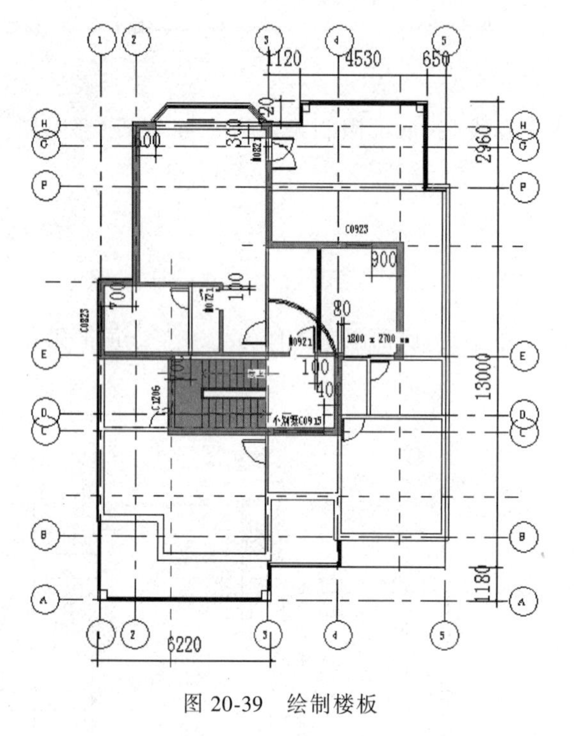

图 20-39　绘制楼板

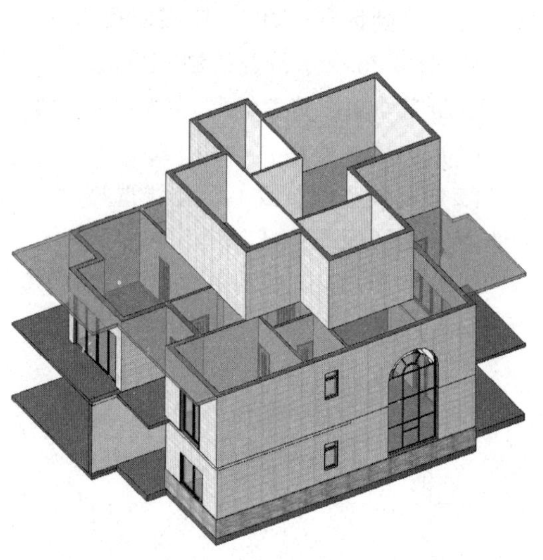

图 20-40　三维视图

20.12　放置三层门窗

（1）双击打开二层平面视图“2F”。

（2）按“Ctrl”键选择“小别墅凸窗和 C0823”，如图 20-41 所示，接着单击“复制”。

（3）单击选项卡“粘贴-与选定的标高对齐”在弹出的对话框中选择“3F”，单击

“确定”按钮，窗户被复制到三层。

（4）双击打开三层平面视图“3F”。

（5）在左侧属性栏中基线设置选择为“无”，单击应用。

（6）选择工具栏中的“插入-载入族”，选择“小别墅教程资料”—“族文件”—“双扇推拉门 6 带亮窗”，单击打开，载入一个推拉门，如图 20-42 所示。

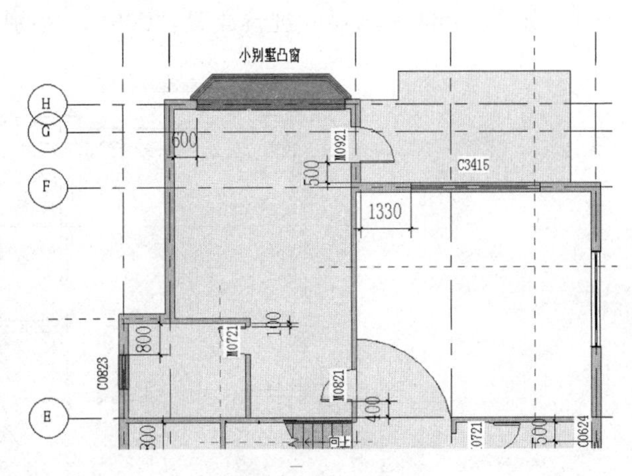

图 20-41　选择二层窗户

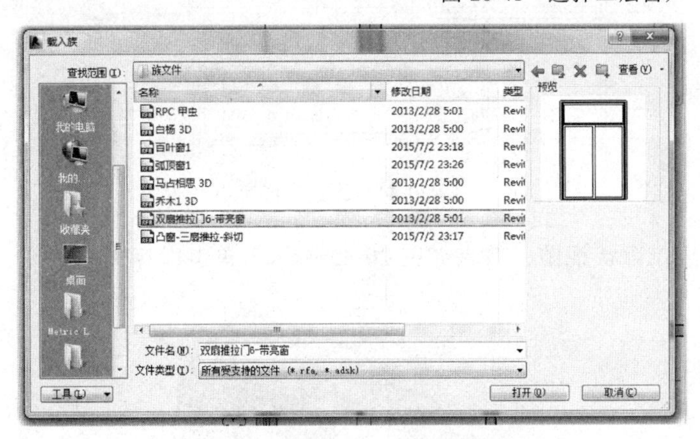

图 20-42　载入推拉门

（7）如图 20-43 所示尺寸进行放置下面型号的门，分别为：M0921、M0821、M0721，双扇推拉门 6 带亮窗。

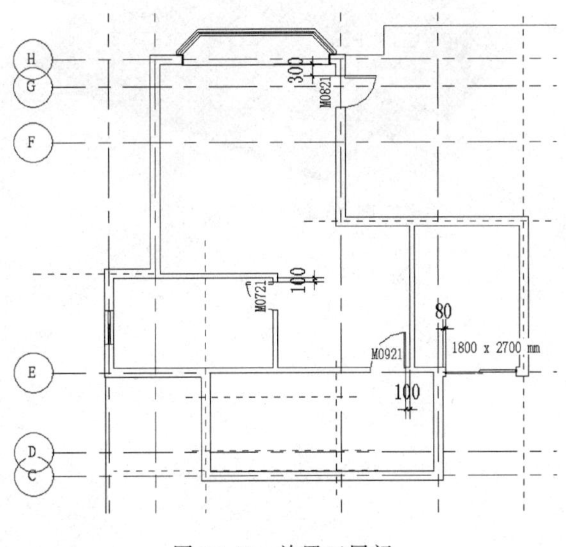

图 20-43　放置三层门

（8）如图 20-44 所示尺寸进行放置：C0923，小别墅 C0915、C1206、C0823。

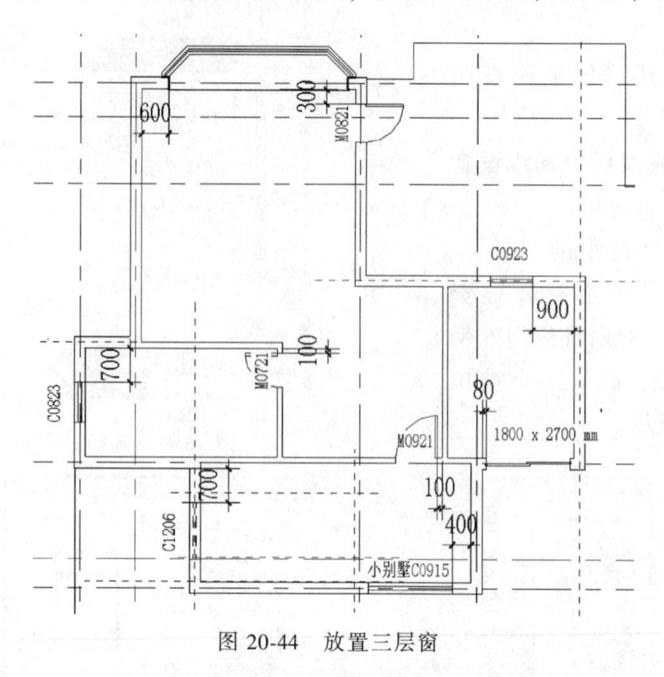

图 20-44　放置三层窗

（9）切换到三维默认视图，效果如图 20-45 所示，单击保存文件。

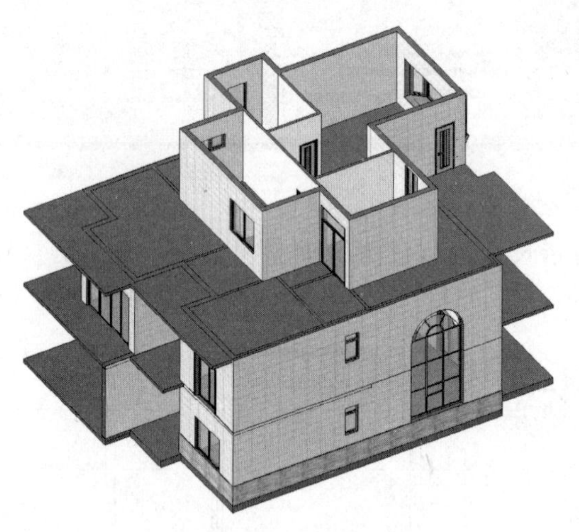

图 20-45　三维视图

第 21 章　绘制楼梯和扶手

本章详细介绍扶手楼梯和坡道的创建和编辑的方法，并对项目应用中可能遇到的各类问题进行讲解。

21.1　绘制楼梯

为楼梯间的楼板开洞，可以通过“垂直洞口”命令和“竖井”命令等完成，在本项目先介绍“竖井”命令的运用。

打开上章保存的文件“章节四　绘制门窗和楼板”，把文件另存为“章节五 绘制楼梯和扶手”。

21.1.1　创建竖井

（1）双击打开一层平面视图“1F”。

（2）单击“建筑”—“参照平面”命令，如图 21-1 所示尺寸绘制三条参考线。

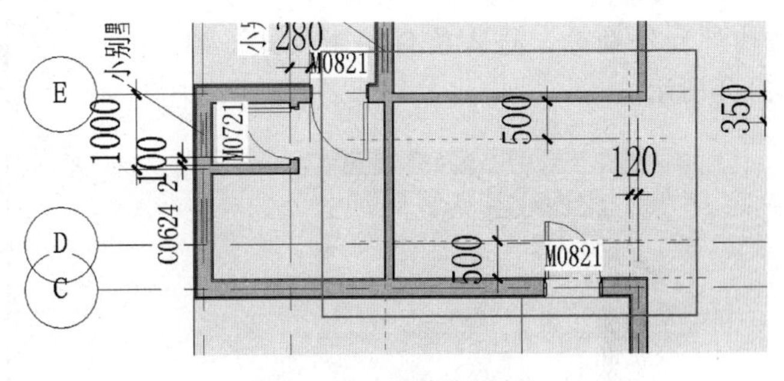

图 21-1　绘制参考线

（3）单击“建筑”—“洞口”—“竖井”命令，进入“修改/创建竖井洞口草图”模式，修改属性，“顶部约束”为“直到标高：4F”。

（4）单击“绘制”—“矩形”命令，如图 21-2 所示沿楼梯边沿画一个轮廓，然后单击“确定”按钮创建一个竖井。

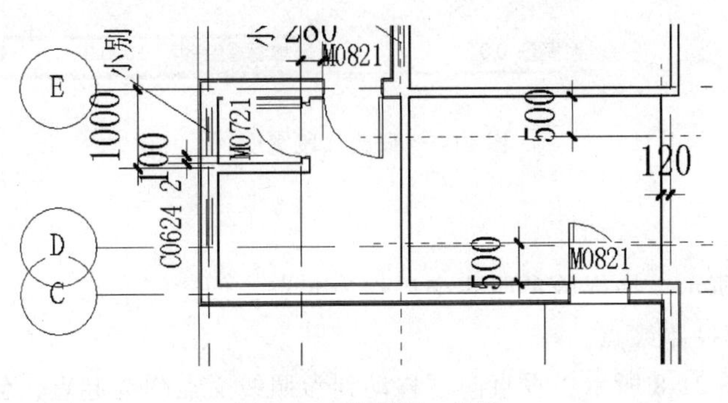

图 21-2　绘制洞口轮廓

（5）切换到默认三维视图，效果如图 21-3 所示。

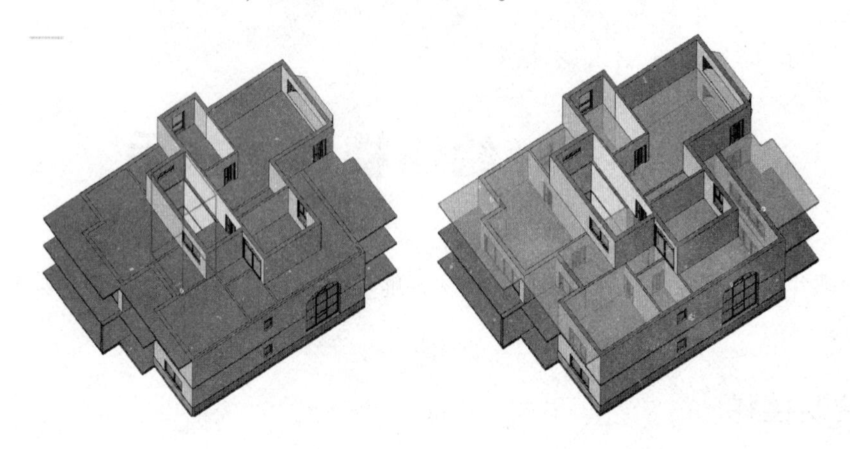

图 21-3　三维视图

21. 1. 2　创建楼梯

（1）双击打开一层平面视图“1F”。

（2）单击“建筑”—“楼梯”—“楼梯（按构件）”命令，进入构件编辑模式，如图 21-4 所示。

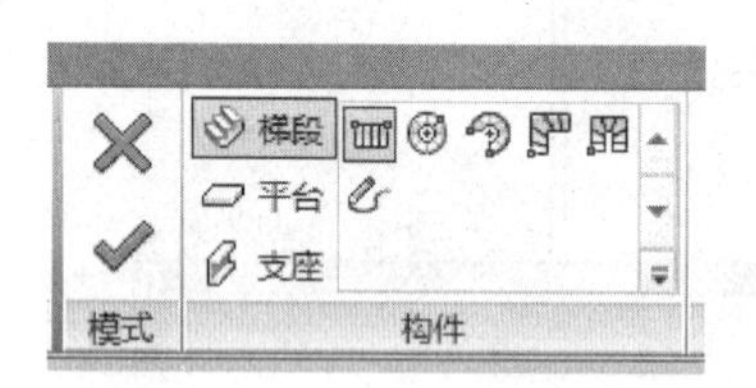

图 21-4　创建楼梯选项

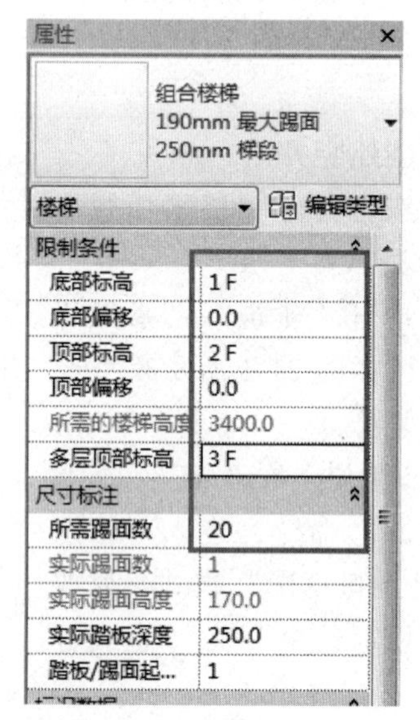

图 21-5　修改楼梯参数

（3）属性栏参数设置为：底部标高 1F，顶部标高 2F，多层顶部标高 3F，所需踢面数 20，如图 21-5 所示。

（4）尺寸参数为：实际梯段宽度 1000mm，如图 21-6 所示。

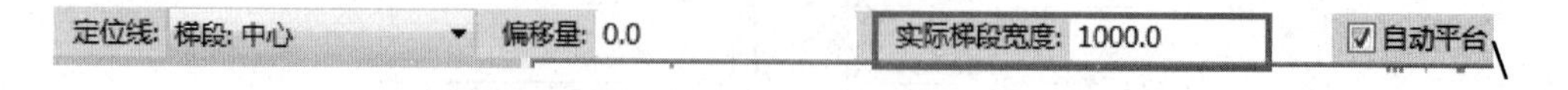

图 21-6　修改梯段宽度

开始绘制梯段：

（1）如图 21-7 所示，捕捉两参照线交点作为起点，创建至前面 10 个踢面时，单击鼠标左键捕捉该点作为第一跑终点。

（2）同理，按图 21-8 所示，垂直向下移动到参照线交点作为起点，创建到后面第 10 个踢面时单击鼠标左键捕捉该点作为第二跑终点，自动生成平台。

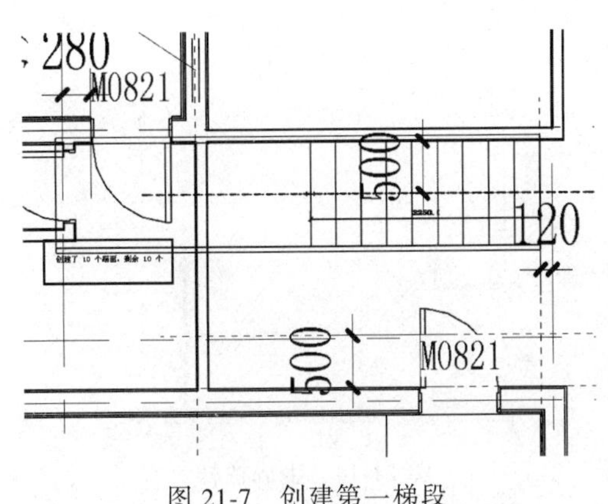

图 21-7　创建第一梯段

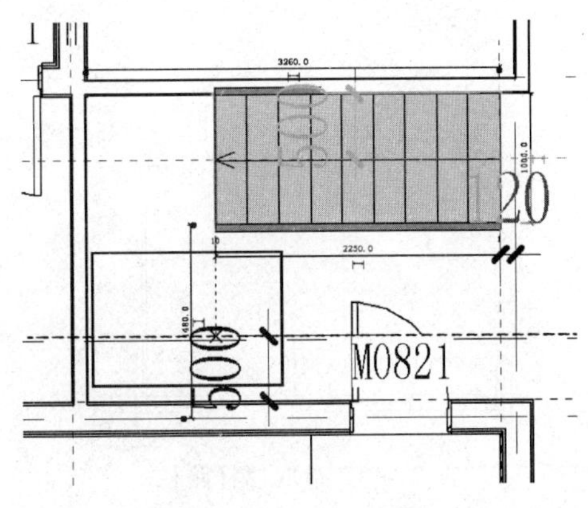

图 21-8　创建第二梯段

（3）绘制效果如图 21-9 所示。

（4）选中外围楼梯栏杆，按住 Tab 键全部高亮显示，单击鼠标全部选中，按 Delete 键删除，单击“确定”按钮，两层楼的楼梯同时绘制完成，如图 21-10 所示。

（5）完成竖井和楼梯的创建，对楼梯效果进行查看。

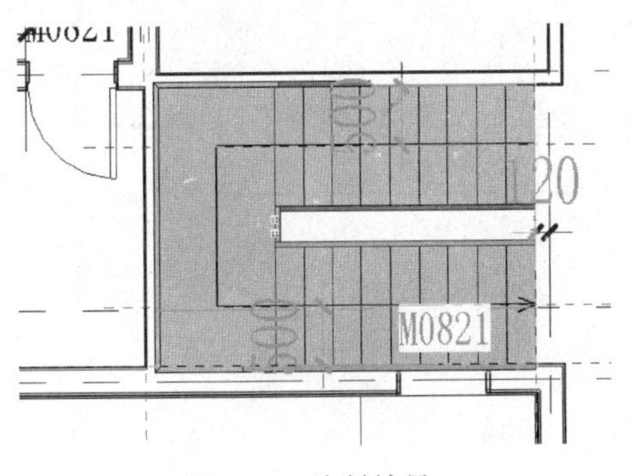

图 21-9　绘制效果

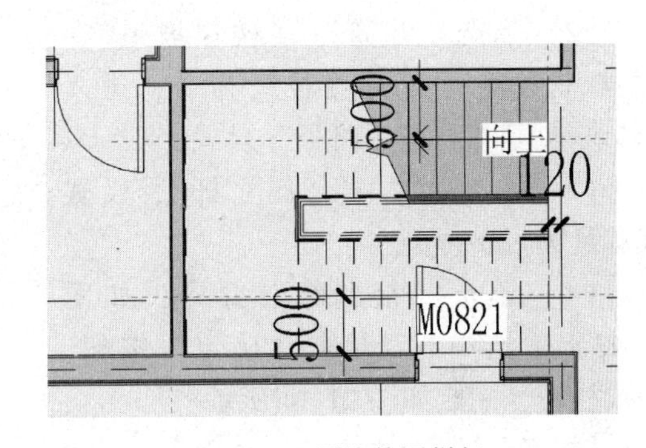

图 21-10　删除外围栏杆

（6）切换到三维视图，在属性栏处勾选“剖面框”，如图 21-11 所示。

（7）三维视图中出现一个剖面框，单击剖面框，拖动蓝色三角按钮，调整“剖面框”，调整到如图 21-12 所示位置查看楼梯，楼梯绘制完毕，取消勾选剖面框。

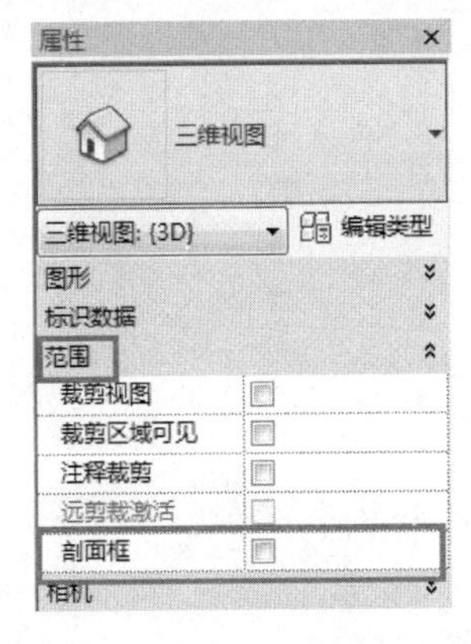

图 21-11　选择“剖面框”工具

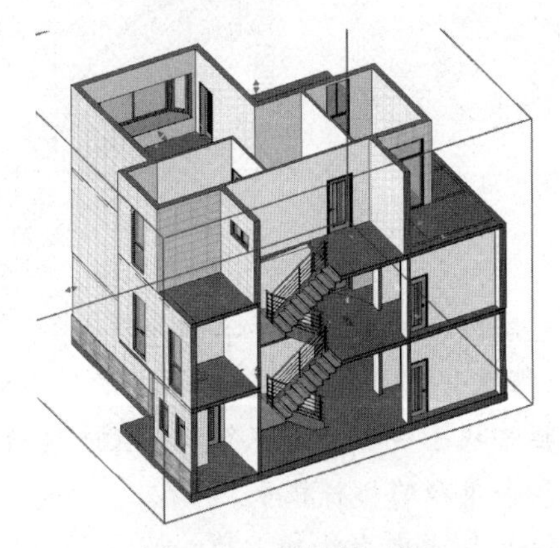

图 21-12　调整剖面框

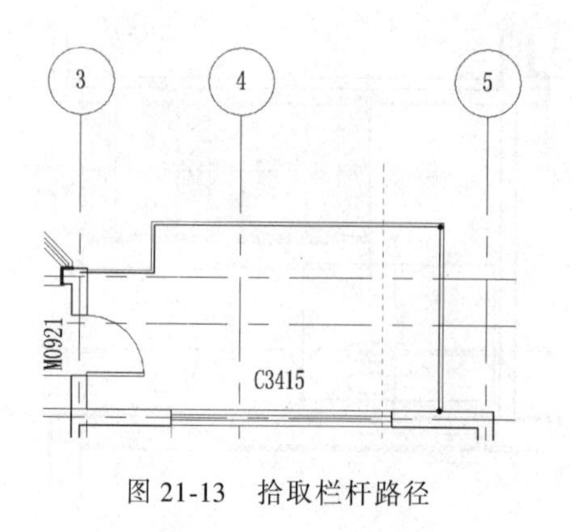

图 21-13　拾取栏杆路径

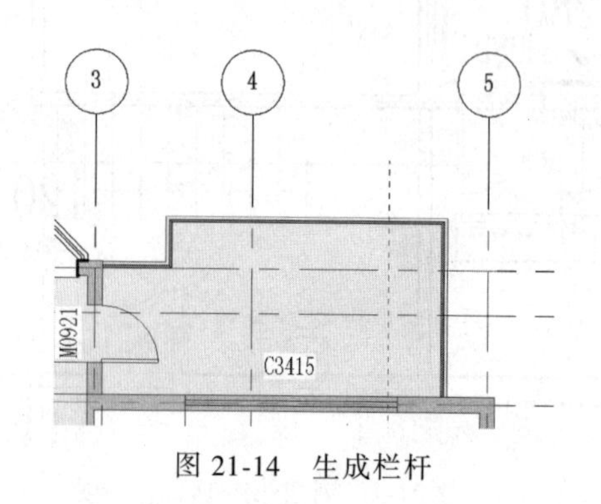

图 21-14　生成栏杆

21.2　创建栏杆、扶手

创建二层扶手：

（1）双击打开“2F”，平面视图。

（2）单击“建筑”—“楼梯坡道”—“栏杆扶手”—“绘制路径”命令，进入“修改/创建栏杆扶手路径”模式。

（3）选择“栏杆-金属立杆”，设置偏移量为-50mm。

（4）单击“拾取线”命令，如图 21-13所示选中线，单击“确定”按钮，生成栏杆，完成如图 21-14 所示。

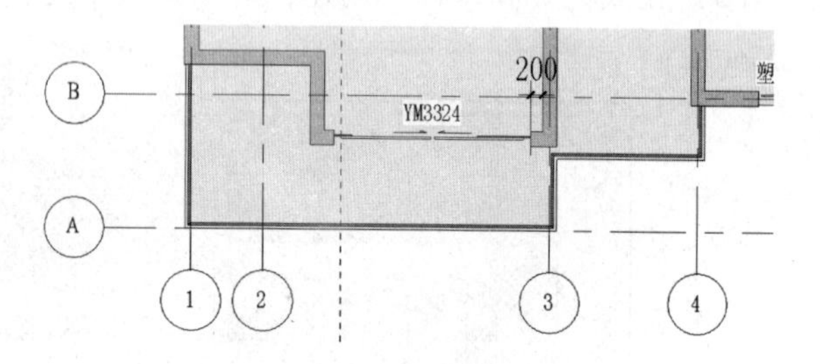

图 21-15　创建扶手一

【提示】

可通过框选选中栏杆，单击蓝色的双向标志翻转栏杆扶手的方向。

（5）同理，用上述方法在如图 21-15 和图 21-16 所示位置创建扶手。

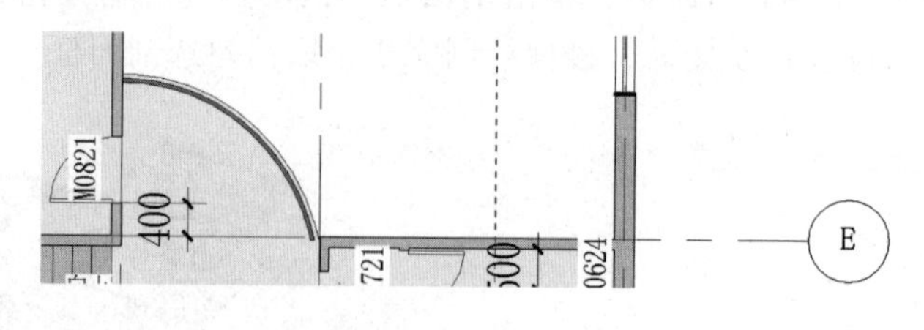

图 21-16　创建扶手二

二层阳台与平台的扶手创建完毕。

【提示】

栏杆扶手线必须是一条单一且连接的草图。如果要将栏杆扶手分为几个部分，请创建两个或多个单独的栏杆扶手。

（6）用上面方法和参数，按图 21-17 所示位置绘制三层栏杆。

（7）切换默认三维视图，效果如图 21-18 所示，保存文件。

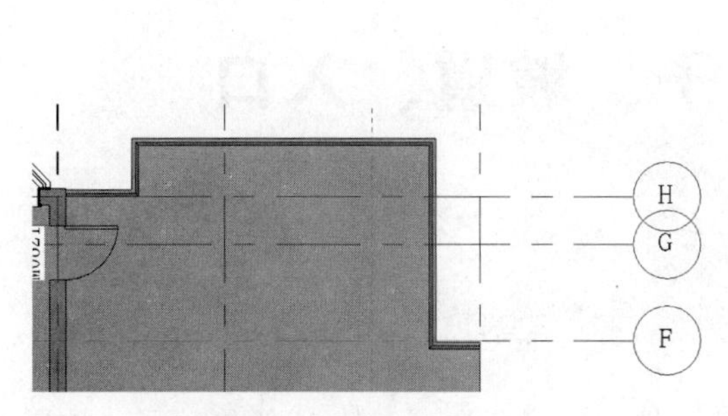

图 21-17　绘制三层栏杆

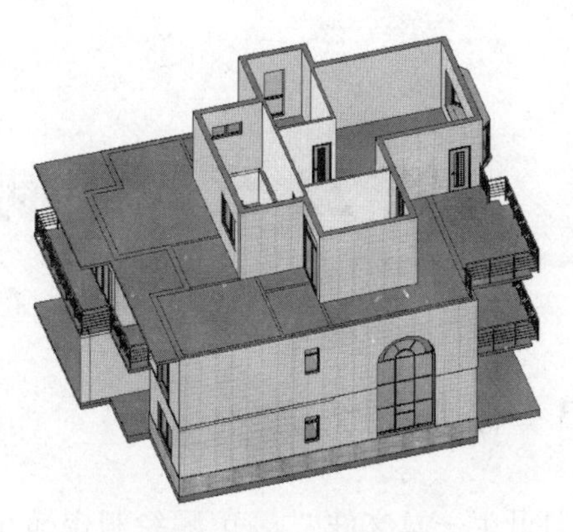

图 21-18　三维视图

第 22 章　绘制柱子、坡道、入口

22.1　添加柱子

打开上一章文件“章节五 绘制楼梯和扶手”。把文件另存为“章节六 绘制柱子、坡道、入口”。

1. 添加柱子

（1）双击打开 1F 平面视图。

（2）单击“结构”—“柱”命令，在属性栏中选择“结构柱-钢筋混凝土 350×350”。

（3）设置柱的顶部标注方法为“高度”，到达高度为“3F”，在 A 轴和 1、3 轴相交的地方各放置一个柱子，放置完成后退出绘制柱子，如图 22-1 所示。

（4）菜单栏中选择“修改”—“对齐”命令，先选择对齐的参照面，再选择要对齐的柱子的一面，依次对齐两根柱子，如图 22-2 所示。

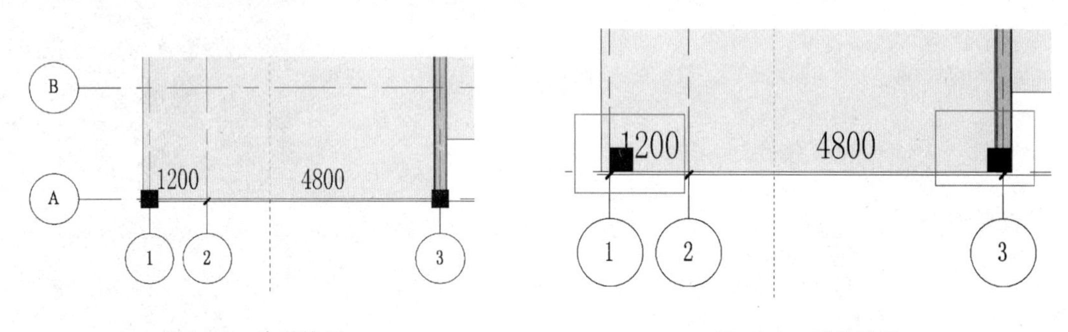

图 22-1　放置柱子　　　　图 22-2　对齐柱子

（5）添加完柱子后，进入三维视图，按着 Ctrl 键，依次选择两根柱子，调整柱子底部偏移为“-150”，三维效果如图 22-3 所示。

由图看到，柱子和楼板，墙体相交之处有重叠，下面对柱子进行进一步修改：

退出绘制柱子后，单击“修改”—“连接”命令，把柱子和楼板，柱子和墙体均连接起来，并和楼板边沿对齐，效果如图 22-4 所示。

2. 添加 H 轴上方，3~5 轴之间的柱子

（1）双击打开 1F 平面视图。

（2）单击“结构”—“柱”命令，在属性栏中选择“结构柱-钢筋混凝土 350×350”。

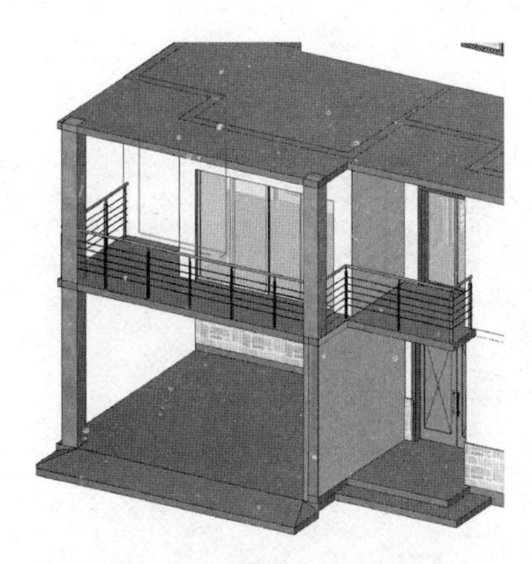
图 22-3　调整柱子底部偏移

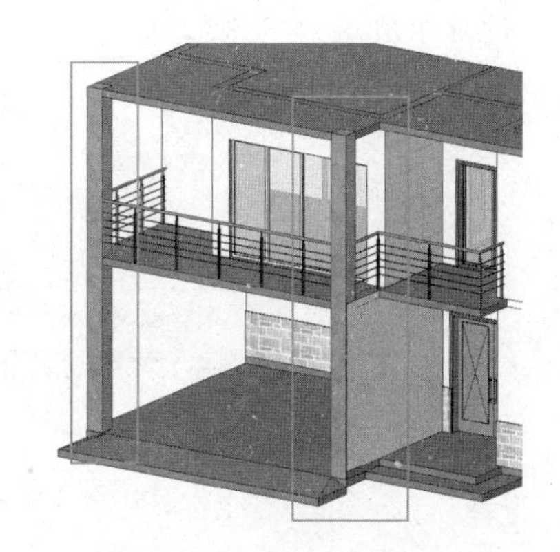
图 22-4　连接柱子和墙体

（3）设置柱的顶部标注方法为“高度”，到达高度为“3F”，在 H 轴上方 3~5 轴之间放置柱子，放置完成后把柱子对齐楼板边沿，如图 22-5 所示。

（4）切换到默认三维视图，单击“修改”—“连接”命令，把柱子和楼板，柱子和墙体均连接起来，并对齐后，效果如图 22-6 所示。

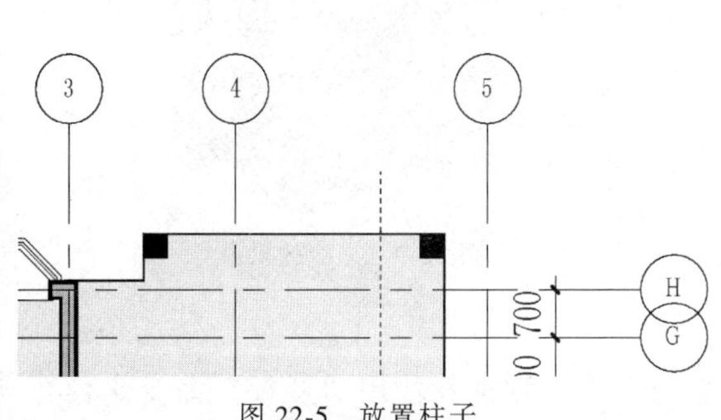

图 22-5　放置柱子

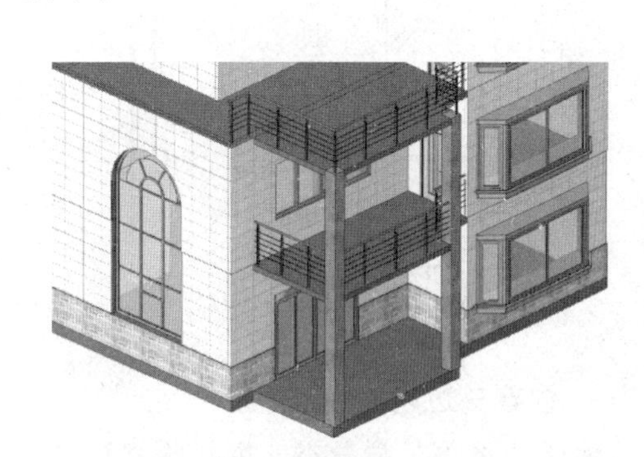
图 22-6　连接柱子和墙体

22.2　创建坡道

Revit 的“坡道”创建方法和“楼梯”命令非常相似，本节简要讲解，创建单边起坡坡道和三边起坡坡道。

1. 创建单边起坡坡道

（1）双击打开 1F 平面视图，转到 E 轴与 1 轴相交位置。

（2）单击“建筑”—“楼梯坡道”—“坡道”命令，进入绘制模式。

（3）在属性栏中设置底部标高为“室外场地”，顶部标高为“室外场地”，顶部偏移为“300”，宽度为“2500”。

（4）拾取楼板左侧边沿，自右向左绘制坡道，绘制完成单击“确定”按钮，并将其对齐于上部边沿，结果如图 22-7 所示。

【提示】

可通过选中坡道，单击红框内小箭头，翻转起坡的方向。

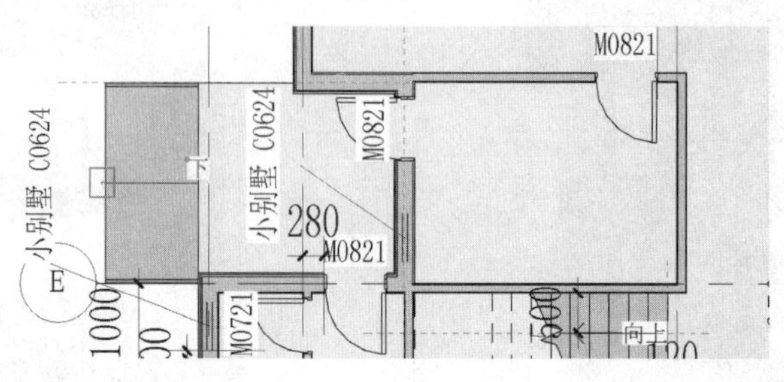

图 22-7　绘制坡道

2. 给坡道上的平台添加扶手

单击“建筑”—“栏杆扶手”—“绘制路径”，在属性栏中设置底部标高为“1F”，底部偏移为“-100”，给平台绘制栏杆如图22-8所示，效果如图22-9所示。

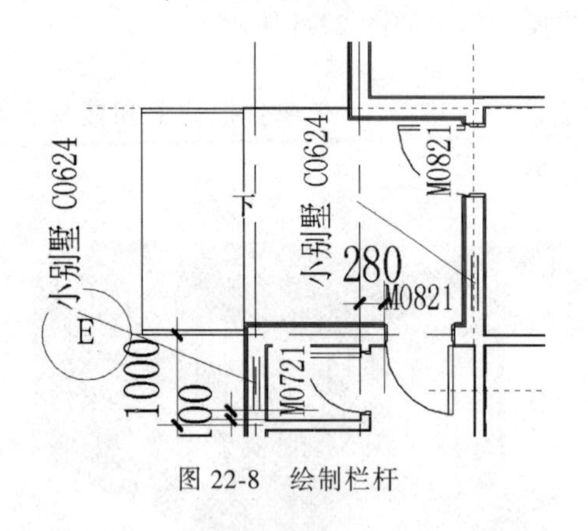

图 22-8　绘制栏杆

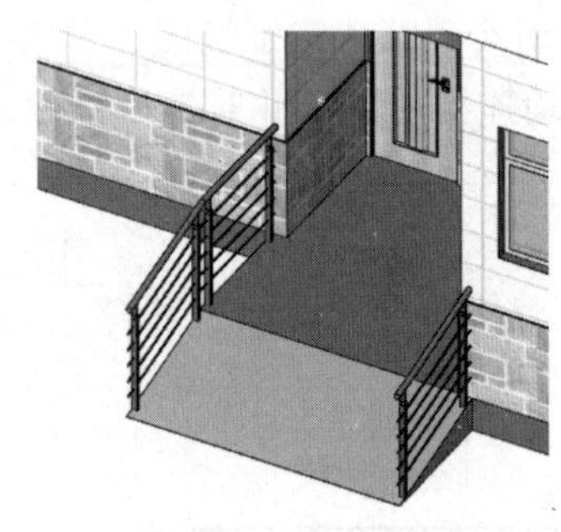

图 22-9　完成效果

3. 创建三边起坡坡道

前述“坡道”命令不能创建两侧带边坡的坡道，本教程推荐使用“楼板”命令来创建三边起坡坡道。

（1）双击打开1F平面视图，转到A轴与1、3轴相交位置。

（2）单击“建筑”—“楼板”—“直线”命令，进入绘制状态，类型选择为“常规-150mm-实心”。

（3）在属性栏设置标高为“1F”，自标高的高度偏移为“-300”，在车库入口处绘制如图22-10所示楼板的轮廓，绘制完成单击“确定”按钮。

（4）选择刚绘制的平楼板，“形状编辑”面板显示几个形状编辑工具：

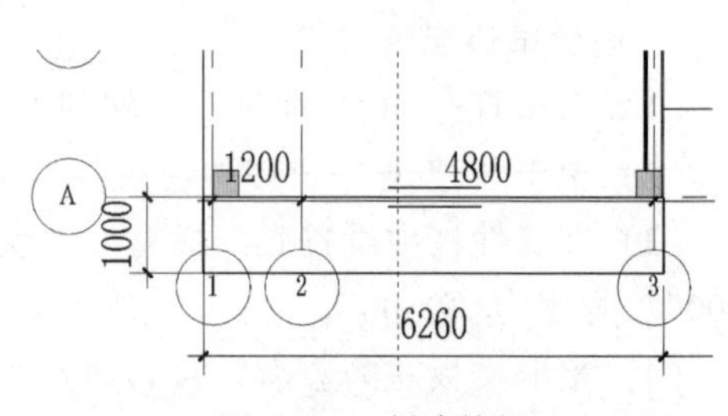

图 22-10　创建楼板

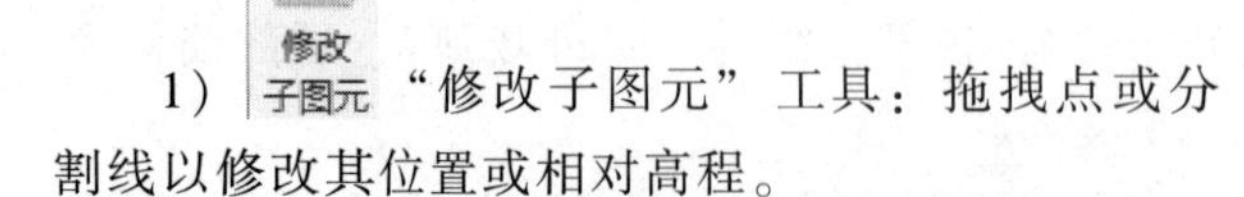

1）“修改子图元”工具：拖拽点或分割线以修改其位置或相对高程。

2）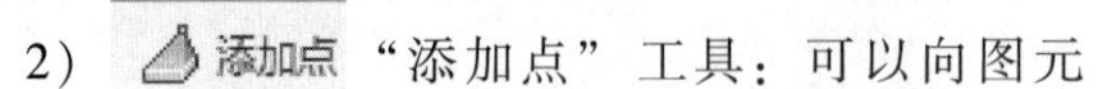“添加点”工具：可以向图元

几何图形添加单独的点，每个点可设置不同的相对高程值。

3）添加分割线“添加分割线”工具：可以绘制分割线，将板的现有面分割成更小的子区域。

（5）选择楼板，单击“添加分割线”工具，楼板边界变成绿色虚线显示。如图22-11所示在上下角部位各绘制一条蓝色分割线，按两次Esc键退出。

图22-11　添加分割线

（6）选择此楼板，单击“修改子图元”工具，如图22-12所示单击上侧的楼板边界线，出现蓝色临时相对高程值（默认为0），单击文字输入“150”后按Enter键，将该边界线相对其他线条抬高150mm。完成后按Esc键结束编辑命令，平楼板变为带边坡的坡道。

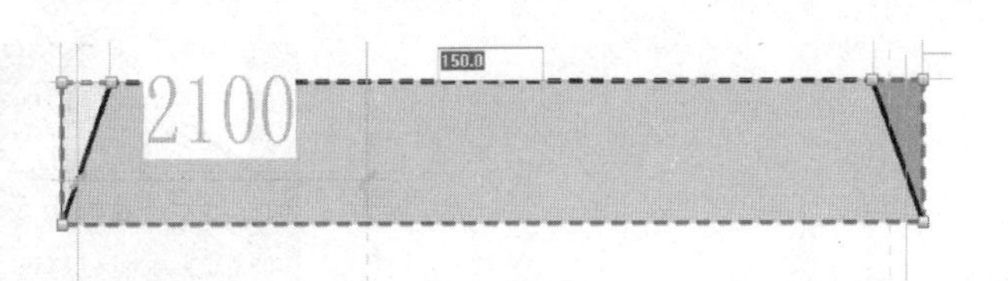

图22-12　抬高边界线

（7）切换到默认三维视图，结果如图22-13所示。

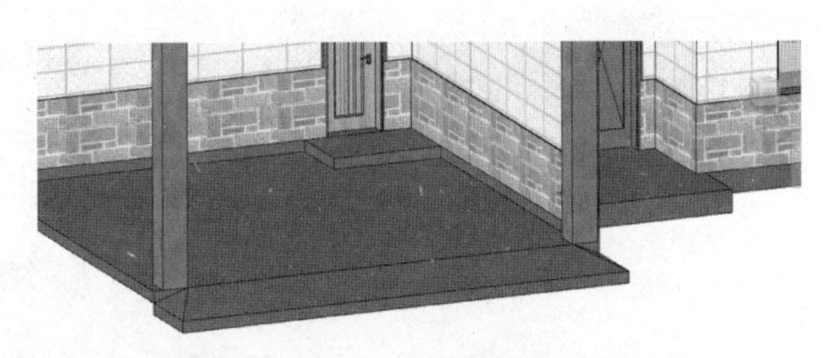

图22-13　三维效果一

22.3　绘制主次入口台阶

Revit中没有专用的“台阶”命令，可以采用创建外部构件族、楼板边缘，甚至楼梯等方式创建台阶模型。本节讲述用“楼板”命令创建台阶的方法。

（1）双击打开“1F”平面视图，转到B轴与3、4轴相交的位置。

（2）单击“建筑”—“楼板”—“直线”命令，进入绘制状态，类型选择为“常规-150mm-实心”。

（3）属性设置：标高为“1F”，自标高的高度偏移为“-150”。

（4）绘制如图22-14所示楼板的轮廓。单击“完成楼板”，完成后的室外楼板如

图22-15所示。按同样方法，绘制北边次入口的台阶：类型选择为“常规-150mm-实心”；属性参数：标高为“1F”，自标高的高度偏移为“-150”。

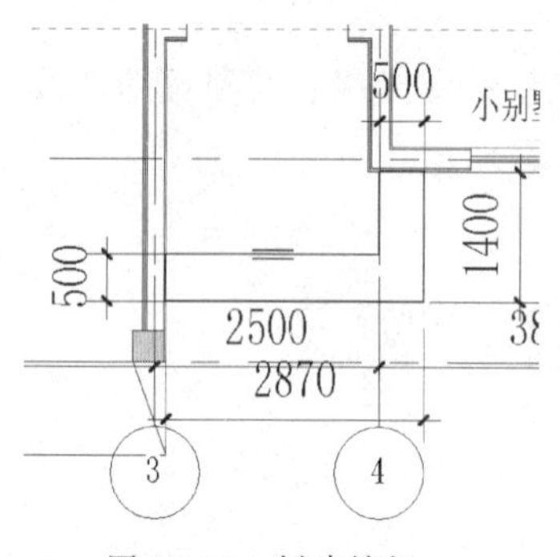

图22-14　创建楼板一

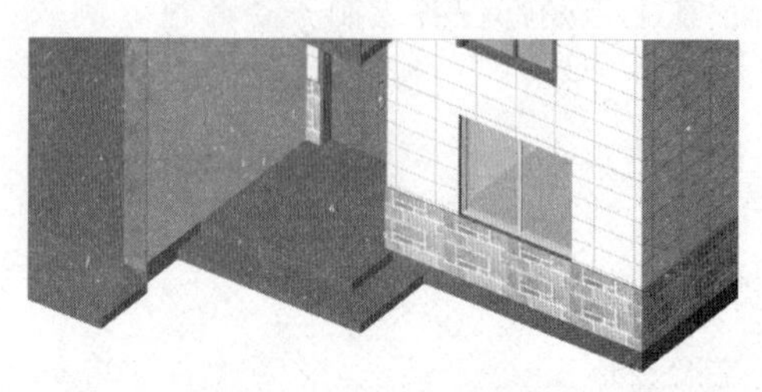

图22-15　三维效果二

（5）尺寸如图22-16所示，绘制完后添加栏杆。完成后的室外楼板和栏杆如图22-17所示。

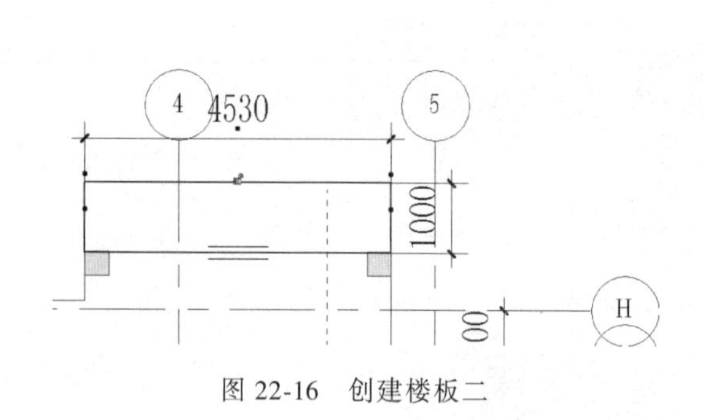

图22-16　创建楼板二

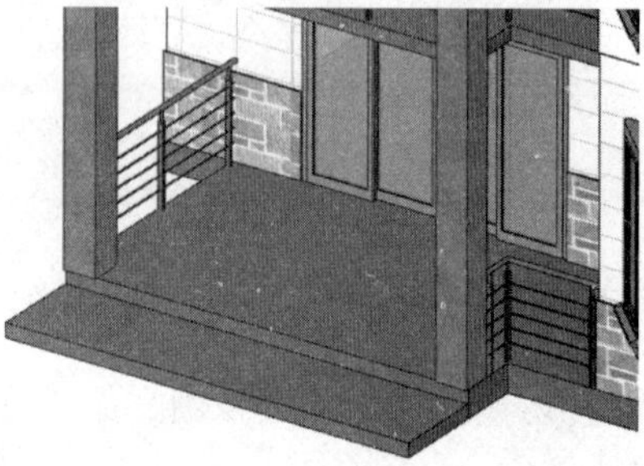

图22-17　三维效果三

第 23 章　绘制坡屋顶

23.1　绘制三层坡屋顶

打开上一章文件“章节六 绘制柱子、坡道、入口”，把文件另存为“章节七 绘制坡屋顶”。

开始绘制屋顶：

（1）双击打开三层平面视图 3F。

（2）单击“建筑”—“屋顶”—“迹线屋顶”命令，在类型选择器中选择“基本屋顶 - 屋顶 1”类型。

（3）在左侧“属性”对话框设置标高为“3F”；自偏部的标高偏移为“-250”。

（4）选择绘制栏中的“直线”命令，勾选“定义坡度”和“链” ☑定义坡度 ☑链 偏移量: 0.0 ，定义坡度默认为“30°”。

（5）按图 23-1 所示绘制三层屋顶。

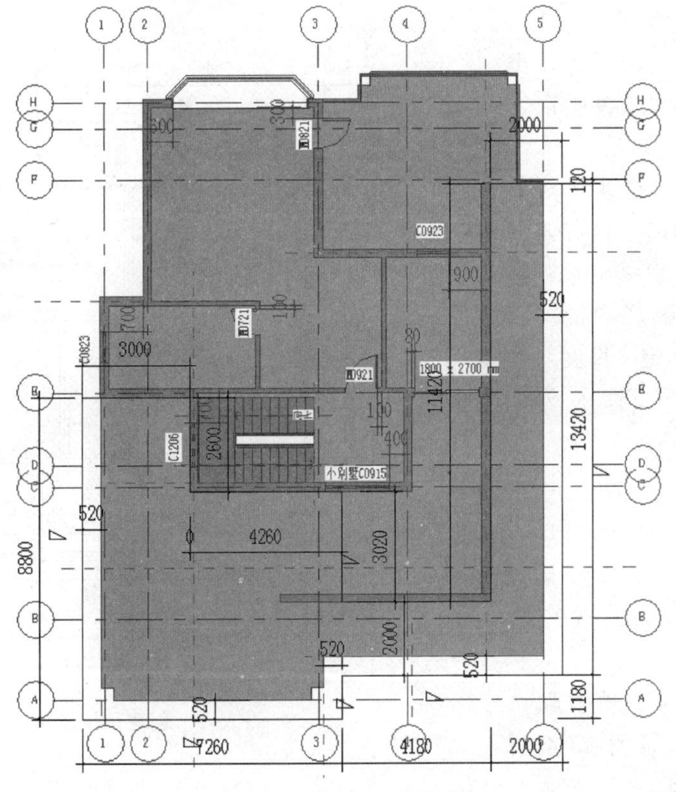

图 23-1　创建三层屋顶

（6）绘制完后，选择“确定”。单击默认三维视图，如图 23-2 所示。

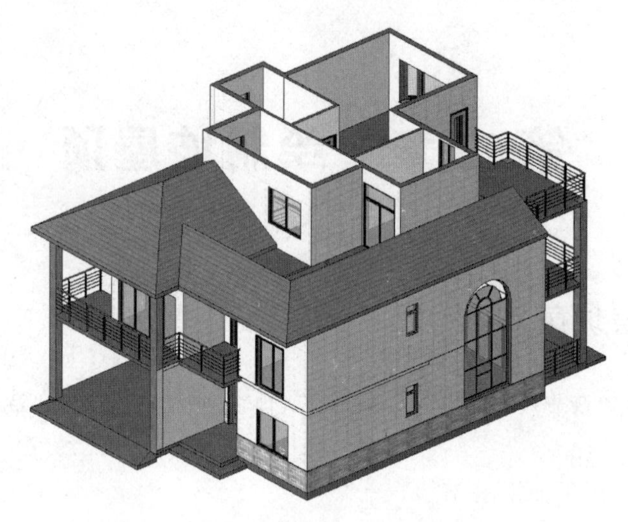

图 23-2　屋顶三维效果

23.2　绘制顶层坡屋顶

按上述方法继续绘制顶层坡屋顶。

（1）双击打开四层平面视图 4F。

（2）单击“建筑”—“屋顶”—“迹线屋顶”命令，在类型选择器中选择“基本屋顶 - 屋顶 1”类型。

（3）在左侧“属性”对话框设置标高为“4F”；“自偏部的标高偏移”为：“-250”。

（4）选择绘制栏中的“直线”命令，勾选“定义坡度”和“链”☑定义坡度 ☑链 偏移量: 0.0，勾选“定义坡度”。

（5）按图 23-3 所示尺寸和坡度绘制四层屋顶，为了方便尺寸对位，可考虑从 2 轴交 H 轴的位置为起点开始绘制。

（6）绘制完成，单击默认三维视图，效果如图 23-4 所示，单击保存文件。

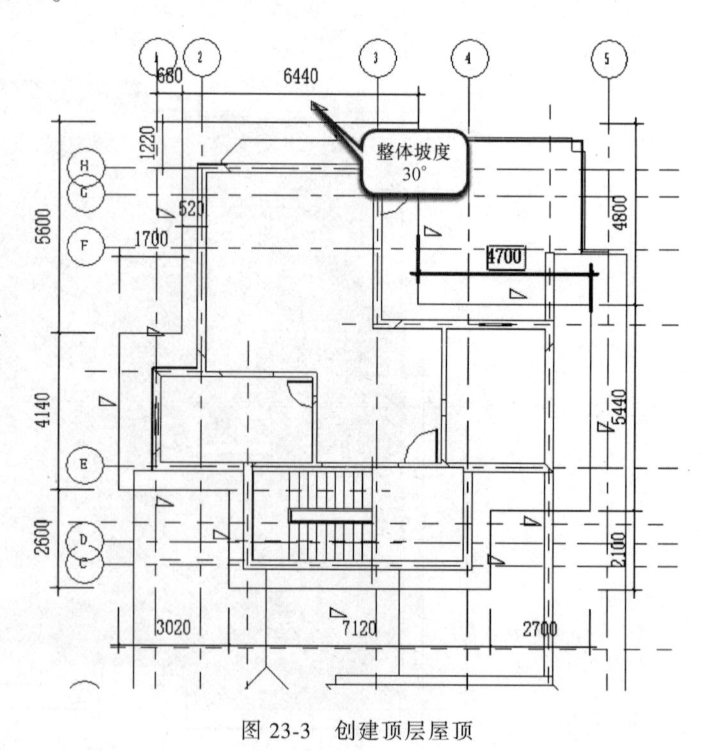

图 23-3　创建顶层屋顶

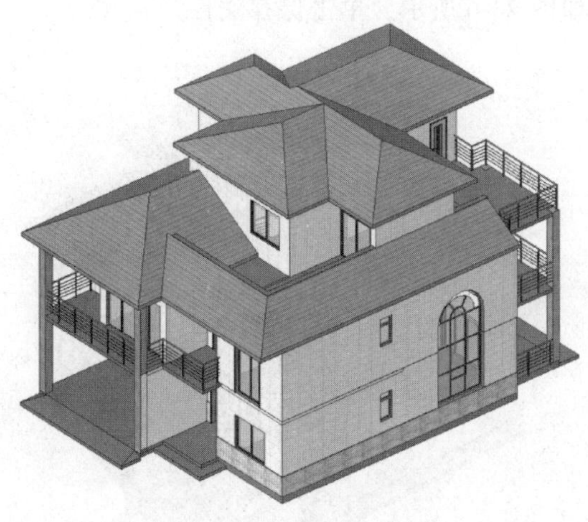

图 23-4 顶层屋顶三维效果

23.3 绘制三层屋顶围墙

(1) 双击打开三层平面视图 3F，选择“2F 墙体”类型。

(2) 在左侧“属性”对话框，设置实例参数：底部限制条件为“3F”；顶部限制条件为“未连接”，无连接高度为“1100”；如图 23-5 所示沿三层楼板边沿绘制围墙。

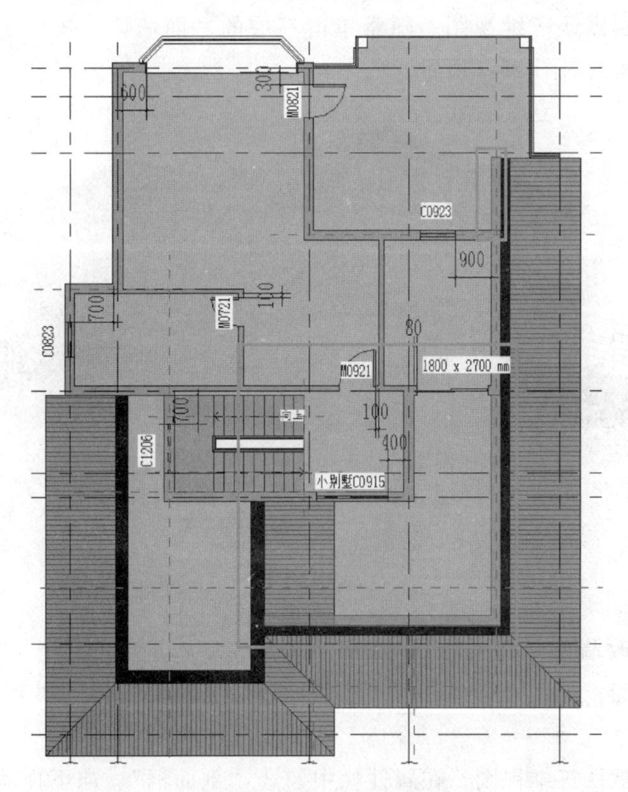

图 23-5 创建三层屋顶围墙

（3）绘制完成效果如图 23-6 所示，单击保存文件。

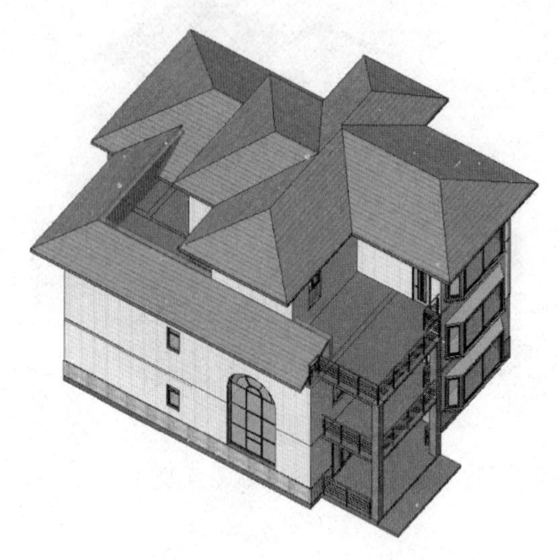

图 23-6　围墙三维效果

23.4　使墙体附着到屋顶

接上一节，这一节使墙体附着到屋顶。

（1）单击切换到默认三维视图。随意单击三层的一面墙体，按住 Tab 键，再单击一次墙体，选择全部墙体，如图 23-7 所示。

图 23-7　选择三层全部墙体

（2）单击“修改墙”—“附着顶部/底部”功能，然后点选墙体上面的屋顶，墙体附着到屋顶下面，如图 23-8 所示。同理，把三层内墙，和二层其他墙体附着到屋顶下面。

（3）单击回到默认三维视图。在属性栏中勾选“剖面框”，向下拖动屋顶上方的蓝色箭头到合适位置，按住 Ctrl 键，选中未附着到屋面的内墙，如图 23-9 所示。

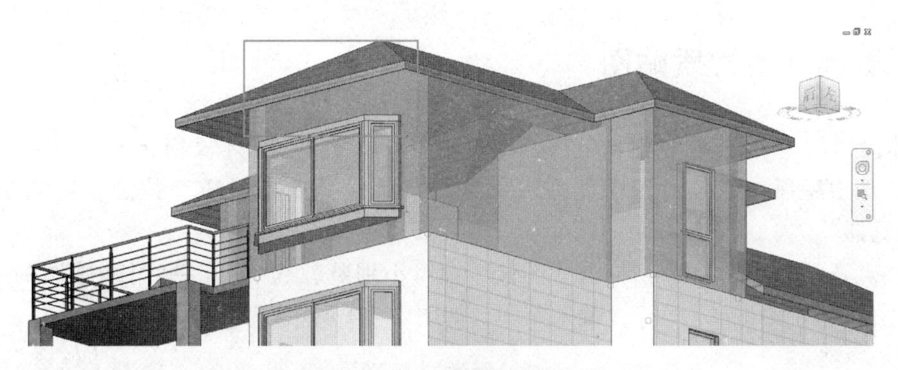

图 23-8　墙体附着到屋顶底部

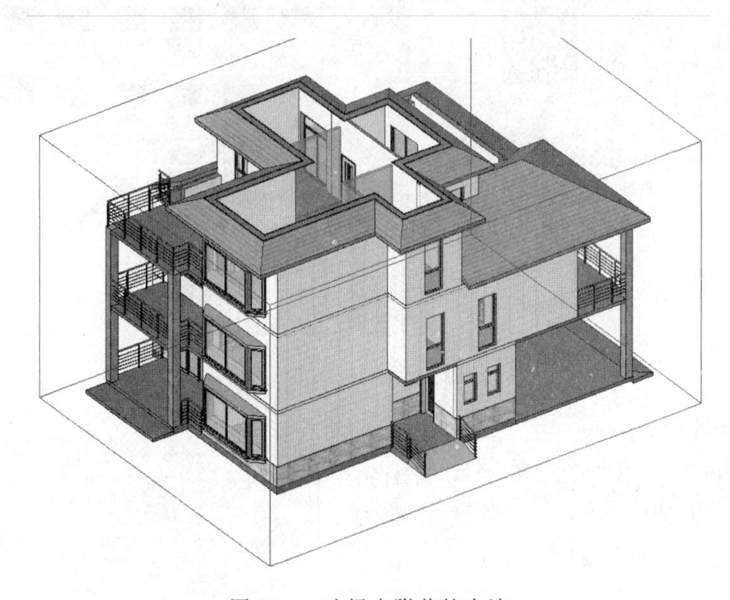

图 23-9　选择未附着的内墙

（4）单击“修改墙”—“附着顶部/底部”功能，点选墙体上面的屋顶，墙体附着到屋顶下面。

（5）编辑完成，取消勾选“剖面框”，回到默认三维视图。小别墅主体和各构件绘制完毕。效果如图 23-10 所示。

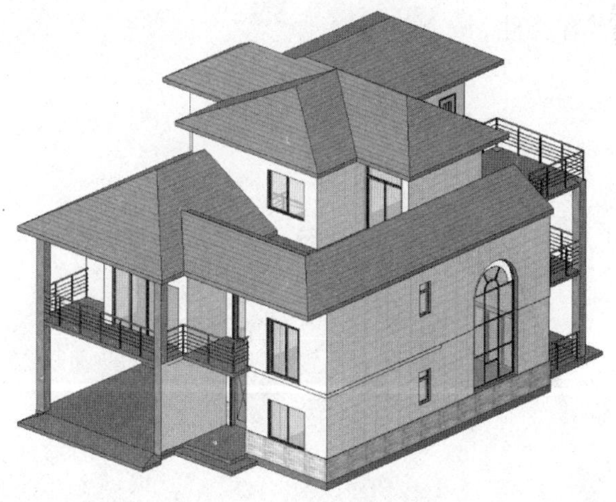

图 23-10　外观三维效果图

【提示】

全选墙体进行附着的时候，有时系统会提示“高亮显示的墙要附着到高亮显示的目标上，但未与此目标接触，”单击“分离目标”，重新附着，如无附着成功，可分开逐面附着。

23.5　更换屋顶材质贴图

具体操作与 19.2 节“创建新墙体，编辑贴图材质”相同，本文简化表述。

(1) 选中屋顶，单击“编辑类型”—“编辑”命令。单击材质“按类别”右侧，弹出“材质浏览器”。

(2) 点选“外观”菜单，单击“图像”在“小别墅教程资料”—“材质贴图”—“坡顶”中选择“瓦顶”，单击“打开”，截入贴图，如图 23-11 所示。

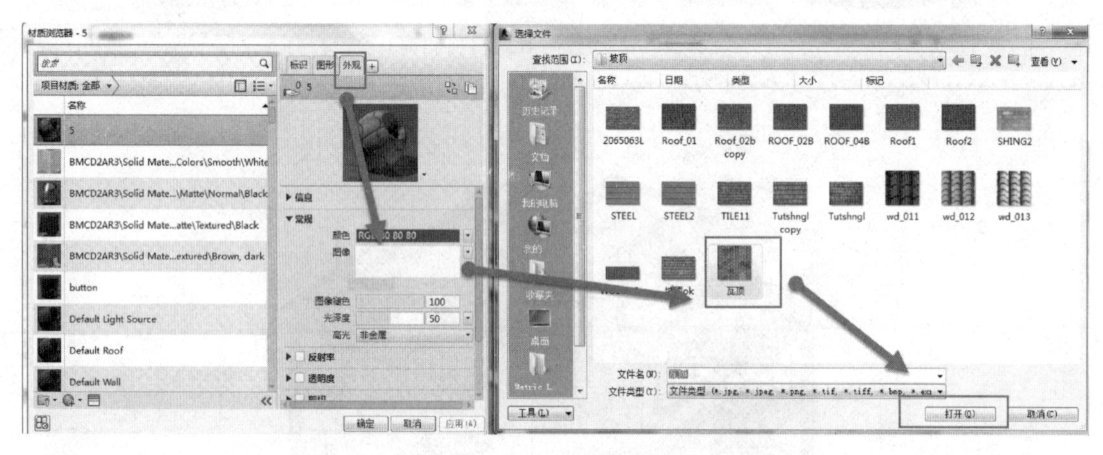

图 23-11　截入贴图

调整贴图比例大小：

(3) 再次单击“图像”，在“纹理编辑器”中，宽度设置为 1000mm，高度设置为 1000mm，编辑完毕，如图 23-12 所示。

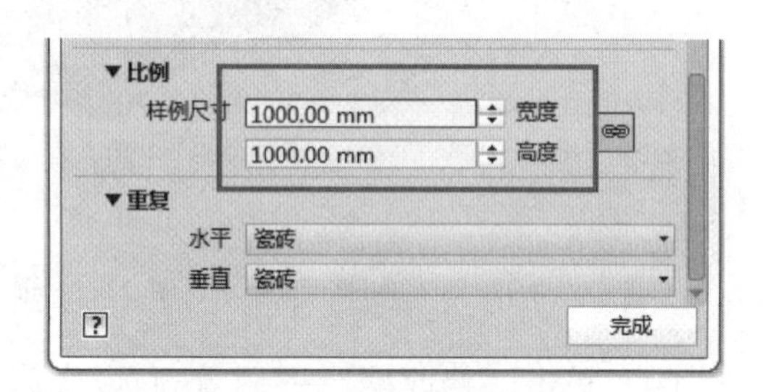

图 23-12　调整贴图比例大小

(4) 编辑完成，单击“确定”按钮，退出编辑。

(5) 至此小别墅各构件绘制编辑完毕，单击保存文件。

第24章　场 地 设 计

通过本章的学习，将了解场地的相关设置，地形表面、场地构件的创建以及编辑的基本方法和技巧。

24.1　地形表面

地形表面是场地地形的图形表示。默认情况下，楼层平面视图不显示地形表面，可以在三维视图或在专用的“场地”视图中创建。

打开上章文件“章节七 绘制坡屋顶”，把文件另存为“章节八 场地设计”。

（1）在项目浏览器中展开“楼层平面”项，双击视图名称“场地”，进入场地平面视图。为了便于捕捉，在场地平面视图中根据绘制地形的需要，绘制四条参照平面。

（2）单击“建筑”—“参照平面”命令，按图24-1所示，绘制参照平面。

（3）下面将捕捉6条参照平面的8个交点1~8，通过创建地形高程点来设计地形表面。

（4）单击“体量和场地”—“场地建模”—“地形表面”命令，鼠标指针回到绘图区域，进入草图模式。

（5）单击“放置点”命令，选项栏显示“高程”选项 高程 0.0 绝对高程 。

（6）将鼠标指针移至高程数值“0.0”上双击，即可设置新值，输入“2000”按Enter键完成高程值的设置。

（7）移动鼠标指针至绘图区域，依次单击图24-1中1、2、3、4四点，即放置了4个高程为“2000”的点，并形成了以该四点为端点的高程为“2000”的一个地形平面。

（8）再次将鼠标指针移至选项栏，双击“高程”值“2000”，设置新值为“-300”，按Enter键。鼠标指针回到绘图区域，依次单击5、6、7、8四点，放置四个高程为“-300”的点。

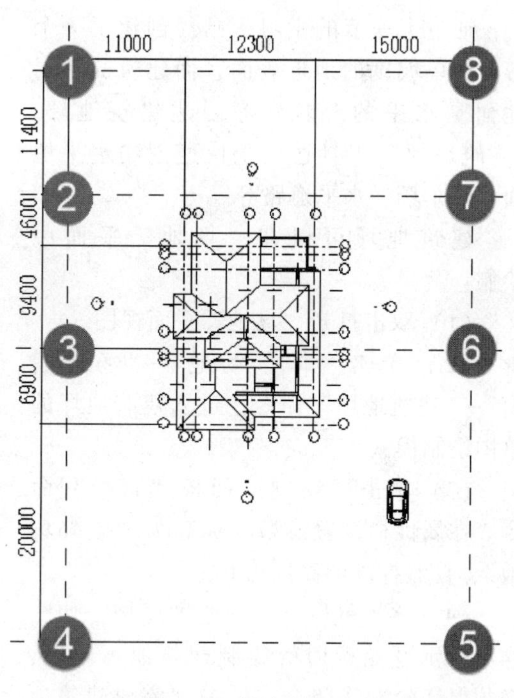

图24-1　创建参考平面

（9）按一次Esc键，在属性面板中，单击“材质”—“按类别”后的矩形“浏览”图标

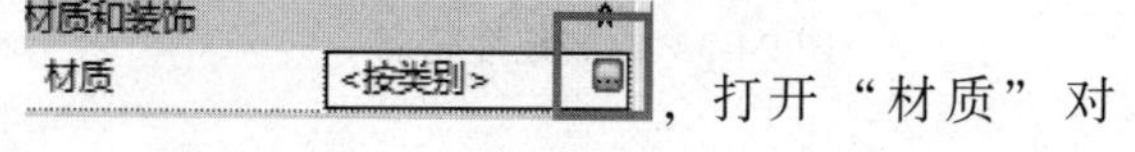

，打开“材质”对

话框。

（10）在左侧材质中单击选择“场地-草”材质，单击“确定”按钮关闭所有对话框。此时给地形表面添加了草地材质。单击“完成表面”命令创建了地形表面，切换到默认三维视图。保存文件，结果如图 24-2 所示。

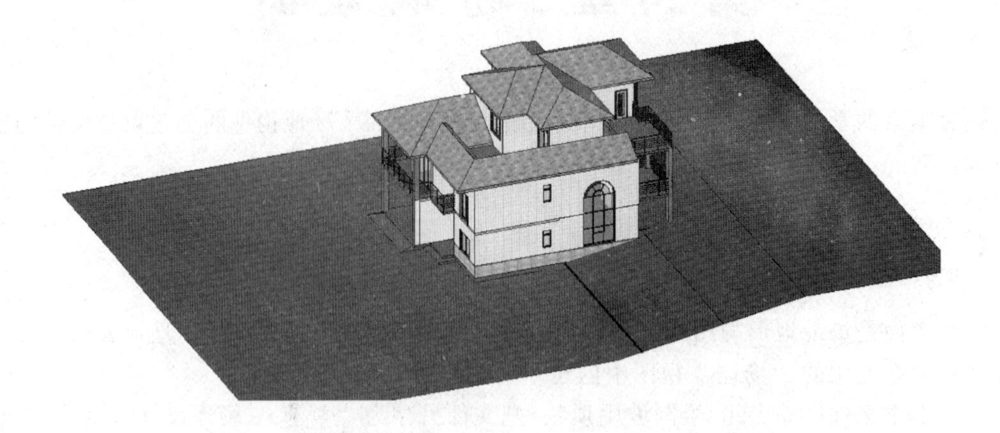

图 24-2　地形表面三维效果

24.2　建筑地坪

通过上一节的学习，已经创建了一个带有简单坡度的地形表面，而建筑的首层地面是水平的，本节将创建建筑地坪。“建筑地坪”工具适用于快速创建水平地面、停车场、水平道路等。

建筑地坪可以在“场地”平面中绘制：

（1）双击打开“场地”平面视图。

（2）单击“体量场地”—“场地建模”—“建筑地坪”命令，进入建筑地坪的草图绘制模式。

（3）单击“绘制”面板“直线”命令。在属性栏设置参数：标高为“室外场地”，自然标高的高度为 0。

（4）移动鼠标指针到绘图区域，如图 24-3 所示开始顺时针绘制建筑地坪轮廓，必须保证轮廓线闭合。单击“完成建筑地坪”命令创建建筑地坪。

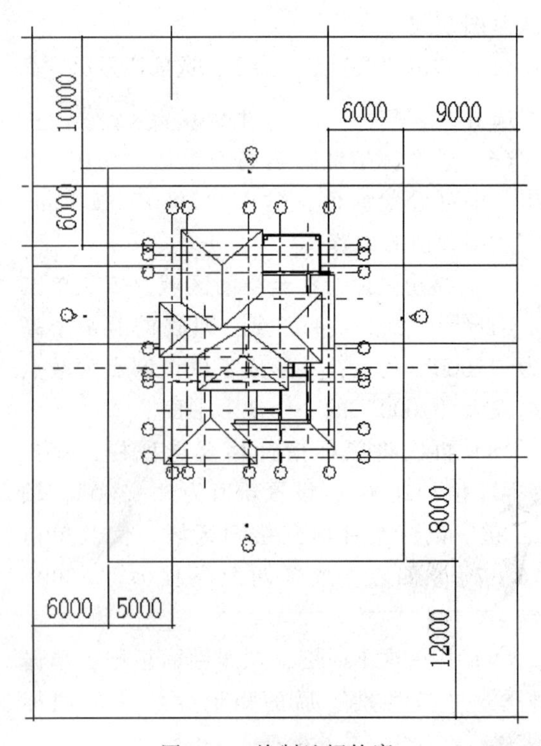

图 24-3　绘制地坪轮廓

24.3　地形子面域（道路）

“子面域”工具是在现有地形表面中绘制的区域。例如，可以使用子面域在地形表面绘制道路或绘制停车场区域。

“子面域”工具和“建筑地坪”不同，“建筑地坪”工具会创建出单独的水平表面，并剪切地形，而创建子面域不会生成单独的地平面，而是在地形表面上圈定了某块可以定义不同属性集（例如材质）的表面区域。

（1）双击进入场地平面视图。

（2）单击“体量和场地”—“修改场地”—“子面域”命令，进入草图绘制模式。

（3）单击“绘制”—“直线”工具，绘制如图24-4所示子面域轮廓。

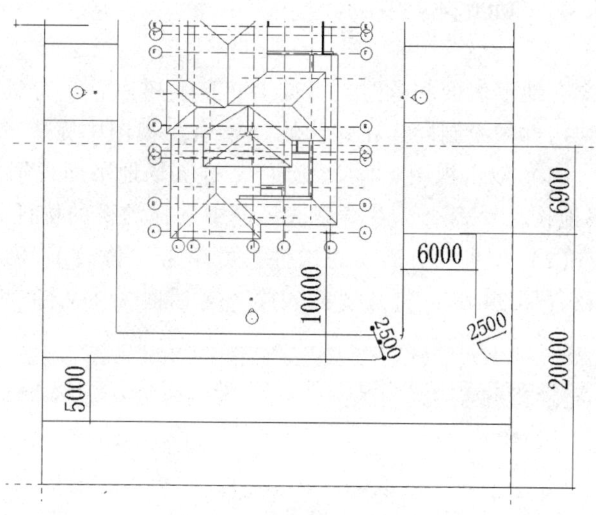

图24-4　绘制子面域轮廓

（4）绘制到弧线时，在“绘制”面板单击“起点-终点-半径弧”工具，并勾选选项栏“半径”，将半径值设置为2500mm。绘制完弧线后，在选项栏单击直线工具，切换回直线继续绘制。

（5）在属性栏中材质选择“场地-柏油路”并单击“确定”按钮，回到“实例属性”对话框后单击“确定”按钮。

（6）单击“完成子面域”命令，至此完成了子面域道路的绘制。切换到默认三维视图，如图24-5所示，保存文件。

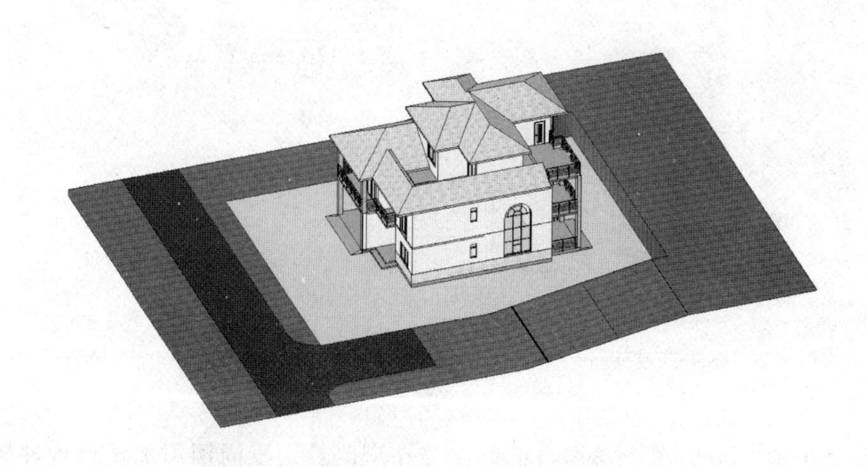

图24-5　三维视图

【提示】

在子面域的完成面上是不可以实现捕捉边界进行尺寸标注的，所以在实际项目中，如果有 CAD 底图，可考虑参照 CAD 线标注；如果没有，直接在 BIM 创建道路广场的，可考虑用“楼板”功能绘制。

24.4　场地构件

有地形表面和道路，可配上花草、树木、车等场地构件，使整个场景更加丰富，真实。场地构件的绘制同样在默认的“场地”视图中完成。

（1）双击视图名称“场地”，进入场地平面视图。单击“体量和场地”—“场地建模”—“场地构件”命令，在类型选择器中选择需要的构件。

（2）如果没有需要的构件，可单击“修改 | 场地构建”的“模式”面板的“载入族”按钮（图 24-6），打开“载入族”对话框，在文件“小别墅教程资料”—“族文件”中载入。

图 24-6　载入族

（3）打开如图 24-7 所示文件夹后，选中“RPC 甲虫，白杨 3D，马占相思 3D，乔木 13D”，单击打开，载入到项目中。

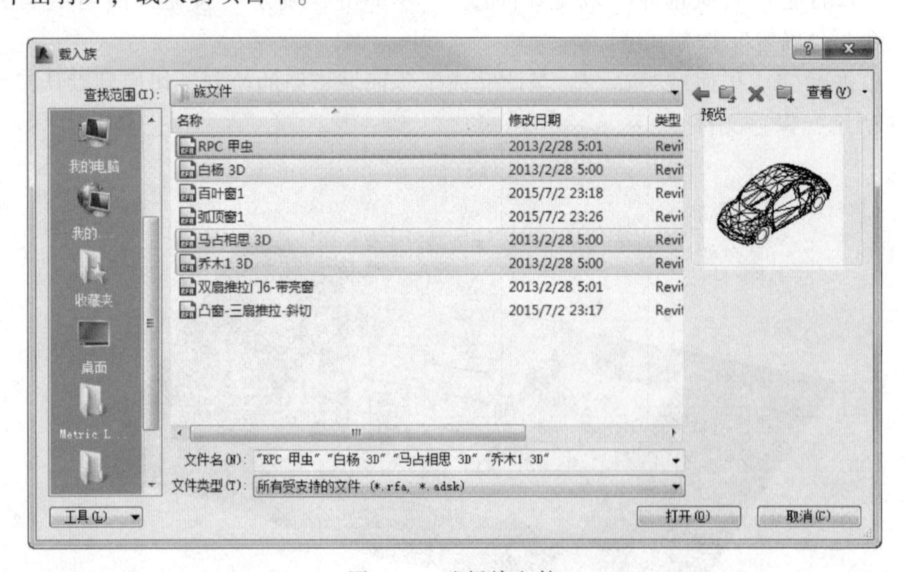

图 24-7　选择族文件

（4）在“场地”平面图中根据自己的需要在道路及别墅周围添加场地构件树，如图 24-8所示。

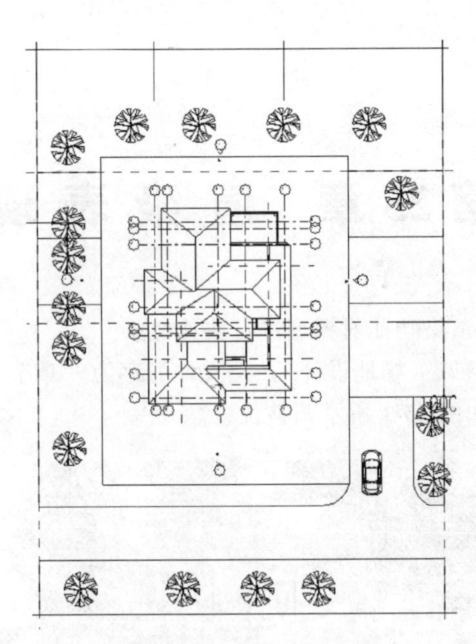

图 24-8　添加场地构件

（5）至此就完成了整个小别墅项目绘制，保存文件，效果如图 24-9 所示。

图 24-9　场地构件三维效果

第 25 章　渲 染 表 现

本章使用 Revit 的自带渲染功能对模型进行快速渲染。

打开上一章文件“章节八　场地设计”，把文件另存为“章节九　渲染表现”。

进入默认三维视图，如图 25-1 所示调整位置。

图 25-1　调整三维视图位置

调整好位置后设置参数：

（1）单击窗口下方渲染图标，弹出渲染对话框。

（2）参数设置为：

1）质量设置：低。

2）输出设备：打印机>150DPI。

3）照明方案：室外 仅日光。

4）日光设备：春分。

5）背景样式：颜色 RGB 165-218-192。

（3）单击调整曝光，弹出对话框，如图 25-2 和图 25-3 所示设置好参数，单击“确定”按钮，回到渲染对话框。

单击渲染对话框上的“渲染”命令，经过渲染，效果如图 25-4 所示。

（4）渲染完毕，在渲染对话框中单击“保存到项目中”，在弹出的对话框输入名字“渲染图”，此时，浏览器中自动新建一个族分支“渲染”，点开“+”号可查看效果图，如图 25-5 所示。

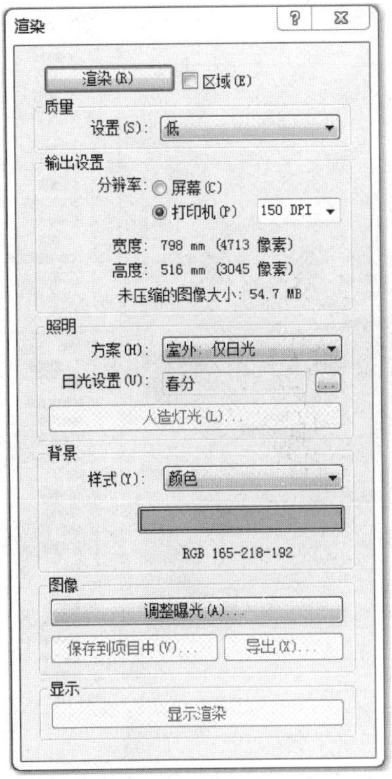

渲染
渲染(R)
区域(E)
质量
设置(S): 低
输出设置
分辨率: 屏幕(C)
打印机(P)
150 DPI
宽度: 798 mm (4713 像素)
高度: 516 mm (3045 像素)
未压缩的图像大小: 54.7 MB
照明
方案(H): 室外: 仅日光
日光设置(U): 春分
人造灯光(L)...
背景
样式(Y): 颜色
RGB 165-218-192
图像
调整曝光(A)...
保存到项目中(V)...
导出(X)...
显示
显示渲染

图 25-2　调整渲染参数

曝光控制
重设为默认值
设置(S)
曝光值: 13.8
更亮
更暗
亮度: 0.25
更暗
更亮
中间色调: 1
更暗
更亮
阴影: 0.35
更淡
更暗
白点: 6500
更冷
更暖
饱和度: 1.2
灰色
鲜艳
确定(O)
取消
应用

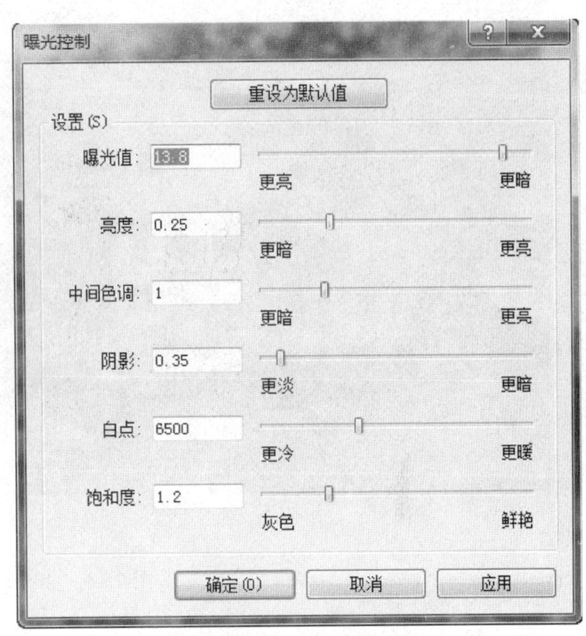

图 25-3　调整曝光参数

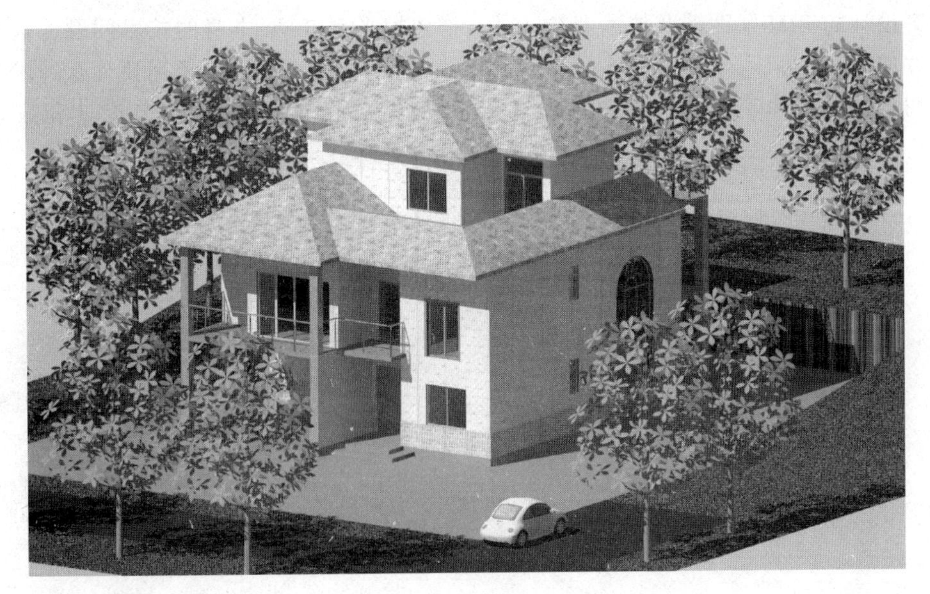

图 25-4　渲染效果

也可以通过单击渲染对话框中的“导出”，另存为其他地方。渲染完毕，单击保存文件。至此，通过 1~9 章的学习，小别墅项目绘制完毕。

通过本案例，综合运用了方案设计常用技术：轴网标高、柱、墙、门窗、楼板、楼梯和

图 25-5　生成渲染图视图

坡度、尺寸和文字标注、场地构建和效果渲染。限于篇幅，本案例仅反映方案设计的主要步骤，细节技术应认真翻查前面各章内容，许多项目经验都贯穿在上述内容里。

方案设计的 BIM 辅助涉及技术庞杂，既有如建模平台 Revit 本身的技术问题，也有其他相关软件如 Navisworks、Ecotect、SketchUp、Rhino 等的配合问题，至于需要什么技术与项目需求密切相关。总体而言，BIM 在方案设计阶段的应用优势在功能细节设计和量化分析功能。

参 考 文 献

[1] 中华人民共和国住房和城乡建设部，中华人民共和国国家质量监督检验检疫总局．建筑信息模型应用统一标准：GB/T 51212—2016［S］. 北京：中国建筑工业出版社，2017.

[2] 许蓁．BIM 建筑模型创建与设计（建筑学相关专业适用）［M］. 西安：西安交通大学出版社，2017.

[3] 王君峰，廖小烽．Revit2013/2014 建筑设计火星课堂［M］. 北京：人民邮电出版社，2014.

[4] Autodesk lnc.，柏幕进业．Autodesk Revit Architecture 2016 官方标准教程［M］. 北京：电子工业出版社，2016.

[5] 夏彬．Revit 全过程建筑设计师［M］. 北京：清华大学出版社，2016.

[6] 肖春红．Autodesk Revit Architecture 2015 中文版实操实练［M］. 北京：电子工业出版社，2015.

[7] 秦军．Autodesk Revit Architecture 201x 建筑设计全攻略［M］. 北京：中国水利水电出版社，2010.

[8] 欧特克软件（中国）有限公司构建开发组．Autodesk Revit 2012 族达人速成［M］. 上海：同济大学出版社．2012.

[9] 黄亚斌，徐钦．Autodesk Revit 族详解［M］. 北京：中国水利水电出版社，2013.

[10] 张江波．BIM 的应用现状与发展趋势［J］. 创新科技，2016（1）：83-86.

[11] 金永超，张宇帆. BIM 与建模［M］. 成都：西南交通大学出版社，2016.